现代农业产业技术体系防灾减灾技术手册

经济作物篇

农业农村部科学技术司
财政部科教和文化司　主编
农业农村部科技发展中心

U0951545

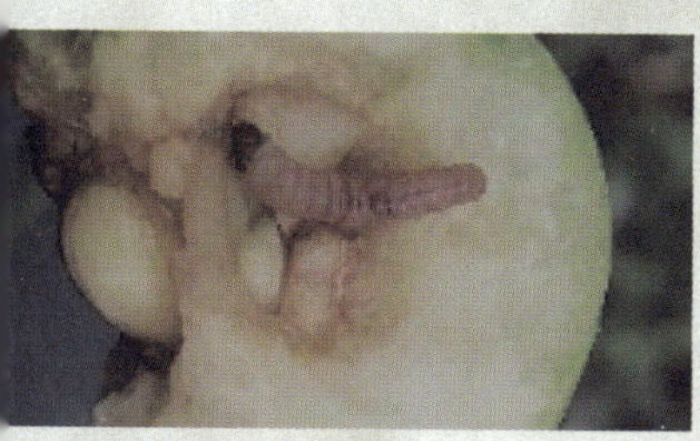

中国农业大学出版社
China Agricultural University Press
·北京·

图书在版编目(CIP)数据

现代农业产业技术体系防灾减灾技术手册．经济作物篇/农业农村部科学技术司，财政部科教和文化司，农业农村部科技发展中心主编. --北京:中国农业大学出版社,2024.12. --ISBN 978-7-5655-3269-6

Ⅰ. S-62

中国国家版本馆 CIP 数据核字第 2024DU0085 号

书　　名　现代农业产业技术体系防灾减灾技术手册(经济作物篇)

作　　者　农业农村部科学技术司　财政部科教和文化司　农业农村部科技发展中心　主编

策划编辑　何美文　　**责任编辑**　何美文　刘彦龙

封面设计　李尘工作室

出版发行　中国农业大学出版社

社　　址　北京市海淀区圆明园西路 2 号　　**邮政编码**　100193

电　　话　发行部 010-62733489,1190　　读者服务部 010-62732336

编辑部 010-62732617,2618　　出　版　部 010-62733440

网　　址　http://www.caupress.cn　　**E-mail** cbsszs@cau.edu.cn

经　　销　新华书店

印　　刷　天津鑫丰华印务有限公司

版　　次　2024 年 12 月第 1 版　　2024 年 12 月第 1 次印刷

规　　格　185 mm×260 mm　16 开本　40.5 印张　1 006 千字

定　　价　268.00 元

编委会

前言

现代农业产业技术体系自2007年建设以来，始终紧紧围绕国家农业科技需求，着力解决农业生产实际问题，积极参与防灾减灾和应急科技服务工作。体系专家密切关注农业生产情况，第一时间分析研判灾情发展趋势及影响，先后参与汶川地震、南方雨雪冰冻等灾后恢复生产技术指导服务以及非洲猪瘟防控、草地贪夜蛾防控等应急技术指导服务，累计投入逾3万人次，提出各类应急预案和技术解决方案近1000个，形成灾情调研报告500多份，为我国农业健康可持续发展、各类农产品稳产保供提供有力技术支撑。

为更好地应对灾害发生，保障农业生产安全，破解农业生产面临的掣肘问题，我们组织体系专家，通过系统梳理、经验总结、深入分析，按照作物、畜牧、水产等研究领域，根据灾害类型，从发生特点、典型症状、防控措施、应用区域等方面，编制《现代农业产业技术体系防灾减灾技术手册》。手册分为粮油作物篇、经济作物篇、畜牧水产篇三册。本册为经济作物篇，包括棉花、麻类、糖料、蚕桑、茶叶、食用菌、中药材、绿肥、大宗蔬菜、特色蔬菜、西甜瓜、柑橘、苹果、梨、葡萄、桃（枣、樱桃）、香蕉、荔枝龙眼、天然橡胶。以期为广大农业生产者和相关技术人员提供更有效的防灾减灾技术指导，提高农业生产水平。

本书的出版得到了各方的大力支持，在此特别感谢李付广、朱爱国、张跃彬、代方银、杨亚军、谭琦、黄璐琦、曹卫东、张友军、邹学校、许勇、邓秀新、马锋旺、张绍铃、段长青、姜全、谢江辉、陈厚彬、黄华孙等19位体系首席科学家及各体系专家们的辛勤付出，也感谢在此过程中提供帮助的每一位工作人员。

由于编写时间仓促，书中难免存在遗漏、错误之处，恳请读者指正。

编委会

2024年8月

目录

第一章　棉花体系防灾减灾技术 …… 1

一、棉花非生物灾害防灾减灾技术 …… 2
二、棉花生物灾害防灾减灾技术 …… 15

第二章　麻类体系防灾减灾技术 …… 31

一、麻类非生物灾害防灾减灾技术 …… 32
二、麻类生物灾害防灾减灾技术 …… 41

第三章　糖料体系防灾减灾技术 …… 52

一、甘蔗非生物灾害防灾减灾技术 …… 53
二、甘蔗生物灾害防灾减灾技术 …… 57
三、甜菜非生物灾害防灾减灾技术 …… 67
四、甜菜生物灾害防灾减灾技术 …… 77

第四章　蚕桑体系防灾减灾技术 …… 92

一、蚕桑非生物灾害防灾减灾技术 …… 93
二、蚕桑生物灾害防灾减灾技术 …… 106

第五章　茶叶体系防灾减灾技术 …… 172

一、茶叶非生物灾害防灾减灾技术 …… 173
二、茶叶生物灾害防灾减灾技术 …… 181

第六章　食用菌体系防灾减灾技术 …… 192

一、食用菌非生物灾害防灾减灾技术 …… 193
二、食用菌生物灾害防灾减灾技术 …… 200

第七章　中药材体系防灾减灾技术 …… 207
一、中药材非生物灾害防灾减灾技术 …… 208
二、中药材生物灾害防灾减灾技术 …… 228
第八章　绿肥体系防灾减灾技术 …… 285
一、绿肥种子生产及高产种植非生物灾害防灾减灾技术 …… 286
二、绿肥种子生产及高产种植生物灾害防灾减灾技术 …… 296
第九章　大宗蔬菜体系防灾减灾技术 …… 309
一、大宗蔬菜非生物灾害防灾减灾技术 …… 310
二、大宗蔬菜生物灾害防灾减灾技术 …… 319
第十章　特色蔬菜体系防灾减灾技术 …… 340
一、特色蔬菜非生物灾害防灾减灾技术 …… 341
二、特色蔬菜生物灾害防灾减灾技术 …… 351
第十一章　西甜瓜体系防灾减灾技术 …… 363
一、西甜瓜非生物灾害防灾减灾技术 …… 364
二、西甜瓜生物灾害防灾减灾技术 …… 393
第十二章　柑橘体系防灾减灾技术 …… 409
一、柑橘非生物灾害防灾减灾技术 …… 410
二、柑橘生物灾害防灾减灾技术 …… 416
第十三章　苹果体系防灾减灾技术 …… 446
一、苹果非生物灾害防灾减灾技术 …… 447
二、苹果生物灾害防灾减灾技术 …… 454
第十四章　梨体系防灾减灾技术 …… 468
一、梨非生物灾害防灾减灾技术 …… 469
二、梨生物灾害防灾减灾技术 …… 480
第十五章　葡萄体系防灾减灾技术 …… 495
一、葡萄非生物灾害防灾减灾技术 …… 496
二、葡萄生物灾害防灾减灾技术 …… 510
第十六章　桃(枣、樱桃)体系防灾减灾技术 …… 521
一、桃非生物灾害防灾减灾技术 …… 522

二、枣非生物灾害防灾减灾技术 …… 527
三、樱桃非生物灾害防灾减灾技术 …… 529
四、桃生物灾害防灾减灾技术 …… 534
五、枣生物灾害防灾减灾技术 …… 551
六、樱桃生物灾害防灾减灾技术 …… 560

第十七章　香蕉体系防灾减灾技术 …… 569

一、香蕉非生物灾害防灾减灾技术 …… 570
二、香蕉生物灾害防灾减灾技术 …… 577

第十八章　荔枝龙眼体系防灾减灾技术 …… 589

一、荔枝龙眼非生物灾害防灾减灾技术 …… 590
二、荔枝龙眼生物灾害防灾减灾技术 …… 600

第十九章　天然橡胶体系防灾减灾技术 …… 620

一、天然橡胶非生物灾害防灾减灾技术 …… 621
二、天然橡胶生物灾害防灾减灾技术 …… 625

第一章

棉花体系防灾减灾技术

一、棉花非生物灾害防灾减灾技术
（一）涝灾防灾减灾技术
（二）旱灾防灾减灾技术
（三）雹灾防灾减灾技术
（四）低温冷害防灾减灾技术
（五）风灾防灾减灾技术
（六）霜冻防灾减灾技术
二、棉花生物灾害防灾减灾技术
（一）黄萎病防灾减灾技术
（二）棉铃病害防灾减灾技术
（三）苗期病害防灾减灾技术
（四）棉盲蝽防灾减灾技术
（五）棉蚜防灾减灾技术
（六）棉叶螨防灾减灾技术
（七）甜菜夜蛾防灾减灾技术

一 棉花非生物灾害防灾减灾技术

（一）涝灾防灾减灾技术

1. 黄河流域

1）发生特点

涝灾是长期阴雨或暴雨后，棉田地表积水、地面径流不能及时排除，积水超过棉花耐淹能力，造成棉花减产的自然灾害。黄河流域棉区淹涝灾害是棉花生产最主要的自然灾害之一，其高发期恰逢棉花开花结铃期，对棉花产量影响大。

2）典型症状

棉田淹水后，破坏了棉田水、肥、气、热的协调与平衡，恶化了根区环境，特别是会造成根区缺氧，影响棉株代谢(图 1-1a)。其主要危害和症状如下。

根系变黑腐烂：土壤好气性微生物活动受抑，而嫌气性微生物活动加强，厌氧代谢产物对根系产生毒害，导致根系变黑、腐烂。

叶片萎蔫变黄：涝灾还会造成表土板结，养分流失，进一步影响棉花根系功能，抑制根系对养分和水分的吸收，造成叶片萎蔫、变黄，甚至脱落(图 1-1b)。

棉花倒伏：淹涝灾害发生时常伴有大风，受淹棉花遇风易倒伏。倒伏棉株的冠层环境变劣，光合生产能力降低，还影响机械化管理和收获。

烂铃加重：淹涝灾害发生时常伴有阴雨天气，如处在棉花开花结铃期，常导致大量棉铃烂掉。

总之，淹水通过影响棉花生长发育导致减产。减产幅度与淹水时长、深度，淹水发生时期，以及土壤类型有关。一般淹涝时间越长、越深，危害越大，减产越多；淹涝发生越早，减产越重；黏土地的淹涝灾害重于沙性土壤。

3）防控措施

应对淹涝灾害，应坚持“预防为主、治理为辅、防治结合”的原则，最大限度地减轻灾害损失。

(1)选用耐涝棉花品种　选择果枝始节较高，抗倒、耐阴雨、涝后恢复生长能力强的棉花品种。

(2)完善水利设施　采取措施完善水利设施，加强沟渠配套，特别是进入雨季前，及时对淤塞的支沟、毛沟进行清理，实现旱能浇、涝能排，雨住水退。

(3)提倡垄作　对涝洼地和容易发生淹涝灾害的棉田，提倡起垄种植(图 1-1c)，一般垄高 20～30 cm，棉花种在垄上，垄沟用来排水。

(4)及时培土　在棉花盛蕾期前后及时培土。培土时可结合中耕，用中耕培土机械将棉花株、行间的表土壅培至棉株基部周围，培土高度达到棉株子叶节 5 cm 以上。对地膜覆盖棉田，培土前要及时揭除地膜。盐碱地沟种(“凹”型种植)的棉花要在盛蕾期前后破垄，并将垄土培到棉花植株基部，使沟成垄、垄成沟，变成“凸”型栽培(图 1-1d)，可减轻花铃 S 期涝渍胁迫。

(5)及时排水并扶理倒伏棉株　对积水棉田的首要任务是想尽一切办法及早排净积水。对于倒伏棉株，排净积水后及时扶理。扶理时要顺着倒伏的方向进地，轻轻扶起，扶正后培土稳棵，使植株直立生长，切忌硬拉和用脚猛踩，以免伤根。

a.花铃期淹水棉田　　b.淹水15 d后的棉花　　c.垄作棉花　　d."凸"型栽培

图 1-1　涝灾棉田症状和抗涝栽培措施

(6)喷施植物生长调节剂　对受淹棉花可用无人机等及时喷施适宜浓度的硝普钠或乙烯抑制剂，每隔 2 d 喷 1 次，连喷 3～5 次。棉株恢复生长后，对有徒长趋势的棉花酌情喷施甲哌鎓30～60 g。对受灾严重和有早衰趋势的棉田不进行化学防控。

(7)合理施肥　棉田排净积水后可酌情施肥，以促进恢复性生长。施肥以速效氮肥和钾肥为主，施肥量和施肥方法要根据受害情况、前期施肥情况及所处生育期确定。无论何种情况，进入 8 月不宜根际施肥，以免造成贪青晚熟，可叶面喷施。

4）应用区域

适用于黄河流域棉区。

5）依托单位

山东省农业科学院，董合忠，0531-66659255。

2. 长江流域

1）发生特点

长江流域棉区洪涝灾害易于每年 6 月中下旬至 7 月上旬发生，此期正值梅雨季节。强降水造成部分棉田厢面淹水，根系发育受阻，雨后棉田板结，营养生长滞缓；阴雨天气多，田间湿度大，土壤渍害严重，容易导致棉花营养生长和生殖生长不协调，棉苗易发生徒长；部分棉田容易出现涝渍灾害，养分流失，棉花根系活力下降，光照不足，容易导致棉花早衰。

2）典型症状

棉花发生渍涝灾害后叶片发黄、茎秆发红的比例超过 60%，雨后天晴高温天气出现土壤板结，根系呼吸受阻，易出现急性萎蔫，严重的出现死棵现象。长期阴雨土壤渍害严重的田块，棉苗旺长，叶片肥大，叶柄粗且弯曲，分化叶枝变多，棉田荫蔽，封行过早，蕾铃脱落较多(图 1-2)。

图 1-2　棉花遭受渍涝灾害后症状

3）防控措施

根据不同渍涝灾害的类型，采取分类防灾减灾技术措施。

（1）及时挖沟排水　迅速排除明水，减少棉田渍水。及时疏通四沟，抓住雨间空隙及晴天，迅速清沟排渍，降低地下水位，做到明水能排，暗水能滤。深挖三沟，腰沟按面宽 60 cm、底宽 30 cm、深 50 cm 的标准严格要求，统一疏控，腰沟一定要畅通，出水口处一定要深，使水能够全部流入支沟中；支沟要及时清除排水障碍，保证排水畅通无阻。

（2）及时中耕培蔸　经长时期淹水，棉花根基非常不牢，倒伏严重，一定要迅速扶正、培蔸。当土壤墒情允许时，迅速进行中耕和深培蔸。中耕有利于打破土壤板结，促进根系呼吸，加快根系生长。

（3）加强化调　多雨易形成棉苗水发旺长，加速花蕾脱落。应根据苗情长势，视天气情况，结合土壤墒情，在苗期、蕾期、初花期分别亩（1 亩≈667 m^2）喷缩节胺 0.5 g、0.5～1.5 g、2～3 g，做到前轻后重，少量多次，控制好果枝间距和株型。对于受渍害滞长的棉苗，喷施叶面肥（2%尿素＋0.2%磷酸二氢钾或“802”、芸苔素、棉花专用微肥等）1～2 次，促进棉苗快速恢复生长。对长势偏旺棉花，应进行去叶枝、摘老叶、打边心和剪空枝等，塑造棉花合理株型，优化成铃结构，促进生长转化，提高成铃率。

（4）科学追施恢复肥　棉花淹水有两种状态：a. 涝渍水控型。主要指三类苗田和淹水在 36 h 以上的棉田，棉田僵苗不发形成水控，在真正水控期间，对这些棉田要追施速效氮肥，每亩追施尿素 10 kg 或磷酸二铵 15 kg。b. 多雨水发型。棉花处于营养生长向生殖生长转化的关键时期，长期大雨抑制了棉花的生殖生长，棉花营养生长过旺，棉花形成水发，棉株徒长，蕾铃脱落严重。对于水发棉花，要减少施肥量，特别是速效氮肥。

（5）根外追施叶面肥　淹水使棉花根系严重受损，养分吸收受阻，通过根外追肥，可以迅速补充棉花养分，增强棉花的抗渍耐涝性，减少棉铃脱落。具体方法：每亩用 200 g 尿素、100 g 磷酸二氢钾、100 g 硼肥兑水 50 kg 进行叶面喷施。叶面喷肥时注意要在阴天或晴天的早、晚进行，浓度不能过大。

（6）防病治虫　加强盲蝽的防治。阴雨天有利于盲蝽的发生和为害，但不利于防治工作的开展，要抓住雨隙，选用长效特效农药进行防治，间隔 10 d 防治 1 次。根据病虫情预报，重点抓好盲蝽、红蜘蛛、棉铃虫、蓟马、枯萎病、黄萎病、红叶茎枯病的防治。

（7）药剂防治　如遇枯萎病和黄萎病，可用甲基硫菌灵 700 倍液灌根防治。

（8）控制草害　对已打封闭的棉田重点关注新生杂草，定向喷施除草剂。

（9）及时扶苗　淹水后土壤水溶软化，棉苗易倒，要加强田间巡视，在土壤墒情适宜时及时扶正。

以上措施针对渍害棉田。在落实好渍害棉田防控措施的同时，还应加强促进型调节剂的应用，促进棉苗恢复生长。调节剂 4 d 喷 1 次，连喷 3 次。暴雨后抓紧中耕促苗，一方面增强土壤透气性，提高地温，促进根系发育；另一方面受涝棉苗根系生长受到抑制而降低了抗倒性，通过培土作垄，有利于棉花抗倒。

对于渍涝并存的棉田，在落实好涝灾棉田救灾措施的同时，要及时抓好洗苗扶苗工作。洗苗要在棉田积水时开展，洗掉棉叶及棉秆上的沙土；若棉田没有积水，则采取喷雾器喷水洗苗的方法。对于水淹没顶超过 3 d 的棉苗，一般棉苗成活无望，则准备改种。改种可选水稻、黄豆、蔬菜、玉米、红苕、秋芋等作物，以尽量减少损失。

4）应用区域

适用于长江流域棉区。

5）依托单位

湖北省农业科学院，别墅。

（二）旱灾防灾减灾技术

1. 西北内陆

该区棉花种植是灌溉农业，旱灾是由于水资源在地区和季节分布上的不平衡，与棉花需水期不能很好配合，不能满足灌溉而造成棉花不能正常生长发育的灾害。干旱可分为春旱、夏旱、秋枯等灾害。新疆是干旱气候区，年降水少，蒸发量大，水资源有限，极易发生旱灾。干旱在新疆的表现与在其他地区不同，在其他地区指在一个地区长时间没有较大降水就会出现棉花受旱的现象；新疆干旱表现为河流、水库对农田供水不足，造成棉田受旱的现象。

1）发生特点

新疆干旱突出表现在春旱和夏旱。春旱主要指 3—4 月，由于供水不足，棉田不能正常进行春灌，从而影响棉花播种的干旱。新疆春季用水十分紧张，特别是南疆更为突出。夏旱是指夏季棉花进入生殖生长阶段，因河流、水库供水不足而使棉田受旱。6—7 月是棉花对水分的敏感期，夏旱经常发生。

2）典型症状

春旱常造成不能及时播种，缺苗断垄，大小苗严重，对产量影响很大。夏旱造成棉花大量蕾铃脱落，植株矮小，影响花粉受精；干旱缺水时，叶尖叶缘均发黄皱缩，叶片反卷萎蔫下垂，严重的导致棉花旱死(图 1-3)。

图 1-3　受旱棉花症状表现

3）防控措施

①选用抗旱品种及水肥利用效率高的品种。

②勤中耕，减少蒸发，促进根系下扎。灌水时不揭膜，采取全生育地膜覆盖。采用秋灌和冬灌，以缓解春天用水压力。秋灌地最好在冬前把地整好，来年早春铺膜，南疆棉区多采用这种方法。北疆棉区往往来不及整地土壤就封冻了，因此常在春天进行整地。这时不宜再进行翻地，以免跑墒，而应及时整地铺膜保墒播种。可利用春雨，及时抢墒播种。

③根据气温高低和降雨情况合理灌溉。棉花花铃期是棉花需水高峰期，需水量占整个生

育期需水量的近一半，该时期又是气候高温期，所以针对该时期高温干旱的气候特点要做到肥、水、温三碰头，保障及时足量灌溉。

④根据棉田土壤性质和土壤持水量高低，合理灌溉。对土壤含水量低，有旱象的棉田，要及时灌溉，保障棉花各生育期土壤含水量在适宜范围之内。棉花生长发育期间，棉田土壤含水量总体保持在田间最大持水量的60%左右，可规避棉花受旱。特别注意在棉花肥、水、温三碰头期（花铃期）和变脸期（盛蕾期）保障土壤持水量在合理水平。

4）依托单位

新疆农业科学院，李雪源。

2. 黄河流域

1）发生特点

旱灾是由干旱气候所致，主要发生在旱地（雨养）棉田以及淡水资源缺乏、灌溉条件较差的棉田。棉花虽然耐旱，但由于降雨不均，特别是降雨与棉花需水不匹配，黄河流域棉区时常遭遇干旱。中前期干旱不利于棉花发棵“搭架子”，中后期干旱影响开花结铃和棉铃发育，皆严重影响棉花产量和品质，引起旱灾。

2）典型症状

（1）叶片特征　受旱棉花叶片小而厚，呈暗绿色、无光泽；棉叶萎蔫且至下午4:00仍难以恢复正常；叶面积指数小。

（2）主茎特征　主茎日生长量小，植株矮小，红茎比大（如6月上中旬红茎比大于70%）。

（3）根系特征　主根下扎较深，侧根数量少而弱，浅层根系少，根系干物质积累少，衰老快，吸收能力弱。棉株早衰。干旱造成棉株吸水吸肥困难，棉田养分失衡，库源比例和根冠比例失调，导致棉花早衰。图1-4为旱地棉花受旱症状和抗旱栽培。

a.蕾期受旱棉花

b.盐碱地受旱

c.小麦秸秆覆盖抗旱栽培

图1-4　旱地棉花受旱症状和抗旱栽培

3）防控措施

（1）培肥土壤　地力基础不仅决定棉花产量，也显著影响棉田蓄水保墒和抗旱能力。据测定，土壤有机质含量达到1.5%左右时，土壤结构得到明显改良，土壤的渗水、蓄水保墒性能显著提高，可充分接纳雨水，形成土壤“水库”。因此，要通过秸秆还田、合理施肥，与豆科作物轮作、复合种植等途径，不断改善棉田地力，增强耐旱能力。

（2）蓄水保墒　7—8月雨量集中，旱地棉田应采取措施纳雨蓄墒，减少径流损失。地膜棉田要在6月中下旬揭膜并中耕培土，以便纳雨蓄墒并促根下扎；丘陵坡地可修地垒堰，内砌外垫，兴修水平梯田。雨后及时浅中耕松土，破除板结，保蓄水分。

(3)合理密植　密植是旱地棉花增产的关键,一般每亩 4000～6000 株,机采旱地棉田可进一步增加至每亩 5000～7000 株。科学配置株行距,既要便于抗旱和机械化管理,也要利于通风透光。

(4)科学施肥　旱地棉田的施肥原则是重施、深施底肥,施足磷肥,提早追肥,根际施肥和叶面喷肥相结合。一般每亩施用氮(N)13 kg、磷(P_2O_5)8 kg、钾(K_2O)12 kg,其中氮肥和钾肥 50%～60%基施,其余追施;磷肥全部基施。7 月底以后遇旱,可叶面喷施氨基酸和 0.2%～0.3%磷酸二氢钾。另外,结合治虫,与酸性农药混用腐殖酸类调节剂,可有效地调节叶片气孔的关闭,减少叶面水分蒸腾。

(5)灌水抗旱　一旦旱象露头,特别是当棉株中午前后出现顶部 3～4 片棉叶严重萎蔫下垂时,有浇水条件的棉田应及时引水抗旱。要改大水串灌、漫灌为沟灌;灌水抗旱最好在下午 6:00 至次日上午 10:00 进行,避免晴热高温中午作业。棉田灌水后,要及时浅松土保墒。

(6)加强棉田管理　进入雨季前,及时将淤塞的支沟、毛沟进行清理,实现旱能浇、涝能排。7 月进入雨季后,根据棉花长势和降雨情况,在盛蕾至盛花期喷施 1～2 次甲哌鎓,防止棉花徒长。干热气候有利于相关棉花害虫的发生蔓延,特别是红蜘蛛、棉铃虫等,要注意及时防治。

4)依托单位

山东省农业科学院,董合忠,0531-66659255。

3. 长江流域

1)发生特点

长江流域 7—8 月容易出现伏旱,9—10 月容易出现秋旱。伏旱正值棉花盛蕾期,容易导致蕾铃大量脱落,影响棉花根系发育,造成后期棉株早衰。秋旱正值棉花花铃期和吐絮期,影响棉铃发育,铃重减小,品质下降。高温干旱持续天数越长,棉铃生长所受的影响越严重。

2)典型症状

棉花受旱先从下部表现出来,子叶发黄,开始脱落。棉叶呈暗绿色,无光泽。棉叶有较强的趋光性,早晨向东,下午向西,夜间垂地,受旱棉叶早晨有一半以上叶片不向东。中午天气炎热,棉叶出现暂时萎蔫也属正常现象,至下午 4:00—5:00,应恢复正常,如此时不能恢复正常则表示受旱。中午将叶片对折,用拇指和食指按中部,叶片应仍不断裂。主茎生长点中部凸起表示水足,中部凹陷表示受旱。也可对比主茎生长点幼叶和幼蕾大小:受旱幼蕾明显大于幼叶(图 1-5)。

图 1-5　棉花受旱症状

3)防控措施

针对长江流域棉花"三年两旱"的气候特征,采取抗旱减灾应对措施。

(1)及时灌溉　要看天、看地、看苗,灵活掌握灌溉时间,连续7 d不下雨,棉株顶部3～4片叶中午出现萎蔫,叶片变厚,呈暗绿色,无光泽,至下午3:00—4:00仍不能恢复正常状态等均表现为棉株缺水,要及时灌溉。应根据实际情况和条件采取沟灌、喷灌和滴灌等灌溉方式,以提高冠层空气相对湿度,降低土壤和冠层温度,改善田间小气候。一般地块灌溉量每亩每次50～60 m^3,沙土保水力较差,可分2～3次灌溉,最好在早、晚进行。

(2)中耕培土,增加中耕次数　灌溉后尚未封行的棉田可进行浅中耕培土,浅中耕可以切断土壤毛细管,增大水的渗透量,减少土壤蒸发和水分损失,还可改善土壤通透性和肥水供应状况,促进棉株根系发育。中耕培土还可清除杂草,促进气生根形成,增强棉花抗倒伏性。中耕后棉田杂草仍较多时,可喷施草铵膦水剂等除草剂,以彻底清除田间杂草。

(3)科学施肥　预计在干旱来临前要增施肥料,特别是增施有机肥,搭好丰产架子,做到壮而不旺、健而不衰,提高棉花抗逆性。高温干旱期间应及时抓住有利时机追施肥,追肥以速效肥料为主,在适于施肥期间如遇降雨,应在雨后及时沟施,防止后期干旱导致土壤板结,加大施肥难度,影响肥料吸收效果。对缺钾症状明显的棉田,快速补施钾肥。可结合防治棉铃虫、盲蝽、棉粉虱等害虫,根外喷施1%的尿素液、1%～2%的硫酸钾和0.2%～0.3%的磷酸二氢钾溶液。持续干旱易引发棉花缺硼,当田间棉花叶柄环带率较高,果枝发育不够健壮,蕾铃脱落率高于常年10个百分点以上时,显示严重缺硼,应及时喷施速乐硼等硼肥。

(4)防治虫害　高温干旱会加速虫害蔓延,特别是蚜虫、红蜘蛛、烟粉虱、斜纹夜蛾、盲蝽象、棉蓟马等多种害虫易在高温干旱情况下严重发生。及时防治虫害是高温干旱时节田间管理上的重要环节。盲蝽象主要为害棉株顶芽、幼叶、花蕾和幼铃,一般早晚活动,易迁飞,适宜防治时间为上午8:00前和下午6:00后,可选用甲氨基阿维菌素、马拉硫磷等药剂进行喷雾。可采用硫丹、辛硫磷、丙溴磷、灭多威等药剂防治三代棉铃虫,氨基甲酸酯类、拟除虫菊酯类等药剂防治四到五代棉铃虫,药剂可轮换使用。采用氟铃脲、辛硫磷等防治斜纹夜蛾,下午4:00以后施用。设施蔬菜密集的地方易发生烟粉虱,可采用联苯菊酯进行无人机飞防。可轮流使用烯啶虫胺、氯噻啉、吡蚜酮、丁硫克百威等防治棉蚜,阿维菌素、哒螨灵等防治红蜘蛛,啶虫脒、丁硫克百威、高含量吡虫啉等防治棉蓟马。

4)依托单位

湖北省农业科学院,别墅。

(三)雹灾防灾减灾技术

1.西北内陆

冰雹是新疆的主要灾害性天气之一,具有局地性、季节性强、来势凶猛、强度大、持续时间短等特点。冰雹虽然持续时间很短,但可以使作物瞬间毁灭。据统计,1977—1992年,新疆农作物遭受冰雹灾害面积约100万 hm^2,平均每年雹灾面积近6.7万 hm^2,约占全疆播种面积的1%。

1)发生特点

冰雹大多发生在5—9月,新疆80%的冰雹集中在5—8月,6、7、8月发生频率较高,最多的是6—7月。此时又正值棉花现蕾和开花期,一旦受雹灾,轻则产量下降,重则绝产绝收,给农业生产造成巨大的经济损失。雹灾常伴随大风和降雨。新疆阿克苏是发生雹灾较频繁的地区。北疆的奎屯河、玛纳斯河流域也常见。

2）典型症状

雹灾引发的棉花生长异常表现：雹灾强度不同，对棉花的影响程度也不同。5 月的冰雹可造成棉田缺苗或改种，7—8 月的冰雹可造成棉田绝收，危害最大。雹灾后棉花生长发育表现为生长发育推迟、成铃推迟、成铃数减少、秋桃比例大，断头棉田上部果枝腋芽处 3～5 d 可发育出叶枝，并代替主茎成为新的生长点。造成的影响表现在：果枝折断，棉花蕾铃叶片脱落，主茎、生长点严重受损，还易造成土壤板结、地膜受损等（图 1-6）。

图 1-6　冰雹危害棉花

3）防控措施

雹灾棉花受害程度一般分为 5 级。

1 级（轻度危害）：叶片破损，顶尖完好，果枝砸掉不足 10%，花蕾脱落不严重，有效期内能自然恢复，基本不减产。

2 级（中度危害）：落叶破叶严重，主茎完好，果枝断枝率 30%以下，断头率＜50%，多数花蕾脱落，生育进程处于初花期前后，可较快恢复生长，减产较轻。

3 级（重度危害）：无叶片，主茎叶节基本完好，腋芽完整，果枝断枝率 60%以上，断头率 50%～70%，有效期内加强管理能恢复生育，一般减产 30%～40%。

4 级（严重危害）：无叶片，无果枝，光秆，30%以上腋叶完好，叶节大部完好，有效蕾期内加强管理有一定收获，但减产幅度大。

5 级（特种危害）：光秆，腋芽不足 30%，叶节大部被砸坏，有效期内很难恢复，一般毁种。

（1）雹灾补救措施　棉花在新疆由于有效生长期短，一般不提倡翻种，可改种，提倡积极补救。一般根据受灾棉花所处发育阶段和受灾程度确定补救方案和措施。主要方案：对于以 1、2、3 级危害为主的棉田，应及时抢救，加强管理，争取少减产，一般不毁种。对于 4 级危害为主的棉田，应根据受灾棉花所处发育阶段决定，有效期内的，积极采取措施，促其快速恢复，不毁种；有效期不足的，可改种其他作物。对以 5 级危害为主的棉田，应尽快改种其他适宜作物。

（2）主要补救措施　a. 及时排水，中耕晾墒；b. 2%尿素液＋高效植物生长调节剂＋3000 倍生长激素叶面喷施；c. 及时整枝；d. 早灌头水，少量追肥；e. 后期喷施乙烯利。

（3）雹灾防治对策　雹灾发生常带有突发性、短时性、局地性等特征，难以控制。因此，对冰雹灾害的防治对策是：a. 首先加强对冰雹活动的监测和预报，尽可能提高预报时效，抢时间，采取紧急措施，以最大限度地减轻灾害损失。b. 要建立快速反应的冰雹预警系统。c. 建立人工防雹系统。国内外广泛采用人工消雹，对预防雹灾具有较好效果。d. 加强农业防雹措施。

4）依托单位

新疆农业科学院，李雪源。

2. 黄河流域

1）发生特点

冰雹灾害是一种地域性强、季节性明显，来势凶猛、持续时间短的气象灾害，常伴有大风、短时强降雨，给棉花带来严重损伤，造成减产甚至绝收。黄河流域棉区雹灾多发生在每年的5—6月，正值棉花的苗蕾期；开花以后偶有发生且危害减轻。

2）典型症状

冰雹对棉花的直接伤害是物理损伤，并伴有一定程度的冻害，通常以砸伤（砸掉、砸断）生长点、叶片和茎枝为主要症状。根据这些症状，可把棉花雹灾受害程度分为3个等级。

①轻度。顶部有生长点，留有部分残损叶片，简称有头有叶（图1-7a）。

②中度。顶部生长点已折断，但留有部分残损叶片，简称无头有叶；或者顶部有生长点，但无残损叶片，简称有头无叶（图1-7b、图1-7c）。

③重度。顶部生长点已折断，整株无叶片，简称无头无叶（图1-7d、图1-7e）。

轻度损伤一般不会减产或略有减产，中度损伤可减产10%～20%，重度损伤可导致减产30%以上，且棉花严重晚熟。

a. 轻度受害棉株；b. 中度雹灾棉田；c. 中度受害棉株；d. 重度雹灾棉田；e. 重度受害棉株

图1-7　棉花冰雹灾害症状

3）防控措施

应对棉花雹灾要采取“防补”结合的策略：一方面加强预测预报，通过高炮作业等抑制冰雹灾害发生；另一方面对于受灾棉花分类管理，采取相应的补救措施，减少损失。

（1）人工干预　采用高炮作业、火箭发射等人工影响天气手段抑制冰雹发生。该技术措施需要依靠当地气象部门的大力支持，在每次强冰雹天气形成时，提前根据雹云走向、强度、高度等设计作业方案，及时准确地对雹云有效部位实施催化作业，为农业生产保驾护航。

(2)分类决策　棉花受雹灾后,迅速调查灾情:轻度受害的,正常管理即可;中度受害的,要加强管理;重度受害的,也不要轻易毁种,要加强管理,把产量损失控制在30%以内。如预计产量损失50%以上,可根据当地7—10月的有效积温及光照条件,复播一些早熟作物,如食用豆、早熟玉米,以及短季叶菜类等。

(3)加强管理

①中耕松土。棉田受灾后,尽快中耕松土,提高地温,改善根系环境,促使棉苗尽快恢复正常生长。②科学追肥。受灾后可及时喷施氨基酸、海藻酸类生物刺激素和高氮叶面肥;在受灾后5～7 d,根据受灾程度和棉株长势,及时开沟追施速效肥料。③防治害虫。受灾棉株再生长后多为幼嫩枝叶,抗虫能力差,易发生虫害,尤其是棉蚜、棉盲蝽,要及时防治,保证棉株正常生长。④防控杂草。雹灾可能造成棉田缺苗断垄,给杂草滋生创造了条件。因此,雹灾后可及时人工除草或定向喷施除草剂,防治杂草。⑤合理整枝。受灾棉株恢复生长后往往会出现很多分枝,形成多头棉,可根据棉株受伤情况合理整枝,促进结铃。⑥酌情化控。根据长势和天气情况,采取少量多次方法采用甲哌鎓化控,防止徒长。⑦适时催熟。受灾棉花一般生育期推迟,伏桃少,而秋桃特别是晚秋桃比例增大,要在棉花生长后期喷施乙烯利催熟。

4)依托单位

山东省农业科学院,董合忠,0531-66659255。

(四)低温冷害防灾减灾技术

1. 发生特点

低温冷害是新疆棉花苗期主要灾害。低温冷害指当气温降到棉花对应生长阶段所需最低温度临界值以下,遭受0 ℃以上低温的危害,且达到一定时间。冷害温度有障碍型和延迟型之分。不同生长阶段棉花抵御最低温度临界值不同,抵御的时间也不同。子叶期2.5 ℃以下,花芽分化期临界低温18～19 ℃。新疆棉花苗期受低温影响最大,有研究表明,不同苗龄的棉苗忍耐低温程度不同(表1-1)。低温冷害在新疆各植棉区均有发生,发生频率高、持续时间长。一般在4、5月发生,9月时有霜冻发生。影响棉花春季冷害的气象因子主要是低温强度和持续时间。在新疆低温常伴有浮尘天气,造成光照不足,使冷害加重。

表1-1　不同苗龄棉苗忍耐低温程度

苗龄	温度/℃	持续时间/d	受害程度
刚出土	0～1	1	发生冻害
刚出土	−3～−2	1	幼苗死亡
苗龄4 d	0	1～2	轻微冻害
苗龄8 d	0	3	轻微冻害
苗龄10 d	0	2～3	50%死亡

2. 典型症状

典型症状包括发育延迟、烂芽、烂根、烂种、僵苗不发(小老苗)、器官分化抑制、叶片和生长点呈水渍状青枯、子叶叶面出现乳白色斑块,甚至死苗等(图1-8)。

图 1-8　低温冷害危害棉花

3. 防控措施

①选用耐低温品种。

②秋耕冬灌。秋耕深度 25～30 cm，将表层病菌和病残体翻入土壤深层使其腐烂分解，以减少表层土壤的病原菌。冬灌不仅可为病残体的腐烂分解提供适宜的水分，还可为翌年的整地、播种和种子发芽、出苗提供适宜的水分，提高出苗率。

③种子包衣。精选种子，要求饱满、发芽率高、发芽势强；用杀菌剂、抗寒剂拌种或用含有杀菌剂的种衣剂包衣。

④适期播种。当膜下 5 cm 地温连续 3 d 在 12 ℃以上时再播种，使种子发芽到下胚轴生长时期避开低温天气。

⑤冷害后及时中耕，喷施叶面肥和生长调节剂(赤霉素)等。

⑥受害棉田补种或重播。已受害的棉田，根据受害程度及时重播(烂种、死苗面积>40%)或人工(机械)补种。重播棉苗易旺长，应增加化调次数，防止棉苗旺长。

4. 依托单位

新疆农业科学院，李雪源。

（五）风灾防灾减灾技术

风灾是新疆棉花常见灾害，新疆有 80%植棉县市受沙漠化和风沙影响，发生频率较高。

1. 发生特点

新疆棉花风灾主要集中在春季，一般 4、5 月春季大风较频繁，级别也较高，常达到 6～10 级甚至以上，持续时间较长，并掺有沙尘，对地膜棉花影响极大。大风的危害主要是风力对棉花的机械破坏作用。一般 5 级以上大风就可对棉花造成危害，8 级左右大风就会形成棉花重灾。

2. 典型症状

风灾对棉花的危害表现：揭膜、棉苗大片倒伏、根系松动外露、叶片及棉花茎秆青枯破碎折断等机械损伤，有些甚至死亡。出苗前风灾可造成揭膜，降低地温和土壤墒度，影响出苗率和出苗速度。苗期风灾可造成嫩叶脱水青枯，大叶撕裂破碎，生长点青干，叶片吹断，形成光秆等。土地严重跑墒，重则吹死或埋没棉苗，造成严重缺苗断垄，甚至多次重播或改种(图 1-9)。

图 1-9 风灾危害棉花状

3. 防控措施

根据风害症状，把风灾分为以下级别。

0 级：棉株基本无风沙危害症状。

1 级：棉株倒一叶青枯，倒二、三叶边缘青枯，生长点正常。

2 级：棉株全株真叶青枯，子叶和生长点基本正常。

3 级：棉株子叶与真叶全部青枯，子叶节以上主茎青枯并弯曲，生长点青干。

根据不同级别进行救灾补灾。做好预测预报和防护林建设，大力营造农村防护林网，退耕还林、还草，制裁滥砍滥伐，改善农业生态环境是防御大风灾害的根本措施。做好压膜，调节好播种深度，降低风速；采用抗倒伏品种、播种深度不宜太浅等；采用与风向垂直的行向，棉苗受风危害较轻。采用沟播能有效地防御大风的危害。大风来之前，沙土地应采取棉区膜上加土镇压、耙耥中耕、摆放防风把（可用棉秆，芦苇秆）、支架防风带（化纤带）等以降低作物受害程度。加强水肥管理，风灾棉区在受灾后及时进行中耕追肥，风后及时抢播、补种。

风灾后棉花翻种、补种、改种方案确定：棉花再生能力、补偿能力强，根据损失程度确定翻种、补种、改种方案。一般损失 50%以下的棉田，受害级别在 2 级以上的棉株占棉田 85%～90%，均有较好的保留价值，只需人工催芽补种。而死苗、生长点损失和全株叶片青枯达 50%以上的棉田，3 级受害棉株达棉田 80%～90%时，要抓住时机及时翻种。如受害级别、受害株率均高，受灾时间晚，可采用改种。

4. 依托单位

新疆农业科学院，李雪源。

（六）霜冻防灾减灾技术

1. 发生特点

霜冻是指地面最低温度<0 ℃，植株体温降到 0 ℃以下，对棉花组织器官或植株的危害。霜冻是新疆常见的气象灾害，特别是北疆棉花的主要灾害。霜冻有春、秋霜冻之分。新疆春秋两季冷空气活动频繁，气温变化很不稳定，按霜冻发生的季节分为春霜冻和秋霜冻两种。春霜冻又称之为晚霜冻和终霜冻，指春季升温很不稳定，常常在棉花出苗以后出现霜冻天气，造成棉花苗受伤或死亡。秋霜冻指秋季由于暂时零度以下低温造成棉花受伤或死亡的现象，称为棉花初霜冻和早霜冻。秋霜冻往往是造成棉花停止生长的因素。新疆历年均有不同程度的霜冻发生，加强对霜冻的理解，了解冻害的规律，可以降低冻害对棉花生产的危害，降低经济损失。

在新疆对棉花影响最大的是春霜冻。造成棉花春霜冻的因子有两类：一类是气象因子，另一类为栽培因子。气象因子中低温强度和湿度是两个主要因子。低温强度是对植物造成危害的原因，湿度影响棉苗的抗冻能力。霜冻不一定对棉花造成影响。低温前降雨情况，对棉苗抗冻能力也有很大影响，尤其是新疆常有下雨很少或不下雨，温度仍能降到零度以下的情况。春霜冻分为大风干旱型霜冻和降雨湿润型霜冻。新疆以大风干旱型霜冻为主，降雨湿润型霜冻对棉花影响较大。春霜冻在新疆经常发生，但危害最重的是北疆和东疆。新疆每年春天都能遇到春霜冻，只有出现比较晚的春霜冻，才会造成危害。新疆棉花春霜冻发生时间一般在 4 月初到 5 月上旬，以 4 月中下旬最为普遍。秋霜冻分为平流降温型和辐射降温型。新疆多以辐射降温型为主，一般是雨天过后天气转晴，地面热辐射不能返回引起降温而形成的霜冻。这种霜冻一般强度较小，持续时间较短，一般在凌晨 6:00—8:00 时出现。霜冻危害程度有轻重之分，一般分为轻度霜冻、中度霜冻及重型霜冻 3 种类型。根据霜冻危害程度，采取不同的灾后管理对策。

2. 典型症状

春霜冻造成烂种、烂根、死苗、发育滞缓等，最终造成缺苗、断垄、晚发，影响产量和品质。秋霜冻出现早的年份往往有大量棉桃还没吐絮，形成大量霜后花，使棉花产量和品质都受到极大影响(图 1-10)。

图 1-10 棉花霜冻危害

3. 防控措施

对于春霜冻的防控措施有以下几点。

①要根据中长期天气预报，确定好适宜播期，防止过早播种，争取在霜后出苗。播期过早容易引起霜冻危害。一般南疆 4 月 10 日以后播种的棉花，往往可以避开霜冻危害。

②采用地膜覆盖点播技术，可有效预防霜冻危害。

③霜冻发生后要及时放苗封洞，及时解放顶膜的棉苗，通过烟熏提高棉苗抗冻能力。应用柴草熏烟防霜有悠久历史。甘肃庆阳试制成功 CHN 化学发烟剂，经过多年的实践，取得了较好的效果。

④科学判断，及时补种，加强受冻棉花管理，不宜轻易重播。

对于秋霜冻的防控措施有以下几点。

①根据天气预报，调整安排棉花生产，争取初霜冻前棉花成熟。

②用整枝、去叶、打顶等方法促早熟。

③霜冻前1天或当天给农田灌水，可提高气温1～3 ℃，效果较好。

④加强田间管理，增强植株抗冻性。

4. 依托单位

新疆农业科学院，李雪源。

二 棉花生物灾害防灾减灾技术

（一）黄萎病防灾减灾技术

1. 西北内陆

1）发生特点

棉花黄萎病一般在成株期为害，现蕾后开始发生，花铃期达到发病高峰。由植株下部叶片开始发病，逐渐向上发展至整株。低于25 ℃或者高于30 ℃时发病缓慢，超过35 ℃时发生隐症现象。

2）典型症状

发病初期病叶边缘失水变软，萎蔫下垂；稍严重时病叶边缘向下卷曲，叶脉间产生淡黄色不规则的斑块，呈掌状花斑，类似花西瓜皮状；有时叶脉间出现紫红色失水萎蔫不规则的斑块，后逐渐扩大，变成褐色枯斑，甚至整个叶片枯焦，脱落成光秆。感染黄萎病的棉花茎秆、枝条以及叶柄维管束显黄褐色条纹（图1-11）。

a.田间黄萎型症状　b.黄萎病“褐色掌状斑驳”　c.落叶型症状

图1-11　棉花黄萎病

3）防控措施

采取以“种植抗病品种、种子处理、绿色防控技术产品应用、病田轮作”为主的防治措施。

（1）调查测报　参照《棉花黄萎病测报技术规范》（NY/T 3700—2020）。

（2）选用抗（耐）病良种　选用适合当地生产的抗（耐）病棉花品种，加强品种轮换，避免单一品种的长期种植。

（3）生物防治　在棉花播种前，可用10亿芽孢/g枯草杆菌可湿性粉剂按照种子质量的

10%进行包衣处理种子；有滴灌条件的棉区，每亩可随水滴施10亿芽孢/g枯草杆菌可湿性粉剂2 kg。

(4)科学用药　在棉花黄萎病发生前或发生初期，叶面喷施80%乙蒜素乳油稀释800倍液、3%氨基寡糖素水剂稀释800倍液等。一般7 d左右施药1次，连续用药2～3次。

(5)农业措施　实行轮作换茬，与十字花科类作物西蓝花或单子叶作物麦类、玉米、高粱、谷子等轮作，并将上述作物收获后的残体全部还田。加强田间管理，包括清洁棉田、深翻、合理灌溉等。改善土壤生态条件，重施绿肥、农家肥、微生物有机肥等有机改良剂和磷、钾肥。诱导棉株提高抗病性，叶面喷施抗病诱导剂或磷酸二氢钾。

4）依托单位

中国农业科学院植物保护研究所，陆宴辉。

2. 黄河流域

1）发生特点

棉花黄萎病一般在成株期为害，现蕾后开始发生，花铃期达到发病高峰。由植株下部叶片开始发病，逐渐向上发展至整株。低于25 ℃或者高于30 ℃时发病缓慢，超过35 ℃时发生隐症现象。6—9月是病害发生的关键时期，特别是夏季多雨且温度略低时，更有利于发病。

2）典型症状

该病发病初期病叶边缘失水变软，萎蔫下垂；稍严重时病叶边缘向下卷曲，叶脉间产生淡黄色不规则的斑块，呈掌状花斑，类似花西瓜皮状；有时叶脉间出现紫红色失水萎蔫不规则的斑块，后逐渐扩大，变成褐色枯斑，甚至整个叶片枯焦，脱落成光秆。在棉花花铃期，盛夏久旱后遇暴雨或大水漫灌时，棉田易出现急性萎蔫型黄萎病株，先是棉叶呈水烫样，继而突然萎垂，整株枯死。感染黄萎病的棉花茎秆、枝条以及叶柄维管束显黄褐色条纹(图1-12)。

a.植株下部叶片发病　b.植株发病未落叶症状　c.植株发病落叶症状　d.叶片发病初期、中期和后期

e.萎蔫型发病植株　f.侧枝维管束变色　g.主茎维管束变色（从左到右分别为健株、轻病株和重病株）

图1-12　棉花黄萎病典型症状

3）防控措施

采取以抗(耐)病品种、微生物菌剂应用为核心的绿色防控技术。

(1)选用抗(耐)病良种　选用适合当地生产的抗(耐)病棉花品种,加强品种轮换,避免单一品种的长期种植。

(2)生物防治　在棉花播种前,可用10亿芽孢/g枯草杆菌可湿性粉剂按照种子质量的10%进行包衣处理种子;有滴灌条件的棉区,每亩可随水滴施10亿芽孢/g枯草杆菌可湿性粉剂2 kg。

(3)精准施药　在棉花黄萎病发生前或发生初期,叶面喷施80%乙蒜素乳油稀释800倍液、3%氨基寡糖素水剂稀释800倍液等。一般7 d左右施药1次,连续用药2～3次。

(4)农业措施　实行轮作换茬,与十字花科类作物西蓝花、油菜或单子叶作物麦类、玉米、高粱、谷子等轮作,并将上述作物收获后的残体全部还田。加强田间管理,包括清洁棉田、深翻、及时排除积水、合理灌溉等。改善土壤生态条件,重施绿肥、农家肥、微生物有机肥等有机改良剂和磷、钾肥。诱导棉株提高抗病性,叶面喷施抗病诱导剂或磷酸二氢钾。

(5)注意事项　采用微生物杀菌剂进行种子包衣时要保证菌剂均匀包裹棉种,且避免与抗生素类农药联合施用。在棉花花铃期,密切监测病害发生,在黄萎病初发时进行药剂喷施。

4）依托单位

河北省农林科学院,马平。

3. 长江流域

1）发生特点

黄萎病在棉花整个生育期均可发生,也被称为棉花的“癌症”,属于土传性真菌病害。特别是低温、阴雨常易引发病害暴发流行。

2）典型症状

症状主要有黄色斑驳型和落叶型等,病株从下部叶片开始发病,逐渐向上发展。典型常见症状是黄色斑驳型,病叶边缘稍向上卷曲,叶脉间产生淡黄色不规则斑块,叶脉附近仍保持绿色,类似花西瓜皮状;落叶型表现为叶片失水、萎蔫下垂,随即脱落。一般情况下,黄萎病株茎秆内维管束呈黄褐色(图1-13)。

a.病叶　b.剖秆　c.黄色斑驳型　d.落叶型

图1-13　棉花黄萎病

3）防控措施

采取以抗（耐）病品种应用和农业措施为核心的绿色防控技术。

（1）选用抗（耐）病良种　选用适合当地生产的抗（耐）病棉花品种，加强品种轮换，避免单一品种的长期种植。

（2）种子处理　用包衣剂处理种子，包衣后阴干备播；或在包衣处理基础上，使用枯草杆菌、氨基寡糖素、乙蒜素等植物免疫诱抗剂和植调剂进行种子处理，促根壮苗，提高棉苗抗逆能力。

（3）精准施药　发病前或发病初期，使用诱抗剂“棉萎克”，叶面喷施，间隔 5～10 d 喷施 1 次；灌根，600～1200 倍液，每株 100～200 mL 滴灌，75～150 g/亩。初见病株时也可选用枯草杆菌等药剂，叶面喷施、滴施灌根，连续用药 2～3 次，间隔 10 d，控制病害。

（4）农业措施　合理轮作换茬，建议水旱轮作或与禾本科作物轮作；健康栽培（加强种子调运的检疫，防止种子带菌传播）；加强田间管理，降雨后及时排水，降低田间湿度，深翻，重施有机肥和钾肥；彻底清洁田园，病株及时带出田外处理。

（5）注意事项　棉花黄萎病属于土传病害，防重于治，遇低温阴雨天气，选用枯草杆菌和噁霉灵等药剂叶面喷施预防。在黄萎病常年发病较重棉田，应及时轮作。

4）依托单位

黄冈市农业科学院，李蔚。

（二）棉铃病害防灾减灾技术

1. 西北内陆

1）发生特点

西北内陆棉区棉铃病害主要分为真菌性铃病和细菌性铃病，真菌性铃病主要是近年来发生的由枝孢霉引起的棉花僵铃和裂铃病，主要在蓟马为害棉铃的基础上致病；细菌性铃病主要是由成团泛菌和菠萝泛菌引起，主要由盲蝽媒介传播。因此该两种棉铃病害与棉田蓟马、盲蝽的发生，以及气候条件等因素密切相关。

图 1-14　枝孢霉引起的僵铃和裂铃病症状

2）典型症状

（1）僵铃和裂铃病　棉铃被感染后常形成僵铃和裂铃；潮湿情况下则在病部表面产生一种橄榄绿色或黑绿色的霉层（图 1-14）。该病的发生与棉蓟马的种群数量有密切关系。

（2）细菌性烂铃病　棉花细菌性烂铃病为害症状有两类：一类是发病初期棉铃表面无明显的症状或仅在铃缝上出现褐色条形水渍状病斑，棉铃内部种子和棉纤维变褐，呈水渍状，发病后期引起整个棉铃变软腐烂；另一类症状主要表现在棉花吐絮后，感病铃壳扭曲变形，吐絮不畅，呈僵瓣状，棉纤维部分或全部呈黄褐色，棉铃比正常棉铃小，种子小或干瘪（图 1-15）。

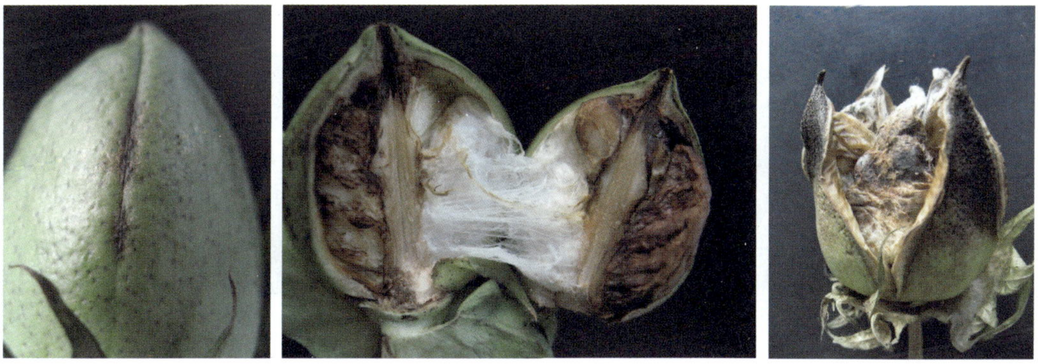

图 1-15 细菌性烂铃病典型症状

3）防控措施

采取以治虫防病为主，结合全程化控和品种选育的绿色防控技术。

（1）治虫防病　以保护自然生态环境涵养天敌、棉花种子包衣和使用苦参碱等生物制剂防治棉蚜，采用物理诱杀、生物防治和化学防治相结合防治蓟马和盲蝽等措施，及时防治棉花花铃期害虫的为害，同时减少棉花生长后期的机械损伤，对减轻铃病的发生有重要作用。

（2）全程化控　做好全程化控，塑造棉花合理株型，使棉田通风透气，减少烂铃发生。

（3）选育抗病品种　当前在棉花生产上尚无抗病品种，因此应注意选育株型比较紧凑，通透性和早熟性较好的品种，有助于减轻铃病发生。

4）依托单位

中国农业科学院植物保护研究所，陆宴辉。

2. 黄河流域

1）发生特点

在黄河流域棉区，棉花烂铃以棉铃疫病为主，棉铃疫病发生后可导致其他烂铃病的发生。因此，棉花烂铃的防治以防治棉铃疫病为主。棉铃疫病一般始发于 7 月下旬，8 月上旬以后迅速增加，8 月下旬为发病盛期。棉铃疫病与 8、9 月间的降雨有密切关系，8 月中旬至 9 月中旬的雨量和雨日的多少是决定全年棉铃疫病轻重的重要因素。棉铃疫病发生最适温度为 22～23.5 ℃，致病适温在 24～27 ℃。棉铃疫菌通过风雨、虫害及农事操作等传播侵染棉铃。连阴雨天气造成棉田高湿环境，高密度种植造成棉田荫蔽等，可加速烂铃病的发生、繁殖和蔓延。

2）典型症状

棉铃疫病病斑先从棉铃基部或从铃缝开始出现，青褐色至青黑色，水渍状。起初病斑表面光亮，健部与病部界限清晰，逐渐向全铃扩展后，病斑变成中间青黑色、边缘青褐色，健部与病部界限模糊不清。单纯疫病为害的棉铃，发病后期在铃壳表面产生一层霜霉状物（图 1-16）。

3）防控措施

采取以农业措施、物理防治为核心的绿色防控技术。

（1）农业措施　合理间套作，与大蒜、西瓜、小麦、花生等作物进行间套作；如：麦-棉套作 4∶1 式（4 行小麦占地宽 80 cm，1 行棉花，预留棉花区宽 65 cm）；麦-棉套作 6∶2 式（6 行小麦占地宽 120 cm，2 行棉花，预留棉花区宽 80 cm）；棉花-花生间作行比按照 2∶4 比例进行播种。

a.棉铃疫病初期病铃（铃尖开始发病） b.棉铃疫病初期病铃（底部开始发病） c.棉铃疫病后期病铃 d.棉铃疫病后期病铃（产生霉状物） e.棉铃疫病发病植株

图 1-16 棉铃疫病典型症状

(2)物理防治　采用行间覆盖地膜或麦秸技术防治棉铃疫病。在直播棉田第一个棉铃成铃之前(7 月中旬到 7 月下旬)，棉田行间铺设塑料薄膜以阻隔土壤中的病原菌随水流向上飞溅。覆膜具体操作如下:将塑料薄膜卷轴用光滑圆棍穿过，架起置于棉田地头，要求塑料薄膜卷轴宽度中线和棉田宽行中线对正，平铺于行间裸露地面。操作时要求将宽行间裸露地面覆严。在麦-棉套作棉田，小麦收获后就地取材，在棉田地表覆盖粉碎的小麦秸秆，覆盖厚度 5～10 cm。

(3)全程化控　做好全程化控，塑造棉花合理株型。特别是连阴雨后，要及时喷施缩节胺，每亩 1.5～3.0 g，兑水 20 kg，控制棉花旺长，防止棉田郁闭。

(4)化学防治　在棉花花铃期，叶面喷施 0.5%氨基寡糖素 400 倍液、100 g/L 氰霜唑悬浮剂 1000 倍液、25%吡唑醚菌酯悬浮剂 2000 倍液和 31%噁酮・氟噻唑悬浮剂 2000 倍液等。一般每 7 d 左右施药 1 次，连续用药 2～3 次。棉株下部铃成熟时，将 50%噻苯隆可湿性粉剂稀释 2500 倍液、40%乙烯利水剂稀释 3000～3500 倍液，进行针对性定向喷雾，只喷棉株中下部棉铃和叶片。

4）依托单位

河北省农林科学院，马平。

（三）苗期病害防灾减灾技术

1. 发生特点

棉花苗期病害是一类由多种病菌引起、分布广泛、影响种子萌发和幼苗生长的病害。严重发生年份，造成田间缺苗断垄，甚至毁种重播；发生轻时，棉苗生长迟缓，形成弱苗，影响产量。

2. 典型症状

立枯病是西北内陆棉区棉花苗期最主要的病害。幼苗出土前可造成烂种和烂芽。幼苗出土后，在幼茎基部发生褐色凹陷病斑；病斑向四周发展，逐渐变成黑褐色，并扩大缢缩，子叶下垂萎蔫，最终幼苗枯倒(图 1-17)。红腐病是西北内陆棉区棉花苗期的另一重要病害，该病害引起的症状在出苗前表现为红褐色烂种、烂芽；出苗后棉花根茎部黄褐色，病根部略肥肿(图 1-18)。

a.立枯病严重发病植株

b.立枯病病株茎基部变褐缢缩（左：健株；右：病株）

图 1-17　棉花立枯病

a.红腐病茎基部腐烂变色

b.红腐病病株根腐烂变色

图 1-18　棉花红腐病

3. 防控措施

采取以加强栽培管理措施和种子包衣处理为核心的绿色防控技术。

(1)加强栽培管理措施　①适期播种。要防止过早播种，一般 5 cm 土温稳定在 10～12 ℃及以上时开始播种。②播前整地。土地平整，要做到“碎、净、平、墒、松、齐”的六字方针。③加强苗期田间管理。及时中耕，提高地温；及时滴水，排除盐碱。

(2)种子管理　①轧花后的棉种须经初选和暴晒，贮藏棉种的含水量不得超过 10%；棉种应存放在通风、干燥、阴凉处，以防发芽、霉烂和种传病菌的繁殖。②采用硫酸脱绒选种。③播前晒种 30～60 h，促进种子后熟，提高种子活力，增强抗逆力。

(3)种子包衣处理　使用 26%多・福・立枯磷悬浮种衣剂(福多甲种衣剂)或 400 g/L 萎锈・福美双悬浮剂(卫福种衣剂)播前处理种子。

4. 应用区域

适用于西北内陆棉区。

5. 依托单位

中国农业科学院植物保护研究所，陆宴辉。

（四）棉盲蝽防灾减灾技术

1. 西北内陆

1）发生特点

西北内陆地区棉花上的盲蝽种类主要包括牧草盲蝽、苜蓿盲蝽和绿盲蝽，均属半翅目盲蝽科。牧草盲蝽是新疆地区棉花上盲蝽的优势种，其次是苜蓿盲蝽，2014 年首次报道绿盲蝽严重为害新疆棉花等农作物，随后在南北疆多地陆续发现。盲蝽寄主植物种类繁多，包括棉花、苜蓿、枣、葡萄、苹果、香梨、苦豆子、黄花蒿、冷蒿、骆驼刺等。盲蝽成虫具有明显的趋花习性，其种群随着农田中不同寄主植物的开花顺序而进行有规律的寄主转换。

2）典型症状

盲蝽成虫和若虫均能刺吸为害，主要取食寄主植物的生长幼嫩部位和繁殖器官。棉花幼苗的生长点基部全部遭受为害后，形成“公棉花”或“无头苗”；植物叶片受害后，形成不规则孔洞，称为“破叶疯”（图 1-19a）；蕾、花、果（或棉铃）受害后，出现坏死斑点、畸形或脱落（图 1-19b、图 1-19c）。在部分重发地区，棉花受害田块达 100%，植株受害率达 90%以上，产量损失达 30%以上。

a.叶片受害状　　b.花受害状　　c.幼铃受害状

图 1-19　盲蝽为害棉花

3）防控措施

基于盲蝽季节性寄主转换规律，切断季节性寄主转移为害路径，对盲蝽区域种群进行系统控制。

（1）调查测报　参照《盲蝽综合防治技术规范 第 1 部分：棉花》（NY/T 2951.1—2016）。

（2）生态调控　在开始冻结但地面未积雪之前，彻底清除棉田杂草和枯枝烂叶，并实施冬灌，压低盲蝽越冬基数。在棉田四周种植向日葵诱集带，结合诱集带上定期的化学防治，可以隔断盲蝽成虫迁入棉田。

（3）理化诱控　频振式杀虫灯能有效诱杀盲蝽成虫。盲蝽性诱剂与桶形诱捕器配套，能有效杀死诱到的成虫。每亩放置诱捕器 2～4 套，每 5～6 周更换一次性诱剂诱芯。

（4）生物防治　红颈常室茧蜂是盲蝽若虫的优势寄生蜂，按红颈常室茧蜂蛹：盲蝽若虫 1：50 左右在盲蝽卵的孵化高峰期进行释放，间隔 5～7 d，连续释放 2～3 次，防治效果可达 80%左右。使用对天敌较安全的选择性化学农药来防治盲蝽，减少对天敌昆虫的杀伤作用，有助于促进天敌种群的增殖和发挥有效的控害作用。

(5)科学用药　防治盲蝽效果比较好的种类及其用量为：10%联苯菊酯乳油 450～600 mL/hm²、45%马拉硫磷乳油 1050～1200 mL/hm²、40%毒死蜱乳油 900～1200 mL/hm² 等。同时，在棉花花蕾期，选用丁硫克百威、氟啶虫胺腈、呋虫胺作为啶虫脒等常规农药的替代药剂轮换使用，以延缓其抗性的产生。

(6)注意事项　盲蝽成虫转移为害能力强，局部地块的防治对盲蝽区域性种群控制作用不大，应尽量采取大面积同步的"统防统治"。

4）依托单位

中国农业科学院植物保护研究所，陆宴辉。

2. 黄河流域

1）发生特点

黄河流域棉区盲蝽以绿盲蝽为优势种，该虫一般年发生 5 代，以卵越冬，越冬寄主包括棉花枯枝与铃壳、苜蓿根茬、枣树等的断茬髓部，以及田间杂草等。绿盲蝽成虫善于飞行，喜食花蜜，具有明显转主为害特点，6 月中下旬大量迁入棉田，田间世代重叠现象严重。绿盲蝽若虫行动敏捷、隐蔽性强，不易被发现。

2）典型症状

绿盲蝽成虫和若虫均能刺吸为害，主要取食寄主植物的幼嫩器官(如棉花的嫩叶、小蕾、幼果等)。在其取食过程中，绿盲蝽通过口针的剧烈活动撕碎植物细胞，刺点形成后中间部分组织坏死而停止发育，但周围组织继续快速生长，在此作用下最终坏死部分被明显拉大，形成叶片破损和畸形、花蕾与幼果畸形或脱落等为害症状(图 1-20)。

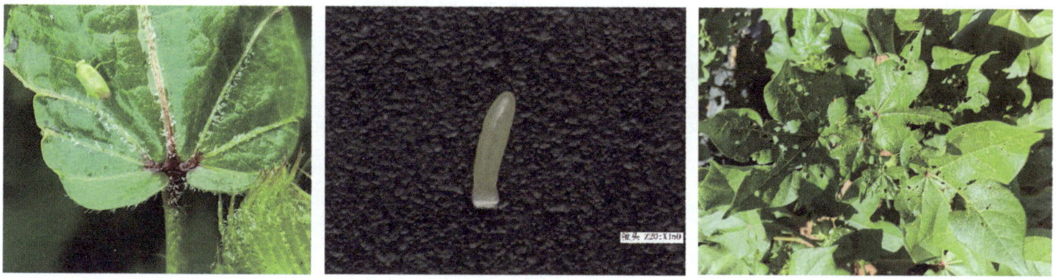

a.绿盲蝽成虫　　b.绿盲蝽的卵　　c.绿盲蝽为害叶片

图 1-20　绿盲蝽及为害棉花状

3）防控措施

采取以铲除早春虫源、狠治迁入成虫和统防统治的防控策略。

(1)农业防治　农业防治的重点是尽量避免棉花、果树、苜蓿等邻作或间作，减少寄主间交叉为害。早春 4 月绿盲蝽越冬卵孵化前，可通过清理越冬场所来压低虫源基数。主要措施包括：①结合果树冬季和早春修剪，剪除越冬卵所在的夏剪残桩。②及时清除农田周围的枯死杂草。在早春一代若虫发生期，喷施除草剂或人工除草，清除田埂杂草，可有效降低早春虫源基数。

(2)物理防治　绿盲蝽成虫具有一定的趋光性，每 10～20 亩地悬挂 1 台黑光灯，利用黑光灯诱杀能有效降低成虫种群密度及后代发生数量。

(3)性诱技术 6月中旬于棉田内悬挂绿盲蝽性诱捕器，每亩2～3个，能有效监控并诱杀迁入棉田的绿盲蝽成虫。

(4)化学防治 采用无人机飞防技术对棉田绿盲蝽进行防治。防治指标：苗期至蕾期，绿盲蝽百株虫量5头，或新被害株率达2%～3%；蕾期至花期，百株虫量10头，或新被害株率达5%～8%；花期至铃期，百株虫量20头。防治绿盲蝽的药剂种类较多，防治效果较好的种类及其用量为：22%氟啶虫胺腈悬浮剂20～30 mL/亩、25%噻虫嗪水分散粒剂6～12 g/亩、10%联苯菊酯乳油30～40 mL/亩、45%马拉硫磷乳油55～85 mL/亩。

(5)注意事项 棉花苗期至蕾期，即绿盲蝽迁入棉田时，是防治的关键时期，此时应适当加大药量，可以有效地减少棉田绿盲蝽的种群基数。绿盲蝽成虫具有直接为害性和较强的飞行能力，在寄主植物和作物田块转移性强，因此须采取大面积的统防统治。防治药剂要采用适于飞防的剂型和助剂。

4)依托单位

河北省农林科学院，马平。

3. 长江流域

1)发生特点

高温、高湿天气适合盲蝽卵孵化和为害，生产上有“一场雨、一场虫”的说法。长江流域6—8月间降雨多、湿度大的年份为害重，干旱年份为害轻。早播、肥水充足、生长茂盛旺长的棉田则偏重发生。盲蝽成虫有转移迁飞的习性和趋光性，成虫怕光，昼伏夜出。

2)典型症状

盲蝽对棉花的为害时间很长，从幼苗一直到长出青铃，为害期长达3个多月。盲蝽以成虫、若虫刺吸棉株营养液，造成蕾铃大量脱落、破头、破叶和枝叶丛生等。在棉花的各生育期中，受害植株的表现不同：在子叶期生长点被害，则生长点变黑干枯，不再生长，成无头棉(图2-21a)；真叶出现后，顶芽受害枯死，不定芽丛生，变成“多头棉”。为害嫩叶时，被害点初呈小黑点，叶展开后大量破碎，称为“破叶疯”(图1-21b)；幼蕾、幼铃被害，先变为黄褐色，最后干枯脱落。棉株受盲蝽为害后，营养生长与生殖生长失调，表现旺长而结铃少且品质下降。

3)防控措施

采取以监测预报和精准施药为核心的绿色防控技术。

(1)监测预报 当棉花百株破叶率达到10%以上时，应及时选择合适的杀虫剂进行防治，把棉盲蝽消灭在点片状态。

(2)精准施药 从播后苗齐后，开始防治盲蝽，根据棉盲蝽的习性选用触杀性较好和内吸性较强的药剂混合叶面喷施，交替使用，效果较好。推荐药剂有50%氟啶虫胺腈亩用7～10 g、45%马拉硫磷亩用80～110 mL、4%阿维·啶虫脒亩用15～20 mL、25%噻虫嗪亩用4～8 g等。

(3)农业措施 棉花播种前除去田边杂草，消灭越冬寄主，减少早春虫口基数，减少向棉田转移的虫量；科学合理施肥，减少氮肥用量，控制棉花旺长，减轻盲蝽的为害。

(4)注意事项 盲蝽在多雨季节发生重，要加强防控，及时抢晴防治。由于盲蝽具有迁飞性和喜阴性，要连片统防统治和早晚施药。

4)依托单位

黄冈市农业科学院，李蔚。

a.无头棉

b.“破叶疯”

图 1-21 盲蝽为害棉花造成无头棉和“破叶疯”

（五）棉蚜防灾减灾技术

1. 西北内陆

1）发生特点

棉蚜常在棉花苗期和蕾铃期发生，尤其以蕾铃期发生的伏蚜对棉花产量的影响最大，是一种普发、常发的棉田害虫。

2）典型症状

棉蚜以成虫、若虫群集于棉叶背面和嫩叶上刺吸汁液，被害叶片向背面卷曲，植株矮缩，顶端呈拳头状。其在蕾铃及嫩茎上密集为害时，常引起蕾铃脱落，降低产量（图 1-22）。棉蚜排出大量蜜露，可导致叶片霉污，影响植物光合作用。

a.为害棉苗顶端生长点症状

b.为害田间症状

c.为害叶片症状

图 1-22 棉蚜为害棉花状

3）防控措施

坚持“预防为主，综合防治”的基本原则。优化作物布局、选择抗（耐）虫性品种、科学施肥等农业技术措施，是有效控制棉蚜的重要基础。进行药剂拌种将棉蚜消灭在点片发生阶段，是大田防治的重要环节；合理用药，预防抗药性风险，选用对天敌杀伤力小的药剂，保护利用本地自然天敌，是控制棉蚜为害的有效途径。

(1)调查测报　参考《棉蚜测报技术规范》(GB/T 15799—2011)。

(2)生态调控　种植抗蚜或耐蚜棉花品种。选择性防治田埂杂草，保护苦豆子、甘草、罗布麻、骆驼刺等功能性植物，保育棉田外天敌虫源。推广棉花与小麦、苜蓿等邻作模式，促进棉田天敌增殖。

(3)生物防治　充分保护利用天敌，当瓢蚜比在 1∶500 以内时，天敌即可控制棉蚜的发生。

(4)科学用药　播种前，可使用 70%噻虫嗪种子处理可分散粉剂 WS 4.0 g/kg、40%噻虫嗪·吡唑醚菌酯·萎锈灵种子处理悬浮剂(FS)3.0～4.0 g/kg 进行拌种，持效期可达 30 d。点片发生期，采用点片喷药；在棉田扩散为害面积较大、天敌又不能控制棉蚜数量快速增殖时，进行全田施药。

棉蚜防治指标为：在 3 叶期前卷叶株率达到 5%～10%，3 叶期后卷叶株率达到 10%～20%；在 6 月下旬至 7 月上旬棉蚜发生盛期，卷叶株率在 5%～10%，且倒三叶蚜量 300～400 头/株。可使用 0.3%苦参碱 AS 50～60 mL/亩、0.5%藜芦碱 SL 85～100 g/亩等生物农药，避免杀伤天敌，以发挥天敌的自然控制作用；也可选用对天敌杀伤力较小的 5%双丙环虫酯 SL 16 mL/亩、25% 吡蚜酮 WP 20 g/亩、22%氟啶虫胺腈 SC 10～12 mL/亩、25%噻虫嗪 WG 5～10 g/亩、50%氟啶虫酰胺 WG 45～60 g/亩等化学杀虫剂。

(5)注意事项　棉蚜化学防治用药应选择机理不同的药剂或药剂组合，避免长期连续使用单一药剂，以延缓抗药性发展。

4)依托单位

中国农业科学院植物保护研究所，陆宴辉。

2. 黄河流域

1)发生特点

黄河流域棉区为害棉花的蚜虫为棉蚜(*Aphis gossypii* Golver)，该虫在我国各个棉区均有分布和为害。黄河流域棉区是棉蚜发生为害最严重的区域，不仅在棉花苗期发生普遍且严重，某些年份的夏季“伏蚜”也暴发，对棉花产量产生很大影响。棉蚜具有极强的繁殖力，在黄河流域每年发生 20～30 代。棉蚜在室外木本或草本植物以及花卉、蔬菜上越冬，在越冬寄主上的有翅棉蚜发生高峰期通常与当地棉苗出土时期相吻合，有翅棉蚜陆续迁入棉田为害。

2)典型症状

棉蚜以成蚜、若蚜群集于棉株的叶片背面，尤其喜好在嫩叶和嫩芽上以刺吸式口器吸取汁液。棉蚜对棉株造成的损害有：①直接吸取植株汁液，破坏叶片细胞，使叶片向背面卷曲或皱缩(图 1-23)；②破坏正常生理代谢，引起棉株发育不良，植株短小，叶数和蕾铃数减少，造成减产或品质下降；③分泌蜜露，造成霉污病，阻碍叶片的光合作用；④传播病毒，造成更大的危害或损失。

3)防控措施

采取以保护天敌草蛉(图 1-24)、七星瓢虫(图 1-25)、延缓抗性为目的，以隐蔽施药、点片防治和忍让为原则的防控策略。

图 1-23　棉蚜为害叶片

图 1-24　天敌草蛉卵

图 1-25　七星瓢虫幼虫

(1)农业防治　农业防治的重点是合理采用多种作物条带种植、间作、套种等，以丰富棉区植物和动物的生态结构，给棉蚜的天敌提供季节性食物和生境；利用油菜等作物上的蚜虫引诱蚜虫天敌，创造天敌自然控制棉蚜的条件。

(2)生物防治　在蚜虫天敌盛发期尽可能在棉田少施或不施化学农药，避免杀伤天敌，以发挥天敌的自然控制作用。

(3)化学防治　利用高效化学农药，采用拌种结合喷雾的方法，可有效控制棉蚜种群；因棉花伏蚜于 8 月初会因温度或环境条件变化出现种群崩溃现象，而对于伏蚜的防治，可采用忍让的原则，充分利用天敌昆虫的控制作用。

①药剂拌种。可采用噻虫嗪、噻虫胺等新烟碱类药剂进行拌种处理，拌种剂量为有效成分不低于 400 g/100 kg 种子，可于棉花播种处理后 20～30 d 内有效控制棉蚜种群。

②喷雾处理。当苗期棉株卷叶株率达 20%，伏蚜平均单株顶部、中部和下部三叶蚜量达 200 头以上时，采用无人机飞防技术进行药剂喷雾处理。药剂种类选择 50 g/L 双丙环虫酯可分散液剂 10～16 mL/亩、25%吡蚜酮悬浮剂 16～30 mL/亩、8%氟啶虫酰胺可分散油悬浮剂 30～50 mL/亩、22%氟啶虫胺腈悬浮剂 20～30 mL/亩等。

(4)注意事项　防治棉蚜的药剂选择须注意轮换使用和药剂的混合使用，以延缓棉蚜抗性的发展。防治药剂要采用适于飞防的剂型和助剂。

4）依托单位

河北省农林科学院，马平。

（六）棉叶螨防灾减灾技术

1. 西北内陆

1）发生特点

叶螨在棉花各生长期均可发生为害，尤其在花铃期易暴发成灾，是一类普发、常发性害虫，具有繁殖速度快、为害程度严重的特点。

2）典型症状

叶螨常群集在棉花叶背，也可在棉花的嫩枝、嫩茎、花萼、果柄及幼嫩的蕾铃部位为害。为害棉花初期，叶正面呈现黄白色斑点；当螨量密集时，很快呈现出橘黄色斑，严重时叶脉基部呈现紫红色斑块。被害处的叶背面有丝网和土粒黏结，呈现土黄色斑块。为害严重时，叶片扭曲变形，甚至枯萎脱落、棉株枯死；为害嫩茎、苞叶或蕾铃时，会形成锈色斑。中后期发生时，叶片变红，干枯脱落，状如火烧，能引起中下部叶片、花蕾和幼铃脱落，造成棉花大幅度减产甚至绝收(图 1-26)。

图 1-26 叶螨为害棉花

3)防控措施

采取以监测预报、农业措施、生物防治和精准施药为核心的绿色防控技术。

(1)调查测报 参见《棉花叶螨测报技术规范》(GB/T 15802—2011)。

(2)农业措施 越冬前及时清除棉田杂草,在为害重的棉田喷药,压低越冬虫量。在秋播时耕翻整地,通过深翻将越冬叶螨翻压到 17~20 cm 的深土下。在棉苗出土前,及时铲除田间或田外杂草,压低虫源基数。棉花蕾期受叶螨为害后,适量施用 DPC(缩节胺)可提高受害植株的耐害补偿能力,减少产量损失。对有玉米诱集带种植的棉田要加强玉米诱集带叶螨的防控,降低玉米叶螨向棉田扩散的数量。

(3)生物防治 注意保护利用自然天敌,尽可能选择对天敌毒性小的杀螨剂;必须使用对天敌杀伤力大的药剂时,应采用拌种或带状间隔喷雾等对天敌安全的施药方法。也可在叶螨发生初期,人工释放捕食螨,控制叶螨基数和降低叶螨发生程度。

(4)精准施药 当大面积发生时常用的喷雾药剂有:11%乙螨唑悬浮液 11 g/hm^2、24%螺螨酯悬浮液 10 g/hm^2、2%阿维菌素悬浮液 12 g/hm^2、10%虫螨腈悬浮液 5 g/hm^2、73%炔螨特乳油 16 g/hm^2、15%哒螨灵乳油悬浮液 15 g/hm^2、43%联苯肼酯悬浮液 2 g/hm^2、20%丁氟螨酯悬浮剂 6 g/hm^{2}等,可防治棉叶螨为害。

(5)注意事项 化学防治的同时须注意施药全面细致,提高农药防治效果,避免连续多次使用相同药剂,适当采用多种药剂交替使用,以减缓棉叶螨抗药性的产生。

4)依托单位

中国农业科学院植物保护研究所,陆宴辉。

2. 黄河流域

1)发生特点

棉叶螨又称棉红蜘蛛,在我国为害棉花的叶螨主要有朱砂叶螨(*Tetranychus cinnabarinus* Boisduval)、截形叶螨(*T. truncatus* Ehara)、二斑叶螨(*T. urticae* Koch)、土耳其斯坦叶螨(*T. turkestani* Ugarov et Nikolski)和敦煌叶螨(*T. dunhuangensis* Wang),均属蛛形纲蜱螨亚纲真螨总目绒螨目螨科。我国为害棉花的棉叶螨是混合种群,种类组成和优势种在各地不尽相同。黄河流域棉区优势种主要是朱砂叶螨,截形叶螨和二斑叶螨为常见物种,常与朱砂叶螨混合发生。高温干旱的气候条件有利于棉叶螨的发生和为害。

2)典型症状

棉叶螨的成、若螨均可为害棉花,常群集在棉花叶背,也可在棉花的嫩枝、嫩茎、花萼、果柄及幼嫩的蕾铃部位为害。以口针刺入绿色组织,吸取汁液。棉叶螨在棉花生长初期为害,叶正面呈现黄白色微点,当叶螨密集时,很快呈现出橘黄色斑,严重时呈现紫红色斑块。被害处的叶背面有丝网和土粒黏结,呈现土黄色斑块。为害严重时,叶片扭曲变形,甚至枯萎脱落,棉株枯死。为害嫩茎、苞叶或蕾铃时,会形成锈色斑。中后期发生时,叶片变红,干枯脱落,状如火烧,能引起中下部叶片、花蕾和幼铃脱落,造成棉花大幅度减产甚至绝收(图 1-27)。

图 1-27　棉花叶螨为害棉花

3)防控措施

棉花害螨的防治应以压低虫源基数和控制点片发生阶段为重点,协调运用农业防治、生物防治和化学防治等方法,控株、控点相结合,力争把棉花害螨控制在 6 月底以前,保证棉花不受较重为害。

(1)农业防治　越冬前应及时清除棉田杂草,压低越冬虫量。在秋季耕翻整地,通过深翻将越冬叶螨翻压到 17～20 cm 的深土下。在棉花生长期坚持“查、抹、摘、打、追”等点片防治措施。“查”是查虫情,逐垄检查被害棉株;“抹”是发现棉叶上有少数棉叶螨时用手抹掉;“摘”是发现棉叶螨多的棉叶,摘下放入塑料袋内带出田外;“打”是除摘、抹被害株外,发现一株喷一圈,发现一窝打包围;“追”是跟踪追击找虫源,同时追肥壮苗,创造不利于棉叶螨的繁殖条件。还可通过浇水,提高湿度,改变田间小气候,抑制棉叶螨的发生。

(2)生物防治　注意保护和利用天敌,努力创造有利于自然天敌安全生存的环境条件。棉田中棉叶螨的天敌种类很多,包括捕食螨、瓢虫、花蝽、草蛉等。

(3)化学防治　当叶螨大面积发生时常用无人机防治,田间用药尽可能选择对天敌毒性小的杀螨剂。喷雾药剂可选择:73%炔螨特乳油 33～50 mL/亩;20%哒螨灵可湿性粉剂 50～65 g/亩;2%阿维菌素乳油 30～50 mL/亩等。

(4)注意事项　防治药剂要采用适于飞防的剂型和助剂。

4)依托单位

河北省农林科学院,马平。

(七)甜菜夜蛾防灾减灾技术

1. 发生特点

甜菜夜蛾是一种间歇性大发生的害虫,一般 7—9 月是为害盛期。甜菜夜蛾夜间活动,有较强的趋光性。中午及夜间在土表或土缝中潜伏,阴雨天全天为害棉花。有假死性,虫口密度过大时，会自相残杀。幼虫具有假死性，稍有惊扰，即缩成一团，掉下滚至土表；昼伏夜出。主要发生于长江流域。

2. 典型症状

甜菜夜蛾属杂食性害虫，初孵幼虫群集在植物叶片背面，为害棉花叶片，吐丝结网，取食叶肉，留下表皮、叶脉和叶柄。3 龄后分散为害，食量增加，将棉叶吃成孔洞与缺刻，严重为害时仅余叶脉、叶柄；3 龄以上幼虫还为害棉花的蕾、花、铃，导致蕾、花、铃的大量脱落及烂果，严重影响棉花产量（图 1-28）。幼虫有较强的隐蔽性，体型和体色多变，多在早晨、傍晚和夜间取食。

a.为害叶　　b.为害蕾　　c.为害花

图 1-28　甜菜蛾为害棉花

3. 防控措施

采取以诱杀成虫和精准施药为核心的绿色防控技术。

（1）诱杀成虫　根据甜菜夜蛾习性，可利用灯诱和性诱方式诱杀成虫，降低虫口基数。灯诱可利用黑光灯、频振式杀虫灯进行诱杀，每公顷设灯 3 盏。性诱可利用甜菜夜蛾专用性诱剂，每亩设性诱装置 3 套。

（2）精准施药　在甜菜夜蛾幼虫初孵化盛期，用 5%氯虫苯甲酰胺亩用量 40～55 mL、1%甲氨基阿维菌素苯甲酸盐亩用量 10～15 mL、150 g/L 茚虫威亩用量 25～35 mL、50 g/L 虱螨脲亩用量 30～40 mL 等药剂及其复配制剂叶面喷施；也可选用甜菜夜蛾核型多角体病毒、白僵菌、苦参碱等生物农药制剂，按规定剂量于晚上 6:00 后或早上 8:00 前叶面喷雾防治。

（3）农业措施　根据初孵幼虫群集为害的特性，结合田间管理，摘除卵块及初孵幼虫食害的叶片，带出田外集中销毁，可消灭大量卵块和幼虫；收获后应及时清田，并加强冬菜地的中耕除草及冬闲地的耕翻，以减少越冬蛹量。

（4）注意事项　甜菜夜蛾在高温干旱季节发生重，要注意防控。甜菜夜蛾具有昼伏夜出习性，施药应选择在傍晚。

4. 应用区域

适用于长江流域棉花主产区。

5. 依托单位

黄冈市农业科学院，李蔚。

第二章

麻类体系防灾减灾技术

一、麻类非生物灾害防灾减灾技术
（一）苎麻抗旱减灾技术
（二）工业大麻抗旱减灾技术
（三）亚麻抗旱减灾技术
（四）黄麻和红麻抗旱减灾技术
（五）剑麻抗旱减灾技术
（六）苎麻抗洪排渍减灾技术
（七）工业大麻排渍减灾技术
（八）苎麻防风减灾技术
（九）剑麻防风减灾技术

二、麻类生物灾害防灾减灾技术
（一）苎麻根腐线虫病防灾减灾技术
（二）苎麻花叶病防灾减灾技术
（三）大麻线虫病防灾减灾技术
（四）红麻根结线虫病防灾减灾技术
（五）红麻炭疽病防灾减灾技术
（六）亚麻白粉病防灾减灾技术
（七）剑麻茎腐病防灾减灾技术
（八）剑麻新菠萝粉蚧防灾减灾技术
（九）麻园菟丝子防灾减灾技术

一 麻类非生物灾害防灾减灾技术

（一）苎麻抗旱减灾技术

1. 发生特点

湖北麻区一般在8—11月容易发生干旱。湖南夏秋干旱主要集中在7月中旬到9月下旬，其中7月底和8月上旬常有一些降水。江西苎麻区域主要是伏秋干旱，这期间不但少雨而且温度高，天气持续晴热、土壤蒸发和茎叶蒸腾猛增。四川大竹、达川区等苎麻主产区干旱灾害主要发生在7月中旬以后，持续的干旱少雨、晴热高温天气，带来的旱害较为严重。

2. 典型症状

干旱灾害最直接、最典型的症状为叶片萎蔫。麻园长期干旱会引起苎麻植株的株高、茎粗、单株鲜皮重以及皮厚降低，进而影响苎麻原麻产量及纤维品质。

3. 防控措施

（1）选用抗旱、优质、高产品种　一般选用抗旱性强的深根型优质高产品种。目前抗旱性强的品种有：青麻、沅江黄壳早、沅江稀节巴、铜皮青、黄壳铜、黑皮蔸、四川达县白麻，以及新近选育的中苎1号、华苎4号、湘苎1号、湘苎2号(圆叶青)、湘苎3号等。

（2）调整收获期　改苎麻年收3季为4季，即头麻收剥期在5月下旬，生长期控制在80～85 d；二麻收剥期在7月中旬，生长期45～50 d；三麻收剥期在9月中下旬，生长期45～50 d；四麻收剥期在11月上中旬，生长期也可达65～70 d。

（3）麻园覆盖，蓄水养麻　采用覆盖10 cm左右厚的青茅草或秸秆覆盖(图2-1)，能使土壤含水量保持在16%～20%。

图2-1　苎麻秸秆覆盖抗旱栽培地表特征(湖南常德)

(4)注重冬培,科学追肥　长江流域苎麻冬培一般在小雪前后进行,主要包括深中耕、重施冬肥和培土覆蔸。深中耕即在行间深挖 10～17 cm,做到行间深,蔸边浅。重施冬肥,即冬肥用量占全年用肥量的一半,并以有机肥为主,一般亩施饼肥 100 kg 左右,再加磷、钾肥 20～25 kg。施肥方法以行中穴施或条施最好。培土覆蔸,即满园覆土,培土厚度 2～3 cm。深中耕可加厚疏松层,改善土壤结构,增加土壤含水量,促进根系发育。

4. 应用区域

适用于湖北、湖南、江西、四川等长江流域区域。

5. 依托单位

中国农业科学院麻类研究所,朱爱国,0731-88998586。

(二)工业大麻抗旱减灾技术

1. 发生特点

工业大麻是高秆作物,耗水量较多。大麻能耐大气干旱,但不耐土壤干旱。我国工业大麻的种植中,播种时间多为每年的 4—6 月,各麻区可依据当地降水及土壤墒情适时播种。比如云南区域受季风气候的影响,形成了明显的干、湿季节,冬春无雨或少雨,夏季多雨,每年进入 4 月始有少量降水,往往到 6 月上旬始有连续降水,而工业大麻多种植于山区或半山区的旱地,因此在播种季节,往往部分地区降水量不稳,易遭遇干旱自然灾害。

2. 典型症状

工业大麻遭遇干旱自然灾害,出现出苗率低,幼苗高温胁迫而死亡等危害,成熟植株干旱症状以叶片萎蔫为主。

3. 防控措施

以收获纤维为主产品,种植模式为高密度条播或撒播的,要注意了解种植地当地中长期天气预报,在雨水来临前及时下种,保证出苗。有条件的地区尽量选择有灌溉条件的土地种植。以收获籽、花叶为主产品,种植模式为塘(穴)播的,预防旱灾在播种时可采用地膜覆盖、育苗移栽来减少旱灾的影响。

(1)土地选择与准备　在南方选择土层深厚,土质疏松肥沃,保水性好的沙壤土为宜;在北方秋天整地,秋翻深度达 30 cm 以上,使土壤充分接纳秋、冬季的降水,早春顶凌细耙,使土壤达到"细、暄、平",上虚下实,起到春季保墒的作用。

(2)播种时机　依据当地降水时间和降水量,适时播种,保证出苗整齐。

(3)精细整地　理墒理沟、精细播种、合理密植,培育壮苗,保证土壤墒情,保证出苗和全苗。

(4)地膜覆盖及膜下滴灌抗旱栽培　在整理好的地上先开挖播种塘,塘口直径约 20 cm,塘深 2～3 cm;塘内放农家肥或者复合肥,然后盖上地膜;盖膜时,在用土压封膜边缘时,同时用锄头对播种塘位置处进行约直径 15 cm 的开口破膜,并取 1～2 锄土放在播种塘位置破膜处,并用锄背轻轻压造一小播种穴;最后在播种穴内播入种子(注:覆膜方向尽量与坡向一致,以利于防涝与沥水)。灌水采取膜下滴灌方式(图 2-2)。

(5)育苗移栽　用于对穴播缺塘的补苗,应于直播后第一次降雨时开始用育苗钵进行育

图 2-2　工业大麻滴灌节水栽培(云南昆明)

苗,保证同步出苗。采取全田移栽方式,育苗的时间须根据当地有连续降雨的时间提前 10 d 育苗。雨后及时移栽苗成活率近 100%。育苗地点可选在易于浇水和搬运的地方。该技术结合地膜覆盖抗旱栽培技术更为有效,可在移苗前提前进行覆膜播种塘准备。

(6)施用化学制剂　使用调节生长的抗旱剂、保水剂,喷施土表保持水土的保湿剂等化学制剂,提高抗旱能力。

4. 应用区域

适用于云南等区域。

5. 依托单位

云南省农业科学院经济作物研究所,杨明,0871-58932181。

(三)亚麻抗旱减灾技术

1. 发生特点

纤维用亚麻是一种需水相对较多的作物,快速生长期到开花期阶段生长速度快,需水量最大,这两个时期遭遇干旱容易引发亚麻严重减产,造成严重损失。新疆和黑龙江是我国亚麻主产区,因降水减少引发的旱灾时常发生。

2. 典型症状

亚麻幼苗期遭遇干旱容易引起缺苗,成熟期受干旱影响造成生长发育缓慢或者停滞。

3. 防控措施

(1)优选耐旱品种　在新疆西北地区可选择国产品种中亚麻 1 号、中亚麻 3 号品种。在黑龙江等东北地区可选黑亚系列品种和中亚麻 1 号、中亚麻 4 号等品种。国产品种抗旱性多优于进口品种。图 2-3 为耐旱亚麻田间表现。

(2)深耕保墒,深沟浅覆　一般在秋冬深翻土地一次,有利于春播墒情;播种时加深播种沟,覆土深度保持 3～5 cm,覆土后适当镇压。

(3)使用抗旱剂预防　预防干旱可在亚麻苗高 20 cm 左右时,叶面喷施水杨酸类、复硝酚钠等抗旱剂。其他生育期也可使用。

图 2-3 耐旱亚麻田间表现(甘肃张掖)

(4)适时灌水 枞形期可适度短期干旱,苗期和快速生长期前后遭遇干旱时须及时灌水以解除干旱威胁。灌水时可以采用大型平移式喷灌机。

4. 应用区域

适用于新疆和黑龙江等区域。

5. 依托单位

黑龙江省农业科学院经济作物研究所,康庆华,0451-86677430。

(四)黄麻和红麻抗旱减灾技术

1. 发生特点

黄麻和红麻(黄红麻)有较强的耐旱性,旱灾主要发生在黄红麻生长的苗期(抗性较弱)以及旺长期(需水量大)。

2. 典型症状

受旱灾影响,黄红麻主要表现为出苗困难、出苗不整齐、苗期枯死、生长发育缓慢或者停滞等,最终造成黄红麻减产。

3. 防控措施

(1)品种选择 在确保品种高产优质特性的前提下,选择抗旱性强的品种。一般以叶片较小、叶片蜡质较多的品种较为抗旱。另外,杂交种因具有较强的杂种优势,其抗旱性较常规品种好。推荐品种为杂交品种 H318、红优 2 号、红优 4 号等。图 2-4 为抗旱红麻品种田间表现。

(2)地块选择 选择具有较为完善排灌体系的麻地,便于排灌。在水源充足期,及时进行灌水。按照苗情科学安排灌水先后顺序:沙壤土先于黏土;弱苗先于旺苗。缺水期间及时合理灌溉;积极推广先进的膜下滴灌、渗灌等节水灌溉技术;北方干旱地区,因地制宜采取各种措施拦截和蓄存雨水,以便能在干旱时充分利用这些宝贵的水资源,如修建小水库、蓄水池(窑)、集水窑等。有条件的地区,建议每 40～50 亩地打深井 1 口。

(3)耕作栽培管理 冬季深翻土壤,增施有机肥,增加耕作层厚度,麻根系更深,可增强自身抗旱性。供水不足期,可通过喷施叶面肥、化学防蒸剂的方式,增加红麻自身的抗旱能力。

图 2-4　抗旱红麻品种田间表现

(4)合理施肥与增施磷钾肥　施足基肥。黄红麻苗期抗旱性较弱,应施足基肥,确保黄红麻早生早发,提高苗期抗性;适时追肥。旺长期适时追肥,促进黄红麻快速生长,避免在幼苗期遭遇干旱,起到避旱作用;合理增施磷、钾肥,保证各种代谢过程的顺利进行、促进植物生长、增强抗病虫害等能力;喷施叶面肥增加黄红麻抗性。

4. 应用区域

适用于全国黄红麻主产区。

5. 依托单位

中国农业科学院麻类研究所,栾明宝,0731-88998513。

(五)剑麻抗旱减灾技术

1. 发生特点

剑麻干旱抗性较高,危害剑麻的干旱灾害多为极端干旱天气,如长期降雨偏少(超过 6 个月)。

2. 典型症状

轻度、中度以及短期的干旱对剑麻产量影响较小。麻田连续干旱超过 6 个月的(即连续 6 个月以上没有降雨),剑麻叶片减产 15%以上。

3. 防控措施

(1)调整作业时间　高温干旱天气不宜进行割叶及其他田间作业。如确有需要进行剑麻种苗采集及麻园割叶的,必须在两天内对割口(切口)进行喷药预防(药剂用 40%多硫悬浮剂 100 倍液),割口及切口务必喷湿、喷均匀、不漏喷,并用雾化效果好的细喷孔(孔径≤2 mm)喷头进行喷雾，以防止茎腐病的发生。

(2)增施有机肥　每亩增施有机肥 1000 kg 和钙镁硅肥 150 kg，以提高植株的抗性。

(3)间作种植　剑麻行间间作假花生、柱花草等豆科牧草或保留行间杂草以减少土壤水分蒸发(图 2-5)。

图 2-5　剑麻大行间间作假花生抗旱栽培技术(广东湛江)

(4)地膜覆盖　苗圃可通过地膜覆盖等措施减少水分蒸发。

4. 应用区域

适用于全国剑麻主产区域。

5. 依托单位

中国热带农业科学院环境与植物保护研究所，易克贤，0898-66969238。

(六)苎麻抗洪排渍减灾技术

1. 发生特点

苎麻洪涝灾害主要分为洪水灾害和渍水或地下水位过高造成的危害。

2. 典型症状

苎麻遭洪水淹没时，生长点腐烂，顶端发生分枝，麻皮带红色，严重减产，甚至全无收获，俗称败蔸。苎麻遭渍水或地下水位过高时，麻株生长矮小，叶色带黄，麻蔸变红、腐烂，造成败蔸。

3. 防控措施

(1)麻园规划　选择地势较高、地下水位较低、排灌方便的田块种植苎麻。

(2)排灌系统　排灌系统由主沟、支沟和小沟组成。在丘陵山地，主沟设在分水岭或山地的山坡，宽 1.3～2 m，将干渠的水引向支沟，主沟位置高可以扩大灌溉面积。支沟设在支路的两边，宽 0.7～1 m，将主沟的水引向小沟，小沟设在梯土的内侧，宽约 0.3 m。在平原集中连片麻区，主沟设在区块的东西分界线，宽 2～2.7 m，与主路并行，东西相距 100～200 m，将干渠的水引入支沟；支沟设在区块的南北分界线，宽 1～1.7 m，同支路并行，南北相距 30～40 m，将水引向小沟；小沟设在区块内，宽 0.7～1 m，灌排兼用(图 2-6)。

(3)清沟排水　每季麻收获后及下季麻的生长前期及时清沟，保持麻地排水及沟渠顺畅。

(4)合理的水肥调控和冬培　适当供应氮肥可以在一定程度上缓解淹水或渍水胁迫对苎麻生长的抑制作用；三麻收获后初霜开始冬培，进行中耕、施肥、培土，清理杂物，保持排水沟畅通。

图 2-6　苎麻排灌系统由主沟、支沟和小沟三级沟渠构成(浙江萧山)

4. 应用区域

适用于全国苎麻主产区域。

5. 依托单位

华中农业大学，刘立军，010-87282131。

(七)工业大麻排渍减灾技术

1. 发生特点

工业大麻旺盛生长期与雨热同季，根部积水超过 24 h 就会影响其正常生长，甚至烂根和枯死。

2. 典型症状

洪涝灾害造成的典型危害为烂根和枯死。

3. 防控措施

(1)地块选择　在选择种植地时宜选择排水良好地块，在容易积水的地方提前开挖好排水沟(图 2-7)。

(2)及时清理沟渠　密切关注天气预报，及时清理疏通田间沟渠，提前做好预防工作。大雨暴雨过后，第一时间清理沟渠，如果发生积水，尽量在 24 h 内排除田间积水。

(3)减灾处理　及时进行苗补，加强病虫害防治等田间管理；因泥石流和洪水灾害而灭产的农田，适时进行田园清理修复，改种生育期较短的品种或其他作物，或短期休耕闲田，筹划下一茬作物。

4. 应用区域

适用于全国工业大麻主产区。

5. 依托单位

云南大学，汤开磊，0871-65031539。

图 2-7 工业大麻排水沟(云南昆明)

(八)苎麻防风减灾技术

1. 发生特点

头麻生长前中期,北风往往伴随着大幅度降温,对苗期生长不利。二麻怕“火南风”,在土壤干旱和空气干旱并发时,嫩梢“油尖”老化,叶片很快卷缩脱落。9 月中下旬以后,“寒露风”对纤维素积累不利,影响产量。

2. 典型症状

苎麻叶片擦伤、茎秆倒伏甚至折断。

3. 防控措施

苎麻的倒伏,除与自然灾害的发生(大风、大雨等)有关外,还与苎麻品种特性、栽培管理水平密切相关。

(1)麻园规划　在丘陵山地,区块面积大小视地形而异,区块形状可作带状长方形、平行四边形或梯形,但长边必须与等高线平行。在平原区先要调整作物布局,搞好土地平整规划,划分区块。一般采用(2～5)∶7 的长方形,区块长 100～200 m,宽 30～40 m,区块的长边要与主要风向垂直,以利防风。选择背风向阳地栽麻,具有一定的防风效果。

(2)排灌系统　排灌系统由主沟、支沟和小沟组成(同前述的麻园排灌系统),排灌兼用。

(3)挡风墙或保护行　小块麻园或防风树未成林时,利用芦苇、细竹稀疏地编成挡风墙。在麻地四周栽树二、三行,树种应选择生长快、常绿、直向伸展快、横向伸展弱、遮阳不大的水杉、女贞、白杨等树种,或者选择橘树、枇杷等果树配合高大挺直的白杨等树种。防护林的树种应选择树冠紧密、直立、根蘖少、生长快,并且不是苎麻病虫害的中间寄主,还要适合于当地种植的树种。

(4)品种选择　一般选择茎秆硬实、较粗壮、实心,且叶片较稀、较小,种子量小的品种,这类品种茎秆抗折力较强,能够抵御大风大雨,如中苎 1 号、川苎 6 号、湘苎 2 号、川苎 11 号等。

（5）合理密植　合理密植既有利于苎麻的通风和光照，也有一定的防风能力。在平原地区种植苎麻，可采用宽窄行，不仅通风透光好，使边际效应发挥充分，还能延长作物生育期，防止早衰。沟播呈现埂沟交错的种植状态，在生长期内风吹日晒，埂上的土自然流入沟内加固根部；园内拉网，增加苎麻抗倒伏性（图 2-8）。

图 2-8　苎麻园拉网防倒伏（四川达州）

4. 应用区域

适用于全国苎麻主产区域。

5. 依托单位

四川省达州市农业科学研究院，张中华，0818-2373886。

（九）剑麻防风减灾技术

1. 发生特点

剑麻风灾主要发生在台风过境时期。

2. 典型症状

对剑麻而言，台风往往会刮伤、撕裂或折断叶片，易造成麻田积水，致使斑马纹病和茎腐病的暴发（图 2-9）。

3. 防控措施

（1）设置防护林　强台风多发的植麻区要设置防护林，且主林带与主风方向垂直；丘陵地应根据地形设置山顶块状林和山脊林带。

（2）麻田起畦种植　畦高 20～30 cm，低洼地区畦高 30～35 cm，畦面呈龟背形，确保台风带来的连续降雨不会导致积水，避免剑麻斑马纹病的发生。

（3）确保麻田排水畅通　雨季期间及台风来临前，及时巡查麻田，开好防洪、排水沟，确保

图 2-9　台风灾害对幼龄剑麻的影响(广东湛江)

台风带来的连续降雨不会导致积水和冲刷,避免剑麻斑马纹病的肆虐。

(4)加强麻田管理　雨季前及台风来临前,搞好麻田除草;达到或接近开割一刀麻标准的田块要及时开割或修脚叶,确保麻田通风透光,降低田间湿度;实行营养配方施肥,苗圃及幼龄(未开割)麻严禁偏施氮肥,防止徒长或生长过旺;合理增施钾肥,使 45°以下的叶片略褪绿呈淡黄色,以提高抗性,避免台风带来的连续降雨引起的剑麻斑马纹病发生。

4. 应用区域

适用于全国剑麻主产区域。

5. 依托单位

中国热带农业科学院南亚热带作物研究所,周文钊,0759-2859194。

二　麻类生物灾害防灾减灾技术

(一)苎麻根腐线虫病防灾减灾技术

1. 发生特点

苎麻根腐线虫病是严重为害苎麻生产的一种主要病害,在我国苎麻种植区都有分布。以长江流域和滨湖地区发生最重。特别是老龄麻园,有随麻龄延长而加重的趋势,发病率可高达 80%以上,通常造成苎麻减产 20%～30%,重者 50%以上甚至绝收。

2. 典型症状

受害麻株初期根常出现黑褐色不规则病斑,稍凹陷,后渐扩大为黑褐色大病斑,并深入木质部使之变黑褐色海绵状朽腐,质地疏松似糠状,病灶交接处常见黑绿色病变。而被害麻蔸地上部分常常表现出麻株减少且矮小,叶片发黄,干旱时凋萎(图 2-10)。发病严重时整根腐烂,麻株枯死。

图 2-10　根腐线虫病导致苎麻败蔸（湖南长沙）

3. 防控措施

苎麻根腐线虫病的防治以预防为主，重视农业措施，合理使用农药，进行综合防治。防治方法主要有农艺措施、化学药剂防治以及生物防治。

（1）农艺措施　选用抗病品种是防治苎麻根腐线虫病最直接有效的方法。苎麻不同品种间抗根腐线虫病差异显著，如独山圆麻、牛耳青和湘苎 2 号的抗性强，而黑皮蔸和黄壳早则较易感病。此外，实行高垄栽培，适时开沟排水，降低地下水位，也可有效降低虫口密度，抑制根腐线虫的为害。

（2）化学药剂防治　对重病麻园有必要施用化学药剂进行防治。如可选用噻唑膦、辛硫磷、氯唑磷等化学农药进行开沟施药，或是在苎麻移植前利用棉隆或威百亩进行土壤熏蒸。

（3）生物防治　利用生物农药或微生物肥料抑制苎麻根腐线虫病的发生为害。如阿维菌素（乳油或颗粒剂）对苎麻根腐线虫病有较好的防治效果。施用微生物肥料可有效改善苎麻生长的微生态环境，使土壤中的有益菌物增多，促进土壤中有益菌群的形成，抑制根腐线虫的存活；同时，往土壤中施入生物肥可疏松土壤，利于根系的生长，使根系健壮，可在一定程度上提高根系的抗线虫能力等。

4. 应用区域

适用于全国苎麻主产区。

5. 依托单位

湖南省农业科学院，张德咏，0731-84691335。

（二）苎麻花叶病防灾减灾技术

1. 发生特点

苎麻花叶病在各麻区都有发生，尤其在长江流域麻区为害较重，病害由湖南扩展到浙江、江苏和江西，严重危害苎麻的产量和品质。

2. 典型症状

苎麻花叶病症状有 3 种类型：第一种为花叶型，叶上呈现相同褪绿或黄绿斑驳，严重时产生疮斑；第二种为络缩型，叶变络缩不平，叶变短小，叶缘微上卷；第三种是畸型，叶片扭曲，形成一缺刻或叶片变窄。上述 3 种类型均表现为系统症状，以顶部嫩叶和腋芽抽生的叶片症状表现最明显，且植株矮小，其中以花叶型最普遍（图 2-11）。

图 2-11　苎麻花叶型病的典型特征（江西宜春）

3. 防控措施

苎麻花叶病的防治可以从植株和传毒介体昆虫两方面入手。

（1）无病种蔸繁殖　取苎麻种植品种无病种蔸繁殖，对控制苎麻花叶病毒的传播蔓延有积极意义，可起到防病增长作用。

（2）剔除病株　在田间认真挑选无病嫩梢进行扦插繁殖，移栽前严格剔除病苗。

（3）种子繁殖　选取变异小、产量高、品质优的良种进行种子繁殖，对杜绝新区的初侵染来源和减轻幼龄麻受害是有应用价值的。

（4）加大治虫　防治病害从治虫入手，选择安全、经济、有效的农药供生产上治虫防病应用。在新扩麻园连续 5 年采用速灭杀丁乳剂 4000 倍液于二、三麻防治传病媒介。

4. 应用区域

适用于全国苎麻主产区域。

5. 依托单位

湖南省农业科学院，张德咏，0731-84691335。

（三）大麻线虫病防灾减灾技术

1. 发生特点

大麻根结线虫病是一种世界性分布病害，在欧洲、南美等地区为害严重。南非也曾报道有根结线虫为害大麻。在我国云南地区，发现有根结线虫为害大麻的情况，引起大面积大麻叶片变黄、落叶，导致大麻剥皮难度加大，严重阻碍了大麻的生产。

2. 典型症状

侵染后初生很多细小根结，后可长到绿豆至大豆或蚕豆粒大小（图 2-12）。剥开根结能见到黄白色雌虫或卵囊，随后卵囊变褐或全根腐烂。严重时每株根系上有多个根结，有的相互融合引起全根或侧根肿胀扭曲变形，细根毛很少，使根系生长不规则、受阻。地上部出现叶片变黄、落叶或株枯。起绒草茎线虫侵染大麻，主要为害大麻茎、枝和叶柄，使其产生隆起、褪绿并使茎发生扭曲，节间畸变，生长受阻，植株矮化。

图 2-12　大麻根系受根结线虫为害症状

3. 防控措施

大麻线虫病害防治主要集中于抗性品种的鉴定与选育。

(1)品种选择　选择抗性品种是大麻线虫病害防治中最直接有效的方法。

(2)合理轮作　实施轮作对大麻线虫病害的防治也具有很好的控制作用。

(3)土壤消毒　对重病田块，在大麻移栽前利用化学药剂如棉隆、威百亩等进行土壤消毒处理，也能达到较好的防治效果。

4. 应用区域

适用于全国工业大麻主产区域。

5. 依托单位

湖南省农业科学院，张德咏，0731-84691335。

（四）红麻根结线虫病防灾减灾技术

1. 发生特点

根结线虫病是红麻上一种主要病害，对红麻的产量和品质影响极大。国内外主要麻区都有发生，我国主要分布于长江、珠江流域，黄淮海的局部地区也有发生。特别是在湖南、湖北、广东、广西、浙江和河南等红、黄麻主产区为害严重，一般减产 20%～30%，严重者达 50%，甚至失收。

2. 典型症状

该病为害麻根，产生大小不等的根瘤（图 2-13），或呈饼状，导致叶黄、株矮，生长发育不良，并诱遭病菌如镰刀菌属及丝核菌属等真菌的侵染，促使根系加速腐烂，植株提早枯死。

图 2-13　红麻根系受根结线虫为害症状

3. 防控措施

红麻根结线虫病害防治策略由早期的单纯的化学防控向着安全、有效的综合防控技术发展。

（1）实施轮作　进行水旱轮作或是与棉花或杂粮（如玉米、高粱、芋麻等）进行轮作，能减轻受害。

（2）深耕和施肥　进行土壤深耕或水淹以及合理施肥与灌溉等田间管理对抑制病害为害也非常重要，如施用氯化钾及锰、硼、铜、锌、钼等微量元素肥料，以促进麻株生长发育，增强植株抗病性。

（3）化学药剂防治　如利用棉隆或威百亩进行土壤熏蒸，或是利用噻唑膦、氯硫磷等进行防治也可达到较好的效果。

4. 应用区域

适用于全国红麻主产区域。

5. 依托单位

湖南省农业科学院，张德咏，0731-84691335。

（五）红麻炭疽病防灾减灾技术

1. 发生特点

亚红麻炭疽病是红麻生产上为害最严重的一种病害，在红麻整个生育期间均能发病，其幼芽、幼苗、嫩叶、顶芽、花蕾、嫩果等均能受害，是国内检疫对象，在全世界种植红麻的国家和地区均有发生。

2. 典型症状

幼苗染病后，茎基部产生水渍状病斑，病斑呈长圆形或梭形，边缘褐色，中间黑色凹陷。在苗高 17 cm 以后，顶芽常变黑腐烂，引起"烂头"，发病严重时横枝顶芽枯死。在成株期发病，病斑最初呈水渍状小斑点，以后逐渐扩大呈紫红色圆斑，最后中央呈浅灰色。病斑多沿叶脉发生，使叶片皱缩变形，当病斑相互合并后呈不规则形，最后病斑腐烂脱落形成穿孔。花蕾被害，可致腐烂，不能开花结实(图 2-14)。

图 2-14　红麻炭疽病症状

3. 防控措施

(1)检疫　严格执行检疫制度，特别是从国外引种时要严防新的小种传入我国。

(2)选用抗病品种　选择适合当地的优质品种进行种植，如红麻 722、福红 2 号、福红 952、中红麻 10 号、中红麻 11 号、中红麻 13 号。

(3)种子消毒　用 20%福美双+20%拌种灵可湿性粉剂 160 倍液进行浸种，浸种 24 h。

(4)药剂防治　发病初期可用化学药剂对植株进行喷雾，每隔 7～10 d 喷 1 次药，喷 2～3 次药。可选用 25%咪鲜胺乳油 1500 倍液或 50%甲基托布津 1200 倍液或 10%世高水剂 2000 倍液。

(5)加强麻田管理　雨后及时排水，及时清理病残株；合理密植，适当增施钾肥，提高植株的抗病力。在土温 13 ℃以上进行播种，避免过早播种，造成烂种、烂苗。

4. 应用区域

适用于全国红麻主产区域。

5. 依托单位

海南省农业科学院植物保护研究所，王会芳，0898-65382510。

(六) 亚麻白粉病防灾减灾技术

1. 发生特点

亚麻白粉病，又名胡麻白粉病，由亚麻粉孢引起，主要为害亚麻的叶片和茎秆，是国内外亚麻产区一种常发病，直接威胁着亚麻生产。该病害主要分布在黑龙江、新疆、云南等地，是制约亚麻原茎和麻籽优质、高产的主要病害。

2. 典型症状

亚麻白粉病在亚麻整个生育期都可发生，主要为害叶片和茎秆。病害一般先发生在底层叶片，逐渐向上部感染，茎、叶及花器表面上产生零星的灰白色粉状斑，随后病斑扩大为圆形或椭圆形，呈放射状排列。先在叶的正面出现白色粉状薄层，以后扩大及叶的背面和叶柄，最后布满全叶。此粉状物后变灰、淡褐色，上面散生黑色小粒，病叶提前变黄，卷曲枯死（图 2-15）。

图 2-15　亚麻白粉病的表现（新疆伊犁）

3. 防控措施

（1）品种选择　白粉病病原菌有较强的寄生专化性，品种不同抗病性不同，选育抗病良种是一项最经济有效的防治方法。应合理使用抗病品种，充分发挥具有抗白粉病种质资源的遗传潜能，防止品种退化，推迟抗病性丧失现象的发生，延长抗病品种的使用年限。

（2）药剂处理　亚麻白粉病的初次侵染源主要来源于种子带菌，播前种子用药剂处理是十分必要的。亚麻白粉病病原菌敏感药剂以多菌灵最佳，用种子质量 0.3%的 70%多菌灵可湿性粉剂拌种，并在病害发生初期及时进行喷药，可抑制病害的发生与流行。在亚麻苗高 15～25 cm 时，喷洒甲基托布津可湿性粉剂 1000 倍液或 15%三唑酮可湿性粉剂 1000～1500 倍液，隔 10～15 d 喷洒 1 次，防治 2～3 次。

（3）合理轮作　实行合理的轮作制度，既可调节农田生态环境，改善土壤肥力和物理性质，有利于作物生长发育和有益微生物繁衍，又可减少病原物存活，中断病害循环，减少白粉病对亚麻的为害。因此，各地必须根据当地具体条件，兼顾丰产和防病的需要，建立合理的种植制度。

（4）加强栽培管理　选择土壤肥沃、土层深厚、土质疏松、保水、保肥、排灌良好的地块。清洁田园，清除田间、沟边杂草。适时播种，合理密植。黑龙江省亚麻产区的最适合播种期为：东部和南部 4 月下旬至 5 月上旬，北部 5 月中旬。播种时注意播种质量，因地制宜确定播种深度，避免过深或过浅，以保证出苗快、齐和壮，以抵抗白粉病病原菌的侵染为害。用种量 8～9 kg/亩，保证基本苗有 1600～1800 株/m^2，达到合理的群体结构。科学施肥、灌水。科学施用中层肥和底肥，增施氮、磷、钾肥，在枞形末期施用氮肥 10～15 kg/亩。灌好出苗水、枞形末期水、快速生长期水、开花期水、结果期水。

4. 应用区域

适用于全国亚麻主产区域。

5. 依托单位

海南省农业科学院植物保护研究所，王会芳，0898-65382510。

（七）剑麻茎腐病防灾减灾技术

1. 发生特点

剑麻茎腐病是由真菌引起的一种传染性病害，1987 年在广东剑麻种植区发生流行，造成严重损失，随后全国剑麻各种植区中老龄麻每年均有发生。麻株营养水平和高温是剑麻茎腐病发生和流行的主要条件，在栽培管理差，麻田酸性强，植株生长势衰弱的麻田发病严重。本病蔓延快，多发生于高温季节，成龄麻田较为严重，对剑麻危害性较大。

2. 典型症状

剑麻茎腐病以侵害成龄麻株为主，病原菌主要从割叶后的叶基新伤口入侵，使叶基感病腐烂，并逐渐扩展到茎部、叶轴。病组织初期有发酵酒味，后期组织腐烂，在病组织表面产生大量白色的菌丝体和黑色霉点状的子实体，子实体内会有大量分生孢子。发病早期纵剖茎，可见病健交界处有明显的红褐色分界线。急性型病斑初期在侵入伤口处呈浅红色，然后变为浅黄色水渍状。病组织腐烂，并有大量浑浊液溢出。病原菌通过叶基伤口侵入茎部，并纵向扩展，致茎部组织腐烂，造成叶片失水，整株凋萎，最后死亡。慢性型病斑在被侵入伤口处呈黑褐色或红褐色水渍状，病菌扩展较慢，不易造成整株死亡（图 2-16）。

图 2-16　剑麻茎腐病为害症状（广东湛江）

3. 防控措施

茎腐病主要由植株营养失调引起，病原菌从伤口入侵，防治措施贯彻“预防为主，综合防治”的原则，以提高植株抗性为主，并辅以避病措施、化学防治和其他农业防治措施。

（1）加强麻园管理，提高植株抗性　及时中耕除草，合理施肥，增施有机肥和钙肥，不偏施氮、钾肥；来源于病区的麻渣、麻汁必须经过堆沤充分腐熟后才能施用。

（2）采用避病措施，调整割叶时间　对抗病较差和已发病麻田的割叶时间，由高温多雨季节调整到低温干旱季节。

(3)注意农事操作　田间作业避免伤及叶片，高温期少割或不割叶，冬春低温少雨季节多割，春夏高温多雨季节少割，雨天停割。提高割麻技术水平，割口平整不破裂；适度割叶，避免强割。

(4)化学防治　发现中心病株要马上清除并进行烧毁或深埋，对病穴及病株附近的地面和麻株用40%多硫悬浮剂200倍液或50%硫黄·多菌灵可湿性粉剂400倍液进行消毒，土壤消毒后施用石灰。发生剑麻茎腐病的麻田，在割叶后2 d内用40%多硫悬浮剂200倍液或50%硫黄·多菌灵400倍液对割口进行喷药预防。

4. 应用区域

适用于全国剑麻主产区域。

5. 依托单位

中国热带农业科学院南亚热带作物研究所，周文钊，0759-2859216。

（八）剑麻新菠萝粉蚧防灾减灾技术

1. 发生特点

该病主要是冬季发生，翌年4月后逐渐恢复，而病害不再复发。

2. 典型症状

剑麻粉蚧先是在肥厚叶基为害，然后蔓延至叶片顶部及心叶，严重田块其大田间的走茎苗地上部分和头部也发生该虫为害。该虫大量吸食剑麻汁液，消耗植株营养，致营养衰竭；同时排泄蜜露，引起煤烟病的大量发生，植株生长势衰弱，部分叶片凋萎卷缩。顶上叶片出现紫色卷叶和褪绿黄斑(初期为黄豆大小，以后扩大连片，最后干枯)及常常并发心叶(叶轴)腐烂。该病通常采用化学方法防治(图2-17)。

图2-17　剑麻新菠萝粉蚧的化学防治(广东湛江)

3. 防控措施

(1)检疫　抓好虫源检疫制度，落实消毒工作，防止种苗传虫。培育抗虫优质高产新品种。挖除麻园小行走茎苗，消除粉蚧栖息处。

(2)合理施肥与轮作　控氮增钾，抑制徒长或生长过旺，提高抗虫能力。实行轮作。切断粉蚧生物链，有效消灭虫源；麻园间套种绿肥等，以培肥地力。

(3)生物防治　麻园间套种热研柱花草，促进天敌——草蛉等大量繁衍，以虫治虫，有效控制粉蚧为害。

(4)药剂防治　在粉蚧若虫低龄期选用高效低毒环保型药剂进行扑杀，群防群治。选用24%螺虫乙酯悬浮剂2800倍液+有机硅助剂4500倍液或48%毒死蜱乳油、40%氧乐果乳油600倍液。螺虫乙酯有效期长达2个月，其他药剂有效期约15 d。长效药剂2个月左右交替使用1次，其他药剂半个月左右交替使用1次。

4. 应用区域

适用于全国剑麻新菠萝粉蚧发生区域。

5. 依托单位

广东省湛江农垦科学研究所，张曼其，0759-7282016。

（九）麻园菟丝子防灾减灾技术

1. 发生特点

分布于黑龙江、吉林、辽宁、河北、山西、陕西、宁夏、甘肃、内蒙古、新疆、山东、江苏、安徽、河南、浙江、福建、四川、云南、广东等省份；生于海拔200～3000 m的田边、山坡阳处、路边灌丛或海边沙丘，通常寄生于豆科、菊科、蒺藜科等多种植物上。对亚麻、黄红麻为害严重。

2. 典型症状

茎缠绕，黄色，纤细，无叶，为一年生寄生草本。

3. 防控措施

防治菟丝子应以人工铲除结合药剂防治，具体应抓好下述环节。

(1)加强栽培管理　结合苗圃和麻园圃管理，于菟丝子种子未萌发前进行中耕深埋，使之不能发芽出土(一般埋于3 cm以下便难于出土)；或在耕作前提前翻耕并灌水，促使菟丝子发芽并找不到寄主而死亡。

(2)人工铲除　春末夏初检查苗圃和麻园圃，一经发现立即铲除，或连同寄生受害部分一起剪除。由于其断茎有发育成新株的能力，故剪除必须彻底，剪下的茎段不可随意丢弃，应晒干并烧毁，以免再传播。在菟丝子发生普遍的地方，应在种子未成熟前彻底拔除，以免成熟种子落地，增加来年侵染源。

(3)喷药防治　在菟丝子萌发期，土壤喷施40%砜吡草唑悬浮剂12.5～20 mL/亩，使其不能发芽。在菟丝子生长期(盖顶)，喷施48%仲丁灵乳油(200～300 mL/亩)或10%喹草酮悬浮剂(80～100 mL/亩，仅用于亚麻，其他麻类禁用)。施药宜掌握在菟丝子开花结籽前进行，并避免在中午高温或在干旱条件下施药。在菟丝子成熟期后，田间如已有混杂的菟丝子种子，则应与禾本科作物(如玉米)轮作。砜吡草唑和喹草酮对亚麻田菟丝子的防控效果见图2-18。

一 甘蔗非生物灾害防灾减灾技术

（一）甘蔗季节性干旱防灾减灾技术

1. 发生特点

一般发生在甘蔗苗期至甘蔗生长期甚至甘蔗全期，长期不降雨或降雨量较低，严重影响甘蔗出苗率，造成甘蔗出苗不齐，缺垄断行；长期降雨量低会造成甘蔗大面积减产甚至绝收。

2. 典型症状

叶片卷缩、下垂，叶片发黄，严重者造成不可恢复性的减产和绝收（图 3-1）。

图 3-1　严重干旱甘蔗出现的症状

3. 防控措施

采取以监测预警预报、抗旱品种应用和灌溉为核心的防控技术。

（1）选育推广耐旱品种　选用适合当地生产的耐旱高产高糖甘蔗品种，如桂柳 05-136、云蔗 05-51、桂糖 42 号等抗旱性好，可根据各地植蔗生态进行选用。

（2）有条件蔗区进行灌溉　在有条件的蔗区铺设滴灌设施进行灌溉，同时苗期要浇足定根水。

（3）农业措施　甘蔗种植时施足定根水，推广应用地膜覆盖技术，采用全膜覆盖效果更好；对干旱造成的缺垄断行进行补苗和定植；尽早进行中耕管理，同时加强病虫害检测与防控，避免因干旱造成的大面积病虫害发生，造成二次伤害。

（4）注意事项　干旱造成的补救措施有限，有条件的蔗区尽量进行灌溉，避免干旱病虫害同时发生，加强虫害监控与防治。

4. 应用区域

适用于全国甘蔗主产区。

5. 依托单位

①广西壮族自治区农业科学院甘蔗研究所，高铁静，0771-3899010。

②云南省农业科学院甘蔗研究所，赵勇，0873-7222489。

③广东省科学院南繁种业研究所，敖俊华，020-84168774。

（二）甘蔗洪涝灾害防灾减灾技术

1. 发生特点

受季节性降雨和台风影响，一般在7—9月大降雨，造成田间大量积水，同时伴随台风影响，甘蔗出现严重淹水、倒伏、折断甚至连根拔起等现象，严重影响甘蔗产量和蔗糖分，对甘蔗造成难以修复的损害。

2. 典型症状

蔗田出现大面积积水，同时伴随大风造成的甘蔗倒伏、蔗断等，严重影响甘蔗生长，造成的损害较难修复，严重影响甘蔗后期生长（图3-2）。

图3-2 洪涝造成蔗田积水和甘蔗倒伏

3. 防控措施

采取以监测、预警预报、排涝和病虫害绿色防治为核心的防控技术。

（1）加强蔗区基础设施建设　在蔗区加强排涝排水排灌设施，在地形平坦，地下水位较高的蔗区，在整地开种沟前，在田间四周要有环状排水沟，中间要有“十”字形、“丰”字形或“井”字形的排水沟，切断四周水源渗入，降低田间地下水位。

（2）选用耐涝甘蔗品种　选用适于当地种植的耐涝甘蔗品种，如桂柳05-136、云蔗08-1609等，最大限度避免因洪涝对甘蔗造成的损伤。

（3）农业措施　合理密植，调节田间通透条件，种植强壮植株。发生洪涝灾害时尽快引水排涝，同时对倒伏甘蔗采取措施进行扶正和管理，合理施肥，加强田间管理。同时，注意病虫害防控，加强灾害造成的虫害和草害防控。

（4）注意事项　注意洪涝造成的甘蔗倒伏以及甘蔗病虫草害的发生，加强田间管理和病虫害防治。

4. 应用区域

适用于全国甘蔗主产区。

5. 依托单位

①广西壮族自治区农业科学院甘蔗研究所，高铁静，0771-3899010。

②云南省农业科学院甘蔗研究所，赵勇，0873-7222489。

③广东省科学院南繁种业研究所，敖俊华，020-84168774。

（三）甘蔗低温冷害防灾减灾技术

1. 发生特点

一般发生在甘蔗生长后期，由于土壤、植株表面以及近地面空气层的温度降低，造成甘蔗遭受冻害或者停止生产。当温度下降到 0 ℃及以下，甘蔗植株体内结冰而引起伤害，造成甘蔗生长点坏死，停止生长，严重影响甘蔗产量和蔗糖分。

2. 典型症状

首先表现为叶片变黄、枯死，生长点坏死，生长点附近茎节多产生侧芽，严重者侧芽冻死、茎组织冻死（图 3-3），另外积累的糖分会不断转化损失。

图 3-3　甘蔗冻害造成生长点坏死和叶片枯死

3. 防控措施

采取以监测预警预报、选择抗寒能力强的甘蔗品种为核心的防控技术。

（1）选育推广耐寒品种　选用适合当地生产的高糖耐寒和耐转化的甘蔗品种，如桂柳 05-136、云蔗 08-1609 等，同时应合理密植。

（2）及时砍收和入榨　一旦甘蔗遭受大面积低温冻害，应优先组织砍收和入榨，避免造成甘蔗产量和糖分损失，同时造成对宿根蔗的影响。

（3）农业措施　选择适于下种期，最好在温度较高的“两头”为宜，一般在 1 月下旬下种较好。种植时要合理密植，施足基肥，增施磷钾肥。一旦遭遇霜冻损害，可采取应急措施，采取灌水、覆盖、熏烟等方式，减少霜冻危害。

（4）注意事项　遭受低温冻害的蔗区要及时砍收，加强宿根铲蔸管理，合理施肥培土，避免对宿根蔗造成影响。

4. 应用区域

适用于全国甘蔗主产区。

5. 依托单位

①广西壮族自治区农业科学院甘蔗研究所，李鸣，0771-3899010。

②云南省农业科学院甘蔗研究所，赵培方，0873-7222489。

③广东省科学院南繁种业研究所，敖俊华，020-84168774。

（四）甘蔗台风防灾减灾技术

1. 发生特点

一般发生在甘蔗大生长期（7—9 月），受季风气候影响形成台风伴随暴雨，风力大、范围广，出现强降雨，持续时间不长，但对甘蔗造成严重危害。

2. 典型症状

风力大、强降雨造成甘蔗倒伏、折断（图 3-4），甚至出现洪涝灾害。

图 3-4　台风造成的甘蔗倒伏和折断

3. 防控措施

采取以监测预警预报、耐倒伏甘蔗品种为核心的防控技术。

（1）选育推广耐倒伏品种　选用适合当地生产的耐倒伏、不易折断和纤维分含量高的品种。

（2）及时扶正倒伏甘蔗并加固培土　台风过后，将倒伏的植株扶正，可以用绳子在植株 2/3 高处将两行甘蔗捆成“人”字形，对于稍矮的甘蔗可以将相邻的植株捆成一束，保持直立状态，并培土压实蔗根。

（3）及时排出田间积水　台风会带来大量降雨，对于出现水淹的蔗地，要及时排除田间积水，避免因浸泡时间过长造成甘蔗根系缺氧甚至烂根死亡。

（4）及时追肥，恢复植株生长　台风使甘蔗生长受到抑制，加上雨水过多，易造成肥料流失。台风过后及时进行一次施肥，每亩施用甘蔗复合肥 20 kg，或施尿素 10 kg，磷肥 20 kg，钾肥 5 kg。追肥时配合进行大培土，能使蔗根多生、深扎，提高抗倒伏能力。

（5）注意事项　注意台风带来洪涝灾害，同时注意病虫害检测与防控。

4. 应用区域

适用于全国甘蔗主产区。

5. 依托单位

①广西壮族自治区农业科学院甘蔗研究所，高铁静，0771-3899010。

②云南省农业科学院甘蔗研究所，赵勇，0873-7222489。

③广东省科学院南繁种业研究所，敖俊华，020-84168774。

二 甘蔗生物灾害防灾减灾技术

（一）甘蔗螟虫防灾减灾技术

1. 发生特点

甘蔗螟虫，一般包括黄螟、条螟、二点螟、大螟、台湾稻螟和红尾白螟等，其中黄螟、大螟和台湾稻螟在水田蔗区易发生成灾，条螟、二点螟和红尾白螟在旱坡地蔗区易发生成灾。

2. 典型症状

螟虫以幼虫为害甘蔗，苗期造成“枯心苗”和“花叶苗”，中后期造成螟害节和甘蔗死尾或断尾（图 3-5）。

a.枯心苗（黄螟为害状） b.枯心苗（条螟为害状） c.螟害节（条螟为害状）

图 3-5 甘蔗螟虫为害状

3. 防控措施

在监测预警预报的指导下，因地制宜，优化集成农业防治、生物防治和精准施药等综合绿色防控技术，有效防控螟害。

（1）监测预警预报 采用以性诱剂诱蛾监测为主，辅助以灯光诱捕和田间调查方式，摸清蔗区螟虫种类及其发生规律，为甘蔗螟虫的精准、有效防控奠定科学依据。

（2）农业防治 ①低砍收获。留宿根的甘蔗，收获时应视培土的高低砍至土面下 5～10 cm。②清理蔗田。甘蔗收获后，适时进行蔗头平茬、蔗叶粉碎还田等作业，以压低螟虫的越冬虫源基数。③合理间套作或轮作。因地制宜，科学开展甘蔗与西瓜、花生等的间套作或轮作。

（3）赤眼蜂防治 在甘蔗苗期和分蘖期田间适时释放赤眼蜂。分别在甘蔗螟虫第一代的发蛾始期、始盛期、高峰期和第二代的发蛾始期放蜂，每亩放蜂 3～4 个点，每次放蜂数量 6000 头以上，可有效降低当年的甘蔗螟害率。

（4）性诱剂防治 ①诱捕防治。2—6 月，在螟虫成虫发生期，每亩安装一个性诱剂诱捕点，每月更换一次性诱剂诱芯，可有效防治苗期和分蘖期螟虫为害。②迷向防治。利用人工合成的条螟性诱剂制成一定含量的喷雾制剂，在甘蔗中后期螟蛾发蛾盛期，利用无人机喷施条螟性诱剂，达到迷向防治螟虫的目的。

(5)农药精准防治　①蔗种消毒。新植甘蔗下种前，将蔗种浸泡到含杀螟虫成分农药的800～1000倍药液中5～10 min，以杀灭残留种茎中的螟虫。②农药喷雾。根据虫情测报，在农药喷雾防治的窗口期内，及时进行农药喷雾防治，可选用含有氯虫苯甲酰胺、杀虫单、阿维菌素、甲氨基阿维菌素苯甲酸盐、杀虫双等有效成分的农药，按农药使用说明书的亩有效剂量，兑水稀释后进行喷雾防治。③农药根施。甘蔗新植下种或宿根甘蔗培土前，选用含氯虫苯甲酰胺、杀虫单、杀虫双等有效成分的农药，按农药使用说明书的亩有效剂量，进行根部土壤施用。

4. 应用区域

适用于全国甘蔗主产区。

5. 依托单位

①广西壮族自治区农业科学院甘蔗研究所，黄诚华，0771-3899010。

②云南省农业科学院甘蔗研究所，黄应昆，0873-7222489。

③广东省科学院南繁种业研究所，安玉兴，020-84168114。

（二）甘蔗黏虫防灾减灾技术

1. 发生特点

该虫常在甘蔗的苗期、分蘖期和伸长期后期发生为害。近年来，由于蔗田禁烧秸秆，黏虫虫口基数逐年增加，发生为害逐年加重，已成为当前蔗田的主要防治害虫之一。

2. 典型症状

黏虫以幼虫(图3-6)取食甘蔗叶片，为害轻者造成甘蔗叶片缺刻，为害重者甘蔗叶片全被取食殆尽，严重影响甘蔗进行光合作用或甘蔗枯死，进而造成甘蔗减产或绝收(图3-7)。

图3-6　黏虫幼虫

图3-7　黏虫为害甘蔗症状

3. 防控措施

(1)诱杀成虫　在常年黏虫发生严重的蔗区，每亩安装一个性诱剂诱捕点，通过田间大量诱杀黏虫成虫，可达到降低黏虫为害效果。

(2)农药精准防治　巡查蔗田发现黏虫为害时，及时组织进行农药喷雾防治，可选用含有氯虫苯甲酰胺、甲氨基阿维菌素苯甲酸盐、虫螨腈、高效氯氰菊酯、杀虫双、茚虫威等有效成分的农药，按照使用说明书的亩有效剂量，进行兑水喷雾施用。

4. 应用区域

适用于全国甘蔗主产区。

5. 依托单位

①广西壮族自治区农业科学院甘蔗研究所，黄诚华，0771-3899010。

②云南省农业科学院甘蔗研究所，黄应昆，0873-7222489。

③广东省科学院南繁种业研究所，安玉兴，020-84168114。

（三）甘蔗蓟马防灾减灾技术

1. 发生特点

因干旱缺水、积水或缺肥等原因，甘蔗生长缓慢，心叶展开迟，有利于蓟马发生成灾。

2. 典型症状

甘蔗蓟马（图 3-8）主要为害甘蔗新叶和蔗叶尾部，幼虫及成虫群集于未展开的新叶内吸食汁液，被害叶片展开后呈黄色或淡黄色斑块，重者干枯死亡，影响叶片光合作用；叶尖枯死，影响甘蔗生长，造成减产减糖（图 3-9、图 3-10）。

图 3-8　甘蔗蓟马

图 3-9　受害蔗叶症状

图 3-10　受害蔗叶叶尖枯死

3. 防控措施

(1)栽培防治　加强水肥管理,促进甘蔗早生快发,加速心叶伸长,减轻蓟马发生为害。

(2)农药防治 ①根施农药。甘蔗新植下种或宿根甘蔗培土前,选用含噻虫嗪、噻虫胺、吡虫啉等有效成分的农药,按农药使用说明书的亩有效剂量,进行土壤施用,预防蓟马发生成灾。②农药喷雾防治。发现虫害的蔗田,选用含噻虫嗪、噻虫胺、啶虫脒、吡虫啉等有效成分的农药,按农药使用说明书的亩有效剂量,兑水稀释后喷雾施用。

4. 应用区域

适用于全国甘蔗主产区。

5. 依托单位

①广西壮族自治区农业科学院甘蔗研究所,黄诚华,0771-3899010。

②云南省农业科学院甘蔗研究所,黄应昆,0873-7222489。

③广东省科学院南繁种业研究所,安玉兴,020-84168114。

(四)甘蔗绵蚜防灾减灾技术

1. 发生特点

主要发生在甘蔗伸长期,绵蚜发生的轻重与蔗区气候密切相关,凡是炎热干旱少雨的年份,气温保持在 20～28 ℃,甘蔗绵蚜易发生成灾。

2. 典型症状

绵蚜(图 3-11)以成蚜、若蚜在蔗叶背面中脉两侧群集吸食叶液,使蔗叶枯黄凋萎;同时,虫体分泌蜜露黏附于叶片上,导致煤烟病发生(图 3-12),影响叶片光合作用。受害重的甘蔗生长萎缩,产量降低,蔗糖分下降。

图 3-11　甘蔗绵蚜

图 3-12　绵蚜为害诱发的煤烟病

3. 防控措施

(1)栽培防治　加强水肥管理,增加土壤湿度,促进甘蔗生长,减轻绵蚜发生为害;及时剥去枯老叶鞘,改善田间通风透光条件,也可减轻绵蚜发生为害。

(2)农药防治　参考"甘蔗蓟马"的农药防治措施。

4. 应用区域

适用于全国甘蔗主产区。

5. 依托单位

①广西壮族自治区农业科学院甘蔗研究所，黄诚华，0771-3899010。

②云南省农业科学院甘蔗研究所，黄应昆，0873-7222489。

③广东省科学院南繁种业研究所，安玉兴，020-84168114。

（五）黑色蔗龟防灾减灾技术

1. 发生特点

黑色蔗龟一般发生在甘蔗生长前中期，在黑色黏质土（有机质丰富的低地）蔗区、河流冲积土地区或土壤含水量较高的黏土或黏壤土蔗区容易发生，极易暴发成灾。

2. 典型症状

黑色蔗龟主要为害地下茎，其幼虫（图 3-13）都在地下为害，咬食蔗茎及根部。蔗苗形成枯心，引起缺株。蔗茎成长后地下茎、根被害，遇天气干旱，甘蔗即呈现枯萎、枯死（图 3-14）。

图 3-13　蔗龟幼虫

图 3-14　受害蔗田枯死苗

3. 防控措施

（1）农业防治　深耕翻犁、灌水淹杀幼虫并合理轮作。

（2）灯光诱捕　在成虫盛发期（4—6 月），利用黑色蔗龟的强趋光性，采用杀虫灯诱杀成虫，可降低虫口基数，保护蔗苗，减轻为害。

（3）生物防治　在 5—6 月，结合甘蔗大培土，在甘蔗基部撒施白僵菌、绿僵菌粉剂并及时覆土。

（4）农药防治　在 5—6 月，结合甘蔗大培土，选用含有辛硫磷、高效氯氰菊酯、毒死蜱、杀虫单等有效成分的农药，按使用说明书的亩有效剂量根施，并及时覆土。

4. 应用区域

适用于全国甘蔗主产区。

5. 依托单位

①广西壮族自治区农业科学院甘蔗研究所，黄诚华，0771-3899010。

②云南省农业科学院甘蔗研究所，黄应昆，0873-7222489。
③广东省科学院南繁种业研究所，安玉兴，020-84168114。

（六）甘蔗白蚁防灾减灾技术

1. 发生特点

甘蔗白蚁（图 3-15）发生为害与蔗区气候、地形及蔗地周边植被有关，一般早春气候干旱温暖，土壤湿度低，甘蔗种苗易遭白蚁为害；丘陵山地蔗区，特别是以桉树林、松林、茅草坡等新垦植蔗地往往发生最多，为害最重。

2. 典型症状

甘蔗白蚁主要为害甘蔗茎，蛀食种茎组织，致使种苗出苗弱或不能萌发，造成缺苗断垄（图 3-16）；生长中后期，白蚁由地下蔗茎蛀入，使茎内中空，叶片枯黄或干梢，遇风易折断或倒伏，全株枯死。

图 3-15　白蚁（工蚁和蚁后）

图 3-16　白蚁为害蔗苗

3. 防控措施

（1）栽培防治 甘蔗新植下种前，对蔗田进行深耕改土，挖毁蚁巢，把白蚁消灭在植蔗前。

（2）农药防治　播种和大培土时，选用含有辛硫磷、毒死蜱、联苯菊酯等有效成分的农药，按农药使用说明书的亩有效剂量根施，并及时覆土。

4. 应用区域

适用于全国甘蔗主产区。

5. 依托单位

①广西壮族自治区农业科学院甘蔗研究所，黄诚华，0771-3899010。
②云南省农业科学院甘蔗研究所，黄应昆，0873-7222489。
③广东省科学院南繁种业研究所，安玉兴，020-84168114。

（七）甘蔗黑穗病防灾减灾技术

1. 发生特点

黑穗病主要发生在甘蔗苗期，发生的轻重与品种抗病性、宿根年限、蔗区气候等密切相关。一般种植品种抗病性差、种植年限长、气候干旱等，易导致黑穗病的偏重发生。

2. 典型症状

最明显特征是被害甘蔗植株梢头长出一条黑色鞭状物，称为“黑穗”。患病蔗株初期出现蔗叶变小而狭长、淡绿、顶叶尖挺、茎细、节疏，分蘖增多呈丛簇状等症状（图 3-17）。

a.受害蔗苗初期症状　　b.受害蔗苗黑穗

图 3-17　黑穗病为害蔗苗状

3. 防控措施

（1）选种抗病品种　加强品种轮换和科学布局，避免单一品种的长期种植。

（2）加强宿根管理　甘蔗收砍后 10 d 内完成清园、施药施肥、破垄松蔸、覆土覆膜，增强蔗株抗病性。

（3）及时清除病株　剥除老叶，去除无效病弱株。

（4）施足基肥　注意氮、磷、钾肥合理配合施用，适时灌水，及时培土，防止甘蔗倒伏，减少侧芽生长。

（5）农药防治　在病害发生初期，选用含有嘧菌酯、多菌灵等有效成分的农药，按农药说明书的防治剂量，兑水后喷雾施用，可降低发病率。

4. 应用区域

适用于全国甘蔗主产区。

5. 依托单位

①广西壮族自治区农业科学院甘蔗研究所，黄诚华，0771-3899010。

②云南省农业科学院甘蔗研究所，黄应昆，0873-7222489。

（八）甘蔗梢腐病防灾减灾技术

1. 发生特点

梢腐病主要发生在大伸长期，发生流行与甘蔗品种、蔗区气候、施肥管理等有关。一般种植感病品种、偏施氮肥，且遇到高温高湿或久旱逢雨或灌水过多等情况往往导致梢腐病的流行。

2. 典型症状

症状初期，嫩叶基部处呈现黄白色大斑，幼叶变形、扭曲，有时形成皱纹状，后期病菌从嫩叶侵染至生长点，使梢头腐烂而死（图 3-18）。

a.病株初期症状

b.病株后期症状

c.病害严重蔗田

图 3-18　甘蔗梢腐病典型症状

3. 防控措施

（1）选种抗病品种　加强品种轮换和科学布局，避免单一品种的长期种植。

（2）及时清除病株　剥除老叶、去除无效病弱株，收砍后及时清除病叶及病株残体。

（3）施足基肥　注意氮、磷、钾肥合理配合施用，适时灌水，及时培土，防止甘蔗倒伏，减少侧芽生长。

（4）农药防治　在病害发生初期，选用含有嘧菌酯、多菌灵等有效成分的农药，按农药说明书的防治剂量，兑水后喷雾施用，可降低发病率。

4. 应用区域

适用于全国甘蔗主产区。

5. 依托单位

①广西壮族自治区农业科学院甘蔗研究所，黄诚华，0771-3899010。

②云南省农业科学院甘蔗研究所，黄应昆，0873-7222489。

③广东省科学院南繁种业研究所，安玉兴，020-84168114。

（九）甘蔗宿根矮化病防灾减灾技术

1. 发生特点

甘蔗宿根矮化病是一种全球性的重要细菌病害，在干旱地区造成的损失尤其严重。病害造成损失的程度随宿根年限的增加而增加，也是造成甘蔗品种种性退化的重要原因。

2. 典型症状

发病植株在外观上无典型的外部症状。染病后的植株矮小，茎径较细，茎节间出现菌液，生长迟滞，宿根发株少（图 3-19）。病蔗对土壤缺水很敏感，所以当遇到干旱天气时生长更为迟滞，病情严重的植株会出现凋萎症状，叶尖或叶缘干枯；若灌溉水充足则会掩盖其外表症状，并能减少损失。

a.受害蔗株矮化

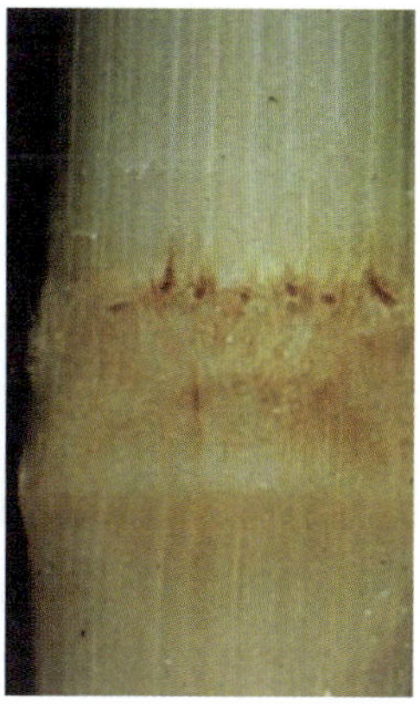

b.受害蔗茎节间菌液

图 3-19　甘蔗宿根矮化病

3. 防控措施

（1）种植脱毒种苗　热水处理种茎，用 50 ℃热水浸种 2 h，以双芽苗为佳。

（2）建立无病苗圃　将经过热处理的种苗集中种植，并对耕作刀具消毒，为大面积生产提供无病种苗。

（3）下种前深耕，精细整地，施足基肥；下种后及时追肥，防止干旱，使甘蔗增强抗病力。

（4）虫鼠害防控　消灭田鼠和其他咬食甘蔗的啮齿类有害动物，防止病菌传播。

4. 应用区域

适用于全国甘蔗主产区。

5. 依托单位

①广西壮族自治区农业科学院甘蔗研究所，黄诚华，0771-3899010。

②云南省农业科学院甘蔗研究所，黄应昆，0873-7222489。

③广东省科学院南繁种业研究所，安玉兴，020-84168114。

（十）甘蔗花叶病防灾减灾技术

1. 发生原因

花叶病为甘蔗产区普遍发生的重要病毒病，主要为害甘蔗的叶片。感病植株叶片黄化、植株矮化、分蘖减少、节间缩短、糖分降低。

2. 典型症状

发病甘蔗其症状主要表现为花叶，以新抽叶片中下部显症最为明显。病叶上呈现明显黄绿相间的不规则嵌纹或条斑，病斑长短大小不一，布满整张叶片，对光呈半透明状；有时病斑褪绿非常明显，病叶变黄白色，出现少量红色点状坏死。病株叶色比健株浅，生长缓慢（图 3-20）。

图 3-20　甘蔗花叶病受害蔗叶症状

3. 防控措施

（1）选种无病毒蔗种　选种通过用热处理结合茎尖分生组织培养而获得的无毒健康种苗。

（2）选用抗病品种　种植高抗或免疫品种。

（3）农药防治传毒蚜虫　参阅“甘蔗蓟马”的农药防治措施。

4. 应用区域

适用于全国甘蔗主产区。

5. 依托单位

①广西壮族自治区农业科学院甘蔗研究所，黄诚华，0771-3899010。

②云南省农业科学院甘蔗研究所，黄应昆，0873-7222489。

③广东省科学院南繁种业研究所，安玉兴，020-84168114。

（十一）甘蔗其他病害防灾减灾技术

1. 发生特点

常见的甘蔗其他病害有褐条病、叶焦病、锈病和赤条病等，这些病主要在甘蔗生长的中前期发生为害，影响甘蔗长势，进而影响甘蔗产量和蔗糖分。

2. 典型症状

（1）褐条病　病斑具由一狭窄的黄色环带或“斑点环”环绕着的特征，老斑点中心干燥变草黄色，并由一红色地带及外面的黄色斑点环围绕（图 3-21a）。

（2）叶焦病　最初产生分散、狭窄的淡褐色条斑，后转为红褐色，多数条纹合并扩大，整片叶片枯死，形似火烤（图 3-21b）。

（3）锈病　初期为长形黄色小斑点，色泽变褐色至橙褐色，周围有黄色晕环；后期病斑因夏孢子堆呈脓疱状，多分布在叶片下表皮（图 3-21c）。

（4）赤条病　有叶条斑和顶腐两种类型，常见的是叶条斑型，其症状多发生于嫩叶叶片中部，靠近中脉部位，最初表现为水渍状绿条，绿条两端迅速扩展成长条状红色至红褐色病斑，叶的病、健组织界限分明（图 3-21d）。

a.褐条病　b.叶焦病　c.锈病　d.赤条病

图 3-21　甘蔗其他几种病害

3. 防控措施

参照“甘蔗梢腐病”的防控措施。

4. 应用区域

适用于全国甘蔗主产区。

5. 依托单位

①广西壮族自治区农业科学院甘蔗研究所，黄诚华，0771-3899010。

②云南省农业科学院甘蔗研究所，黄应昆，0873-7222489。

③广东省科学院南繁种业研究所，安玉兴，020-84168114。

三　甜菜非生物灾害防灾减灾技术

（一）连作甜菜防灾减灾技术

1. 发生原因

甜菜在同一地块连续种植 2 年及以上，耕地未进行土壤处理，仍采用常规种植模式，使得甜菜种植后发生连作危害。

2. 典型症状

甜菜出苗率低、保苗率低，生长发育受限（图 3-22a）；褐斑病（图 3-22b）和根腐病（图 3-22c）发生严重，产量、质量水平低。

3. 防控措施

（1）合理耕作　在前茬甜菜收获后、上冻前进行深翻耕，深度 30～35 cm，第二年春季化冻

a.生长发育受限　　b.褐斑病　　c.根腐病

图 3-22　甜菜连作危害

后应及时用圆盘耙或钉齿耙耙地；对秋季来不及翻耕的地块，宜在第二年春季化冻后立即进行翻耕，深度30～35 cm，翻耕后应及时用联合整地机耙地、镇压。翻耕时应做到深度一致、行向直、不漏耕、不重耕。在春季甜菜播种前进行旋耕，时间根据土壤墒情而定，旋耕深度为13～15 cm。

（2）科学施肥

①基肥。结合春季旋耕，施生物有机肥 200 kg/亩和甜菜专用复合肥 50 kg（12-18-15）/亩。

②追肥。全生育时期追肥 2 次。第 1 次在甜菜叶丛快速增长期（6 月中旬），追施纯氮，施用量 2.1 kg/亩；第 2 次在甜菜块根及糖分快速增长期（7 月上中旬），追施纯氮，施用量0.9 kg/亩。

（3）褐斑病防控　连作甜菜褐斑病全生育时期防控 3 次。6 月下旬防控第 1 次，用 40%氟硅唑乳油 4～8 mL/亩兑水 30 kg 进行喷药防治；7 月上旬防控第 2 次，用 70% 甲基托布津可湿性粉剂1500～2000 倍液 40～50 kg/亩，或 10%苯醚甲环唑可湿性粉剂 40～60 g/亩，兑水 30 kg 进行喷药防治；第 3 次与第 2 次间隔 7～10 d，用药选择与第 2 次相同。

（4）虫害防控　蛴螬等地下害虫为害严重地块，结合春季旋耕施用 10% 毒死蜱颗粒剂 1.5～2 kg/亩，或 3%辛硫磷颗粒剂 1.5～3 kg/亩。甘蓝夜蛾及藜夜蛾幼虫为害时，用 2.5%高效氯氟氰菊酯乳油 10～15 mL/亩或 2.5%溴氰菊酯乳油 20～30 mL/亩兑水 30～40 kg，进行防治。

（5）草害防控　田间杂草达到 2 片真叶后，用 21%安宁乙呋黄乳油 300～330 mL/亩，兑水 30 kg，或 10.8%高效氟吡甲禾灵乳油 30～35 mL/亩，或 24%烯草酮乳油 30～40 mL/亩，兑水 30 kg 进行防治。

4. 应用区域

适用于全国连作甜菜生产区。

5. 依托单位

内蒙古自治区农牧业科学院，郭晓霞，0471-3826320。

（二）盐碱地甜菜防灾减灾技术

1. 发生特点

盐碱地甜菜生产的典型特点是点面状分布、土壤理化性质差、通气透水性低、水肥利用率低，造成甜菜保苗率低、生长发育不良、根腐病发生严重，产量质量低、差等。

2. 典型症状

土壤盐碱化易引发植物生理干旱，土壤盐分可以通过渗透胁迫或者离子毒害作用对植物的生长发育造成不利影响，还可以造成土壤中离子失衡，生长发育受到抑制，产质量下降。盐碱地甜菜常见问题主要有出苗率低、保苗率低，苗期易发生立枯病，并呈点面状分布(图 3-23a，图 3-23b)、中后期易发生根腐病(图 3-23c)、根蛆等。

a.甜菜立枯病　　b.点面状分布　　c.根腐病

图 3-23　盐碱地甜菜出现病症

3. 防控措施

采取以秋春季大水压盐、起垄种植、耐盐碱品种应用和有机肥-改良剂-专用肥-菌肥为核心的综合防控技术。

(1)秋春季大水压盐　上季封冻前秋汇压盐，或当季解冻后春汇压盐，大水漫灌灌水量为150～180 m^3/亩。

(2)起垄种植　建议采用垄作，小垄单行或大垄双行种植。大垄双行垄的间距为 110 cm，垄上宽为 70 cm，垄的沟宽为 40 cm，垄高为 20 cm 左右。

(3)选用耐盐碱良种　选用适合当地生产的耐盐碱甜菜品种，兼具高产、高糖、抗逆性强等特点的丸粒化种子，如 KWS1197、KVHN4092 品种等。

(4)科学施肥　结合秋翻施入腐熟有机肥 1000～2000 kg/亩，基施腐殖酸型改良剂 200～400 kg/亩，以及甜菜专用肥 50～60 kg/亩，或 N 为 8～10 kg/亩，P_2O_5 为 9～12 kg/亩，K_2O 为 5～8 kg/亩，配施盐碱地专用微生物菌肥。

(5)农业措施　合理轮作(土地要求 3 年以上未种植过甜菜、地势平坦、土层深厚、具备灌溉条件)；加强播种质量(每穴 1 粒，播种深度 1～2 cm，不漏播)；合理密植，调整株行距配置，保证播种密度；科学管理水肥(健全排灌系统，遇大量降水后要及时排水防涝；多施磷、钾肥，中后期严格控氮)；中耕除草(出苗后及时中耕除草，12～15 片叶时进行第二次中耕除草，破除土壤板结，增加孔隙度)。

(6)注意事项　生育期及时高效防治病虫草害；甜菜生长中后期严禁割擗功能叶片。

4. 应用区域

适用于全国盐碱地甜菜生产区。

5. 依托单位

内蒙古自治区农牧业科学院，黄春燕，0471-3826320。

（三）纸筒育苗甜菜防灾减灾技术

1. 发生特点

纸筒育苗甜菜苗床取土有除草剂残留，会造成甜菜幼苗药害；育苗土和肥料混拌不均，会造成缺肥或者烧苗现象；苗床温湿度控制不好，会引发苗期立枯病或者徒长。特别是育苗期间遇到冻害、低温等极端天气会严重影响纸筒育苗甜菜幼苗生长。

2. 典型症状

除草剂残留的症状有苗床缺苗严重，或者幼苗不长（图 3-24）；育苗土和肥料混拌不均症状有苗床呈斑秃状，幼苗大小不一，整齐度差（图 3-25）；苗床温湿度控制不好症状有引起甜菜立枯病，幼苗干枯，或者幼苗徒长，达不到壮苗标准。育苗期间如果甜菜幼苗生长点受冻，幼苗逐渐萎蔫；如果幼苗生长点没有受冻，但子叶受冻脱落，会影响幼苗生长。

图 3-24 除草剂残留药害

图 3-25 肥料混拌不均造成的烧苗

3. 防控措施

采取以监测预警预报、重视取土、育苗土与肥料充分混拌、控制育苗棚温湿度以及做好苗棚保暖等措施的防控技术。

（1）取土　育苗土要求无除草剂残留，杂草种子较少，忌用盐碱土、黏土、生土和沙土。

（2）育苗土与肥料充分混拌　育苗土与肥料要充分混拌均匀，可用小型搅拌机进行混拌，避免发生缺肥或烧苗现象。

（3）控制温湿度　播种后 7 d 出齐苗，注意保温，棚内温度白天保持在 25～30 ℃，夜间 10 ℃以上。如温度过高要及时通风换气，防止高温烧芽、棚内缺氧及湿度过大引发立枯病。尽量不要给苗床浇水，如干裂或硬盖时，用喷壶喷洒温水进行湿润，已出苗的地方不需浇水。

（4）立枯病防治　①苗床土处理：每亩（4 册纸筒）250 kg 苗床土加 50%福美双可湿性粉剂 150～250 g 混匀。②播种后覆土处理：70%噁霉灵可湿性粉剂（土菌消）覆土，5 g 药剂加 15 kg 土混匀覆土（4 册）。50%福美双覆土：8～16 g 药剂加 15 kg 土混匀覆土（4 册）；70%噁霉灵加 50%福美双混用：4 g 噁霉灵，8 g 福美双，加 15 kg 土混匀覆土。③喷雾：70%噁霉灵 5 g 兑水 5～7 kg/4 册苗床喷雾；或 50%福美双 8 g 兑水 5～7 kg/4 册苗床喷雾。出苗后如发现立枯病也可用上述剂量药剂喷雾处理。

(5)苗棚保温　整个育苗期间，苗棚应加盖防寒防冻覆盖物，刮大风时做好苗棚防风加固工作。

(6)注意事项　纸筒育苗甜菜育苗场地，要背风向阳，场地平整；出苗后 20～25 d 进行炼苗，提高幼苗的抗性和移栽后的成活率；移栽前做好苗床的嫁水、嫁肥、嫁药工作。

4. 应用区域

适用于全国甜菜主产区。

5. 依托单位

内蒙古自治区农牧业科学院，郭晓霞，0471-3826320。

（四）甜菜低温冻害防灾减灾技术

1. 发生特点

低温冻害通常在甜菜幼苗期(子叶期)和收获期发生，通常低温冻害在气温为 0 ℃以下即产生明显症状。甜菜两片子叶完全展开，未抽出真叶时对低温抵抗能力较弱，多发生在 4 月下旬至 5 月上旬，此时期若气温在－5～0 ℃，甜菜容易发生冻害；甜菜收获期冻害多发生在 10 月下旬至 11 月上旬，此时处在晚秋初冬，部分产区气温急剧下降，霜冻现象明显，易造成甜菜受冻，进而引发叶片受冻部位水渍状斑块，块根外部破溃，严重影响其收获品质。低温冻害属于突发性、区域集中性自然灾害，危害程度较重，严重时形成冻土层，导致采收困难。

2. 典型症状

苗期低温冻害症状有幼苗僵化、不再抽出新叶，子叶皱缩产生褐变，叶缘变薄变黑并向叶面卷曲，叶柄直硬，进而呈水渍状，根部失水变细并弯曲，呈黑褐色，部分幼苗叶基部支持力不够出现倒伏(图 3-26)；收获期低温冻害症状有叶片结冰冻硬，表层有白霜，叶片边缘及中部位置受冻，初呈淡褐色烫伤状，持续低温会导致细胞间隙内水分结冰，使叶片组织受冻死亡。叶柄结冰，坏死部位为褐色半透明状。块根上抬，部分根体露土，表面颜色暗淡，部分组织坏死，呈黑褐色(图 3-27)。

3. 防控措施

采取以气象监测预报、抗寒品种应用及配套栽培管理技术为核心的综合防控措施。发生冻害后，要科学施策，以“预判救”为原则，即首先采取人工干预等措施，预防各种自然灾害；灾害发生后要科学判断受灾程度，做好灾害分类，根据灾害程度和分类，采用科学的救灾措施。受损严重的第一时间重新播种；受损轻的加强管理，将损失降到最低。

(1)选用抗寒品种　选用适合北疆甜菜产区(天山北坡、伊犁河谷、塔额盆地)生产的抗寒甜菜品种，品种特性相似的可在同一产区混合种植。

(2)综合施策，分类管理　采取熏烟＋中耕＋叶面肥＋喷施生长调节剂(赤霉素、芸苔素等)＋破板结的综合技术措施，发挥综合技术集成效应。需要注意的是，采用赤霉素时，可用酒精溶解赤霉素(1 g/亩兑水 2000 倍)，进行叶面喷施。对中重度受灾田块，要果断采取救灾措

图 3-26　幼苗期冻害

图 3-27　收获期冻害

施，该加强管理的加强管理，该重播的重播。

(3)合理施肥　对苗小苗弱和底肥不足的田块，应早施提苗肥，促进苗全苗壮。对可能发生冻害的田块或区域，及早喷施叶面肥，促进叶片生长发育，增加可溶性物质含量，提高植株自身抗寒性能。

(4)做好预测预报，尽早抢收　针对甜菜收获期冻害，要做好气象监测预报和采收计划，根据各区域气候特点分批次采收，低温天气来临前尽快调配甜菜采收机，优先采收即将降温区域的甜菜，尽量避免因冻害造成产量损失。

4. 应用区域

适用于新疆甜菜产区。

5. 依托单位

新疆农业科学院经济作物研究所，董心久，0991-4523854。

（五）甜菜干旱灾害防灾减灾技术

1. 发生特点

新疆地区水资源分配不均，有效降雨量少，极易发生季节性干旱。通常气温在 35 ℃以上，土壤含水量在 8%～12%，持续时间 1 d 后即可造成甜菜受旱。干旱多发生在 7—8 月少雨的高温天气。干旱造成甜菜产量和品质的损失严重，属于较为突发，但危害持续性和地区性较强的自然灾害。

2. 典型症状

干旱胁迫通常伴随有高温胁迫的危害，苗期干旱症状主要有叶片枯黄卷曲，叶缘干枯，根部变干变细、呈褐色；其余时期遭受干旱胁迫主要表现为叶片表面出现灼伤斑块，部分叶片失绿变黄，叶缘焦褐变干，枯叶数量明显变多。叶柄发白，支持力减弱，甚至弯曲拖地。块根根沟根毛数量变多，主根下扎较深，但并未形成良好根型，部分根表面皱缩或出现黑褐色的小坑（图 3-28）。

a.群体干旱症状

b.个体干旱症状

图 3-28　甜菜干旱症状

3. 防控措施

采取以土壤水分监测、气象监测预报、抗旱品种应用和农艺节水为核心的全方位综合防控技术。

（1）选用抗旱品种　选用抗旱性强、光合能力强、叶色深绿、叶丛直立、叶柄倒伏程度低、主根下扎快的品种。

（2）精准灌溉　定期对农田土壤进行含水量监测，土壤可利用水分少于蒸腾失水量时应及时补水。同时，依照不同土壤质地农田保水性不同的特性制定适合的灌溉次数及灌水定额。

（3）减少渗漏及蒸发　播种前尽早深耕、翻耕灭茬，及时耙耱，增加土壤蓄水保墒能力以减少渗漏。采用膜下滴灌节水栽培模式，提高水分利用效率，减少水分蒸发。此外，推行秸秆还田技术或在表层土壤中掺入抗旱保水剂也可一定程度地降低蒸发。

（4）采取农艺节水措施　进行根外追肥，叶面喷施抗旱剂、萘乙酸、油菜素内酯及叶面肥等，提高甜菜抗旱抗热能力；深耕松土保墒（长期浅耕及机械作业会将土壤压实，阻碍雨水下渗，深耕使用深松机械将犁底层耕松，创造疏松深厚的耕作层，可显著提高耕层含水量 10%～

30%)；中耕保墒(中耕可切断土壤毛细管，抑制水分上升，减少蒸发)；合理密植(根据土壤保水特性适当提高种植密度，减少水分散失)。

4. 应用区域

适用于新疆甜菜产区。

5. 依托单位

新疆农业科学院经济作物研究所，董心久，0991-4523854。

(六)甜菜风灾防灾减灾技术

1. 发生特点

甜菜风灾常在甜菜出苗后1个月内发生，属于突发、暴发性自然灾害，具有发生速度快、危害程度严重、预测预警困难等特点。风灾特别在春旱环境下更容易发生。

2. 典型症状

风灾发生后，较轻情况下会导致甜菜幼苗叶片灼烧、折断，尚可恢复生长但降低了收获产量；严重的情况下会产生甜菜生长点损伤、坏死，甚至连根拔起，导致缺苗，甚至绝产。

3. 防控措施

采取以监测预警预报、耕作栽培技术应用的综合防控技术。

(1)适时播种　根据当地气候条件和灌溉条件，确定适宜的播种期。在内蒙古自治区呼伦贝尔市额尔古纳市、海拉尔区和牙克石市以及黑龙江省齐齐哈尔地区一般在4月25日至5月15日播种。适时早播，幼苗抗性强，苗龄大，更有利于抵御风灾；或根据天气预报，避开风灾日期后及时播种。

(2)大麦防风　在内蒙古自治区呼伦贝尔市额尔古纳市、海拉尔区以及齐齐哈尔地区春季风沙危害较大，应在4月15—25日播种大麦，利用先生长出来的大麦苗减轻或抵挡风沙，减轻风沙对甜菜幼苗的危害(图3-29)。

图3-29　大麦防风

可用条播机采取与甜菜苗带呈45°角播两遍的播种方式，以保证甜菜幼苗不遭受风害，大麦防风带播种深度须一致，以保证大麦出苗时间统一。大麦播种量为4～6 kg/亩。在喷施第二次甜菜除草剂时，施用禾本科除草剂将大麦一次性除掉。

(3)提高播种质量　平作行距为50 cm，株距一般为17～20 cm。采用机械精量点播单粒种子，播种量为1.2单位/hm^2。收获每公顷株数不低于75000株。在正常墒情下，播深为镇压后3 cm左右。播种作业速度为6～8 km/h，匀速作业，以保证播深、投种均匀，深浅一致，不重不漏，地头整齐，覆土严密。播后或灌溉后，当土壤0.5～1.0 cm表层风干后才用重镇压器进行镇压，一般镇压强度为500～1000 g/cm^2。注意预留机械作业通道。

(4)保苗灌溉　播种时土壤墒情良好(相对含水量大于60%)地块，播种后及时高质量镇压，可不用灌溉或者晚一些灌溉。播种时土壤墒情极差(相对含水量小于40%)地块，若播种早且气温仍然很低，一般待气温升至20 ℃时开始灌溉，在7～10 d内甜菜种子可发芽、拱土和出苗。播种时土壤墒情差(相对含水量在40%～60%)地块，播种后应立即灌溉，以防止出现老、中、青三代苗或缺苗(墒情良好的土壤种子萌发出苗早，而墒情不好的土壤种子萌发晚或者不能萌发出苗)。

(5)注意事项　注意播种时期的选择。喷药除掉大麦要适时，过晚会与甜菜竞争水分，过早会增加风灾风险，一般在6月上旬至中旬进行。

4. 应用区域

内蒙古自治区呼伦贝尔市额尔古纳市、海拉尔区以及齐齐哈尔春季风沙危害较大的地区。

5. 依托单位

黑龙江大学，宋柏权，0451-86609312。

(七)甜菜旱害防灾减灾技术

1. 发生特点

甜菜旱灾和缺苗常发生在甜菜播种后至幼苗期，属于黑龙江省等地普遍发生、危害程度较高的非生物逆境。特别是在冬春季节降雪少，春季干旱、多风情况下，因土壤干旱种子萌发和幼苗生长更容易受到影响，造成缺苗。

2. 典型症状

播种后干旱，在雨养条件且没有灌溉措施情况下，甜菜不萌发或者在萌发过程中缺水而导致芽干，降低了田间出苗率和收获株数。出苗后干旱，会限制甜菜养分吸收和运输，导致植株水分和养分供应不足而限制了甜菜生长，最终导致块根产量降低(图3-30)。

3. 防控措施

采取以旱情监测预警预报、抗旱品种应用和大垄双行栽培方法为主的综合防控技术。

(1)选用抗旱良种　选用适合当地生产的抗(耐)旱甜菜品种，例如KWS1176等叶片较小，叶柄直立的抗旱性强的品种。

(2)整地夹肥　选择平岗地，并具有水源设施，每150亩土地的面积应保证具有出水量为20 m^3/h的水井1口。做土壤药害残留试验，确保地块无上茬除草剂残留药害，避免因除草剂残留影响出苗，导致缺苗、断苗。深翻或深松深度30 cm以上，整平耙细起垄夹肥镇压后作

20 cm左右垄体。底肥用量40～50 kg/亩（$N-P_2O_5-K_2O$为12-18-15）。施肥深度18～20 cm。

（3）大垄双行播种　播种时间为4月25日—5月10日，垄上双行，垄距110 cm，行距40 cm，株距16.5 cm，播种深度3 cm（图3-31）。

图3-30　甜菜苗期干旱

图3-31　大垄双行起垄

（4）铺设管带　播种后进行滴灌带铺设，采用双行单带（即两行播种线之间铺设1条滴灌带，滴灌带距种子距离约20 cm）。

（5）给水　第一次给水（出苗水）在滴灌带铺设完成后，按垄的纵向排序进行。以接滴为准，不可过多或过少。此次给水是保证出全苗，预防春旱的必要环节，要保证给水量，达到给足、给透，保证种子顺利萌发（图3-32）。

图3-32　滴灌出苗水

第二次给水（追肥水）在甜菜8～10片的时候。此次给水除防苗期干旱外，还可结合防病和追肥。追肥主要是尿素，用量5 kg/亩，或结合其他微量元素等肥料，促进幼苗根系生长和地上部较快封垄。

（6）注意事项　大垄双行滴灌既节水，浇灌效果又好，能够出苗齐、出苗快。同时，在给水时滴入杀菌剂是防治土传病害最佳、最简单的方法。例如，第一次给水滴入防治立枯病的杀菌剂敌克松1.5～2 kg/hm^2；第二次给水时，杀菌剂主要是甲基硫菌灵3 kg/hm^2等，以防治甜菜根腐病。

4. 应用区域

适用于东北地区甜菜主产区。

5. 依托单位

黑龙江大学，宋柏权，0451-86609312。

四 甜菜生物灾害防灾减灾技术

（一）甜菜立枯病防灾减灾技术

1. 发生特点

该病在世界各甜菜主产区均有发生，在中国西北、华北、东北各甜菜产区也均有发生，一般发病率在10%～20%，严重田块达40%～50%。温度变化大，湿度大，土壤板结、透气性差，有机质含量低，排水不良易发病。肥水管理不好、地下害虫为害及部分农业操作造成的伤口是诱发病原菌侵入和扩展的重要因素。播种覆土过深，播期过早过晚，重茬或迎茬均会加重立枯病的发生。

2. 典型症状

甜菜立枯病，又称“黑脚病”“猝倒病”和“苗腐病”，是由丝核菌、镰刀菌、腐霉菌、蛇眼病菌、黑腐丝囊霉菌和链格孢菌等多种病原真菌或卵菌引起的甜菜苗期根部病害的总称。一般4对真叶之前幼苗抗性弱容易发生立枯病。病症主要是在幼苗子叶幼茎基部或根部产生水渍状病斑，逐渐变成深褐色至黑色凹陷病斑，严重时茎部和根部缢缩变黑变褐腐烂，维管束被破坏，幼苗枯萎或猝倒萎死。纸筒育苗发生立枯病较轻的植株移栽至田间易受干旱和大风影响而出现“断头苗”(图3-33)。立枯病严重的种子出土前受害易出现缺苗断垄。

图3-33 甜菜立枯病症状

3. 防控措施

采取抗病品种应用、种子处理、合理栽培措施和精准施药为核心的绿色防控技术。

(1)种子消毒　播前用福美双、噁霉灵和敌克松等按种子重量的0.8%药剂拌种，防治效果显著。注意敌克松使用不当极易产生药害。

(2)精准施药　对于纸筒育苗，要选好苗床土和床址，严格按操作规程育苗，适时通风控制温湿度。可以用上述药剂处理苗床土或覆土或浇灌法施药，出苗后也可以用上述药剂进行喷雾预防或治疗，还可以利用滴灌施药。

(3)合理栽培管理措施　4年以上轮作，避免重迎茬，选用排水良好的田块，适时播种，及时中耕松土，减少氮肥，增施腐熟有机肥、生物菌肥和磷肥，提高抗病性。避免伤根。注意防治地下害虫为害。

4. 应用区域

适用于全国西北、华北、东北各甜菜主产区。

5. 依托单位

中国农业大学植物保护学院，韩成贵，010-62731629。

（二）甜菜根腐病防灾减灾技术

1. 发生特点

该病在世界各甜菜主产区均有发生，在中国东北、华北和西北等局部地区发生严重，一般减产 5%～50%，严重地块减产 10%～30%。病害由雨水、灌溉水和耕作等传播。高温高湿、重茬迎茬、土壤透气性差、有机质含量低、排水不良均有利于病害发生。苗期立枯病菌潜伏侵染可能导致生长后期易发生根腐病。一般 6 月下旬开始发病，7 月中旬至 8 月中旬为发病盛期。

2. 典型症状

该病是由镰刀菌、丝核菌、蛇眼病菌、腐霉菌和白娟菌等多种真菌和卵菌引起甜菜根部腐烂的总称。不同病原菌引起的症状有差别，主要有干腐和湿腐两类，按发病部位分为根体腐烂和根尾腐烂（图 3-34）。

图 3-34　甜菜根腐病田间症状

3. 防控措施

采取预防为主、综合防治的策略。

（1）选用耐病品种　使用岗位专家和综合试验站推荐的品种。

（2）农业措施　选择土壤疏松、排水良好的田地；4 年以上轮作，选好前茬，避免重迎茬；减少氮肥施用量，增施腐熟有机肥、生物菌肥和磷肥；深耕整地、及时中耕，防治地下害虫为害，减少机械损伤和避免旱涝产生伤口，及时防治立枯病等措施，均可以减轻为害；发现病株及时清除，带出田块外深埋或焚烧。

（3）化学药剂　可以用广谱杀菌剂（噁霉灵、百菌清、多菌灵、甲霜灵、丙环唑、戊唑醇、嘧菌酯）灌根，但一般药剂防治效果不理想。

4. 应用区域

适用于全国甜菜主产区。

5. 依托单位

中国农业大学植物保护学院，韩成贵，010-62731629。

（三）甜菜褐斑病防灾减灾技术

1. 发生特点

该病在世界各甜菜主产区普遍发生，为害严重，在中国东北地区、内蒙古自治区中东部、河北省和山西北部、新疆维吾尔自治区伊犁等地发生普遍，一般减产 15%～20%，糖分降低 1°～3°，严重时块根减产 30%～40%，含糖下降 3°～4°。一般 6 月下旬到 7 月初开始发病，8 月下旬到 9 月初为发病高峰期，9 月后病害开始衰减。温度在 25～28 ℃，相对湿度在 80%以上有利于病害的发生。当气温在 20～28 ℃，湿度在 85%以上时分生孢子大量形成。6 月至 9 月平均气温 20 ℃以上，月降水量超过 100 mm，2～3 次集中降雨，病害易大流行。甜菜种植老区，特别是重茬迎茬和田间病残不处理等有利于病害发生。灌溉过量和偏施氮肥发病重。不同品种抗病性存在明显差异。

2. 典型症状

发病初期叶部呈褐色或紫色不规则病斑，病斑中央灰色，空气潮湿时病斑上形成大量灰白色霉状物（图 3-35a），为病菌的分生孢子梗及分生孢子，严重时叶柄上病斑呈卵圆形或梭形（图 3-35b）。发病后期，病斑连成片导致叶片枯死，田间呈现出一片黄褐色焦枯状。由于不断产生新叶片，导致块根内营养物质消耗，形成大青头块根和糠心（图 3-35c），使根产量和含糖量大幅度降低。

a. 叶部症状　　b. 叶柄部症状　　c. 大青头块根

图 3-35　甜菜褐斑病田间症状

3. 防控措施

采取抗病品种应用、科学选地、合理栽培措施和精准施药为核心的绿色防控技术。

（1）选用抗病品种　使用岗位专家和综合试验站推荐的优良品种。

（2）精准施药　当田间发病株达 5%以上时，用三唑类药剂（苯醚甲环唑、氟硅唑）和甲氧基丙烯酸酯类（吡唑醚菌酯、嘧菌酯）防治，根据发生轻重进行 1～3 次喷药控制。一种药剂一个生长季仅使用 1 次，以延缓和避免病菌产生抗药性。

（3）农业措施　实行 4 年以上轮作，避免重迎茬，减少氮肥施用量，增施磷钾肥，合理灌水。

4. 应用区域

适用于全国甜菜主产区。

5. 依托单位

中国农业大学植物保护学院，韩成贵，010-62731629。

（四）甜菜白粉病防灾减灾技术

1. 发生特点

该病在世界主要甜菜种植区均有发生，中国主要分布在新疆、甘肃以及内蒙古自治区中西部，发病率50%～90%，块根减产10%～20%，糖分下降0.5°～1.2°。7—8月空气干燥，气温在20～26 ℃，相对湿度65%以下，易于蔓延和流行。

2. 典型症状

发病初期，叶片出现一些白色绒状物，后期叶片覆盖一层白色粉状物，即为菌丝体和分生孢子，白色粉层中长出大量黄褐色至黑色的闭囊壳小粒点，为害严重的叶片变黄枯死（图3-36）。

图3-36　甜菜白粉病田间症状

3. 防控措施

采取抗病品种应用、合理栽培措施和精准施药为核心的绿色防控技术。

（1）选用抗病品种　使用岗位专家和综合试验站推荐的优良品种。

（2）精准施药　选用苯醚甲环唑、氟硅唑、烯唑醇和戊唑醇等药剂防治。

（3）农业措施　4年以上轮作，避免重迎茬，科学施肥，减施氮肥，增施腐熟有机肥和磷钾肥。

4. 应用区域

适用于全国甜菜主产区。

5. 依托单位

中国农业大学植物保护学院，韩成贵，010-62731629。

（五）甜菜细菌性斑点病防灾减灾技术

1. 发生特点

该病在中国东北地区普遍发生，严重地块减产20%左右。在东北地区，一般6月中旬开始发病，高温多雨的7、8月发病迅速，8月底因温度降低而减缓。田间发病程度与温湿度关系密切，高温高湿，特别是天气干燥和湿润交替有利于病害迅速蔓延。

2. 典型症状

由丁香假单孢菌适应变种引起，叶片易腐烂。发病初期，叶片产生边缘明显的黄绿色斑点，快速扩展为形状不规则的黄绿色大斑，病斑中央浅黄褐色，边缘黑褐色，常有不规则的涡状轮纹（图3-37）。严重时叶脉和叶柄上呈现长条形黑色病斑。病组织逐渐干缩薄化，微呈波纹状，后期病部组织干枯坏死。病叶叶脉呈黑褐色，空气湿度大时呈现似开水烫过的病斑，可见溢出的菌脓。

图 3-37　甜菜细菌性斑枯病叶部症状

3. 防控措施

使用健康耐病品种，种子进行药剂丸粒化处理，清除田间病株，增施磷钾肥，可有效控制该病害。

4. 应用区域

适用于全国甜菜主产区。

5. 依托单位

中国农业大学植物保护学院，韩成贵，010-62731629。

（六）甜菜丛根病防灾减灾技术

1. 发生特点

该病在世界各地主要甜菜产区均有发生，中国主要分布在西北和华北地区，发病田块一般减产 40%～60%，糖分下降 4°～9°。该病害由甜菜黄脉坏死病毒引起，作为一种土传病害，易随病残、病土、块根、种子、粪肥及农机具等传播，灌溉水和雨水也能传播病害。土壤湿度大、灌溉过多、排水不良的田块易发病，重迎茬会导致发病加重，沙土和沙壤土发病重，硝态氮高或有效磷低发病重。一般 6 月下旬到 7 月上旬开始发病，7—8 月为发病高峰期。

2. 典型症状

受侵染甜菜主根和侧根上产生大量须根，形成"大胡子"症状，地上部症状主要有叶脉黄化坏死型、褪绿型、焦枯型 3 种类型(图 3-38)。

3. 防控措施

主要以预防为主。选用抗耐病品种，种子药剂处理，加强栽培技术措施，增施腐熟有机肥以及过磷酸钙等生理酸性肥料，可减少病害造成的损失。

4. 应用区域

适用于全国甜菜主产区。

5. 依托单位

中国农业大学植物保护学院，韩成贵，010-62731629。

图 3-38　甜菜丛根病根部和叶片典型症状

（七）甜菜黄化毒病防灾减灾技术

1. 发生特点

该病在世界各地主要甜菜产区均有发生，中国主要分布在西北和华北地区。一般发病率10%～20%，严重地块可达50%～60%，糖分下降2°～4°，减产20%～30%。田间6月中旬开始发病，8月中旬至9月中旬为流行期，寄主生理状态、雨量和气温等环境因素直接影响桃蚜迁飞。一个生长季中病毒可由蚜虫传播反复再侵染。

2. 典型症状

发病植株底部或中部的叶片全叶变黄，仅叶脉保持绿色，叶片变厚发脆，手握易碎，发出清脆响声（图3-39）。

图 3-39　甜菜黄化病田间症状

3. 防控措施

采取抗病品种应用、合理栽培措施和精准施药为核心的绿色防控技术。

（1）选用抗病品种。

（2）精准施药　在蚜虫未迁飞至甜菜田之前喷洒内吸性杀虫药剂可以有效控制病害。

（3）农业措施　注意田园卫生，减少有翅蚜源；合理使用氮肥、增施磷钾肥；清除田间杂草，减少病毒初侵染来源和蚜虫数量；适期早播，合理密植，加强田间管理，促使甜菜生长健壮，增强抗病能力。

4. 应用区域

适用于全国甜菜主产区。

5. 依托单位

中国农业大学植物保护学院，韩成贵，010-62731629。

（八）甜菜孢囊线虫病防灾减灾技术

1. 发生特点

由甜菜孢囊线虫侵染甜菜所引起的一种病害。该病在全世界 50 多个国家和地区分布，我国只在新疆维吾尔自治区新源县等地发生。中国的潜在适生区非常广泛，特别是新疆和内蒙古等地。该病害对甜菜具有毁灭性危害，可导致甜菜产量损失达 25%～70%，甚至绝产。二龄幼虫从嫩根尖直接侵入，头进入维管束内吸养，成虫期孕卵繁殖，身体膨大撑破根皮外露，属于内寄生定居型。以孢囊的形式越冬，有些卵可存活多年。可由风、灌水、雨水或牲畜的携带等传播，也可通过农事操作和器械携带的病土以及混杂在种子里人为传播。条件适宜可以多次再侵染。一般 6 月初可见白色孢囊，7—9 月孢囊数量达高峰。寄主范围广泛，可侵染藜科、十字花科、蓼科、苋科、石竹科、豆科等多种植物和杂草。

2. 典型症状

前期植株矮小变黄，后期主根小，侧根和须根增多呈胡须状，其须根表面存在大量初期白色后变为褐色的孢囊(图 3-40)。

图 3-40 甜菜孢囊线虫病根部症状

3. 防控措施

需要加强普查与内外植物检疫，加强抗线虫甜菜品种的引进与培育，采取轮作等综合防控技术措施。可利用阿维菌素颗粒剂和阿维・噻唑膦颗粒等广谱性杀虫剂处理土壤来防治，确保甜菜安全生产。

4. 应用区域

适用于新疆维吾尔自治区甜菜产区。

5. 依托单位

中国农业大学植物保护学院，韩成贵，010-62731629。

（九）甜菜象甲防灾减灾技术

1. 发生特点

该虫种类较多，在我国东北、华北和西北三大甜菜产区均有发生，是甜菜苗期和生长期的重要害虫。该虫以越冬代出土成虫为害刚出土甜菜幼苗生长点和幼虫为害甜菜块根部，在杂草多或邻接荒地的甜菜地最易发生。

2. 典型特征

该虫以成虫（图 3-41a）为害甜菜幼苗，有时直接咬食幼苗生长点造成毁种，直接影响甜菜保苗（图 3-41b）；幼虫为害甜菜根部，造成伤口后易感染甜菜根腐病，引起植株枯萎死亡，影响甜菜产量（图 3-41c）。

a.成虫

b.成虫为害甜菜幼苗状

c.幼虫为害根部

图 3-41　甜菜象甲及为害状

3. 防治措施

（1）农业防治　秋耕冬灌，破坏成虫越冬场所，压低越冬虫口基数；清除杂草，铲除或减少其早春食物源；适当提早播种，可以减轻为害。

（2）物理防治　灌水淹杀，在甜菜田周边挖沟、施药阻杀。

（3）化学防治　在甜菜播种时用杀虫剂拌种，选用含杀虫剂的包衣种或丸衣种；播种时用毒死蜱颗粒剂等随种肥施用；在成虫出土盛期，用 5%氯虫苯甲酰胺悬浮剂 1000 倍液、48%毒死蜱乳油 600 倍液、300 g/L 氯虫苯甲酰胺・噻虫嗪悬浮剂 1500 倍液、9.6%高效氯氟氰菊酯・12.6%噻虫嗪悬浮剂 3500 倍液等药剂喷施防治。

4. 应用区域

适用于全国甜菜主产区。

5. 依托单位

新疆农业科学院植物保护研究所，杨安沛，0991-4523854。

（十）甜菜茎象甲防灾减灾技术

1. 发生特点

该虫在甜菜整个生长期均可为害，主要以越冬代成虫（图 3-42a、图 3-42b）为害为主。该虫在新疆和内蒙古 1 年发生 1～2 代。在新疆伊犁地区，越冬代成虫 4 月下旬开始产卵(图 3-42c)，产卵高峰期为 5 月中下旬。幼虫(图 3-42d)为害盛期为 6 月中旬至 7 月上旬。

2. 典型症状

该虫主要以幼虫沿叶柄内部输导组织蛀食为害，将茎秆取食成中空，粪便留在茎秆中，堵塞茎秆。茎秆失去输送功能，使叶片失绿变黄，继而萎蔫、枯焦，严重影响甜菜的光合作用，导致产量低、含糖量少。此外，幼虫还可为害越冬采种甜菜的主花茎或侧枝花茎，引起花而不实或遇到风时，花枝折断，造成种子产量的严重损失(图 3-42e)。

a.成虫　b.初羽化成虫　c.卵　d.幼虫　e.为害状

图 3-42　甜菜茎象甲及为害状

3. 防控措施

(1)农业防治　秋耕冬灌，清除杂草。

(2)化学防治　在越冬代成虫出土盛期和成虫产卵高峰期开展防治。可用 5%氯虫苯甲酰胺悬浮剂 1000 倍液、480 g/L 毒死蜱乳油 600 倍液或 300 g/L 氯虫苯甲酰胺・噻虫嗪悬浮剂 1500 倍液、9.6%高效氯氟氰菊酯・12.6%噻虫嗪悬浮剂 3500 倍液喷雾防治。因其幼虫在叶柄内蛀食，施药效果欠佳，因此，化学防治应以防治成虫为主。

4. 应用区域

适用于全国甜菜主产区。

5. 依托单位

新疆农业科学院植物保护研究所，杨安沛，0991-4523854。

（十一）旋幽夜蛾防灾减灾技术

1. 发生特点

该虫在甜菜整个生育期均可为害，在内蒙古、甘肃、新疆等甜菜产区均有发生。在北方1年发生3代，世代重叠现象严重。在新疆，第一代幼虫于5月上中旬为害甜菜，第一代幼虫为害重于第二、第三代幼虫。幼虫为害具有隐蔽性、暴发性、转移为害等特点。成虫具有明显的迁飞现象，除在陆地上跨地域迁飞外，还可进行跨海迁飞。

2. 典型症状

该虫以幼虫取食为害。在甜菜苗期，低龄幼虫先咬食心叶幼嫩部分，破坏甜菜苗的生长点，虫口密度大时，在几天之内就可将幼苗咬光，造成毁苗。甜菜生长的中后期，幼虫多在叶背取食；低龄幼虫常取食叶片背面的叶肉，仅留下上表皮呈窗膜状，2～3龄幼虫则可将叶片咬成缺刻。随着龄期增加，幼虫食量加大，高龄幼虫通常可把叶片吃光，只剩较粗的叶脉和叶柄。低龄幼虫较活泼，受到惊扰时会假死或吐丝下垂逃逸。高龄幼虫受惊扰后将身体蜷缩呈"C"形。3龄后食量增大，5龄幼虫食量最大，并能迅速转移为害。图3-43为旋幽夜蛾的四个生长阶段。

a.成虫

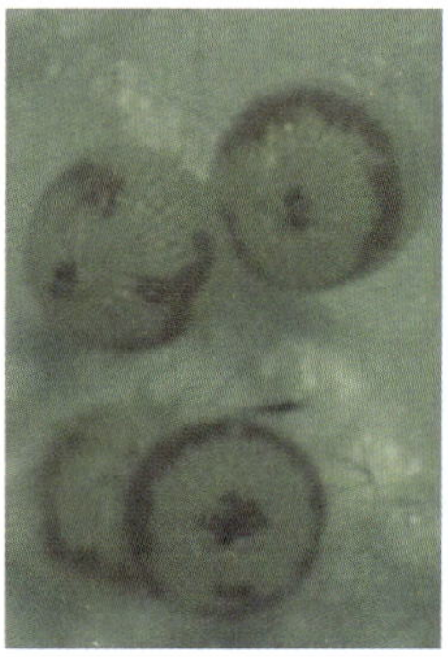

b.卵

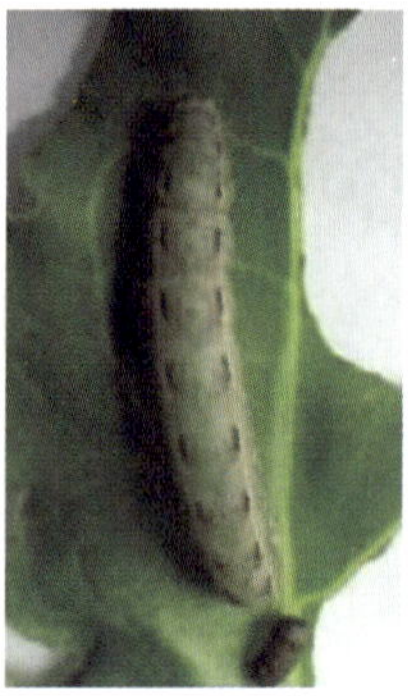

c.幼虫

d.蛹

图3-43 旋幽夜蛾

3. 防控措施

（1）农业防治　秋耕冬灌，铲除杂草，清洁田园。

（2）理化诱控　在成虫发生期，可用黑光灯、频振式杀虫灯和性诱剂诱杀、诱捕成虫。

（3）药剂防控　幼虫发生期，可用 1.0×10^{10} 孢子/mL的球孢白僵菌150～200 mL/亩兑水喷雾防治。成虫盛发期1周左右，即为药剂防治适期，可用5%顺氰戊菊酯乳油或1500～3000倍液2.5%高效氯氟氰菊酯乳油、20%氰戊菊酯乳油或2.5%溴氰菊酯乳油1000～2000倍液、200 g/L氯虫苯甲酰胺悬浮剂4000倍液，喷雾防治。

4. 应用区域

适用于全国甜菜主产区。

5. 依托单位

新疆农业科学院植物保护研究所，杨安沛，0991-4523854。

（十二）甘蓝夜蛾防灾减灾技术

1. 为害特点

甘蓝夜蛾是我国各地广泛分布的一种非常重要的多食性害虫（图 3-44a），其寄主植物多达 40 余科 100 余种。以幼虫为害叶片，是我国东北、华北、西北甜菜主产区的重要害虫。

2. 典型症状

甘蓝夜蛾以幼虫为害叶片，刚孵化时幼虫集中于卵块所在的叶背取食，残留表皮呈现出密集的“小天窗”状，随着虫龄增大后逐渐分散，将叶片吃成小孔，4 龄后，夜间取食，吃成大孔，仅留叶脉（图 3-44b）。

a.成虫　　　b.幼虫及为害状

图 3-44　甘蓝夜蛾及为害甜菜状

3. 防治措施

（1）农业防治　秋耕冬灌，铲除杂草，清洁田园，可消灭大量越冬蛹，减少翌年虫口基数。

（2）化学诱杀　在成虫发生期，可用糖醋液进行诱杀（糖：醋：酒：水＝6：3：1：10）；也可用甘蓝夜蛾性诱剂进行诱杀。

（3）生物防治　在幼虫发生期，可用 50000 IU/mg 苏云金杆菌（Bt）可湿性粉剂 50～100 g/亩兑水 30 kg 或 100 亿孢子/mL 球孢白僵菌可分散油悬浮剂 120～200 倍液喷施。

（4）化学防治　成虫高峰期后 1 周左右，或当田间卵（块）80%以上孵化时，为防治适期。可用 48%毒死蜱乳油 800 倍液，2.5%高效氯氟氰菊酯乳油、20%氰戊菊酯乳油、2.5%溴氰菊酯乳油等菊酯类杀虫剂 1500～2000 倍液喷施。

4. 应用区域

适用于全国甜菜主产区。

5. 依托单位

新疆农业科学院植物保护研究所，杨安沛，0991-4523854。

（十三）甜菜夜蛾防灾减灾技术

1. 发生特点

该虫(图 4-45a)2020 年以来在新疆甜菜等作物上为害严重。该虫 3 龄幼虫前群聚为害，具有群聚为害、暴食性等特点。该虫对高温有较强的适应能力，温度高时发育快，世代重叠严重，易暴发为害。

2. 典型特征

该虫以幼虫取食为害甜菜，雌虫将卵块产于叶片背面，卵块上盖有雌虫腹末落下的白色鳞毛。初孵幼虫聚集为害，将叶片取食为孔洞，4 龄后分散取食，严重时食尽叶片和植株，仅剩叶脉(图 3-45b)。

a.成虫

b.幼虫及为害状

图 3-45　甜菜夜蛾及为害状

3. 防治措施

(1)加强虫情监测，确定防治适期　通过虫情测报灯或甜菜夜蛾性诱剂，监测成虫发生时期，同时结合田间卵块及初孵幼虫调查，以确定防治适期。

(2)农业防治　利用冬闲深翻土地，破坏其越冬场所。适时中耕、浇水，以破坏蛹的羽化环境。清洁田园，尤其是野生苋菜，以减少甜菜夜蛾的产卵场所，降低落卵量。

(3)理化诱控　利用成虫具有较强的趋光性，在成虫盛发期，使用黑光灯、高压汞灯或杀虫灯进行诱杀；也可使用甜菜夜蛾性诱剂诱捕雄蛾。建议将杀虫灯和性诱捕器单独使用。

(4)药剂防控　应选择幼虫低龄期进行防控，施药时间选择在清晨最佳。在幼虫孵化盛期，可选用 240 g/L 甲氧虫酰肼悬浮剂、60 g/L 乙基多杀菌素悬浮剂、100 亿活芽孢/mL 苏云金杆菌悬浮剂等药剂进行防控。

4. 应用区域

适用于全国甜菜主产区。

5. 依托单位

新疆农业科学院植物保护研究所，杨安沛，0991-4523854。

（十四）甜菜叶螨防灾减灾技术

1. 发生特点

叶螨(图 3-46a)俗称红蜘蛛。甜菜叶螨种类较多，主要种类有朱砂叶螨、土耳其斯坦叶螨、敦煌叶螨和截形叶螨。朱砂叶螨和截形叶螨在全国各地均有分布，土耳其斯坦叶螨分布在新疆，敦煌叶螨主要分布在新疆和甘肃。该虫 1 年可发生 10 代左右，因地域不同始发期和为害高峰期有所差异。7—8 月是该虫为害盛期，高温、干旱少雨气候有利于发生提前、为害猖獗和蔓延成灾。

2. 典型特征

该虫主要为害甜菜叶片，受害后的叶片失绿，向背面卷曲，受害严重叶片干枯死亡，对甜菜的产量和含糖量影响很大(图 3-46b)。

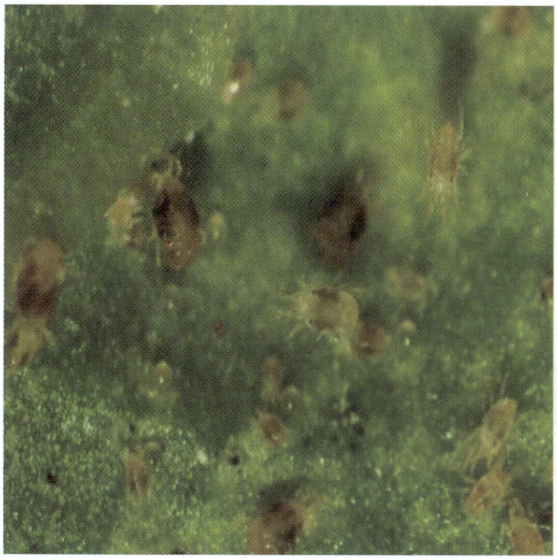

a.叶螨

b.叶螨为害状

图 3-46　叶螨及为害状

3. 防控措施

(1)农业防治　合理安排作物布局，实行与小麦轮作倒茬；彻底清除田间地头杂草；作物收获后，清除残枝落叶；秋翻、冬灌破坏越冬场所；加强田间管理，提高田间湿度等。

(2)加强监测，统防统治　甜菜叶螨寄主范围广，同时又是棉花、玉米等主要作物的害螨，要有效地控制叶螨的种群数量，须进行大面积的各种作物叶螨的协同综合防治。注意加强虫情调查，将虫害及时控制在点片阶段。

(3)化学防治　在叶螨发生初期，可用 20％哒螨灵乳油 1500 倍液、73％炔螨特乳油 2000～2500 倍液、25％三唑锡可湿性粉剂 1000 倍液、240 g/L 螺螨酯悬浮剂 4000 倍液、22％阿维·螺螨酯悬浮剂 4000 倍液等药剂喷雾防治。

4. 应用区域

适用于全国甜菜主产区。

5. 依托单位

新疆农业科学院植物保护研究所，杨安沛，0991-4523854。

（十五）甜菜田杂草防灾减灾技术

1. 发生特点

甜菜田杂草与甜菜争夺光、温、水和肥等资源，对甜菜的生长发育、产量、糖分含量均会造成严重影响。甜菜早期生长缓慢、植株矮、种植株行距较大，杂草容易快速生长，严重影响甜菜生长。

2. 典型症状

甜菜田杂草可以分为单子叶杂草和双子叶杂草两大类。单子叶杂草以禾本科杂草为主，主要有稗（俗称稗草）（图 3-47a）、狗尾草（俗称谷莠子）（图 3-47b）、芦苇（图 3-47c）、狗牙根（图 3-47d）。阔叶杂草种类较多，主要有灰绿藜（也叫灰灰草）（图 3-47e）、反枝苋（也叫苋菜）（图 3-47f）、龙葵（俗称野葡萄）（图 3-47g）、苘麻（图 3-47h）、苍耳（也叫老苍子、青棘子）（图 3-47i）、田旋花（也叫狗儿秧）（图 3-47j）。

3. 防控措施

（1）农业措施　选择适宜的地块，避免选择长期施用莠去津、烟嘧磺隆等残效期长的除草剂的地块。做好中耕除草工作，适时进行中耕。中耕可提高地温，促进甜菜生长，同时也可以耕除田间杂草。及时人工清除杂草，对化学除草剂无法防除的多年生或越年生恶性杂草要及时组织人工在杂草开花前进行拔除，以减少土壤中杂草种子的库存量。

（2）化学措施　播前可选用 96%的精异丙甲草胺乳油（金都尔）70～100 g/亩，兑水 40～50 kg，均匀喷洒在土壤表面进行土壤封闭处理。针对芦苇、稗等单子叶杂草，可选用 10.8%高效氟吡甲禾灵乳油 60～80 mL/亩或 13%烯草酮乳油 35～50 mL/亩或 10%噁草酸乳油 40～60 mL/亩，兑水 30～45 kg 喷施；芦苇等杂草重发生区，可连续施用 2～3 次，间隔 7 d 左右。针对藜、反枝苋等阔叶杂草，可选用的药剂主要有 16%甜安宁（300～350 mL/亩）、20%安宁乙呋黄（100～120 mL/亩）、75%苯嗪草酮等药剂（400～500 g/亩）。苯嗪草酮建议在甜菜子叶期或播后苗前施用，其他药剂应在甜菜 2 片真叶期后施用。根据杂草发生程度可施药 2～3 次，每次间隔 5～7 d，用药量由小到大。如甜安宁，第一次用药在甜菜 2～4 叶期，用药量 100～120 mL/亩，第二次用药在甜菜 4～6 叶期，用药量 150～200 mL/亩。

（3）注意事项　一是要选用适宜的化学除草剂，应选用在当地已普遍使用过的药剂，避免药害发生。二是药剂要现配现用。三是要注意用药安全，避免在中午或高温高湿条件下用药，以防止人员中毒和避免甜菜药害。

4. 应用区域

适用于全国甜菜主产区。

5. 依托单位

新疆农业科学院植物保护研究所，杨安沛，0991-4523854。

a.稗草　b.狗尾草　c.芦苇　d.狗牙根
e.灰绿藜　f.反枝苋　g.龙葵
h.苘麻　i.苍耳　j.田旋花

图 3-47　甜菜田几种杂草

第四章

蚕桑体系防灾减灾技术

一、蚕桑非生物灾害防灾减灾技术
（一）桑树干旱防灾减灾技术
（二）桑树洪涝防灾减灾技术
（三）蚕桑产业台风防灾减灾技术
（四）桑园霜冻防灾减灾技术
（五）养蚕高温防灾减灾技术
（六）桑叶化学物质危害防灾减灾技术
（七）家蚕农药中毒防灾减灾技术
二、蚕桑生物灾害防灾减灾技术
（一）桑树病害防灾减灾技术
（二）桑树虫害防灾减灾技术
（三）蚕病虫害防灾减灾技术

一 蚕桑非生物灾害防灾减灾技术

（一）桑树干旱防灾减灾技术

桑树的一切生命活动都离不开水。当土壤水分适当时，桑树才能正常生长。但不论任何地区，一年中雨水不均的情况是客观存在的，常常遇到时而土壤水分过多，时而土壤水分不足的现象，使桑树水分收支平衡产生不同程度的失调，严重时就会引起桑树停止生长，甚至桑叶枯黄脱落，使桑叶减产，叶质降低。生产实践表明，加强桑园的水分管理，是保证桑树优质高产的一项重要措施。

桑树虽有较深的根系，抗旱能力较强，但遇到持续干旱天气，或者雨量很小，桑树体内缺水，气孔开度缩小，二氧化碳进入气孔受阻，蒸腾作用减弱或停止，不能进行或减少了有机物的合成，造成桑树新梢和叶片生长缓慢。另外，由于干旱与温度升高，呼吸作用加强，大量消耗贮藏的有机物质，使同化作用与异化作用之间失去协调，影响有机质的合成与积累。桑园缺水，叶片含水量下降，时间一长，桑树生长缓慢或停止生长，叶片老化黄落，造成桑叶产量质量下降，从而影响蚕业生产。因此，及时因地制宜采取防灾减灾措施显得尤为重要。

1. 建立桑园灌溉系统

桑园干旱时要及时灌溉。如遇到持续高温干旱，桑园土壤水分不足，应根据桑树生长阶段对水的需要和当地的气候及时灌溉。灌溉时要避开炎热的中午，因炎热的中午灌溉会使土温突然降低，造成根部吸水困难，桑树生长暂时萎缩，因而灌溉在夜晚时为宜，并要速灌速排，以桑园土壤湿润为宜，不使淹没过久。桑园灌溉有穴灌、沟灌、喷灌和滴灌等方法。

2. 选用抗旱品种

抗旱必须与防旱相结合。不仅要从兴修水利，建立桑园排灌系统，采用灌溉方法来解决，还应从桑树品种和栽培管理技术等方面来考虑。丘陵山区和河堤、高冈等易旱地区，宜采用适合当地栽植的耐旱性较强的丰产品种。

3. 建立桑园节水抗旱栽培技术

(1)在缺少水源的丘陵山区，不宜过多地发展成片的低干密植桑园。因为低干密植桑树，个体发育较差，根系分布较浅，一遇干旱，如不及时供水，就会严重影响桑树生长，降低产量。而养成中、高干树型，使根系扩展面大，并向纵深发展，可以提高桑树的抗旱能力。

(2)合理施肥　合理施用磷、钾肥，适当控制氮肥，可提高植物的抗旱性，磷可促进有机磷化合物的合成，提高原生质的水合度，增强抗旱能力。增施磷钾肥能提高植株含糖量，增强桑树抗旱机能，促进正常生长发育。注意多施有机肥，改良土壤结构，提高蓄水、保水能力。

(3)采用绿肥、山草或垃圾等物覆盖地面，以及中耕除草等措施，都有良好的防旱效果。桑园地可用稻草或青草等覆盖，厚度为5～10 cm，能抑制杂草生长，减少桑园内土壤水分蒸发，达到抗旱目的，覆盖物腐烂后又是很好的有机肥，是一举多得的好办法。

4. 加强桑树病虫害防治工作

长期干旱，易导致红蜘蛛等干旱性病虫害的为害加剧。因此，要注意做好桑园病虫防治工作。

5. 及时调整养蚕布局

各地生产部门应根据旱情发展，调整养蚕布局，适当减少当季蚕饲养量，并采用适当推迟当季蚕出库时间等措施减少损失。

6. 应用区域

适用于全国蚕桑主产区。

7. 依托单位

西南大学，赵爱春，023-68251803。

（二）桑树洪涝防灾减灾技术

桑树是多年生木本植物，对洪涝灾害有一定的抵抗能力，但受淹时间越长，危害越大。桑园淹水后，土壤通气不良，桑根组织中的有氧呼吸变为无氧呼吸，引起嫌气性细菌的生长，产生酒精、硫化氢等物质，毒害根部。由于土壤中好气性细菌的活动受抑制，土壤中积聚过量的有机酸和无机酸，妨碍根系的正常吸收功能。洪涝灾害破坏了桑树水分平衡，易发生桑叶萎蔫黄落和桑根腐烂发黑等现象，严重影响桑树生长与生产。因此，生产中应加强雨涝监测，及时预警灾害，洪涝后应及时因地制宜采取减灾措施。

1. 清沟排水降渍

及时修整桑园及周边排水系统，排涝清淤，防止桑园长时间浸渍，避免桑树烂根。对水淹较轻的桑园，雨后要及时疏通渠道，排除桑园积水；对水淹严重的桑园，要挖排水沟或机械排水；排水不畅的田块，可在田块外挖贮水池，将积水排放池内。在迅速排除积水的同时，要适当加深沟渠，并做到田内外沟渠逐级加深，降低地下水位，有利于受淹桑树新根生长。

2. 加强种植和修枝整形管理

对冲刷严重，造成土壤沟蚀、桑根裸露的桑园，应尽快扶正桑树，用好土培实根部，及时填土保根。树体受损的，还要及时修剪，去枝去叶，减少蒸腾，优化树体结构，改善桑园通风透光条件。同时要及时清除桑园内的残枝落叶。如泥沙涂污枝叶较厚较重时，可用清洁水流冲淋洗涤，清除污染。

3. 加强桑园土地耕翻

大水淹过的桑园，常有淤泥沉积，土壤容易板结，但这些淤泥相当于给桑园改土施肥，利于培肥土地。待土面稍干时要及时耕翻，增加土壤的透气性，促进根系尽快恢复吸收功能和旺盛生长。中耕时要适当增加深度，将土壤混匀，土块捣碎。根据土壤和桑树生长情况，可中耕1～2次。

4. 加强肥培管理

加强追肥，补充营养。灾后桑树根系受损，吸肥、吸水能力下降，不宜进行土壤施肥，而应采取根外追肥的措施。可选用0.2%的尿素溶液为叶面肥，同时可配合施用0.2%的磷酸二氢钾溶液，选晴天微风上午或傍晚，进行全树喷施，叶片背面喷施均匀。可每隔5～7 d施1次，连续追施2～3次。树势恢复后，可以进行土壤追肥，以氮肥为主，磷钾肥为辅。

5. 加强病虫害防治

加强病虫害预测预报，及时进行药剂防治。雨涝往往伴随高温高湿的气候环境，有利于各类病虫滋生。雨涝后要及时采取有效预防措施，除加强土肥水管理以增强树势，清除枯枝落叶以减少病源外，还需监测病虫为害情况，及时进行药剂防治。

6. 应用区域

适用于全国蚕桑主产区。

7. 依托单位

西南大学，赵爱春，023-68251803。

（三）蚕桑产业台风防灾减灾技术

在全球气候变暖的背景下，台风造成的气象灾害呈明显上升趋势，对农业生产的影响在不断加剧。台风也是危害蚕桑产业发展的主要气象灾害之一，台风带来的暴雨和狂风易造成桑园受淹，影响桑树生长；桑叶的机械损伤导致营养损失，加重蚕桑病虫害扩散流行，对蚕桑生产安全造成严重威胁。因此，应积极做好防控措施，尽量减轻台风的影响，具体防控措施如下。

1. 桑园管理

(1)台风来临前，根据天气预报在桑园四周挖深沟，建立利于排水的沟渠，疏通桑地行与沟渠的通道，填平桑地里的坑洼处，确保排水畅通，让水能顺利地流出桑地，避免桑树长时间遭水淹泡。

(2)台风带来的洪水退后，要及时疏通桑园沟渠，排除积水，降低地下水位，防止桑园长时间浸渍导致的桑树烂根死亡，有条件的地方可用水清洗受淹桑树的污泥。

(3)做好桑园倒伏植株清杂培土扶正工作。洪水退后要及时清除挂在桑树上的杂草等杂物，对冲刷严重，造成土壤沟蚀、桑根裸露的桑园，应尽快扶正桑树，用土培实根部，及时填土护蔸保根。特别是新桑园更要注重培土护蔸。

(4)对水淹严重的桑园，要及时进行适度修剪，以减少蒸腾量，促进新梢萌芽，并清除果园内的落叶，避免腐烂滋生蚊虫。

(5)淹水的桑园不宜地面施肥，可改为叶面施肥，可喷施 0.5%的尿素溶液，每隔 7 d 喷洒 1 次，连续喷洒 2～3 次，以加强光合作用，增加树体的营养积累，促进桑树尽快恢复生机，争取后期多产叶、多养蚕，夺回洪涝损失。

(6)长期降雨导致桑树根部由于较长时间处于水浸状态、通气不良而造成烂根，植株长势衰退，且雨后桑树伤口多，极易引发病虫害，因此应注意观察桑园虫情，做好病虫防治。灾后桑细菌病等易发生，要及早观察侵害程度，剪除病芽、病叶和病枝，集中深埋或烧毁，并用环丙沙星 10000 倍液或 15%链霉素与 1.5%土霉素混合液的 500 倍液喷洒嫩梢、嫩叶，隔 7～10 d 喷 1 次，连喷 3～4 次，可控制病情扩展。

2. 家蚕饲养管理

(1)台风来临前，根据天气预报预先做好简易蚕室的加固工作。在大风大雨来临之前，应检查养蚕简易大棚是否有被风雨冲垮或漏雨的危险，如发现大棚的支柱埋得不够深，要加固；大棚上的遮阳网和四周的塑料编织布是否固定结牢，不牢固的要及时加固。发现有可能漏雨的地方要提前修补，做好防漏措施。简易蚕房四周还要疏通好排水沟，避免下大雨时排水不畅，蚕室被水淹。

(2)对降雨造成的倒塌简易蚕室，要及时采取措施修复或重建。对受淹蚕房用含有效氯

1%的漂白粉液(用 1 kg 漂白粉加水 25 kg 配制)进行全面的灭菌消毒,预防蚕病的暴发。利用灾后泥叶养蚕时,必须先将被洪水淹过的桑叶用清水漂洗去泥,再用含有效氯 0.3%～0.5%的漂白粉液浸洗 3～5 min,再清洗桑叶,取出晾干后再给桑喂蚕。

(3)养蚕时应注意收听天气预报,合理安排采叶时间,尽量抢在台风来临之前采叶,可一次多采桑叶贮藏备用;假如碰到下雨,最好等到雨停后采叶并晒干或吹干喂蚕,避免给蚕吃湿叶。

(4)严防蚕病暴发。暴雨之后,常遇高温多湿环境,易暴发脓病、僵病、细菌病,增加养蚕生产风险,宜加强养蚕管理,勤消毒、勤除沙、及时扩座,并酌情选用蚕药。每天早晚给桑前撒新鲜石灰粉或防僵粉等蚕药,降低蚕座湿度,保持蚕座干燥,隔离蚕座病源。添食蚕用抗生素药物,每日早晚各 1 次,连续 3 d,控制家蚕细菌病的发生。蚕房要通风透气,保持空气流通干爽。

3. 应用区域

适用于全国蚕桑主产区。

4. 依托单位

广东省农业科学院蚕业与农产品加工研究所,邹宇晓,020-87236473。

(四)桑园霜冻防灾减灾技术

1. 霜冻的种类

霜冻是指发生在冬春和秋冬之交,由于冷空气的入侵或辐射冷却,使土壤表面、植物表面以及近地面空气层的温度骤降到 0 ℃以下,植株原生质受到破坏,导致植株受害或死亡的一种短时间低温灾害。根据霜冻发生的时期分为早霜冻和晚霜冻。入秋以后发生的霜冻,称为早霜冻;春季回暖后,由于冷空气南下降温而出现的霜冻,称为晚霜冻。

2. 桑树遭受霜害的程度及其影响因素

(1)桑树的发芽程度　发芽早的比发芽晚的受害严重。膨芽到脱苞阶段不易受害,鹊口期以后如遇霜冻,则危害严重。新梢顶端的嫩叶比下部的叶片受害严重,这是由于下部的叶片比较成熟,其细胞液浓度较高,冰点较低,因而不易遭受冻害。

(2)树型高低　由于凌晨气温愈近地面愈低,因此在地区条件相同时发生霜害,会出现上轻下重的现象。树干越低受害越重,地桑、低干桑比中、高干桑受害严重;植株的中下部比中上部受害严重;枝条短的比长的受害重。

(3)地势　低洼地比高地受害重。洼地、山谷、坡下等地受害最重。这是因为靠近地面的冷空气较重,常向低处沉积,加重了霜冻程度。有间作物的桑园,由于间作物的叶子散热快,温度低,故受害较重。

(4)气温　靠近江河、湖泊或海洋的桑园,由于水面上的气温高于地面,当水面的暖空气不断上升时,地面上的冷空气不断向水面移动,形成地面和水面之间的空气对流,使地面的冷空气不易积聚,因此不易发生霜害。此外,在滨水地带,经常有浓雾笼罩,不易散热,因而温度下降较慢,这是滨水地带的桑园不易发生霜害的另一个原因。

位于丘陵山地南坡的桑园,由于白天吸热较多,夜晚虽然散热,但温度仍较其他坡向为高,因此不易发生霜害。但是,由于南坡气温高,桑树发芽较早,一旦寒流袭击,出现霜冻,受害反而严重。

3. 霜害的预测

必须树立“预防为主”的指导思想，防患于未然。在春季桑树发芽阶段或晚秋蚕期，必须及时收听收看当地天气预报信息，及时判断傍晚后的当地气象情况，并观察桑园的小气候变化，来推断霜害的有无。一般寒流来临时，如果傍晚晴朗无风，就有发生霜冻的可能，可在桑园内挂一只温度计，离地高约 1.5 m，加以观测。如果晚上 9:00 左右的气温为 10 ℃，半夜又很快下降到 6 ℃，黎明前就可能出现霜冻。农村有在桑园中挂铁器来预测霜冻的经验，因为铁器散热快，当看到铁器上有霜时，说明该地将发生霜冻，应立即采取防霜措施，以防霜冻危害。

4. 防灾减灾措施

(1)熏烟法　密切关注天气预报，于可能发生晚霜的当晚下半夜，在桑园上风处每隔 10～20 m 点火熏烟。点火前必须挖小圆坑，坑内放烟熏剂，点火后尽量上覆湿草或半干青草，让烟雾笼罩整个桑园上空，一方面使冷空气不停滞在地面，减缓地面热量向上辐射；另一方面空气中的水分子容易凝结在烟粒上，放出汽化热，使地面温度略高，可在一定程度上避免或缓解晚霜对桑树的冻害。此法简便易行、成本低，特别适用于山坞、洼地桑园预防晚霜。

(2)灌水法　在有条件的地区，在霜冻发生前，可采用漫灌或沟灌的办法在桑园内灌水，增加桑园田间空气相对湿度，缓解桑园内气温急剧下降，改善田间小气候，减轻晚霜对桑树的冻害，效果良好，其操作简单，可行性较强。

(3)夜间喷水法　在即将发生霜冻的夜间，利用喷灌设施对桑园进行喷灌作业，喷水形成的水雾既降低了地表逆温辐射，又可均匀地附着在桑树的表面，只要连续不断地喷水直到黎明气温升高时为止，就可防止桑树的温度下降到冰点以下。

(4)气流扰动法　通过不同高度、不同温度的空气强制对流，打破逆温层，使上下层空气混合，从而提高近地面的空气温度，降低霜冻对桑树的影响。目前多利用大型鼓风装置(风扇)，将桑园上部暖空气吹送到桑园地面，与桑园树冠层下部冷空气搅动混合，提高桑树周围空气温度，从而达到预防霜冻的目的。

(5)晚秋贮叶　当晚秋蚕尚未上蔟，如有早霜预报，可用剪梢法收获条桑，竖放在较为密闭的低温室内，并定期洒水，2～3 d 内桑叶仍很新鲜。

(6)遮盖法　用稻草、芦帘等覆盖桑树，可以阻挡外来寒气的侵袭，又可防止地温的散发，是一种有效的防霜措施，但大面积防霜时，易受到覆盖材料不足的限制。

(7)霜害的减灾善后处理

①适当剪伐降干。对受晚霜冻害的桑园，要迅速进行适当降干，剪去桑芽冻死部位的枝条，促进中下部桑芽萌发生长；而对于从上到下桑芽全被冻死的特别严重的桑园，可根据上年剪梢情况，适度剪伐降干，剪去枝条的 1/3，促进下部桑芽的萌发。

②增施速效肥料。结合灌溉每亩桑园增施 20 kg 左右尿素，待新萌发的桑芽开 4～5 叶时，用 0.5%磷酸二氢钾进行根外叶面追肥，至少追肥 2 次，以提高受冻害桑园桑叶产量和质量。

③治虫保桑芽。发生冻害后，桑园害虫都集中在未受冻害的桑芽上进行为害，可选用相应的药剂进行防治。注意农药残毒期。

④抗旱灌水促生长。霜冻灾害发生后，如土壤含水量低于田间持水量的 50%，应及时进行田间灌水，以加快桑树生长机能的恢复，促进桑树快速发芽生长。

5. 应用区域

适用于我国北方蚕桑主产区。

6. 依托单位

山东农业大学，宋占华，0538-8246108。

（五）养蚕高温防灾减灾技术

1. 夏天养蚕减少高温灾害的基本措施

进入到夏季后，高温天气会严重地影响到小蚕的发育，所以说在小蚕期内的养殖就要注意避免高温天气影响小蚕的发育，如果蚕室的温度高于 30 ℃以上的话，就会造成小蚕的发育不良。有的时候高温天气会持续很长时间，蚕室的温度不改善的话，就会造成严重的后果。

（1）要选择阴凉的蚕房　可选择比较阴凉的房屋，并结合搭凉棚，特别是搭西面的凉棚，减少太阳西晒，以免室内闷热。要开好南北对流窗、地脚窗，引进凉风，使室内空气流通。有条件的农户，可以用电风扇在室内吹"过堂风"，以达到通风降温的目的。

（2）加强蚕室的消毒措施　高温高湿的情况下，病菌容易滋生，蚕室卫生不好就给病菌留下良好的环境，所以蚕室消毒是必不可少的。不管是在前期养殖第一批蚕，还是已经养殖完一批的，在进蚕前一定要进行蚕室的消毒。石灰粉、漂白粉、福尔马林和高锰酸钾等都是常用的消毒剂，养殖完一批后，使用过的蚕具都要进行浸泡消毒。蚕室可以使用高温灭菌方式进行，关闭好门窗，灭菌 8～10 h 以上为宜。消毒的时候不能使用带有刺激气味的消毒剂，以免伤害到小蚕。

（3）坚持小蚕薄膜覆盖育和大蚕地面育　小蚕要精选良桑，1 龄蚕要采顶下 3～4 片叶，2 龄蚕采顶下 4～5 片叶，3 龄蚕采顶下 6～7 片叶，进行薄膜覆盖，以保持叶质新鲜。高温干燥时，白天喷清凉井水于蚕室内或喂湿叶。下午 3:00—4:00，气温最高时，要多给 1 次桑，晚间也要增加给桑量。

（4）桑叶要防干保鲜　高温干燥时，早上要早采叶，防止在烈日下采叶。5 龄期大量用桑时，上午采桑供日间喂，下午采桑供晚间喂。采叶时要速采速运，发热叶要散热后才能喂蚕。贮桑方法：小蚕用缸贮叶，上盖湿布；大蚕用池贮或堆成畦状。干燥时可喷些清凉井水在桑叶上保湿。

（5）要做好分批饲养，淘汰病弱蚕　实行小蚕共育的，可 10 d 养一批，自养的 20 d 养一批为宜。一旦发现瘦小蚕、皮肤皱缩、没有光泽的迟眠蚕和不眠蚕要及时淘汰。见到病死蚕要立即捡出，放在石灰缸里。1～4 龄时每天用新鲜石灰粉或防僵粉进行蚕体蚕座消毒。

（6）要及时添食药物　预防病毒病的药物有生石灰粉、抗毒杀菌灵等。预防细菌病的药物可用盐酸环丙沙星、硫氰酸红霉素、氟哌酸等，每 2 mL 加水 500 g，配好药液后喷于 5 kg 桑叶上喂蚕。从 2 龄开始，每龄添食 1～2 次，4 龄、5 龄添食 2～3 次，可有效防止蚕病暴发。

2. 养蚕大棚降温技术措施

大棚养蚕作为省力化养蚕的一项新技术，具有省工、省力、高效的优点，可解决蚕室、蚕具和劳力不足的矛盾，适于家庭规模养蚕，对提高蚕农养蚕效益，稳定和发展蚕桑生产，具有重大的现实意义。在盛夏高温季节，养蚕大棚的温度通常比房屋蚕室高，一般在气温达到 35 ℃以上时，棚内温度就会大大超过家蚕的适宜生长温度。当温湿度超过家蚕所能承受的范围时，家蚕生长发育受阻、体质下降、抗病力减弱，容易导致大范围的蚕病暴发，使蚕茧产量、质量下降，甚至绝收。因此，在夏季进行大棚养蚕，对于高温天气，特别是在出现超过 39 ℃的灾害性天气时，要提前做好高温预警与防范。

（1）及时关注高温预警　我国大部分蚕区养夏蚕时间都在 7—8 月，这个期间也往往是江浙蚕区的梅雨季节，容易形成闷热的养蚕环境。在这样的环境下，蚕容易生病，室温过高蚕还容易中暑死亡。因此，要充分认识高温对蚕桑生产的危害，重视高温预警，提前做好防范。目前，我国气象台发布高温预警信号一般分三级，分别以黄色、橙色、红色表示，分别指 24 h 内最高气温将升至 35 ℃以上、37 ℃以上和 39 ℃以上。因此，作为蚕桑从业者，在高温季节应注意当地气象部门的预报，根据可能出现不同的高温值，采取相应的防范措施，以减少蚕桑业的高温灾害损失。

（2）大棚降温的常见方法

①覆盖材料降温。养蚕大棚的覆盖材料建议采用 4 层结构，从内到外依次是 PO（聚丙烯）或 PE（聚乙烯）塑料薄膜、毛毡、岩棉、黑白膜。其中起到保温或降温作用的是毛毡和岩棉，因为夏季阳光照射的热量，是无法透过岩棉和毛毡直接传入大棚内部的，这样也就起到了对养蚕大棚内部的隔热作用。大棚黑白膜覆盖在最外层，一面是纯白色，一面是黑色，它的特点是抗拉拽、延伸性好；纯白色的一面，有反光、抗晒的特性，黑色的一面具有吸热保温的作用，所以覆盖黑白膜可以有效控制棚内高温。最外层使用篷布和其他薄膜覆盖的效果要比黑白膜棚差一些（图 4-1）。

图 4-1　覆盖材料降温

②湿帘风机降温。湿帘风机是利用水的蒸发降温原理，再配以风扇进行通风而实现降温目的的。水帘降温空气清新，湿度合适，降温效果好，利于蚕生长。安装有水帘的大棚外温度达到 38 ℃的情况下，通过湿帘风机的运转，棚内蚕台蚕座内最高温度可以降至 28 ℃左右，可保证蚕正常发育，安全度高。同等制冷率，一次性投资约为空调的 1/6，运行费用约为空调的 1/10。湿帘风机降温系统主要由水井、进水管、储水槽、湿帘、风机和出风口组成。湿帘由特殊的纤维纸黏结而成，相邻两层纤维纸倾斜方向相反，形成一系列通道，增大了湿帘与空气的接触面积。负压风机安装在大棚的另一端，风机向外排风，形成负压使室外空气通过湿帘进入室内，水经过湿帘，通过自身蒸发吸收大棚中的热量，实现降温增湿的目的。一般大棚每 40 m^2 面积配 1 m^2 湿帘，500 m^2 以下的配直径 1300 mm 的负压风机 2 台，800 m^2 以上的配 1300 m^2 的风机 4 台，室内风速要达到 1.5 m/s 以上，每个湿帘可单独配一个小水井，因为选用温度更低的井水可使降温效果更佳。在夏季32～42 ℃的高温环境下，启动湿帘风机降温系统可在 10～15 min 内将棚内温度降至 23～30 ℃，降温幅度达 9～12 ℃，并具有风量强、产冷量大、气场均布的特点，使炎热高温夏季能正常产出高产优质的蚕茧（图 4-2）。

③微雾降温。将液态水用高压的方法雾化成直径 2～60 μm 级的雾粒，喷入大棚使其迅

速蒸发，利用水的蒸发潜热大的特点大量吸收空气中的热量，然后把潮湿空气排出棚外，从而达到降温目的。一般采用空压机将压缩空气和有一定流速的液态水混合注入喷管。空气压力在 300～600 kPa 压强下，高压气流与水混合后产生浓雾，蒸发吸热使棚内温度下降(图 4-3)。这种方法会增加棚内湿度。如果遇到“桑拿天”，空气本身湿度很大的时候，这种方法是不适宜的。

图 4-2　湿帘风机降温

图 4-3　微雾降温

④自然通风降温。自然通风是依靠室外风力造成的风压和室内外空气温度差造成的热压，促使空气流动，让棚内外空气交换。大棚建造时要预留自然通风口，并且相对的两面墙要都有，使之形成一个对流的通道，打开两面或四面的通气窗即可达到通风降温的效果。通气窗的开启一般采用手动或机动卷膜方式进行(图 4-4)。

图 4-4　自然通风降温

⑤棚顶喷淋降温。间断性喷淋试验表明，棚顶的水分蒸发能够吸收大约 50%的太阳辐射，使通过棚顶的热通量明显下降。相比微雾等蒸发降温措施，棚顶喷淋不会造成大棚内湿度的显著增加，棚内的温度和湿度分布比较均匀；降温需要的能耗小，可以降低大棚夏蚕生产成本。顶棚喷淋虽然是最经济方便的降温措施，但要根据自身的水源情况等进行。

⑥空调等设备降温。和室内使用的空调设备相同，制冷降温效果好，但设备投资大，使用成本高，在大面积大棚内应用会大幅增加能耗支出。

3. 应用区域

适用于全国蚕桑主产区。

4. 依托单位

①江苏科技大学，张国政，0511-85616595。

②江苏科技大学，张业顺，0511-85616595。

（六）桑叶化学物质危害防灾减灾技术

1. 化肥的不合理施用

(1)为害与发生特点

桑树属于落叶乔木，生长周期长，生长量大，根系发达，吸肥能力强，地力消耗多。桑树虽然一年中有生长期和休眠期之分，但仍需在春、夏、秋、冬四季施肥，特别是春季和夏秋季两个生长高峰期，一定要施足肥料，才能满足桑树快速生长的需要。桑树施肥往往分为冬春肥、夏肥和秋肥。冬春肥的肥料选择应该以有机肥为主，夏肥则应该以速效肥为主，秋肥也应该以速效肥为主。

桑树对氯离子非常敏感，如果吸收较多的氯离子会对其产量和质量产生明显的影响，因此桑树不可施用含氯的肥料。此外，桑园长期偏施氮肥会造成桑园土壤酸化，土壤养分利用率下降，土壤微生物多样性降低，土壤环境恶化，肥料利用率下降，同时会诱发桑树真菌性病害，最终导致桑叶产量降低，品质变劣。

(2)防治方法

①施肥的时候肥料不要距离根系太近，最好将肥料施在距离主干 30～50 cm 的位置，并采取沟施的方式。如果撒施，肥效会很快流失，容易降低利用率。

②有机肥与无机肥、长效肥与短效肥相结合，施肥品种不能太过单一。应以有机肥为主，无机肥为辅。注意氮、磷、钾肥的合理配合。

③施肥不可过量，否则会导致土质盐碱化或者酸化以及土壤板结，严重损害土壤营养。

2. 除草剂对桑树的影响

(1)为害与发生特点

除草剂喷洒桑叶后，苯磺隆、草甘膦、氯氟吡氧乙酸 3 种除草剂可致桑树死亡，百草枯、异丙隆、2 甲 4 氯、二氯喹啉酸、苄嘧磺隆、五氟磺草胺、氟磺胺草醚、精喹禾灵、精吡氟禾草灵 9 种除草剂均会影响桑树的枝叶生长，氰氟草酯、二甲戊乐灵、灭草松、敌草胺、丙草胺 5 种除草剂对桑树的影响较小。喷洒枝干后，苯磺隆、精喹禾灵、草甘膦、二氯喹啉酸、氯氟吡氧乙酸 5 种除草剂对桑树生长会产生不良影响，但影响程度低于喷洒桑叶。

不同除草剂的作用特性和防治对象对桑树表现出的药害差异极大。丙草胺、敌草胺、二甲戊乐灵属土壤处理剂，对桑叶和桑树枝干的药害影响较小。草甘膦、百草枯都是灭生性除草剂，喷洒到桑叶上产生的药害极为严重。特别是草甘膦兼有内吸传导作用，通过桑叶吸收可在树体内传导，导致受害重的桑树不能发芽而死亡。在桑园使用除草剂后，可出现大规模与桑萎缩病相似的症状，造成桑叶质量下降。农达、草甘膦在桑园地里使用过后，2～3 个月后表现出桑叶变黄，生长缓慢，桑根开始腐烂，连续使用 2～3 次，2 年后桑树将死亡。

同一除草剂对桑叶和桑树枝干等不同部位的药害作用不同。氯氟吡氧乙酸对桑叶和枝干都有极强的危害；草甘膦喷洒到桑叶上后不但影响枝叶的生长，还会导致新芽不能萌发，喷洒到枝干上也有较大的影响，但不会造成整株桑树枯死；苯磺隆喷洒到桑叶上可导致桑树枯萎死亡，喷洒到枝干上则仅对枝叶生长量有一定的影响(图 4-5)。

(2)防治方法

①除草剂应合理使用。施用除草剂时应尽量选择在无风无雨的天气下进行，防止风雨对药液产生飘移和稀释作用。

②对于用过除草剂的喷雾器等施药农具应及时清洗干净，以免在喷洒其他农药时对桑树造成影响。

③因除草剂使用不当而致桑树产生药害时，应及时分析情况，查找原因，采取相应的补救措施。一般情况下可采用喷施叶面肥或追施速效肥，也可喷洒植物生长调节剂，促进桑树生长，减少损失。

图 4-5　除草剂危害桑叶症状

3. 工厂废气对桑叶的危害

(1)危害与发生特点

工业废气中的氟化物污染大气，最容易使蚕摄食被氟化物污染的桑叶，产生工业废气中毒症。氟化物污染桑叶，以气态氟化氢的毒性较大，当气态氟化氢侵入桑叶叶肉组织，多积聚在叶尖和叶缘，使其坏死，显现浅褐色至红褐色的焦斑。嫩叶受害，多出现枯焦卷缩现象。另外，氟化氢还可使桑叶发生褪绿现象，由叶缘向较大的叶脉区扩展，初为黄绿色，危害重时完全变黄。

氟化氢对桑叶的危害与气象条件有密切关系。一般温度高，桑叶生理活动旺盛，吸收氟化氢的量较多，受害较重。白天光照强，光合作用和呼吸作用旺盛，气孔开放，吸收氟化氢较多，受害较重；夜间则相反，受害较轻。空气湿度大，能阻碍氟化氢的扩散，但氟化氢弥漫的地方则浓度较高，故危害面积虽小而危害程度较重；当空气相对湿度达 90%以上时，桑叶受害显著减轻，故阴雨天比晴天或少雨天气的危害轻。此外，风向、风速也影响氟化物的危害程度，如在污染源下风方向的危害重，无风或风速小时，危害也重；当大气中氟化物与硫化物共存时，可助长氟化物对桑叶的危害，一般成熟叶较嫩叶和老叶受害严重。桑园远离产生工业废气的场所，可以有效减轻工厂废气对桑叶的危害。

(2)防治方法

①统一规划，合理安排工业区与蚕区布局，工业区要采取有效的消烟除尘措施，有害气体的排放，不能超过国家规定的标准。在晴热、逆温、无风等污染气象因素到来前，及早采取果断措施，控制和切断污染源。

②在桑园受害上风方向种植高秆防护林带，可阻挡、吸收部分废气和烟尘。发现桑叶被害，及时改用良桑。

③在饲养技术上加强消毒防病，严防并发传染性蚕病。对污染较轻的桑叶，可用石灰水淘洗后，间断喂蚕。此外，可选择饲养抗性强的蚕品种。

4. 应用区域

适用于全国蚕桑主产区。

5. 依托单位

华南农业大学，刘吉平，020-85281459。

（七）家蚕农药中毒防灾减灾技术

1. 发生特点

家蚕是对部分农药极度敏感的动物。农药可通过皮肤（接触）和呼吸（熏蒸）进入家蚕体内而引起中毒，但生产上主要或多数情况下是通过桑叶进入家蚕体内而发生养蚕中毒的。可引起家蚕中毒的农药种类繁复庞杂，但菊酯类、有机磷、阿维菌素、有机氮及激素类农药引起的家蚕中毒较为常见。农药进入家蚕体内的途径十分广泛，从来源可分为桑园用药、其他农作或森林和绿化用药，以及农药生产、包装和储藏等。家蚕农药中毒后表现的症状可分为兴奋型和安静型，或分为急性中毒和慢性中毒。农药种类、剂量和家蚕发育阶段不同，家蚕表现的症状有所不同，即一种农药可使家蚕出现多种症状，不同农药也可引起家蚕表现相同的症状。家蚕慢性中毒时的症状更加难于判断。因此，生产中必须以家蚕中毒症状的典型性为基础，结合污染源的排查，才能得出更为正确的判断。

2. 典型症状

（1）菊酯类农药中毒　身体蜷曲、大量吐水（图 4-6）。

a.小蚕　　b. 5龄盛食蚕　　c. 5龄早期蚕

图 4-6　家蚕菊酯类农药中毒症状

（2）有机磷农药中毒　胸部膨大、身体缩短、大量吐水、乱爬、吐少量浮丝，个别出现脱肛（图 4-7）。

图 4-7　家蚕有机磷农药中毒症状

（3）阿维菌素类农药中毒　身体向背部弯曲，腹足后倾，少量吐水，身体软化；后部环节瘪陷（图 4-8）。

（4）有机氮类农药中毒　腹足后倾、身体软化；吐平板丝，不结茧，或成裸蛹（图 4-9）。

图 4-8　家蚕阿维菌素类农药中毒症状

图 4-9　家蚕有机氮类农药中毒症状

(5)吡虫啉农药中毒　吐水，胸部略膨大，身体呈“S”形，中毒初期可见大颚不停张合(图4-10)。

图 4-10　家蚕蚍虫啉农药中毒症状

(6)其他农药中毒　家蚕其他农药中毒症状见图4-11。

a.氟虫腈中毒蚕

b.噻虫腈中毒蚕

c.啶虫脒中毒蚕

d.吡蚜酮中毒蚕

图4-11　家蚕其他农药中毒症状

3. 农药中毒的预防与处理

由于农药中毒大多突然发作，很快吐液，麻痹死亡，且迄今为止，一旦发生农药中毒后，尚无有效的解毒措施，故家蚕农药中毒的防止应着眼于预防。

农药污染多数情况是通过污染桑叶而造成的。为预防农药中毒，必须采取隔断农药污染的途径，具体措施有以下几种。

(1)防止农药污染桑叶　农药污染桑叶主要是由于农田、桑园施用农药的污染或桑、烟混作，因此，农田使用农药时要考虑到方法和风向，宜进行泼浇、低施或使用内吸性的颗粒剂，少用高压喷雾器、喷粉机和弥雾器等药械施药，以减少污染桑叶的机会。桑园施药防虫必须注意安全，不允许在桑园配药。施药后牢记残效期，或选用残效期短的农药。养蚕用的水源不能浸洗施农药的器皿。烟草产区不能烟桑混作，两者的距离应在100 m以上。烟草开花时期，桑叶要事先试验后才可以喂养。桑园土壤用的农药也可被桑树吸收，输送到叶内，对蚕也有影响。

(2)防止蚕室、蚕具和养蚕用品污染农药　做到蚕室不堆放农药，蚕具不盛放农药，养蚕用品不接触农药。贮放养蚕用品要严格与农药分开。

(3)防止饲养人员的农药污染　饲养人员在养蚕期间不得接触农药，并防止衣、物、手、足沾染或携带农药，以免引起中毒。

(4)试叶　有可疑的桑叶，先采叶试喂少量蚕，如无中毒现象方可养蚕。掌握常用农药的残效期，以防误食留有残效农药的桑叶。桑园施药治虫后，要牢记施药时间，在残效期内不能采叶喂蚕。残效期又因天气、用药浓度而有变化，要注意掌握。

(5)中毒蚕处理　一旦发现蚕农药中毒，立即打开门窗，通风换气，保持新鲜空气。蚕座内立即撒隔沙材料，及时加网除沙，以隔离毒物。中毒的大蚕吐液较多，可用冷水浸洗后放到阴凉通风地方，再喂以新鲜桑叶，当部分蚕复苏后，应加强管理。烟草中毒蚕会自然复苏，不要轻易倒掉。被农药污染的蚕匾、蚕网等蚕具应立即更换，用碱水洗涤，日晒后再用。根据蚕中毒的症状以及农田、桑园等用药情况的调查，分析中毒原因及有毒桑叶的来源，避免因毒源不明而继续发生蚕中毒。农药在桑叶表面附着后残留时间的长短，直接受到日光、风雨、气温等的影响，随着施药时间的延长，受外界条件的影响减少，而受叶内酶的影响增大。

4. 应用区域

适用于全国蚕桑主产区。

5. 依托单位

浙江大学，邵勇奇，0571-88982757。

二　蚕桑生物灾害防灾减灾技术

（一）桑树病害防灾减灾技术

1. 桑黄化型萎缩病

桑黄化型萎缩病也称萎缩病、猫耳朵、瘫桑和塔桑，是桑树主要的病害，在我国蚕桑主产区均有发生，为害较大，经过连续防治，近年来发生量显著下降。

1）典型症状

发病桑树枝条细短，叶小而早落，丛生侧枝呈扫帚状。发病初期，枝条顶端的桑叶变小，叶脉变细，稍向反面卷曲，叶黄化；随着病势加重，腋芽萌发，生出一些细小丛生的侧枝；侧枝短，老叶黄化脱落呈扫帚状。从整株病树发展的情况来看，一般先由少数枝条发病，后蔓延引起全株发病。第一年病树夏伐后，往往直接生出猫耳状瘦小叶，细枝丛生，2～3 年后便会枯死。病枝越冬后有枯梢现象，病根色泽不鲜艳(图 4-12)。

图 4-12　桑黄化型萎缩病

2）病原特征

病原为类菌原体，大部分呈椭圆形颗粒，内部有核质样纤维状物，具单位膜。单位膜分3层，内外两层为蛋白膜，中间层为拟脂膜。病原物通过苗木接穗传播，或通过菱纹叶蝉和拟菱纹叶蝉传播。用病穗接种试验证明，病原体的自然温度潜伏期为36～45 d，最长为234～265 d。

3）发病规律

黄化型萎缩病的发生与气温关系密切，在30 ℃以上最为适宜，20 ℃以下转为隐症，因而发病期在6—10月，盛发期为7—9月。一般采伐过度的桑园，桑树生长衰弱，往往发生严重。如夏伐迟、秋叶采得早而多、幼树采叶等均会使发病率增高。桑树遭受旱涝灾害，发病率也增高。此外，桑园中偏施氮肥往往会促使病害流行。病害发生与树龄有一定的关系。一般在幼龄树上发生多，老桑树为害较轻。高沙土区发病比壤土和黏土区严重。

4）防治方法

（1）加强检疫　对桑树苗木调运，要加强检疫。病区的苗木和接穗应禁止外运，防止病害扩散。

（2）选栽抗病品种　选栽育2号、湖桑7号、湖桑199等抗病品种。

（3）加强栽培管理　桑园施肥应以人粪、厩肥和饼肥等有机肥料为主，化肥为辅，氮、磷和钾肥配合使用，提倡种植绿肥。低洼桑园开沟排水降渍。适期进行夏伐，切勿过迟。秋叶适当留养，防止过早、过度采摘，增强桑树抗病力。挖除病株，减少传染机会。

（4）药剂防治　根据菱纹叶蝉的发生规律，切实做好春、夏、秋三季药剂治虫和冬季剪梢清园等工作，这是预防和控制黄化型萎缩病的重要措施。对病树可用土霉素溶液每5 g土霉素兑水10 kg，连续喷2～3次（间隔15 d），有一定防控效果，但不能根治。

5）应用区域

适用于江浙蚕桑主产区。

6）依托单位

江苏省蚕种所，周卫阳，0510-83216188。

2. 桑花叶型萎缩病

桑花叶型萎缩病又名花叶卷叶病，俗称癞头皮桑、卷桑、惊桑。

1）典型症状

发病初期，病叶叶肉褪绿变薄，最初呈不相连的淡绿色斑块，后逐渐扩大，相互连接，呈黄绿色，而叶脉附近保持绿色，构成黄绿相间的花叶症状。病叶向上卷缩，叶背的叶脉上产生小疣状和棘状突出。病枝稍细，节间略短，仍有花椹着生。在夏秋同一病枝条上的叶片，常有表现症状和不表现症状的间歇发病现象。发病严重时，病叶缩小，向上卷缩显著，质地粗糙，叶背叶脉变褐，疣状和棘状突起明显。枝条细短，腋芽萌发成侧枝（图4-13）。

图4-13　桑花叶型萎缩病

2）病原特征

病原是一种线状病毒。病原在桑树枝条内越冬，主要通过苗木接穗传播。

3）发病规律

桑树花叶型萎缩病发生与品种和温湿度关系较大。湖桑 32 号、湖桑 197 号、早青桑等桑品种抗病性较强。在 25 ℃以下适宜发生，30 ℃以上转为隐症，因此发病期多在春末晚秋，而盛夏较少。低洼、排水不良的桑园发病率高，为害重。施肥不足或偏施氮肥的桑园发病较重。幼树发病少，老树发病多。

4）防治方法

(1)加强检疫　病区的苗木和接穗应禁止外运，防止病害扩散。

(2)选栽抗病品种　湖桑 32 号、湖桑 197 号、早青桑等品种抗病力较强。

(3)加强栽培管理　发病严重的桑园增施堆肥和人畜粪肥，低洼桑园注意开沟排水降渍。

(4)药剂防治　用硫脲嘧啶药液(1 g 硫脲嘧啶白色粉剂溶于 40 mL 氨水中，再用清水稀释到 10 kg)对花叶型萎缩病株进行喷治，间隔 10 d 喷 2 次，有较好的疗效，但不能根治。

5）应用区域

适用于全国蚕桑主产区。

6）依托单位

江苏省蚕种所，周卫阳，0510-83216188。

3. 桑疫病

桑疫病，又名桑细菌性黑枯病、烂头病等，常见的有黑枯型、断柄型和缩叶型 3 种病型。该病为害叶片、新梢，常发于新梢顶端，严重时新梢上部 1/3 全部枯死，对桑树生长影响很大。

1）典型症状

(1)黑枯型发病症状　发病初期在叶面出现油浸状半透明斑点，针尖大小，后转为黄色至黄褐色。随病情发展，病斑逐渐转为黑褐色，多密集于叶脉附近，后期病斑部穿孔。病情严重时，新梢发黑腐烂，顶端停止生长，呈烂头状，并在枝条表面自上而下形成黑褐色或棕褐色点线状病斑(图 4-14)。

(2)断柄型发病症状　新梢第 1～2 片嫩叶叶柄中间呈缢缩发黑状，在叶柄缢缩处弯折，叶片枯萎下垂，其后叶柄缢缩处断裂，桑叶落地。

(3)缩叶型发病症状　发病初期在叶面出现圆形褐色斑点，病斑比黑枯型稍大，多分散，病斑中央常穿孔。叶脉被害后常卷曲，似灯笼状，叶片不能正常伸展。发病严重时顶芽枯萎，但侧芽萌发仍可继续向上生长。病原菌侵染新梢嫩枝，在枝条上形成黑褐色梭形龟裂状大病斑(图 4-15)。

2）病原特征

桑疫病的病原菌主要在病株组织内越冬，也可以在病株残体和土壤中越冬，成为翌年初次侵染来源。在病株组织内越冬的病原菌，随着春季气温回升和树液流动，通过维管束逐步蔓延至桑芽和嫩叶，引起初次侵染，并在叶片、叶柄、叶脉和新梢嫩枝上产生新的病斑，当空气湿度大时，叶柄和新梢嫩枝部位的病斑上可产生黄白色菌脓。菌脓随雨水飞溅到邻近的芽叶上，或由昆虫携带、枝叶相互碰撞而造成再次侵染。在作物残体或土壤中越冬的病原菌，翌年春季随风雨飞溅到桑树的幼嫩组织或伤口处，引起再次侵染。病原菌从伤口或自然孔口侵入桑叶后，经过 3～4 d 的潜育期即可产生新的病斑。因此，在条件适宜时，再次侵染会反复多次，造成病害的蔓延和流行。

图 4-14　桑疫病(黑枯型)

图 4-15　桑疫病(缩叶型)

桑树夏伐后,大部分病菌随枝条带走,但部分残留在田间的病枝和病叶、春伐桑的发病株,以及侵入桑树拳部潜伏芽和休眠芽中的病菌,是夏伐后再次侵染的来源。桑疫病的远距离传播主要通过病苗、病穗的调运而扩散。

3)发病规律

桑疫病的发生与桑品种、气候条件等关系密切。各桑品种之间的抗病力差异明显,湖桑199号、农桑8号、育2号和育151号等抗病力较强;湖桑32号、早青桑、湖桑7号、湖桑197号和新一之濑等中抗;桐乡青、育71-1和强桑1号等为易感品种。高温多湿有利于病原繁殖,日照不足、连续阴雨、大风天气也是该病发生的有利条件。高温、干燥会使病情减缓甚至暂停。桑园地势对发病也有一定影响,靠近河湖边缘、水网地区、地势低洼的桑园容易发生;靠近海边、丘陵谷地和招风处的桑园,枝叶容易相互碰撞,发病较多。台风暴雨过后、雨后暴晴往往造成桑疫病的大量发生和扩散蔓延。

黑枯型桑疫病从4月下旬、5月初开始发病,整个生长季节都有发生,夏秋季发病严重。连续阴雨、日照不足或高温多湿天气,往往会造成该病暴发。断柄型桑疫病一般发生在4月上旬到5月上旬,其中4月中下旬发生最多,其他时间发病很少。

缩叶型疫病于3月底、4月初桑树发芽初期开始发病,春季发病严重,7月后发病较少。

4)防治方法

(1)加强检疫　对桑树苗木和接穗的调运要加强检疫,不从病区调运苗木和接穗,防止病害扩散。

(2)选栽抗病品种　湖桑199号、农桑8号、育2号和育151号等抗病力较强,在发病地区可根据当地实际情况选栽相应的抗病品种。

(3)减少伤口发生　加强桑园的治虫工作;夏秋季采叶时要摘叶留柄;大风地区可栽植防风林。

(4)清除病原　生长季节及时剪除病枝病叶,特别是夏伐后要加强桑园的检查工作,发芽初期产生的原发性病枝要及时摘除;对于发病严重的桑树要及时挖除或进行降干剪伐。冬季重剪梢,在枝条外部病斑下10 mm左右剪除,到剪口处无内部病斑为止。剪下的病枝病叶要带出桑园集中处理。

(5)加强肥培管理　桑园应及时开沟排水,深挖墒沟,降低地下水位,改善桑园小气候;增施有机肥和复合肥，避免偏施氮肥。饲养夏蚕后留叶 8 片以上，增加光合作用，提高桑树的抗病能力。

(6)药剂防治　在病害发生初期用抗生素类药剂进行顶部及新梢喷药。目前效果较好的药物为：春季用盐酸环丙沙星、盐酸恩诺沙星 2～3 g，兑水 10 kg，间隔 7 d 交替进行防治；秋季可各用上述药物 1.5～2 g，兑水 10 kg，间隔 7 d 交替进行防治。每次强风暴雨后应增加用药次数。喷药前应先剪除病枝、病叶，然后重点喷洒枝条中上部，叶片正反面都要喷到。因为抗生素在阳光下易分解，所以早、晚用药为好。配药用水应用深井水或自来水等清洁水，不用小沟小河中污染的混浊水或盐碱水。

5）应用区域

适用于全国蚕桑主产区。

6）依托单位

江苏省蚕种所，周卫阳，0510-83216188。

4. 桑赤锈病

桑赤锈病又叫赤粉病、金桑、金叶、黄疸，分布很广，几乎各地蚕区都有发生。本病主要为害嫩芽、叶片、叶柄及新梢，病叶喂蚕虽无中毒现象，但感病芽叶畸形卷缩、布满金黄色病斑，导致叶质低劣，桑叶产量下降，影响蚕生长发育。病原体在枝条上越冬，翌年早春随着芽叶开展形成锈孢子，随风雨传播、侵染。

1）典型症状

桑赤锈病一般春季至初夏发生较多，炎热的夏天停止发生，秋季也有发生。新梢上的嫩芽、茎、花和椹等部位染病，局部肥厚或弯曲畸形呈橙黄色，枝梢上的病斑最后变黑凹陷。桑芽被害后局部肿胀，弯曲畸形，其上布满小点病斑。叶脉、叶柄和新梢受害，其病斑顺着维管束作纵向发展，呈现长条形病斑，同样弯曲畸形，新梢上病斑逐渐变黑，呈纵椭圆形凹陷。桑叶被侵染后在叶片的正背两面散生圆形有光泽的小点，逐渐变厚隆起，呈“泡泡纱”状，颜色转黄，最后橙黄色粉末状的锈孢子突破表皮而散生于桑叶表面，好像撒上一层金粉，故有“金桑”之称。叶片发病后，正反两面散生圆形病斑(图 4-16)。

图 4-16　桑赤锈病为害状

2）病原特征

该病病原为真菌，属担子菌亚门，春孢锈菌属。菌丝在枝条，特别是冬芽组织内越冬，翌年早春随着芽叶开展形成锈子器，散出锈孢子。锈孢子随风雨传播，是当年的初次侵染源，以后在病叶上不断形成锈孢子进行再次侵染。

3）发病规律

该病的发生与气候关系密切。病原喜欢低温和冷湿天气，多雨多湿的条件能促进该病的蔓延，高温干燥对病原菌有抑制作用。桑品种间抗病力差异很大。收获方法与发病密切相关，因为病菌只侵染绿色的幼嫩组织，所以当桑叶全部采伐后便可控制为害。留枝留芽法因桑树生长期幼嫩组织常在，为病原菌越夏提供了良好场所，致使此病为害严重。

4）防治方法

(1)加强桑园管理　低湿桑园要做好开沟排水降渍工作，加强桑园通风换气，降低桑园湿度。加强桑园肥培管理，促进桑树生长健壮，增强树体抗病能力。

(2)及时清除病原　早春要在“泡泡纱”状病斑变黄色前采去病芽。发现病梢、病叶及时摘除，并及时带出桑园集中烧毁或沤肥。加强桑园管理，及时夏伐，减少病菌在绿色组织里存续的机会，减少侵染和发病机会。

(3)药剂防治　在发病初期，可用25%的粉锈宁1000倍液，或40%拌种灵可湿性粉剂300倍液，喷布嫩叶和新梢，可控制为害。

5）应用区域

适用于全国蚕桑主产区。

6）依托单位

江苏省蚕种所，周卫阳，0510-83216188。

5. 桑芽枯病

桑芽枯病是常见的桑树枝干性病害，主要为害桑芽，常与拟干枯病并发，多发生在老龄桑园及新栽桑园。轻者被害部位桑芽枯死或部分枝条干枯，重者整株枯死，严重影响桑叶质量和产量。

1）典型症状

冬末早春在冬芽附近或伤口周围出现变色稍下陷的菱形病斑，后逐渐扩大并密生略隆起的小点，突破表皮后变为砖红色的小颗粒，即为病原的分生孢子座。几处病斑同时发生相互连接，当环绕枝条一圈时，病部以上的枝芽干枯死亡，发病部位枝条皮层逐渐腐烂，并散发出酒精气味。5—6月病斑上产生紫黑色颗粒，即病原菌的子囊壳子座（图4-17）。

图4-17　桑芽枯病为害状

2）病原特征

病原为真菌。子囊壳深青紫色，球形或椭圆形，其顶部有孔口，内藏子囊；子囊呈棍棒形或圆筒形，有短柄，内含8个无色椭圆形子囊孢子，具3个隔膜。

无性阶段为镰刀霉属，病菌的分生孢子座开始时为圆形丘状，逐渐隆起后破裂，露出橙红色半圆形肉质小块，降雨后显著膨胀。在分生孢子座顶部密生一层短小的分生孢子梗，各具2～3次分枝，有隔膜。其前端着生分生孢子，无色或淡红色，镰刀形，有3～5个隔膜。

3）发病规律

桑芽枯病是一种弱寄生菌，病菌的分生孢子都从枝条的伤口侵入，然后在病部形成分生孢子座，并产生分生孢子。春季病斑上产生的分生孢子，由害虫、采叶及风雨等造成的伤口侵入寄生而引起发病，5月下旬在病部逐渐产生子囊壳，约于8月下旬子囊孢子成熟后开始散发，9—10月散发最盛。因此，秋季采叶过度、采叶粗暴或害虫较多，造成大量伤口，都给病原侵入创造了条件，加重该病发生。

4）防治方法

（1）合理采摘秋叶　一秋采叶后枝条要保留8～10片叶，二秋采叶后枝条要留叶4～5片，增加光合作用。增强树势是预防该病的关键。

（2）合理施肥　增施有机肥，氮、磷、钾肥配合施用或施用桑园专用复合肥。秋肥不宜过迟施入，以免桑树徒长，降低抗病能力。

（3）防止树体创伤　防止树体创伤可以减少病原侵染。秋季采叶留柄，切勿捋叶，加强治虫，减少虫口创伤。

（4）清沟理墒　做好桑园的清沟理墒工作，避免桑园涝渍。

（5）清除病源　发现病条及时剪除，带出田外集中烧毁。

5）应用区域

适用于全国蚕桑主产区。

6）依托单位

江苏省蚕种所，周卫阳，0510-83216188。

6. 桑拟干枯病

桑拟干枯病又名拟胴枯病，是一种桑园发生较普遍的病害。病原寄生在枝干部，多发生在采叶过度的幼龄桑园，严重的不能发芽，可致枯死。该病常与芽枯病并发。

1）典型症状

该病寄生的病原种类较多，症状也有差异。早期病症都是在枝条上出现水渍状椭圆形病斑，以后病斑逐渐扩大。当病斑包围冬芽时，冬芽不能发芽；当病斑相互连接环绕枝条时，病斑以上枝条枯死。病部皮下密生不突起的黑色小疹，外皮易脱落，木质部极脆（图4-18）。

图4-18　桑拟干枯病

2）病原特征

病原菌种类很多，据统计有14属40余种。常见的桑拟干枯病病原菌有5属10种，桑平疹干枯病菌有3种，桑腐皮病病菌有5种，桑丘疹干枯病菌有 3 种，桑小疹干枯病菌有 4 种，桑枝枯病菌有 1 种。

3）发病规律

伤口是病原侵入的门户，树体衰弱是发病的重要条件。病原易在晚秋和早春经伤口侵入枝条，凡是秋季采叶粗暴或过度采叶，偏施氮肥，虫害严重或遭受暴风雨袭击、冻害，使枝条上产生大量伤口，以及树势衰弱的桑园容易发生桑拟干枯病。

4）防治方法

桑拟干枯病与桑芽枯病往往并发，其发病条件与桑芽枯病相似，对该病的防治可以参照桑芽枯病防治方法。

5）应用区域

适用于全国蚕桑主产区。

6）依托单位

江苏省蚕种所，周卫阳，0510-83216188。

7. 桑叶枯病

桑叶枯病又叫桑卷叶枯病，是桑树叶部主要病害之一。桑树发病后，叶片卷枯或干枯脱落，直接影响桑叶质量和产量。

1）典型症状

该病主要为害桑树枝条上部的嫩叶。发病初期，病叶呈现失水性褪色病斑，进而发展成叶色发黄，叶尖、叶缘及叶脉间产生不规则形褐色病斑，呈块状。随着病情的发展，病斑连接成片，使半叶或整叶干枯，叶片向正面卷曲，病叶上病、健组织界限分明；当空气湿度大时，病斑部产生暗蓝色霉状物，病叶易腐烂或焦枯脱落。发病严重时桑树枝条上部的 4～8 片桑叶枯死脱落（图 4-19）。

a.桑叶枯病田间症状　　b.桑叶枯病病叶

图 4-19　桑叶枯病

2）病原特征

病原为真菌。菌丝在叶肉组织内汲取养分，有一部分附着于叶面，并抽出分生孢子梗。分生孢子梗鼠褐色，起初单条，逐步形成丛梗，具 6～10 个隔膜，从梗的顶端或隔膜处分枝长出数个细长细胞，通常为单胞，或有 1～3 个隔膜。分生孢子梗顶端与此种细胞之间显著收缩，犹如蟹足关节状，易脱落。链状的分生孢子即从各个细长细胞顶端长出，椭圆形或柠檬形，淡灰色，单胞，各分生孢子连接处也明显收缩，易脱落。在病斑上所见暗蓝褐色的霉状物即本菌的分生孢子梗及分生孢子。

3）发病规律

病原菌在病叶组织中越冬，翌年春暖后产生分生孢子梗及分生孢子，随风雨传播到桑叶上，引起初次侵染。其后在新的病斑上不断产生分生孢子，继续传播，引起多次再侵染。该病病菌为高湿菌，在江苏每年的4—10月都有发生，一般在7—8月高温多雨气候时易发生，特别是在连续阴雨天气后暴晴2～3 d，再突降大雨，易发该病。因此，该病往往具有突发性和暴发性的特点，而且病害一经发生，如遇适温高湿天气，就会迅速扩展蔓延，造成病害流行。病害流行的速度与7—8月的旬平均气温、雨日、雨量、相对湿度均呈正相关。一般当旬平均气温≥15 ℃，旬平均相对湿度≥90%，旬雨日≥6 d，旬降水量≥90 mm时，就会造成该病的发生与流行。相对湿度是最重要的气象因子，相对湿度≤70%，分生孢子难以产生和萌发，不能引起再侵染，该病即使发生也很难扩展蔓延，不会造成流行。

在地势低洼、地下水位高、栽植过密、通风不良和桑园小气候湿度高的地块，桑叶枯病的发病率相对较高；桑树生长衰弱时，病情发展快，发病程度重。不同桑品种感病性有显著差异，田间调查发现，湖桑32号易感病，育71-1、育2号等发病相对较少。

4）防治方法

（1）加强桑园管理　新建桑园要合理密植。养蚕要适度用叶，改善桑园通风透光条件。低洼多湿桑园要及时开沟排水降渍。桑园应增施有机肥，增强树势，提高抗病能力。

（2）及时清除病原　在发病季节，及时摘除病叶制作堆肥或集中处理。在晚秋蚕结束桑树落叶后，要及时清理病叶，集中销毁或深埋。

（3）药剂防治　在发病初期，用50%多菌灵可湿性粉剂600～800倍液，或70%甲基托布津可湿性粉剂800～1000倍液，或65%甲霉灵可湿性粉剂800～1000倍液喷洒叶片。1周后复喷1次。在实际操作中，可加配叶面肥，以促进桑叶细胞修复生长，提高防治效果。该病发生地区，桑树夏伐后结合白拳治虫，选用50%多菌灵可湿性粉剂600～800倍液进行树体防治。喷药前要注意天气变化，在暴雨来临前切勿用药，如喷药后不足1 d下雨，雨后要补喷1次，以确保喷药效果。喷药要全面、细致、周到，做到叶片的叶面、叶背都喷湿。

5）应用区域

适用于全国蚕桑主产区。

6）依托单位

江苏省蚕种所，周卫阳，0510-83216188。

8. 桑褐斑病

桑褐斑病俗称“烂叶病”“焦斑病”，属真菌病害，该病原主要为害桑树中下部的叶子。

1）典型症状

受害桑叶正背两面有近圆形或因受叶脉限制呈多角形的褐色病斑，病斑轮廓明显，边缘为暗褐色，内部淡褐色。干燥时病斑开裂，或连成大病斑，易焦枯、脱落；湿润时病斑吸水腐烂穿孔，严重时桑叶成片腐烂、脱落。有时叶柄和新梢也产生暗褐色略凹陷的长形病斑（图4-20）。

2）发病规律

褐斑病病原为真菌，病原体在未腐烂的病叶上越冬，在枝条、梢部、病疤上越夏。越冬病原体春暖后产生大量分生孢子，经风雨或昆虫传播至桑叶引起第一次侵染，若发病条件适合，会造成该病在短期内流行成灾。低温多雨、多湿、多雾、日照少的条件有利于桑褐斑病的发生。不同的桑树品种对桑褐斑病的感病性不同，叶片上斜、叶面光滑、角质膜厚的桑品种及桑叶成

图 4-20　桑褐斑病症状

熟快的桑品种不易感病。桑园管理粗放、肥料缺乏、肥效易流失的桑园易发病，尤其在高寒山区发病较普遍。

3）防治方法

（1）病灾区选栽抗病品种　如农桑 14 号、桂桑优 12、桂桑优 62、桑特优 2 号等。

（2）清除病原菌　发病桑园应尽早采叶，终止病叶病原菌繁殖传播。统一防治、统一夏伐和冬伐并清理桑园。剪伐的桑枝搬离桑园 500 m 以外，枯枝落叶集中烧毁。

（3）加强桑园管理　桑园冬犁晒地，增施有机肥，提高桑树抗病力。雨季低洼桑园及时开沟排水，创造不利病害发生的环境。

（4）药剂防治　桑园发现 20%～30% 的叶片每叶出现 2～3 个芝麻粒大小斑点时，使用 50% 多菌灵可湿性粉剂 800～1000 倍液或 70% 甲基硫菌灵可湿性粉剂 1500 倍液喷雾。隔 10～15 d 再喷 1 次，连喷 2～3 次。发生褐斑病桑园，在桑树发芽前用含有效氯 0.3%～0.5% 的强氯精液或 4～5 波美度石硫合剂喷洒桑树体及地面，减少越冬病原基数。

4）应用区域

适用于全国蚕桑主产区。

5）依托单位

广西百色市蚕业发展中心，黄丽萍，0776-2822649。

9. 桑里白粉病

1）典型症状

桑里白粉病又称白粉病，主要为害枝条中下部即将硬化或老化的叶片（病菌发生于桑叶背面），枝梢嫩叶发病较轻。发病初期在叶背出现分散的粉状霉斑，逐渐连片或布满叶背；后期在白色病斑上可见黄色小粒状闭囊壳，颜色变化为黄色→橙红色→褐色→黑色，病斑相应叶表面有微黄色或淡黄色病斑。受害叶因养分被消耗，影响桑叶品质，促其提前硬化，采摘后容易干燥（图 4-21）。

2）发病规律

此病病原为真菌。病原体在桑枝条上或随病叶遗落在地面上越冬。翌年温度适宜时随风雨飞落到桑叶上侵染。该病发病最适合气温 22～24 ℃，相对湿度 70%～80%。气温较低的山区桑地、地下水位较低或干旱的丘陵地、过于密植或缺钾的桑地发病较重，叶片硬化早的品种易发病。

3）防治方法

（1）消除病原　桑园发病应统一防治，统一夏伐和冬伐并清理桑园，枯枝落叶集中烧毁。

图 4-21 桑里白粉病症状

(2)加强管理 施足基肥,及时施肥,注意配施钾肥,提高桑树抗病能力。

(3)合理采叶 及时采摘桑叶。采叶时,应自下而上,分批采摘;注意清除株间老叶、落叶,以控制病害蔓延。

(4)药剂防治 冬季用含有效氯 0.3%～0.5%的强氯精液或 2～4 波美度的石硫合剂喷洒桑树体及地面,杀灭枝条和地面上的越冬病菌;发病初期用 25%三唑酮 1500 倍液、45%乙嘧酚 2500 倍液或 70%甲基托布津 1000～1500 倍液全面喷雾,每隔 10～15 d 喷 1 次,药物连续交替使用 2～3 次,可控制病害。

4)应用区域

适用于全国蚕桑主产区。

5)依托单位

广西百色市蚕业发展中心,黄丽萍,0776-2822649。

10. 桑卷叶枯病

1)典型症状

桑卷叶枯病的病菌为真菌,多为害桑树上部叶片。发病初期,在叶尖、叶缘及叶脉间产生不规则的褐色病斑,之后连接成片,使半片叶或整片叶干枯,叶片向叶面卷缩。湿度大时,病斑上产生暗蓝褐色霉状物,病叶易腐烂或焦枯脱落,干燥时病斑裂开(图 4-22)。

图 4-22 桑卷叶枯病症状

2）发病规律

在病叶组织中越冬。翌年春暖产生分生孢子随风雨传至嫩叶侵染。病原菌为高湿菌，在夏秋季高温多湿条件下易发病。病菌侵染桑树遇干燥天气也能形成病斑，但产生分生孢子较少。阴雨天容易引起该病流行。地下水位高、通风透光不良、桑园小气候湿度大的地块及密植桑园易发病。

3）防治方法

(1)及时清除病原　及时清除晚秋落叶、春夏季发病叶并集中烧毁。

(2)加强桑园管理　新建桑园合理密植，及时采叶，保持桑园通风透光，雨后及时排水，增施有机肥，增强树势，提高桑树抗病力。

(3)药剂防治　发病初期用50%多菌灵可湿性粉剂800～1000倍液、70%甲基托布津可湿性粉剂800～1000倍液或甲霉灵可湿性粉剂800～1000倍液喷洒叶片。夏伐后用4～5波美度的石硫合剂或25%多菌灵800倍稀释液进行树体消毒。

4）应用区域

适用于全国蚕桑主产区。

5）依托单位

广西百色市蚕业发展中心，黄丽萍，0776-2822649。

11. 桑紫纹羽病

1）典型症状

桑紫纹羽病又名“霉根病”，是桑树根部主要真菌病害之一，为我国国内植物检疫对象。桑树根部受害后，初为黑褐色，严重时皮层腐烂变黑，在病根表面可见紫褐色丝缕状菌丝，之后露出地面的树干基部及地面集成一层紫红色的绒状菌膜。桑根受害后，树势衰弱，叶形变小，叶色发黄，生长缓慢，病情加重后全株死亡。田间发病桑苗及桑株较易拔起，此时根系皮层腐烂，仅见未腐烂木质部(图4-23)。

图4-23　桑紫纹羽病症状

2）发病规律

桑紫纹羽病病原菌为真菌，以菌束、菌核在病树根部、土壤中越冬，遇适宜环境时产生营养菌丝或腐生于土中有机质或侵入桑树根部。病菌通过苗木调运或带菌土壤经流水、农具传播蔓延。酸性土质、沙砾土质及排水不良桑园多发病，且易造成桑园成片发病、死亡。

3）防治方法

(1)加强检疫　远距离调运桑苗应进行植物检疫，禁止带病苗木入境。对来自疫区的桑苗栽植前用25%多菌灵可湿性粉剂500倍稀释液、45 ℃温水或0.3%漂白粉液浸根处理30 min，以杀灭侵入根部组织中的病原菌。

(2)及时挖除发病桑株，于桑园外烧毁　挖除病株周围土壤，高温暴晒或用2%高锰酸钾溶液消毒。

(3)改变耕作　重病区轮作水稻、玉米等禾本科植物，4～5年后再种桑树。

(4)加强桑田肥培管理　对低洼桑田及时做好开沟排水。酸性或沙砾土质，应增施腐熟有机肥或每亩地施石灰 150 kg，可改良土壤酸性并起消毒作用。

4）应用区域

适用于全国蚕桑主产区。

5）依托单位

广西百色市蚕业发展中心，黄丽萍，0776-2822649。

12. 桑花叶病

桑花叶病主要发生在广东和广西，是亚热带蚕区桑树的主要病害之一。一般田块的发病率在两成左右，严重发病田块的发病率可高达九成以上，发病桑树的桑叶质量和产量均受到严重影响。桑园使用除草剂以后，容易诱发桑叶病毒性花叶病。

1）典型症状

主要症状类型有黄斑花叶、缩皱花叶、环斑花叶、畸叶型。桑花叶病病株瘦弱矮小，是病毒侵染的一种病害，3—5 月为害严重，属于高温隐症，所以 6—8 月经常看不见典型病害的现象(图 4-24)。

图 4-24　桑花叶病症状

2）发病规律

春天气温升到 15 ℃时便开始发病，20～25 ℃时是发病高峰期，28 ℃以上时则表现不发病，为隐症期。所以，桑花叶病常常在春季开始发生，春末夏初盛发，到高温的 7—8 月症状消失，桑树才能“正常”生长。桑花叶病的发生因品种不同而异。桑花叶病的发生与桑的收获方法和剪枝形式有一定的关系，一般冬留大树尾的桑园早发病，冬根刈桑树发病重。同时，在当年春季的微型昆虫叶蝉、蚜虫等发生严重的时候，桑花叶病发病程度较重。

3）防治措施

①改良桑园土壤，加强肥水管理。

②采用冬根刈，即冬伐留枝 30～60 cm。

③在 2 月底至 3 月初可选用菌毒杀星(3000～3200 倍液)喷布，具有一定的控病作用。

④每亩用 50%氯溴异氰尿酸可溶性粉剂 60 g 用水稀释 1000～1500 倍均匀喷雾，间隔 10 d 喷 1 次，喷药后即可采叶喂蚕，对蚕安全，还可以有效防控桑疫病。

4）应用区域

适用于全国蚕桑主产区。

5）依托单位

广西来宾市农业科学院，罗平，0772-6440598。

13. 桑树青枯病

桑树青枯病又名桑细菌性青枯病，俗称青枯、瘟桑。该病是一种土传性细菌病害，具有发病急、蔓延迅速、为害严重、防治困难等特点，有“桑瘟”之称，是对蚕桑生产具有毁灭性危害的主要桑树病害之一，也是植物检疫对象。在国内主要分布在广东、广西蚕区，近年来在桂中地区象州、忻城和柳城县均发现此病。

1）典型症状

该病主要发生在桑根，影响水分输导，植株因失水而枯死，具有发病急、枯死率高等特点。有些是全株叶片尚保持青绿而失水凋萎，有些则是从桑株的上、中部叶片的叶尖、叶缘先失水，然后变黄、变褐，进而干枯，逐步扩展至全叶、全株。在地上部分有两种病症表现：一种首先表现在感病桑苗或幼龄桑树上，叶片最初失去光泽，随后迅速失水萎凋，呈“青枯”状，很快枯死。另一种表现在被害老树上，首先叶片的叶尖和叶缘失水青枯，或由黄变褐干枯；萎凋由下部叶片开始逐渐向上，扩展到全株，枯死速度慢。病株横切很少或无白色乳汁流出。深层根的木质部从下而上最初出现线状，逐渐发展为带状褐色条纹，以后全部变褐色或黑色，并向上延及枝条，最后根部湿腐，皮层发黑、腐烂，全株枯死。病灶部分横断面上在显微镜下可看到有污白色菌脓溢出（图 4-25）。

2）病原特征

病原为假茄科劳尔氏菌。根据病原菌 rRNA 和 DNA 的同源性分析，青枯劳尔氏菌属于假单胞杆菌的第二个同源类群。细菌发育温度 10～40 ℃（最适 28 ℃），致死温度53 ℃，生长的 pH 为 5～9（最适 pH 7～9）。病原在培养基中的菌落形态如图 4-26 所示。

图 4-25　桑青枯病症状

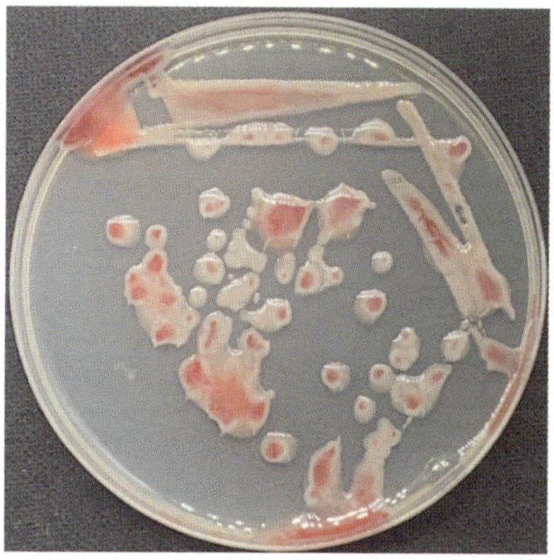

图 4-26　假茄科劳尔氏菌

3）发病规律

桑青枯病是由病原细菌引起的病害，是一类典型的维管束病害，病原菌从根部伤口侵入后，病株地上部分主要表现为青枯，木质部出现褐色条纹，严重时全呈黑褐色，患处有污白色菌脓溢出。凋萎速度很快，4—11 月发生，7—9 月为害严重。患有青枯病的桑园，夏伐后容易扩大传染。枯死时叶片仍然保持青绿色，是典型的维管束病害。病原一旦发生传播速度很快，会在短期内造成桑园成片毁灭。

4）防治方法

①坚持在无青枯病区自育桑苗，坚决不在青枯病区调苗，防止外来桑苗严重传染。

②青枯病区的桑苗不能向外输出，防止青枯病蔓延扩大。

③接穗及用于埋条成园的枝条必须是采自无青枯病区的桑园。

④当桑园局部零星植株发生桑青枯病时，及时挖掉病株并烧毁，病穴用 1%的有效氯漂白粉

液消毒，或 20%石灰水灌注消毒，也可选用 50%氯溴异氰尿酸可溶粉剂和可湿性粉剂，亩用量一般为 40～60 g，兑水 30～50 kg，最好在发病前预防或发病初期使用。注意氯溴异氰尿酸不能与碱性农药、有机磷、无机铜等混用，不能与尿素、磷酸二氢钾等含氮、含氨基酸、腐殖酸、海藻酸的叶面肥混用，也不能与生物制剂如芽孢杆菌等混用；开沟隔离病区，防止桑青枯病向周围扩散。

⑤重病桑园实行轮作，可改种甘蔗、水稻、玉米等禾本科作物 3 年，再恢复种桑。

⑥上年已发病桑园及其相邻健康桑园提前在 5 月下旬前夏伐，或者全年只冬伐不夏伐，可有效预防青枯病发生，减少病死株，减轻病情。另外，还要防止创伤感染，耕作时避免根部受伤，减小创伤感染概率。

⑦推广种植抗青枯品种，如抗青 283×10、抗青 283 号、抗青 10 号、粤桑 110 号、粤桑 119 号和粤桑 120 号等品种。

5）应用区域

适用于全国蚕桑主产区。

6）依托单位

广西来宾市农业科学院，罗平，0772-6440598。

14. 桑细菌性枯萎病

桑树细菌性枯萎病最早于 2002 年在浙江省杭州地区出现并迅速蔓延，随后广西和广东等省区相继有该类病害发生的报道，目前在广西忻城、象州和柳城县均有发生。

1）典型症状

该病害在发病初期可引起桑树枝条上部 3～4 片叶失水褐化、叶片翻卷，严重时导致桑树全株叶片凋萎、焦枯、脱落，木质部变黄，进而褐化，常在夏伐整枝后出现桑树大批枯死现象，目前已成为桑树重要病害之一。感染桑树，从顶端开始枯萎，树叶变黄，最后导致全株枯萎死亡。被感染的桑苗显示的病症与桑青枯病症状相似。发病初期由枝条上叶片开始呈失水状，继而全株叶片凋萎、枯焦，直至脱落；剥开主干皮层，可见木质部褐色条状斑；病株根部外观正常，但木质部严重变褐(图 4-27)。

a.病根木质部

b.田间感病症状

图 4-27　桑细菌性枯萎病症状

2）病原特征

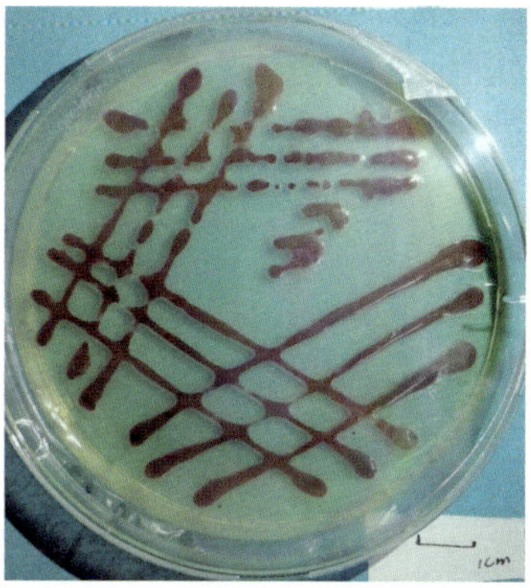

图 4-28　在 TTC 培养基下的肠杆菌（*Enterobacter cloacae*）

细菌性枯萎病的病原为桑肠杆菌（*Enterobacter cloacae*）。引致桑树细菌性枯萎病的病原种类比较复杂，有多种的肠杆菌科细菌，如阴沟肠杆菌（*Enterobacter cloacae*）、阴沟肠杆菌阴沟亚种（*E. cloacae* subsp *cloacae*）、阿氏肠杆菌（*E. asburiae*），以及克雷伯氏菌属的细菌（*Klebsiella* sp.）。肠杆菌属（*Enterobacter*）细菌呈直杆状，宽×长为（0.6～1.0）μm×（1.2～3.0）μm；革兰氏阴性，周生鞭毛（通常为 4～6 根）且具运动性。兼性厌氧型，容易在普通培养基上生长。肠杆菌菌落形态：30 ℃下，在含三苯基四唑氮化物（TTC）培养基上刚开始为白色菌落，有的中间有红点，2 d 后菌落变为深红色（图 4-28）。

3）发病规律

该病于高温高湿条件下易发生，特别是洪水灾害过后的桑园。该病害与桑青枯病症状较为相似，不同之处在于桑青枯病发病初期，感病叶片中午失水萎蔫，清晨和傍晚恢复正常，反复萎蔫恢复后叶片逐渐萎蔫、脱落，桑树整株枯死；而桑树细菌性枯萎病在发病初期叶片即出现焦枯症状，发病叶片变褐并逐渐向内卷曲，凋萎后自下而上迅速落叶（图 4-29）。

a.感染前，从左到右依次为试验组 1~3、空白对照

b.感染第4天的症状，从左到右依次为空白对照、试验组 1~3

图 4-29　桑肠杆菌感染

4）防治方法

参照桑树青枯病防治方法，采用“预防为主、综合防治”的方针，以防控该病害传播流行为主要手段。

（1）合理的剪伐与栽培制度　桑树细菌性枯萎病在高温高湿的环境下发病严重，故桑树夏伐时间应错开 8—9 月的高温多雨时段，提前或延后夏伐，使桑树在病害发生期伤口已恢复或为完整植株，抵抗力增强，减少感病概率。该病菌在一定条件下还能引起生姜、洋葱、杨树等寄主植物产生枯萎症状。因此，桑园周围应尽量避免种植姜科、百合科和杨树等同寄主范围植物，或是与它们进行间、套、混作，避免寄主植物间相互感染。对于发病严重的桑园，可与水稻、茭白等水生植物进行水旱轮作，减少或消灭土壤中的病原菌后再种植桑树。

（2）化学防治　可选择 3%中生菌素 600 倍液（最低抑制浓度为 11.3～15.0 μg/mL）、25%溴菌腈 600 倍液、53.8%氢氧化铜 900 倍液和 47%春雷·王铜等药剂 500 倍液，在发病初期喷第一次药，以后视病情发展和天气情况，隔 7～10 d 再喷 1～2 次药。也可选用 50%氯溴异氰尿酸可溶性粉剂和可湿性粉剂，亩用量一般为 40～60 g，兑水 30～50 kg，最好在发病前预防或发病初期使用。注意氯溴异氰尿酸不能与碱性农药、有机磷、无机铜等混用，不能与尿素、磷酸二氢钾等含氮、含氨基酸、腐殖酸、海藻酸叶面肥混用，也不能与生物制剂如芽孢杆菌等混用。

5）应用区域

适用于全国蚕桑主产区。

6）依托单位

广西来宾市农业科学院，罗平，0772-6440598。

15. 桑断梢病

1）典型症状

桑断梢病，又称桑枝枯菌核病，主要发生在桑树春发新梢（枝）基部 2～3 cm 处。当桑葚感染桑断梢病病原时，果柄逐渐变成黑褐色，靠近果柄的新梢基部皮层病原菌由内向外侵染，逐渐在外部呈现黑色斑点，再变为块斑，渐渐扩展为周斑，斑长 1～4 cm，淡灰褐色，表皮纵裂；发病重的新梢（枝），病斑干腐，向内凹陷，造成环缢，病斑的木质部及韧皮部大部分组织坏死，失去输导作用。遇风雨天气枝条易折断，少部分病枝直接断离树体，但大多数桑枝条折断后仍有少量木质部和树体相连，倒挂在树上，桑叶仍能保持一定时间的绿色，但最终整枝桑叶枯死（图 4-30）。

图 4-30　桑断梢病症状

2）病原特征

桑断梢病的病原菌为肉阜状杯盘菌，桑葚小粒性菌核病的病原与桑断梢病的病原菌相同。2013 年上半年，广西宜州、忻城、柳江等地大面积暴发桑断梢病，严重地影响到桑园产叶量，损失十分惨重。

3）发生规律

桑断梢病在广西一般在 4 月上旬发病，4 月中下旬病情发生严重，为害桑芽及 1 年生枝条。该病菌核在桑园土壤越冬，当早春气温回升到 15 ℃后，在桑树发芽初期菌核长出子囊盘，散发子囊孢子。子囊孢子侵染刚萌发的桑树春芽，使新梢基部成为受害部位，先出现水渍状斑点，后逐渐扩大，当病斑环绕枝条后，枝叶即凋萎枯死。病原体以菌核在土中越夏、越冬，当早春气温回暖，菌核萌发初次侵染。种植密度大及冬季间作绿肥、蔬菜的桑园发病严重，或桑园附近邻作感病植物也会交叉感染。被侵染桑芽周围的皮层腐烂，影响桑芽的正常生长，严重时引起桑枝大量倒伏，受病菌感染的桑葚果会出现白果现象（不着色）。

4）防治方法

（1）品种选择　伦教 40 嫁接桑是易感品种，新植桑园应选择抗病能力强的品种，如桂桑 5 号、桂桑 6 号、桑特优 2 号、粤桑 11 号、农桑 14 号等与当地桂桑系列杂交桑嫁接等开雌花的品种。在桑树开花期，人工摘去雄花，可以有效地减轻桑枝枯菌核病的为害。

（2）冬季伐条时间　对患病老桑园的冬伐时间进行调整，提早冬伐，以利于增加日光晒消毒。11 月上旬，当年蚕作结束时，进行冬季伐条，采用根刈方法进行伐条，平地面伐条，让阳光充分暴晒桑地；同时要进行清园处理，将桑园内的枯枝落叶清除并集中烧毁。

（3）药物防治　对易感病老桑园，分别在发病初期（开花初期）和盛花期用 1.8%辛菌胺醋酸盐（杀菌灵）800～1200 倍液或 70%甲基托布津可湿粉剂（或甲基硫菌灵）1000～1500 倍液各喷洒 1 次。喷叶时要充分喷到位，特别是枝条基部一定要喷透。

5）应用区域

适用于全国蚕桑主产区。

6）依托单位

广西来宾市农业科学院，罗平，0772-6440598。

16. 桑污叶病

1）典型症状

主要在秋季发生在比较老的桑叶的背面，嫩叶极少发生。开始发病时，叶背面出现煤粉状黑色圆形小病斑，后病斑逐渐扩大，黑色渐深。在叶表面相应位置也出现同样大小的黄褐色病斑。病斑继续扩大后，往往互相连接，布满叶背面。与桑里白粉病并发时，常在叶背形成黑白相间的混生斑（图 4-31）。

a.桑污叶病病叶

b.桑污叶病病枝

图 4-31　桑污叶病症状

2）发生规律

病菌在病叶或地表上越冬，第二年夏秋季传播发病。一般情况下，当年晚秋雨水偏少时，病叶上的霉层容易沉积，越冬病原多，下一年发病就多。发病期气候干旱时盛发，多雨后遇烈日或晴雨相间均易发生，桑叶硬化早的品种易发病，通风透光差的桑园发病较重。

3）防治方法

（1）农业防治　清除越冬病原，晚秋落叶前摘除桑树上的残叶并带出桑园处理；选栽桑叶硬化较迟的品种，如强桑 1 号、育 71-1、农桑 14 号等；加强肥培管理，做好桑园抗旱，延迟桑叶硬化；合理采叶，由下而上分批采叶，使桑园通风透光。

（2）化学防治　发病初期喷洒 0.7％的波尔多液，或 65％的代森锌 500 倍液，发病期喷洒 70％的甲基托布津可湿性粉剂 1000 倍液，隔 10～15 d 再喷 1 次。

4）应用区域

适用于全国蚕桑主产区。

5）依托单位

贵州省农业科学院蚕业研究所，韩世玉，0851-83815578。

17. 灰霉病

1）典型症状

春期开始发病，老叶、嫩叶均可发生，发病多从叶尖、叶缘开始，出现深褐色斑，向内扩展为淡褐色斑，叶缘大多向叶面卷起，少数向叶背卷曲，湿度大时病斑上可见灰霉，病叶后期脱落。少数在叶片中间出现褐色近圆形病斑，后期易穿孔。雄花受害后干枯，桑葚受害则腐烂。湿度大时各受害器官表面均形成灰白色霉层（图 4-32）。

a.桑灰霉病病叶

b.桑灰霉病病梢

图 4-32　桑灰霉病症状

注：该图来源于华德公主编《蚕桑病虫害原色图谱》，山东科学技术出版社，1996。

2）发生规律

本病喜低温潮湿环境。4 月上旬至 5 月底阴雨天多则发病重，晴天多则发病轻。早生桑品种发病较重，晚生桑品种发病较轻。

3）防治方法

（1）农业防治　地势低洼、排水不良的桑园地要常年开沟排水。早生桑品种桑园及时采叶，降低园内湿度。

（2）化学防治　发病初期对桑树枝叶喷洒 40％多福合剂 1000～2000 倍液，或 70％的甲基托布津可湿性粉剂 1000～1500 倍液，或 50%速克灵可湿性粉剂 1000～1500 倍液，均喷洒 1 次。

4）应用区域

适用于全国蚕桑主产区。

5）依托单位

贵州省农业科学院蚕业研究所，韩世玉，0851-83815578。

18. 桑根结线虫病

1）典型症状

被害桑的侧根和细根着生许多大小不一的瘤状物，大如鸡蛋，小如菜籽。根瘤形成初期较坚实，黄白色，逐渐变褐、变黑而腐烂。剖开根瘤，可见乳白色、半透明的梨形雌线虫。桑树受害后须根减少、脱落，难以发出新根。严重时桑树生长不良，芽叶枯萎，枝条干枯，以致整株死亡（图 4-33）。

a.桑根结线虫病根　　b.桑根结线虫病根局部

图 4-33　桑根结线虫病症状

2）发生规律

根结线虫以成虫、幼虫、卵在病根残体和病土中越冬。地温 11.3 ℃时卵孵化，12 ℃以上时蜕皮为 2 龄后侵入桑根，形成根瘤。1 年发生 3～4 代，多的达到 7 代。带虫土壤、肥料、病根、病瘤、卵囊等为传染源，病苗是远距离传播的主要途径。本病在通气性好的沙土、沙壤土发生较多。线虫寄主范围广，桑园前作或间作如果是线虫寄主的麻类、烟草、花生等，发病风险增大，发病加重。

3）防治方法

本病以农业防治为主。选用无虫地育苗，新栽桑树严格选用无病健壮苗木；土壤消毒，每亩用 225 kg 石灰，均匀撒布后翻耕，或每亩施氨水 150～200 kg，开沟施后覆土压实；实施轮作，发病严重的桑园改种玉米、高粱等禾本科作物，轮作 3～4 年后可种桑树。轮作期间，避免栽植线虫寄主作物。

4）应用区域

适用于全国蚕桑主产区。

5）依托单位

贵州省农业科学院蚕业研究所，韩世玉，0851-83815578。

19. 桑轮纹病

1）典型症状

桑轮纹病的病原菌为贝伦格葡萄座腔菌[Gonatophrgmium mori(Sawada)Deigton]，主要为害叶片。

(1)病斑初期为褐色水渍状斑点，不久干成白斑；病斑外侧从叶面看为褐色或红褐色的鲜明的同心轮纹(直径 1～6 cm)，轮纹有 1～5 道，每道轮纹外侧的边界处呈深褐色；从叶背看，病斑的同心轮为不明显的淡褐色，中心部密生淡紫灰色的分生孢子梗与分生孢子，病斑边缘部生有白色的菌丝。随着病情加剧，病斑直径可达 7～10 cm，病斑扩大后产生龟裂，后期病斑处破裂形成穿孔(图 4-34)。

图 4-34　桑轮纹病症状

2）发生规律

桑轮纹病在每年的 5 月以后开始暴发，暴发时间会持续到 8 月；该病首先为害桑枝条下部叶片，在病斑扩大的同时，扩展到枝条上部叶片。

3）防治方法

(1)农业防治　设置桑园排水系统，避免桑树生长于多湿环境；桑树 5 月至 6 月完成夏伐工作，夏伐后及时清园、修剪、疏芽、夏耕、施肥；保持桑树枝条合理的生长密度，使桑园的通风透光性能良好，避免桑树生长于荫蔽环境。

(2)化学防治　一般 6 月底和 7 月初是桑轮纹病的防治适期，采用苯甲丙环唑 1000 倍液或 70%甲基托布津 1000 倍液，每间隔 8～10 d 喷 1 次，连续喷 3～4 次。喷药时，做到整株桑树叶片正反两面喷洒均匀，以叶面不滴水为度。

4）应用区域

适用于全国蚕桑主产区。

5）依托单位

江西省经济作物研究所，王军文，0791-85023010。

20. 桑炭疽病

1）典型症状

桑叶初发病时，叶面上散生黄色或淡褐色不清晰的小斑点，随着病斑扩大渐成圆形，外圈色泽加深为赤褐至暗褐色，内圈橙红色，中心灰色或淡褐色。阴雨连绵时病斑吸水膨胀，腐败穿孔。遇干燥天气病斑中部往往裂开。发生在叶脉、叶柄和实生幼苗根颈部的短线条状病斑呈鲜红色或赤褐色。该病严重时，大小病斑连片，叶缘及叶片呈干枯状，枯叶的叶柄变红，早落。有些叶片干枯后，叶缘也带红褐色。病斑部褐色小点是病原菌的分生孢子盘，呈散生环状排列。生产上，要注意与桑褐斑病相区分。

2）病原特征

桑炭疽病的病原菌为桑叶刺（毛）盘孢菌（*Colletotrichum morifolium* Hara），属于半知菌亚门腔孢纲黑盘孢目黑盘孢科刺（毛）盘孢属。分生孢子盘始生于表皮下，成熟时突破寄主叶面表皮外露。分生孢子盘直径 55～300 μm，在分生孢子盘上生有暗褐色刚毛。刚毛基部较粗，有 1～4 个隔膜，长宽为（35～110）μm×（4～5）μm。分生孢子盘上丛生分生孢子梗，短线状，无色，单胞，长宽为（5～7）μm×（2.5～3.5）μm。梗上着生具有胶粘物的分生孢子，分生孢子有镰刀形、长圆形，无色，单胞，长宽为（20～40）μm×（3～5）μm。

3）侵染循环

度过越冬期的病菌在翌年产生分生孢子，经气流和雨水冲溅传播到新生桑叶上，引起初次侵染，经 6～10 d 出现病斑，产生新的分生孢子再次侵染。孢子侵染后的潜伏期长短与大气湿度、温度有密切关系。当大气相对湿度为 65%时潜伏期 1 个月左右或不萌发，而相对湿度为 89%时，潜伏期只有 4～7 d；病原菌生长发育的最适温度是 24～28 ℃，当温度低于 10 ℃或高于 36 ℃时分生孢子不能萌发。

4）发病规律

一般长江中下游蚕区桑园 7 月开始发病，8、9 月后病势加剧，直至落叶为止。该病主要在夏末和秋季为害枝条中下部的叶片。

本病的发生与空气温湿度、桑树品种、桑叶采摘方式、土壤病史有关。在发病季节，雨量多易引起病害流行，高温干燥天气发病减轻；冬季气候潮湿，病叶腐烂，越冬菌源减少，发病减轻；低洼积水和地下水位高的桑园发病率高，反之则低；鲁桑发病较多，湖桑 7 号、育 2 号、湖桑 32 号、团头荷叶白、杂交桑（实生桑）和幼苗桑较易感病；湖桑 199 号、湖桑 197 号、新一之濑等品种发病较轻；夏季和早秋采叶养蚕的可减轻发病；曾经发过此病的土壤上的桑树发病率大大高于无病史土壤上的桑树。

以分生孢子盘和菌丝体在病叶和病树周边土壤内越冬，也可以分生孢子附着在病树主干和枝干上越冬。带病叶、枝在越冬期间完全腐烂掉的，病菌孢子不再有活性；而在土表、树枝干表面以及未腐烂病叶上越冬的病菌孢子具有活性。

5）防治方法

（1）农业防治　在病区，选择抗病桑品种建园；加强桑园肥培管理，及时排灌、消灭杂草和虫害、增施肥料，防止桑叶老化，提高桑树的抗病力；在初发现病叶时人工及时摘除，秋蚕结束后及时清理桑园，把病叶和残叶带出桑园烧毁，消灭越冬病源；冬季对桑园进行冬耕，将病叶和枯枝翻埋于土下；冬季干旱时，对桑园土壤浇灌水，加速病叶枯枝腐烂，以减少翌年菌源；苗地轮作，发病严重的苗地轮作水稻，对炭疽病有明显的防治效果；及时利用桑叶，采叶自下而上进行；加强桑园通风排湿，减少发病机会。

（2）化学防治　发病季节用25%多菌灵可湿性粉剂500～800倍液或70%托布津800～1000倍液喷施桑叶有很好的防治效果；发病初期喷施效果更佳。喷药时要注意喷湿枝条中下部病叶的正反两面。间隔15 d喷1次，连续2～3次，可控制该病为害。实生苗长出2片真叶前后喷药1～2次，可防止幼苗因病枯死。

6）应用区域

适用于华东、西南，江苏和浙江植桑区。

7）依托单位

江西省经济作物研究所，王军文，0791-85023010。

21. 桑葚菌核病

1）病害特征

桑葚菌核病俗称“白果病”，因桑果感染后多呈灰白色而得名（图4-35）。菌核病是果桑的主要病害，分为桑葚肥大性菌核病、桑葚缩小性菌核病、桑葚小粒性菌核病。该病发生严重时可造成毁灭性灾害，严重影响桑果产量和杂交桑种子的生产。近年来由于果桑种植面积的日益扩增，桑葚菌核病引起了种植者的广泛关注。

图4-35　桑葚菌核病症状

2）病原特征

桑葚菌核病病原常见的有4种类型，分别为桑实杯盘菌（*Ciboria shiraiana*）、肉阜状杯盘菌（*Ciboria carunculoides*）、核地杖菌（*Scleromitrula shiraiana*），还有一种从病果中发现的真菌为核盘菌（*Sclerotinia sclerotiorum*）。桑葚菌核病主要有肥大性菌核病、缩小性菌核病、小粒性菌核病，其中为害最重的为肥大性菌核病。

（1）肥大性菌核病　病原为桑实杯盘菌。桑葚染病后果实个体肿大，内部空虚，发病后期果实的外部颜色转为白色，大部分脱落，无法食用；发病重的，整株树上的桑葚全部发病，导致桑果绝产。

（2）缩小性菌核病　病原为核地杖菌。桑葚感染此类病原菌后，果实个体缩小，质地较硬，表面产生很多病斑（灰褐色），颜色由红紫转为灰白，打开发病桑果内部可看到较硬的黑色菌核。

（3）小粒性菌核病　病原为肉阜状杯盘菌。病菌感染桑葚聚花果中的各个小果，发病小果个体明显膨大，表现出子房肥大，果实表面颜色全部转为灰褐色，果实内部子房内有小型的菌核，果实发病后很容易脱落。

3）发病规律

菌核病的病原菌为子囊菌亚门的真菌，越冬的场所是在土壤中。第二年春季温度、湿度条件均适宜的情况下，在土壤中越冬的菌核开始萌发，抽生子囊盘，产生子囊孢子，在大气等的作用下扩散到果桑上，产生初次侵染（图4-36）。菌丝先侵染到果桑雌花的子房内，最后形成的菌核随着桑果而脱落到土壤中越冬，来年继续对果桑产生侵染。由于果桑开花的时间较短，因而当年发生再次侵染的可能性相对较低。果桑的花或者果实染病后，通过接触可导致未发病的花果侵染发病。

图 4-36 菌核萌发子囊盘进程

4）防治方法

桑葚菌核病的防治采用“预防为主、农业防治与化学防治相结合”的综合防治措施，安全、有效地把病菌及为害程度控制在一定范围。

(1)栽植及养型技术　根据不同品种树型的需要，设计合理的株行距，不能统一标准。采果后及时进行修剪，培养良好树型；生长过程中及时修剪下垂枝、病枝、弱枝，防止植株间荫蔽。对已建成的密植低干果桑园可采用隔行移栽部分果桑并提干的方法，增加通风透光性，减少园内的相对湿度，抑制菌核病的发生。此外，不同果桑品种抗病性有差异，可选用抗病性较强的果桑品种。

(2)大棚避雨栽培及地膜防病技术　大棚避雨栽培对果桑具有明显的升温保温作用，对桑葚菌核病的防治效果比大棚外的防治效果高 5.60%～9.25%，且大棚栽培的桑葚成熟期比棚外提早上市 10～15 d。大棚薄膜在一定程度上抵挡了桑葚菌核病真菌孢子的侵入，且开展药物防治时不受阴雨等异常天气因素的影响。在桑树开花前，桑园地面进行薄膜覆盖，可有效切断传播途径，防止子囊孢子对花的侵染。

(3)耕作防病技术(深翻耕)　菌核病的发生率随着翻耕次数的增加而急剧降低，菌核的子囊盘萌发率随着土壤深度的增加而下降。因此，采果结束后，结合施肥，可对土壤进行机械翻耕，翻耕深度以 15～20 cm 为宜，在冬季或春季施肥时再深耕一次，不留死角。深翻可破坏表层菌核子囊盘，防止孢子飞散，防止病菌传染。

(4)其他农艺措施　挂果期发现有病果要及时摘除，并及时送离园区清理或深埋，减少病菌来源。冬季要进行清园，剪除病枯及拖地枝叶，清园后普遍喷施清园药(84 消毒液、石硫合剂)1 次。合理施肥是增强果桑树体、提高抗病力的有效方法。采果后，及时施加足量的有机肥，有利于恢复树势和花芽分化；入冬前施用复合肥、磷钾肥和有机肥，为来年抽芽和开花做好准备，同时可提高果实的品质和抗病能力。

(5)化学药剂防治　从果桑鹊口期开始，采用 70%甲基托布津，或交替使用 70%甲基托布津和 50%腐霉利，或交替使用 70%甲基托布津和 50%多菌灵 800 或 1000 倍液喷雾防治，每隔 5～7 d 喷 1 次，连续喷药 4～5 次，直至花末期，对桑葚菌核病有较好的防治效果。化学防治应注意：喷药应在晴天或阴天进行，如喷药后 12 h 内下雨，应补喷；喷药要均匀，枝叶花果的上下左右、树冠内外，甚至周边杂草处都要喷布周到，不留死角；严格配药浓度，不得随意增减浓度；喷药量以花果见药滴为度；药剂交替使用，以降低菌核病菌的抗药性；药剂来源要正规，有质量保证；青果膨大期后，即桑葚成熟采摘 20 d 前严禁施用农药，以保证桑葚及产品的食用安全。

5）应用区域

适用于全国蚕桑主产区。

6）依托单位

江西省经济作物研究所，王军文，0791-85023010。

22. 桑萎缩型萎缩病

桑萎缩型萎缩病也称瘪桑、隐桑、龙头桑、糜桑等，是桑树重要病害之一，浙江、广东、安徽、四川等蚕区多有发生。

1）典型症状

发病初期，叶片变小、皱缩，叶色稍黄，裂叶桑品种则是叶片变圆，同时枝条变得细短，节间短缩，叶质硬脆；发病中期，枝条顶部或中部腋芽萌发提早，有的生出很多侧枝，叶片全部黄化；发病后期，枝条更细，病叶更小；细根发霉腐烂，最后全株枯死。一般发病后，病势逐年加重（图 4-37）。

图 4-37　桑萎缩型萎缩病

2）病原特征

病原为类菌原体，在电子显微镜下桑萎缩病植原体大部分为椭圆形颗粒，直径在 80～800 nm 范围内。

3）发病规律

该病可以通过嫁接传播，也可以通过媒介昆虫，如叶蝉传播。该病多发生在夏季高温季节，以桑树夏伐后的 6—9 月发病最盛，病害严重的桑园中成片桑树病死。带毒苗木是远距离传播的传染源，昆虫则是传播的桥梁。

4）防治方法

（1）严格检疫，清除病原　对病区的接穗苗木做好检查检验工作，健全检疫制度，禁止外运带病苗木，及时淘汰病苗。不得不采用病区接穗苗木时，则应在前一年的 7—9 月症状明显时，逐株检查接穗桑园和苗圃。对病株作出记号，绝不能采作接穗。健树上剪下的接穗条应放在55 ℃温汤中浸10 min。苗圃发现病苗应及时烧毁。

(2)选用抗病品种　如湖桑7号、32号、35号、197号以及育237号等抗病品种。

(3)消灭媒介昆虫，切断传染途径　加强桑园蓟马、叶蝉、粉虱等桑园害虫的防治。

5）应用区域

适用于全国蚕桑主产区。

6）依托单位

华南农业大学，刘吉平，020-85281459。

23. 桑白绢病

桑白绢病主要发生于我国南方温暖潮湿地区，是为害桑树插条及幼苗的病害之一。

1）典型症状

主要为害桑树苗木和沙藏期间的插条及苗圃的幼苗。发病初期，被害部位上有淡褐色，后为褐色至深褐色的斑点，并在病组织上长出辐射状白色绢丝菌丝，后菌丝扩展，覆盖病部，逐渐缠结成白色小粒团。病部皮层腐烂，易于脱离，最后仅剩下一丝纤维。病株叶片发黄凋萎，最终全株枯死(图4-38)。

图4-38　桑白绢病症状

2）病原特征

病原为齐整小核菌，属担子菌纲半知菌亚门真菌。在马铃薯葡萄糖琼脂(potato dextrose agar，PDA)培养基上菌丝体为白色，菌核初为乳白色，后变浅黄色至茶褐色或棕褐色，球形至卵圆形。

3）发病规律

病菌以菌核或菌丝体在土壤中、病残枝或肥料中越冬。在土壤中能存活多年，多分布在3～7 cm土层中，雨、水、风、病残株、带菌土杂肥、昆虫、农事活动等均能传播。该病发生的最适温度为30～35 ℃。土壤中如有该类病菌存在时，一经压条或嫁接育苗，白色菌丝即缠绕于枝条上，从切口或叶痕维管束侵入择穗或接穗的表皮，使表皮腐烂，致叶黄落，枝条枯死。

4）防治方法

①选择高燥地块繁殖苗木。

②采用干净的河边沙预措插条能减少或控制其发病。

③土壤及苗木消毒：用50%多菌灵可湿性粉剂500倍液或36%甲基硫菌灵悬浮剂600倍液，将沙喷湿喷透，再用塑料薄膜盖7～8 d进行沙藏预处理插条，然后把沙藏后的插条用上述杀菌剂浸泡20～30 min，能减少白绢病的发生；也可每亩施石灰氮约50 kg，消毒畦间及株间土壤；还可用草木灰撒布或浓草木灰水消毒土壤。

5）应用区域

适用于全国蚕桑主产区。

6）依托单位

华南农业大学，刘吉平，020-85281459。

24. 桑树膏药病

桑树膏药病又称“烂疤疮”“烂脚癣”“烂脚疮”，为桑树真菌性病害。

1）典型症状

桑树膏药病多发生在桑树 2 年生以上的枝干，病菌丝体在枝干外面形成大小不等的圆形或不规则的菌丝膜，菌丝膜表面为丝绒状。该病有灰色膏药病和褐色膏药病两种，菌丝膜对应有灰色和褐色两种。桑树感染病害后初为茶色，后逐渐变为鼠灰色至褐黑色，后期发生龟裂；褐色膏药病感染枝干呈栗褐色，四周具狭灰白色带，削掉患处树皮可见木栓层组织病变。患病桑树枝条脆弱、易断，桑树寿命缩短，产叶量减少且易脱落(图 4-39)。

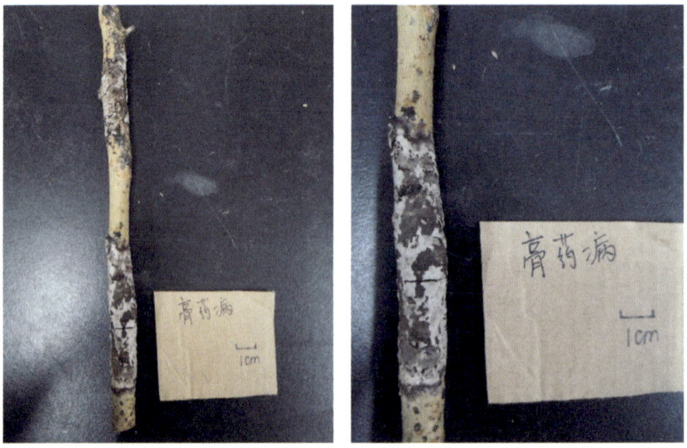

图 4-39　桑树膏药病症状

2）病原特征

病原为茂物隔担耳菌和田中隔担耳菌。病斑扩大的同时，菌丝侵入组织体内吸取养分，导致树势衰弱，产生机械压力，影响枝干长粗。该病菌滋生快、蔓延性强，严重降低桑叶产量和质量，使蚕农深受其害。

3）发病规律

桑树膏药病主要为害老枝干，全生育期均可发病。病菌以菌丝膜在枝干上越冬，翌年 5—6 月形成担孢子进行传播。该病菌的孢子以介壳虫分泌物为营养，可依附于介壳虫虫体传到健枝或健株上。土壤湿润、通风透光不良的桑园及老桑园易发病。

4）防治方法

①发病时用刀子或竹片等刮去病斑集中处理，切断病原菌的传播途径，并在刮除后的病斑处涂抹 4～5 波美度石硫合剂或 20％的石灰乳。

②低洼潮湿的桑园雨后及时排水，改善植株通风透光条件，增强抗病力。

③因膏药病病原真菌以介壳虫的分泌物为养分，故应在介壳虫幼虫期进行消灭。

5）应用区域

适用于全国蚕桑主产区。

6）依托单位

华南农业大学，刘吉平，020-85281459。

25. 桑根朽病

桑根朽病，又称根腐病，是桑树根部病害之一，新疆、黑龙江、吉林、河北、山西、甘肃、陕西、青海、湖南、浙江、江苏、安徽、四川、云南、广西等省(自治区)的蚕区均有发生。

1)典型症状

桑树发病后,叶色变黄、脱落而至枯死,根系全部腐烂,外皮易于剥离。在腐烂的根部外皮缝隙间缠绕着黑色根状菌束,粗的直径可达 3～4 mm(图 4-40)。

2)病原特征

病原为假蜜环菌[*Armillariella tabescens* (Scop. Fr.) Sing],属于伞菌目白蘑科蜜环菌属。病原菌主要以根状菌束及皮下菌束随病根在土壤中越冬,当条件适宜时,进行新的侵染。即使病株死亡,菌束尚能存活多年。落在土内的孢子发芽后暂时性腐生生活,如遇寄主根部伤口也能侵入寄主。在 5 月或 9—10 月可在病株或枯死株根际附近或于根状菌束一端丛生出蜜黄色的伞状子实体。

图 4-40　桑根朽病症状

3)发病规律

一般春、秋季桑树发病较多,病原菌在地温 15～32 ℃时均可发育,最适温度为 25 ℃。一般在酸性土壤中发病较多。桑园为低洼湿地桑树发病率高,干燥土壤为害较轻。本病寄主植物种类极广,除为害桑树外,已知寄生木本植物有 70 科 70 种,草本植物有 40 科 80 种。

4)防治方法

(1)清除病原　挖除病株,集中烧毁。

(2)加强桑园管理　土壤消毒,病株周围挖隔离沟,发病严重时与禾本科作物轮作 4～5 年。

(3)春秋季摘除子实体。

(4)选用抗病品种　因地制宜选栽抗病桑树品种。

(5)药剂防治　发病严重的桑园要用石灰氮或二硫化碳药剂进行土壤消毒。

5)应用区域

适用于全国蚕桑主产区。

6)依托单位

华南农业大学,刘吉平,020-85281459。

26. 桑植原体病害

桑植原体是目前已报道的桑萎缩病潜在的病原之一,属于类细菌的病害。桑萎缩病是目前最为典型的、最重要的桑树病害之一。

1)典型症状

感染植原体会导致桑叶黄化、花叶、皱叶、桑树发育迟缓、增殖和丛枝病等症状(图 4-41)。近半个多世纪以来,桑花萎缩病在中国江浙和两广等大部分蚕区均有发生,发病桑园的植株发病率高达 80%,给桑树的健康生长和桑叶的优质高产带来严重威胁。病害一旦暴发会造成生产上的巨大经济损失。

2)病原特征

病原植原体为类菌原体,是一类无细胞壁、介于独立生活和细胞内寄生生活之间的最小型

图 4-41　桑植原体病害症状

原核生物，寄生在植物韧皮部以及媒介昆虫体内。

3）发病规律

由媒介昆虫等进行传播，昆虫越冬虫口密度大、带毒野生寄主多、温湿度适宜、大面积种植感病品种，均会促进该病害的发生。

4）防治方法

(1)加强苗木检疫，培育无病苗木　严禁将带病苗木运进无病区。新发展区需要调运苗木、穗条时，要严格把好检疫关。无病区实行苗木自育、自栽。

(2)及时挖除病树　当发现有零星病株时，就应当及时挖除。夏伐后的 6 月中下旬，即使是只有少数枝条发病的轻病株也要一并挖除；对病株发病率超过 30％的重病桑园，应当成片挖除，重栽新桑。

(3)栽植抗病品种　在病区推广栽植抗病品种，如湖桑 7 号、湖桑 199 号等。

(4)及时防治传毒昆虫　及时防治拟菱纹叶蝉和凹缘菱纹叶蝉这两种传毒昆虫，切断传染源，可控制桑缩病的蔓延和为害。一般在 4 月中下旬，选用 40％乐果乳油 1500 倍液等喷雾杀灭若虫。

(5)加强桑园管理，增强树势　冬季剪梢时，剪去枝条的 1/4 左右，可剪除 50％～70％的越冬虫卵，大大降低第一代传毒昆虫虫口密度。

5）应用区域

适用于全国蚕桑主产区。

6）依托单位

华南农业大学，刘吉平，020-85281459。

27. 桑树生理性病害

1）缺素症

(1)危害与发生特点

缺素症症状表现为桑叶黄化失绿、叶片边缘枯焦、有病斑出现以及叶片变小等。主要发生原因为夏伐后桑树养分大量流失，需要大量营养，加之根系受到损伤，吸收功能下降，且偏施氮肥，造成土壤盐碱化、营养元素分布不均。除此之外，还因为桑树长期吸收某种元素，微量元素得不到及时有效补充。

(2)防治方法

①平衡施肥,全面补充各种元素。不同种类肥料交替使用,增施有机肥(人畜粪肥),提倡有机肥与桑园专用复合肥结合使用。

②叶面施肥。叶面施肥,营养元素易于被桑叶吸收,见效快,可视情况有针对性地喷施氮肥、锌肥、钾肥、铁肥。

③改良土壤。进行夏翻,改良土壤结构;畅通沟渠,减少养分流失;经常除草,减少杂草与桑树争夺养分。

2)桑生理芽枯病

(1)为害与发生特点

桑生理芽枯病主要症状为成片桑园的冬留桑条新芽不展叶,随后桑条枯死。该病多发生在河滩州地及丘陵山地桑园。这些桑园土层瘠薄,土壤沙性重,保水保肥能力差,雨季易受涝,夏秋季易受旱,造成土壤有效态氮、磷、钾严重流失,致使桑树根系生长不良,根茎髓部由下而上渐次变褐坏死,阻碍了对养分的吸收与输送,使树体养分积累减少。

(2)防治方法

①桑园内间种绿肥,可增加有机肥源,改良土壤。同时,绿肥覆盖地面,可起到保持水土的作用。

②桑树落叶后至土壤封冻前进行冬耕,行间可耕深至 15～20 cm,然后施有机肥料改良土壤结构,提高土壤肥力。

③早春增施速效性氮肥和钾肥。

④夏季桑园铺草,防止干旱。

⑤地下水位高易受涝的桑园,应开好排水口。

⑥合理采摘桑叶,以利于维持桑树生长长势。做到种、叶平衡,中晚秋蚕采叶必须留柄。晚秋蚕结束,应使枝条保留 6～8 片桑叶,以利桑树进行光合作用,积累贮藏养分。

3)桑树生理性流汁病

(1)为害与发生特点

早春随着气温上升桑树树液开始流动,桑芽萌发,在低温冻害及温度剧变等异常环境条件刺激下,枝条顶端的剪伐处溢流出大量的桑树汁液,留在枝条上的汁液被细菌、真菌寄生后,形成黑色或黄色的病征,造成桑芽发黑腐烂直至死亡,从而影响桑叶产量。

在正常生长环境条件下,桑树各个部分常保持一定的相对平衡关系,树液不会发生溢流。当遭遇低温及温度剧变等异常刺激后,上下平衡被破坏,桑树生长点降低,在桑树根压不变的情况下,桑树体内水分、养分持续向上输送,导致树液不间断地从枝条顶端溢流。

不同桑树品种生理性流汁病发病率存在较大差异,其中农桑系列品种发病率最高,育 71-1、璜桑和选 1 号发病较少。发生生理性流汁病的桑园多数位于丘陵,在山坡地势较高、温度变化较大的桑园发生相对严重。成龄桑发病也相对较重。

(2)防治方法

①浅耕。在早春倒春寒来临前进行土壤浅耕,可改善根系生长的环境,抑制部分根系生长,有利于减少根压,是有效预防生理性流汁病发生的主要措施。

②剪梢。视汁液污染情况,剪去被桑树汁液污染枝条顶部的 2～4 个芽。

4）桑粗皮病

（1）为害与发生特点

粗皮病一般在初秋高温旱期开始表现症状。发病初期，枝条基部软化，缺乏弹性；枝条微干瘪，气孔增大；气孔保卫细胞变形膨大，输导组织受破坏，形成层变褐；在韧皮部形成层和木质部均无真菌、细菌、病毒多角体发现；秋叶提早硬化、落叶，叶形卷缩。

溪滩、圩地、丘陵山地等土壤肥力差的桑园发病率高，水网平原地区一般不发病。偏施氨肥桑园能引起该病发生，发病桑园增施有机肥料后，病情能明显好转。成林桑在同一株中，粗枝往往比细枝容易发病或病势较重。在发病苗圃中，大苗比小苗易发病，等外苗很少发病，病苗移植到肥沃土壤上后大部分能够自行康复。

（2）防治方法

①施足基肥。

②加强桑园管理，防止桑园秋季干旱，多施有机肥，防止偏施化肥。

③桑树生长季节，向病株枝叶喷洒硼肥。发病较重时，每隔 5～7 d 喷 1 次，连续喷 3～4 次。冬季结合翻耕松土，将硼肥拌入有机肥中，施入发病桑园。

5）应用区域

适用于全国蚕桑主产区。

6）依托单位

华南农业大学，刘吉平，020-85281459。

（二）桑树虫害防灾减灾技术

1. 桑螟

桑螟，俗称青虫、油虫、卷叶虫，属鳞翅目螟蛾科，是一种具有卵、幼虫、蛹和成虫 4 个虫态的桑树重要害虫，是秋季为害桑叶的主要害虫之一，易暴发成灾。

1）形态识别

（1）卵　扁圆形，浅绿色，长径 0.7 mm，横径 0.4 mm，表面有蜡质（图 4-42a）。

（2）幼虫　初孵时淡绿，有光泽，密生细毛，经 4 次蜕皮后即成熟。成长幼虫体长 24 mm，头扁黄褐色，胸腹各节有 4～6 个小黑点，各黑点上均有毛 1～2 根。胴部浅绿色，背线深绿色。越冬幼虫体呈粉红色，长 23.5 mm，老熟时长 19 mm（图 4-42b）。

（3）蛹　黄褐色、纺锤形。胸背中央有隆起纵脊，臀棘瘦长，末端有灰褐色细长钩刺 8 个。雌蛹体长 11.8 mm，雄蛹略短小。茧薄白色（图 4-42c）。

（4）成虫　头部白色短小，复眼黑卵形，触角鞭状灰白，体被白色鳞毛。体长 10 mm，翅展 20 mm。翅白色，有一白色圆斑，斑内有一褐点，后翅沿外缘有宽阔的茶褐色带，近臀角处又有一茶褐色斑点。雌蛾腹部粗大，尾端圆形；雄蛾腹部瘦长，尾端尖，略向上举，有一簇白毛（图 4-42d）。

2）为害与发生

低龄幼虫为害顶芽及嫩叶，在叶背叶脉分叉处及芽苞内食害。3 龄后为害枝条梢部以下成熟叶片，并且吐丝缀成卷叶或叠叶，幼虫隐藏于内咀食叶肉，仅留下叶脉和上表皮，形成灰褐色透明薄膜，后破裂成孔，影响桑叶产量和质量。桑螟的微粒子病与家蚕有互感性，是蚕种产生微粒子病的传染来源。因此，桑螟大发生会影响到蚕种生产安全。

a.卵　b.幼虫　c.蛹　d.成虫

图 4-42　桑螟

在广西，桑螟1年发生8～10代，世代重叠明显。主要以老熟幼虫在树干裂缝、蛀孔、枯枝落叶和根际表土等处结薄茧越冬。螟虫发生时期为：桑螟多在夏秋蚕期（有的年份在清明时节就有发生）为害桑树。第1代幼虫的为害高峰期为4月下旬至5月初，第2代幼虫为害高峰期为5月下旬至6月初，第3代幼虫为害高峰期为6月下旬至7月初，第4代幼虫为害高峰期为8月上中旬，全年则以中秋蚕大蚕期的第四代幼虫为害最重。

在江苏，桑螟1年发生4～5代，9月底以老熟幼虫在桑树蛀孔、枝干裂隙、枯桩、束草、堆草和蚕室壁缝中结茧蛰伏越冬，少数延至10月。越冬代翌年4月中下旬开始羽化，羽化时间长达1个多月，造成以后各世代重叠。5代区各代幼虫发生期分别为5月中下旬、6月下旬、7月下旬、8月中下旬、9月中下旬，其中以4、5代为害最重。成虫有趋光性，将卵产在梢端叶背，常2～3粒沿叶脉产在一起。夏秋季多湿利于虫卵孵化，为害重，故民间有“秋后三朝雾，容易生油虫”的农谚。

桑螟的生长发育和发生情况还受环境因素的影响。卵期若遇潮湿天气则孵化率高。一般高温干旱年份，桑螟发生量大，特别是秋季更为严重；低温多雨天气能抑制桑螟数量的增长，但高温多湿的环境又有利于螟卵的孵化。

3）防治方法

（1）加强桑园管理　桑园要进行夏伐、冬伐，成片桑园统一时间夏伐，将桑枝搬离桑园，并清除桑园内残留叶片和枯枝落叶，集中烧毁。

（2）做好束草诱杀　冬前及时用稻草束枝，诱集越冬老熟幼虫，翌年2月底前及时将束草解束，集中烧掉。

（3）人工物理捕杀　采叶及桑园劳作时人工捏杀幼虫；也可用性诱剂和黑光灯诱杀成虫。

(4)重视生物防控　在成虫产卵时释放螟黄赤眼(8000～1000 只/亩),桑螟幼虫期可以释放斑痣悬茧蜂等寄生蜂。

(5)药剂防治　广西一般掌握在幼虫 2 龄末,即尚未卷叶前喷洒 80%敌敌畏 1000 倍液或 40%辛硫磷乳油 1500 倍液防治(安全间隔期 3～5 d),或 40%的灭多威乳油 2500 倍液(注:该药为部分范围禁止使用,安全间隔期 15 d)全面喷洒。在第 3 代桑螟幼虫孵化盛期(即在 6 月下旬至 7 月上旬),用敌敌畏 1000 倍液、辛硫磷 1500 倍液、乐桑 1500 倍液或 40%灭多威乳油 2500 倍液全株喷雾防治,安全期 10 d。喷药部位是在叶背面,用药时要喷洒叶背。用药时间是在卷叶前。

江苏等地采取控 3 代压 4 代的防治策略,药剂选用 40%丙溴・辛硫磷乳油 1500 倍液、8%残杀威可湿性粉剂 1500 倍液、60%敌畏・马乳油 1000 倍液、20%灭多威乳油 1000 倍液等,在上午露水干时至 10:00 前或下午 4:00 后进行防治,注意不要在烈日下用药,否则容易降低药效。4 代桑螟发生时,与中秋蚕间隔时间较短,为确保秋蚕安全,如虫量过大时,留足小蚕用叶后,采用残毒期较短的农药划片进行防治。喷药时每片桑叶都要喷湿淋透,喷雾器自下而上喷湿桑叶的背面后再盖顶;切勿在暴雨来临前用药;若喷药后 4 h 内遇雨,须重新喷药治虫。

4)应用区域

适用于全国蚕桑主产区。

5)依托单位

①广西来宾市农业科学院,罗平,0772-6440598。

②江苏省蚕种所,周卫阳,0510-83216188。

2. 桑尺蠖

桑尺蠖俗称桑搭、造桥虫、寸寸虫等,属鳞翅目尺蠖蛾科,是桑园主要害虫之一。

1)形态识别

(1)卵　扁平椭圆形,长径 0.8 mm,初产时淡绿色,孵化前转暗紫色(图 4-43a)。

(2)幼虫　老熟时体长约 30 mm,体圆筒形,前细后粗。背面散有黑色小点,腹足 2 对,着生在第 6 和第 10 腹节上(图 4-43b)。

(3)蛹　圆筒形,长 19 mm,紫褐色,具粗糙不规则的皱纹,臀棘略呈三角形,茧浅褐色,茧层疏薄(图 4-43c)。

(4)成虫　体长 16～20 mm,灰褐色,翅面散生黑色短纹,并具黑色波浪形斜走横纹(图 4-43d)。

2)为害与发生特点

桑尺蠖是食芽叶害虫,桑园中幼虫终年可见。低龄幼虫群集叶背咀食叶表皮组织和叶肉,随着龄期增大可将叶吃成大缺刻。越冬幼虫在早春桑芽萌发时常将桑芽内部吃空,仅留苞叶,严重时可将整株桑芽吃尽,使桑树不能发芽,影响桑叶产量。

桑尺蠖在江苏地区 1 年发生 4 代,11 月气温下降到 16 ℃以下时,以 4 代 3～4 龄幼虫潜入树皮裂缝、平伏桑枝背面开始蛰伏,随着气温逐渐下降,转移到桑树蛀孔、枯桩、束草蛰伏越冬。越冬时若找不到适当的保护场所,桑尺蠖幼虫死亡率很高。越冬幼虫翌年早春 3、4 月间开始活动为害,4 月底以老熟幼虫在桑树主干附近土表或桑树裂隙吐丝结薄皮茧开始陆续化蛹,5 月初为化蛹盛期,最迟延至 6 月上旬与 2 代幼虫始见期遇合。越冬代个体发育相差很多,造成以后各代世代重叠,但每一世代发生时都出现明显的孵化高峰。在江苏各地因气温不同有所

a.卵　b.幼虫　c.蛹　d.成虫

图 4-43　桑尺蠖

差异，第 1 代出现在 6 月下旬、7 月上旬，第 2 代出现在 7 月底、8 月上旬，第 3 代出现在 8 月底、9 月上旬，第 4 代出现在 10 月上旬，其中以第 2 代、第 3 代为害最重。

3）防治方法

(1)束草诱杀　在桑尺蠖幼虫进入越冬前，将桑树枝条用稻草束在一起，以诱幼虫进入束草中蛰伏越冬。在翌年 3 月初幼虫活动前解束，将束草收集在一起烧毁。由于冬春之交气温略有回升，桑尺蠖幼虫即能出蛰活动，故解束宜早不宜迟。

(2)捕捉幼虫　平时结合桑园管理随见随捉。桑树落叶后，幼虫开始进入越冬期和翌年春冬芽转青前后，是捕捉幼虫的最佳时期。及时捕捉可降低越冬基数，减轻全年为害程度，起到保芽、保叶的作用。

(3)药剂防治　一是秋季“关门治虫”。一般在秋蚕结束后幼虫进入越冬以前，进行“关门治虫”。可选用残毒期较长的农药进行防治，如菊酯类农药杀灭菊酯或氰戊菊酯 2000～3000 倍液。治虫时，可使用农田治虫器械，采用细喷雾。喷药要全面周到，不仅要将桑树的顶叶、枝条、下部残叶全部喷足药液，而且夹种物及路边杂草都要全面喷药。二是早春白条治虫。“关门治虫”防效较差或未进行“关门虫”防治的，在翌年早春冬芽转青到脱苞前，可选用 40％丙溴・辛硫磷乳油 1000 倍液或 8％残杀威可湿性粉剂 1000 倍液进行防治。由于春季气温偏低，为确保药效，桑树喷药治虫应在晴天上午 10:00 至下午 4:00 进行。三是夏秋季防治。2～3 代桑尺蠖用药防治可参照桑螟防治方法，不同的是由于桑尺蠖分布于桑树的中下部，自下而上喷湿桑叶背面并盖顶时，要重点喷湿桑树中下部叶片的反面。

4）应用区域

适用于全国蚕桑主产区。

5）依托单位

江苏省蚕种所，周卫阳，0510-83216188。

3. 野蚕

野蚕又称野桑蚕，在我国各蚕区均有发生。6—9月为害，喜食桑顶端的嫩叶，为害严重时只剩下桑叶主脉，影响桑树生长及夏秋蚕的饲养，对小蚕用叶为害大，还能将病原菌传染给家蚕。

1）形态识别

成虫雌体长20 mm，雄体长15 mm，灰褐色。卵扁平，卵圆形，中央略凹陷。成长幼虫体长约52 mm，褐色，个体间斑纹有差异，老龄期体色与斑纹差异更大（图4-44a）。初孵时灰黑色，有长毛，2～3龄幼虫胸部特膨大，底色黄白，2龄腹部有相连的褐色斑纹。茧浅黄色，纺锤形。蛹棕褐色。

a.幼虫

b.桑叶被害状

图4-44　野蚕及为害桑叶状

注：该图来源同图4-32。

2）为害与发生

山东1年发生2～3代，以卵在树干上越冬，4月下旬幼虫开始孵化，发生期参差不齐，世代重叠，各代幼虫发生盛期分别为5月中旬、7月下旬、8月下旬。在浙江1年发生4代，各代幼虫发生盛期分别为4月底、6月下旬、8月上旬、9月上旬。不越年卵大部分产在桑叶上，卵期8～11 d；越年卵产于桑拳下的树干上。桑叶被害状见图4-44b。

3）防治方法

（1）农业防治　采茧灭蛹，利用第3代野蚕蛹期长的特点，在10月采茧灭蛹，减少越冬卵；人工杀卵，冬春时节用竹片等刮压越年卵，使其成为死卵。

（2）化学防治　于6月10—25日、8月上旬调节好采叶养蚕时间，用80%的敌敌畏乳油1000倍液喷顶端嫩叶；秋蚕结束后，10月上中旬着重打好“关门虫”，用20%杀灭菊酯8000～10000倍液全面喷治。

4）应用区域

适用于全国蚕桑主产区。

5）依托单位

贵州省农业科学院蚕业研究所，韩世玉，0851-83815578。

4. 桑瘿蚊

桑瘿蚊(图 4-45)又名桑瘿蝇,属双翅目长角亚目瘿蚊科。为害桑树的瘿蚊类害虫主要有 4 种:桑橙瘿蚊、桑瘿蚊、桑叶瘿蚊、桑根瘿蚊等。

图 4-45 桑瘿蚊

1)形态识别

(1)卵 长椭圆形,微弯,形似香蕉。长 0.1～0.2 mm。初产无色透明,次日变为淡褐色,孵化前转为紫褐色,有金属光泽。

(2)幼虫 纺锤形,成长幼虫长 2 mm 左右,由 13 节组成,“Y”形胸骨片较凹,尾部有 4 个尾突。初孵幼虫无色透明,有暗红色背线,次日变为乳白色半透明状,暗红色背线消失,吸吮桑芽汁液后变为天蓝色,老熟后变橙黄色,腹中央可见暗绿色中肠。幼虫老熟后弹跳入土,结成近似圆形、扁平、中凹的囊包,称“休眠体”。休眠体土色,沙粒状,幼虫蜷伏其中。

(3)蛹 扁平椭圆形,体长约2 mm,初为淡橙黄色,后转为橙黄色,羽化前附器变黑褐色。蛹裸露或外包茧囊。

(4)成虫 似蚊,体橙黄色,体长 1.9～2.2 mm,翅展 4～5 mm,雄比雌小。头球形,复眼大,球状,黑色;触角 14 节,雌虫呈念珠状,雄虫呈哑铃形;前翅发达,匙状,后翅退化成平衡棒。腹部中央有黄绿色暗斑。

广西桂中地区的桑瘿蚊很小,幼虫(蛆)体长仅 1.5～2 mm,体色淡绿,很不显眼;蛹长约 2 mm,成虫体长 1.5～2 mm,展翅约 4 mm。

2)为害与发生

桑瘿蚊主要为害桑树嫩芽,成虫在桑芽上产卵,幼虫寄生于桑树顶芽嫩梢之间,以口器锉伤顶芽组织,吸取汁液。当 1 个桑芽中有 1～2 头幼虫为害时,可导致桑芽弯曲变形,但不会封顶;若 1 个桑芽中有 3 头以上幼虫时,桑芽则弯曲变形,颜色渐转黄褐、黑褐色直至发黑腐烂,最后脱落,顶端停止向上生长。随后腋芽萌发,形成侧枝。若连续多次被害,造成桑树侧枝丛生,多层分叉,枝条细短,叶片瘦小,对桑叶的产量和质量影响很大。由于桑瘿蚊繁殖快,传播迅速,一旦发生,来势很猛,能在短时间内导致桑树受害成灾。

桑瘿蚊在江苏 1 年发生 5～7 代,其中徐州地区 1 年发生 5～6 代,盐城地区 1 年发生 6～7 代,以老熟幼虫结成囊包体在土中越冬,也称休眠体。

桑瘿蚊是典型的气候型昆虫,各代的发生时间和发生量受当年的温度、降水量等气候因素影响很大,表现为在不同地区或同一地区不同年份发生时间差异较大。在徐州地区各代幼虫的发生时间大约为:第1代6月中下旬;第2代7月上中旬;第3代7月下旬至8月上旬;第4代8月中下旬;第5代9月上中旬;第6代9月下旬至10月上旬。正常情况下,在江苏蚕区各代幼虫的发生期南部地区早于北部地区。

桑瘿蚊成虫大多于傍晚羽化,白天栖息于桑叶背面或杂草间,傍晚交尾;卵产于顶芽叶背皱褶处或第一、二嫩叶叶背,每处2~3粒,每头雌虫产卵30粒左右,1个芽上一般有2、3粒至7、8粒,最多可达10余粒。卵期2~3 d。

幼虫孵化后即侵入顶芽内部,以口器刺破桑芽组织,吸食汁液。幼虫期5~14 d,幼虫老熟后从桑芽外侧爬出,弹跳入土。老熟幼虫分布在15 cm的表土内,以6~10 cm深较多。老熟幼虫在土中作圆形囊包,并化蛹其中。

蛹期7~10 d,经前蛹、初蛹、中蛹、后蛹4个阶段后羽化出土为成虫。

正常年份,第1代为害比较轻,以后逐代加重,呈现"前轻后重"的发生态势,第3代以后世代重叠现象严重。各代发生的时间和发生量受气候、土质及桑园小气候等影响很大。

幼虫钻入顶芽的芽苞内吸食浆汁,造成桑芽变形、凋萎、发黑、盲顶、腐烂脱落,桑树新梢盲顶,而侧枝丛生。春季桑树发芽,其休眠体解除休眠并化蛹,进一步发育而羽化。成虫在桑园内交配,产卵在嫩绿色顶芽上,2~4 d孵化出幼虫。幼虫期7~14 d,老熟期后钻出桑芽跌落地面钻入土中,结成一个近似圆形的囊包幼虫。非休眠期的囊包幼虫期约为7 d,休眠越冬的囊包幼虫期长达几个月。4月下旬到5月上旬是虫口密度最高、为害最重的时期,第3代或第4代幼虫老熟、落地、休眠,此后越夏、越冬。

3)防治方法

(1)耕翻、除草,杀灭休眠体　桑瘿蚊以老熟幼虫、囊包体和蛹等虫态潜藏于15 cm以上的表土层中。冬耕既可改良土壤,又可使休眠体暴露于土壤表面,通过阳光或低温杀死休眠体,以减少越冬虫口基数。

(2)地膜覆盖　桑园夏伐后用塑料地膜进行全封闭式覆盖,可以阻止老熟幼虫入土化蛹和成虫羽化出土。

(3)摘芯除虫　春季发生桑瘿蚊,在春蚕五龄前期进行摘芯,除去部分幼虫。摘芯时间要早,摘下的嫩芯要带出桑园集中处理。

(4)剪侧扶壮　对被害桑树应结合夏秋蚕采叶,剪除侧枝,使养分集中,促进枝条向上生长,增加条长,减少损失。

(5)药剂防治

①土壤施药。土壤施药适期为第1代成虫出土前,选用3%~5%甲基异柳磷颗粒剂5 kg/亩(注:该药为部分范围禁止使用),或40%甲基异柳磷乳油0.3~0.5 kg/亩,或50%辛硫磷乳油0.5~0.6 kg/亩,拌细沙土40~50 kg,均匀撒在桑树株行间浅翻或深锄。甲基异柳磷乳油属于高毒农药,不提倡高浓度喷施。如果选择喷施要注意用药安全,带好手套、口罩,穿好防护衣,人员要处于上风位置,严防药物吸入和直接接触皮肤;喷药时间以下午5:00后为宜,或阴天进行。喷药结束后工作人员要及时洗澡及清洗用具。

②顶芽喷药。在各代幼虫孵化盛期,用8%残杀威可湿性粉剂1000倍液,或40%毒死蜱乳油1500~2000倍液,或60%敌畏·马乳油800~1000倍液,重点喷湿顶芽。蚕期可用灭蚕蝇200倍液喷湿桑树嫩芽,每代喷施1~2次,重点控制2、3、4代桑瘿蚊为害。

③桑瘿蚊防治应土壤施药与顶芽喷药相结合。提倡联防联治,加强虫情预测预报,以小组

或桑园为单位，采用“统一时间、统一药物、统一标准、分户实施”的防治方法。

4）应用区域

适用于全国蚕桑主产区。

5）依托单位

①江苏省蚕种所，周卫阳，0510-83216188。

②广西百色市蚕业发展中心，李福乐，0776-2822649。

③广西来宾市农业科学院，罗平，0772-6440598。

5. 桑蓟马

1）形态识别

(1)成虫　体形细小，略呈纺锤形，淡黄色，头部略带半月形，口为短针状的锉吸式口器。触角8节，末3节愈合形似1节。复眼1对，暗褐色；单眼3个鼎立，赤褐色。翅2对，细而狭长，如薙刀状，透明，翅面生许多细毛，边缘生长毛。足3对，淡黄色，后足较长，跗节2节，末端为可伸缩的脚胞。腹部9节，呈纺锤形，各节两侧有小刺。雌成虫体长0.75～0.9 mm，腹端产卵管短，明显向下弯曲，两侧有锯齿状突起；雄成虫体长0.6～0.7 mm（图4-46a）。

(2)卵　椭圆形，白色透明，孵化前出现1对红色眼点。

(3)若虫　初孵时无色透明，渐变黄色至栓黄色。头部圆形，复眼1对，触角6节，末3节并为1节，足3对，腹部细长。成长若虫与成虫相似，无翅，体略小（图4-46b）。

2）为害与发生特点

桑蓟马1年发生9～10代，从第4代起世代重叠明显。以最后1代成虫在枯枝落叶、树皮裂隙、杂草中越冬。越冬成虫于第2年春叶萌发时即开始活动，在叶背为害，爬行时常把尾端上举，一遇惊动，即翘尾而逃。雄虫交尾后3～5 d即死，卵期5～7 d，蜕皮3次，共经10～13 d羽化。

桑蓟马在各地都有发生。成虫、若虫均以锉吸式口器刺破叶背或叶柄表皮，吸取汁液。被害部位因失去叶绿素而显白色透明小凹点，被害叶因失水而提早硬化。在桑树上的虫口密度自春至夏逐渐上升，夏伐时集中在春伐田块及补缺桑株上。夏伐株新梢抽长后，虫口重又回升，7月中旬起各种田块虫口密度均较高，为害普遍严重。晚秋蚕期虫口密度再度下降。上代若虫通常在4～8片叶上吸汁，下代成虫又于新梢嫩叶上产卵，随着新梢的持续向上生长，形成不断由下而上、分层受害的现象。因此，各期秋蚕适熟叶“干、萎、褐、锈”，无可利用，严重地影响蚕茧生产（图4-46c，图4-46d）。

3）防治方法

在若虫盛孵期前1～2 d使用药剂防治，常用药剂有：40％乐果乳油1000倍液（安全间隔期3～5 d），80％敌敌畏乳油1000倍液（安全间隔期5～7 d），20％灭多威乳剂2000倍液（安全间隔期12 d），40％毒死蜱乳油2000倍液（安全间隔期20 d）等。

4）应用区域

适用于全国蚕桑主产区。

5）依托单位

广西来宾市农业科学院，罗平，0772-6440598。

6. 桑象虫

桑象虫又名桑象鼻虫、姬象虫、桑象甲，属鞘翅目象鼻虫科。桑象虫是为害桑树芽、叶、枝

a.桑蓟马放大10倍

b.桑蓟马放大40倍

c.桑蓟马田间为害状

d.桑蓟马叶片为害状

图 4-46　桑蓟马及为害桑叶状

干的害虫，因其头部延长成管状，并向前方伸出略弯曲，形似象鼻而得此名。桑象虫在江苏各地桑园均有发生，是为害桑芽的主要害虫之一。

1）形态识别

（1）卵　长椭圆形，(0.36～0.6)mm×(0.22～0.39)mm，乳白色，孵化前变为灰黄色。

（2）幼虫　圆筒形，略弯曲呈新月形，足退化，体色乳白色，成熟后变淡黄色，头咖啡色。长成幼虫体长 5.6～6.6 mm。

（3）蛹　长 4～4.5 mm，近纺锤形，初为乳白色，羽化前转黄褐色。腹末端有两个小突起。

（4）成虫　体长 4～5 mm，宽 1.8～2 mm，体长椭圆形，黑色稍具光泽，头小，喙管向下弯曲，触角膝状，12 节，端部膨大如锤状。前翅鞘质，黑色，上具纵列刻点 10 条；后翅膜质，灰黄色，半透明。

2）为害与发生特点

桑象虫主要以成虫为害，幼虫为害较轻。成虫在春季食害冬芽及萌发的嫩芽和新梢，有时也为害叶片，降低发芽率，影响春叶产量。夏伐后主要为害桑拳刚萌发的嫩芽，或截口以下的定芽和新梢，影响发条数。为害严重的可将整株桑芽吃尽，待潜伏芽、休眠芽再度萌发时又继续为害，造成局部或整株枯死。桑叶开放后，桑象虫也为害叶片，将叶片咬成缺刻或孔洞。6 月是成虫产卵盛期，其在嫩芽基部钻孔产卵，致使新梢易被风雨吹折，干枯死亡（图 4-47）。

图 4-47　桑象虫成虫为害状

桑象虫为单食性害虫，除桑树外，目前未发现其他寄主。该虫在江苏 1 年发生 1 代，也有少数不完全 2 代。多数以成虫在半截枝皮下的化蛹穴内越冬，少数以幼虫或蛹越冬。越冬成虫于翌年 3 月下旬至 4 月上中旬(日平均温度在 13.2 ℃以上)开始从半截枝的化蛹穴等潜伏场所出来为害，日夜蛀食桑芽，吃成孔洞；桑芽萌发后，又咬食叶片，特别喜食嫩叶叶柄和新梢，常造成叶片与新梢枯萎或折断。4 月中下旬为交尾盛期。春伐或夏伐田块的桑芽萌发时，成虫聚集在拳部咬食刚萌发的嫩芽，可减少发条数。若潜伏芽、休眠芽萌发后又被吃光，树体即干枯死亡。成虫 5—6 月间产卵于剪伐后半截枝第 1 成活芽上部。已枯死或未剪伐的健枝上一般不产卵，即使产卵，幼虫得不到营养也不能成活。如全部桑枝未剪伐，则也有在枝条梢端以下20 cm 范围内产卵的。

桑象虫的发生与桑园管理水平及桑树的剪伐型式有关。提高剪定的桑园有利于桑象虫的发生；管理粗放，夏伐后及冬季不整株的桑园发生多；树龄长的桑园发生多；桑园周围有篱笆桑、夏伐条、剪梢枝长期堆在桑园四周的容易发生；木质疏松的桑品种发生量多；桑蛀虫发生多的田块受害重。

3）防治方法

(1)合理剪伐　桑象虫为害严重地区，尽量采用齐拳剪伐，避免提高剪定，可大大减少桑象虫的发生和为害。夏伐后的枝条不要长期堆放在桑园四周，应及时运出并远离桑园。

(2)不用桑枝做篱笆　桑园附近避免用桑枝做篱笆。因桑枝篱笆剪伐不整齐，半截枝多且有的还没干枯，此环境有利于成虫产卵繁殖。

(3)彻底修剪枯枝枯桩　夏季疏芽时剪除半截枝，消灭桑象虫卵及初孵幼虫；冬季结合整株，修剪枯枝枯桩和桑蛀虫为害枝，以减少越冬成虫。剪下的枯枝枯桩应带出桑园集中烧毁。

(4)诱杀　夏伐后剪取 0.33～0.67 m 长桑枝，插于田间，诱集成虫产卵，集中销毁。

(5)药剂防治　春季虫口密度 200 头/亩以上的桑园，于 3 月下旬至 4 月上旬，用 8%残杀威可湿性粉剂 750～1000 倍液，或 40%毒死蜱乳油 1000 倍液，或 40%丙溴·辛硫磷乳油 1000～1500 倍液，或 90%敌百虫晶体 1000 倍液，或 50%辛硫磷乳油与 80%敌敌畏乳油 1∶1000 混合液喷洒桑拳和枝条。夏伐后 3～5 d 内，用上述中的 1 种药物于早晨或傍晚进行“白拳”治虫。在虫口密度较大的情况下，7 d 后可重复喷治 1 次。

4）应用区域

适用于全国蚕桑主产区。

5）依托单位

①广西来宾市农业科学院，罗平，0772-6440598。

②江苏省蚕种所，周卫阳，0510-83216188。

7. 桑粉虱

桑粉虱又名白虱、杨梅粉虱。除为害桑树外，还为害梅、茶、李、柿、桃、柳、柑、橘、泡桐、杨梅等木本植物。夏秋季是为害桑树最猖獗的时期。

1）形态识别

(1)成虫　虫体细小(雌成虫体长约 1.2 mm、雄成虫体长约 0.8 mm)，黄色，有白粉。头部球状、形小，复眼黑褐色，触角鞭状 7 节，口吻针状 3 节。有翅 2 对，乳白色；翅脉 1 条，黄色；雄虫的翅较透明。足淡黄色。腹部 5 节，纺锤形，淡黄色。

(2)卵　圆锥形，初产时淡黄色，后变黑褐色，有金属反光。长径 0.2 mm，横径 0.08 mm。

(3)幼虫　虫体细小(体长 0.25 mm)，椭圆形，扁平，背面淡黄，有半透明蜡质物覆盖体上。近尾端背面有突起，两侧排列 36 根刚毛，口吻长，足短小。

(4)蛹　扁平，椭圆形，复眼鲜红色，背面乳白色，半透明，中央隆起，后部侧缘有锯齿状突起。翅和足发达，口吻丝状(图 4-48)。

图 4-48　桑粉虱

注：该图来源同图 4-32。

2）为害与发生特点

1 年发生多代，发生期长。以蛹在落叶上越冬。在江苏、浙江在 4 月桑树发芽时即发现成虫，9 月下旬最盛。在四川 3 月初即发现成虫，8—9 月最盛。广东蚕区终年可见，5—6 月大量发生。各虫态经过历期因气候不同而异。浙江卵期 3～6 d，贵州卵期 5～7 d，幼虫期 20～28 d，蛹期约 7 d，成虫期 3～6 d。卵经约 7 d 孵化，幼虫伏于叶背，以针状口吻刺入叶组织中吸吮叶汁。桑粉虱喜欢潮湿环境，在不通风、不透光和湿度大的密植桑园、杂交桑园、桑园苗圃等发生较普遍；幼嫩叶上的粉虱多，成熟叶上很少。

成虫群集于桑树新梢顶部幼叶(第 1～3 叶位叶片)产卵，幼虫附着在桑树枝条中部叶的叶背，吸食叶汁。被害叶出现许多褐色小斑点，并逐渐枯萎。幼虫分泌蜜汁滴落在下部叶面上，常诱发黑煤病。严重时，桑叶黏着密密的幼虫及其脱皮壳，叶片卷缩、枯萎，甚至桑树枝梢无健康叶片，不仅影响桑叶产量和质量，也传播桑蚕灰僵病。

3）防治方法

①桑园要进行夏伐和冬伐，成片桑园统一时间夏伐，清除桑园残留叶片和枯枝落叶，集中烧毁。

②冬季收集桑园落叶堆集沤肥，杀死越冬蛹或幼虫；改善环境，桑苗园圃及时采摘苗叶，产叶桑园及时采叶，使桑园通风、透光，排湿性好；摘除梢头，在桑粉虱的繁殖盛期即8月上旬，摘除梢端的1～3叶并带离桑园处理，可杀死大量卵和幼虫。摘除梢端后应及时施肥，促使腋芽萌发产叶。

③药剂防治。在桑粉虱成虫盛发期，及时用80%敌敌畏乳油与40%乐果乳油各1000倍液喷洒桑树新梢顶部及桑园草丛，杀灭白色成虫；喷洒新梢全部虫害叶的叶背，杀灭幼虫。

4）应用区域

适用于全国蚕桑主产区。

5）依托单位

贵州省农业科学院蚕业研究所，韩世玉，0851-83815578。

8. 桑天牛

桑天牛[*Apriona germari*（Hope）]属鞘翅目天牛科，又名桑褐天牛（图4-49）。

1）形态识别

（1）卵　乳白色，长椭圆形。

（2）幼虫　乳白色，第一胸节硬皮板后部密生深棕色粒点，中部有3对尖叶状白纹。

（3）成虫　雌大雄小，黑色，密生黄褐色短毛。

图4-49　桑天牛

2）为害与发生

（1）为害症状　树皮被啃食，树干被蛀空，并有粪孔和大量粪屑，严重者桑树死亡。

（2）流行规律　以幼虫在桑树坑道内越冬，春天桑树萌动时就开始活动、蛀食。6月初化蛹，6月下旬羽化，7月上中旬开始产卵，卵多产在一年生枝上，木质较松的桑品种产卵多。在广东、广西1年发生1代，江苏、浙江2～3年发生1代。

3）防治方法

（1）人工捕杀　6月上旬至8月上旬当成虫羽化出现时，巡视桑园，随时捕杀成虫；7、8月产卵期，查询枝干上的"U"形产卵槽，挑出虫卵。

（2）药剂注射　发现有新鲜排泄孔的树干时，用80%敌敌畏乳油10倍稀释后浸渍棉球插入蛀孔，并用黏泥等物堵塞，杀死木质部内的幼虫、蛹或成虫。

4）应用区域

适用于全国蚕桑主产区。

5）依托单位

广西百色市蚕业发展中心，李福乐，0776-2822649。

9. 叶甲

1）为害与发生

为害桑树的有黄叶甲、兰叶甲、桑叶甲和夏叶甲，以 3—5 月发生最盛。成虫常群集于叶背，沿叶缘向内咀食，使叶成缺刻，严重时仅留叶脉。同时，排出的大量粪便污染桑叶，影响桑叶的质量(图 4-50)。

图 4-50　叶甲成虫

2）防治方法

(1)捕杀成虫　在成虫发生期，利用其假死性，先在树下铺塑料布，布上撒石灰粉，摇树干，震落成虫，收集消灭。

(2)药杀成虫　在成虫盛发期，用 80%敌敌畏乳油 1000 倍液(安全间隔期 5～7 d)，或 60%双效磷乳油 1500 倍液(安全间隔期 6～7 d)，或 40%毒死蜱 2000 倍液喷洒(安全间隔期 20 d)。

3）应用区域

适用于全国蚕桑主产区。

4）依托单位

广西来宾市农业科学院，罗平，0772-6440598。

10. 桑虱

桑虱俗称桑鳖、乌龟虫、桑壁虱、桑臭虫等，属同翅目绵介科。

1）形态识别

(1)卵　大小 1 mm，初产时鱼肚白色，孵化前变橘黄色。卵囊长扁筒形，5～8 层卵，各层约 30 粒，长带状，螺旋盘旋分布。

(2)若虫　体型如雌成虫，略小，触角 1 龄 5 节、2 龄 6 节、3 龄 7 节。雌虫蜕皮 3 次，为无翅成虫。

(3)预蛹　雄虫蜕皮 2 次后为预蛹，狭长，约 4.5 mm，行动活泼，口器消失。

(4)蛹　雄蛹体长 3.6 mm，暗红色，两侧近平行。触角黑色，10 节，茧长椭圆形，棉絮状。

(5)成虫　雌虫无翅，足特别短小，体椭圆形，长 11～13 mm。背面隆起多皱纹，赭色，边缘橘黄色，足、口器黑色，触角 8 节，各节有毛，各气门窝内及肛筒基端都有圆盘腺的孔口，即泌蜡腺。雄体较小，长 3～4 mm，紫红色，前胸背面有两黑斑，口器退化。前翅黑色，翅面有浪纹；后翅退化成匙状平衡棍。触角 10 节，3～9 节有褐色长毛，腹部末端两节侧面各有一对棍状突起(图 4-51)。

2）为害与发生

图 4-51　桑虱

春季桑虱若虫出土上树，密集于一年生枝条上，特别以冬芽基部四周为多，以刺吸式口器刺入皮层吸取汁液，致使桑芽枯竭不能萌发，已发芽的细嫩叶片枯焦而死，似低温冻害症状。雌成虫还为害叶片，在春蚕期间，严重影响桑叶质量和产量。

桑虱一般春季发生，1 年发生 1 代，以卵在卵囊内于土壤中越冬，翌年 2 月孵化若虫出土，爬上桑树枝条，日中天暖，成群向上爬行，以冬芽基部四周为多。如皋市蚕桑站调查显示，2014 年桑虱若虫自 2 月 24 日开始上树，至 3 月 6 日平均 1 株有虫 40 头，严重的桑园 1 株有虫 3000 头以上，均为 1 龄若虫，集中在枝条上部冬芽四周为害。覆草的桑园，桑虱发生期较一般桑园偏早 4～5 d。桑园四周若有绿化林带，由于饲料充足，对桑虱繁殖极为有利，易引发虫灾。无干密植桑园和壅土压条的桑园，常易诱发桑虱。严冬气候，冬春冰雪大，利于抑制翌年桑虱发生。

3）防治方法

（1）加强苗木检查　有桑虱为害地区的苗木，在接穗调运时，要加强检疫，进行喷药或抹杀，防止人为传播扩散。

（2）耕作挖除卵囊　结合夏耕、冬耕，拣去白色卵囊，集中销毁，可以消灭大量越冬卵。

（3）抹杀枝条若虫　利用初孵若虫密集桑树枝条周围的习性，及时用粗布、丝瓜筋、破麻布、草把等进行抹杀。

（4）药剂防治　桑虱若虫龄期小，蜡质分泌少，可在若虫出土上树高峰期用 40％丙溴·辛硫磷乳油 1500 倍液，或 20％灭多威 1000 倍液加入 5％中性洗衣粉液对桑虱喷雾防治，隔 10 d 再防治 1 次，连续防治 2 次。春季气温偏低，为确保药效，喷雾防治要在晴好天气的中午进行。桑虱若虫密集于冬芽四周为害，喷雾防治时要采用细喷雾点喷，以提高防治效果。桑虱 1 龄若虫初期抗药性弱，随着生长发育，体表逐渐分泌蜡质粉，不利防治，因此化学防治一定要在防治适期进行。

4）应用区域

适用于全国蚕桑主产区。

5）依托单位

江苏省蚕种所，周卫阳，0510-83216188。

11. 桑白蚧

桑白蚧又叫桑介壳虫，属同翅目质蚧科。若虫、雌成虫群集树干、枝条上，以口针刺入皮层吸食树汁，被害桑树发育不良，枝梢萎蔫，叶片细小，甚至全树枯死，严重影响桑园叶质量和产量。除为害桑树外，也能为害桃、杏、李、樱桃等核果类果树。林木上也会出现为害，并可交叉传染。

1）形态识别

（1）卵　椭圆形，长径 0.25～0.3 mm。初产时淡粉红色，渐变淡黄褐色，孵化前橙红色。

(2)若虫　初孵若虫淡黄褐色，扁椭圆形，体长 0.3 mm 左右，可见触角、复眼和足，能爬行，腹末端具尾毛两根，体表有绵毛状物遮盖。脱皮之后眼、触角、足、尾毛均退化或消失，开始分泌蜡质。

(3)蛹　体橙黄色，长椭圆形，大小 0.6 mm。复眼紫色，触角在头部两侧，与翅及足紧贴。无口器，腹部明显。

(4)成虫　雌成虫橙黄或橙红色，体扁平，卵圆形，长约 1 mm，腹部分节明显，无翅。雌蚧壳圆形，直径 2～2.5 mm，略隆起，有螺旋纹，灰白至灰褐色，壳点黄褐色，在蚧壳中央偏旁。雄成虫橙黄至橙红色，体长 0.6～0.7 mm，仅有翅 1 对。雄蚧壳细长，白色，长约 1 mm，背面有 3 条纵脊，壳点橙黄色，位于蚧壳的前端(图 4-52)。

图 4-52　桑白蚧

2)为害与发生

桑白蚧在江苏 1 年以发生 3 代为主，徐州、宿迁、淮安等地区也有发生 2 代的。以 3 代为例，各代若虫期为第 1 代 5 月上中旬，第 2 代 7 月中下旬，第 3 代 9 月上中旬。以最后 1 代受精雌虫在桑枝上、介壳下越冬。

越冬雌虫一般固定一处，2 月下旬后桑树树液流动，即开始以口针吮吸取食。虫体迅速肥大，介壳逐渐鼓起，此时附着力差，容易剥离，虫体转深呈紫红色，腹部圆厚，介壳顶起。体内卵粒初时白色、半透明，2～3 d 后部分卵转深，由粉红变橙红，分别产在介壳内。卵粒充满介壳后，少数也可产在介壳外。雌虫产卵数随季节变化，春季多，多时可产 150～200 粒，一般卵期 4～20 d，与温度有关。孵化后若虫离开母体的介壳，在树干上自由爬行 5～10 h，群集桑芽、叶痕及其他间隔内，看上去呈淡红色圆形斑。1 周左右第一次蜕皮，触角及足消失，喜在无光处以口针固定体躯不再移动，并同分泌的蜡质连同蜕下皮壳，共同在虫体背上形成介壳。再经 2～3 周蜕皮 2 次成为无翅成虫，也可经过蛹期多蜕皮 1 次成为有翅成虫。雄虫羽化后多半只能在树上爬动，飞翔力极弱，遇微风即吹落，寿命短，仅数小时，多在交尾后即死。雌虫可孤雌生殖。雌虫寿命较长，产卵后死于介壳内。在桑园内以春季第一代为害较重，当年春季雨水多时为害重。

3)防治方法

(1)改善桑园环境　注意合理密植，亩栽不超过 800 株。加强桑园管理，做好修剪整株、桑园排水工作，改善桑园环境。

(2)人工抹杀　在冬、春季可用硬毛刷或细钢丝刷等刷除寄主枝干上的虫体。结合整形修剪，剪除被害严重的枝条。

(3)保护和利用天敌　田间寄生蜂的自然寄生率比较高，有时可达 70%～80%；此外，瓢虫、方头甲、草蛉等的捕食量也很大，均应注意保护。

(4)药剂防治　在春季 5 月上中旬孵化盛期，用 25%吡蚜酮悬浮剂 1500～2000 倍液或用 80%的敌敌畏乳油 1000 倍液或 60%的敌畏・马乳油 1000 倍液划片喷洒治虫，残毒期 7 d。蚕期要划片治虫，用喷雾器喷于桑枝条上正在移动的幼虫体上。

夏伐后可用 10%的柴油加 10%的石灰，再加适量洗衣粉进行防治，或用桐油加水 1∶8 的比例混合，用排刷刷在桑枝干的介壳虫体上；还可用矿物油 200 倍加 800 倍的 40%毒死蜱乳油喷雾在桑枝干的介壳虫体上。

4）应用区域

适用于全国蚕桑主产区。

5）依托单位

江苏省蚕种所，周卫阳，0510-83216188。

12. 暗黑鳃金龟子

1）形态识别

暗黑鳃金龟子又称褐金龟子。成虫啮食桑芽、嫩梢及桑叶，特别是对苗木嫩芽为害尤为严重（图 4-53）。

a.成虫

b.为害状态

图 4-53　暗黑鳃金龟子及为害桑叶状

注：该图来源同图 4-32。

2）为害与发生

暗黑鳃金龟子 1 年发生 1 代，北方 2 年 1 代。成虫出土盛期为 6 月上旬至 7 月下旬，1 d 中晚上 8:00—9:00 为害时间最盛。成虫喜食榆、杨、梨、山楂、杏、桑等树叶。暗黑成虫对黑光灯有较强趋性。成虫有假死性，如突然受到震动，即假死落地。

3）防治方法

(1)农业防治　捕捉成虫，在黄昏成虫交尾取食时将其打落捕杀；诱杀成虫，将浸泡过药液的榆树及菊科杂草嫩叶晾干后撒于桑园中可诱杀成虫，或在成虫出土高峰期，利用其趋光性，每 30 亩桑园安设一台黑光灯，可诱杀大量成虫。

(2)化学防治　在成虫盛发期于傍晚喷洒 80%敌敌畏乳油 1000 倍液或 50%辛硫磷乳油 1000～1500 倍液。

4)应用区域

适用于全国蚕桑主产区。

5)依托单位

贵州省农业科学院蚕业研究所,韩世玉,0851-83815578。

13. 铜绿丽金龟子

1)形态识别

铜绿丽金龟子又称铜绿金龟子、青金龟子、淡绿金龟子。幼虫在地下土中为害桑树的幼嫩须根,严重时造成植株枯黄和死亡;成虫(图 4-54)啮食桑芽、嫩梢和桑树叶片,使叶片形成不规则的缺刻、孔洞或只留下叶脉和叶柄。

2)为害与发生

1 年发生 1 代,以幼虫在土中越冬。次年春季越冬幼虫开始活动并取食为害,大部分地区一般在 4 月上中旬开始活动,4 月下旬开始化蛹,5 月上旬成虫开始出现,6—8 月为为害盛期。成虫喜欢栖息于疏松潮湿的土壤中,有趋光性、假死性和群集性。

图 4-54　铜绿丽金龟子成虫

3)防治方法

(1)农业防治　利用成虫的假死性,在傍晚成虫开始活动时震动树枝,捕杀成虫;利用成虫的趋光性,在晚上 8:00—11:00,用黑光灯诱杀成虫;结合冬耕翻土整地,捕杀幼虫、蛹和成虫。

(2)化学防治　在每年 6—8 月成虫为害期于傍晚喷洒 80%敌敌畏乳油 1000 倍液或 50%辛硫磷乳油 1000~1500 倍液。

4)应用区域

适用于全国蚕桑主产区。

5)依托单位

贵州省农业科学院蚕业研究所,韩世玉,0851-83815578。

14. 桑蟥

桑蟥又叫桑白蚕、蟥虫、松花蚕等,属鳞翅目蚕蛾科。

1)形态识别

(1)卵　单个卵呈扁平椭圆形,中央略凹,长径 0.7 mm;卵块成行重叠排列成馒头形,中部 5~8 层,边缘 1~2 层。

(2)幼虫　头部黑色,胸腹部乳白色,初孵幼虫体上有白粉,3 次蜕皮后转变成菜花黄色,腹部第 8 节背面有 1 黑色臀角。

(3)蛹　呈圆筒形,长 8~15 mm,乳白色,羽化前2 d 转黄色。

(4)成虫　体长 9~10 mm,体翅均为豆黄色,触角双栉齿型,前翅外缘顶角下方呈弧形凹入,前翅自前缘至后缘有 2 条波浪形黑色横纹,中间有 1 黑色短横纹,翅尖有黑色纹,后翅也有 2 条黑色短横纹,雄成虫腹部细瘦而向上举,末端具黑色;雌成虫腹部向下垂,产越冬卵者腹面有深茶褐色鳞毛(图 4-55)。

2）为害与发生

图 4-55　桑螨

以幼虫食害桑叶。初孵幼虫取食桑叶叶肉组织，仅残留上表皮；2 龄幼虫穿破桑叶取食全叶，造成空洞；幼虫发育至 3 龄后可食光桑叶而仅剩叶脉。当一株桑树的叶片被取食光后，会吐丝下垂漂移至其他桑树植株继续为害。发生规律如下。

①桑螨 1 年发生 1～3 代。

②桑螨以有盖卵在桑树枝干上越冬，于翌年 6 月中旬孵化，称头螨，第 2 代于 7 月下旬孵化称二螨，第 3 代于 8 月下旬、9 月上旬孵化称三螨。各代桑螨不同虫态历期，由于气温的不同略有差别。越冬代卵历期为 251 d，二螨卵历期为 8～9 d，三螨卵历期为 9～10 d。幼虫历期：越冬代为 20.8 d，第 2 代为 18.5 d，第 3 代为 19.3 d。蛹历期：头螨 9 d，二螨 8 d，三螨10 d。老熟幼虫一、二螨结茧于叶背，一叶螨茧可多至 15 个以上，三螨也成群结茧在叶背，少数结在枝干上。成虫上午羽化，当天即可交尾产卵，有趋光性。室内调查各代成虫寿命，雌雄平均为 4 d。

③桑螨的成虫喜在白天羽化，把无盖卵块产在叶背，个别产在枝条上。有盖卵多产在桑树主干、支干或一年生枝条上。有盖卵块有卵 120～140 粒，无盖卵块有卵 280～300 粒。

④桑螨的幼虫多在上午孵化，初孵幼虫啃食叶肉，后咬食叶片。1、2 代幼虫老熟后在叶背结茧化蛹，3 代幼虫在枝干上结茧化蛹，蛹期 6～17 d。

3）防治方法

（1）农业防治　合理修剪与伐条，剪梢、剪枝及修剪的枯桩及时清理出园集中烧毁，减少翌年发生基数。桑树剪伐后及时施肥，保持桑树枝条合理的生长密度，使桑园的通风透光性能良好，可提高桑树树势，提升桑树抗虫能力。

（2）物理防治　①人工捕杀。包括捏螨幼虫、采蛹、刮螨卵及合理改变养蚕布局。一是桑螨进入 2～3 龄幼虫期时，要经常摇动树枝，使桑螨幼虫吐丝下垂并收集处理。二是于 8 月人工采茧灭螨。三是 10 月开始到翌年 3 月底人工刮除螨卵。四是根据桑螨发生规律，桑树受害时间比较集中，在严重受害的乡村或地块，适当饲养早秋蚕来减少桑螨幼虫数量。②灯光诱杀。利用桑螨成虫趋光特性，于桑园内安装杀虫灯，在成虫高峰期前后 10 d 左右进行灯光诱杀。挂灯高度以接虫口距离地面 1.5 m 为宜。1 盏杀虫灯的有效防控面积约为 45 亩。开灯时间为 19 时至次日凌晨 5 时。

（3）生物防治　①性诱剂诱杀。利用桑螨性信息素诱杀桑螨雄虫，干扰成虫交配，降低产卵量及虫口基数。在桑螨主要为害世代羽化前，将桑螨性信息素诱芯及配套诱捕器悬挂于桑树侧枝上，离地面 1.5 m 左右。一般每亩放置 2～3 套性诱剂诱捕器，并呈棋盘式悬挂。②保护天敌。保护、利用桑螨天敌进行防治，其天敌主要有桑螨黑卵蜂、桑螨聚瘤姬蜂、桑螨寄生蝇、广大腿蜂等。

（4）化学防治　根据桑螨孵化期相对集中、世代明显的特点，采取“主治头螨、抢治二螨、狠打三螨，统一防治”的防治策略。在桑螨盛孵期喷药剂治虫，推荐使用 80%的敌敌畏或 50%的辛硫磷 1000～1500 倍液喷洒桑叶和枝干，喷药时枝干及桑叶正、背面都要均匀喷洒，注意不得随意加大施用浓度，并严格遵守养蚕用药的安全间隔期。

4）应用区域

适用于全国蚕桑主产区。

5）依托单位

江西省经济作物研究所，王军文，0791-85023010。

15. 桑皱鞘叶甲

桑皱鞘叶甲[*Abirus fortunei*（Baly）]又名夏叶虫，属于鞘翅目叶甲科，是为害桑树春叶的一种重要害虫，其成虫咬食桑树嫩叶、顶芽，常聚集于叶片背部，沿着叶片边缘咬成不规则缺刻，严重时仅留叶脉，甚至枝条上部叶片也被吃光，给蚕桑产业带来重大损失。

1）形态识别

（1）卵　长椭圆形，长 1.6～1.8 mm，宽 0.5～0.6 mm，乳黄色，有光泽，表面光滑。

（2）幼虫　体长 9～11 mm，宽 3 mm，淡黄色，扁圆筒形，腹部略肥大，后面陡落，臀部有 2 对称暗褐色印记。头及前胸背板黄褐色，上颚黑褐色，中胸背面有 7 个明显黑褐突。胸腹各节两侧均有褐色突，其上各具 2 根刚毛。腹部腹面各节中央横列 1 行刚毛，且长短相间，两边对称。足跗节有深褐色短刺 7 个。头、体背及足也稀布刚毛，刚毛均为黄褐色。

（3）蛹　体长 9～10 mm，宽 4 mm 左右，近纺锤形。初期白色，透明状，后渐成淡黄褐色，后期除腹部外，均为黄褐色，足上有许多细黑毛点。头上方圆满，环行稀布刚毛；复眼黑色，其上缘内侧处生出一根黄褐色刚毛。触角后披，端部数节弯曲置于腿、翅间隙内。上颚深褐色。翅芽插置于中、后足之间，端部伸达第 6 腹节后缘。腹部各节两侧具 2 根刚毛，末端有一对棕褐色长刺，略朝背面翘起。全身刚毛稀布，但腹末节刚毛则较密。各足曲抱，爪痕褐色，各足胫节近端缘处均具 2 根褐色刚毛。

（4）成虫　体长 7～10 mm，宽 4～5 mm，扁圆柱形（图 4-56）。体背翠绿色，有强烈金属光泽，亦有宝蓝、紫黑和铜紫等体色者。头自复眼之后全部嵌入发达的前胸背板内；口器下口式。全体密被淡黄褐色短绒毛，体背密布细刻点。触角 11 节，着生于复眼内侧略前下处，第 1 节膨大，黄褐色，背面有翠绿金属光泽；第 2、3 节黄褐色，其中第 2 节很短，且略膨大；第 4～11 节黑色，内第 4、5 节为丝状；第 6～11 节宽且扁。复眼、上唇、上颚均黑色。下颚须和下唇须除端节呈黑色外，其余均为褐色。前胸背板宽大于长，两侧有褶边。小盾片小，半圆形。鞘翅宽于前胸，除翅基、翅尖及内侧狭小外，满布波状皱褶；外缘具褶边。体腹面翠蓝色。足蓝黑色，胫节端外侧扩展成齿状。跗节隐 5 节。

图 4-56　桑皱鞘叶甲成虫

2）为害与发生

桑皱鞘叶甲在江西 2 年发生 1 代，以成虫和中等大小的幼虫在桑园土中 15～60 cm 深处的土室内越冬。越冬幼虫翌年 3 月中下旬继续取食生长，9 月上旬至 11 月中旬化蛹，9 月下旬至 11 月底羽化并静伏于土室内过冬。越冬成虫翌年春季待温度上升到 20 ℃左右时，开始陆续钻出土面，并逐渐爬到桑树嫩梢叶上取食。越冬成虫 4 月中旬开始出土，4 月下旬至 5 月上旬为出土高峰，6 月上旬为出土末期，从 4 月底到 6 月中旬为全年为害最严重期。6 月下旬后田间虫量逐渐下降，至 8 月上旬仅见少量成虫，8 月中旬基本终见。成虫出土取食后 5 d 左右开始交尾，5月上中旬大量交尾并开始产卵，5月下旬至6月中下旬为产卵盛期。5月中旬至8月中旬幼虫陆续孵化，入土取食，当年不化蛹，11月上中旬在土中筑室越冬。

在自然情况下仅在桑园内发生，成虫只为害桑树。成虫均在白天出土，从早上8:00到下午6:00均有出土，其中以上午10:00—12:00时出土成虫数最多，12:00—14:00时出土成虫数其次。成虫出土后沿树干爬行，常在桑树嫩梢和嫩叶处取食和栖息。每头成虫平均取食桑叶面积20.3 cm^2。在正常情况下，成虫取食均在50 d以上，则每头成虫一生食桑叶面积在1000 cm^2以上。有群集性，常数十个群集于桑树嫩头或叶片上。成虫仅白天取食，晚上一般不食不动。交尾在白天进行，雌雄虫均能多次交尾。有极强的假死性，稍受惊扰，即坠落地面，静伏片刻后复上或飞上桑树继续为害。成虫在受到惊扰时有时能作短距离飞行，飞行距离仅1～2 m。

成虫产卵均在白天进行，以下午4:00—6:00时为多，上午很少。多数卵产于表土下1～2 cm处，也有的产在表土、枯枝或桑叶上。产卵时，成虫产卵管伸出长达7 mm。多数卵聚生成块，每块有卵粒9～49枚，卵粒排列不整齐；少数散生。环境适于聚产时，1次产卵可持续1 h。排卵节律由快至慢，由开始约0.5 min排卵1枚，渐慢至每2～3 min排卵1枚。环境不适时，成虫转移产卵场地频繁。雌虫一生产卵多次。每只雌虫产卵量一般为50～80枚，多数雌虫死亡时遗卵40～70枚，遗卵均为成熟待产的卵粒。

幼虫孵化均在白天进行，以上午8:00—12:00为多，下午较少。孵化持续时间可达2～4 h，孵化率几乎达到100%，仅有个别最后产出的卵未孵化。幼虫孵化时，先咬破并吃掉部分卵壳，然后缓慢移动爬出，进入土内。在枯枝或叶上孵出的，则缓慢爬出后掉落土面，钻入土内。初孵幼虫先在表土层取食杂草和桑树嫩根，2龄后逐步深入土层。幼虫在土层内分布的深度可达50～70 cm，因桑树品种不同而有所不同，多数分布在30～50 cm深度的范围内。

3）防治方法

（1）人工防治　利用成虫假死性强的习性，在成虫羽化初期、晨露未干前，用塑料桶装1 kg的水，加入1%的洗衣粉，逐枝击打桑树枝条，使成虫跌落在桶内，带至园外集中处理。

（2）化学防治　在4月上中旬越冬成虫出土为害之前，用0.15 kg甲胺磷拌土50 kg，或用0.2 kg敌敌畏拌土40 kg，均匀撒施于桑园土面及桑树嫩心上，可基本控制桑皱鞘叶甲成虫为害。若成虫出土前未能及时防治，可在成虫发生高峰期，用敌敌畏1000倍液均匀喷施桑树，防治效果十分明显。

（3）生物防治　线虫对于桑皱鞘叶甲幼虫有较好的作用，可于每年9—10月，先清除田间杂草，然后再开直沟，按45万～75万条/m^2的剂量沿沟喷施线虫悬浊液；若想取得更好的防治效果，可以在每年的3—4月，桑皱鞘叶甲成虫尚未出土、未老熟幼虫尚在土中时再施用1次。

4）应用区域

适用于全国蚕桑主产区。

5）依托单位

江西省经济作物研究所，王军文，0791-85023010。

16. 灰蜗牛

桑园中发生的蜗牛一般是灰蜗牛，属软体动物门腹足纲柄眼目蜗牛科。

1）形态识别

（1）卵　成体产卵于土下1.5～2 cm处，呈圆球形，直径1～1.5 mm，乳白色，不透明，有光泽，卵壳较坚硬，常 10～20 粒集于一起，粘成卵堆。

（2）幼体　初孵幼体仅 2 mm，贝壳淡褐色，2 个月后，贝壳右旋延长成 2 个小螺层。4 个月后，壳的右旋增加到了 3 个小螺层，体长为 4～4.5 mm。6 个月后，壳的右旋增加到了 4.5～5 个螺层，食量显著增大。7 个月后，壳的右旋增加到了 5.5～6 个螺层，长成成体。

（3）成体　爬行时体长 30～36 mm。贝壳球形，壳高 19 mm，宽 21 mm，有 5.5～6 个螺层，壳口椭圆形，表面多数有不规则形排列较密的黑色或灰褐色斑纹，有少数个体斑纹稀少。体躯极软，背面淡褐色，贝壳前段体躯背部及两侧有四条明显的黑褐色纵带。近背纵线的两条纵带较宽，两侧的纵带较细，且不达于头部。具触角二对，前触角短，长 1.5～2 mm，后触角长达 8～10 mm，顶端长有黑色眼。生殖孔位于头部右后下侧。呼吸孔在体背中央右侧与贝壳连接处，稍后方即为排泄孔（图 4-57）。

图 4-57　灰蜗牛及为害状

2）为害与发生

幼体和成体均能为害桑叶，春季食害桑芽、嫩叶及嫁接苗叶，将桑叶食成空洞缺刻，留下白色黏物质和粪便，污染桑叶。

江苏蚕区 1 年发生 1 代。以成体或幼体在潮湿的桑园、作物根部或草堆中越冬，越冬时分泌一层白膜封住壳口。翌年 3 月开始活动，白天隐蔽，夜间取食。5—6 月成体数量多，食量大，严重为害春叶和夏伐后新梢芽叶。夏季如遇干旱，气温上升，则分泌白膜封住壳口，暂不活动，但遇阴雨天或夜间露水较大时，则突破封膜，继续取食为害。秋雨连绵，气温下降，是蜗牛大量活动的时期，11 月下旬逐渐转入越冬状态。产卵盛期 1 年有 2 次，即 4—5 月和 9—10 月，卵期半个月左右。春季孵化的幼体，入秋可发育为成体；秋季孵化的幼体，翌年春末交尾产卵。温暖潮湿的环境最适于蜗牛的发育。

3）防治方法

（1）改善环境　改造低洼田，清理沟渠，降低地下水位，注意桑园通风透光和排水，改变栖息环境，可减少蜗牛发生。

（2）锄草松土　雨后转晴要及时清除桑田杂草，同时对地边、路边的杂草一并清除；在蜗牛产卵期，结合中耕，将蜗牛卵暴晒于空气中，使其自行爆裂。

（3）人工捕捉　在清晨或傍晚，蜗牛活动频繁时进行人工捕捉，并敲碎贝壳将其杀死。也可把鸭子放入桑田啄食，以控制蜗牛的为害。

（4）药剂防治　蜗牛发生期，在桑园行间地面用药剂四聚乙醛（灭蜗灵颗粒剂）进行防治，

1.5 g/m²撒布于蜗牛活动的地方，点状投放，每点相隔 40～50 cm，诱杀效果较好。

4）应用区域

适用于全国蚕桑主产区。

5）依托单位

江苏省蚕种所，周卫阳，0510-83216188。

17. 桑毛虫

桑毛虫属于鳞翅目毒蛾科。

1）形态识别

（1）幼虫　黄色，各节有多处红、黑毛瘤，上生黑色及黄褐色长毛和松枝状毒毛（图 4-58）。

（2）蛹　棕褐色，臀棘较长，末端生一撮细刺。

（3）成虫　白色雌蛾尾部有黄毛，前翅有 1 个茶褐色斑。雄蛾腹面从第三腹节起有黄毛，前翅有 2 个茶褐色斑。

图 4-58　桑毛虫幼虫

2）为害与发生

全国各地都有发生，以 2～3 龄幼虫在桑树皮隙蛀孔及裂缝处越冬。低龄幼虫群集叶背咀食叶肉，随着龄期增大可将叶吃成大缺刻。幼虫身上的毒毛能使家蚕中毒而患黑斑病。结薄皮茧。毒毛触及人体会引起红肿疼痛，大量吸入人体可致中毒。

3）防治方法

①人工捕捉。巡视桑园，及时摘除成群幼虫集群的虫叶，处死幼虫。②桑园坚持夏伐、冬伐，同时将桑枝搬离桑园，并清除枯枝落叶。③化学防治。秋蚕结束和 4 月中旬害虫出蛰后，用敌敌畏 1000 倍稀释液喷洒。

4）应用区域

适用于全国蚕桑主产区。

5）依托单位

广西百色市蚕业发展中心，李福乐，0776-2822649。

（三）蚕病虫害防灾减灾技术

1. 细菌性败血病

家蚕细菌性败血病是由多种败血病细菌引起的蚕的传染病。细菌侵入蚕体、蚕蛹和蚕蛾的体液中，大量繁殖，随着体液循环分布到全身，蚕表现出严重的全身症状即为败血病。

1）病原

败血病的种类很多，常见的有黑胸败血病、灵菌败血病和青头败血病。以上败血病的病原细菌有黑胸败血病菌、黏质沙雷氏菌和青头败血病菌等。这些细菌广泛分布于空气、水源、尘埃、土壤中，以及桑叶、蚕室和蚕具上。

2）传染与发病规律

创伤传染是败血病的主要传染途径。败血病的创伤传染与蚕的体质关系不大，而与养蚕操作技术、饲养环境条件、蚕的发育时期和饲养温湿度的关系十分密切。高温下湿叶贮藏，桑叶发酵、腐败以及蚕座潮湿时，病原细菌迅速繁殖，成为败血病发生的重要传染源。

不同蚕龄，败血病的发病程度有所不同。稚蚕很少发生败血病，大蚕及熟蚕期，特别是夏秋蚕期较多发本病。此外，桑螟等桑园害虫的尸体中常存在着病原细菌，当桑叶潮湿时，细菌就在叶面上繁殖，往往使桑叶全部污染。另外，桑叶潮湿时，细菌容易附着到蚕体上，可增加感染机会。

蚕座过密，除沙、扩座、给桑、上蔟、采茧、削茧、鉴蛹、捉蛾等操作技术粗糙，都会增加蚕、蚕蛹和蚕蛾的创伤。在这种情况下，败血病明显增加。

3）症状

家蚕幼虫、蛹、蛾都有可能因感染细菌而发生败血病，因感染时期不同而表现的症状也不一样。

引起败血病的细菌种类虽然很多，但蚕患病后的症状大致相同。首先是停止食桑，体躯挺伸，行动呆滞或静伏于蚕座；接着胸部膨大，腹部各环节收缩，少量吐液，排软粪或念珠状粪；最后痉挛侧倒而死。初死时，有暂时尸僵现象，其胸部膨大，头尾翘起，腹部向腹面拱出，略似菱形；腹足后倾，各环节间由于紧缩而中央稍鼓起，其体色与正常蚕无明显差别。不久，体壁松弛，体躯伸展，头胸伸出，软化变色。而后，全身柔软扁瘪，内部器官离解液化，腐败发臭，仅剩下几丁质外皮，稍经震动，即流出污液。蚕体死后，因感染的细菌种类不同，表现的症状也有不同。

黑胸败血病蚕死后，首先在胸部背面或腹部1～3环节出现墨绿色尸斑，尸斑很快扩展变黑，最后全身腐烂，流出黑褐色的污液（图4-59a）。

沙雷氏菌（灵菌）败血病蚕尸体变色较慢，有时在体壁上出现小圆斑，随着尸体组织的离解液化而渐变成红色，这是由于细菌分泌色素的结果，最后流出红色污液（图4-59b）。

青头败血病蚕死后不久，胸部背面常出现绿色尸斑，由于该病菌繁殖时能产生气体，所以在尸斑下出现气泡，俗称泡泡蚕，但并不变黑（图4-59c）。

患病蚕蛹迅速死亡，蛹体腐烂变黑，流出黑色或红色污液，并常造成一批接一批蚕蛹相继感染死亡。

蚕蛾患败血病后，鳞毛污秽，运动呆滞，胸足僵硬，翅不展张而极易折断和脱落，常死于交配或产卵过程中。死后腹内器官组织离解液化，于节间膜或鳞毛脱落处透视腹内，可见黑褐色或红色，最后腹部变成一堆污液，仅剩下头、胸部和翅部。

4）防治措施

细菌性败血病是养蚕生产上最为常见的细菌性疾病。根据其发病规律，首先要消灭传染来源，防止创伤传染。采取消毒防病、通风排湿、防治桑树害虫、喂饲蚕用抗生素等措施，可以收到良好的防治效果。

（1）严格消毒，最大限度地消除传染源　对蚕室、蚕具、周围环境进行严格消毒，减少传染机会。针对枯草杆菌芽孢抵抗力较强的特点，选择合适的消毒药物和消毒方法，最大限度地发挥消毒药物的效能，以达到彻底杀灭病原的目的。一般的熏蒸剂及甲醛制剂对伴孢晶体的消毒效果较差，要使用漂白粉、次氯酸钙粉等对细菌芽孢有杀灭作用的消毒剂。要保持蚕室、贮桑室、蚕座、垫纸、蚕具、养蚕用水等的清洁。贮桑室要每天清扫残叶，定期消毒。贮桑用水要干净，避免湿叶贮藏或堆桑过久、过厚而造成细菌在叶面滋生。如发现病死蚕或发病中心，应

a.黑胸败血病　　b.灵菌败血病　　c.青头败血病

图 4-59　家蚕败血病

立即清除，拣出病死蚕，不要让病蚕尸体在蚕座上腐烂及流出污液污染蚕座，并进行彻底消毒，以防蔓延。定期进行蚕体蚕座消毒，已发生细菌性败血病时，可每天进行一次蚕体蚕座消毒。但 5 龄地面育时不宜使用漂白粉、防僵粉进行蚕体蚕座消毒，因该药剂有吸湿性，使用后如不除沙，对保持蚕座干燥不利，可使用其他蚕体蚕座消毒剂。

(2)防治桑树害虫　发现桑树害虫要及时防治，避免患病的桑虫尸体及粪便污染桑叶，尽量不要采用被污染的“虫口叶”；如缺叶确需采用时，可用 0.3%有效氯的漂白粉液作叶面消毒后再喂蚕。避免用脚叶及不成熟叶喂蚕。

(3)仔细操作，防止创伤传染　除沙、扩座、给桑、上蔟、采茧、削茧、鉴蛹、捉蛾及拆对等操作过程切忌粗糙，推行蚕网除沙，适当稀饲，熟蚕不过多堆积在一起，并适时采茧。

(4)加强通风排湿，保持蚕座干燥卫生　细菌病的许多病原菌都是兼性寄生菌或腐生菌，在湿润的叶面和潮湿的蚕座上容易大量繁殖。因此，多雨潮湿季节应注意蚕室的通风排湿及保持蚕座干燥，尽量少给湿叶，必要时可在蚕座上撒石灰粉或其他干燥材料，既可以吸湿，又可以隔离病源物。

(5)药物防治　一些蚕用抗生素对黑胸败血病、青头败血病均有良好的防效，盐酸环丙沙星对灵菌败血病也有一定的防治效果，但要增加使用剂量并适当延长给药时间。

5）应用区域

适用于全国蚕桑主产区。

6）依托单位

中国农业科学院蚕业研究所，沈中元、唐旭东，0511-85616572。

2. 细菌性中毒病

家蚕细菌性中毒病是蚕食下苏云金杆菌及其变种所产生的结晶性毒素而引起的急性中毒症，所以又称猝倒病。苏云金杆菌是目前粮食、蔬菜、果树上常用的生防细菌。因此，在蚕区或其附近推广以菌治虫时要采取严格的安全措施，以防止危害蚕业生产。

1）病原

本病由苏云金杆菌及其毒素通过污染桑叶，蚕经口食下而引起。高温多湿的条件有利于病原细菌的传播和蔓延。

2）传染与发病规律

苏云金杆菌是兼性寄生菌，主要传染来源有：桑园害虫，如桑尺蠖、桑毛虫、桑螟等均会感染苏云金杆菌，其排泄物及尸体可能污染桑叶而传染于蚕；蚕沙处理不当或水源不洁也会传染；得本病的蚕尸体及排泄物，散落在蚕室、蚕具及地面上，引起感染；与蚕区相邻的棉田、稻田、蔬菜等施用细菌农药时，如污染桑园会直接引起本病。

病蚕排泄物及尸体流出的污液是蚕座传染的主要来源。一般病蚕刚排出的蚕粪中毒素很少，因此致病力弱。但在潮湿的蚕座上经一定时间（约 24 h）后，由于苏云金杆菌在蚕粪中大量形成芽孢及毒素，致病力会大大增加。

3）典型症状

家蚕发生本病后表现急性中毒和慢性中毒两种症状。蚕食下大量毒素后，经过数 10 min 至数小时中毒死亡。主要表现为食桑突然停止，前半身抬起，胸部略膨胀呈不安状，有痉挛性颤动，体躯麻痹，进而腹脚失去抓着力，尾脚向内蜷缩。尾部萎缩翘起，头部缩入呈钩嘴状，横卧死于蚕座。初死时体色尚无变化，手触尸体有硬块，后部空虚，有暂时轻度的尸僵现象。如蚕食下极少量毒素，经 2～3 d 后，逐渐表现为食桑减退，发育迟缓，继而呈现空头、下痢、肌肉松弛、麻痹，侧卧而死。尸体首先在胸腹交界处的环节变色腐烂，并向头尾扩展，直至全身，最后流出黑褐色污液（图 4-60）。

图 4-60　家蚕细菌性中毒病

4）防治措施

家蚕细菌性中毒病的防治重点是防止蚕食下苏云金杆菌的毒素。用消毒药剂对蚕室、蚕具进行消毒时，应选用含氯制剂如漂白粉、次氯酸钙粉等进行喷雾或浸泡消毒。甲醛制剂对毒素的消毒效果较差，不宜使用。注意桑园害虫防治，减少疾病传播。在蚕桑生产区，严禁施用细菌性生物农药，如发现被生物农药污染时，用含有效氯 0.3%的漂白粉液喷洒桑叶，进行解毒处理后的桑叶可喂蚕，但必须注意观察喂叶后的蚕是否仍有中毒症状。平时应注意蚕室、蚕座的通风除湿，减少蚕座内传染的机会。如发现病蚕，应立即清理、消毒，防止蔓延。

5）应用区域

适用于全国蚕桑主产区。

6）依托单位

中国农业科学院蚕业研究所，沈中元、唐旭东，0511-85616572。

3. 细菌性肠道病

家蚕细菌性肠道病是由肠球菌、链球菌等细菌寄生肠道引起的一种传染病，也称细菌性软化病或细菌性胃肠病，俗称空头病或起缩病。该病的发生较为常见，尤其是在蚕种生产或人工饲料育蚕中发生较多。生产中大面积发生该病的情况往往是由一些技术措施的失当引起的，如食下含氟量高的桑叶、蚕种体质虚弱、桑叶贮存不善，甚至叶面发腻等，都会严重影响饲养群体的体质减弱或抵抗性下降。

1）传染与发病规律

家蚕细菌性肠道病的病原菌在自然界分布广泛，土壤、溪流水、家庭废水、雨水、食品厂用水、娱乐和公共用水，植物的叶、芽和花，蔬菜、野生植物、昆虫、野生动物等体内都存在。此外，病蚕的吐液和排泄物中含有细菌，污染的蚕室环境及养蚕用具等也可传染本病。

2）典型症状

本病的症状，一般表现为食桑缓慢，举动不活泼，体躯瘦小，蚕体软弱，发育不齐，排不整形粪或软粪、稀粪甚至污液。发病时期不同，表现的症状也有所不同。

(1)起缩蚕　饷食后食桑很少，逐渐停食，生长迟缓，体躯细小，体壁缩皱，体色灰黄，呆滞，最后萎缩而死。在龄中发病，因不食桑而体躯瘦小，软弱无力。

(2)空头蚕　发生于各龄盛食期。蚕的食欲不振，消化管前端没有桑叶片，充满液体。胸部膨大，昂起呈半透明，体壁无光泽，排不整形粪或稀粪，陆续死亡。

(3)下痢蚕　病蚕排不整形的软粪或念珠状粪，最后排出黏液，污染尾部，逐渐死亡，濒死前往往伴有吐液现象(图 4-61)。

图 4-61　家蚕细菌性肠道病

3）防治措施

防治本病的关键是加强饲养管理，增强蚕的体质，重视良桑饱食，大蚕期通风换气。加强贮桑室卫生管理，做到桑叶不湿贮，不发酵、霉变。添食盐酸环丙沙星等蚕用抗生素对防治本病有一定的效果。

4）应用区域

适用于全国蚕桑主产区。

5）依托单位

中国农业科学院蚕业研究所，沈中元、唐旭东，0511-85616572。

4. 蝇蛆病

蝇蛆病是由多化性蚕蛆蝇将卵产于蚕体表面，孵化后的幼虫（蛆）钻入蚕体内寄生而引起的病害。本病对蚕业生产危害很大，世界主要养蚕国均有为害，在中国每年春蚕期开始发生，夏季最严重，整个养蚕季节均受到威胁。在养蚕生产上推广“灭蚕蝇”药剂后，蝇蛆病得到了基本控制。目前，该病为害程度虽普遍减轻，但仍然不容忽视。

1）形态与习性

多化性蚕蛆蝇简称蚕蛆蝇，除为害家蚕外，还是许多林业害虫的天敌。蚕蛆蝇是完全变态昆虫，一个世代经卵、幼虫（蛆）、蛹和成虫（蝇）4 个阶段。雄蝇大于雌蝇，雄蝇体长约 12 mm，雌蝇体长约 10 mm，展翅 12～20 mm，由头、胸、腹 3 部分组成。腹部有 3 个环节，腹面有 3 对胸脚，背面有 4 条黑纵带（图 4-62）。

图 4-62　多化性蚕蛆蝇的成虫

蚕蛆蝇的形态与麻蝇（*Sarcophaga peregrina*）相似，但麻蝇不营寄生生活，以腐败物为食。

蚕蛆蝇 1 年发生的世代数因气温及寄生的环境而异。中国东北、华北地区 1 年4～5 个世代，华东地区 1 年 6～7 个世代，华南地区 1 年 10～14 个世代。1 个世代经过的时间，在 25 ℃时经 25～30 d，20 ℃以下需 35～40 d。越冬蛹在土中可长达数月，以度过冬季。

蚕蛆蝇除为害家蚕外，也可为害柞蚕、蓖麻蚕、天蚕及樗蚕，还可寄生松毛虫、桑毛虫、野蚕、桑尺蠖、大菜粉蝶等十多种鳞翅目昆虫。

2）典型症状

家蚕在 3～5 龄及上蔟时期均可被蚕蝇蛆寄生为害。最明显的病症是在寄生部位形成黑褐色喇叭状的病斑。病斑上初时带有蚕蛆蝇的卵壳，当卵壳脱落后，可见一孔，此乃蛆体呼吸的孔道，如被堵塞蛆体则会向其他部位转移。由于蛆体的迅速长大，使蚕体肿胀或向一侧扭曲。蚕蝇蛆寄生的蚕有时体色会变成紫色，易被误认为败血病，实际上是蚕的体液被氧化所致。在 5 龄期被寄生的蚕，一般都有早熟现象，因而在始熟蚕中寄生率很高。5 龄后期被寄生的蚕可上蔟结茧或化蛹，如结茧后蛆体从蛹体钻出，则使蛹体死亡，成为死笼茧、薄皮茧或蛆孔茧（图 4-63）。

图 4-63　家蚕蝇蛆病的症状

3）防治措施

家蚕蝇蛆病主要通过农业方法结合使用“灭蚕蝇”进行防治。

蚕室门窗要设置门帐、纱窗隔离防护。遭本病为害的早熟蚕要分开上蔟，结茧后应及时收、烘蚕茧，杀灭茧内蝇蛆，以防止出蛆破坏茧质。茧站是蛆、蛹聚集场所，应尽早收集杀灭。

商品用的“灭蚕蝇”有乳剂和片剂 2 种。乳剂含有效成分 25%，使用时加水稀释成 300～500 倍液。使用方法有喷雾法和添食法：喷雾法按每张蚕种用“灭蚕蝇”300 倍稀释液 1.5～2 kg，在给桑前均匀喷于蚕体表面；添食法用 500 倍“灭蚕蝇”稀释液与桑叶按 1∶10 的比例充分混匀后添食，每张蚕种喂药叶 10～15 kg。

喷雾法杀卵效果好，添食法对蚕体内的蛆杀灭效果较好，但一定要保证用药时间，至少连续用药 3～4 次，每次用桑量和喷药量要足。发现寄生蝇时，先体喷 1 次，第 2 天起再每天添食 1 次，连续 2～3 d，上蔟前添食 1 次。

4）应用区域

适用于全国蚕桑主产区。

5）依托单位

中国农业科学院蚕业研究所，沈中元、唐旭东，0511-85616572。

5. 家蚕真菌病

家蚕病原真菌种类很多，其感染蚕病死后尸体多数会出现僵化现象，随后尸体长出不同颜色的分生孢子，致使硬化的尸体表面形成不同颜色的粉被。在蚕业生产上为害严重的主要有白僵病、绿僵病和曲霉病。真菌病是病菌的分生孢子通过空气传播的，传染途径主要是接触传染，其次是创伤传染，一般不能食下传染。

1）白僵病

白僵病是由病原白僵菌寄生蚕体引起的。白僵病发病初期外观没有特异症状，群体间的差异不明显。发病后期蚕体上常出现油渍状或针点状病斑，少量吐液；刚死的蚕，头胸向前伸出，蚕体柔软，以后逐渐硬化，1～2 d 后，死蚕身体表面出现白色菌丝，逐渐呈白粉状；在眠期发病则多成半蜕皮蚕或不蜕皮蚕（图 4-64）。

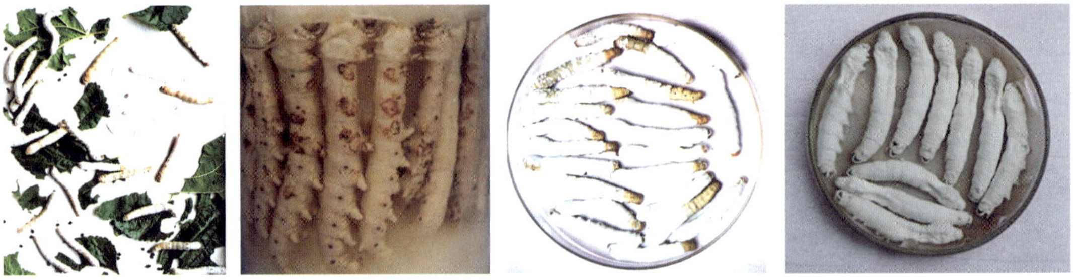

a.群体症状　　b.病蚕病斑　　c.体表气生菌丝　　d.体表覆盖分生孢子

图 4-64　白僵病病征

白僵病一般在多湿、高温季节发生较多。白僵病分生孢子的发芽和菌丝的生长最适温度在 24～28 ℃，分生孢子发芽的相对湿度需在 75%以上，湿度越高，发芽率越高。白僵菌分生孢子数量多，重量轻，易随风飞散，对不良环境有较强的抵抗力。特别是对发生了白僵病的蚕沙及病蚕尸体处理不当，如蚕沙乱堆放，或将未腐熟的蚕沙施入桑园等，导致病原分生孢子到处飞散，污染桑叶及周边的养蚕环境，易导致蚕区出现二次白僵病的流行。白僵病从感染到发病死亡，一般情况下，1～2 龄为 1～2 d，3 龄 3～4 d，4 龄 4～5 d，5 龄 5～6 d。

2）绿僵病

绿僵病是由莱氏绿僵菌感染蚕体而引起的蚕病，因病蚕尸体僵化后表面覆盖绿色孢子粉被，故称绿僵病。绿僵病发病初期无明显症状，后期食欲减退，行动呆滞，有的病蚕体躯瘦小。病蚕腹侧或背面出现黑褐色不整形的轮状或云纹状病斑，外围褐色较深，中间稍淡。刚死时尸体呈乳白色而略有弹性，头胸部稍伸直，渐次硬化。死后 2～3 d 长出气生菌丝、分生孢子梗及分生孢子，分生孢子的颜色从白色逐渐转变为绿色，使僵化的尸体覆盖一层鲜绿色的粉末（图 4-65）。

a.群体症状　　b.病蚕病斑　　c.体表覆盖绿色分生孢子

图 4-65　绿僵病病征

莱氏绿僵菌在野外昆虫中分布很广。莱氏绿僵菌孢子萌发的最适温度为 15～25 ℃，28 ℃以上对分生孢子的繁殖有明显的不良影响。低温多湿天气常造成野外昆虫绿僵病的流行，并进一步危及养蚕生产，造成大的损失。莱氏绿僵菌通过分生孢子经皮接触感染蚕体，在适宜的温湿度条件下，分生孢子约经 20 h 开始膨大，至 30～40 h 伸出芽管侵入蚕体内寄生，菌丝在体液中以芽生孢子增殖繁育，但繁育速度较慢。莱氏绿僵菌对蚕的致病过程及病变组织与白僵病相似，但本菌分生孢子的发芽及发育均比白僵菌缓慢，所以病程较长，感染后 7～

10 d才发病死亡。

3）曲霉病

曲霉病是由曲霉菌对蚕体感染寄生而引起的。曲霉菌最容易侵染蚁蚕及1龄蚕，感染发病率逐龄降低，大蚕期发病较少，一般只是零星发生。蚁蚕感染后，不食桑，呆滞，伏于蚕座下。死后体躯紧张，在孢子侵入部位往往出现缢束凹陷。约经1 d，尸体上即能生长出气生菌丝及分生孢子（图4-66a）；大蚕发病时，在蚕体上出现褐色大型病斑1～2个，病斑质硬，位置不定，多在节间膜或肛门处，随病势进展而扩大；濒死前，头胸部伸出，吐液；死后，病斑周围局部硬化，其他部位并不变硬，但容易腐烂变黑褐色。病程2～4 d，尸体经1～2 d后在硬化的病斑处长出气生菌丝及分生孢子，初呈黄绿色，后变成褐色（图4-66b）。

a.蚁蚕病征

b.大蚕病征

图4-66　曲霉病病征

曲霉菌嗜高温，最适温度为30～35 ℃。曲霉菌接触传染的发病率与蚕龄大小的关系更为明显。例如在接种菌量相同的情况下，对蚁蚕的发病率为100%，2龄起蚕为80%，3龄起蚕为32%，4龄起蚕为20%，5龄起蚕为7.5%。

4）真菌病防控技术

（1）彻底消毒，严防污染　①养蚕前和养蚕后对蚕室、蚕具、蔟室、蔟具和周围环境按标准进行严格消毒，以降低留存病原的数量和毒力。消毒药物可选用漂白粉、次氯酸钙粉、二氧化氯等。可用喷洒、浸泡的方法消毒蚕室、蚕具。僵病多发的地区或季节，在养蚕前还可用二氯异氰脲酸钠和多聚甲醛粉等烟熏剂对蚕室、蚕具增加1次密闭熏蒸消毒。②桑园害虫防治。根据桑树病虫害发生情况，做好桑园害虫防治工作，防止桑园害虫感染真菌病后，污染桑叶及周围环境。③防止真菌类生物农药的污染。蚕桑生产地区应禁止生产、使用白僵菌等生物农药，也不能将施用过这种农药的稻草、麦秆等作隔沙材料。

（2）使用防僵药剂进行蚕体、蚕座消毒　使用防僵药剂是目前防治僵病发生与蔓延的一项重要措施，防僵药剂的使用应根据具体情况决定。一般在蚁蚕及各龄起蚕饷食前各使用一次。多湿的天气或经常发生僵病的蚕室以及已经发现病情，应加强蚕体、蚕座的消毒工作。每天早上喂蚕前及各龄起蚕要撒防僵粉（小蚕用含有效氯2%即1 kg市售漂白粉加10～11 kg新鲜石灰粉，大蚕用含有效氯3%即1 kg市售漂白粉加8～9 kg新鲜石灰粉拌匀）消毒蚕体、蚕座，保持蚕座干爽。在僵病暴发流行时，可用三氯异氰脲酸粉每包加配3.5～4 kg新鲜石灰粉，在每次喂蚕前进行蚕体、蚕座消毒，并及时清除旧蚕沙。

（3）熏烟防僵　在可密闭的蚕室内采用烟熏剂熏烟消毒蚕室、蚕具，可有效杀死白僵菌分生孢子，减少空气传播机会。养蚕过程中发生僵病时，每天熏烟 1 次，可以制止僵病的蔓延。熏烟方法：一般每立方米的容积用干燥的熏烟材料 10～15 g，进行不完全燃烧，及时关闭门窗，尽量使烟雾在 0.5 h 内发散出来，充满蚕室，保持 1 h，然后将烟排出室外。

(4)调节蚕室、蚕座湿度　根据病原真菌分生孢子发芽、发育条件，结合饲育实际情况，调节蚕室、蚕座湿度，加强蚕座的卫生工作。在僵病易发生季节，要严格控制蚕房的湿度，做好“以湿定温”，室内要加强通风换气，多撒干燥材料。针对僵病多发情况，可用生石灰直接撒在地面吸湿，蚕座撒新鲜石灰吸湿防僵。

(5)及时除去病蚕、控制蚕座再传染　一旦发生僵病，在实施上述各种防僵措施的同时，一定要每天及时清除病死蚕，控制蚕座内的再次感染。

5)应用区域

适用于全国蚕桑主产区。

6)依托单位

西南大学，潘敏慧，023-68250076。

6. 家蚕微粒子病

1)病症

家蚕微粒子病由家蚕微粒子感染家蚕所致。家蚕感染微粒子后，群体上呈现食欲不振、发育迟缓、多迟眠蚕或半蜕皮蚕，体色呈深暗或锈色(图 4-67a)，大蚕体壁出现胡椒状黑褐色病斑(图 4-67b)，病蚕丝腺有乳白色瘤状突起(图 4-67c)。

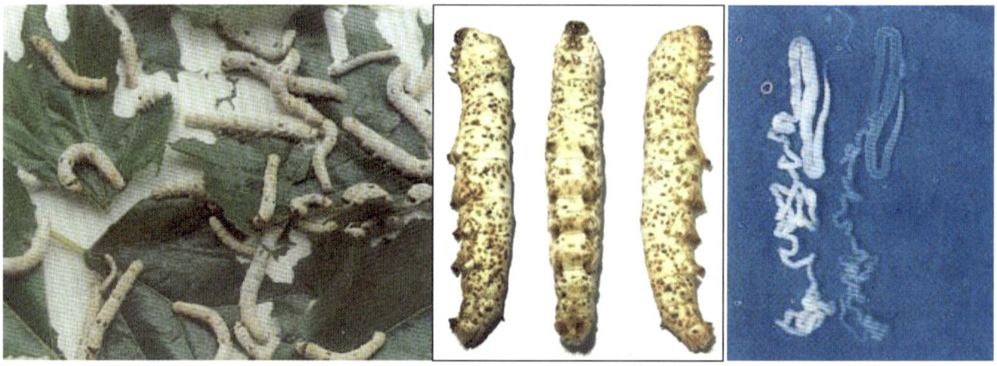

a.群体症状　　b.病蚕病斑　　c.病蚕丝腺病变

图 4-67　家蚕微粒子病病征

2)发病规律

微粒子的传染源广泛，可直接来源于病蚕的尸体、排泄物、脱离物，也可来源于可交叉传染的野外昆虫微孢子虫，特别是桑园害虫微孢子虫的污染随桑叶而传染家蚕。家蚕微粒子病病原体的传染途径有经口(食下)传染和经卵(胚种)传染两种。家蚕微粒子病是一种全身性感染的慢性蚕病，发病个体在发病过程中，通过排泄蚕粪和蜕皮等方式将微粒子虫孢子排放到蚕座内，引起严重的蚕座内传染，而导致群体发病。由经卵传染的蚁蚕排出的孢子，可感染 1～2 龄健康蚕，称为第一期感染；第一期感染的蚕能正常发育到 3～4 龄，从 4 龄开始排出孢子，又被其他健康蚕食下而感染，称为第二期感染。第二期感染的蚕能正常上蔟、营茧以至化蛾，但产出的卵成为胚传来源。

3）防治方法

（1）严格检疫，生产无毒合格蚕种。

（2）严防养蚕环境的病原体污染　养蚕前后及时严格消毒，消灭养蚕过程中残留的微粒子虫孢子，减少污染和扩散；及时淘汰病弱小蚕和迟眠蚕，防止蚕座内传染；做好蚕粪等病源物的无害化处理，减少病原体污染扩散；饲养过程中，严格执行洗手给桑、除沙要洗手、换鞋入室等养蚕卫生制度，减少病原体污染扩散。

（3）严格消毒，消灭病原体　在消毒中，消毒的病原体对象应以微粒子虫孢子为重点，采用有效的消毒剂进行消毒。养蚕期中，用漂白粉、次氯酸钙粉、二氧化氯消毒剂等，进行蚕室或贮桑室等的地面消毒，用新鲜石灰粉等进行蚕体蚕座消毒。

（4）其他防治方法　a. 热处理法。包括热空气处理法和温汤浸酸处理法。热空气处理法是：在卵龄 8～12 h，对蚕卵用 48～50 ℃的热空气处理 40 min。温汤浸酸处理法是：在产卵后 18 h 用比重为 1.04～1.05 的盐酸，在 47 ℃温度中浸酸处理 10～20 min。b. 化学药物防治。使用多菌灵和苯扎溴铵等防微药物进行防治。

4）应用区域

适用于全国蚕桑主产区。

5）依托单位

西南大学，潘敏慧，023-68250076。

7. 家蚕病毒病

1）家蚕血液型脓病

家蚕血液型脓病，也称家蚕核型多角体病，俗称水白肚等。该病害也是目前农村养蚕最为常见和为害最为严重的病害。该病害的发生由家蚕核型多角体病毒的感染所引起，不良环境条件（高温、微量中毒和饲叶过嫩等）的冲击可加剧该病害的发生或流行程度。

（1）典型病征　体色乳白、体躯肿胀、狂躁爬行、体壁易破（图 4-68）。

图 4-68　家蚕血液型脓病典型病征

(2)其他病征　家蚕血液型脓病其他病征见图 4-69。

图 4-69　家蚕血液型脓病其他病征

2）家蚕中肠型脓病

家蚕中肠型脓病，也称家蚕质型多角体病，俗称干白肚等。该病害曾为农村养蚕最为严重的传染性病害，后逐渐少见，但近年又有增加的趋势。该病害的发生由家蚕质型多角体病毒的感染引起，为典型慢性病害，或具有明显的隐性感染特征，具有强烈的传染性。感染早期较难发现，在 5 龄起蚕和上蔟期易暴发。

(1)典型病征　从中肠后部开始出现乳白色横皱，严重时整个中肠为乳白色横皱，或排出外裹乳白色的蚕粪(图 4-70)。

图 4-70　家蚕中肠型脓病典型病征

(2)常见病征　发育不齐，蚕体大小差异大；体色转青慢，体躯瘦小，体色泛黄；5 龄起蚕发病，常见起缩蚕；空头(图 4-71)。

实际生产中，家蚕传染性病害和养蚕中毒的发生，往往是多种因素叠加而成的，家蚕所表现的症状也可能更为复杂多样，本系列图片仅提供一个常见病征的参考。在具体养蚕病害发生时，必须综合当时当地的气候、季节、环境，以及养蚕条件和农作习惯等因素进行分析和判断，抓住主要矛盾，及时采取技术措施，降低蚕茧损失。

图 4-71　家蚕中肠型脓病常见病征

3）家蚕病毒病防治方法

（1）合理养蚕布局，切断垂直传播　在全国各蚕区，由于自然气候条件的不同，桑树的生长情况也不同，为了提高蚕室利用效率和提高亩桑产茧，往往进行全年多次养蚕。两次养蚕之间间距缩短，甚至交叉重叠，蚕室蚕具消毒工作疏忽，病原污染严重，客观上带来上期养蚕残留病原对下期蚕的垂直传播。另外，由于布局不合理，极有可能造成叶蚕不平衡、蚕期中遇到高温或低温、劳力与大农业冲突、蚕易受农药的影响等，这些因素从各个方面影响蚕病的发生。因此，各个蚕区对全年的养蚕布局都必须作出合理安排，相邻两个蚕期之间必须留出 1 周左右的时间，以便有充足的时间进行消毒，各蚕期饲养的量也必须作出合理计划，防止缺叶或余叶。

（2）严格消毒，消灭病原，切断传染途径　消灭病原是防治病毒病发生的根本措施，必须掌握时机，灵活机动地做好消毒工作。养蚕前，认真做好蚕室、贮桑室、上蔟室、大小蚕具及蚕室周围的清洁消毒工作，严格防止小蚕期感染。有时，因小蚕发病临时去补领蚕种，领来的蚕种在同室饲养，这样做容易造成病毒的传染与蔓延。可使用氯制剂、甲醛制剂或石灰浆进行消毒。上述类型的消毒剂对病毒病的病原都有很好的消毒效果，但必须按所用消毒药剂的使用说明及消毒规程正确操作。需要指出的是，现行的蚕用表面活性剂类消毒药剂对蚕病毒及其包涵体的消毒作用不彻底。甲醛有较好的消毒作用，但较漂白粉和石灰差，且存在使用人员的安全问题，不建议使用。

病毒病的感染力强，传播蔓延机会多，单靠养蚕前消毒很难保证蚕期不发病，因此必须建立健全经常性的防病消毒卫生制度，要经常用含 0.3%～0.5%有效氯的碱性溶液或 0.5%～1%的新鲜石灰浆对蚕室、贮桑室、走廊及蚕室周围环境进行喷雾消毒。特别是在夏秋期，每次除沙后均应进行消毒。蚕期结束后，蔟中死蚕是病毒最多、最新鲜、最集中的传染源，所以采茧后要立即进行消毒。蔟具、蔟室清洗、消毒、晒干后供使用或贮存；用过的草蔟应及时烧毁，防止人为传播，污染环境，为下次养蚕创造良好的环境条件。大、中、小蚕“三级分养”及“三专一远”（专室、专具、专人，小蚕室要远离大蚕室、蔟具）的养蚕防病制度已获得良好的防病效果，值得推广。

(3)控制桑园害虫，防止交叉传染　桑园多种害虫能感染病毒病，它们中有许多病原可以与家蚕相互感染，成为蚕病的传染源。染病害虫通过流脓、排粪、吐液等污染桑叶，从而引起蚕感染发病。因此必须做好桑园的治虫工作。桑园治虫一般掌握 3 个关键时期：①冬季治虫封园。秋蚕结束以后，用长效农药如 20%的菊酯类 8000～10000 倍液喷洒，杀灭越冬幼虫，减少虫口基数。②夏伐治虫。春蚕结束，伐条后 3～7 d 内，用短残效期有机磷农药喷洒桑干治虫。③夏秋治虫。用短效农药如敌敌畏、双效磷、乐果或三氯杀螨醇等治虫，但必须注意农药的残效期，以防家蚕农药中毒。

(4)严格分批提青，防止蚕座传染　感染病毒病的蚕总是发育缓慢，迟眠迟起，不仅造成养蚕的不便，而且对健康蚕是很大的威胁。病蚕与健康蚕混育在一起，随着病蚕排出大量的带有病毒的粪便，造成严重的蚕座传染。所以养蚕生产上，不论是否有病，凡是发育迟缓的蚕都应该采取分批、提青的措施与健康蚕分开，并坚决淘汰病蚕，以减少蚕座传染的机会。由于蚕是群体密集饲养，要拣出所有的病蚕实际上是不可能的，而且患病蚕在表现出症状之前，已开始大量排出病毒，因此为了防止蚕座传染，生产上一般用蚕体蚕座消毒剂或新鲜石灰粉在每次饷食及加网除沙前，进行蚕体蚕座消毒。这是防止病毒病发生蔓延的重要措施。发生了病毒病后的蚕沙，需在适当地点堆沤，充分腐熟后才能作为肥料，不能随便撒施到桑园或摊晒作为饲料，以避免人为地使病毒扩散，污染环境。

(5)加强饲养管理，增强蚕的体质　蚕体抗病能力的强弱受两方面因素的制约：一方面是受遗传基因的支配；另一方面受外在因素的影响。对于某一个特定的品种，精心饲养，提高蚕的体质，是病毒病防治中非常重要的一环。在做好合理布局的基础上，一是要做好蚕卵的催青保护工作。催青直接影响蚕的体质和蚕对病毒的抵抗性，因此，催青中必须严格按照标准进行温湿度调节，注意通风排气，避免接触高温和有毒气体。注意做好补催青工作，及时收蚁，防止蚁蚕饥饿。二是做好蚕期的饲养管理工作，努力提高蚕的体质。蚕的发育阶段不同，对环境条件和营养的要求也不一样，必须根据蚕体的生理要求，做好温湿度的调节工作，特别是大蚕期要避免接触长期的高温闷热等不良的饲育环境；注意桑叶的“采、运、贮”环节，保证良桑饱食。三是做好眠起处理，使蚕发育齐一。四是严防极端的不良因素如农药、氟化物等对蚕的刺激，避免病毒病的诱发。五是适当使用抗生素。质型多角体病、病毒性软化病、浓核病常常与细菌性肠道病并发，加速病毒病发生的进程，因此可通过适当使用抗生素，抑制细菌性肠道病的发生，从而减少或延缓病毒病的发生。此外，整个养蚕过程中要防止因蚕体创伤所引起的感染。

(6)选用抗病力、抗逆性较强的品种　选用抗病力、抗逆性较强的蚕品种在病毒病防治实践上具有重要的意义。蚕品种是影响蚕对病毒抵抗性的基础，不同的蚕品种经济性状不同，对病毒的感染抵抗性也不同，在生产上要根据不同地区养蚕季节的特点和饲养水平，决定该地区的饲养品种。在饲养条件、饲养技术较差的地方，夏秋季蚕应选择抗病力、抗逆性强的品种，不能盲目推行春种秋养。

4）应用区域

适用于全国蚕桑主产区。

5）依托单位

浙江大学，鲁兴萌、邵勇奇，0571-88982757。

第五章

茶叶体系防灾减灾技术

一、茶叶非生物灾害防灾减灾技术

（一）茶树高温热害防灾减灾技术

（二）茶树夏季高温干旱防灾减灾技术

（三）茶树越冬期低温冻害防灾减灾技术

（四）茶叶萌芽期倒春寒防灾减灾技术

（五）茶叶洪涝灾害防灾减灾技术

二、茶叶生物灾害防灾减灾技术

（一）茶饼病防灾减灾技术

（二）茶白星病防灾减灾技术

（三）茶小绿叶蝉防灾减灾技术

（四）灰茶尺蠖、茶尺蠖防灾减灾技术

（五）茶毛虫防灾减灾技术

（六）茶网蝽防灾减灾技术

（七）茶角胸叶甲防灾减灾技术

（八）茶棍蓟马防灾减灾技术

一 茶叶非生物灾害防灾减灾技术

（一）茶树高温热害防灾减灾技术

1. 发生特点

多发生于盛夏季节，即使土壤不缺水，由于持续强烈的太阳辐射能形成持续高温，引起茶园空气温度过高、湿度过低，即形成大气干旱。大气干旱会加速茶树叶片水分蒸发和蒸腾，导致茶树生理性缺水，对茶树产生高温热害，同时会引起或加重土壤干旱。通常气温持续几天在35 ℃以上时，茶树生长便会受到抑制，叶片会出现灼伤甚至明显枯萎落叶现象。这种灾害在夏秋季持续高温少雨时段尤其容易发生，且通常会与旱害一起危害茶树。

2. 典型症状

茶树遭受热害后，树冠面的嫩梢首先出现萎蔫，幼芽、嫩叶卷缩弯曲。随着热害程度的逐渐加深，茶树的芽叶被灼伤，出现失绿、焦斑，叶色逐渐枯黄，幼叶易脱落；接着成叶开始逐渐变红，从主脉的中、基部及叶尖逐渐扩大，叶色由黄变红继而变成褐色，数日后整叶焦枯并内卷，甚至脱落，严重时整株茶树干枯死亡。茶树轻度、中度、重度高温热害症状见图 5-1。

a.轻度高温热害：嫩梢首先出现萎蔫，幼芽、嫩叶卷缩弯曲，芽叶被灼伤

b.中度高温热害：成叶开始逐渐红变，叶色由黄变红褐色，整叶焦枯内卷

c.重度高温热害：叶片脱落，部分枝条枯死，甚至整株茶树死亡

图 5-1　茶树高温热害症状

3. 防控措施

(1)茶树高温热害的预防技术措施

①茶园行间铺草覆盖。有草源的茶园，可在茶园行间铺草或秸秆来保持土壤水分，降低土壤温度，各种杂草、秸秆均可使用。铺草量以 1000～1500 kg/亩为宜，厚度 5～10 cm。草料来源可用割山草和杂草办法解决，或者采用农家的稻草、麦秆、豆秸、蔗渣、木屑和茶园的修剪枝叶等，这些均是良好的有机覆盖材料。

②植树种草，提高植被覆盖度。在茶园四周的路边、沟渠旁及空地上植树种草，营造防护林带，为茶树生长创造良好的生态环境。在裸露度高的茶行中间作三叶草等豆科类植物、鼠茅草等良性草本植物，增加地面植被覆盖度，以降低土壤温度、保水蓄水，提高茶树对土壤水分的有效利用率，尤其对幼年茶园效果显著。

③深耕改土，增施有机肥料。对丘陵山区土层浅、质地差的红壤茶园，应提前进行深耕改土，并结合增施有机肥料。深耕深度一般在 20 cm 以上，每亩施用有机肥 1～2 t，施肥沟深度

在 30 cm 左右，这样可以加深和活化耕层土壤，改善土壤理化性状，增强土壤水分入渗和保水能力。深耕时间应在雨季或雨季之前进行，这有利于保水蓄水。进入高温旱季不宜深耕，否则会增加土壤水分的气化消失。

④做好病虫害防控。夏季茶小绿叶蝉、黑刺粉虱和茶棍蓟马等虫害进入高发期，平时需要加强病虫害的防控工作。可选用数字诱虫板诱杀，悬挂高度以在蓬面上方 20 cm 为宜，放置 2～3 周即可清理出茶园。诱虫板宜在茶园修剪后使用。使用诱虫灯诱杀茶毛虫等鳞翅目害虫成虫的，光源应高于蓬面 40～60 cm，每天日落后工作 3 h 为宜；害虫密度较高时，宜采取生物或化学措施及时防控，以避免茶树遭受病虫为害，保证茶树长势良好。

(2)茶树高温热害的减灾技术措施

①进行茶园遮阴。采用搭架等方式对茶园用遮阳网遮阴，减少光照强度，缓解高温，遮阳网要高出茶树 50 cm 以上，避免紧贴茶树，造成烫伤。

②及时进行茶园灌溉。有充足水源的茶园地块，在盛夏高温干旱季节对茶园进行灌溉，可有效缓解茶树的高温热害。灌溉要在早晨或晚上进行。

③适时进行茶树修剪。结合当地气象预报，待高温基本缓解、茶园土壤恢复湿润状态后，对于枝干无受损的茶树，可不修剪，重在留枝养蓬；对于重度受害茶树，则在枝条枯死部位以下 1～2 cm 处将已枯死的枝条剪去。修剪时间宜在高温干旱缓解后立即进行。

④加强肥培管理。在高温干旱缓解，茶树恢复生长后立即追施肥料：成龄生产茶园每亩施用 10～20 kg 茶树专用复合肥(18-8-12)，幼龄茶园每亩施用 5～10 kg 复合肥(15-15-15)。于 10 月底前每亩茶园再施用 100～200 kg 菜籽饼或 1 t 完全发酵的动物源有机肥料，开 15～20 cm 深沟施用。

⑤做好秋梢留养。受害茶园无论是否进行了修剪，秋季均需要重视秋梢留养。在秋末茶树停止生长后，对于尚嫩绿的茶芽宜进行一次打顶或轻修剪，防止嫩梢过冬。

4. 应用区域

适用于长江中、下游两岸，江北、江南等茶叶主产区。

5. 依托单位

中国农业科学院茶叶研究所，石元值，0571-86650542。

（二）茶树夏季高温干旱防灾减灾技术

1. 发生特点

在长江中、下游两岸，江北、江南等茶区，夏季常会受太平洋副热带高压的影响，当副热带高压的分裂小高压中心长时间盘踞在茶区的上空时，会形成高温、无雨、干燥的伏旱天气，而如果茶园又缺乏灌溉条件，土壤缺水，就会导致茶树水分亏缺、生理代谢失调而形成旱害，且通常伴随着热害及日灼病的发生。高温旱害多发生在每年的 7 月与 8 月。其危害顺序通常表现为先叶肉后叶脉，先叶片后顶芽嫩茎，先成叶后老叶，先地上部后地下部。通常大叶种比小叶种易受旱，幼龄茶树比壮龄茶树易受旱，台刈、重修剪茶树抽发的新枝易受旱，南坡茶园比北坡茶园易受旱，低洼地茶园比平地茶园易受旱，土质黏重或沙质的茶园易受旱。

2. 典型症状

茶树遭受长时间的高温、无雨或少雨和强光照射，在土壤干旱及大气干旱共同作用下，茶树芽叶的生长受阻，由于叶片水分的转移特性，茶树叶片先出现赤红焦边、焦斑，向内部和基部扩展，叶片危害区域与尚未危害的区域界限分明。随着干旱的日益严重，叶片逐渐枯焦，随后脱落，枝条干枯甚至整株茶树死亡(图 5-2)。

a.轻度受害茶园：受害茶树仅部分叶片出现变色、枯焦，枝条上部芽叶仍呈现部分绿色

b.中度受害茶园：受害茶树多数叶片枯焦或脱落，但枝条顶端叶片或茶芽尚未完全枯死

c.重度受害茶园：受害茶树叶片枯焦脱落，蓬面枝条枯死，甚至整株死亡

图 5-2　茶树夏季高温干旱灾害症状

3. 防控措施

1）茶树高温干旱的预防技术措施

(1)修筑渠塘，及时灌溉抗旱　丘陵山区茶园，宜利用有利小地形，修筑水沟、渠道、蓄水池和山塘，扩大排、蓄水能力。雨水集中时，可阻截上坡径流并能及时将雨水排出茶园，中、小雨时，可起到保水蓄水作用。同时，应积极创造条件，在水源丰富地区，夏秋旱季，当茶园耕层土壤相对含水率降到 70 %左右，或者日平均气温达 28 ℃且有 7～10 d 不下雨时，采用喷灌或地面沟灌等灌溉方式，及时对受旱茶园进行灌溉补水。灌溉要在早晨或晚上进行。

(2)浅耕锄草，铺草覆盖　旱季来临前，对茶园进行浅耕锄草，可以减少土壤水分蒸发。同时，在有草源条件的茶园在茶行间实行铺草覆盖，既可防止水土流失，减少杂草生长，降低土壤温度，又可增强土壤生物种群活动，提高土壤有机质养分含量。茶园铺草覆盖每亩用干草 1 t 左右，铺草厚度 5～10 cm。草料来源可用割山草和杂草办法解决，或者采用农家的稻草、麦秆、豆秸、蔗渣、木屑和茶园修剪枝叶等，这些均是良好的有机覆盖材料。

(3)植树种草，提高植被覆盖度　在茶园四周的路边、沟渠旁及空地上植树种草，营造防护林带，为茶树生长创造良好的生态环境。在裸露度高的茶行中间作三叶草等豆科类植物、鼠茅草等良性草本植物，增加地面植被覆盖度，以降低土壤温度、保水蓄水，提高茶树对土壤水分的有效利用率，尤其对幼年茶园效果显著。

(4)深耕改土，增施有机肥料　对丘陵山区土层浅、质地差的红壤茶园，应提前进行深耕改土，并结合增施有机肥料。深耕深度一般在 20 cm 以上，每亩施用有机肥 1～2 t，施肥沟深度在 30 cm 左右，这样可以加深和活化耕层土壤，改善土壤理化性状，增强土壤水分入渗和保水能力。深耕时间应在雨季或雨季之前进行，这有利于保水蓄水。进入高温旱季不宜深耕，否则会增加土壤水分的气化消失。

2）茶树高温干旱的减灾技术措施

(1)及时进行茶园灌溉　有充足水源的茶园地块，在盛夏高温干旱季节的早晨或晚上对茶园进行灌溉，可有效缓解茶树的高温干旱灾害。

(2)进行茶园遮阳　采用搭架等方式对茶园用遮阳网遮阳，减少光照强度，可有效缓解高温，减少水分蒸发与蒸腾，从而缓解干旱。遮阳网要高出茶树 50 cm 以上，避免紧贴茶树，造成烫伤。

(3)适时进行茶树修剪　结合当地气象预报，待高温基本缓解、茶园土壤恢复湿润状态后，对于枝干无受损的茶树，可不修剪，重在留枝养蓬；对于重度受害茶树，则在枝条枯死部位以下 1～2 cm 处将已枯死的枝条剪去，修剪时间宜在高温干旱缓解后立即进行。

(4)加强肥培管理　在高温干旱缓解，茶树恢复生长后立即追施肥料：成龄生产茶园每亩施用 10～20 kg 茶树专用复合肥(18-8-12)，幼龄茶园每亩施用 5～10 kg 复合肥(15-15-15)。于 10 月底前每亩茶园再施用 100～200 kg 菜籽饼或 1 t 完全发酵动物源有机肥料，开 15～20 cm 深沟施用。

(5)做好秋梢留养　受害茶园无论是否进行了修剪，秋季均需要重视秋梢留养。在秋末茶树停止生长后，对于尚嫩绿的茶芽宜进行一次打顶或轻修剪，防止嫩梢过冬。

4. 应用区域

适用于长江中、下游两岸，江北、江南等茶叶主产区。

5. 依托单位

中国农业科学院茶叶研究所，石元值，0571-86650542。

（三）茶树越冬期低温冻害防灾减灾技术

1. 发生特点

茶树越冬期的极端低温天气会对茶树形成低温冻害，因此需要及时做好防范工作。越冬期的低温冻害主要有冰冻、风冻(干冻)、雪冻 3 类。

冰冻是指越冬期持续低温阴雨，在地表结冰的天气条件下，低温造成茶树体细胞间的自由水结冰，引起细胞收缩、细胞内的水分逐渐向外渗透并结成冰晶，细胞浓度不断增大，原生质脱水变质而凝固，导致细胞死亡。冰冻灾害多发生在茶树越冬期遭遇持续低温阴雨、土壤结冰的天气条件下，茶叶由于蒸腾失水过多而出现冻害，受害叶呈赤枯状，而土壤结冰会使茶苗根部松动，细根拉断干枯死亡。通常树冠的顶端枝梢和叶片易受冰冻，受害 1～2 d 后叶片变为赤褐色(图 5-3a)。

风冻(干冻)多发生于每年的 11 月至翌年 1 月，受强冷高压影响下的茶园不仅受到冻害，还常会受到旱害。在寒潮降临之际气温剧降，加上 4 级以上干冷风吹袭，导致茶树体内水分失衡，形成生理性干旱。风冻通常与冬旱相伴随。在干旱的环境下，茶树抗寒能力减弱，从而加重受冻的程度。风冻初期，叶片青枯并卷缩，继而变成黄褐色，随后脱落，严重时茶树枝条干枯裂开(图 5-3b)。

雪冻对茶树的危害一方面是积雪过厚，树冠出现积雪压枝的情况，使得部分留着长枝的树型或乔木型茶树的枝条折断受损所形成的灾害；另一方面是雪后融雪过程中形成的昼化夜冻，形成茶树体和土壤结冰解冻再结冰的雪灾冻害现象，使茶树体部分细胞被破坏，造成茶树冻害，受冻部位大部分出现在树冠上部，向阳面受害通常较重(图 5-3c)。

2. 典型症状

茶树在受冻时通常顶部枝叶首先受冻，幼叶受冻自叶尖、叶缘开始蔓延至中部。成叶失去光泽、卷缩、焦枯，并容易脱落，雨天吸水，由卷缩而伸展，叶片吸水呈肿胀状，后发展到茎部枝

a.冰冻灾害　　b.风冻灾害　　c.雪冻灾害

图 5-3　茶树冻害症状

叶干枯，幼苗主干基部树皮开裂。在极度严寒情况下，根部开始枯死。各级茶树冻害典型症状见图 5-4。

a.冻害1级：枝梢或叶片尖端、边缘受冻后变成黄褐色或紫红色　　b.冻害2级：成叶受冻失去光泽变成赤褐色，上部芽转暗褐色　　c.冻害3级：枝梢出现干枯并向下枯死，叶片枯绿无光逐渐凋零　　d.冻害4级：叶片凋零，茎基部自下而上出现纵裂，当年新枝逐渐干枯　　e.冻害5级：叶片全部枯萎、凋零，甚至植株枯死，根系变黑

图 5-4　各级茶树冻害典型症状

3. 防控措施

1）茶树越冬期低温冻害的预防技术措施

（1）地形及茶树品种选择　在新茶园建设时需要考虑茶园冻害发生风险，宜选择背风向阳的山坡地带，避开风口地块及低洼盆地的地块，以降低低温冻害发生概率。同时在种植茶树时宜评估当地的气候环境特征，选择抗寒能力强的品种来提高茶树抵御低温冻害的能力。

（2）营造防护林带　平时应根据冬季风向等有目的地在茶园外围营造防护林带，以便阻挡寒流袭击并扩大背风面，改善茶园小气候，这是长期有效的保护措施。防护林带方向最好垂直于冬季寒风方向，以便更有效地降低寒风的危害。

（3）营造复合生态茶园管理模式　营造茶园乔-灌-草复合生态管理模式，在茶园四周的路边、沟渠旁及空地上植树种草，在裸露度高的茶行中间作绿肥，如三叶草等豆科类植物、鼠茅草等良性草本植物，增加地面植被覆盖度，提高茶园土壤的保水蓄水能力，保持土壤温度的稳定，提高茶树对低温冻害的抵御能力，尤其对幼年茶园效果显著。

（4）深耕培土　合理地深耕可促进茶树根系向土壤下层伸展，增强抗寒能力。对于根系裸露较多的茶园，适当的培土除可以保温外，也有利于减少土壤水分蒸发，保存根部的土壤水分，因而有一定的防冻作用。

2）茶树越冬期低温冻害的减灾技术措施

（1）及时做好排水防护　根据当地气象预报信息，对于伴随着雨雪天气的低温寒潮来临前，应及时将茶园中的积水排净，以防止土壤和根系结冰受冻。

（2）设立风障防护　对于伴随着大风的低温天气，可在茶园北面、西面风口处搭建风障，风障的材料一般以稻草帘等为最佳，也可以使用塑料薄膜、多层遮阳网等，以降低风冻风险。

（3）做好树冠防护工作　可根据当地气象预报信息，在茶树遭遇低温冻害前，在成龄茶园的茶树蓬面采用无纺布、编织袋、薄膜或遮阳网直接覆盖，采用高出蓬面 10～20 cm 的架棚覆盖效果更好；也可用稻草、作物秸秆、松枝等材料覆盖，对极端低温的防护效果也较好。但覆盖时间不能过长，低温寒潮结束即需移除覆盖物。茶园如遇突降大雪，则需要及时用吹雪机或扫帚、木条等清理掉茶树树冠上的积雪，防止积雪压断生产枝。如在春季茶树发芽期遇到降雪，更需要在积雪融化前将树冠面上的积雪清理掉，以防融雪时吸热而冻坏茶树新梢。

（4）进行冬季茶行铺草　茶园行间铺草对茶树抵御越冬期低温冻害有较好的效果，既可防止土壤冻结，也可提升茶园土壤温度。在低温来临之前，用稻草或野草覆盖茶行土壤，能提高地温 1～2 ℃，从而减轻冻害，并有效降低冻土深度，保护茶树根系不会因冻害而枯萎死亡。覆盖可选用稻草、麦秆、豆秸、油菜秆、绿肥、麦壳、豆壳、菜籽壳和落叶、树皮、木屑等，均匀摊放在茶树行间，覆盖不能太薄，一般在 10 cm 以上，以不露土为宜。

（5）重施茶园有机肥　茶园秋末冬初应重施基肥，以提高茶树的养分储备。基肥应以有机肥为主，适当配用磷肥、钾肥，做到早施、重施、深施。

（6）适时进行茶园灌溉　秋末冬初施足茶园有机肥后，在晚间或霜冻发生前的夜间进行灌溉，灌足越冬水，辅之行间铺草，是有效的抗冬旱防冻技术。

（7）适时进行茶树修剪　在翌年 2 月中下旬，对于受冻严重的茶树，可在枯死部位以下 1～2 cm 处将已枯死的枝条剪去，为新芽萌发做准备。

4. 应用区域

适用于全国各茶叶主产区。

5. 依托单位

中国农业科学院茶叶研究所，石元值，0571-86650542。

（四）茶叶萌芽期倒春寒防灾减灾技术

1. 发生特点

倒春寒是长江以南茶区最为常见的春季冻害之一，一般多指早春季的某个日平均气温 0 ℃以上的时期内，突然受冷空气的影响，夜间地面或茶树表面温度急剧下降到 0 ℃以下，导致茶树叶面结霜，或虽无结霜但引起茶树受害或局部死亡的现象。尤其是 3 月至 4 月上旬茶芽萌发期间的晚霜冻对茶叶生产影响较大，此时茶芽萌发若遭遇晚霜冻，轻则造成芽叶焦灼，重则造成已萌发的芽叶成片焦枯，严重影响名优茶的质量和产量。其冻害的发生与危害程度在很大程度上取决于气象条件、茶园地形条件及茶园管理等因素。倒春寒通常以晚霜冻为主，偶尔也有春雪出现，在采茶季对春茶生产产生较大的影响（图 5-5a，图 5-5b）。

2. 典型症状

茶树遭受倒春寒后，茶树的芽叶受冻情况可分为轻度、中度、重度及特重4个等级(图5-5c至图5-5f)。轻度冻害表现为：新芽叶尖首先受冻变成褐色、略有损伤，随后嫩叶出现“麻点”“麻头”、边缘变红、叶色呈黄褐色；中度冻害表现为：新芽叶尖受冻变褐色面积占50%以下，叶尖发红，从叶缘开始蔓延到叶片中部，茶芽不能开放，嫩叶失去光泽、芽叶焦灼、卷缩；重度冻害表现为：新芽叶尖受冻变褐色面积占50%～75%，叶片卷缩干枯，遇风叶落；特重冻害表现为：新芽叶尖受冻全变褐色、成片芽叶焦枯；新梢和上部枝梢干枯，枝条裂开。

a.晚霜冻倒春寒冻害　b.早春雪冻害　c.早春倒春寒轻度冻害

d.中度冻害　e.重度冻害　f.特重冻害

图5-5　茶树冻害及各级冻害症状

3. 防控措施

(1)蓬面覆盖防冻　可根据当地气象预报信息，在倒春寒来临前，在成龄茶园的茶树蓬面采用无纺布、编织袋、多层薄膜或多层遮阳网直接覆盖，但在霜冻发生后需要及时移除。如能采用高出蓬面20～50 cm的架棚覆盖则效果更好。

(2)喷水防冻　具备喷灌条件的茶园，当气温下降至0 ℃左右时，可在融霜前开启喷灌系统向茶树喷水，将树冠叶子上的霜冲掉，以有效防止冻害。

(3)吹风防霜　规模化茶园可以安装防霜机，在霜冻来临时开机吹风，扰动近地逆温层空气，将茶园上空暖空气吹向茶树冠层，可有效提高树体表层温度，从而避免或减轻霜害。

(4)适时修剪　茶树受冻害较轻，则可不予修剪；受冻程度达到中等程度时，可进行轻修剪，将上部受冻枝叶剪除；如受冻程度较重，则需要采用深修剪甚至重修剪重塑树冠。

(5)及时追施肥料　茶树受倒春寒后需要及时追施复合肥，并配合中耕松土，以促进茶树吸收养分，快速恢复长势。

4. 应用区域

适用于全国各茶叶主产区。

5. 依托单位

中国农业科学院茶叶研究所，石元值，0571-86650542。

（五）茶叶洪涝灾害防灾减灾技术

1. 发生特点

近年来，随着全球气候变化加剧，洪涝灾害越发频繁且难以预测。特别是我国南方省份夏季季风气候显著，在低洼丘陵地带茶园以及平地茶园，易发生洪涝灾害。

2. 典型症状

因雨水过多，茶园地表积水等造成氧气供给不足，茶树根系呼吸困难，水分、养分的吸收和代谢减慢，从而阻碍茶树的生长发育。轻度涝害的茶树叶片变黄，分枝稀少，植株矮小、衰败，地下部吸收根减少，根皮颜色由红棕色逐渐转为灰黑色，根层浅，侧根发育不良，向上生长。重度涝害会导致茶树根系变黑、脱皮、腐烂，芽叶萎缩，枝条出现灰枯死亡现象，茶树地上部叶片自然脱落（图 5-6）。

图 5-6　茶园涝灾症状

3. 防控措施

采取以监测预警预报、开沟排水、清理茶园和修剪茶树为核心的应急管理技术措施。

（1）灾前预防　及时关注天气预报，暴雨前检查茶园排灌沟渠，确保排水正常。缺少排水沟渠的茶园，应在园内及四周抢挖排水沟，低洼或地下水位过高的茶园，需开挖 1 m 以上深沟排水。适采茶园应组织抢采抢制，减轻损失。

（2）排除地表水　洪涝灾害后的茶园要尽快排除积水，降低土壤湿度和环境湿度，严防茶树长时间浸泡引起死根烂根。对于抗涝能力弱的幼龄茶园，宜用水泵直接抽水，及时开沟排水，清沟排渍，减轻渍害、涝害的影响。

（3）清理茶园杂物　洪涝灾害后，尽快清除茶园树冠上的污泥杂物，保持树冠清洁卫生（图 5-7a）。挖除堆积在茶树下的泥土泥沙。要扶正倒伏树体，培土覆盖根系，保护茶苗直立成活。

（4）修剪茶树　对水淹时间过长、伤根严重、叶片出现明显枯萎症状的茶树，在表土干燥后，应进行重修剪或深修剪，减少水分蒸发和养分消耗，防止整株死亡。修剪后的茶园可进行遮阳处理，减轻灾后天晴阳光直射，避免茶树被灼伤（图 5-7b，图 5-7c）。

（5）浅耕松土　天晴后 2 天，应进行浅耕，辅助锄草、培蔸、松土等措施。另外，浅耕松土必须及时，要求在雨停后 1 周内完成（图 5-7d）。

（6）补充养分　洪涝灾害后，茶树根部受损严重，对肥料吸收减弱，不宜进行根部施肥，可选用 0.1%～0.2% 的磷酸二氢钾、尿素以及叶面肥等进行根外追肥。每隔半个月左右喷一次，连喷 2～3 次，待树势复壮后，再施饼肥或尿素进行根部追肥。灾后修剪的茶园，在施有机肥的同时可搭配施用茶园专用复合肥，每亩施有机肥 200～300 kg，搭配 15～20 kg 的复合肥。

（7）防治病虫害　洪涝灾害后，茶园要加强对茶小绿叶蝉、茶尺蠖、灰茶尺蠖等主要害虫的预测预报，落实绿色防控措施。

a.清除污泥　b.深修剪　c.重修剪与遮阳　d.浅耕松土

图 5-7　茶园涝灾防控措施

4. 应用区域

适用于全国茶叶主产区。

5. 依托单位

广东省农业科学院，黎健龙，020-38797942。

二　茶叶生物灾害防灾减灾技术

（一）茶饼病防灾减灾技术

1. 发生特点

茶饼病属低温高湿型真菌病害，传播途径广，增殖速度快，在山区茶园普遍发生。尤其在低温多雾、湿度大、日照少的环境下为害较重。5 月与 10 月是暴发流行的 2 个高峰期。发病严重时整个茶蓬嫩叶呈焦枯状，病叶逐渐凋谢脱落。病芽叶制成的干茶味苦易碎。

2. 典型症状

茶饼病典型症状是在叶片形成圆形疱斑。发病初期，病叶上出现青白色、淡黄色或粉色半透明凸起或凹陷小点。发病中期，病斑部位逐渐黄化或呈红褐色，形成直径 3.0～12.5 mm 的圆形疱斑，背面凸起且表面产生灰白色霉层。发病后期，病斑部位逐渐枯萎至黑褐色，霉层逐渐消失，病斑萎缩，凹凸部位变得较为平整，病叶扭曲（图 5-8）。

3. 防控措施

采取以科学施药为核心的绿色防控技术。

（1）科学施药　依据往年茶饼病发生情况，在春秋两季的发病前期或初期，间隔 7～10 d、连喷 2 次 75%百菌清可湿性粉剂（500～700 倍液）、25%吡唑醚菌酯悬浮剂（750～1500 倍液）或 10%苯醚甲环唑水乳剂（1000 倍液）等化学农药，也可连喷 2 次 3%多抗霉素可湿性粉剂（300 倍液）或 1%申嗪霉素悬浮剂（300～500 倍液）等生物农药。

（2）农业措施　合理施用氮、磷、钾肥，避免偏施氮肥，增强树势，提高茶树的抗病力。及时修剪，增强茶园通风透光，减少荫蔽程度，降低园内湿度。土壤湿度大的地区，注意开沟排水，降低田间湿度。秋冬季，喷施 45%石硫合剂晶体（200 倍液）或 99%矿物油乳油（100 倍液）进

a.初期黄绿疱斑　b.初期粉红疱斑　c.中期叶背白色疱斑　d.后期黑色疱斑

图 5-8　茶饼病症状

行封园。封园时，需全园喷透，亩药液用量为 70 L。

(3)注意事项　严格遵守药剂使用安全间隔期制度。

4. 应用区域

适用于全国各茶饼病发生茶区。

5. 依托单位

①湖南省农业科学院，周凌云，0731-84627189。

②中国农业科学院茶叶研究所，蔡晓明，0571-86656597。

(二)茶白星病防灾减灾技术

1. 发生特点

茶白星病属低温高湿型真菌病害。该病在高海拔茶区春秋季发生普遍，一般在 3 月下旬开始发生，4 月上旬至 6 月上旬暴发流行，9—10 月再次集中发生。茶白星病主要为害茶树新梢，且发生时期与春茶采摘期基本相同，可致茶园减产 10%～50%。病芽叶制成的干茶味苦带腥味。

2. 典型症状

发病初期，幼嫩芽叶上病症呈针头状褐色小点，后逐渐扩散至直径为 1～2 mm 的灰白色圆斑，呈疮痂状，并散生黑色小点，边缘有暗褐色至紫褐色隆起线，外围有淡黄色晕圈。发病后期，单叶病斑达几十至数百个，紧密排列呈长条状或不规则形大斑，致使叶片扭曲或畸形，并逐渐干枯、破裂穿孔(图 5-9)。

3. 防控措施

采用科学施药为核心的绿色防控技术。

(1)科学施药　春季茶芽萌动时，施用 2%氨基寡糖素水剂 200 倍液 1 次，提高茶树抗病性。秋季发病前期或初期，间隔 7～10 d，连喷 2 次 10%苯醚甲环唑乳油(1000 倍液)、30%吡唑醚菌酯悬浮剂(2000～3000 倍液)等化学农药，也可连喷 2 次 1%申嗪霉素悬浮剂(300～500 倍液)或 3%多抗霉素可湿性粉剂(300 倍液)等生物农药，进行秋季茶白星病发生防治并降低病菌越冬基数。

a.嫩叶红色斑点　　b.成叶白色斑点　　c.叶脉黑色斑点　　d.茎秆白色斑点

图 5-9　茶白星病症状

(2)农业措施　适当增施有机肥、磷钾肥,增强树势。常年发生严重的茶园可 2 年进行 1 次深修剪。秋冬季,喷施 45%石硫合剂晶体(200 倍液)或 99%矿物油乳油(100 倍液)进行封园。封园时,需全园喷透,亩药液用量为 70 L。

(3)注意事项　施药后,严格遵守采收安全间隔期制度。春季茶白星病发生与春茶采摘重合,不宜喷施化学药剂进行防治,需及时采摘。

4. 应用区域

适用于全国各茶白星病发生茶区。

5. 依托单位

①湖南省农业科学院,周凌云,0731-84627189。

②中国农业科学院茶叶研究所,蔡晓明,0571-86656597。

(三)茶小绿叶蝉防灾减灾技术

1. 发生特点

茶小绿叶蝉是我国茶园为害最严重的一类害虫,在国内各茶区均有发生。卵产于茶树幼嫩组织中,新月形,长约 0.8 mm,乳白至淡绿色。低龄若虫,乳白色,随成长渐转淡绿色。高龄若虫,淡绿色至草绿色(图 5-10)。成虫长 3.1～3.8 mm,淡绿至黄绿色。1 年发生 9～17 代,其发生规律受气候的影响呈现单峰或双峰型。大部分茶区为双峰型,第一峰在 6 月,主要为害夏茶;9—10 月为第二峰,主要为害秋茶,以第一峰为害较重。山东茶区或高山茶园,虫口发生高峰自 6 月中下旬一直持续到 9 月底,全年呈单峰型。

2. 典型症状

茶小绿叶蝉以若虫和成虫刺吸茶树幼嫩芽叶,严重影响芽梢生长,致使茶叶产量和品质下降。芽梢受害后的 1～4 级变化如下:1 级,芽叶呈湿润状,晴日午间暂时凋萎(图 5-11a);2 级,叶脉乃至叶缘变红暗(图 5-11b);3 级,叶尖、叶缘开始扭卷焦枯;4 级,焦枯向全叶扩展,芽梢一片红褐似火烧(图 5-11c)。

a.成虫　　b.低龄若虫　　c.高龄若虫

图 5-10　茶小叶蝉

a.失水期　　b.红脉期　　c.焦边期

图 5-11　小绿叶蝉为害茶叶状

3. 防控措施

采取以精准物理诱杀和科学用药为核心的绿色防控技术。

（1）精准物理诱杀　春茶结束深剪或重修剪后，立刻悬挂天敌友好型的黄红双色诱虫板，每亩悬挂 25～30 块，可有效压低第一峰虫口。诱虫板下沿要高于茶树蓬面 15～20 cm，悬挂 2～3 周后及时清除。

（2）科学用药　夏茶、秋茶若虫虫口每百叶分别达 6 头、12 头时，及时喷施 24%虫螨腈悬浮剂 1500～2200 倍液、50 g/L 双丙环虫酯可分散液剂 2000 倍液、30%唑虫酰胺悬浮剂 2000 倍液或 15%茚虫威乳油 1800～3000 倍液等高效低水溶性化学药剂进行应急防控。为保障饮茶者健康，不建议使用吡虫啉、啶虫脒、呋虫胺、噻虫胺、噻虫嗪等高水溶性化学农药。有机茶园可选择 5%天然除虫菊素水乳剂 900～1000 倍液进行防治，发生严重时需间隔 5～7 d，连喷 2 次。

（3）农业防治　及时分批勤采或修剪，带走虫源和食料。

（4）注意事项　鲜叶采收要严格遵守农药安全间隔期要求。

4. 应用区域

适用于我国茶小绿叶蝉发生的各产区。

5. 依托单位

重庆市农业科学院茶叶研究所，王晓庆，023-85382949。

（四）灰茶尺蠖、茶尺蠖防灾减灾技术

1. 发生特点

灰茶尺蠖、茶尺蠖形态相似且存在种内形态多样性，区分困难。灰茶尺蠖在我国各茶区均有分布，是我国茶园首要鳞翅目害虫。茶尺蠖仅发生于江苏、浙江、安徽 3 省邻近区域。两种害虫一般年发生 5～6 代，以蛹在树冠下表土内越冬。翌年 3 月，成虫羽化产卵。第一代幼虫，4 月中下旬盛发。全年以 7—9 月夏秋茶期间受害最重。

2. 典型症状

两种害虫均以幼虫取食嫩叶和成叶。成虫体长约 10 mm，翅展约 25 mm，触角线形（图 5-12a、图 5-12b）。翅面多灰褐色，偶尔为黑色。卵，青绿色，椭圆形，长约 0.8 mm、宽约 0.5 mm。数十粒至百粒卵构成卵块，并稀覆白色絮状物。蛹，长椭圆形。幼虫龄期为 4 龄或 5 龄。1 龄幼虫，身体呈灰黑色、各体节均有白色斑点，取食叶肉，残留表皮（图 5-12c、图 5-12d）；4 龄和 5 龄幼虫，腹部第 2～4 节背面有菱形斑块，取食量大，可将叶片食至仅剩主脉或食光。大发生时可将茶树老叶、新梢、嫩皮、幼果全部食光，致茶丛光秃（图 5-12e）。

a.成虫　b.成虫　c.高龄幼虫和为害状

d.低龄幼虫和为害状　e.成片茶园为害状

图 5-12　尺蠖及为害状

3. 防控措施

采取以精准理化诱杀、高效生物防治为核心的绿色防控技术进行防治。按此技术操作，尺蠖中度、轻度发生区域，可做到尺蠖防治化学农药零使用。

(1)性诱杀　针对尺蠖发生种类,使用茶尺蠖或灰茶尺蠖的性诱剂;两种尺蠖混发区宜同时使用茶尺蠖性诱剂和灰茶尺蠖性诱剂。3 月初安置性诱剂。性诱剂配合船型诱捕器使用。根据往年发生数量,每公顷设置 30～60 套性诱捕器。诱捕时段为 3—10 月底,60～90 d 更换一次性诱剂,同时及时更换诱捕器和粘虫板。

(2)精准物理诱杀　采用发光光谱峰值为 385 nm 和 420 nm 的 LED 灯管,作为茶园杀虫灯光源。平、缓坡地茶园每 1.2 hm^2 放置 1 台杀虫灯;山地茶园需适当加大杀虫灯安装密度。杀虫灯诱集光源应高于茶棚面 40～60 cm。3 月下旬开启,11 月关闭。为减少天敌误伤,每天日落后工作 3 h。

(3)高效生物防治　第 1、2 代幼虫 3 龄前,在发虫中心喷施茶核・苏云菌悬浮剂 300～500 倍液,控制后代幼虫发生。在 7—9 月的发生高峰期,使用短稳杆菌悬浮剂 500～700 倍液,防治两种尺蠖的幼虫。

(4)农业防治　结合秋冬季深耕施基肥,清除树冠下表土中的蛹,降低越冬基数。

(5)化学防治　幼虫 3 龄前,可喷施 24%虫螨腈悬浮剂 1000～1500 倍液、1%甲氨基阿维菌素苯甲酸盐微乳剂 1000～1500 倍液等高效安全的化学药剂。为保障饮茶者健康,不建议使用吡虫啉、啶虫脒、呋虫胺、噻虫胺、噻虫嗪等高水溶性化学农药。

(6)注意事项　化学防治后,应严格遵守采收安全间隔期制度。

4. 应用区域

适用于我国有灰茶尺蠖、茶尺蠖发生的各茶区。

5. 依托单位

中国农业科学院茶叶研究所,蔡晓明,0571-86656597。

(五)茶毛虫防灾减灾技术

1. 发生特点

该虫分布遍及我国各产茶区,尤其是一些老茶园易间歇性大发生。1 年发生 2～5 代,以卵块在茶树中下部老叶背面越冬,各代发生较整齐,可为害春茶、夏茶和秋茶,具有发生范围广、群集性强、为害严重等特点。

2. 典型症状

成虫体长 6～13 mm,雄蛾翅棕褐色,雌蛾翅黄褐色。卵块椭圆形,含数十至百余粒卵(图 5-13a)。卵块上覆黄色绒毛。幼虫为 6 或 7 龄。1 龄幼虫,体密生黄色和白色细毛。2 龄幼虫,前胸气门上线显黑色毛疣(图 5-13b)。3 龄幼虫,1～2 腹节亚背线有黑绒球状毛疣。雌蛾产卵于老叶背面,幼虫孵化后群聚在老叶背面咬食叶肉,留上表皮与叶脉,呈半透明状网膜。3 龄起开始分群向上迁移,咬食叶片成缺口(图 5-13c)。该虫体表具毒毛,触及人体皮肤会红肿痛痒。

3. 防控措施

在虫情监测的基础上,采取以理化诱杀、生物防治为核心的绿色防控技术。

(1)理化诱杀　在成虫羽化期,进行灯光诱杀和性信息素诱杀。①精准物理诱杀。采用发光光谱峰值为 385 nm 和 420 nm 的 LED 灯管作为茶园杀虫灯光源,平坦、缓坡茶园每

a.卵　　b.群集幼虫　　c.为害状

图 5-13　茶毛虫及为害状

1.2 hm^2放置 1 台杀虫灯，山地茶园适当加大杀虫灯安装密度，诱集光源位于茶蓬上方 40～60 cm 处。3 月下旬开启，11 月关闭，每天日落后工作 3 h。②性诱杀。性诱剂配合船型诱捕器使用。每亩设置 3～4 套诱捕器，性诱剂高出茶蓬 20～30 cm。诱捕时段为 5—10 月。每 60 天更换一次性诱剂，并视诱捕的虫量及时更换粘虫板。

（2）生物防治　①释放天敌。成虫盛发期，每亩投放 10000～15000 头松毛虫赤眼蜂，或每亩均匀投放毒·蜂杀虫卡（每卡含赤眼蜂 3000 头）3 张至茶丛中下部。投放后 10 d 内避免使用化学药剂。②生物农药。低龄幼虫期，选用 32000 IU/mg 苏云金杆菌 1600～3200 倍液或 100 亿孢子/mL 短稳杆菌悬浮剂 500～700 倍液进行喷雾防治。可针对发虫中心进行挑治。

（3）化学防治　幼虫 3 龄前，可选用 15%茚虫威乳油 2500～3500 倍液、24%虫螨腈悬浮剂 1000～1500 倍液、10%联苯菊酯乳油 3000～5000 倍液或 10%氯氰菊酯乳油 2000～3500 倍液，进行喷雾防治。喷药时，要采取侧位细雾均匀喷施。为保障饮茶者健康，不建议使用吡虫啉、啶虫脒、呋虫胺、噻虫胺、噻虫嗪等高水溶性化学农药。

（4）农艺措施　在 11 月至翌年 2 月人工摘除越冬卵块。

（5）注意事项　鲜叶采收要严格遵守农药安全间隔期要求。

4. 应用区域

适用于全国茶叶产区。

5. 依托单位

湖北省农业科学院果树茶叶研究所，毛迎新，027-87770279。

（六）茶网蝽防灾减灾技术

1. 发生特点

茶网蝽个体小，可随风远距离传播，具有易暴发、易繁殖、易扩散的特点。若不进行防治，发生 2 年后茶园减产 50%以上。近年来，茶网蝽在陕西、四川、重庆、湖北、湖南等茶区发生严重，对当地茶产业绿色发展构成严重威胁。茶网蝽 1 年发生 2 代，以卵在茶丛下部叶片背部的组织内越冬。越冬卵于翌年 4 月至 5 月上中旬孵化，为害春茶；8 月下旬进入第二代若虫盛发期。第一代发生较齐，虫口密度大，为害严重。

2. 典型症状

成虫体长 3～4 mm，暗褐色，前胸发达，背板向前突出盖住头部，翅膜质透明，前胸背面和翅面满布网状花纹。卵长椭圆形，乳白色，覆有黑色有光泽的胶状物，一端稍弯曲，末端呈口袋状。初孵若虫乳白色，半透明，随成长渐转暗绿色，至老熟时黑褐色。

茶网蝽以成虫、若虫聚集于叶背刺吸汁液，受害叶片正面轻则出现零星的白色斑点，重则斑块密集，整株茶树灰白一片。同时叶片背面伴有大量黑点状黏性排泄物。茶网蝽为害严重时，茶树叶片脱落，茶叶生长减缓，茶树萌芽率、鲜叶重量明显减少(图 5-14)。

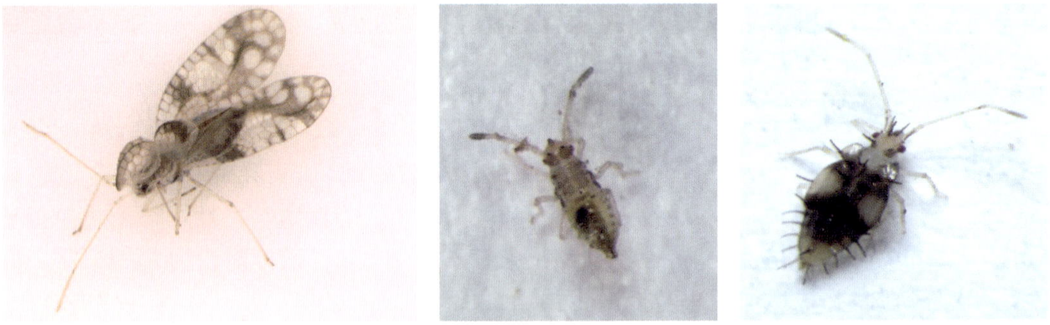

a.成虫　b.低龄若虫　c.高龄若虫

d.被害叶正面　e.被害叶背面　f.茶园被害状

图 5-14　茶网蝽及为害状

3. 防控措施

以科学的化学防控技术为核心，对茶网蝽进行高效、安全防控。

(1)高效施药技术　使用背负式机动弥雾机施药，可有效增加叶背着药量。施药时，蓬面、两侧中下部老叶均匀喷施药剂；亩用水量为 60 L。相对常规喷雾方法，该施药技术的防效可提升 30%。

(2)秋季高效安全化学防治　在 11 月，施用 10%联苯菊酯乳油 4500～6000 倍液(相对春季应急防治，用量提高 10 倍)1 次，翌年春茶期，防效在 90%以上，且春茶未检出联苯菊酯。

(3)春季应急化学防治　在茶网蝽若虫高峰期，喷施 10%联苯菊酯乳油 45000～60000 倍液、10%高效氯氰菊酯乳油 5000～7000 倍液或 20%甲氰菊酯乳油 10000～15000 倍液等高效低水溶性化学农药，防效均在 90%以上。为保障饮茶者健康，不建议使用吡虫啉、啶虫脒、呋虫胺、噻虫胺、噻虫嗪等高水溶性化学农药。

(4)其他防治技术　①生物防治。在茶网蝽若虫高峰期，可喷施 5%除虫菊素水乳剂

700～900 倍液。②农业防治。茶网蝽发生严重的茶园，可在春茶后重修剪，降低虫口基数。③物理防治。在茶网蝽成虫高峰期，可悬挂天敌友好型的红黄双色诱虫板诱杀成虫。

(5)注意事项　春季应急化学防治后，应严格遵守采收安全间隔期。

4. 应用区域

适用于陕西、湖北、湖南、四川、重庆、贵州等茶网蝽发生地区。

5. 依托单位

中国农业科学院茶叶研究所，蔡晓明，0571-86656597。

（七）茶角胸叶甲防灾减灾技术

1. 发生特点

近年来，该虫在我国南方茶区暴发成灾，主要分布于广东、福建、湖南、湖北等地，且发生范围逐步扩大。1 年发生 1 代，幼虫、蛹均生活在土中，以幼虫越冬。4 月上中旬开始化蛹，4 月下旬成虫羽化出土。5 月中旬至 6 月中旬是成虫盛发期，为害春茶和夏茶，严重影响鲜叶产量和品质。

2. 典型症状

成虫棕黄色，触角线形，密生细毛，前胸宽大于长，刻点较大而密，排列不规则(图 5-15a)。卵长椭圆形，初为淡黄色，近孵化前转金黄色。幼虫呈“C”字形，头棕黄，体乳黄白色，多横皱，体侧具疣突(图 5-15b)。蛹，头淡黄，复眼棕红，体乳白色，体表散生淡黄色细毛，腹末有 1 对长而稍弯的巨刺(图 5-15c)。成虫羽化后，爬至叶背部取食，咬食叶片成众多直径 2 mm 左右的圆孔。严重时，叶片千疮百孔，破烂不堪(图 5-15d)。

a.成虫　b.幼虫　c.蛹　d.为害叶片状

图 5-15　茶角胸叶甲及为害状

3. 防控措施

目前针对茶角胸叶甲还缺乏高效的绿色防控技术，主要以化学防治为主。

(1)化学防治　加强虫情监测，掌握好防治时机。成虫盛发期，选用 10%虫螨腈悬浮剂 1000 倍液、5%高效氯氟氰菊酯微乳剂 2500～3000 倍液或 10%联苯菊酯乳油 1500～1800 倍液进行防治。茶树蓬面、侧面需均匀喷雾，亩用水量 60 L。宜采用静电喷雾施药。一般每 7～10 d 施药 1 次，连续用药 2～3 次。注意轮换用药，避免产生抗药性。为保障饮茶者健康，不建议使用吡虫啉、啶虫脒、呋虫胺、噻虫胺、噻虫嗪等高水溶性化学农药。

(2)生物防治　幼虫和蛹期,可结合秋季深耕施肥,在距离茶树根际 25～30 cm 处开沟,沟深 15～20 cm,每亩施用 400 亿/g 球孢白僵菌可湿性粉剂 2 kg。施用白僵菌后及时进行灌溉保湿。成虫发生初期,间隔 7～10 d,连喷 2 次 1.5%除虫菊素水乳剂 250 倍液进行防治。也可在成虫发生初期且阴雨天湿度较大时,喷施 1 次 400 亿/g 球孢白僵菌可湿性粉剂 450 倍液。

(3)物理防治　成虫羽化盛期前,悬挂天敌友好型的黄红双色诱虫板。色板悬挂在茶丛侧面下部,色板下沿距地面 20～30 cm。每亩悬挂 30～50 张。

(4)农业防治　加强植物检疫,防止随茶苗调运、跨区域采收鲜叶而造成扩散传播。结合秋冬施基肥,翻耕土壤杀灭幼虫,压低越冬虫口数量。

(5)注意事项　鲜叶采收要严格遵守农药安全间隔期要求。

4. 应用区域

适用于湖北、湖南、江西、福建、广东等茶角胸叶甲发生的茶区。

5. 依托单位

湖北省农业科学院果树茶叶研究所,毛迎新,027-87770279。

(八)茶棍蓟马防灾减灾技术

1. 发生特点

近年来,茶棍蓟马在我国大部分茶区严重发生,不仅影响茶树长势和茶叶品质,甚至可造成无茶可采。茶棍蓟马世代重叠现象严重,以成虫越冬或无明显越冬现象。茶棍蓟马一般盛发期为 5—6 月和 8—9 月,以第一发生高峰为害较重。发生高峰较茶小绿叶蝉早 20～30 d。

2. 典型症状

成虫体长 0.6～0.9 mm,黑色,雌成虫翅合时可见 1 个黄白点(图 5-16a),雄成虫翅中央偏基部有一白色横带(图 5-16b)。卵白色,肾形,长约 0.1 mm。若虫乳白色至黄色(图 5-16c)。蛹黄褐色,长 0.7～0.85 mm。茶棍蓟马以成、若虫锉吸幼嫩芽叶的汁液为害。新梢叶片轻度受害时,叶片微卷,叶色暗淡;随着受害加重,叶片褐变,背面现条形疤痕,正面呈凹凸状,失去光泽,并微卷;严重时,叶背的条痕合并成片,叶质硬化变脆,直至枯焦或脱落(图 5-16d 至图 5-16f)。

3. 防控措施

目前,茶棍蓟马的防治主要以科学用药和农业防治为主。

(1)科学用药　5 月上中旬密切关注茶棍蓟马发生情况,及时喷施 24%虫螨腈悬浮剂 1500～2200 倍液、30%唑虫酰胺悬浮剂 1500～2000 倍液、15%茚虫威乳油 1800～3000 倍液等化学农药。有机茶园可及时喷施 10%多杀霉素悬浮剂 900 倍液或 5%除虫菊素水乳剂 900～1000 倍液,发生严重时需间隔 5～7 d,连喷 2 次。为保障饮茶者健康,不建议使用吡虫啉、啶虫脒、呋虫胺、噻虫胺、噻虫嗪等高水溶性化学农药。

(2)农业防治　春茶结束后,深修剪或重修剪可有效降低茶棍蓟马的发生。及时分批采摘,可随芽叶带走一定的虫卵及虫体,降低虫口基数。

4. 应用区域

适用于我国有茶棍蓟马发生的产茶区。

a.雌成虫　b.雄成虫　c.高龄若虫

d.被害叶片正面　e.被害叶片背面　f.茶园为害状

图 5-16　茶棍蓟马及为害状

5. 依托单位

重庆市农业科学院茶叶研究所，王晓庆，023-85382949。

第六章

食用菌体系防灾减灾技术

一、食用菌非生物灾害防灾减灾技术
（一）食用菌高温热害防灾减灾技术
（二）食用菌低温冻害防灾减灾技术
（三）食用菌台风暴雨防灾减灾技术
（四）食用菌火灾防灾减灾技术
（五）食用菌地震灾害防灾减灾技术
（六）食用菌干旱灾害防灾减灾技术
（七）食用菌冰雹雪灾防灾减灾技术
二、食用菌生物灾害防灾减灾技术
（一）香菇菌棒腐烂病防灾减灾技术
（二）平菇黄斑病防灾减灾技术
（三）双翅目害虫防灾减灾技术
（四）食用菌害螨防灾减灾技术

一 食用菌非生物灾害防灾减灾技术

（一）食用菌高温热害防灾减灾技术

1. 发生特点

食用菌高温热害常发生于每年的 7 月和 8 月。

2. 典型症状

高温热害能对食用菌产业造成严重影响，不仅能使处于发菌阶段的香菇、黑木耳等烂棒和感染杂菌的风险大增，而且能引起出菇阶段的秀珍菇、高温香菇、平菇等出菇率下降、死菇、病虫害感染，甚至出现烂棒烂袋等问题（图 6-1）。

图 6-1　高温导致香菇菌棒烂棒

3. 防控措施

（1）菌棒制作要避开高温期　高温期制棒易沾染杂菌，影响成品率，因此，要适当推迟制棒接种时间。温度偏高时制棒，要选择优质、新鲜的原辅料；合理配方，严格控制菌棒含水量；发菌室要阴凉通风，且要严格消毒和灭虫；选择优质适龄菌种接种，使菌种尽快萌发、定植生长；降低菌棒堆放密度，改善通风散热条件。

（2）发菌期要防烧菌　最大限度降低发菌室内的温度，定时进行通风换气，有条件的可以采取增加发菌室顶部及四周遮阳层厚度或在发菌室顶部进行喷水等措施降温。严禁刺孔、搬动菌棒，以免引起菌丝呼吸代谢加快、产热增强，加剧菌棒高温烧菌。需要增氧放气的菌棒应在高温过后进行刺孔，刺孔时要注意通风散热，同时要注意环境卫生，密切观察菇蚊、菇蝇等害虫动态，对发菌室及周围环境预先进行消毒杀虫。

（3）出菇期要做好防高温工作　出菇棚顶及四周可覆盖草苫、遮阳网等，在菇棚地面及四周进行洒水降温，也可在棚顶连续喷水降温。温度超过出菇范围时，可以降低湿度，暂时进行休眠管理。

（4）高温热害管理技术措施　菌棒在高温条件下，对病虫害抵抗力下降，需加强病虫害防控。发菌室要定期用石灰粉或杀虫剂进行杀菌灭虫。菌棒进出菇棚之前，应对设施内外环境进行清理消毒、灭菌杀虫。对已出现感染的菌棒，及时清理，若局部出现污染，应及时刮去污染部位的培养料，再用石灰粉（浆）涂抹，另喷霉斑净等药剂进行消毒，以控制受害部位扩展，并进行隔离分类管理。发生重度污染时，须进行高温灭菌后进行开袋晒干处理，或直接进行堆制沤肥等无害化处理。

4. 应用区域

适用于全国食用菌主产区。

5. 依托单位

上海市农业科学院，于海龙、姜宁，021-52235465。

（二）食用菌低温冻害防灾减灾技术

1. 发生特点

食用菌低温冻害常发生于每年的12月、翌年的1月、2月。

2. 典型症状

低温冻害一般是由于强冷空气来袭，导致气温急剧下降，可造成食用菌不同程度的伤害，严重时导致食用菌死亡（图6-2）。

图6-2　食用菌低温冻害症状

3. 防控措施

1）冰雪冻害预防

（1）检查并加固棚架；及时清除菇棚（房）顶部及周围蓄积的冰雪，防止冰雪压垮、大风吹倒菇棚（房）。

（2）强化菇棚保温工作，及时修补棚膜漏洞，以减少底部的冷空气侵袭；如采用双膜覆盖栽培的菇类，压紧外层塑料膜，防止漏风。

（3）棚内气温低于5 ℃时，停止向料面或菌棒喷水和注水，尽量保持料面干爽，降低菌包料床含水量和空间湿度，抢收可采收或即将采收的食用菌。通风换气宜安排在午间气温较高时，采取开小口缓慢换气的方式进行。

（4）菇棚（房）四周保持排水顺畅，确保雪融后排水通畅，防积水。

（5）待气温稳定回升后，及时恢复喷水、通风等日常管理。

2）灾后管理技术措施

（1）排除积雪，清沟排水　露地栽培的食用菌（黑木耳、大球盖菇等），要及时排除冰雪融化后的田间积水，尽量避免菌棒（菌床）被雪水浸泡，防止菌棒浸水导致的菌丝缺氧，活力下降，进而出现烂棒等严重损失；设施栽培或工厂化栽培的食用菌基地，应及时清除菇棚（房）顶部及周围蓄积的冰雪。在菇棚（房）四周开挖排水沟，保持排水顺畅，避免雨水、雪水导致涝害。

（2）做好栽培场所通风工作　保持空气新鲜，降低湿度，减少病害。如发生病害，及时隔离管理或无害化处理。

（3）加强菇棚（房）保温管理　可在棚外加盖薄膜、草苫等覆盖物保温除湿，通风换气宜安排在每日气温较高时进行。

(4)气温稳定回升前,及时整理菇床,清除死菇。菌丝恢复生长后,恢复日常管理。

4. 应用区域

适用于全国食用菌主产区。

5. 依托单位

上海市农业科学院,于海龙、姜宁,021-52235465。

(三)食用菌台风暴雨防灾减灾技术

1. 发生特点

台风暴雨常发生于每年的 7 月、8 月。

2. 典型症状

台风具有巨大的破坏力,但有时也能起到消除干旱的作用,但台风会带来暴雨。大风可能会损毁食用菌房建筑和棚舍设施,损坏供电设施;暴雨易造成内涝、冲走菌包、污染菌棒,台风过程会显著影响环境条件,影响出菇(图 6-3)。

图 6-3　台风暴雨导致食用菌大棚被淹

3. 防控措施

1)灾前防治

(1)要注意收听、收看媒体报道或气象局的台风预报信息,了解台风的最新动态和趋势。台风登陆前,地质灾害危险区域,菇棚居住人员应坚决撤离,确保人身安全。在台风来临前,要充分做好准备,备足电筒、蜡烛等照明工具;储备好饮用水、食物、药品以及有关的生活必需品等。

(2)检修加固菇房菇棚,疏浚周边排水沟,清理屋顶和天沟,保持排水管道畅通,以免排水不畅而倒灌室内,以确保菌种、原辅料、菌棒(包)安全;必要时应将菌种、菌棒(包)等转移到地势高处,避免遭受雨水、泥石流等侵袭。根据台风态势,采取闭棚、移除覆盖物、割膜等措施,以减轻台风对菇棚的破坏。接近采收期的食用菌,可提前抢收。

(3)工厂化企业应安排专人值班,及时检查用电线路、变压器等,以确保用电和设施安全,应准备好应急电源、抽水机和停电照明设施。

(4)强台风袭来时,人员尽量减少外出,切勿在玻璃门窗、危棚简屋、临时工棚附近及广告牌、霓虹灯等高空建筑物下面逗留。台风期间雷电频繁,要远离易引起雷击的设施。

2)灾后应对

(1)保险理赔　受灾后,已投保企业、基地应第一时间向保险公司报案,按要求准备好索赔材料,申请保险理赔。建议各地政府积极协调,确保保险公司第一时间上门服务,开展核灾定损和理赔,支持企业灾后尽快开展重建和再生产。

(2)损坏菇棚修整　倒塌或严重毁坏的菇棚要拆除后重新搭建,损坏较轻的菇棚及时进行加固,四周重新覆盖遮阳物料,避免棚内菌棒日晒雨淋,并注意保持通风,防止发生高温高湿烂棒(包)情况。

(3)菌棒(包)发菌场所、菇棚的清理　洪水过后,发菌场地淤积泥水的应先排除积水,受淹、受埋菌棒(包)应及时搬至阴凉通风处,然后将培菌场所内的淤泥和杂物清理干净。场所为水泥地面的,地面冲洗干净后,用漂白粉或二氧化氯喷洒或擦洗地面和墙壁,通风除湿干燥后再用。场所为泥地的,可采取铺一层干净新土,并撒一层生石灰消毒后使用。室外菇棚应在地面、畦床、培养架及周边环境撒上一层生石灰吸湿消毒。周边环境统一杀虫、消毒一次。

(4)受淹菌棒(包)的处理　受淹、被埋的菌棒(包)用清水或自来水冲洗干净,再用漂白粉澄清液或石灰水喷洒表面后,移至阴凉、干燥、通风、避光的场所堆放。吸水过多的菌棒(包),用以上方法处理后,将菌棒(包)塑料袋顶端用刀割小口通气排湿,排放于架上或斜立于畦床上,沥去多余水分。

(5)灾后病虫害防治　保持好菇棚或室内养菌场所的清洁,定期消毒;加强通风降温降湿,使菌棒(包)堆放场所保持阴凉、通风、低湿状态,减少或避免后期高温导致的烧菌烂棒(包)现象;对菇蚊等虫害可喷施低毒低残留的杀虫药剂,局部杂菌感染可用二氧化氯等药剂进行喷雾或注射处理。已感染绿霉发软的菌棒(包)及时挑出处理,防止扩散。

4. 应用区域

适用于全国食用菌主产区。

5. 依托单位

上海市农业科学院,于海龙、姜宁,021-52235465。

(四)食用菌火灾防灾减灾技术

1. 发生特点

食用菌火灾常发生于干燥季节。

2. 典型症状

食用菌栽培生产中会用到大量木屑、玉米芯、秸秆、塑料袋(瓶)、薄膜、酒精等大量易燃物,务必要将火灾险情控制在起点。图 6-4 为食用菌工厂发生火灾状。

图 6-4　食用菌工厂发生火灾

3. 防控措施

1）灾前防治

（1）建筑结构火灾风险控制

食用菌类生产厂房建设应参考《建筑设计防火规范》（GB 50016—2014）中的丙类及以上厂房的防火标准建设，厂房和仓库主要建筑构件的耐火等级一般不应低于三级。单个车间生产面积不能过大，内部应设置有效的防火隔墙或安装防火卷帘等设施，每个防火分区的最大允许建筑面积不应超过 3000 m^2。

（2）生产材料火灾风险控制

①生产物料需划定区域分类堆放、严格控制堆量（如可以，应按照原料燃烧性能分类），部分拌合料可用简易的砖砌墙分隔，物料堆放高度不宜超过分隔墙。

②原料存放区域内要增设消防设备，如手推式灭火车、灭火器等，尤其是在可燃物料外侧。

③在夏季等高温季节要加强对物料储区的检查监控力度，可在堆放区内设置 360°监控摄像头，进行持续远程监控。

④家庭个体户不可堆放过多木屑、塑料栽培袋等易燃物料，可燃性的栽培菌渣应及时处理。

（3）电气及设备火灾风险控制

①定期对电气设备及线路进行全面的梳理检查，特别是线槽、接头等位置，必要时可更换新线缆。

②对于持续运转、大功率设备如制冷设备、风机设备等，应当增加电压、电流在线监测报警装置，在其对应的供电线缆上加设感温电缆，便于及时监测险情及快速定位隐患点。

③内部的送风带等设施应当采用难燃性或不可燃性材料，风机等设备应当设置自动切断装置，一旦发生电压、电流较大波动，可自动切断电源。

（4）消防设施改善

①可靠的消防设施是灭火救援的基础，消防泵房、消控中心必须设置专门值班人员，消防泵、稳压泵等设备由专业维保单位定期检查维保并出具专业检测报告。

②仓库等关键区域需要设置温烟感等火灾自动报警装置。

③根据企业生产规模，加强对应急管理、应急值守、应急演练等安全生产知识的宣传教育，设置一定人员数量的专业消防队，负责日常消防知识的普及宣传、定期的消防演练和初期火灾抢险救援等工作。

④没条件配备消防泵房等专业消防设施的小型生产企业或个体农户，应至少在物料堆放区、接种区、灭菌培养设备附近配置足够数量的灭火器、灭火毯；此外应配有蓄水池，一旦发生火情，能提供稳定充足的水源供消防使用。

2）灾后应对

无论何时何地发生火灾都要立即报警，同时要向周围人员发出火警信号。在火情初期可控的前提下，使用正确的灭火方法，科学合理使用灭火器材和灭火剂，在必须坚持救人高于救火的原则下，尽可能扑灭火源。

4. 应用区域

适用于全国食用菌主产区。

5. 依托单位

上海市农业科学院，于海龙、姜宁，021-52235465。

（五）食用菌地震灾害防灾减灾技术

1. 发生特点

地震易发生于我国西南地区、西北地区、华北地区、东南沿海地区。

2. 典型症状

地震会造成生产菇房倒塌，菌袋床架垮塌，造成严重损失。四川汶川大地震期间，大量毛木耳棚倒塌、菌袋床架垮塌，给生产者造成了严重损失（图 6-5）。

图 6-5 地震导致食用菌大棚倒塌

3. 防控措施

1）灾前防治

（1）生产设施建造　在易发生地震灾害的地区，建造生产食用菌的设施要求具有较强的抗地震能力，栽培出菇床架也要具有抗地震能力。在电力设备和线路上也要按照抗地震的要求安装相应装置，防止因地震造成电线短路而出现火灾。

（2）配置防震设备　工厂化栽培食用菌，在地震发生后，会出现断电现象，因此，须配置发电设备和相关材料，一旦出现停电，立即启动发电机进行供电，保障环境控制设备正常运转；其他相关设备也要配备完整。

（3）人员培训　对生产人员进行培训和防震演练，使其能在地震出现时及时逃生。

2）灾后应对

地震造成菇房垮塌，注意不能使菌袋堆积，防止已出菇（耳）被压坏；及时修补好菇房，不能完全修补的，及时用遮阳、保湿材料覆盖，满足食用菌生长的环境条件。及时将菌袋清理排放，防止菌袋发热出现烧袋、菇（耳）腐烂现象，将压坏的菇（耳）及时采摘。

4. 应用区域

适用于全国食用菌主产区。

5. 依托单位

上海市农业科学院，于海龙、姜宁，021-52235465。

（六）食用菌干旱灾害防灾减灾技术

1. 发生特点

食用菌干旱灾害常发生于降水量少的地区。

2. 典型症状

降水时空分布不均、长时间无雨而形成干旱灾害。危害食用菌的干旱主要是夏旱和秋旱。夏季干旱和秋季干旱出现时，常伴随着高温天气，在干旱高温环境下，极易导致菌棒“烧菌”烂棒、菌棒生产成品率下降等不良情况的发生，黑木耳出现流耳现象，设施食用菌降不了温，使滑子菇、香菇等食用菌受伤，品质下降（图 6-6）。

图 6-6 高温干旱导致菌棒“烧菌”烂棒

3. 防控措施

1）灾前防治

（1）菌棒制作要点　菌棒制作避开高温期，严格控制菌棒含水量，降低菌棒堆码密度，改善通风散热条件。

（2）发菌期举措　发菌期为防止烧菌，可采取增加遮阳网及棚顶喷水等降温措施，最大限度降低发菌棚内的温度。可以在温度较低的时段进行通风增氧、降温。

（3）出菇期策略　出菇期可在出菇棚顶及四周强化遮光设施，外覆遮阳网等覆盖物，可以在棚顶连续喷水降温。若气温超过出菇温度，可以暂时进行休眠管理，定期喷水保护菌棒表面菌丝，等气温下降时再进行出菇管理。

2）灾后应对

菌棒（袋）在高温条件下，对病虫害的抵抗力下降，因此，须特别注意防控病虫害。菌棒（袋）进出菇棚设施之前，应对设施内外环境进行清理消毒、灭菌杀虫。要加强巡查，对已出现感染的菌棒，应及时清理出菇棚。若局部出现污染，应及时刮去污染部位的培养料，再用石灰粉（浆）涂抹消毒，以防止受害部位扩展，并进行隔离分类管理。发生重度污染时，须进行高温灭菌后进行开袋晒干处理，或直接进行堆制沤肥等无害化处理。

4. 应用区域

适用于全国食用菌主产区。

5. 依托单位

上海市农业科学院，于海龙、姜宁，021-52235465。

（七）食用菌冰雹雪灾防灾减灾技术

1. 发生特点

食用菌冰雹雪灾常发生于甘肃南部、陇东地区、阴山山脉、太行山区和川滇两省的西部地区。

2. 典型症状

冰雹灾害是由强对流天气系统引起的一种剧烈的气象灾害，它出现的范围虽然较小，时间也比较短促，但来势猛、强度大，并常常伴随着狂风、强降水、急剧降温等阵发性灾害性天气过程。雪灾是因长时间大量降雪造成大范围积雪成灾的自然现象。图 6-7 为被大雪压坏的食用菌大棚。

3. 防控措施

（1）灾前防治

大雪冰雹来临前，做好人员撤离工作，防止“人菇混居”，确保菇农生命财产安全；做好食用菌大棚加固、遮阳天网收缩或拆除以及薄膜覆盖工作；疏通菇棚四周排水沟，便于排除冰雪融化后的积水。对无立柱的普通塑料大棚，要根据大棚材料及结构，增加1～3行立柱；如大棚上面最外层覆盖有遮阳网，可去除遮阳网或在遮阳网上再覆盖一层薄膜，便于棚上积雪滑落或清扫。对连栋大棚，要及早收缩遮阳网。

图 6-7　大雪压坏食用菌大棚

（2）灾后应对

①排除积雪，清沟排水。下雪天要注意及早清扫棚室上面的积雪，特别是夜间更应注意做好积雪清扫工作，防止大雪堆积压塌菇棚。雪融化后，及时排除冰雪融化后的积水，尽量减少雪水浸泡菌棒的时间，防止菌棒内菌丝缺氧，活力下降而烂棒。

②做好栽培场所通风工作。保持空气新鲜，降低湿度，减少病害。如菌棒出现病害，及时隔离管理或无害化处理。

③待气温稳定回升，及时清理菇床及菌棒死菇。菌丝恢复生长后，进行正常管理。

④及时抢收已成熟或被冰雹击落的子实体，清洗后及时晒干；及时清理受损菌包集中管理，停水晾晒恢复菌丝；及时维修受损的棚室设施；对可能的长时低温天气适当减少通风，进行棚室保温。

4. 应用区域

适用于全国食用菌主产区。

5. 依托单位

上海市农业科学院，于海龙、姜宁，021-52235465。

二　食用菌生物灾害防灾减灾技术

（一）香菇菌棒腐烂病防灾减灾技术

1. 发生特点

香菇菌丝在养菌期间气温过高，培养期间高温烧菌，使菌丝体抗性下降，造成香菇菌丝易被木霉属真菌侵染。侵染香菇菌棒的木霉属真菌主要是哈茨木霉、绿色木霉、深绿木霉、长枝木霉和矩孢木霉等。试验表明，香菇菌丝在37 ℃高温条件下处理24 h以上，会彻底丧失对哈茨木霉的抗病力。香菇养菌环节，在高温（养菌区环境温度25 ℃以上）高湿环境下进行刺孔作业，刺孔后菌丝呼吸加强，释放大量热量，此时环境温度又高，极易导致高温烧菌，致使菌棒烂棒。

2. 典型症状

香菇菌棒腐烂病多发生在菌丝生长期、转色催蕾期及出菇期，但是从栽培料到养菌环节任何一个操作步骤不严格都会引起该病的发生。香菇菌棒最初感染该病无明显现象，也无霉菌出现，只是菌袋变软（烂袋），随着病斑的蔓延，会出现白色斑点，之后转为绿色，最后整个菌棒松散腐烂。发病严重的菌袋外部有明显的深绿色分生孢子，内部已无香菇的香味，只有病原菌的霉味，香菇菌丝已枯萎、降解，不能形成子实体（图 6-8）。菌棒培养料管理不善、接种时无菌操作不严格或是在不适合香菇菌丝生长的环境中培养菌棒都会导致香菇菌棒腐烂病的发生。

a. 菌棒表面出现暗褐色水渍状斑块；b. 菌棒表面形成绿色分生孢子堆；c. 菌棒横切面上香菇菌丝与木霉菌之间形成暗红色拮抗线；d. 木霉菌感染香菇菌包后迅速扩展，病健交界处有拮抗线

图 6-8　香菇菌棒腐烂病典型症状

3. 防控措施

采取以加强栽培环境管理和栽培措施控制为核心的绿色防控技术。

（1）规范操作和科学管理　在香菇菌棒生产的各个时期都有可能出现菌棒腐烂病，因此要规范各个环节的操作，包括原料筛选、制棒、灭菌、接种、养菌、环境卫生等，严格规范各个时期的操作。环境中的病原菌减少，菌丝在生长阶段就不易被其他杂菌感染；香菇菌棒抗杂能力强，就不会受到感染。

（2）结合生产实际，灵活采取防控措施　选育抗菌能力更强的香菇菌种，在同一香菇种植区域推广多个适于栽培的香菇品种；加强菌丝培养场所的温度管理，及时采取控温或降温措施，如菇棚及时通风、遮阳、洒水等，避免养菌期间温度高于 28 ℃；根据地方气候特点合理安排生产，适当改进栽培方式等。

4. 应用区域

适用于全国香菇主产区。

5. 依托单位

华中农业大学，肖扬、边银丙，027-87282130。

（二）平菇黄斑病防灾减灾技术

1. 发生特点

平菇黄斑病主要发生在子实体阶段。病原物来自培养料以及栽培场地四周的垃圾等有机物上，特别是废弃的被污染的栽培袋。在采用生料栽培或发酵料栽培的地区，黄斑病在季节交替时发生严重，而熟料栽培区域发生较轻。病原物主要通过水传播，尤其是采用水管淋喷补水加湿时，会大量传播病原物。此外，菇蚊菇蝇活动或人工操作也可传播病害。气温在 18～24 ℃，通风不良和子实体表面有水膜时，发病较为严重。不同的平菇品种，对黄斑病的抗病性存在差异。

2. 典型症状

子实体原基发病后，呈淡黄色至微红色，迅速萎蔫，停止发育。子实体感病后，表面布满褐色凹陷的点状病斑，或形成成片的黄色锈状病斑，病斑周围常有黄色至红色的圈纹（图 6-9）。高温高湿条件下，子实体发病后迅速腐烂，并发出一种刺鼻的气味。

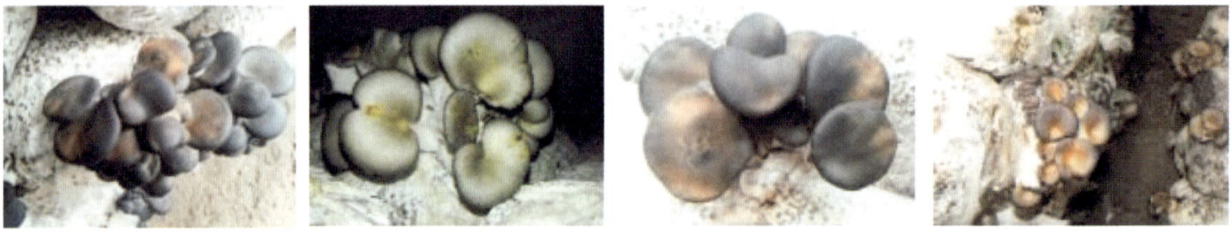

a.菌盖表面出现黄色锈斑　b.病斑黄褐色，凹陷明显　c.菌盖表面布满黄色锈斑，极大地影响外观　d.耳片基部积水处易感病，出现黄色锈斑

图 6-9　平菇黄斑病典型症状

3. 防控措施

采取以农业防治、化学防治和生物防治相结合的综合防控措施。

（1）农业防治　尽量选用抗病能力较强的优良品种，如华平特白、华平 36 等；将新鲜培养料暴晒后，先堆制发酵 3 d 以上，再装袋灭菌。在可能的情况下，避免采用发酵料或生料栽培；严格进行栽培场所的环境卫生清理。栽培袋进入菇棚前，要对菇棚内外和床架等进行消毒；菇房内安装排风扇和雾状喷灌设施，使用无污染的清洁水源，注意通风和保证适当湿度，避免在平菇的表面形成水膜；发现病菇后应及时摘除，并在病菇及其周围菌袋上撒石灰进行消毒；子实体采收后，将食醋按 1∶13 的比例稀释，喷施在菌袋的袋口附近，控制病害蔓延。

（2）化学防治　将病菇与其基部彻底清除后，喷施漂白粉 600 倍稀释液、65％代森锌或 50％多菌灵 500 倍稀释液；也可在发病时对菇床停止浇水，加强通风，并在菇床和菌袋口喷施 500 倍稀释农用链霉素进行防治。

（3）生物防治　可利用生物制剂，如中生菌素可湿性粉剂进行防治。银杏叶、大蒜、蒲公英等植物的提取物对假单胞杆菌属细菌有明显的抑制作用。也可喷洒 5％除虫菊素乳油 400 倍稀释液、2.5％鱼藤酮乳油 400 倍稀释液，以减少菇蚊菇蝇对病菌的传播。

4. 应用区域

适用于全国平菇主产区。

5. 依托单位

华中农业大学，肖扬、边银丙，027-87282130。

（三）双翅目害虫防灾减灾技术

1. 发生特点

双翅目害虫在食用菌农法栽培的发菌期和出菇期均有发生，具有为害种类多、食性杂、隐蔽性强、繁殖量大、暴发性强等特点。特别是在暴雨、高温时常易引发虫害暴发流行。

2. 典型症状

双翅目害虫体小至中型，多为舐吸式口器，具膜质前翅 1 对，后翅退化成平衡棒。幼虫无足，蛹多为围蛹。为害虫态为幼虫期，幼虫直接取食食用菌的菌丝和培养料中原基或钻蛀幼嫩菇体，造成退菌、原基消失、菇蕾萎缩死亡、菌柄折断倒伏、耳片缺刻和菇体孔洞等为害状。被害部位基质成糊状，发黑发黏，继而感染各种霉菌，造成菌袋污染（图 6-10 至图 6-12）。

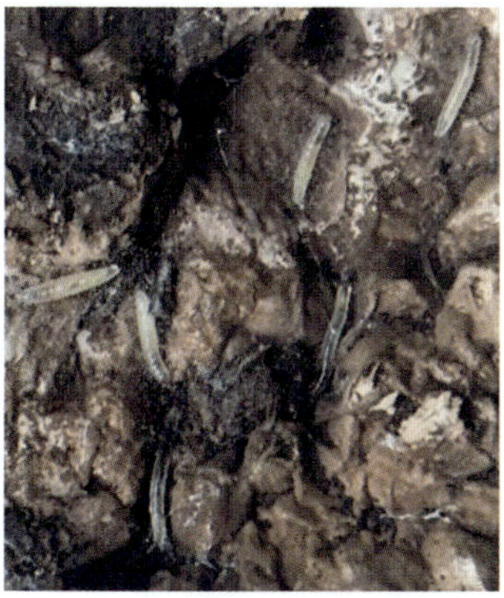

图 6-10　布菌蚊幼虫为害香菇菌棒状

图 6-11　异迟眼蕈蚊幼虫为害金耳子实体状

图 6-12　蚤蝇幼虫为害平菇菌丝状

3. 防控措施

采取以监测预警预报和精准防控为核心的绿色防控技术。

(1)选用适宜品种　选用适合当地环境和生产季节气候的品种、菌株,加强菌种的提纯复壮,使用无污染、无虫卵、菌丝生长正常的菌种。

(2)物理措施　在栽培设施内距出菇面高度 20 cm 处悬挂黄色粘虫板诱杀成虫,既可作为检测预报措施,又可作为减少虫源基数的有效措施。在成虫羽化期,在菇棚(房)出入口处、隔离间、棚内距离最上层菌袋 30 cm 处设置诱虫灯,在害虫繁殖高峰期晚间开灯,早上熄灭,诱杀成虫。

(3)农业措施　合理轮作,包括水旱轮作、与西甜瓜、蔬菜等作物轮作、与其他食用菌品种轮作等;规范操作管理,制包、灭菌、接种等环节按规范操作,发菌期间保持温湿度恒定和定期检查,出菇期根据品种特性精细化管理;彻底清洁田园,老产区土壤撒施生石灰消毒;对虫害为害严重的菌袋及时清理,以免扩大为害范围。高温期加大通风量,避免高温高湿造成蚤蝇暴发。暴雨过后应及时排除积水,清理受灾严重无法出菇的菌袋,加强病虫害综合监测,病害发生易加速虫害发生。

(4)精准用药　在空棚(房)期、菌丝体生长期可对空间和地面用化学农药进行杀虫预防。可使用 20%呋虫胺悬浮剂、80%灭蝇胺水分散粒剂、1%吡丙醚粉剂和 4.3%氯氟・甲维盐乳油等登记在食用菌上的杀虫剂防治双翅目害虫。注意选择不同作用机理的杀虫剂轮换使用。

(5)注意事项　使用粘虫板或诱虫灯时要及时更换或清理接虫袋。在子实体生长期施药应在采摘后进行,有子实体正在生长时不得使用化学杀虫剂。拌料施药时,一定要用够药量、搅拌均匀;喷雾施药时,一定要根据规定用药量配制药液,细雾均匀喷施,地面、角落、墙壁、出入口、通风口等均需喷施。

4. 应用区域

适用于全国食用菌主产区。

5. 依托单位

江苏省农业科学院,马林,025-84390875。

(四)食用菌害螨防灾减灾技术

1. 发生特点

食用菌害螨在食用菌农法栽培的发菌期和出菇期及工厂化栽培的发菌期均有发生,具有为害种类多、隐蔽性强、繁殖量大、暴发性强等特点。特别是高温、干旱常易引发虫害暴发流行。

2. 典型症状

食用菌害螨体长一般在 0.5 mm 左右,有些小到 0.1 mm,大多数种类小于 1 mm。以若螨或成螨在菌棒或菇床表层繁殖发育,啃食菌丝或子实体,严重时吃光菌丝,造成食用菌不发菌或出现"退菌"现象(图 6-13 至图 6-15)。同时螨虫携带病菌,传播大量病菌,导致菇床感染病害,影响鲜菇品质,造成经济损失。

图 6-13 卢西螨为害毛木耳菌棒状

图 6-14 矮蒲螨为害双孢菇子实体状

图 6-15 腐食酪螨为害黑木耳状

3. 防控措施

采取以监测预警预报和精准防控为核心的绿色防控技术。

(1)选用适宜品种　选用适合当地环境和栽培模式的品种、菌株,加强菌种的提纯复壮和检测,防止菌种带螨,使用无污染、无螨卵、菌丝生长正常的菌种。

(2)农业措施　在袋栽食用菌的装袋、灭菌、冷却、接种和草腐类食用菌的发酵、上料、接种、覆土等环节规范操作,接种过程中做好空间、工具及人员的消毒工作。在发菌期保持温湿度恒定和定期检查,若发现有不规则退菌现象或类似粉尘堆积现象要及时清理周围菌袋。出菇期尽量采用雾状喷头进行喷水,避免料面、菇体上长期积水。采菇后及时将料面和地面的菇根、残渣清理干净。出菇结束的废弃菌渣要及时处理。高温期加大通风量,避免高温造成螨害暴发。暴雨过后应及时排除积水,清理受灾严重无法出菇的菌袋。要加强病虫害综合监测。台风时须注意避免原材料堆放区的螨虫随风进入栽培区。

(3)精准用药　在空棚(房)期和菌丝体生长期可对空间、地面、菌袋周围及袋口进行杀螨预防。可使用登记在食用菌上的杀虫剂 4.3%氯氟・甲维盐乳油防治螨害。

(4)注意事项　在子实体生长期施药应在采摘后进行,有子实体正在生长时不得使用化学杀虫剂。拌料施药时,一定要用够药量、搅拌均匀;喷雾施药时,一定要根据规定用药量配制药液，细雾均匀喷施，地面、角落、墙壁、出入口、通风口等处均需喷施。

4. 应用区域

适用于全国食用菌主产区。

5. 依托单位

江苏省农业科学院，马林，025-84390875。

第七章

中药材体系防灾减灾技术

一、中药材非生物灾害防灾减灾技术
(一)中药材高温热害防灾减灾技术
(二)中药材洪涝灾害防灾减灾技术
(三)中药材低温冷害防灾减灾技术
(四)中药材季节性干旱防灾减灾技术
(五)山药台风灾害防灾减灾技术
(六)当归冰雹灾害防灾减灾技术
(七)金银花抽干冻害防灾减灾技术
二、中药材生物灾害防灾减灾技术
(一)中药材根腐病防灾减灾技术
(二)人参(西洋参)疫病防灾减灾技术
(三)人参(西洋参)菌核病防灾减灾技术
(四)人参(西洋参)灰霉病防灾减灾技术
(五)中药材白粉病防灾减灾技术
(六)五味子叶枯病防灾减灾技术
(七)天麻烂麻病防灾减灾技术
(八)中药材炭疽病防灾减灾技术
(九)山药病毒病防灾减灾技术
(十)半夏软腐病防灾减灾技术
(十一)中药材斑枯病防灾减灾技术
(十二)菊花枯萎病防灾减灾技术
(十三)中药材褐斑病防灾减灾技术
(十四)太子参叶斑病防灾减灾技术
(十五)人参(西洋参)黑斑病防灾减灾技术
(十六)人参(西洋参)圆斑病防灾减灾技术
(十七)人参(西洋参)锈腐病防灾减灾技术
(十八)当归麻口病防灾减灾技术
(十九)当归锈病防灾减灾技术
(二十)西洋参立枯病防灾减灾技术
(二十一)栝楼流胶病防灾减灾技术
(二十二)菊花白锈病防灾减灾技术
(二十三)太子参花叶病防灾减灾技术
(二十四)天麻褐腐病防灾减灾技术
(二十五)山药基腐病防灾减灾技术
(二十六)附子霜霉病防灾减灾技术
(二十七)附子白绢病防灾减灾技术
(二十八)中药材主要线虫病防灾减灾技术
(二十九)西洋参金针虫害防灾减灾技术
(三十)槟榔黄化病防灾减灾技术
(三十一)沉香(白木香)黄野螟防灾减灾技术
(三十二)山药蓟马防灾减灾技术
(三十三)中药材蛴螬防灾减灾技术
(三十四)蒙古黄芪芫菁防灾减灾技术
(三十五)山药甜菜夜蛾防灾减灾技术
(三十六)石斛蜗牛、蛞蝓防灾减灾技术
(三十七)其他中药材害虫防灾减灾技术
(三十八)中药材杂草防灾减灾技术

一 中药材非生物灾害防灾减灾技术

（一）中药材高温热害防灾减灾技术

1. 蒙古黄芪高温热害防灾减灾技术

1）发生特点

蒙古黄芪喜寒冷干燥气候，具有耐旱、耐寒、怕高温、忌涝等特点。高温热害一般出现在7月中旬至8月下旬，当夏日最高气温连续3 d以上≥35 ℃，温度超过蒙古黄芪生长发育上限温度时，会出现高温热害现象，从而直接影响植株生长和产量，并为多种病害的暴发与流行提供了有利条件。

2）典型症状

持续高温干旱天气易导致蒙古黄芪植株灼伤，停止生长，叶片出现死斑，叶色变褐、变黄，甚至脱叶死亡，根系膨大受阻，严重时出现干枯、死苗现象(图7-1)。

图7-1　蒙古黄芪高温热害症状

3）防控措施

(1)及时灌水抗旱　宜在清晨、傍晚采用喷灌或地面沟灌等方式及时灌溉补水。有条件的可配备喷灌、滴灌设备与水肥一体化灌溉设施。水源不足且灌溉系统不完善的山地、坡地，可架管从山间溪流、河道引水灌溉。对缺水严重的基地，可采用运水车临时紧急抗旱。

(2)遮阳覆盖防高温　地面覆盖，减蒸保墒。加强畦面覆盖秸秆、稻草、杂草、防草布等防水保水覆盖措施，覆盖厚度5～7 cm，减少太阳直射，降低根际生长温度，降低蒸腾作用。停止除草工作，以保持土壤湿度，避免动根伤苗。

(3)做好病虫害绿色防控　及时清理落叶及枯枝，化学农药要选择广谱、低毒、高效的内吸性农药。高温天气宜选择上午8:00前、下午5:00后施药防治，避免因高温造成农药灼伤植株。严禁使用高毒、高残留农药，推广应用杀虫灯、昆虫性诱剂、色板等物理和生物防治措施，减少农药施用次数和使用量。工作人员施用农药时，应做好防护，防止中暑及农药中毒。

(4)合理施肥促生长　高温干旱时，可结合灌溉进行追肥。追肥以“勤施薄施，少吃多餐”为原则，施肥浓度不要太高。可选择喷施海藻多糖等高温型叶面肥，增强植株抗高温和抗旱能力。

(5)灾后恢复防减产　高温干旱结束后，及早清理受灾药园。死株、枯枝需运出基地进行集中深埋或销毁。对于整株死亡的，要将植株根部全部挖出，并根据药园受灾、死苗等情况，及时进行补苗。

4）应用区域

适用于全国蒙古黄芪主产区。

5）依托单位

内蒙古农业大学，盛晋华，0471-4301169。

2. 浙麦冬高温热害应急技术

1）发生特点

浙麦冬适宜的栽植时期在 6 月初，南方春季连续的阴雨天气，对浙麦冬的根系生长影响较大。

2）典型症状

麦冬喜凉爽潮湿环境，涝洼积水对麦冬生长发育有显著的不良影响，凡易积水、地势低洼、常有水浸淹之处，都不宜栽种。但高温也会对浙麦冬产生热害（图 7-2）。

图 7-2　浙麦冬高温热害症状

3）防控措施

栽种浙麦冬时，应先开沟作畦，以便浙麦冬生长繁殖，同时采取合理间作模式，不仅能增加收入，而且可以减少烈日直射，避免夏日高温天气影响。

4）应用区域

适用于浙江省尤其是慈溪市等麦冬主产区。

5）依托单位

浙江省中药研究所有限公司，王志安，0571-85229678。

（二）中药材洪涝灾害防灾减灾技术

1. 山药洪涝灾害防灾减灾技术

1）发生特点

山药主产区涝渍灾害主要在 6—9 月频繁发生，此时山药块茎正在膨大，是产量形成的关键阶段，也是山药田间管理的关键时期。

2）典型症状

该时期持续降雨和强降雨天气导致的涝渍灾害，常导致山药塌沟（图 7-3）、架材倒塌、草害和病害严重，加之天气条件不利于田间管理，田管措施落实不及时、不到位等，可导致山药块茎烂头、畸形，严重影响山药生长发育。

图 7-3　山药塌沟

3）防控措施

（1）及时加固扶起架材　该时期山药地上部营养体生长旺盛，藤蔓已经满架，持续降雨加重山药架材负担，导致部分地块山药架材折断倒塌，如不及时扶起和整理加固，山药藤蔓长时间铺于地面，容易滋生病害。因此，应对全田架材进行检查整理，扶起并加固倒塌的架材，对不牢固的架材进行拉紧加固，避免遇大风暴雨天气，架材大面积倒塌。

（2）梳理沟系及时排水　为更好应对持续降雨天气，应全面检查田间内外沟及外排河道，并及时疏通沟系，确保沟系畅通、雨止田干，避免出现严重内涝导致山药塌沟。浅生定向种植山药应做好田间沟系清理。同时，还要注意梅雨结束后出现高温日晒天气可能带来的土壤板结、坡面高温等问题，应备齐备全补水设备，根据墒情及时浇水抗旱。

（3）结合中耕施膨大肥　持续降雨天气给田间施肥、杂草防除等管理措施落实带来一定的困难。梅雨期后，应根据苗情适时追施膨大肥，每亩追施 45%氮磷钾复合肥 20～30 kg，并对山药行间进行浅中耕，破除土壤板结，培护行垄。根据田间杂草情况，及时进行一次田间全面除草，可采取化学除草和人工除草相结合的办法。可用 10%精喹禾灵乳油＋48%灭草松水剂稀释 500 倍对杂草定向喷雾进行除草，然后再结合行间中耕护垄，进行人工除草，可有效控制草害发生。

（4）适时喷药防病害　梅雨季后，山药病害易发高发，必须加强病害的防控。田间出现炭疽病、叶枯病、茎枯病等零星病斑，可用 32.5%苯甲・嘧菌酯悬浮剂（阿米妙收）50 mL/亩（稀释 1500 倍）＋46%氢氧化铜水分散粒剂（可杀得 3000）1500 倍液均匀喷雾防护，每 10～15 d 喷药 1 次。由于可杀得 3000 为碱性农药，与阿米妙收不能直接混桶，需要分 2 次喷雾；若采用杜邦可杀得 3000，可将杜邦可杀得 3000 先兑水稀释，再加入阿米妙收，可以混桶 1 次喷药。

4）应用区域

适用于全国山药主产区。

5）依托单位

江苏省农业科学院经济作物研究所，殷剑美，025-84390860。

2. 地黄洪涝灾害防灾减灾技术

1）发生特点

地黄洪涝灾害主要由暴雨过后田间排水不畅引起。田间地势低洼处局部发生，平地栽培比起垄栽培发生重，每年 7—8 月进入雨季时发生严重。

2）典型症状

地黄受涝灾初期，仅下部叶片萎蔫，上部叶片存活；泡水时间长、受灾后期，地上部分完全干枯，地下部根茎腐烂坏死（图 7-4）。

a.受灾初期植株

b.受灾后期植株

c.受灾严重田块

图 7-4　地黄洪涝灾害症状

3）防控措施

（1）选好地、做高畦　地黄种植时宜选择疏松肥沃、排水良好的沙壤土，前茬作物以禾本科作物为宜。整地时要施足底肥，耙细整平，起 70～80 cm 宽的高垄，1 垄 4 行，按照株距 15～20 cm 播种。

（2）合理施肥　结合中耕除草，适期合理追肥。苗期可适当追施氮肥，生长后期增施磷钾肥，提高植株抗病能力。地黄遭遇涝害后，根系受损，抗逆性减弱，土壤养分大量流失，应及时用磷酸二氢钾或叶面肥等进行叶面喷施，促使植株恢复生长。

（3）密切关注气象信息，做好应急预案　7—8 月雨水较多时，积极了解近期天气情况，做好应急准备。暴雨发生前，安排专人排查基地水沟，提前疏通周围沟渠，保证排水通畅。地势低洼、排水不畅的地块，要及时安排动力排除积水。

（4）适时中耕散墒　雨后天晴，要适时进行中耕浅锄，降低田间湿度，恢复土壤的通透性，促进根系生长。

（5）及时倒栽　对于受淹严重的地块，要及时把好的地黄采挖倒栽，一方面降低死苗率，另一方面，倒栽后地黄可以作为第二年的种栽，弥补部分损失。

（6）加强病虫草害防控　雨后田间湿度大，有利于病虫草害发生，尤其是枯萎病、根腐病等土传病害易于发生流行，应及时用枯草杆菌、精甲噁霉灵、异菌氟啶胺等喷淋茎基部，预防雨后死苗烂根；药剂应交替使用，每间隔 7 d 左右喷 1 次，连喷 2～3 次。同时及时清理田间杂草。

4）应用区域

适用于全国地黄种植区。

5）依托单位

河南省农业科学院植物保护研究所，鲁传涛，0371-65717380。

3. 金银花洪涝灾害防灾减灾技术

1）发生特点

金银花洪涝灾害主要发生在夏秋季节，6—8 月进入汛期后，受东部太平洋季风影响，气候炎热潮湿，降水集中，容易发生暴雨洪涝灾害。其特点是：短时间内连续强降雨，地表积水无法及时排除，在地势低洼、地形闭塞的地区形成大量积水，造成农业减产。洪涝灾害具有巨大的破坏性、明显的季节性、一定的区域性和发生的普遍性。

2）典型症状

金银花洪涝灾害有两大类，分别是洪水灾害和雨后涝灾。暴雨带来山洪暴发、水库溃坝、农田损毁等，冲倒冲歪金银花苗，造成金银花植株倾斜、倒伏、断枝等。同时，强降雨会导致园区积水、沤根，造成树叶发黄、树势弱；积水时间过长，根系无法呼吸，致使根系腐烂甚至死树（图 7-5）。此外，连续强降雨后空气湿度高，加上夏季高温，容易造成病菌大量繁殖，导致树体抗性下降，很多真菌随着雨水扩散至叶片及根系中，引发各种病害。此外，土壤积水还会导致金银花根系无法呼吸，出现缺氧情况，增加土壤中的有毒物质，导致产量降低。这些伤害降低了植株的同化作用，削弱了树势，受害严重的植株 2～3 年内树势难以恢复。

图 7-5　金银花洪涝灾害症状

3）防控措施

（1）加强洪涝灾害防范工作　关注灾害天气预警播报，做好雨水洪涝灾害等恶劣天气的安全防范措施。雨季来临前，根据种植基地实地情况，挖好排水沟，实行深沟、高畦耕作，洪涝灾害发生时能够及时排除田间积水。易发生洪涝灾害地区应选用适合当地生产的抗涝金银花品种。

（2）及时清理受灾基地　雨后适时及早清理受灾基地，加强基地排水，及时疏通田间沟渠，防止积水，缩短金银花受淹时间。地势低洼排水不畅的地块，要及时安排动力排水，抢时间排除渍水。及时清除折断、坏死的金银花植株地上枝叶，已倒伏的植株及时扶正，清理叶片上的淤泥，让植株恢复生长。同时进行中耕划锄，破除土壤板结，促进根系生长。

（3）加强病虫害防控　渍涝过后容易诱发各种病虫害发生，如白粉病、褐斑病等病害和蛴螬、金针虫、蝼蛄等地下害虫，要提前加强预防，做到早发现早防治，控制病虫害扩散蔓延。

（4）加强田间管理　金银花受淹后引起土壤养分的严重损失，削弱树势，应及时补肥壮树。首先进行叶面追肥，选用 0.3%尿素，或者混合 0.3%磷酸二氢钾进行叶面喷雾，每隔 10 d 喷 1 次，连喷 2～3 次。另外，天晴后结合中耕除草追施三元复合肥，视树体大小，亩施 25～50 kg。金银花树受淹后，根系生长和发育受阻，要搞好修剪工作。重点疏除内膛徒长枝和影响光照的无用枝，减少枝叶量，以改善光照条件、促进发育和花芽形成。另外，要根据树龄、树势、结果等情况，采取适当措施加以调控，保持树体健壮生长。

4）应用区域

适用于全国金银花主产区。

5）依托单位

①河南省农业科学院中药材研究所，梁慧珍，0371-65751589。

②北京中医药大学，孙志蓉，010-53912100。

4. 菊花洪涝灾害防灾减灾技术

1）发生特点

菊花洪涝灾害具有范围广、频发性、规律性、灾害性的特点。我国菊花分布范围广，夏秋季节菊花正处于生长发育的关键时期，且菊花耐旱不耐涝，持续降水引发洪涝灾害后往往破坏性较大，会直接对安全生产造成严重破坏。

2）典型症状

涝害是菊花最为严重的非生物胁迫之一。强降雨造成的不同程度的内涝或洪涝，短时间淹水胁迫就会造成菊花大面积死亡。受涝后表现为：植株萎蔫，生长缓慢或停滞；叶部失绿、黄化、萎蔫，从下部叶片逐渐干枯脱落；花量减少，花芽不饱满，着花数量减少；根系受损甚至腐烂，吸收营养能力下降，造成菊花生长势减弱。高温高湿的环境还会诱发菊花植株感病，受涝后菊花褐斑病、茎腐病、锈病、蚜虫等发生严重。特别是叶片褐斑病，从枝条下部叶片开始，叶片上出现圆形或椭圆形的黄色和紫褐色病斑，后转为暗褐色，严重时整个叶片变黄，继而变黑并干枯脱落（图 7-6）。同时，农田土壤肥力流失严重，影响菊花正常生长。

图 7-6　菊花高温洪涝灾害症状

3）防控措施

（1）规范种植过程　菊花易受涝害影响，定植时应起垄栽培，并做好田间沟渠建设，保证排水通道的畅通。

（2）做好灾害预防管理　菊花是浅根系菊科植物，田块积水 24 h 就会烂根枯死，在汛期来临前，须高度重视和警惕暴雨成灾，及时关注天气预报，做好清沟排水措施。整平田间地头的低洼处，疏通好田头沟、围沟和腰沟，做好防洪抗洪排水准备，保证暴雨来袭时能够迅速安全排水，避免田块积水。

（3）及时清沟排水　菊花极不耐涝，大雨导致的田间积水会使菊花根系活力下降，生长缓慢，容易导致缺氧沤根并诱发根腐病发生，所以涝后要及时清沟沥水，松土培土；及时排空积水，防止根系缺氧坏死腐烂。在土壤墒情适宜时及时做好田间松土和培土，增加土壤通透性，提高根系活力。

（4）减少叶面蒸腾　对根系受涝严重的地块采取减少地上部分蒸腾量的方式，摘除部分黄、老、烂的叶，集中深埋处理。

（5）及时补充营养　受涝后田间营养流失严重，且根系受损对水肥的吸收能力下降。天气好转后通过喷施磷酸二氢钾、氨基酸肥、海藻素、芸苔素、复硝酚钠等叶面肥（激素）或者速溶肥来补充肥力。

（6）全园杀菌消毒　利用转好天气及时喷施广谱杀菌剂和撒施生石灰，进行全园杀菌消毒。

（7）及时抢改种　洪水浸泡后的基地在洪水退后要及时扶正倒伏的植株，清理叶片上残留的淤泥，以利于光合作用的进行，使植株尽快恢复生长。可用喷雾器喷清水的方法进行清洗。对一些受灾严重的基地，汛情过后及时翻耕田块，进行改种。

4）应用区域

适用于全国菊花主产区。

5）依托单位

①河南省农业科学院中药材研究所，梁慧珍，0371-65751589。

②安徽省农业科学院，李卫文，0551-65160968。

5. 蒙古黄芪洪涝灾害防灾减灾技术

1）发生特点

洪水、大雨、暴雨或持续降雨易使种植蒙古黄芪的低洼地块出现淹没、渍水的现象。洪涝的发生时间集中在夏秋季，每年的7—9月由于气温升高和降雨增多，河流湖泊水位上涨，易频发洪涝灾害。长时间积水造成缺氧，破坏植株正常的生理机能导致减产，使土壤肥力流失严重，影响作物苗期生长，并造成田间杂草滋生，病虫害有蔓延流行趋势。

2）典型症状

洪涝灾害主要危害蒙古黄芪的根部。首先，水分过大，黄芪易横生，分支多，呈鸡爪形，叶片较薄，叶色较淡，长势衰弱，主根较短，侧根多，不成材，影响药材质量；其次，降水较多，黄芪易倒伏，易发生根腐病，产生烂根现象，影响黄芪药材的产量和质量（图7-7）。

图7-7　蒙古黄芪洪涝灾害症状

3）防控措施

（1）做好灾害预防管理　高度重视和警惕暴雨成灾，及时关注天气预报，落实防灾减灾措施。暴雨来临前，认真检查田间各类排涝设施，及时做好维修和保养，做好沟渠疏通与清理。

（2）及时排水清园　根据蒙古黄芪积水情况和地势，采用排水机械和挖排水沟等办法，尽快把田间积水和耕作层渍水排出去，减少田间积水时间，降低水位，并清除淤积在畦面的沙子、挂泥和杂物。减轻因积水和涝害导致的中药材生理性病害，促进中药材根系恢复生长。

（3）做好中耕松土　洪灾后土壤板结，通气不良，水、气、热严重失调，必须及早中耕，以破除板结，散墒通气，防止沤根；同时进行培土，防止倒伏。

（4）适时抢收补种　对于进入收获期的蒙古黄芪要及时抢挖，适时提前收获即将进入收获期的黄芪，特别是被水淹过的地块。黄芪根部易腐烂，要加快抢收，以减少损失，还应尽快安排干燥设备，跟进销售渠道。对被水淹过、淤泥覆盖等受水灾严重毁损区域，要及时修补苗床、补种。

(5)及时补施肥料　汛期长期雨水浸泡，导致田间土壤养分流失，加上蒙古黄芪根系受损，根部吸收能力减弱，及时追肥可为黄芪提供足够的养分，对植株恢复生长和增加产量十分有利。

(6)加强病虫害防治　洪灾过后，蒙古黄芪生长衰弱，抗病能力下降，同时田间温度高、湿度大，适于多种病虫害发生，要及时进行调查和防治，控制病虫害蔓延。利用雨停间隙及时清理田间杂草、残枝烂叶和农业废弃物，通风降湿。密切关注根腐病、白粉病、叶斑病等病害发生，及时做好预防措施。加强蚜虫、芫菁等病虫监测，适时开展应急防治和统防统治，减轻病虫为害。

4）应用区域

适用于全国蒙古黄芪主产区。

5）依托单位

内蒙古农业大学，盛晋华，0471-4301169。

6. 栝楼洪涝灾害防灾减灾技术

1）发生特点

洪涝灾害常多发于高温暴雨天气，属于突发、暴发性灾害，具有时间短、危害程度高等特点。

2）典型症状

栝楼是宿根性植物，涝害往往会积水，造成土壤养分大量流失，使栝楼根系呼吸和吸收能力减弱，植株出现缺肥症状，如叶片变黄，下部老叶加速老化、脱落等(图 7-8)。另外，旺盛生长期，栝楼架上叶片繁厚和坐果数多，暴雨会造成架上重量超载，出现倒架现象。

图 7-8　栝楼涝害积水

3）防控措施

(1)做好灾害预防管理　高度重视和警惕暴雨成灾，及时关注天气预报，落实防灾减灾措施。暴雨来临前，认真检查田间各类排涝设施，及时做好维修和保养，做好沟渠疏通与清理。同时，检查棚架，及时加固，防止棚架倒塌。

(2)及时清沟排水，除涝保苗　采用机器或人工开沟排涝，尽可能早地排除田间积水，做到雨停田干。

(3)中耕培土　积水过后，土壤板结，及时进行中耕培土，散去土壤多余水分，提高土壤通透性;培土壅根,保持根系活力。

(4)合理追施肥料 经过水淹,土壤养分大量流失,加上根系吸收能力减弱,及时追肥对植株恢复生长和增加产量十分有利。在植株恢复生长前,以叶面喷肥为主,植株恢复生长后,再进行根部施肥,防止早衰,减轻涝灾损失。

(5)加固棚架设施 涝害可能会造成田间棚架固定点松弛,应加强对棚架牢固性检查,对出现松动的地方要及时加固,保证棚架稳固。

(6)全园杀菌消毒 利用转好天气及时喷施广谱杀菌剂和撒施生石灰,进行全园杀菌消毒。

4)应用区域

适用于全国栝楼涝害可能发生区域。

5)依托单位

安徽省农业科学院,李卫文,0551-65160968。

7. 浙贝母洪涝灾害防灾减灾技术

1)发生特点

浙江夏季尤其是7—8月为台风多发季节,易发生强降雨天气,造成浙贝母种鳞茎越夏田的积水(图7-9)。

图7-9 浙贝母洪涝灾害症状

2)典型症状

浙贝母植株在5月上旬倒苗枯萎,9月下旬前后再发根生长,这段时期称休眠期,也称过夏,此期易因鳞茎腐烂造成损失。过夏期间,鳞茎要求天气凉爽、湿度适宜、土壤含水量恰当,故洪涝灾害对种鳞茎影响较大。

3)防控措施

(1)大田种植基地应提前深挖排水沟 在积水较严重地块疏通沟渠,及早排水。降低田间地下水位,确保田间积水排放顺畅,尽快尽早降低田间水位,以减轻渍害。

(2)设施栽培药材应做好大棚设施的加固工作 增强抵御台风能力,保证大棚之间的排水沟排水顺畅,防止积水倒灌。

(3)雨后防高温遮阳 应重点防范8月中下旬的高温,采取防高温遮阳,防止高温高湿导致种鳞茎腐烂死亡。

(4)干燥土壤　水淹过后不宜马上挖出种鳞茎晾晒，避免发生腐烂及染菌。应抓紧排水，使土壤干燥，并适时观察，再采取措施。

4）应用区域

适用于浙江、江苏、江西等华东地区。

5）依托单位

浙江省中药研究所有限公司，王志安，0571-85229678。

（三）中药材低温冷害防灾减灾技术

1. 人参和西洋参低温冷害防灾减灾技术

1）发生特点

人参和西洋参在越冬期间除了怕严寒之外，最怕的是气候不稳定，特别是初冬和早春季节，气温一般在 0 ℃左右，虽然不太寒冷，但气候变化无常，常有寒流，忽冷忽热。这时，温度的骤然发生，使土壤一冻一化，最容易使人参和西洋参受到冻害，特别是芽苞和根茎部分。东北产区称此为“缓阳冻”。另外，在冬季积雪较厚的地方，每年 3—4 月积雪融化时，常因排水不畅，造成田间积水，从而使人参和西洋参因土壤湿度过大而出现根裂、烂芽苞和烂根等现象。东北产区把春季融化的雪水叫做“桃花水”。发生上述低温冻害，如果不采取防冻措施，常会造成不可弥补的损失。另外，土壤湿度大，也会加重冻害的程度。

2）典型症状

人参和西洋参低温灾害可表现为根部、芽苞、茎叶和花序冻害。最典型的受害部位为芽苞，芽苞茎部冻裂，呈现似水烫或水煮状，芽苞与主体连接处腐烂、未萌动或已萌动的芽苞未出土就已腐烂、霉变；根部受冻呈现不同程度的棕褐色变色腐烂，受冻轻的主根完好，部分根须腐烂，而受冻严重时参根大部分腐烂；茎叶冻害亦表现为似水烫状，萎蔫、腐烂；也有花序受冻害现象，花蕾呈水浸状，而后枯萎死亡，不能结果(图 7-10)。

a.芽苞冻害　b.茎叶冻害　c.花序冻害　d.根部冻害

图 7-10　人参低温冻害症状

3）防控措施

(1)秋季防寒　秋季适当加厚加宽防寒物，可根据当年气候提早做好防寒。东北寒冷地区入冬后要进行两次畦面覆盖，第一次在首次寒流到来之前进行，一般在 10 月上中旬覆盖 8～10 cm 厚的稻草或树叶等，只要把畦面盖好即可；第二次在 10 月下旬至 11 月上旬，将覆盖物加到 15 cm 左右厚，畦帮畦沟都要铺盖，再把盖帘撤下，盖在畦上并用重物压好，以防盖草盖叶被风吹散。在－20 ℃以下的严寒地区还需加盖防寒土 8～10 cm 厚，以确保安全越冬。一般来说，西洋参的畦面覆盖物应比人参的厚一些。

(2)春季防寒　春季要密切防范土温过早升高,避免芽苞萌动受到“缓阳冻”害。春季撤除防寒物,要在适当的时候。应根据气象预报,适当推迟播种和撤下防寒物的时期。根据各地区的实际天气情况,及时苫膜苫网,预防苗期冻害的发生。具体做法是:待天气比较稳定,近期无大寒流和霜冻时,就可撤去防寒物,只保留畦面有5～6 cm厚的稻草或树叶覆盖即可。如果在越冬清园时没有把旧的覆盖物撤除,这时应将其全部撤掉,换上新的覆盖物。撤去防寒物后要及时进行松土。

(3)清理积雪　为避免“桃花水”的危害,在每年早春冰雪融化前,应把畦上的积雪清出棚外,以减少因雪水过多渗入畦内而加大土壤湿度。在雪水多的地方,还要疏通排水沟,排除雪水,避免造成更大的损失。在积雪较薄,春旱比较严重的地区,则不必清除积雪,使积雪自然融化,以增加土壤湿度,有利于芽苞及时出苗生长。

(4)苫膜松土　春季撤去防寒物后,要及时进行松土、苫膜。目的:一是提高地温,增加棚内温度,利于参苗生长,促进苗势;二是防止午后的高温和强光对人参造成晒伤,同时避免苗期可能出现的低温冷害和冻害。

(5)壮苗抗寒　为提高参苗的抗寒能力,幼苗出土后要及时适量增加促进苗齐苗壮的营养物质,如天达参保、解易达、参多乐、参得乐等。

(6)补救措施　发生冻害的当天早上,阳光暴晒前,一般在早上喷施缓解药剂。具体配方为:抗得乐＋益微,或者天达参保＋解易达。

4)应用区域

适用于东北人参和西洋参主产区。

5)依托单位

吉林农业大学中药材学院,杨利民,0431-84533086。

2.五味子低温冷害防灾减灾技术

1)发生特点

早春冻害是影响中药材产值、质量的主要危害,入冬和早春的气温变化大,特别是向阳坡和风口地,一冻一化极易引起根茎类药材遭受冻害,俗称“缓阳冻”。缓阳冻会伤害芽苞,影响第二年出苗。做好药材冻害的预防工作,是提升中药材产值和质量的一项重要技术办法。

2)典型特征

五味子比较耐冷,但在东北丘陵或山地五味子早春开花后或秋季果实成熟前易遇低温、霜冻受害而造成减产。气温降至0～4 ℃,将使雄蕊、雌蕊等不同程度受冻,严重时花器全部死亡。霜冻可使五味子产量减少30%以上,甚至绝收(图7-11)。

3)防控措施

(1)科学建园　选择向阳缓坡地或平地建园,要避开背阴处和沟谷,以避免晚霜危害。

(2)覆盖保温　作用原理是利用覆盖,延缓地表温度的回升速度,使五味子物候期延迟,晚萌发、晚开花,从而躲过晚霜对五味子的危害。具体方法是:在前一年的秋季或初冬,利用稻草、秸秆等覆盖五味子根部,厚度8～10 cm,阻止土壤升温,可推迟五味子展叶和开花时间5～10 d,从而避免晚霜危害。

(3)烟熏保温　在五味子萌芽后,当夜晚温度下降到2～3 ℃时,在晴朗、无风的天气做好防霜准备,继续降到1 ℃时,就开始点燃放烟堆,以提高五味子种植区域小环境的温度,消除晚霜危害。具体做法是:在霜冻来临前在五味子基地四周每隔20 m堆放烟堆柴草,烟堆材料可

图 7-11 五味子冻害症状

用碎木屑、干叶、蒿秆、秸秆、稻壳或其他易燃物，并在其外表盖上加强发烟的杂草、茎秆等物；为延长烟熏时间，可在烟堆处撒盖泥土。在霜冻来临之前，一般是凌晨点燃堆放物，缓慢释放烟雾，驱除霜冻。

（4）喷灌保温　在霜冻来临之前进行灌溉或不断用喷灌等设备向植株喷水，可以减轻霜冻危害。

（5）化学防治　在五味子刚刚萌发初期，叶片没有完全展开前，使用具有抗冻效果的药物向叶面喷施。

（6）喷施药肥　在五味子生长季节合理施氮肥，促进枝条生长，保证树体生长健壮，后期适量施用磷肥，促使枝条及早结束生长，有利于组织充实，延长营养物质积累时间，从而能更好地进行抗寒锻炼。

4）应用区域

辽宁、吉林、黑龙江五味子主产区。

5）依托单位

辽宁省经济作物研究所，孙文松，0419-3678977。

3. 党参低温冷害防灾减灾技术

1）发生特点

该灾害常在党参播种出苗阶段发生，早春回暖融冻，春苗开始萌动时遇较强冷空气易受害，属于可预测、短期持续性灾害，具有影响范围大、危害程度严重等特点，特别是台风、暴雨等极端天气常易引发此灾害。

2）典型症状

症状有青枯型、黄枯型和根腐型死苗。青枯型死苗典型症状是地上部分叶片萎蔫，全株幼苗呈污绿色枯死，常成片发生（图 7-12a）；黄枯型死苗从下部叶片至心叶、叶尖向叶基依次变黄，茎基部出现软化变褐，幼苗呈黄褐色枯死，容易拔断，常成簇发生（图 7-12b）；根腐型枯死典型常见症状是近地面的党参须根变成黑褐色，轻度腐烂，严重时，党参的整个根会呈褐色水渍状腐烂（图 7-12c）。

a.青枯型死苗　　b.黄枯型死苗　　c.根腐型死苗

图 7-12　党参低温冻害死苗

3）防控措施

采取以监测预警预报、把控幼苗选地质量和适量增肥为核心的绿色防控技术。

（1）监测预警预报　在霜或雪来临前采用遮阳网全苗覆盖，防止霜或雪直接落在幼苗的叶子上。当气象部门发布低于－10.0 ℃的预报时，要采用塑料薄膜全覆盖，确保幼苗安全度过寒潮低温天气。对于倒春寒多发区域可适当延后去掉防寒物，降低倒春寒的影响。

（2）苗圃地选择　要考虑冷空气下沉的影响。选择东西朝向的缓坡、土质疏松、黏性低的稻田或熟地（菜地），避免选择低洼地、小盆地。

（3）幼苗管理　确保幼苗在霜或雪前生长良好，无病虫为害。剪除没有老化的嫩梢。

（4）田间管理　加强田间管理，在倒春寒来临之际，及时清理排水沟，保持排水顺畅，避免形成积水。

（5）适当增施磷、钾肥　在灾害易发季节，适当增施磷、钾肥，提高植物抗低温能力；适当提早或延迟播种栽植时间，降低低温对苗期或花期的危害。

（6）培育抗逆品种　在低温和倒春寒易发频发区域，培育和布局抗性品种，增强植物的抗逆性，有意识地筛选能够抵抗低温和倒春寒单株，系统培育抗逆品种，降低灾害损失。

4）应用区域

适用于党参主产区。

5）依托单位

北京中医药大学中药学院，孙志蓉，010-53912100。

4. 连翘低温冷害防灾减灾技术

1）发生特点

在连翘花开时（3 月中下旬至 4 月上旬）出现强降温的自然灾害时，后期还会有大风、大雪和冰雹出现。“倒春寒”一般出现在冷暖气候高频交锋时期，属于气温的极端突变。一般意义上的“倒春寒”是指初春（一般指 3 月）气温回升较快，而在春季后期（一般指 4 月或 5 月）气温较正常年份偏低的天气现象。由于受较强冷空气频繁袭击，气温下降较快，持续时间长达 1～2 个星期以上的前暖后冷，进入快速芽期和花期的品种遇到急转直下的气温，幼嫩的新生组织将会受到冻伤甚至死亡。“倒春寒”天气对连翘生产十分不利，严重影响产量，应做好防范。

2）典型症状

症状有花瓣受冻、叶片斑枯、果实发紫等。典型常见症状：花瓣枯烂，严重时整朵花被大雪覆盖、结冰挂枝；花粉直接受冻，影响授粉，没有产量；幼果期果实受冻导致果实发紫。叶片影响较小，但有的叶片表面及背面有类似病斑出现（图7-13）。

图7-13　连翘花、叶、果受冻图

3）防控措施

采取以监测预警预报、物理防控和适当管理为核心的绿色防控技术。

（1）重视天气变化，增强防范意识　尽量在园内设立气温、地温实况观测记录，并随时注意天气变化和天气预报，尤其每年开花期前，在了解当地气象部门长期天气预报的基础上，随时关注花期短期天气预报，预测霜冻发生时间和强度，及早采取应急防范措施。

（2）熏烟　根据历年来果树受冻害的经验，在开花前后要注意天气预报情况，特别是夜间，当气温降至果树受冻临界温度时开始熏烟。一般用烟雾较大、略潮湿一点的柴草为原料，如麦秸、残枝落叶、锯末等交互堆积，点火进行熏烟。为提高防霜冻的效果，应依据上风向多放柴草、下风向少放柴草的原则。

（3）适当管理　①树盘覆盖。在连翘树盘内铺一层10～20 cm厚的麦秸、杂草、稻草、树叶等杂物，并浇透水，使草全部润湿，然后撒上一层薄土，既能保墒，又可以阻隔冷空气入侵，对保持和提高土温，防止冻害发生有十分显著的效果。②适度修剪。根据树遭受冻害程度，适时适度进行修剪。修剪时间应在气温稳定回升后进行，一般为2月底到3月下旬，受冻严重树修剪宜迟不宜早。根据不同受冻程度，灵活掌握修剪量和对象。③防治病虫害。冻后树体易发生病虫害，要及时清除枯枝、冻伤枝，并防治病虫，以保持树体健壮。④科学施肥。给植物增施所需的生长添加剂、抗逆营养生长粒子等物质。

4）应用区域

适用于全国连翘主产区。

5）依托单位

山西农业大学经济作物研究所，田洪岭，0358-3320089。

（四）中药材季节性干旱防灾减灾技术

1. 山药季节性干旱防灾减灾技术

1）发生特点

山药高温干旱灾害主要发生在夏季7—8月的三伏天，持续高温干旱，平均气温在33 ℃以上，最高气温可达38～42 ℃，受连续高温天气影响山药易发生干旱缺水等现象。

2）典型症状

持续高温干旱天气易导致叶片干枯、日灼，植株灼伤，地上分枝减少、生长延缓，地下根茎干死，导致减产（图7-14）；持续高温干旱天气条件下，叶斑类等病害发生最严重，蚜虫、蓟马等刺吸式害虫易暴发，以致植株生长不良，出现叶片变黄或者落叶。

3）防控措施

（1）及时灌水降温　根据田间情况及时灌水，注意清除沟间杂草，保证沟、渠道水路通畅。宜在清晨、傍晚气温降低时采用滴灌方式及时灌溉补水，保持土壤湿润即可，切忌中午高温时大水漫灌；同时还要补施化肥，采用叶面喷雾或随水滴灌的办法，满足山药生长需要。

a.叶片日灼　　b.斑枯病

图 7-14　山药干旱灾害症状

（2）加强病虫害防控　针对高温干旱引发的病虫害的措施：一是采用生物防治和药剂结合的防治方法；二是选择药剂时注意多种类型药剂均匀搭配；三是要检查防治效果和定期查看田间虫量，及时补打。

4）应用区域

适用于华北地区。

5）依托单位

山西农业大学棉花研究所，王晓民，0359-2127662。

2. 蒙古黄芪季节性干旱防灾减灾技术

1）发生特点

季节性干旱通常在特定的季节内集中发生。干旱的持续时间范围较短，通常在几周到几个月。主要特征有：①降雨量下降。在干旱季节，降雨量明显减少，导致水源供应紧缺。②降雨分布通常不均匀。有些地区可能在一段时间内降雨量较多，而另一些地区则较少或几乎没有降雨。③通常伴随着高温和强风。高温加速水分蒸发，强风加重水分的流失，进一步加剧干旱的影响。④季节性干旱导致土壤水分严重不足，使得土壤干旱和土地退化，还会导致土壤质量下降，进一步加剧干旱的严重程度。

2）典型症状

季节性干旱使得蒙古黄芪的水分供应不足，导致植株出现萎蔫现象。叶片也会因水分流失而出现干燥、枯黄的情况；根系发育不良，甚至出现根系退化的情况，根系的退化会进一步降低植物的水分吸收能力，生长速度会明显减缓或停滞；出现落叶和凋萎（图 7-15）；抗病能力下降，容易受到各种病害的侵袭。在防控蒙古黄芪季节性干旱时，需要重点关注和处理这些病理

图 7-15　蒙古黄芪季节性干旱症状

特点，采取相应的措施，保护植物的生长和健康。

3）防控措施

（1）合理灌溉　在干旱季节，要合理安排灌溉时间和水源利用，确保蒙古黄芪的生长需要。可以采取滴灌或喷灌的方式，减少水分的蒸发损失。

（2）土壤保水措施　通过加入有机物质、覆盖保护层等措施来增加土壤保水能力，减少水分的蒸散。另外，合理翻耕和选用适合的耕作方式，也有助于增加土壤的保水能力。

（3）防风保护　蒙古黄芪生长区域通常有较强的风力，风力会加速水分的蒸发和土壤水分的流失。因此，采取有效的防风措施，如林下、林间种植等，可减少水分蒸发和保护土壤水分。

（4）善用雨水　合理收集、利用降雨水源，可以通过建设雨水集水系统、蓄水池等方式储备水资源，以满足季节性干旱时期的水分需求。

（5）合理施肥　适当施用有机肥料和矿质肥料，提高土壤肥力，增加蒙古黄芪的抗旱能力。此外，还可以研究引进适应干旱条件下生长的抗旱品种，以提高蒙古黄芪的耐旱性能；加强田间管理，及时锄草、疏通排水渠等，保持土壤透气性和保水性，减轻干旱对蒙古黄芪的影响。

4）应用区域

适用于全国蒙古黄芪主产区。

5）依托单位

内蒙古农业大学，盛晋华，0471-4301169。

3. 太子参季节性干旱防灾减灾技术

1）发生特点

该灾害发生于太子参开花期和块根膨大期，气温超过 30 ℃、持续时间超过 1 周的高温干旱季节，主要集中在每年的 3—6 月。

2）典型症状

该灾害主要导致叶片卷曲、干枯，提前倒苗，不能形成块根，块根膨大不明显，甚至死苗（图 7-16）。

图 7-16　太子参高温干旱灾害症状

3）防控措施

（1）选择耐旱耐高温品种　选择耐旱、耐高温的优良品种，根据往年气候和土壤墒情，选择合适的品种作为太子参种根。

（2）选择合适的种植地　选择土层较厚、年均气温 30 ℃以下、年降水量超过 1000 mm、水源较丰富的种植地。

（3）适时浇灌保墒　有灌溉条件的地方，提前铺设灌溉管道适时浇灌；灌溉应在早晚进行，以浇透耕作层 10～15 cm 为宜。无灌溉条件的地方，及时修缮建设集雨窖、山塘水坝等设施，蓄积雨水，拦截地表水，保障抗旱应急用水。

（4）选择合适的种植模式　结合气候和品种特点，选择应对高温干旱的种植模式。例如，林下种植可以有效减少土壤水分损失，避免阳光直射叶片，降低水分消耗；玉米-太子参间套作，玉米可以为太子参有效遮阳，减少土壤水分损失。

(5)农艺降温增湿　叶面喷施抗旱保水剂,或用尿素、磷酸二氢钾溶液或过磷酸钙及草木灰浸出液连续多次喷雾,降温增湿,为叶片提供必需的水分养分。

4)应用区域

全国太子参主要产区,包括贵州省黔东南州、黔南州、遵义市,福建省柘荣县等。

5)依托单位

贵州中医药大学,周涛,0851-88161297。

4. 天麻季节性干旱防灾减灾技术

1)发生特点

该灾害主要发生在天麻块茎快速生长期。气温超过 30 ℃、持续时间超过 15 天,易导致该灾害发生。7—9 月是高发期。

2)典型症状

该灾害主要抑制伴生菌种蜜环菌的生长,甚至死亡,不能有效将菌材营养供给天麻块茎,导致生长受阻,出现减产或空窝现象(图 7-17)。

图 7-17　天麻高温干旱灾害空窝现象

3)防控措施

(1)选择优良蜜环菌菌种　筛选适合当地气候特点的蜜环菌菌种,有效降低高温干旱对蜜环菌生长的胁迫,最大限度降低灾害对天麻产量的影响。

(2)灌溉保墒　若高温干旱持续时间超过 1 周,应及时采取灌溉应急措施。注意浇灌应在早晚进行。高温干旱易发地区,应在种植时采取增加覆土厚度、覆盖树叶和薄膜等减少水分损失的措施,以延长土壤保墒时间。

4)应用区域

贵州天麻主要产区,包括贵州省大方县、赫章县、德江县、雷山县等县区。

5)依托单位

贵州中医药大学,周涛,0851-88161297。

（五）山药台风灾害防灾减灾技术

1. 发生特点

山药主产区台风灾害一般出现在 7 月下旬至 8 月上旬，该时期是山药块茎快速膨大的关键时期。

2. 典型症状

台风灾害往往会伴随暴雨天气，易造成山药倒架（图 7-18）、田间涝渍灾害以及山药塌沟。同时，该时期山药生长进入中后期，抗病能力较弱，容易滋生病害。

图 7-18　山药倒架

3. 防控措施

（1）及时排水　暴雨过后，应抓紧雨隙，理通排水沟系，并根据田间积水情况，加开排水沟，尤其是注意理通低洼积水处排水沟，确保田间积水及时排出，减轻涝渍灾害对山药根系的影响。

（2）抓紧扶架　台风暴雨过后，山药架倒伏，会增加病害发生和塌沟风险，应及时整理加固山药架，把已经倒塌的山药架尽快扶起，避免长时间倒伏，滋生病害。

（3）立即防病　谨防炭疽病、茎枯病等病害发生。台风过后，用 46％氢氧化铜水分散粒剂（可杀得 3000）2000 倍液均匀喷雾，保护植株，控制病害发生；对于已零星发病田块，可用 46％氢氧化铜水分散粒剂 2000 倍液＋50％咪鲜胺可湿性粉剂 1500 倍液或 70％甲基硫菌灵可湿性粉剂 1500 倍液＋25％嘧菌酯悬浮剂（阿米西达）1500 倍液均匀喷雾治疗和防护。喷雾时，对近根部茎叶加重喷施。

（4）叶面补肥　台风过后进行叶面补肥，用 1％尿素＋0.3％磷酸二氢钾进行叶面喷肥，间隔 5 d 左右喷 1 次，连续喷叶面肥 3～4 次。同时增施膨大肥，在正常施用量基础上增加 45％氮磷钾复合肥 10 kg/亩。

4. 应用区域

适用于全国山药主产区。

5. 依托单位

江苏省农业科学院经济作物研究所，殷剑美，025-84390860。

（六）当归冰雹灾害防灾减灾技术

1. 发生特点

冰雹灾害在5—7月出现频率较高，常伴有雷暴、大风、强降水、急剧降温等，虽然时间短，但是破坏力大。

2. 典型症状

当归苗期和花期遇到冰雹天气的频率较高，幼苗叶片常出现机械损伤，植株生长发育迟缓，甚至死苗；存活的幼苗恢复生长能力弱，对后期产量影响较大。当归花期发生冰雹，不仅容易造成叶碎秆折，花穗被毁，还易冻坏根茎，轻者减产，重者绝收（图7-19）。

图7-19　当归冰雹灾害症状

3. 防控措施

（1）监测预报　应联合应急等相关部门密切监测重大天气过程，一般可以用雷达快速识别冰雹云技术，积极采取人工防雹作业，减轻冰雹产生的危害。

（2）田间管理　在冰雹多发区域加强树木种植，提高森林覆盖率，改善区域气候环境，阻碍冰雹云的形成，以降低冰雹危害。

4. 应用区域

适用于当归主产区。

5. 依托单位

北京中医药大学，孙志蓉，010-53912100。

（七）金银花抽干冻害防灾减灾技术

1. 发生特点

金银花冬季修剪容易引起抽干冻害，在甘肃、宁夏等西部地区，西北风抽干比较严重。金银花耐寒力较强，最低能耐−30 ℃左右的低温，如果温度低于−30 ℃，金银花就有可能出现冻害的情况。

2. 典型症状

金银花抽干冻害最典型的症状就是形成枯枝。一般情况下，植株生长势弱，遭遇了春旱、冻害的金银花更容易发生抽干冻害（图 7-20）。

a.正常植株　　b.抽干植株

图 7-20　金银花正常植株和抽干植株

3. 防控措施

在甘肃、宁夏等西部地区，金银花冬季修剪容易引起抽干冻害，建议防控措施如下。

（1）推后修剪时间　修剪时间由冬季休眠期推后到春季萌芽前；遵循“旺枝轻剪、弱枝强剪、枝枝都剪”的原则进行修剪，剪去枯老枝、过密枝、病残枝，以减少养分消耗，使花蓬通风透光。注意在西部地区禁用绿篱机在冬季修剪金银花。

（2）适时浇水　在冬前浇 1 次冬水，促进树体安全越冬，翌年春季土地解冻后，浇 1～2 次春水，推迟返青。

（3）合理施肥，增加树势　对栽种后 2 年内的金银花，肥料应以秋季施有机肥为主，并适当增施磷钾肥；2 年之后就需要根据金银花不同的生长期科学施肥。一般在秋末初冬枝叶生长的时候，以施土杂肥为主，并合理追施氮、磷、钾的三元复合肥。追肥后及时浇水，中耕除草。在冬季封冻前进行中耕松土除草培土，从花墩外围开始，由远及近，先深后浅，避免伤根，使植株周围无杂草滋生。

（4）防冻措施　初冬在种植田覆盖 5～10 cm 稻草或秸秆，既能维持地温相对稳定，又能避免寒风直接侵袭植株根部。覆盖法防冻，可延缓地表温度的回升速度，使金银花的物候期延迟，晚萌发、晚开花，从而躲过低温对金银花的危害。同时也可在冬季结合中耕、清沟进行培土，使其根系的深度相应增加，避免或减轻低温冻害对根系造成伤害。

4. 应用区域

适用于全国金银花主产区。

5. 依托单位

山东省农业科学院，于毅，0531-66658601。

二 中药材生物灾害防灾减灾技术

（一）中药材根腐病防灾减灾技术

1. 当归根腐病防控减灾技术

1）发生特点

根腐病是当归生长初期容易发生的一种病害，以6月为害最严重，直至收获。在雨季如果不能及时排除土壤积水，容易诱发根腐病。

2）典型症状

当归感染根腐病菌后，其叶片变褐，茎叶萎蔫，患病植株根部初期呈褐色并逐渐腐烂。发病时当归叶片枯黄，变软下垂，根部潮湿腐烂成黑色水渍状，随后变黄脱落，最终整株死亡（图7-21）。

图 7-21 当归根腐病症状

3）防控措施

（1）选用抗病良种　重视选种及种子处理，优选高抗性品种，选用无病虫害种苗。

（2）消毒　可用65%可湿性代森锌600倍液浸种苗10 min，晾干栽种；用多菌灵、甲基托布津按种子重量的0.3%～0.5%拌种。

（3）农业措施　做好选地整地，采用高垄、高畦栽种；与禾本科作物轮作，忌连作。雨后及时排除积水。

（4）化学防治　发病初期及时拔除病株，集中深埋，并用石灰进行局部土壤消毒；用50%多菌灵1000倍液全面浇灌病区或50%甲基托布津800～1000倍液全面喷洒病区，以防蔓延。

4）应用区域

适用于当归主产区。

5）依托单位

北京中医药大学，孙志蓉，010-53912100。

2. 蒙古黄芪根腐病防灾减灾技术

1）发生特点

蒙古黄芪根腐病在多雨潮湿地区或季节易发生，一般发病率为30%～50%。根尖或侧根先发病并向内蔓延至主根，植株叶片变黄枯萎，发病后期茎基部及主根均呈红褐色干腐。侧根已腐烂，植株极易自土中拔起。

镰刀菌是土壤习居菌，可在土壤中长期腐生，借水流、耕作传播，通过根部伤口或直接从叉根分枝裂缝及老化幼苗茎基部裂口处侵入。地下害虫、线虫为害造成的伤口利于病菌侵入。管理粗放、通风不良、湿气滞留地块易发病。4月中旬始发，6—7月连阴雨后转晴，气温突然升高易发病，植株常成片死亡，甚至大面积毁种。

2）典型症状

主要为害根部。根尖或侧根先发病并蔓延至主根，染病植株叶片变黄枯萎，茎基和主根呈红褐色干腐，上有纵裂或红色条纹，侧根腐烂或很少，病株易从土中拔出，主根维管束变为褐色，湿度大时根部长出粉霉（分生孢子）（图 7-22）。

图 7-22　蒙古黄芪根腐病症状

3）防控措施

（1）选地、整地　前茬作物以小麦、玉米、棉花、油菜地或蔬菜地为宜，避免胡麻、甜菜、瓜类、豆科植物等茬口。忌重茬或迎茬，轮作期以 4～5 年为宜。前作物收获后及时深耕翻，灌足底墒水。第 2 年早春土壤解冻 10 cm 深后及时进行精细整地，要求达到墒足、上虚下实等标准。结合整地，施入优质农家肥 2000 kg/hm^2。选用质量好的种子，移栽时尽可能减少伤口。条件许可时，改平作为畦作或垄作，密度以 40 万～50 万株/hm^2 为宜。

（2）合理灌水　蒙古黄芪 1 年需浇水 4 次。当 3 片真叶时浇头水，营养生长旺盛期灌第 2 次水，开花期灌第 3 次水，结实期灌第 4 次水。降水多的地区，可少灌或不灌。注意灌水时，采用多水口浇灌，水速宜快不宜慢，水量宜小不宜大。田内不能有积水，若有积水应及时排除。阴雨天不灌水，正午或高温时不灌水。

（3）药剂防治　蒙古黄芪根腐病的发病率受多种因素影响，一般在 5 月上旬开始发病，7 月中旬至 8 月中旬发病最严重。播种前 10～15 d，结合整地，用多菌灵粉剂在无风条件下均匀喷施于地表。及时耙地，深度 7～10 cm，使土药均匀混合，然后耥平，防效可达 47%～56%。也可用多菌灵与利克菌 1∶1 混配成 200 倍液浸苗 5 min，晾 1～2 h 后移栽，防病效果可达 85%以上。在田间，若发现中心病株应及时连根带土移出，用 5%石灰乳消毒，并用 50%退菌特可湿性粉剂 800～1000 倍液喷雾，也可用 800 倍液甲基托布津叶面喷雾，连喷 2～3 次，防治效果较好。

4）应用区域

适用于全国蒙古黄芪主产区。

5）依托单位

内蒙古农业大学，盛晋华，0471-4301169。

3. 菊花根腐病防灾减灾技术

1）发生特点

主要发生于根部，整个植株生长期均可发病。

2）典型症状

该病多发于 6 月上旬至 7 月上旬，可延续到 11 月左右。发病的植株叶片多为紫红色或黄绿色，从下部叶片开始，向上蔓延，叶片逐渐枯死，最后整株枯死，病株根部呈深褐色水渍状腐烂(图 7-23)。每年雨季，地势低洼积水的地块，易发生此病。

图 7-23　菊花根腐病症状

3）防控措施

(1)地块选择　菊花种植基地尽量起垄栽培，避免积水，注意合理轮茬，避免连作。

(2)土壤消毒处理　在菊花主栽区，对于为害较重的区域可在夏季使用石灰氮进行土壤消毒处理。

(3)科学用药　扦插育苗期及移栽阶段都需要使用药剂浸根，可使用苯醚甲环唑、戊唑醇、嘧菌酯、咯菌腈等悬浮种衣剂进行浸根，苗期可使用噁霉灵、吡唑醚菌酯＋氟环唑进行灌根。菊花多采用分根繁殖，移栽定植前挑选健康不带病的种根，并做好块根的消毒处理措施，可有效降低该病害的发生。

4）应用区域

适用于全国菊花主栽区域。

5）依托单位

安徽省农业科学院，李卫文，0551-65160968。

4. 人参(西洋参)根腐病防灾减灾技术

1）发生特点

根腐病在药材生长期均可发生，以土壤带菌传播为主。发生发展与环境条件密切相关，4 月下旬开始发病，多发生在 6—8 月的高温多雨季，10—12 月低温干燥，病害发生明显下降。

2）典型症状

为害前期，主根及须根呈黄褐色，继而转为深褐色，由根部向茎干扩展蔓延。发病后期，茎干腐烂，表皮层和木质部脱离，残留木质部纤维及碎屑(图 7-24)。

3）防控措施

发病初期用 1000 亿芽孢/g 枯草杆菌可湿性粉剂 20～25 g/亩喷淋根部，或用甲基营养型芽孢杆菌 1000 亿芽孢/g，兑水 50～90 kg/亩喷淋茎基部，施药 2～3 次，间隔期为 10 d 左右。也可以用 40%异菌・氟啶胺悬浮剂(氟啶胺 20%、异菌脲 20%)1000～1500 倍液于发病初期喷淋，每季最多施药 3 次。

4）应用区域

适用于全国人参(西洋参)等药材种植区。

图 7-24 人参(西洋参)根腐病症状

5)依托单位

西南林业大学,韩庆莉,0871-63863145。

5. 五味子根腐病防灾减灾技术

1)发生特点

根腐病是五味子生产中重要病害之一,各年生五味子上均有发生,以 2~3 年生发生最为普遍,一般发病率为 2%~40%,重者甚至达 70%以上。随着种植年限的增加,发病率逐年升高。引起五味子根腐病严重发生的主要原因有:土壤、移栽苗带菌传播;高温、高湿、多雨;低洼积水;地下害虫严重等。越是老园,发病越严重。

2)典型症状

发病初期,叶片开始萎蔫下垂,似缺水状,但不能恢复,叶片逐渐干枯,最后地上部全部枯死。在发病初期,剥开茎基部皮层,可发现皮层有少许黄褐色,后期病部皮层腐烂,变深褐色,且极易脱落。病部纵切剖视可见维管束变为黑褐色(图 7-25)。

图 7-25 五味子根腐病茎基部表现

3)防控措施

(1)农业防治 合理选地建园。因五味子种植年限较长,应选择土质深厚、结构疏松、腐殖质含量高、地势较高、排水良好、含沙量略多的向阳缓坡地或平地种植。涝洼地、盐碱地、风口地、土层过浅、沙砾多的地块不宜栽植;注意田园清洁,及时拔除病株,集中烧毁,用 50%多菌灵 600 倍液灌淋病穴;适当施氮肥,增施磷、钾肥,提高植株抗病力;雨后及时排水,避免田间积水;避免在前茬根腐病严重的地块上种植五味子;选择健康无病的种苗,种苗用 50%多菌灵可湿性粉剂 600 倍液或代森锰锌可湿性粉剂 600 倍液浸泡 4 h。

(2)药剂防治　五味子根腐病应以预防为主,在发病前或发病初期用 50%多菌灵可湿性粉剂 600 倍液喷施,使药液能够顺着枝干流入土壤中;发病初期可用 50%多菌灵可湿性粉剂或 10%双效灵水剂 200～300 倍液、70%噁霉灵可溶粉剂 1500～2000 倍液灌根,每 7～10 d 灌 1 次,连续灌 2～3 次。

4)应用区域

辽宁、吉林、黑龙江五味子主产区。

5)依托单位

辽宁省经济作物研究所,孙文松,0419-3678977。

(二)人参(西洋参)疫病防灾减灾技术

1. 发生特点

疫病是中药材种植过程中普遍发生的一种病害,具有突发性强和病程短的特点,主要传播途径有风雨和人的农事操作。多雨季节,栽植过密、湿度过大易发病;干旱少雨、天气转凉后发病轻。

2. 典型症状

可为害植株的各个部位。发病初期叶片上出现暗绿色不规则病斑,随后病斑颜色变深,患部变软,叶片似开水烫过,呈半透明状干枯或下垂而黏在茎秆上。茎秆发病后呈暗绿色水渍状,病部变软、植株倒伏死亡(图 7-26)。1—5 月开始发病,7—8 月暴发。

图 7-26　西洋参疫病症状

3. 防控措施

(1)选地　选择通透性良好的沙壤土或壤土,有条件可以使用隔年土,伏天多次上下翻动,充分日晒可降低病菌生活力,阳光照射可使休眠卵孢子萌发丧失侵染能力,大量降低初接种体的数量。合理施肥且施用充分腐熟的有机肥,提高参苗抗性。

(2)田间管理　合理密植,使床内通风透光良好;及时拔除杂草,松土降湿;严防参棚漏雨,用落叶(或稻草、麦秸、蒿草)覆盖参床,防止雨水飞溅传播和散布病菌;注意参床排水,保持床内水分适度。避免农事操作时造成伤口。发现中心病株及时拔除,并移出田外烧掉。用生石灰粉封闭病穴。

(3)清洁田园　秋季植株地上部枯萎后,及时清除参床表面枯枝落叶,集中运到远处烧毁或深埋,并用化学药剂消毒加以控制病原菌。

(4)科学用药　播种前起垄时可将精甲・嘧菌酯与适量细沙土混匀后撒施,用量为5000～6000 g/亩。在疫病发生前或初期,即开始第1次定期喷药,药剂可选用氟菌・霜霉威悬浮剂,80～100 mL/亩喷施,安全间隔期为14 d,每季最多使用3次。可根据当地温湿度变化情况灵活掌握。也可用72%霜脲・锰锌可湿性粉剂,720～1224 g/亩,每隔7 d用药1次,连续喷施2～3次。

4. 应用区域

全国人参(西洋参)主产区。

5. 依托单位

①西南林业大学,韩庆莉,0871-63863145。

②辽宁省经济作物研究所,孙文松,0419-3678977。

(三)人参(西洋参)菌核病防灾减灾技术

1. 发生特点

人参(西洋参)菌核病主要以菌核在土壤、病残体中越冬,在适宜的温度、土壤湿度下直接萌发形成菌丝。菌丝可穿透表皮,通过伤口、气孔等部位侵入寄主,引起植株发病。病部生长的菌丝又继续扩展蔓延侵害临近参株。病菌的有性时期在病害的流行和传播中不占重要地位。

2. 典型症状

病菌主要侵染3年以上的参根和茎基部。发病初期在表皮外生水浸状黄褐色斑块,上有少许白色绒状菌丝体(图7-27a),随后参根内部迅速腐败、软化,细胞全部被消解殆尽,只留下坏死的外表皮和内部纤维组织(图7-27b)。表皮内外形成大量鼠粪状菌核,菌核呈不规则状,中间凹陷,黑色,有时多个连片,髓白色。发病初期,地上部分与健株无明显区别,早期症状不易诊断,后期地上部表现萎蔫,叶片红褐色或黄褐色,极易从土中拔出,此时,地下髓部组织腐解殆尽。该病害易由于诊断不及时而导致严重发生。

3. 防控措施

(1)选地　选择排水良好、地势高的地块。早春提前松土有利于提高土温,并可防止土壤湿度过大。

(2)畦面消毒　出苗前,用1%硫酸铜溶液或1∶1∶100波尔多液喷洒床面,进行畦面消毒。

(3)加强栽培管理　雨季严防参棚漏雨,参床及时排水,防止雨水漫灌参床,降低田间和土壤湿度;合理密植,加强田间通风透光;适时松土、除草,减少土壤板结,以利降低土壤湿度。

a.人参菌核病地上表现

b.人参菌核病根部表现

图 7-27 人参菌核病表现

(4)合理施肥 按需施肥,增施磷钾肥,增强植株抗逆性。施用充分腐熟的有机肥,减少病菌初侵染源。

(5)合理轮作、间作和套种 避免与其他核盘菌寄主作物,如大豆或茄子等轮作或邻作;与非寄主植物如棉花、玉米等作物轮作或者套种;有条件的参地可进行水旱轮作,并适时休耕。

(6)加强田间管理 及时清除寄主病残体,秋季收获后彻底清洁田园,减少越冬菌源数量。

(7)消毒和科学用药 ①太阳能消毒法。在夏季农闲时节温度高时,将待处理地块覆上地膜后密封严实 20～30 d,利用强光照射使地膜内土壤温度迅速升高,此时,地膜内土壤温度可达 60～70 ℃,可杀死大部分菌核病原菌。②移栽前、作物长出地上部分后喷施药剂,主要为广谱性杀菌剂,避免长期连续施用同一类型化学药剂,注意药剂轮换使用。

4. 应用区域

辽宁、吉林、黑龙江人参(西洋参)主产区。

5. 依托单位

①辽宁省经济作物研究所,孙文松,0419-3678977。

②中国农业科学院特产研究所,张亚玉,0431-81919861。

(四)人参(西洋参)灰霉病防灾减灾技术

1. 发生特点

东北通常 6 月下旬为发病初期,7 月中旬至 8 月下旬为盛发期,主要为害茎部、花梗、叶片、果,特别是对花梗的为害,造成参籽严重减产。近几年,灰霉病在我国人参、西洋参主产区流行成灾,对人参、西洋参产量及品质造成较大影响。一般病株率为 15%～30%,严重参床超过 50%。

2. 典型症状

人参、西洋参灰霉病在整个生长期都可发生,病菌主要为害叶片、茎部、花梗、果等人参地上部位,严重时还可侵染茎基部和根部。叶片发病,多从叶尖或叶边缘开始,呈“V”形向内扩展,初呈水渍状,展开后为黄褐色,边缘为不规则、深浅相间轮纹,病健交界明显,表面生灰色霉层,发病后期病斑组织坏死,易破碎脱落,叶片穿孔(图 7-28a)。茎染病时,初期呈水渍状小点,后扩展为长圆形或不规则形,浅褐色,湿度大时病斑表面生有大量灰色霉层,严重时致病部以上茎叶枯死，甚至不能正常出苗(图 7-28b)。果实染病时残留的柱头或花瓣多先被侵染，后向果实或果柄扩展，致使受害果实不易成熟，并生有厚厚的灰色霉层(图 7-28c)。

a.人参叶部灰霉病　b.人参茎部灰霉病　c.人参果实灰霉病

图 7-28　人参灰霉病症状

3. 防控措施

(1)农业防治　合理施肥，适当增施磷、钾肥，如喷施 0.5%磷酸二氢钾，提高植株抗逆性。合理选择参棚形式，降低棚内湿度，连续阴雨天注意通风和适量增加光照。保持参园卫生，发现病叶和病果及时摘除出参园，集中深埋或烧毁，防止田间病菌的再次侵染。秋季收获后彻底清除田园病残体，减少越冬菌源基数。减少植株损伤，在对人参掐花或掐果过程中尽量减少对植株的损伤，操作后可喷施 40%嘧霉胺悬浮液 30～50 mL/亩、43%氟菌 · 肟菌酯悬浮剂 25～30 mL/亩、52.5%异菌 · 多菌灵 30～50 mL/亩等药剂，对伤口进行保护。

(2)药剂防治　可选用 10%苯醚甲环唑水分散粒剂 1000 倍液、50%嘧菌环胺水分散粒剂 15～20 mL/亩或 1∶1∶200 波尔多液，每隔 7～10 d 喷 1 次，连续喷 2～3 次。灰霉病菌极易对杀菌剂产生抗药性，注意药剂的合理轮换、交替或混合使用。

(3)生物防治　用 3 亿 CFU/g 可湿性粉剂的哈茨木霉 100～140 g/亩、1000 亿芽孢/g 枯草杆菌 60～80 g/亩喷雾，与化学药剂交替使用，以减缓病原菌抗药性的产生。

4. 应用区域

辽宁、吉林、黑龙江人参(西洋参)主产区。

5. 依托单位

辽宁省经济作物研究所，孙文松，0419-3678977。

(五)中药材白粉病防灾减灾技术

1. 五味子白粉病防灾减灾技术

1)发生特点

高温干旱的条件有利于发病，在我国东北地区，发病始期在 5 月下旬至 6 月初，6 月下旬达发病盛期(如不遇干旱高温天气发病多在 7 月上中旬)。从植株发病情况看，枝蔓过密、徒长、氮肥施得过多和通风不良的环境条件有利于病害的发生。感染白粉病的种苗、果实通过车、船等运输工具的转运使白粉病远距离扩散，是该病最主要的传播途径。

2）典型症状

白粉病为害五味子的叶片、果实和新梢，其中以幼叶、幼果受害最为严重，往往造成叶片干枯、新梢枯死、果实脱落。叶片受害初期，叶背面出现针刺状斑点，逐渐覆一层白色粉状物，严重时扩展到整个叶片。病叶由绿变黄，向上卷缩，枯萎脱落（图 7-29a）。幼果发病先在靠近穗轴部开始，严重时逐渐向外扩展到整个果穗；病果出现萎蔫、脱落，在果梗和新梢上出现黑褐色斑（图 7-29b）。发病后期在叶背的主脉、支脉、叶柄及新梢上产生大量小黑点，为病菌的闭囊壳。

a.五味子白粉病叶片　　b.五味子白粉病果实

图 7-29　五味子白粉病症状

3）防控措施

（1）农业防治　加强栽培管理，注意枝蔓的合理分布，通过修剪改善架面通风透光条件；适当增加磷、钾肥的比例，以提高植株的抗病力，增强树势；清除菌源，萌芽前清理病枝病叶，发病初期及时剪除病穗，拣净落地病果，集中烧毁或深埋，减少病菌的侵染来源。

（2）药剂防治　在 5 月下旬喷洒 1∶1∶100 倍等量式波尔多液进行预防，如没有病情发生，可 7～10 d 喷 1 次；选用 0.13～0.5 波美度石硫合剂，或 25％粉锈宁可湿性粉剂 800～1000 倍液，或甲基托布津可湿性粉剂 800～1000 倍液，每 7～10 d 喷 1 次，连喷 2～3 次，防治效果很好；也可选用 40％硫黄胶悬剂 400～500 倍液，或 15％三唑酮乳油 1500～2000 倍液喷雾，或 25％嘧菌酯水悬浮剂 1500 倍液，或 50％醚菌酯干悬浮剂 3000～4000 倍液喷雾，隔 7～10 d 喷 1 次，连喷 2 次；还可选用仙生、腈菌唑、萃贝等杀菌剂进行防治。

4）应用区域

辽宁、吉林、黑龙江五味子主产区。

5）依托单位

辽宁省经济作物研究所，孙文松，0149-3678977。

2. 当归白粉病防灾减灾技术

1）发生特点

这种病害主要是由白粉菌属真菌造成的，潮湿环境有利于病菌生长和传播，病原菌会潜伏在残体上过冬，到第二年温度适宜时会再次发病。

2）典型症状

发病初期，植株叶片出现灰白色粉状病斑，后期病斑上出现黑色小颗粒，随后白粉散布于叶片，植株逐渐枯死（图 7-30）。该病多发于 7—10 月。

图 7-30　当归白粉病症状

3）防控措施

（1）选用良种　选择无病虫害当归种苗。

（2）消毒　防治该病害须做好土壤杀菌消毒，同时使用福尔马林浸泡种子或闷种，提高种子抗病能力。

（3）农业措施　发现病株及时拔除，集中深埋，减少病菌的传播和蔓延。实行轮作，避免连作。

（4）化学防治　发病初期，每隔 10 d 左右喷洒 1000 倍 50％的甲基托布津或 500 倍 65％的代森锌进行防治，连续喷洒 3～4 次。

4）应用区域

适用于当归主产区。

5）依托单位

北京中医药大学，孙志蓉，010-53912100。

3. 蒙古黄芪白粉病防灾减灾技术

1）发生特点

蒙古黄芪植株生长茂密，通风透光不良的地块易发生白粉病。白粉病在温暖季节，又有一定的相对湿度时就会发生。从每年的 5—6 月开始，为害不断加重，9—10 月发病率有时可达 100％，过于高温干旱或过多降水又会减缓白粉病的为害。施肥不足、管理不善、灌溉不及时、土壤缺水或低洼排水不良、环境荫蔽、光照不足等，植株生长衰弱，白粉病发生严重。

2）典型症状

白粉病主要为害叶片和荚果，具体症状为发病后叶片两面和荚果表面初生白色粉状斑，随后蔓延如覆盖一层白粉，后期在病斑上出现很多小黑点，造成早期落叶或整株枯萎（图 7-31）。

3）防控措施

（1）选用健壮优质种苗　选择健壮、头部完整、根条均匀、长 10～15 cm、直径 5～8 mm 的优质蒙古黄芪种苗进行定植，剔除分叉多、腐烂、发霉、有病斑、虫蛀及机械损伤的种苗。定植时可视墒情选苗，墒情充足选小苗，墒情不良选大苗，春季定植以刚吐芽的一年生种苗最好。

（2）种子处理　播种前将种子取出，种子和粗河沙以 3∶1 的比例混合，人工打磨。然后用 500 倍的多菌灵杀菌处理 10 min，捞出后晒干，或沥干种子表面水分即可播种。

图 7-31　蒙古黄芪白粉病症状

(3)精准施药　发病初期喷石硫合剂有一定防治作用。发病期可喷 15%粉锈宁可湿性粉剂 1000 倍液,50%多菌灵 1000 倍液或 5%小苏打 200 倍液进行防治。以上药物每隔 10~15 d 喷 1 次,连喷 2~3 次,可以控制白粉病大面积发生。

(4)农业措施

①地块准备。平地栽培应选择地势高、排水良好、疏松而肥沃的沙壤土;山区旱地应选择土层较厚、排水好、背风向阳或荒地种植。

②合理轮作。适宜茬口为禾本科作物,如小麦、玉米、燕麦、谷子等。

③健康栽培。加强种苗调运检疫,培育无病壮苗。

④合理密植,适当调整播期避病。

⑤科学管理水肥。严防串灌、漫灌、深灌、水淹,健全排灌系统。施肥要采取早施、深施、秋施、集中条施的方法,底肥以农家肥和商品有机肥为主,依据土壤情况少施或不施复合肥。

⑥加强田间管理。蒙古黄芪幼苗期要做到地里无杂草,锄草、松土要同时进行,以利于地下部生长;彻底清除田间病株,发病前期,出现病株立即拔出,并集中销毁,病坑撒施生石灰消毒。

(5)注意事项　浸种药液要超过种子 3~5 cm,浸种时间要充分,浸后冲洗干净。在雨季和大旱易感病生育期,密切监测蒙古黄芪田间病害发生,及时对初发病株或发病中心进行药剂喷施封锁。施药时,一定要用够药量,均匀细雾喷施。

4)应用区域

适用于全国蒙古黄芪主产区。

5)依托单位

内蒙古农业大学,盛晋华,0471-4301169。

4. 金银花白粉病防灾减灾技术

1)发生特点

金银花白粉病在不同地区、不同生长环境,发病程度不同。病菌以子囊壳在病残体上越冬,翌年 3 月,随着嫩芽生长,子囊壳释放子囊孢子进行初侵染;4 月迅速蔓延至嫩叶上为害;5—9 月为病害高发期。发病后,金银花病部又产生分生孢子进行再侵染,直到秋末停止发展。株间荫蔽、环境干湿交替易发病。

2)典型症状

主要为害叶片,有时也会为害茎和花。叶片病斑初期为白色小点,随着病害发展,逐渐扩展为一层白色粉状物(图 7-32a),病害后期整叶布满白粉层(图 7-32b、图 7-32c),严重时会引起叶片发黄变形甚至脱落(图 7-32d);茎部病斑呈褐色,不规则形,上生有白粉;花扭曲,严重时也会脱落。

a.发病初期 b.发病后期叶片正面 c.发病后期叶片背面 d.叶片发黄变形

图 7-32 金银花白粉病不同时期田间症状

3)防治方法

(1)培育健康种苗 选择品种优良的金银花母树,择取 1～2 年生充实健壮的枝条,剪成 25～30 cm 的插条,下端剪成斜面,保留 3 个节,摘除下部叶片,保留上部 2～4 片叶。将插条用多黏芽孢杆菌(5 亿 CFU/g)50～75 倍液蘸根处理,浸泡 10 min,晾干后即可扦插。

(2)田间管理 合理密植,适时整形修剪,保持良好的通风透光,剪除带病枝芽。

(3)合理施肥 减少单一施用氮肥,增施有机肥和磷肥、钾肥,提高植株抗病力。

(4)化学防治 在发病初期,用 15%三唑酮可湿性粉剂 1200 倍液喷施。

(5)生物防治 发病初期,可选择哈茨木霉(5 亿 CFU/g)300 倍液或 6%嘧啶核苷类抗生素(农抗 120)水剂 300 倍液或 1000 亿/g 枯草杆菌可湿性粉剂 400 倍液或 5%多抗霉素水剂 300 倍液或 0.5%大黄素甲醚水剂 800 倍液等生物农药,每 7～10 d 叶面喷施 1 次,连喷 2～3 次。以上菌剂应该交替使用。

4)应用区域

适用于山东、河南、河北等金银花主产区。

5)依托单位

山东省分析测试中心,卢恒,0531-82605344。

(六)五味子叶枯病防灾减灾技术

1. 发生特点

每年 5 月下旬至 7 月上旬发病,发病时先从叶片的叶尖或边缘干枯,然后逐步扩大到整个叶面。叶子干枯而脱落,随之果实萎缩,出现早期落果现象。

2. 典型症状

五味子叶枯病发病植株从基部叶片开始发病,逐渐向上蔓延。病斑多数从叶尖或叶缘开始发生,然后扩向两侧叶缘,再向中央扩展逐渐形成褐色的大斑块(图 7-33a);随着病情的进一步加重,病部颜色由褐色变成黄褐色,病叶干枯破裂而脱落,果实萎蔫皱缩(图 7-33b)。

3. 防治方法

(1)农业防治 加强栽培管理,注意枝蔓的合理分布,避免架面郁闭,增强通风透光。适当增加磷、钾肥的比例,以提高植株的抗病力。

a.五味子叶枯病初期

b.五味子叶枯病后期

图 7-33 五味子叶枯病症状

(2)药剂防治 在 5 月下旬喷洒 1∶1∶100 倍等量式波尔多液进行预防。发病时可用 50%代森锰锌可湿性粉剂 500～600 倍液喷雾防治,每 7～10 d 喷 1 次,连续喷 2～3 次;也可选用 2%农抗 120 水剂 200 倍液,或 10%多抗霉素可湿性粉剂 1000～1500 倍液,或 25%嘧菌酯水悬浮剂 1000～1500 倍液喷雾,每 10～15 d 喷 1 次,连喷 2 次。

4. 应用区域

辽宁、吉林、黑龙江五味子主产区。

5. 依托单位

辽宁省经济作物研究所,孙文松,0419-3678977。

(七)天麻烂麻病防灾减灾技术

1. 发生特点

天麻烂麻病主要由镰刀菌等微生物侵染天麻块茎引起。病害主要侵染块茎芽茎、茎体、肚脐眼等部位。高温高湿条件下极易发病,甚至流行,发病时间为 6—10 月,7—9 月为暴发期,发病后通过土传作用,迅速传染至种植地。

2. 典型症状

发病天麻,表面呈现黄褐色至黑褐色,一般从芽头或者肚脐眼处开始发病,也有少部分从中间处发病,随后向健康部位蔓延。发病后期,块茎内部呈现腐烂症状,有乳白色液体流出或者水浸症状,并伴有臭味。发病块茎感染面积 10%～80%不等,严重者只剩空壳(图 7-34)。天

a.天麻烂麻为害

b.烂麻局部细节

图 7-34 天麻烂麻病症状

麻顶芽部分最易被病原菌侵染，病原菌会沿着薄壁组织向中心侵染；箭麻与母麻连接部位的感染通常与母麻自身染菌有关，大部分母麻染菌后形成伤口，对病原菌的抵御能力减弱，会将病原菌传给箭麻；天麻皮质部位的染菌主要是由于菌材被杂菌感染，当天麻皮质对杂菌没有抵御能力时，就会出现病原菌由菌材向天麻块茎的传染。

3. 防控措施

天麻病害以“预防为主，综合防治”的植保方针，采取农业综合防治措施，创造有利于天麻生长发育、不利于病菌侵染和传播的环境条件，将有害生物控制在允许范围内，使经济损失降到最低限度。

(1)选择适宜场地　天麻适于生长在凉爽、潮湿，海拔 500 m 以上的山区、半山区。天麻产区一般有大的江、河或湖泊分布，空气的相对湿度在 80%左右。选择高海拔地区进行种植，其气温比较低，土壤中微生物的数量和种类比较少，保证了天麻在栽培过程中的正常生长，避免更多致病菌的侵染。

种植天麻土壤要选择酸性沙土或沙壤地块，其对化肥、农药比较敏感，不能选择种植过蔬菜、瓜果等的熟地，要选择排水良好的生荒地种植。另外，天麻不能连作，要间隔 5 年以上才能继续种植。

(2)精心挑选种苗　选择完整、无破损、色泽鲜白、抗逆能力强的“0 代”或“1 代”白麻作为种苗。种苗采挖和运输时不要碰伤和晒伤，切忌将带病种麻带入田间种植。

(3)严格选择菌种、菌材　严格选择菌材和菌床，选用纯菌种和新菌材。培养菌枝、菌床时所选用的菌种一定要纯，不能使用带有杂菌的菌种进行伴栽。在培养菌材、菌床、菌枝时加大接种量，采用新鲜菌材。

(4)农业管护措施　早春温度低于 0 ℃，可在菌床表面加盖落叶或覆盖草帘以保暖。夏季环境温度高于 32 ℃时，可采取 3 个措施：一是加盖荫棚、覆草，防止太阳光直射到菌床表面，降低种植地土温；二是在菌床表面加厚覆盖来降低菌床土温；三是夜间浅灌地下水来降低种植地土温。

在梅雨季前，应及时挖深种植地四周排水沟和中沟与腰沟，以利于地块排水；定期巡查，及时清除沟中杂草及异物，以利于排水；当降雨量过大时，可在厢面覆膜，减少厢面过水面积，降低菌床含水量，防止菌床因水分过高引起天麻烂麻等病害问题。

旱季(7 月中旬至 9 月上旬)要注意晴热高温引发的田间干旱问题。田间补水须在夜间 10:00 至次日凌晨 2:00，当地温和水温低于 28 ℃时进行。在种植区作业道起浅沟，抽取地下水入沟底，每晚跑浅水 1 遍，增加菌床湿度。补水量不宜过大，防止次日高温高湿引发大面积烂麻。

(5)注意事项　采收期前(9—10 月)菌床要进行沥水降湿处理。应注意定期检查商品麻菌床田间水分。通过深挖种植区主排水沟，降低地下水位，控制菌床土壤湿度。

4. 应用区域

适用于全国天麻产区。

5. 依托单位

湖北中医药大学，刘大会，027-68890110。

（八）中药材炭疽病防灾减灾技术

1. 山药炭疽病防灾减灾技术

1）发生特点

山药炭疽病是地上部茎叶的主要病害，也是造成山药减产的关键因素之一。山药炭疽病是由刺盘孢菌或薯蓣盘长孢菌感染导致的，为害叶片，也为害茎蔓，一般7—8月发生较为严重。天气温暖多湿或雾大露重有利于发病，偏施过施氮肥，植株徒长、柔嫩，易发病；无支架或支架低矮，植地郁蔽、通风透光不良，田间排水不畅会导致病害蔓延迅速，加重发病；防治不及时，延误了最佳防治时期，发病严重。

2）典型症状

叶片发病初期自叶面或叶缘处形成暗绿色水渍状下陷的不规则小斑，后逐渐扩大为褐色至黑色圆形至椭圆形或不规则形大斑；后期病斑中部灰褐色或灰白色，上有不规则同心轮纹，有时轮纹不明显，病斑表面形成许多小黑点，病斑周围的健叶发黄；湿度大时，病斑表面可见粉红色黏状物。后期部分病斑破裂、穿孔或病叶脱落。叶柄受害，初期为水渍状褐色长形病斑，后期病部黑褐色干缩，叶片脱落。茎部受害，初期产生褐色小点，后逐渐扩大成圆形或棱形黑褐色病斑，病部略下陷或干缩。严重时，上、下病斑融合在一起，藤蔓干缩，病部长满黑色的小点，造成病部以上的茎叶生长不良和干枯（图7-35）。

a.叶部症状　　b.田间症状

图7-35　山药炭疽病症状

3）防控措施

采取以监测预警预报、抗病品种应用和精准施药为核心的绿色防控技术。

（1）选用抗病良种　选用适合当地生产的抗（耐）病山药品种。

（2）精准施药　大田防控要做到“有一点治一片，有一片治一块”，及时喷药，封锁发病中心。可选用40%咪鲜胺水乳剂40～60 mL/亩或32.5%苯甲·嘧菌酯40～60 mL/亩或16%二氰·吡唑酯水分散粒剂133～167 g/亩，于山药炭疽病发病前或发病初期施药1～2次，每次间隔7～10 d，每季节最多用药2～3次。

（3）晒种　种栽播种前，选择晴好天气晒种栽15～20 d，种栽切面出现裂口，表皮略露青绿色即可。

（4）农业措施　合理轮作（与禾本科、菊科、百合科等作物轮作3年以上）；健康栽培（挑选无病、表皮未损伤、无腐烂和冻伤的种栽);科学管理水肥,健全排灌系统,雨季要疏通排水沟,排除地面积水。多施磷、钾肥及中微量元素肥料,山药中后期要严格控氮;及时清理田间病残株,将地上部分藤蔓集中烧毁、深埋或高温堆肥;更新架材或对旧架材进行药剂处理,防止架材带病菌传播;增加架高,合理密植,改善田间通风透光条件,降低田间湿度。

(5)注意事项　在山药旺盛生长期,密切监测病害发生,及时对初发病株或发病中心进行药剂喷施封锁。施药时,一定要用够药量,均匀细雾喷施。

4)应用区域

适用于全国山药主产区。

5)依托单位

①河北农业大学,杨太新,0312-7528591

②江苏省农业科学院经济作物研究所,殷剑美,025-84390860。

2. 栝楼炭疽病防灾减灾技术

1)发生特点

炭疽病属于真菌性病害,病原以菌丝体或拟菌核在土壤中的病残体或种子上越冬。越冬后的病原产生的分生孢子为初侵染源,以雨水的飞溅和流动传播。病原以菌丝体或拟菌核在土壤中的病残体或种子上越冬。

2)典型症状

病症主要是在叶片上形成褐色病斑,周围有黄色晕斑,严重时病斑相互连接成不规则的大病斑,干燥时病斑中部易破碎穿孔;果实被侵染,开始产生水渍状浅绿色病斑,后变为黑褐色凹陷的近圆形病斑,并形成凹陷,上生许多黑色小粒点(图 7-36)。

图 7-36　栝楼炭疽病症状

3)防控措施

(1)选择健康的种根　栝楼多采用分根繁殖,移栽定植前挑选健康不带病的种根,并做好块根的消毒处理措施,可有效防止炭疽病的发生。

(2)科学用药　在栝楼整个生长发育期都能形成侵染,要合理使用高效、广谱、低毒低农残的化学药剂。可选用 50%咪鲜胺锰盐可湿性粉剂 1000 倍液、32.5%苯甲·嘧菌酯悬浮剂 1000 倍液进行喷施;或 25%吡唑醚菌酯乳油 1000 倍液喷施;或 60%唑醚·代森联 1000 倍液喷施。其他药剂有啶酰菌胺、抗霉菌素、武夷霉素、多硫悬浮剂、氟硅唑、农抗 120 等,可交替使用。

(3)田园清理　栝楼园区病瓜要及时清理出园,冬季做好清园工作,将枯枝烂叶及时清理,减少残存的病原越冬。

4）应用区域

适用于全国栝楼主栽区域。

5）依托单位

安徽省农业科学院，李卫文，0551-65160968。

3. 沉香（白木香）炭疽病防灾减灾技术

1）发生特点

高温多湿的气候条件、种植过密、通风不畅利于病害的流行；地势低洼、日照短的林段也有利于炭疽病的扩展及流行，高温晴朗天气可抑制其发病规模及扩展速度，日照充足的向阳坡及种植密度小的发病轻。该病在海南每年2—5月发生严重，其他月份发生相对较轻，发病率随季节变化而波动，春季和夏初发病较多。

2）典型症状

白木香炭疽病主要为害叶片，被为害的叶片上产生近圆形的褐色病斑，随后扩展为椭圆形或不规则的病斑，也可能产生轮状排列的黑色小粒点，后期发展为轮纹状病斑，严重时叶片掉落。炭疽病为害沉香幼苗叶片，从叶尖或叶缘开始发病。叶片感病初期出现褐色小病点，后扩展成圆形、三角形或不规则形褐色大斑，少数病斑可形成不明显轮纹，后期病斑中部变为灰白色，可见轮状小黑点，即病原菌分生孢子器（图7-37）。病害发生严重时可引起叶片发黄，并提前脱落，造成树势衰弱。

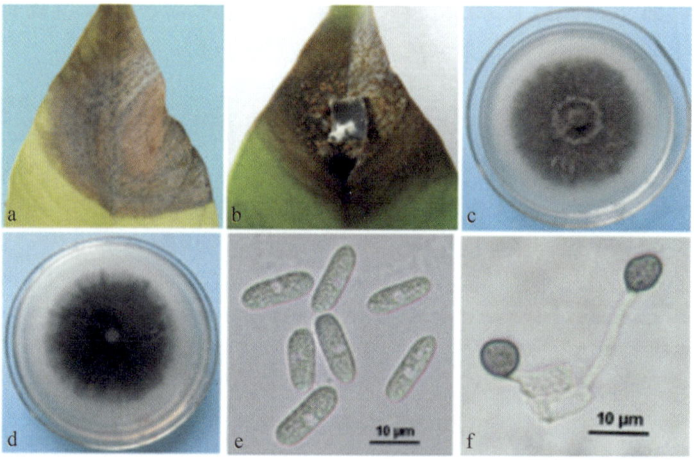

图7-37　白木香炭疽病症状及病原菌（引自廖旺姣等，2018）

3）防控措施

根据白木香炭疽病发病规律及特点，可采用农业综合措施、化学防治等不同方法进行防治。

（1）农业综合防治　合理密植，适当稀植，增施磷钾肥，提高植株抗病性。采用无病种苗，种植前对土壤进行消毒，排除积水。零星发病时应将病叶剪除，防止病害扩展；发病初期及时剪除病叶、病枝，集中烧毁。避免在发病地块种植。发病地块可提前喷施代森锰锌或波尔多液等进行预防。

（2）化学防治　发病初期可喷80%炭疽福美600～700倍液或75%百菌清400～600倍液

2～3 次，每次间隔 7～10 d。发病期间可喷施 1%波尔多液、甲基托布津可湿性粉剂溶液、百菌清、多菌灵可湿性粉剂、代森锰锌可湿性粉剂、苯菌灵乳油、炭疽福美可湿性粉剂等进行防治，每 7～10 d 喷施 1 次，连续喷施 3～4 次。

4）应用区域

适用于全国沉香树种植区域。

5）依托单位

中国热带农业科学院热带生物技术研究所，戴好富，0898-66961869。

4. 黄精炭疽病防灾减灾技术

1）发生特点

菌丝体残留在土壤或种子内越冬，翌年在适宜的条件下进行侵染，病菌形成分生孢子，分生孢子借雨水溅射或者浇灌水传播而再侵染。高温高湿的 6—7 月病情扩展迅速，连续阴雨、雨后天气闷热、种植过密极易诱发此病流行。

2）典型症状

叶片上产生枯死小黑斑，后逐渐呈现轮纹。空气潮湿时，病斑上产生粉红色胶状物(图 7-38)。

图 7-38　黄精炭疽病症状

3）防控措施

25%吡唑醚菌酯悬浮剂，发病期 30～40 mL/亩喷雾，每季最多施药 2 次，安全间隔期 50 d；也可使用 30%唑醚·戊唑醇悬浮剂(吡唑醚菌酯 10%，戊唑醇 20%)1500～2000 倍液喷雾。

4）应用区域

适用于全国黄精药材种植区。

5）依托单位

西南林业大学，韩庆莉，0871-63863145。

5. 菊花炭疽病防灾减灾技术

1）发生特点

炭疽病属于真菌性病害，茎、叶、花均可发病。近地面叶片首先发病，发病后病部又产生大量分生孢子，借风雨及灌溉水传播，引起重复侵染。

2）典型症状

叶上病斑呈圆形，茎上病斑呈椭圆形，黄褐色至暗褐色，中央色淡，潮湿时上生许多小黑点，即病原菌的分生孢子盘。病情严重时，病斑连片，茎叶迅速枯死。蕾和花也易感染，出现褐色病变，整个花蕾或花坏死(图 7-39)。

3）防控措施

(1)合理种植密度　菊花种植需要合理密植，种植密度不宜过高，要保证通风透光，降低病害的发生。

(2)科学防治　首先用对应的芽孢杆菌等生物制剂进行预防。发病初期可使用 32.5%苯甲·嘧菌酯(阿米妙收)悬浮剂 1000 倍液，或 10%苯醚甲环唑(世高)+50%咪鲜胺锰盐(施保功)1000 倍液，或 75%肟菌·戊唑醇(拿敌稳)1500 倍液进行喷雾。

(3)田园清理　园区内发现病株，及时拔出并清理出园。

图 7-39 菊花炭疽病症状

4）应用区域

适用于全国菊花主栽区域。

5）依托单位

安徽省农业科学院，李卫文，0551-65160968。

6. 西洋参炭疽病防灾减灾技术

1）发生特点

该病是一种地上部真菌毁灭性病害，主要为害叶片，茎部和果实也可受害，近年来上升为地上部主要病害。该病传播速度极快，高温高湿条件下发病严重，常对生产造成毁灭性打击。

2）典型症状

病原菌主要侵染植株地上部，尤其以叶部为主。初侵染叶片呈现小圆形，暗绿色病斑；病斑逐渐扩大，圆形或者不规则形，中央黄白色，边缘黄褐色。干燥时病斑脆裂，易穿孔；病斑很快融合，造成叶片大幅凋落，只留下茎和花梗；茎上病斑长椭圆形，褐色。果实上为暗褐色斑点，果皮变干不能成熟，后期病斑产生不易察觉的分生孢子盘（图 7-40）。

图 7-40 西洋参炭疽病症状

3）防控措施

（1）种子处理　选用无病种子，在搓洗种子时严格挑选健康饱满的种子，并对种子进行包衣处理，切断病原菌的传播途径，消灭感染源。

（2）农业措施　无论采用何种透光透雨模式，都要注意合理采光，严禁透光过多。入伏前到立秋后注意适时扶苗；插花、挂花等防强光措施，均能明显降低炭疽病的发生。封锁发病区域，及时清除发病植株叶片。秋季收集枯枝病叶，及时销毁或深埋，减少越冬病原菌。

(3)精准用药　使用化学品咯菌腈毒力最强，咪鲜胺和吡唑醚菌酯等抗真菌制剂效果较好；每7～10 d使用1次。注意药剂轮换。生物制剂如寡雄腐霉素、枯草杆菌和蜡样芽孢杆菌对炭疽病菌抑制作用明显。

4）应用区域

适用于我国东北和华北地区主产区。

5）依托单位

中国农业科学院特产研究所，张亚玉，0431-81919861。

（九）山药病毒病防灾减灾技术

1. 发生特点

山药周年进行无性繁殖，不经过有性世代，体内普遍存在病毒，当病毒积累到一定程度后，种性就明显退化，生活力减退。在山药集中种植区，高温干燥气候极有利于病毒病的传播与流行。

2. 典型症状

染上病毒后山药植株瘦弱，生长缓慢，严重的生长停滞，叶片小，叶缘略呈波状或畸形（图7-41a）。叶面现轻微花叶，叶脉常出现绿带。发病重的叶片现黄绿、淡绿与浓绿相间的斑驳，致叶面凹凸不平；生长中后期常产生坏死斑点，随后逐渐扩大融合成花叶，在叶脉周边出现浓绿带，或沿叶脉出现带状褪色（图7-41b）。

a.病毒病卷叶　　b.病毒病叶片黄化

图7-41　山药病毒病症状

3. 防控措施

(1)采用零余子种薯　使用零余子（山药豆）种薯＋异地繁种，可明显改善病毒病为害，山药病毒病发病率可下降40％以上。

(2)“龙尾”覆膜早播　对于不结零余子（山药豆）的山药，生产上以经过100～150 cm厚土壤过滤后的“龙尾”（即块茎）末端繁殖，此块茎末端较“龙头”光滑鲜亮，能使山药病毒病发病率下降30％以上，并通过春季覆膜早播克服“龙尾”晚出苗的不足，但在雨季来临之前要去除地膜，以免垄沟裹浆产生渍害。

(3)种薯药剂处理　山药块茎使用30％噁霉灵水剂1000倍、58％甲霜灵锰锌可湿性粉剂500倍液浸种8～10 min，能有效预防病毒病害。

(4)加强肥水管理　加强山药田间的肥水管理，以有机肥为主，增施磷、钾肥，并配以适量的铁、锌等微肥，使山药藤蔓生长健壮，提高抗病能力。

4. 应用区域

适用于全国山药主产区。

5. 依托单位

江苏省农业科学院经济作物研究所，殷剑美，025-84390860。

（十）半夏软腐病防灾减灾技术

1. 发生特点

半夏软腐病普遍始发于4月中下旬，6—7月梅雨季节更为严重，7—8月为高发期。在高温多雨环境下，其发病后蔓延速度快，感染后2～4 d植株整株死亡，且在雨水多的田间，发病率高达75%以上。

2. 典型症状

在软腐病发病初期，半夏植株叶片呈烫叶状；发病中期，半夏叶片出现水渍样腐烂并出现恶臭味，病情开始往植株茎秆块茎蔓延；发病后期，整个植株倒伏，叶片、茎秆和块茎腐烂，块茎软化出现白浆并伴有浓烈恶臭味，植株倒伏在其他健康半夏植株上进而感染其他植株，且可随雨水在土壤中传播(图7-42)。

a.块茎发病表型　　b.叶柄发病表型

图7-42　半夏软腐病发病表型

3. 防控措施

采取以监测预警预报、种植前消毒处理和精准施药为核心的绿色防控技术。

(1)选地适宜　选取地势高的区域或坡地种植，深沟高畦，黏性土壤和排水不畅的田块均易发病。前茬作物以豆科、禾本科为宜。

(2)土壤消毒　于半夏播种前用甲霜噁霉灵、多菌灵或者翻晒高温杀菌等方式进行土壤消毒。每亩地可使用2.5～3 kg0.1%甲霜噁霉灵拌肥撒施，或用50%多菌灵或70%代森锰锌等药物均匀喷施土壤进行土壤消毒。在夏季高温时，进行翻地、灌水并铺上地膜，密闭1～2周，使土壤表面温度达到70 ℃以上，能够杀死土壤中的病菌和虫卵。

(3)种子消毒　用80%乙蒜素悬浮剂800倍液和40%二氯异氰尿酸钠可溶性粉剂或0.4%甲醛水溶液浸种20～30 min，沥干后播种。

(4)精准施药　40%二氯异氰尿酸钠可溶性粉剂60～80 g/亩、80%乙蒜素悬浮剂800～

1000 倍液、50%多菌灵可湿性粉剂 500 倍液、10%多抗霉素 500 倍液、70%甲基硫菌灵可湿性粉剂 500 倍液、75%百菌清可湿性粉剂 500 倍液、波尔多液 200～300 倍液等喷施，具有较好的防控效果。

(5)农业措施　忌连作和栽培密度大，连作年限越长，发病越重。新栽地和轮作地发病率低。半夏种植 1 年后必须轮作 5～8 年才能复种。轮作应避开胡萝卜、马铃薯、番茄、黄瓜和白菜等易感染的作物，可与豆科、禾本科作物轮作倒茬。鼓励轮作期玉米间套种绿肥，从而培肥土壤。实行 3 年以上的轮作。在烈日暴晒及高温时，应在垄边种植高秆作物如玉米、甘蔗等遮蔽阳光，或搭建遮阳网。及时拔除病株，及时防治地下害虫。

(6)注意事项　浸种药液要超过种子 3～5 cm，浸种时间要充分，浸后冲洗干净并且要沥干水分。在高温梅雨季节等易感病生长期，密切监测病害发生，及时对初发病株或发病中心进行药剂喷施封锁。施药时，一定要用够药量，均匀细雾喷施。

4. 应用区域

适用于全国半夏主产区。

5. 依托单位

湖北中医药大学药学院，刘大会，027-68890110。

（十一）中药材斑枯病防灾减灾技术

1. 地黄斑枯病防灾减灾技术

1）发生特点

倒栽田早春即有发生，生产田 6 月中旬初发。初期病情发展缓慢，7 月下旬进入第 1 个发病高峰期，8 月处于稳定发展期，9 月形成第 2 个发病高峰。

2）典型症状

斑枯病先从基部叶片发病，初为淡黄褐色，圆形、方形或因受叶脉限制而呈不规则形。后期呈暗灰色，上生细小黑点。病斑连片时，导致叶缘上卷，叶片焦枯，俗称“青卷”(图 7-43a)。轮纹病于底层叶片发病较多，病斑圆形或长椭圆形，较大，有明显的同心轮纹，病斑上的小黑点也呈轮状排列(图 7-43b)。斑枯病和轮纹病还可混合发生(图 7-43c)。

a.地黄斑枯病　b.地黄轮纹病　c.斑枯病和轮纹病混合发生

图 7-43　地黄斑枯病、轮纹病症状

3）防控措施

（1）选地整地　地黄宜在土层深厚、土质疏松、腐殖质多、地势高燥、能排能灌的中性或微碱性沙质壤土生长；忌重茬，一般须隔10年以上才能再种。起垄种植，增强田间通风透光，可减少斑枯病及轮纹病等叶部病害的发生。

（2）选用优良品种　种植抗病品种，可选北京3号、金九等综合抗性好的品种。

（3）加强水肥管理　合理施肥，培育健壮植株，增强抗病性。适时浇水及排涝，浇水时应避免大水漫灌，有积水或雨季应及时排水，降低田间湿度。

（4）药剂防治　在发病初期，用70%代森锰锌600倍液、50%多菌灵600倍液、70%甲基硫菌灵或20%三唑酮1000倍液，交替喷洒防治。

4）应用区域

适用于全国地黄种植区。

5）依托单位

河南省农业科学院植物保护研究所，鲁传涛，0371-65717380。

2. 人参（西洋参）斑枯病防灾减灾技术

1）发生特点

斑枯病主要发生在人参生长后期，天气干燥、气温高利于该病发生，东北一般8月叶片老熟后易发病。

2）典型症状

人参（西洋参）斑枯病菌主要为害人参、西洋参的叶片。叶面上病斑近圆形或多角形，黄褐色，中心部分颜色稍淡（图7-44）。后期病斑扩展常为叶脉所限。秋季病部长出黑色小粒点，即病原菌的分生孢子器。

a.人参斑枯病叶片正面　　b.人参斑枯病叶片背面

图7-44　人参斑枯病症状

3）防控措施

（1）农业防治　田间管理要做到合理施肥，适当增施磷、钾肥，如喷施0.5%磷酸二氢钾，提高植株抗逆性。合理选择参棚形式，降低棚内湿度，连续阴雨天注意通风和适量增加光照。保持参园卫生，发现病叶和病果及时摘除并带出参园，集中深埋或烧毁，防止田间病菌的再次侵染。秋季收获后彻底清除田园病残体，减少越冬菌源基数。

(2)药剂防治　发病初期喷洒75%百菌清可湿性粉剂600倍液,连喷2～3次。

(3)生物防治　用3亿CFU/g可湿性粉剂哈茨木霉100～140 g/亩、1000亿芽孢/g枯草杆菌60～80 g/亩喷雾,并与化学药剂交替使用,以减缓病原菌抗药性的产生。

4)应用区域

辽宁、吉林、黑龙江人参主产区。

5)依托单位

辽宁省经济作物研究所,孙文松,0419-3678977。

(十二)菊花枯萎病防灾减灾技术

1. 发生特点

该病常在菊花苗期和生长期发生,属于局部暴发性的土传病害,具有增殖速度快、为害程度严重等特点。特别是连作障碍严重、阴雨连绵常易引发病害暴发流行。

2. 典型症状

菊花枯萎病由子囊菌无性型镰孢菌属的尖孢镰孢菊花专化型单株侵染或复合多株其他镰孢菌侵染引起。其田间为害症状较为明显,会出现植株矮小、叶下垂、发黄、萎蔫、枯萎等症状;同一植株中也有黄化枯萎叶片出现于茎的一侧,而另一侧的叶片仍正常。由于入侵维管组织的病原菌不断增殖,可观察到茎下部出现裂隙和褐变;将茎秆横切或纵切,可发现其维管束变褐,有时可见髓部中空,向上扩展枝条的维管束也逐渐变成淡褐色,向下扩展根部外皮坏死或变黑腐烂,根毛脱落。随着病害的发展,维管组织被阻塞,无法转运水分和所需的营养物质,最终导致植物死亡(图7-45)。

图7-45　菊花枯萎病症状

3. 防控措施

采取以监测预警预报、培育壮苗、合理栽培、精准施药和应用抗病品种为核心的绿色防控技术。

(1)培育优质种苗　优质种苗抗性强,植株生长健壮,病害少,菊花质量好。采用茎尖脱毒复壮,可有效增强植株抗性,减轻病虫害。要加大脱毒苗的推广及应用。传统分株苗和老枝扦插种苗活性低,田间生长势弱,易发生枯萎病;采用菊花嫩枝穴盘扦插育苗,具有生根快、根系质量好、种苗生长势强、育苗效率高等优点，可大力推广。

(2)推迟定植　在菊花适宜定植时期范围内尽量推迟定植，对于控制菊花枯萎病夏秋季流行程度效果显著。

(3)药粮间作　菊花-玉米间作有利于菊花过夏，减少病虫害，且不降低菊花产量。玉米要在菊花定植前10～15 d播种。5月底至6月初开始整地施用基肥时播种玉米。菊花-玉米间作模式玉米种植密度不宜太大，适量为宜。玉米播种畦沟两边间作，采用宽窄行，间隔1条畦沟播种2行玉米，玉米株距30 cm，窄行距50 cm，宽行距250 cm。

(4)合理轮作　春季种植十字花科绿肥，如矮早萝1号肥田萝卜、白菜型绿肥油菜品种和中绿油1号，可充分利用早春温光资源，提高土壤肥力，改善田间微生物菌群，而且操作简便，成本低，增产增效显著。此外，还可因地制宜对菊花进行轮作，如湖北麻城的油菜-菊花轮作、安徽滁州的滁菊-水稻轮作、湖北天门和江苏射阳的菊花-小麦轮作，以及河南的怀菊-怀药轮作等，这些轮作方式可以有效解决茬口问题。

(5)清除老蔸　在冬季菊花收获后至夏季菊花定植前，菊花老蔸一直在田间会不断地消耗地块的养分，也为病原菌以及害虫过冬提供适宜的场所。菊花采收后1个月左右收割地上部分后机械翻耕。

(6)其他栽培防病技术　种植前用有机肥作为基肥，后期合理配施N、P、K肥或微生物菌肥，增强菊花的抗逆性；进行起高垄栽培，合理密植，提高土壤透水透气性，促进根系健康发展，进一步提高菊花抗病性。地势低洼的地块要注意及时排水。

(7)精准施药　在扦插育苗过程中做好病虫害集中防控，减少植株携带病菌数。先将精甲·咯菌腈1000倍液和萘乙酸1000倍液进行复配，后将修剪完的嫩茎浸泡15～20 min后进行扦插，所使用的育苗基质土每袋也需添加5～10 g甲霜噁霉灵进行拌土，后期可以每隔7～10 d喷洒氯溴异氰尿酸1000倍液、精甲·百菌清1000倍液、苯醚甲环唑1000倍液或咪鲜·乙蒜素2500倍液。

在菊花生长过程中，可以使用枯草杆菌可湿性粉剂(100亿芽孢/g)60 g/亩、400 g/L氟硅唑微乳剂10000倍液、250 g/L丙环唑乳油剂1000倍液、10%苯醚·甲环唑1000倍液、35%咪鲜·乙蒜素2500倍液，每株灌根0.4～0.5 L，视病情连续灌2～3次。

4. 应用区域

适用于全国菊花主产区。

5. 依托单位

湖北中医药大学，刘大会，027-68890110。

(十三) 中药材褐斑病防灾减灾技术

1. 山药褐斑病防灾减灾技术

1) 发生特点

山药褐斑病病原为山药大褐斑尾霉。病菌以菌丝体和分生孢子在病残体上越冬，翌年春季，温、湿度适宜时，分生孢子借风雨传播，进行初侵染，后病部产生分生孢子，进行再侵染。病害发生的适宜温度为25～30 ℃，相对湿度80%，温暖多湿的环境利于发病。山药生长期间阴雨连绵，病害容易流行。一般6月下旬至8月多雾、露水重、雨量多的天气条件发病重；重茬、偏施氮肥、架内封闭、通风透光条件差、空气湿度大的地块发病重。

2）典型症状

主要为害叶片。叶面病斑近圆形或椭圆形至不规则形，大小不等；边缘褐色，中部浅灰褐色至灰白色，常有1～2个黑褐色轮纹圈。有的病斑四周具有黄色至暗褐色水浸状晕圈，湿度大时病斑上生有灰黑色霉层，叶背颜色较浅（图7-46）。

图7-46　山药褐斑病症状

3）防控措施

（1）农业措施　因地制宜设计畦的走向，适当增加行距，增加架高，避免山药架内郁闭；及时排出田间积水，降低田间湿度；山药收获前及时清理田间病残体，集中深埋或烧毁。

（2）精准施药　山药生长期每亩叶部喷施15～25 mL苯甲·嘧菌酯悬浮剂。

4）应用区域

适用于全国山药主产区。

5）依托单位

河北省农林科学院经济作物研究所，温春秀、刘玲娣，0311-87652129。

2. 当归褐斑病防灾减灾技术

1）发生特点

当归褐斑病借风雨传播而扩大为害，高温多湿条件有利发病，多发于5—8月。

图7-47　当归褐斑病症状

2）典型症状

发病初期叶面上出现褐色斑点，之后病斑扩大，边缘呈红褐色，中心灰白色，后期出现小黑点，病情严重时全株枯死（图7-47）。

3）防控措施

（1）选用良种　选择无病虫害当归种苗。

（2）农业措施　冬季做好田园清洁，彻底清除病残组织，减少病源；采用轮作方式降低褐斑病的发病率，在种植前用药剂进行土壤消毒。

（3）施药　发病初期及时摘除病叶，喷洒波尔多液、65%代森锌500倍液、50%甲基托布津800～1000倍液进行防治，每隔7～10 d喷1次，连续喷2～3次，可有效降低褐斑病发病率。

4）应用区域

适用于当归主产区。

5）依托单位

北京中医药大学，孙志蓉，010-53912100。

3. 金银花褐斑病防灾减灾技术

1）发生特点

金银花褐斑病在不同产区、不同基地，发病程度不同。病菌在病叶上越冬，一般在翌年6

月产生分生孢子，分生孢子借风雨传播，自叶背面皮孔侵入叶片，产生为害；7—9 月为病害高发期，病害严重植株易在秋季早期大量落叶。高温高湿、枝叶密集更易发病。

2）典型症状

主要为害叶片，一般从下部叶面开始发病，逐渐向上发展。发病初期，叶片上出现黄褐色小斑（图 7-48a）；随着病害发展，数个小斑逐渐融合，可呈圆形或多角黄褐色病斑（图 7-48b）。潮湿时，叶背生有灰色霉状物；干燥时，病斑中间部分容易破裂（图 7-48c）。病害严重时，叶片早期枯黄脱落（图 7-48d）。

a.初期症状　b.病斑融合　c.病斑破裂　d.叶片枯萎

图 7-48　金银花褐斑病叶片不同时期症状

3）防控措施

（1）培育健康种苗　选择品种优良的金银花母树，择取 1～2 年生充实健壮的枝条，剪成 25～30 cm 的插条，下端剪成斜面，保留 3 个节，摘除下部叶片，保留上部 2～4 片叶。将插条用多黏芽孢杆菌（5 亿 CFU/g）50～75 倍液蘸根处理，浸泡 10 min，晾干后即可扦插。

（2）高效修剪　结合冬季修剪，除去病枝，并将病枝及落叶集中烧毁或深埋，以减少病源；或在发病初期及时剪去病叶，减少病害感染。

（3）田间管理　多雨季节，及时排水，降低土壤湿度；选择合适种植密度，并适当剪掉弱枝及徒长枝，保持通风透光。

（4）合理施肥　施肥种类以生物有机肥为主。成龄金银花植株每墩施用有机肥 4～5 kg，每年施用 1～2 次。在早春、头茬花采摘后或秋季施肥，提高植株免疫力和抗病力。

（5）化学防治　发病后喷施 1∶1.5∶300 的波尔多液、50%多菌灵可湿性粉剂 600 倍液或 50%代森锰锌 500 倍液等药剂，各药剂交替使用，每隔 10～15 d 喷施 1 次，多雨时节可缩短间隔时间（7～10 d），连喷 2～3 次。

(6)生物防治　可在早春用3～5波美度石硫合剂对金银花基地园区进行处理预防；发病时用30亿CFU/g甲基营养型芽孢杆菌可湿性粉剂稀释500倍液，叶面喷施，每隔7～10 d用药1次，连喷2～3次。

4）应用区域

适用于山东、河南、河北等金银花主产区。

5）依托单位

山东省分析测试中心，卢恒，0531-82605344。

（十四）太子参叶斑病防灾减灾技术

1. 发生特点

该病病原以菌丝体和分生孢子附着在种根或土壤中越冬。在15～18 ℃开始发病，病原从气孔或表皮直接侵入，20～24 ℃为最适发病温度。病菌通过风雨、农事操作进行传播，带菌种子可作远距离传播。该病夏、秋季发病重，高温多雨、高温干旱但夜间结露重且持续时间长易发病；大水漫灌，田间积水，排水不良地块易发病。

图7-49　太子参叶斑病症状

2. 典型症状

该病由真菌病原菌引起，发病初期呈现大型水浸状斑，中部色较浅，后期逐渐干枯，四周具浅绿色水渍状晕环，病斑扩大后叶片长出黑色小点，并排列成轮纹状，后期病斑汇合成不规则大斑，老病斑中央穿孔，发病严重的整株叶片枯死，减产严重（图7-49）。

3. 防控措施

在病情监测基础上，采取科学选种、辅以栽培和药剂防治的综合措施。

(1)科学选种　做好种根检疫工作，选择不带病菌的种根作种。选择芽头完整、参体肥大、无病虫害、无损伤的块根作种为最佳。若采用以太子参种子进行种植的，种子须在0 ℃条件下50 d左右，经低温春化处理后再进行播种。

(2)农业措施　实行轮作倒茬的栽培模式进行预防，使寄主专化型的病原物找不到适于生长和繁殖的寄主，从而减少病原菌的数量。与水稻等禾本科作物轮作是减轻叶斑病发生的有效手段。种植地应排水良好，最好选择高畦种植。施肥坚持以“有机肥为主、化肥为辅、基肥应足、追肥应早”的原则，后期注意控制氮肥施用。

(3)精准施药　种植前，种根进行蘸根消毒，带药下田。定植后，发现病株应首先将病株拔除，然后用药剂灌根，防止病害在田间蔓延。可选用50%多菌灵可湿性粉剂、70%甲基硫菌灵可湿性粉剂、5%肟菌·戊唑醇水分散粒剂、10%苯醚甲环唑水分散粒剂、1%申嗪霉素悬浮剂、30%苯甲丙环唑乳油、37%苯醚甲环唑水分散粒剂或43%氟菌肟菌酯悬浮剂进行施药防治，间隔20～30 d喷施1次；遇病害发生时，间隔7～10 d防治1次，连续2～3次。

(4)生物农药辅助防治　可采用枯草杆菌、解淀粉芽孢杆菌、假单胞菌等生防菌菌剂对太子参叶斑病进行辅助防治。

4. 应用区域

全国太子参主要产区。

5. 依托单位

贵州中医药大学，周涛，0851-88161297。

（十五）人参（西洋参）黑斑病防灾减灾技术

1. 发生特点

大多地区始见于5月上旬，部分地区始见于4月下旬。当日均气温在18 ℃以上、空气相对湿度达65%以上，持续2～3 d小雨天气或日降雨量达15 mm以上时，黑斑病即可发生，并且发病率随降雨量和降雨次数的增加而增加。黑斑病的发生随荫棚透光率的增加而加重；主要靠气流、雨水传播，在暴风雨频繁季节极易流行。

2. 典型症状

多发生于茎顶、茎基部、叶柄轮生处或花轴，初呈针尖大小的褪色病斑，继而可见近椭圆形浅褐色病斑，以后色泽逐渐加深，并向上下扩展；病斑凹陷并产生黑褐色霉状物，严重时扭折而枯萎（图7-50，图7-51）。

图 7-50　西洋参黑斑病症状

图 7-51　人参黑斑病症状

3. 防控措施

10%苯醚甲环唑水分散粒剂30～45 g/亩喷雾，安全间隔期为60 d；450 g/L咪鲜胺水乳剂900～1350倍液喷雾；10%多抗霉素可湿性粉剂喷雾；42.4%唑醚·氟酰胺悬浮剂，发病前或者发病初期用药，15～30 mL/亩喷雾，间隔7～10 d，每季最多用药3次。

4. 应用区域

适用于全国人参（西洋参）等药材种植区。

5. 依托单位

西南林业大学，韩庆莉，0871-63863145。

（十六）人参（西洋参）圆斑病防灾减灾技术

1. 发生特点

圆斑病病原以菌丝和厚垣孢子的形式在土壤、墒草和病残体上越冬，翌年通过雨水飞溅和人工操作侵染，成为病害发生的初侵染源，6—9 月发生较集中。湿度越高，发病越重。

2. 典型症状

叶片感病初期，在叶片上产生水浸状小点，后扩大为圆形斑，病斑直径 5～10 mm。病斑中心灰白色，中间部位褐色，边缘有黄色晕圈，整个病斑有明显轮纹；急性发病期病斑呈水浸状浅褐色，轮纹不清晰，无黄色晕圈，此时叶片易脱落。空气湿度大时，病斑上可见稀疏霉层，病斑较多时可连片形成不规则大斑（图 7-52）。

图 7-52　人参圆斑病症状

3. 防控措施

50%唑醚·喹啉铜水分散粒剂（吡唑醚菌酯 20%，喹啉铜 30%）于发病初期，30～35 g/亩喷雾，每季最多使用 3 次，每次间隔 7～10 d；6%春雷霉素可湿性粉剂，40～50 g/亩喷施，安全间隔期 14 d，每季最多使用 3 次。

4. 应用区域

适用于全国人参（西洋参）等药材种植区。

5. 依托单位

西南林业大学，韩庆莉，0871-63863145。

（十七）人参（西洋参）锈腐病防灾减灾技术

1. 发生特点

锈腐病菌具有潜伏侵染的特性，带菌率随根龄的增长而提高，普遍潜伏于 1～5 年生参根里，3 年生人参主根侵染率最高，因此参龄愈大发病愈重。土壤黏重、板结、积水、酸性土及土壤肥力不足会使参根生长不良，有利于锈腐病的发生。自早春出苗至秋季地上部植株枯萎，整个生育期均可侵染，但侵染及发病盛期是在土温 15 ℃以上。在吉林省，锈腐病一般于 5 月初开始发病，6—7 月为发病盛期，8—9 月病害停止扩展。

2. 典型症状

锈腐病菌主要为害人参、西洋参的主根、侧根、须根、芦头、芽苞、地下茎等部位。参根受害，初期在侵染点出现黄色至黄褐色小点，后逐渐扩大为近圆形、椭圆形或不规则形的锈褐色病斑。病斑边缘稍隆起，中部微陷，病健部界限分明。发病轻时，表皮完好，也不侵及参根内部组织，严重时不仅破坏表皮，也深入根内组织，病斑处积聚大量干腐状锈粉状物，停止发展后则形成愈伤的疤痕。有时病组织横向扩展绕根一周，根的健康部分被分为上、下两截。如病情继续发展并同时感染镰刀菌等，则可深入到参根的深层组织，导致软腐，使侧根甚至主根横向烂掉。一般地上部无明显症状，发病重时地上部表现植株矮小，叶片皱缩不展，变红或变黄，整个植株呈萎蔫状，易倒伏（图 7-53a）。病原菌侵染芦头时，可向上、下发展，导致地下茎发病倒伏死亡（图 7-53b）；如地下茎不被侵染，则地上部叶片不会萎蔫，但生长发育迟缓，植株矮小，影响展叶，叶片自边缘开始变红色或黄色。越冬芽受害后，出现黄褐色病斑，严重者病斑腐烂，使得翌年不能出苗。须根受害时呈现烧须。

a.全株侵染锈腐病

b.芦头侵染锈腐病

图 7-53　人参锈腐病症状

3. 防控措施

锈腐病是土传病害，应结合环境因子、农业措施以及化学土壤杀菌等手段综合防控。

（1）土壤消毒　使用化学品氯化苦、棉隆、威百亩等对土壤进行覆膜熏蒸或者深耕拌土消毒，消灭在地表 70 cm 以内的病原菌，并采用微生物重建土壤微生物群落结构。已发病地块可使用噁霉灵、福美双和丙环唑等进行灌根处理。每 7～10 d 使用 1 次，注意药剂轮换。

（2）农业措施　精选健苗，并在秋季移栽。使用种子播种同样采用秋播处理，并使用包衣剂。秋季播种或者移栽保苗率较高，发病率低。控制氮肥使用量，过度施用氮肥，易使锈腐病发病率升高。注意环境因子变化，在已发生的参地尽早挖沟，浇灌高浓度杀菌剂进行隔离，防止快速蔓延。

（3）生物防治　可使用微生物制剂在土壤消毒后的真空期进行修复。施加木霉菌和芽孢杆菌类微生物可通过竞争、寄生等作用显著抑制锈腐病发生。

4. 应用区域

适用于我国东北和华北地区人参（西洋参）主产区。

5. 依托单位

①中国农业科学院特产研究所，张亚玉，0431-81919861。

②辽宁省经济作物研究所，孙文松，0419-3678977。

（十八）当归麻口病防灾减灾技术

1. 发生特点

麻口病主要为害当归植株根部，连作地块的当归苗和成药期植株都容易感染发病。

2. 典型症状

出现麻口病后，当归根表皮出现黄褐色纵裂，形成累累伤斑，同时可能出现头部腐烂，内部组织呈海绵状，木质化（图 7-54）。

图 7-54　当归麻口病症状

3. 防控措施

（1）选用良种　选用无病虫害当归种苗。

（2）消毒　对土壤、种苗进行药剂消毒。

（3）农业措施　选择适宜地块，深翻暴晒；合理轮作；垄作栽培；清洁田园。

（4）化学防治　苗期可以选择苦参碱醇、三唑酮、多菌灵等药剂进行灌根处理。成株期可用 50%辛硫磷 100 倍液、40%多菌灵 80～100 倍液、5%石灰乳液进行灌根。也可均匀施于芦头处，具有较好的防治效果。

4. 应用区域

适用于当归主产区。

5. 依托单位

北京中医药大学药学院，孙志蓉，010-53912100。

（十九）当归锈病防灾减灾技术

1. 发生特点

当归锈病主要为害叶片、叶柄和果柄。夏孢子由风雨和种苗传播，可重复侵染。在温度 18～22 ℃，相对湿度 75%～80%的条件下蔓延迅速，7—8 月发病严重。

2. 典型症状

夏孢子堆散生或群生在叶背面，裸露，褐色。冬孢子堆附着在叶的两面，裸露，黑色（图 7-55）。

3. 防控措施

（1）选用良种　选择无病虫害当归种苗。

(2)消毒　做好土壤杀菌消毒,同时使用福尔马林浸泡种子或闷种。

(3)农业措施　加强田间管理,发现残株、病叶及时清除,并集中深埋,以减少病源。

(4)施药　选用25%粉锈宁可湿性粉剂2000倍液喷雾防治,每2周喷药1次,连续喷药3次。

图7-55　当归锈病症状

4. 应用区域

适用于当归主产区。

5. 依托单位

北京中医药大学药学院,孙志蓉,010-53912100。

(二十)西洋参立枯病防灾减灾技术

1. 发生特点

该病是一种由丝核真菌引起的苗期病害,发生普遍。在近地表土层温度大于10 ℃即可发病,20 ℃以上极少发病。土壤湿度越大发病越重。一般在5月上旬至6月上旬发生,随植株健壮和气温上升逐渐减轻。

2. 典型症状

主要为害幼苗的茎基部。在距地表3～5 cm的干湿交界处,茎基部出现黄色小斑点,后扩展为长条病斑,造成植株缢缩,逐渐萎蔫,成片倒伏(图7-56)。

图7-56　西洋参立枯病症状

3. 防控措施

(1)种子包衣　使用咯菌腈等化学包衣剂进行包衣处理。幼苗移栽应用稀释药剂浸种后栽培。

(2)农业措施　注意排水通畅,做好出苗前的防寒工作。

(3)精准施药　使用戊唑醇、氟硅唑和咯菌腈喷淋,使药液沿茎秆流到茎基部和干湿交界处发挥作用;同时间隔使用木霉菌可增加植物的抵抗力,使参苗抗性增强直至安全度过病害流行期。

4. 应用区域

适用于我国东北和华北地区西洋参主产区。

5. 依托单位

中国农业科学院特产研究所，张亚玉，0431-81919861。

（二十一）栝楼流胶病防灾减灾技术

1. 发生特点

流胶病是近年来在栝楼上新出现的一种真菌性病害，在茎、叶、果实上均易发生，为害重。高温高湿天气，传播速度快。

2. 典型症状

病原侵染茎基部会从表皮逐步向里侵入，且形成胶状分泌物，最后被侵染部位断裂，造成整株枯死；侵染叶片会使叶片边缘形成焦枯；侵染果实时，果皮上会生成大小不一的斑点，中间发白，周围褐色，并伴随有黄色胶状分泌物（图 7-57）。

图 7-57　栝楼流胶病症状

3. 防控措施

（1）选择健康的种根　栝楼多采用分根繁殖，移栽定植前挑选健康不带病的种根，并做好块根的消毒处理措施，可有效降低该病害的发生。

（2）科学用药　在栝楼整个生长发育期都能形成侵染，要合理使用高效、广谱、低毒、低农残的化学药剂。在苗期上架后和初花期尚未发病时使用百菌清（达克宁，75%）150 g/亩 600 倍液分别进行预防；在发病初期使用 32.5%苯甲嘧菌酯（阿米妙收）悬浮剂 1000 倍液，或苯醚甲环唑（世高，10%）+咪鲜胺锰盐（施保功，50%）800 倍液，或 75%肟菌·戊唑醇（拿敌稳）1500 倍液进行喷雾，每 7 d 喷 1 次，连续施药 2 次后注意观察病情。如果茎基部流胶病发生较为严重，可以使用 4.8%苯醚咯菌腈悬浮种衣剂（适麦丹）直接进行涂抹，或 3%苯醚甲环唑悬浮种衣剂（敌委丹）加 75%肟菌·戊唑醇（拿敌稳）进行涂抹。

（3）田园清理　栝楼园区病瓜要及时清理出园。冬季做好清园工作，将枯枝烂叶及时清理，以减少残存的病原越冬。

4. 应用区域

适用于全国栝楼主栽区域。

5. 依托单位

安徽省农业科学院，李卫文，0551-65160968。

（二十二）菊花白锈病防灾减灾技术

1. 发生特点

该病属于真菌性病害，主要为害菊花叶片，造成叶片呈现密集的病斑，直至叶片枯萎。孢子会随着雨水传播。

2. 典型症状

发病初期，叶背出现细小的白斑，叶片正面对应处有细小褪绿斑；随着病害发展，叶背白斑上长出淡黄色的黏块，叶片正面对应处有褪绿现象，小斑块稍凹陷；进一步发展，背面的黏块状小堆扩展变成淡黄色的疱状突起，即冬孢子堆，随后冬孢子堆变成白色或灰白色，产生大量孢子。发病严重时，叶片正面中央也出现小块淡黄色冬孢子堆（图 7-58）。

图 7-58　菊花白锈病症状

3. 防控措施

（1）种植密度合理　菊花种植需要合理密植，但种植密度不宜过大，要保证通风透光，降低病害的发生。

（2）科学防治　可选择保护性杀菌剂进行预防，如咯菌腈、代森锰锌、百菌清等；发病初期可使用含有精甲霜灵、烯酰吗啉、双炔酰菌胺、霜霉威盐酸盐及嘧菌酯、吡唑醚菌酯类等药剂防治。

（3）田园清理　园区内发现病株，及时拔出并清理出园。

4. 应用区域

适用于全国菊花主栽区域。

5. 依托单位

安徽省农业科学院，李卫文，0551-65160968。

（二十三）太子参花叶病防灾减灾技术

1. 发生特点

太子参花叶病由病毒感染引起，其中作为繁殖材料的种根中携带病毒是主要的发病因素，同时病毒可以通过汁液摩擦和蚜虫等虫媒传毒，引起病害暴发，主要集中在 3—5 月。该病害已知的主要病原种类有芜菁花叶病毒（tumip mosaic virus，TuMV）、蚕豆萎蔫病毒（bread bean wilt virus，BBWV）和黄瓜花叶病毒（cucumber mosaic virus，CMV）等。

2. 典型症状

太子参花叶病主要症状主要表现在叶片上。发病初期，幼叶两边叶缘向中间卷曲并产生斑斓褪绿小点，后期叶卷曲越来越严重，远看发病植株幼叶呈丛簇状。随着叶片的增大，卷曲的幼叶逐步展开，但叶片产生扭曲状变形，叶片上斑斓状褪绿部分逐渐变为黄色。该病的发生会引起地下块茎生长停滞，从而影响太子参块根的膨大。块根头部用手轻捏，有失水状软化触感。严重时全株出现萎蔫状（图 7-59）。

图 7-59　太子参花叶病症状

3. 防控措施

采取以监测预警预报、无病毒种根应用和精准施药为核心的绿色防控技术。

（1）选用无病毒种根　利用茎尖脱毒，培育无病毒种苗，及时防虫，确保种根不带毒。

（2）种根消毒　播种前，可采用 0.1%氯溴异氰尿酸或 6.6%嘧菌酯、1.0%咯菌腈、3.3%精甲霜灵等种衣悬浮剂，稀释至 400～600 倍液，浸泡处理 10～20 min。浸泡时消毒水应淹没种根，浸泡后取出摊开沥干表面水分即可播种。

（3）精准施药　发病初期用免疫生长调节剂进行防治，如 0.5%氨基寡糖素水剂 3.3～3.7 kg/hm^2，或 20%宁南霉素水剂 4.5～6.0 kg/hm^2，喷雾，连续喷 2～3 次（间隔期 10～15 d）。

（4）农业措施　合理轮作，包括水旱轮作、与其他经济作物轮作、水稻不同类型品种间的轮作等；科学肥水管理，增施磷钾肥，注意排灌结合，提高植株自身抗病能力；彻底清洁田园，减少越冬病原；在太子参生长期，及时灭杀传毒虫媒。

4. 应用区域

适用于全国太子参主产区。

5. 依托单位

①福建农林大学,古力,0591-86397815。

②贵州中医药大学,周涛,0851-88161297。

(二十四)天麻褐腐病防灾减灾技术

1. 发生特点

该病病原菌土赤壳属真菌的寄主广泛,腐生性强,可在土壤中长期存活,病菌可随雨水、浇灌水、人为操作和引种等途径传播蔓延。4—10月是天麻褐腐病发病的高峰期。高温干旱、高湿水淹有利病害的发生发展,虫伤或机械损伤可加重该病发生。

2. 典型症状

该病由土赤壳属真菌引起,主要发生在天麻块茎。发病初期,表面形成中部下陷的圆形病斑,颜色从黑褐色逐渐成棕褐色,病斑可多个愈合成不规则褐色大斑块,块茎内部腐烂成白色乳浆状物,但表皮仍然保留。当湿度大时病块茎表面长出灰白色菌丝,并形成菜籽大小的黑色菌核,菌核周围有菌丝缠绕,附着在病麻表面,但容易剥离(图7-60)。

图 7-60　天麻褐腐病染病症状

3. 防控措施

在病情监测基础上,采取以种植抗病品种为主,辅以栽培防治的综合措施。

(1)挑选优良种麻　在选种时,严格挑选种麻。选择无性繁殖2~3代,白嫩、健壮、繁殖力强、表皮无破损、无病虫的优良白麻作为种麻,切忌将带病种麻栽入畦窝中,以减少该病的发生概率。

(2)农艺防治　①优选种植模式。开展仿野生种植、林下栽培等。②适期种植。每年4—5月是天麻进行有性繁殖的最佳播种期;每年11月至翌年2月为栽培天麻的最佳时期。③适时换地种植。栽培天麻2年的老地块必须间隔3~5年后再栽培;如果没有换地轮作的条件,老窝连栽应采用客土种植,或用0.2%高锰酸钾溶液喷洒场地消毒杀菌,减少杂菌数量,促进蜜环菌健壮生长,减少腐烂病的发生概率。④选择疏松地。选用疏松、透气性好、营养丰富、无杂菌的栽培基质,比如锯木屑加纯净沙子、半腐熟阔叶树叶加纯净沙子、纯中粗粒沙子等。⑤加强管理。要做好防冻、防旱、防涝、防人畜践踏。地温低于0℃时天麻就会受冻腐烂,可增加覆盖物进行预防。

4. 应用区域

贵州天麻主要产区。

5. 依托单位

贵州中医药大学,周涛,0851-88161297。

(二十五)山药基腐病防灾减灾技术

1. 发生特点

该病通过土壤、雨水、灌溉、带病菌的肥料传播,从山药出苗到9月上中旬均可发病。一般雨水多的年份、容易积水的地块病害发生重。

2. 典型症状

发病初期,在地表以下的茎基部出现褐色不规则斑点,后扩大成深褐色长形病斑,病斑中部凹陷,病害严重者绕茎一周时,就会造成地上部藤蔓枯死。湿度大时病斑表面有不明显的淡褐色蛛丝状霉。病害开始发生时,由于病斑较小,且在地表以下,难以察觉,严重时出现整株死亡的现象(图7-61)。

图 7-61　山药基腐病症状

3. 防控措施

采取精心耕作和合理用药为主的防控模式。

(1)选择优良种栽　选择脖颈短粗、芽头饱满、健壮无病、无虫、无分叉、色泽正常的山药块茎作为种栽。

(2)农业措施　实行轮作,避免连作,与禾本科作物进行轮作3～5年,可减少病害的发生;彻底清理残茬山药;降低密度,通风透光不良则易感病;加强水肥管理,山药在8月中旬之前,生长旺盛,注意氮磷钾搭配,同时叶面喷施0.2%～0.3%磷酸二氢钾溶液,间隔5～7 d喷1次,连喷2～3次,增强植株抗性,同时促使地下块茎膨大。

(3)药剂防治　在山药种栽下沟后,用阿米西达50 mL(或阿米妙收50 mL),加亮盾50 mL(或酷拉斯45 mL),兑水15 kg,喷沟后盖土,可有效减轻或延缓茎基腐病的发生,防治效果在80%以上。

(4)注意事项　注意及时排涝,日常浇水严禁大水漫灌;同时汛期注意防涝,及时将多余的水排出,减少病害发生。

4. 应用区域

适用于全国山药产区。

5. 依托单位

河南师范大学,杨清香,0373-3326340。

（二十六）附子霜霉病防灾减灾技术

1. 发生特点

附子霜霉病是乌头霜霉菌属引起的病害，主要为害附子叶部，一般 2—4 月发病。

2. 典型症状

出现“白尖”“灰苗子”等症状，叶片枯黄、下垂，背面出现紫灰色霉层，降低叶片光合作用，造成附子产量和品质降低（图 7-62）。

a.附子苗期霜霉病症状　　b.附子成株霜霉病症状

图 7-62　附子霜霉病症状

3. 防控措施

采取以监测预警预报、抗病品种应用和精准施药为核心的绿色防控技术。

（1）选用抗病良种　选用适合当地生产的抗（耐）病附子品种，如绵附 1 号、成附 2 号；加强品种轮换，避免单一品种的长期种植。

（2）精准施药　发病初期，用 70％烯酰吗啉・霜脲氰 800～1000 倍喷雾防治，连用 2～3 次。

（3）农业措施　合理复种（附子/水稻套作或轮作，实现年内水旱交替）；健株栽培；合理密植；适当调整播期避病；科学管理水肥（健全排灌系统；多施钾肥及中微量元素肥料；附子修根后不再施用氮肥）；上季水稻收割后每亩撒施 50～100 kg 生石灰消毒。

4. 应用区域

适用于四川江油、布拖，云南大理、昭通，陕西汉中等全国各地附子主产区。

5. 依托单位

绵阳市农业科学研究院，戴维，0816-2822078。

（二十七）附子白绢病防灾减灾技术

1. 发生特点

附子白绢病是齐整小核菌属引起的土传病害，主要为害附子根部，一般 5—6 月发病。

2. 典型症状

在烂根表面，茎基部和周围土面出现白绢丝状菌丝及黑褐色似油菜籽大小的菌核，最后导致全株枯死(图 7-63)。

a.白绢病发病症状　　b.附子暴发白绢病田间情况

图 7-63　附子白绢病症状

3. 防控措施

采取以监测预警预报、抗病品种应用和精准施药为核心的绿色防控技术。

(1)选用抗病良种　选用适合当地生产的抗(耐)白绢病品种，加强品种轮换，避免单一品种的长期种植。

(2)精准施药　修根后每亩用 150 g 65%代森锌可湿性粉剂+15%噁霉灵水剂 1000 倍液喷雾，每 10 d 用 1 次，连用 2～3 次。

(3)种根消毒　种前，每 100 kg 种根用 30 mL 3.3%精甲双灵·1.0%咯菌腈·6.6%嘧菌酯悬浮种衣剂浸种，再栽种，可有效降低种根带病风险。

(4)农业措施　合理复种，附子/水稻套作或轮作，实现年内水旱交替；健株栽培；合理密植，适当调整播期避病；科学管理水肥，健全排灌系统，多施钾肥及中微量元素肥料，附子修根后不再施用氮肥；上季水稻采收后每亩撒施 50～100 kg 生石灰消毒。

(5)注意事项　在附子修根后，易感染白绢病，应密切监测病害发生，病株及时拔除，及时对初发病株或发病中心进行药剂喷施封锁。施药时，一定要用够药量，均匀细雾喷施。

4. 应用区域

适用于四川江油、布拖，云南大理、昭通，陕西汉中等全国各地附子主产区。

5. 依托单位

绵阳市农业科学研究院，戴维，0816-2822078。

(二十八)中药材主要线虫病防灾减灾技术

1. 山药根结线虫病防灾减灾技术

1)发生特点

线虫以卵及低龄幼虫在山药留种块茎上及病组织中越冬。翌年春天环境条件适宜时越冬卵开始孵化，主要以二龄幼虫在土壤中蠕动传播扩散，以穿刺的形式进入山药幼嫩的块茎和根尖，进行繁殖；主要分布在5～20 cm的土层中。通过病薯、土壤、灌溉和农事操作等途径传播，远距离的传播主要是通过带病山药种薯。发病程度与土壤温度和湿度、土壤质地等有密切关系。北方一般在6月上旬至9月上旬发生为害。土壤含水量在16%～20%对线虫的发生较为有利；夏季发病较重；沙土、壤土发病较重，黏土发病较轻。

2）典型症状

根结线虫主要为害山药的根系和块茎，在块茎的细根上产生米粒大小的根结，解剖镜检病部可见乳白色的成虫和不同龄期的幼虫。发病严重者，地上部表现为植株生长势弱，叶色淡，叶片变小。根结线虫病发病初期，受害块茎表面暗色，无光泽，多数畸形；在块茎表皮线虫侵入点周围肿胀，凸起，形成大小不等、直径2～7 mm的馒头形瘤状物，小的瘤状物相互愈合、重叠，形成更大的瘤状物。发病轻者，块茎发病部位内部组织的颜色无明显变化，但皮色比正常山药明显偏暗，呈黄褐色，导致品质下降；发病严重者，表皮变成深褐色，内部组织腐烂，呈深褐色，似朽木（图7-64）。

图7-64　山药根结线虫病为害症状

3）防控措施

山药线虫病是一种很顽固的土传病害。线虫抗逆性和繁殖能力都很强，不易根治。药剂防治只能是一种辅助措施，应进行综合防治。

（1）选择优良品种　主栽抗病品种，对种栽进行浸种消毒。

（2）土壤消毒　选择适于山药种植的土地，对土壤进行消毒，每亩用量：噻唑膦500～1000 mL，丰独灵500～1000 mL，阿维菌素500 mL，拌土沟施。

（3）播种处理　在山药下种前，每亩用3%的米乐尔颗粒剂3～5 kg，均匀撒施于种植行，然后下种。

（4）生物防治　应用淡紫拟青霉防治。播种后覆土前将淡紫拟青霉颗粒剂均匀撒于播种沟内，每亩用5亿活芽孢/g淡紫拟青霉颗粒剂1.5 kg，防治效果好且无公害。

（5）注意事项　注意山药根结线虫病的发病条件，预防为主。

4）应用区域

适用于全国山药主产区。

5）依托单位

①河北省农林科学院经济作物研究所，温春秀、刘玲娣，0311-87652129。

②河南师范大学，杨清香，0373-3326340。

2. 沉香（白木香）根结线虫防灾减灾技术

1）发生特点

白木香生长期内均可受根结线虫的侵染、为害，尤其以透气性好，前期种植过茄科类瓜菜或者有根结线虫为害的地块发病尤为严重。白木香中小植株或者表层土壤根系容易受到为害，可通过土壤、肥料、农具、种苗甚至浇水等多种途径传播，发病严重，具有侵染症状不明显，但症状明显的植株多为为害严重植株的特点。根结线虫主要以幼虫在土中或成虫和卵在病根的根瘤内越冬。夏季或多雨季节，线虫容易入侵为害白木香。

2）典型症状

根结线虫主要为害根部。侵染后的植株根系逐渐形成根瘤或根结，降低根系吸收养分的能力，从而影响地上部分茎叶生长。发病初期，地上部分病状不明显，当根部发病严重时地上部分才能表现出症状。一般幼苗或幼树发病后易表现出受害症状。叶片由下至上逐渐黄化、掉落，叶尖枯萎，叶片稀少，受害较重时地上部分只剩下枯枝，更严重时还会引起整株枯死（图 7-65）。

图 7-65　白木香根结线虫为害症状

3）防控措施

根结线虫的防治应采用预防为主，综合防治的措施，突出农业、物理防治措施，配合化学及生物防治方能较好地预防其为害。

（1）预防措施　选择无根结线虫为害地块种植白木香，或者提前采用生石灰，或者淡紫紫孢菌、枯草杆菌等有益微生物菌进行土壤消毒或者改善土壤微环境，预防根结线虫发生。合理轮作，提前进行土壤翻晒或者水旱轮作，减少根结线虫为害。

（2）农业措施　选用无根结线虫的种苗，避免带病种苗移栽；移栽前统一进行土壤和种苗消杀。合理水肥管理，促进植株生长，减轻或者避免根结线虫为害。发现病苗及时拔除，并及时暴晒土壤或者采用生石灰、噻唑膦等杀线虫专用药剂消杀。注意避免受污染农具、土壤等传入根结线虫。

（3）化学防治 在发病期用 1.8%虫螨克乳油、1.8%阿维菌素乳油，或者 20%噻唑膦水乳剂等灌根防治；同时可配合使用呋线丹等生物菌剂进行综合防治。

4）应用区域

适用于全国沉香树种植区域。

5）依托单位

中国热带农业科学院热带生物技术研究所，戴好富，0898-66961869。

3. 麦冬根结线虫病防灾减灾技术

1）发生特点

麦冬根结线虫病是花生根结线虫（*Meloidogyne arenaria* Chitwood）引起的病害，主要为害麦冬根部，一般 6 月至翌年 3 月均可发病。

2）典型症状

图 7-66　麦冬感染根结线虫病后根部形态

病原线虫由幼嫩组织侵入，形成不规则形根结。根结线虫从麦冬的根端侵入后，使根系生长过程中逐渐形成不规则的小疙瘩；病株叶片受根部影响，叶色泛黄，出现轻微缺素症状（图 7-66）。

3）防控措施

采取以监测预警预报、抗病品种应用和土壤消毒、套作（轮作）为核心的绿色防控技术。

（1）选用抗病良种　选用适合当地生产的抗（耐）病麦冬品种，如川麦冬 1 号、涪麦 1 号等；加强品种轮换，避免单一品种的长期种植。

（2）土壤消毒　每亩用 0.10%噻唑膦颗粒剂 1～1.5 kg 拌细土撒施，翻耕后移栽麦冬种苗。

（3）农业措施　合理复种，最佳套作模式为麦冬/玉米套作；同一块田连续种植 3～4 季麦冬后，应轮作其他作物，涪城麦冬宜与禾本科作物轮作，轮作模式有：苕子（绿肥）－麦冬－水稻，水稻－蔬菜－麦冬－秧田，马铃薯－麦冬－秧田或水稻，水稻－早熟油菜－麦冬－秧田或水稻；健株栽培；合理密植，适当调整播期避病；科学管理水肥（健全排灌系统，多施钾肥及中微量元素肥料，10 月后不再施用氮肥）。

4）应用区域

适用于四川三台及周边麦冬主产区。

5）依托单位

绵阳市农业科学研究院，戴维，0816-2822078。

（二十九）西洋参金针虫害防灾减灾技术

1. 发生特点

金针虫主要为害西洋参地下根茎，防控不及时引起损失较大。一般在参根距地表 10 cm 区间（绝大多数在 5～8 cm 处）为害。多数金针虫进入茎中取食，极少部分蛀食主根。地下部或者茎被虫伤后质量下降，生长受限，伤口处易被病原复合侵染。

2. 典型症状

1、2 年生参苗表现为幼茎仅剩纤维和表皮部分，呈丝状，幼苗倒伏，逐渐死亡。高年生西洋参对金针虫耐害性较强，但多数金针虫进入茎中取食，会造成缺刻或者丝状。茎叶逐渐失绿发黄，早期脱叶，重者参茎折断，茎叶萎蔫死亡（图 7-67）。

3. 防控措施

（1）农业措施　播种或移栽前进行秋季深翻，可将虫卵、蛹、幼虫翻到地表，使其在冬季温度下死亡。有机肥腐熟发酵可以使虫卵死亡。适时采取除草、松土等一切暴露虫卵的措施，使其无法完成生活史而死亡。

（2）土壤处理　土壤消毒熏蒸是杀死虫卵的最稳妥手段，可参照锈腐病的土壤处理方法。

（3）精准用药　使用辛硫磷等杀虫剂与细土拌匀，制作毒土，均匀撒施于床面，随雨水逐渐

图 7-67　西洋参金针虫害症状

进入土壤中起到杀虫效果。在播种或者移栽前将毒土置于地表下 10 cm 处，效果较好，防治率达 95%以上。

4. 应用区域

适用于我国东北和华北地区西洋参主产区。

5. 依托单位

中国农业科学院特产研究所，张亚玉，0431-81919861。

（三十）槟榔黄化病防灾减灾技术

1. 发生特点

槟榔黄化病是一种缓慢抑制槟榔植株生长、严重降低槟榔产量的具有传染性的毁灭性病害。该病首次出现在印度，1981 年首次出现于我国海南省屯昌县。槟榔黄化病可感染所有槟榔品种，可全年发病，其传播途径主要是种苗和媒介昆虫。因水肥条件差，旱季易表现黄化病症状。槟榔黄化病为害逐年加重，造成严重减产，局部地区甚至毁种失收，严重影响槟榔种植产业发展。

2. 典型症状

感染槟榔黄化病的植株表现为“黄化型”和“束顶型”两种症状。①黄化型：发病初期植株中下层叶片开始变黄并逐渐发展到整株叶片黄化，心叶变小，病叶叶鞘基部形成的小花苞呈水渍状坏死，严重时呈暗黑色，基部有浅褐色夹心，花穗枯萎，即使有少量结果也常提前脱落。部分根部腐烂的病株，常在顶部叶片变黄一年后枯死，大部分病株表现黄化症状后 5～7 年枯顶逐渐死亡。②束顶型：病株树冠顶部叶片明显缩小，呈束顶状，节间缩短，花穗枯萎不能结果，病叶叶鞘基部的小花苞水渍状败坏，大部分感病株表现症状后 5 年枯顶死亡（图 7-68）。

3. 防控措施

槟榔黄化病尚无有效的防治药剂，但早发现、早治理、科学防控，可以达到延缓病情恶化，延长槟榔经济寿命的目的。

（1）选用无病苗木与地块　选用无病苗木进行种植，严禁从疫区引进种果和种苗，严禁采用感病槟榔园的种果进行育苗，严禁在感病槟榔园及周边育苗。合理选择种植地块，避免在发

图 7-68　槟榔黄化病

病区种植，并保持适当的隔离距离，建议间隔至少 1 km 以上；避免连片种植。

（2）人工机械除草　槟榔园严禁使用草甘膦除草剂，建议用人工除草，控制杂草高度在 20 cm 以下，保持园内生态环境。

（3）采用“五板斧”措施　针对轻病和中病槟榔园（发病率 50％以下），采用“五板斧”措施：①“一养”。即养根养树，加强肥水管理，提高槟榔树体营养，增强树势。②“二诱”。即诱抗，通过使用阿泰灵、海岛素等诱抗剂，诱导槟榔产生并提高免疫力。③“三调”。即生态调控，通过套种平托花生、硬皮豆等丰富林间生物多样性，改善林下微生态环境。④“四治”。即综合治理，每年定期喷施噻虫嗪、阿维菌素、高效氯氰菊酯等杀虫剂，消除蚜虫、飞虱、叶蝉、蓟马等刺吸式害虫；还可通过悬挂色板、诱控灯等进行诱杀，降低田间虫口密度。⑤“五除”。即清除病叶和病株，减少传染源。

（4）全园更新种植　针对槟榔黄化病的重病园，清除全园后，种植其他短期经济作物，至少 2 年后再重新种植健康槟榔。

（5）注意事项　未发病或发病较轻的树体可选用 2％好普 60 倍液或四环素等，叶面喷施 2～3 次，诱导槟榔产生抗性。在槟榔抽生新叶期间，喷施 20％速灭杀丁、2.5％敌杀死等 1500～2000 倍液保护。适期施用 36％降黄龙可湿性粉剂（同时施用 16％虫线清），可初步控制槟榔黄化病的发生、发展。

4. 应用区域

适用于全国槟榔主产区。

5. 依托单位

中国热带农业科学院热带生物技术研究所，戴好富，0898-66961869。

（三十一）沉香（白木香）黄野螟防灾减灾技术

1. 发生特点

黄野螟是为害白木香最为严重的食叶性害虫。白木香生长期内均可发生黄野螟为害，海南等地 1 年可发生 8 代以上，以 2—11 月为集中为害期，其中以 3—5 月和 10—11 月为集中暴发期。黄野螟完成一个世代需要 28～32 d，卵期 3～4 d，幼虫期 10～18 d。成虫寿命 2～8 d，全天均可羽化，以晚上活动居多，具趋光性。成虫多产卵于嫩叶背面主脉两侧，少数产卵于正面，多呈鱼鳞状排列，孵化率可达 95％以上。

2. 典型症状

黄野螟以幼虫咬食叶片为主，具有暴发性、暴食性特点。幼虫孵化初期取食叶片背面叶肉，随虫龄增加后取食整个叶片，甚至嫩茎及树皮组织，情况严重时所有植株都会被取食。在食料不足的情况下，幼虫会咬食树干及枝条皮层，导致白木香生长不良，影响结香和产量，甚至导致植株死亡（图7-69）。

图7-69　黄野螟幼虫及其为害症状

3. 防控措施

（1）农业防治　运用农业措施综合防治。冬季在树冠下浅翻土，清除枯枝落叶和杂草并烧毁，消灭越冬蛹。同时加强管理，增加植株抗虫性。及时灭除虫卵或者幼虫，发现卵块及时摘除；若为害的数量较少且虫龄较小时，可采用人工摘除或者除灭方法。注意采用生态种植模式，采用跟其他树种混种的方式，减少集中暴发。保护林间海南蝽、蜘蛛等黄野螟天敌，降低虫口密度。

（2）物理防治　利用黄野螟成虫具有趋光性的特性，采用频振灯或者黑光灯诱杀成虫，降低成虫数量，控制虫口密度。

（3）化学防治　及时杀灭虫害。注意初春、夏季、秋季黄野螟、卷叶虫的为害，及时杀灭；遵循越早防治效果越好的原则，在虫害幼龄期防治。于阴天或者晴天早晚，采用1.8%阿维菌素、40%辛硫磷乳油、4.5%高效氯氰菊酯等杀虫剂或者其他鳞翅目昆虫专用杀虫剂喷雾防治。幼虫早期采用烟雾剂防治也可达到较好效果。

4. 应用区域

适用于全国沉香树种植区域。

5. 依托单位

中国热带农业科学院热带生物技术研究所，戴好富，0898-66961869。

（三十二）山药蓟马防灾减灾技术

1. 发病特点

蓟马喜高温干燥环境，一般适宜的发病温度为20～30 ℃，主要对山药的嫩叶产生为害。

2. 典型症状

以成虫（图7-70a）和若虫锉吸山药的幼嫩组织，被害的嫩叶嫩梢变硬变茧，卷曲枯萎，植株生长缓慢，节间缩短(图 7-70b)。

a.蓟马成虫

b.为害植株卷曲

图 7-70　蓟马及为害山药症状

3. 防控措施

(1)田间管理　早春清除田间杂草和枯枝残叶，集中销毁或深埋，消灭越冬成虫和若虫。加强肥水管理，促使植株生长健壮，可减轻病害。

(2)诱杀　利用蓟马趋蓝色的习性，在田间设置蓝色粘板，诱杀成虫，粘板高度与作物持平。

(3)化学药剂　使用 CE 苦参碱 500 倍液＋5%甲维盐 500 倍液＋22.4%螺虫乙酯(杀卵)2000 倍液喷施。

(4)注意事项　根据蓟马昼伏夜出的特性，建议在下午用药。蓟马隐蔽性强，需要选择内吸性药剂或者添加有机硅助剂，而且尽量选择持效期长的药剂。

4. 应用区域

适用于全国山药产区。

5. 依托单位

河南师范大学，杨清香，0373-3326340。

(三十三)中药材蛴螬防灾减灾技术

1. 白芍害虫蛴螬防灾减灾技术

1)发生特点

蛴螬是金龟甲的幼虫，别名白土蚕。植食性蛴螬食性广泛，为害多种农作物，喜食刚播种的种子、根、块茎以及幼苗，是世界性的地下害虫，危害很大。

2)典型症状

蛴螬主要啃食白芍根部，会造成褐色斑块，啃咬处易造成病原菌侵入，严重时造成腐烂现象，白芍产量下降，药材品质变劣，损失严重(图 7-71)。

图 7-71　蛴螬为害白芍状

3）防控措施

（1）地块和种苗选择　地块选择时注意前茬作物和地块虫口发生情况，尽量避免在有蛴螬发生的地方进行白芍种植；培育健壮植株。

（2）加强田间管理　保持田园清洁，及时清除前茬枝叶、杂草、病残体等。适时开展应急防治和统防统治，减轻病虫为害。

（3）生物防治　保护和利用白芍田间天敌，如瓢虫、草蛉、蜘蛛、寄生蜂、步甲等。

（4）物理防治　采用黑光灯诱杀金龟子，减少蛴螬为害；采用青草或桐树叶引诱，进行人工捕杀。

（5）科学施药　可用 50～100 cm 长的新鲜榆树、杨树等树枝，插入 75%辛硫磷乳油中浸泡，之后插入田间进行诱杀；或用溴氰菊酯乳油、辛硫磷与棉籽饼、豆饼、麦麸或切碎的新鲜草，顺垄撒施于菊花根际附近进行诱杀；或用辛硫磷缓释微囊悬浮剂进行灌根处理。

4）应用区域

适用于全国白芍主栽区域。

5）依托单位

安徽省农业科学院，李卫文，0551-65160968。

2. 金银花蛴螬防灾减灾技术

1）发生特点

蛴螬幼虫主要啃食金银花根部，多为害主根，每年 7、8 月蛴螬孵化后开始为害，后期可以看到明显的愈伤组织，啃咬造成的伤口可以引起病原菌的侵染，导致根腐等病害的发生。第二年春天可出现植株部分干枯，甚至整株死亡现象。

2）典型症状

蛴螬成虫咬食金银花的嫩叶、花蕾；幼虫则咬食金银花植株根系，造成营养不良，树势早衰，严重时将根茎咬断，根系全部吃光，使植株枯黄而死；同时，植株根部被咬后造成的伤口，极易导致病菌感染，加剧根部病害的发生和蔓延，从而造成整株成片死亡（图 7-72）。

图 7-72　蛴螬为害金银花症状

3）防治措施

（1）清洁田园　及时清除病株和杂草，集中烧毁病虫株残体，避免病虫繁殖和传播。秋季刈割，冬季清园，清除田间枯枝落叶；同时注意田边、渠旁杂草的清除，减少越冬病虫源与下年病虫口基数。

(2)杀虫灯诱杀　利用蛴螬趋光性，安装杀虫灯诱杀羽化期的成虫，遏制其产卵繁殖。

(3)食诱剂诱杀　用糖醋液等食诱剂诱杀。糖、醋、酒、水按 1∶4∶1∶16 配制；或红糖、醋、水、酒按 3∶4∶2∶1 比例配制，加适量 90%晶体敌百虫(注意根据诱虫量及时清理虫尸，并补加糖醋液)。

(4)生物防治　在蛴螬低龄幼虫期(1 龄、2 龄或 3 龄初期)应用球孢白僵菌(有效孢子数≥150 亿/g)250～300 g/亩，拌土 15～20 kg 撒施于作物根部四周土壤。或应用昆虫病原线虫按照 1.0 亿～1.5 亿尾/亩的用量兑水 60 kg，搅拌均匀至完全溶于水，随灌溉水均匀灌溉于土壤中，或均匀喷施于土壤中后大水漫灌。

(5)科学用药　幼虫低龄期用 50%辛硫磷乳油 150～200 mL 兑细土 6～7 kg 撒在垄沟内、5%辛硫磷粒剂每亩 5～7 kg、5%二嗪磷颗粒剂每亩 0.5～1 kg 撒施于树冠下的根际周围地面，然后翻入土中，毒杀其幼虫。成虫发生期用 50%辛硫磷乳油 800～1000 倍液喷施或灌根，或用 5%高效氯氟氰菊酯乳油 1200～1500 倍液、10%联苯菊酯乳油 3000～5000 倍液、10%吡虫啉可湿性粉剂 1500 倍液、30%噻虫嗪悬浮液 1500 倍液喷雾防治。

4)应用区域

适用于全国金银花主产区。

5)依托单位

山东省农业科学院，于毅，0531-66658601。

(三十四)蒙古黄芪芫菁防灾减灾技术

1. 发生特点

芫菁(图 7-73)的发生为害程度与气象条件、农业环境、上一年的土蝗发生程度关系密切。气温高、降水量少的年份容易发生；同一年份，背风向阳、沙性土壤地块的虫量常高于平川、壤土和黏土地块。豆芫菁幼虫以蝗卵为食，一般上一年土蝗发生为害重，防治面积小或者防治质量差时，第二年豆芫菁发生为害重。由于该类害虫在 6 月羽化，因此发生时间相对集中于 6—8 月。多呈暴发性发生，在田间常呈点片状为害，为害严重时造成大面积黄芪因叶片脱落而死亡，导致减产。

图 7-73　芫菁科害虫

2. 典型症状

芫菁科害虫以成虫为害为主，主要为害黄芪的叶、幼茎、花瓣和果实，喜食幼嫩部分，受害植株叶片轻则被咬成空洞、缺刻，重则叶肉全被吃光，只剩网状叶脉，严重时可将黄芪吃成光秆。食料缺乏时，也可取食老叶，以中国豆芫菁、绿芫菁为害严重，其次为蒙古斑芫菁、丽斑芫菁和苹斑芫菁。

3. 防控措施

（1）农业防治　每年秋收后，深翻土地，将正在越冬的芫菁幼虫翻入深土层中，打乱或破坏其生存环境，压低越冬基数。靠近农田的荒滩若蝗虫发生较重，要及时消灭，控制蝗虫产卵，以减少芫菁幼虫的食料，消灭芫菁幼虫。

（2）物理防治　在芫菁成虫取食、交尾盛期，利用白天多在植株顶端活动和群集为害的习性，进行人工捕捉，或用网捕，减少田间虫口密度。

（3）化学防治　可选用 4.5%高效氯氰菊酯乳油 1500～2000 倍液、25%氰辛乳油 1500～2000 倍液、20%灭幼脲悬浮剂 800～1000 倍液，每亩用 40～50 kg 喷雾防治。丘陵山坡地区可用 25%乙酰甲胺磷可湿性粉剂喷粉防治，每亩用药量 1～1.5 kg。

4. 应用区域

适用于全国蒙古黄芪主产区。

5. 依托单位

内蒙古农业大学，盛晋华，0471-4301169。

（三十五）山药甜菜夜蛾防灾减灾技术

1. 发生特点

以蛹在土内越冬，终年繁殖为害。成虫夜间活动，最适宜的温度为 20～23 ℃、相对湿度 50%～75%。有趋光性。幼虫共 5 龄(少数 6 龄)。3 龄前群集为害；4 龄后，食量大增，昼伏夜出，有假死性。甜菜夜蛾是一种间歇性大发生的害虫，不同年份发生量差异很大；一年之中，在华北地区以 7—8 月为害较重。

2. 典型症状

初龄幼虫在叶背面群集吐丝结网，只食叶肉，留下表皮，形成透明小孔；3 龄后食量增大，昼伏夜出，为害叶片成孔洞或缺刻，严重时吃光叶肉，仅留叶脉和叶柄，甚至剥食茎秆皮层(图 7-74)。

图 7-74　甜菜夜蛾病害症状

3. 防控措施

（1）采用黑光灯诱杀成虫，或用性诱剂诱杀成虫。

（2）人工捕杀幼虫。

（3）使用 5%氟铃脲或 25%灭幼脲 1000 倍液喷洒，间隔 10 d 用药 1 次，防治关键是在低龄幼虫发生时用药。

4. 应用区域

适用于全国山药产区。

5. 依托单位

河南师范大学，杨清香，0373-3326340。

（三十六）石斛蜗牛、蛞蝓防灾减灾技术

1. 发生特点

铁皮石斛主要为设施栽培。石斛设施栽培中农户遇到的最头疼的问题是蜗牛、蛞蝓等软体动物的为害，尤其对一些粗放管理的石斛基地，蜗牛、蛞蝓的为害几乎可造成绝收。蜗牛和蛞蝓等软体动物在设施石斛栽培条件下一年四季均可为害，在适宜条件下一年四季均能产卵繁殖，但春秋两季繁殖最盛。

2. 典型症状

蜗牛和蛞蝓对铁皮石斛生产的危害极大。直接危害表现为啃食幼嫩根系、幼嫩新芽和幼嫩花朵，严重影响植株的产量和花的商品价值。间接危害表现为嫩芽被啃食造成伤口，借着喷灌水将加速细菌病害的发生和蔓延，诱发细菌性软腐病（图 7-75）。

图 7-75　石斛蜗牛及为害典型症状

3. 防控措施

（1）基质处理　基质，特别是重复使用的旧基质，最好进行高温熏蒸处理。可以用食用菌灭菌装置高温湿蒸气熏蒸处理，或在基地旁边搭一个简易灶进行煮水熏蒸处理（基质温度达到 65 ℃以上即可），以杜绝蜗牛和蛞蝓的带入。

（2）棚室管理　保持周边环境的清洁，清除不必要的杂物，如杂草、砖瓦砾、树枝等。周边地面上铺上黑色遮阳网，可以杜绝杂草的丛生，减少蜗牛的隐藏地，恶化蜗牛的生存环境。

（3）棚架蜗牛隔离　棚架栽培的铁皮石斛，可采用棚架蜗牛隔离法。方法为：将塑料杯底剪开，然后将纵向剖开的塑料杯套入床架支柱上，用胶布把杯底和杯体的开口处粘合，以免空隙过大。杯口内沿涂上胶水，胶水上粘有无水硫酸铜。因塑料杯套住支柱，蜗牛和蛞蝓从地面沿着植床支柱底部往上爬，爬入杯底时无法通过支架到达石斛植床，或者聚集在杯内呈休眠状，或者向下爬回地面，或者爬向杯口而碰触到硫酸铜而死。

（4）茶粕撒施　茶粕撒施可以很好地诱杀蛞蝓和阻止蜗牛爬出基质为害。茶粕撒施量 300～600 g/m^2。

（5）药剂防治　成株期石斛防治可用 83.5%茶皂素 100 倍液浇灌基质，石斛植株用 100 倍液喷雾，在 3 月初石斛发芽前期进行防治。防治前，最好在白天用水浇透基质，使蜗牛处于活动状态，然后再在夜间 8:00—10:00 进行药剂喷雾或浇灌。因海南小囊螺晚上出来活动的数量不足发生量的 50%，所以最好是隔 1 d 再喷施，连续喷施 2 次。

4. 应用区域

适用于全国各石斛设施栽培区。

5. 依托单位

南京农业大学，向增旭，025-84396591。

（三十七）其他中药材害虫防灾减灾技术

1. 蒙古黄芪害虫防灾减灾技术

1）发生特点

为害蒙古黄芪的有豆荚螟、种子小蜂和地老虎等其他害虫。三者中豆荚螟发生较为普遍。豆荚螟在全国范围内皆有分布，是多种作物的害虫，一般在 6—9 月发生。老虫在土壤中结茧越冬，越冬后破茧而出，在黄芪的豆荚上产卵，幼虫孵化后钻入豆荚，啃食种子。种子小蜂在 5 月中下旬出现，6 月下旬为第一代幼虫高峰期，大量成虫羽化后转移到膜荚黄芪等生育期较长的植物上产卵为害，可继续发育 1～2 代，以幼虫在晚寄主种子内滞育越冬。地老虎成虫昼伏夜出，在高温、无风、空气湿度大的黑夜最活跃，有较强的趋光性和趋化性。

2）典型症状

豆荚螟幼虫为害豆荚，往往将种子吃成缺刻，荚内充满粪便，引起霉烂。种子小蜂成虫产卵于种皮下，孵化后蛀食种子，成虫羽化后咬破种皮后脱出（图 7-76）。

图 7-76　豆荚螟（左）和种子小蜂（右）

3）防治措施

遵循生态学和生态经济学原理，不可随意大面积使用化学农药，主要以生物防治、绿色防控方法为主，将害虫控制在最小范围即可。

（1）选用健壮优质种子、种苗　选择健壮、头部完整、根条均匀、长度≥30 cm、直径 5～8 mm 的优质蒙古黄芪种苗进行定植，剔除分叉多、腐烂、发霉、有病斑、虫蛀及机械损伤的种苗。选择没有虫眼，饱满的种子进行种植，可预防大面积虫害发生。

（2）种子处理　整地或播种时用辛硫磷 1000 倍浸种 10 min，以杀灭虫卵，再拌细土随种撒下防治地下害虫。

（3）精准施药　选用高效、低毒、低残留的农药进行防治，如甲维盐、溴虫氟苯双酰胺、氯虫苯甲酰胺等，并在成虫盛发期至幼虫孵化盛期以前进行药剂防治。每隔 7 d 左右喷药 1 次，连喷 2～3 次，确保防治效果。注意轮换用药，避免害虫产生抗药性。冬季在土壤中施白僵菌粉，清除老虫和虫茧。

（4）农业措施　①地块准备。平地栽培应选择地势高、排水良好、疏松而肥沃的沙壤土；山区旱地应选择土层较厚、排水好、背风向阳或荒地种植。②合理轮作。有利于提高蒙古黄芪的抗虫性，降低虫害发病率（适宜茬口为禾本科作物，如小麦、玉米、燕麦、谷子等）。③健康栽培。加强种苗调运的检疫，培育无病壮苗。④合理密植。适当调整播期避病。⑤科学管理水肥。严防串灌、漫灌、深灌、水淹，健全排灌系统。施肥要采取早施、深施、秋施、集中条施的方法，底肥以农家肥和商品有机肥为主，依据土壤情况少施或不施复合肥。⑥彻底清除被虫害侵蚀严重的植株。发病前期，出现病株立即拔出，并集中销毁，病坑撒施生石灰消毒。⑦物理诱杀。田间安装太阳能杀虫灯、频振式杀虫灯或黄板，诱杀豆荚螟、蚜虫和地老虎等具有趋光性害虫的成虫。安插或悬挂黄板，诱杀趋黄性的害虫。⑧生物防治。引入害虫的天敌，如七星瓢虫、龟纹瓢虫、草蛉、食蚜蝇等益虫，控制害虫的数量。

（5）注意事项　浸种药液要超过种子 3～5 cm，浸种时间要充分，浸后冲洗干净。雨季和遇大旱易感病，密切监测蒙古黄芪田间病害发生，及时对初发病病株或发病中心进行药剂喷施封锁。施药时，一定要用够药量，均匀细雾喷施。

4）应用区域

适用于全国蒙古黄芪主产区。

5）依托单位

内蒙古农业大学，盛晋华，0471-4301169。

2. 天麻虫害防控减灾技术

1）发生特点

天麻虫害主要发生在天麻旺长期，属于长期暴发性虫害，具有虫源多样、繁殖速度快、发生面广、为害程度高等特点。在天麻高产年份发病易暴发流行。

2）典型症状

天麻虫害有蛴螬、跳虫、蝼蛄、介壳虫、白蚁等。虫害主要发生在天麻块茎，发生初期主要是在天麻表面出现啃食迹象，啃食处出现黄色浆状物，随后变成黑褐色；然后出现啃食的孔道，严重时将天麻吃空，仅留下皮层外壳（图 7-77）。

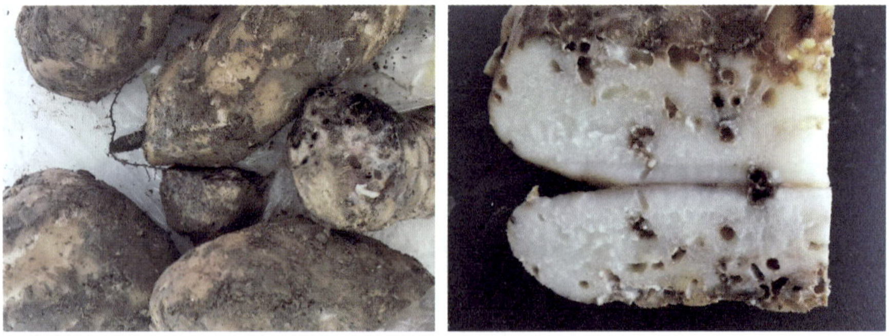

图 7-77　天麻虫害症状

3）防控措施

在病情监测基础上，采取种植抗虫品种为主，辅以栽培、物理和化学防治的综合措施。

（1）挑选优良种麻　在选种时，严格挑选种麻，选择无性繁殖 2～3 代和选白嫩、健壮、繁殖力强、表皮无破损、无病虫的优良白麻作为种麻，切忌将带病种麻栽入畦窖中，以减少腐烂病的发生概率。

(2)农艺防治　优选菌材，应选择没有虫蛀的菌材，严禁用旧菌材作菌床种植天麻，避免在菌材中蛀洞越冬的蛴螬或白蚁持续为害当季天麻。选择生荒地种植时，尽量选择虫源较少、排水良好的生荒地进行天麻栽培。优选种植模式，采用仿野生种植、林下栽培等。

(3)物理防治　①人工捕杀。发现栽培场地土或沙有隆起现象，可扒开土或沙，进行人工捕捉杀灭。②灯光诱杀。可借助昆虫大多有趋光性的特点，在栽培地设置黑光灯进行成虫诱杀。

(4)精准施药　种植前，种麻进行蘸根防虫处理，带药下田。发现白蚁为害时，可在栽培地定点撒放灭蚁灵或防害灵粉剂；还可在栽培地四周或在菌材及鲜材上放几块松木板，引白蚁到松木板上予以消灭。

4）应用区域

贵州天麻主要产区。

5）依托单位

贵州中医药大学，周涛，0851-88161297。

（三十八）中药材杂草防灾减灾技术

1. 山药杂草防控减灾技术

1）发生特点

山药田间以禾本科、阔叶类和恶性杂草为多，在整个生长期一直存在，雨季后草害多发。

2）典型症状

山药田间杂草包括禾本科、阔叶类杂草，以及水花生、葎草等恶性杂草，与山药植株争水、争肥、争光，尤其以山药苗期为害最重。杂草易蔓延，难根除，费工多，严重影响山药产量（图 7-78）。

图 7-78　山药苗期杂草为害症状

3）防控措施

(1)山药栽后芽前进行杂草封闭　在种植后 1～3 d，草还没有萌芽时，用 50% 乙草胺乳油或 33% 二甲戊灵乳油 100 mL 兑水 50 kg 喷施，使用量可根据土壤表面进行调整，天旱时多掺水，尽量达到封闭作用，用量略高于一般田块推荐量。

(2)山药出苗后杂草防治　在山药栽后 25～35 d 的窗口期，即杂草 3～5 叶期，用 10% 精喹禾灵乳油＋48% 灭草松水剂稀释 500 倍定向喷施，尽量不要沾在茎叶上，少量沾染会导致叶片出现枯斑甚至整片叶枯萎，但一般不影响以后新芽萌发，喷后 4 h 见效。

(3)山药恶性杂草防治　山药大田恶性杂草有香附子、马齿苋、牛筋草、芦苇、白茅和狗牙根等，可用 75% 氯吡嘧磺隆水分散粒剂＋10% 精喹禾灵乳油 50 mL 兑水 30 kg，进行化学除草。

4）应用区域

适用于全国山药主产区。

5）依托单位

江苏省农业科学院经济作物研究所，殷剑美，025-84390860。

2. 蒙古黄芪杂草防灾减灾技术

1）发生特点

蒙古黄芪生长发育的主要杂草为禾本科、藜科、菊科、苋科等杂草，主要杂草有灰绿藜、狗尾草、虎尾草、臭蒿、反枝苋、稗草、赖草等（图 7-79）。杂草疯长一般出现在蒙古黄芪出苗时和 7—8 月雨季，与蒙古黄芪种苗同时期竞争光、温、水、气、热等。

图 7-79　蒙古黄芪田间杂草

2）典型症状

田间杂草以其独特的优势和顽强的生命力与蒙古黄芪竞争水分、阳光和土壤养分，同时杂草为病虫害提供丰富的群落环境和空间遮蔽，助长病虫害的发生，对蒙古黄芪生产造成严重影响。

3）防治措施

蒙古黄芪杂草防治原则同病虫害防治原则，遵循生态学和生态经济学原理，不可随意大面积使用化学农药，主要以生物防治、绿色防控的方法为主，将杂草控制在最小范围即可。

（1）选用健壮优质种子、种苗　选择没有虫眼、饱满的种子进行种植。选择健壮、头部完整、根条均匀、长 10～15 cm、直径 5～8 mm 的优质蒙古黄芪种苗进行定植，剔除分叉多、腐烂、发霉、有病斑、虫蛀及机械损伤的种苗。

（2）种子处理　播种前检查种子中是否混入其他种子，严防草种子混入。

（3）精准施药　在蒙古黄芪田中可采用适于豆科作物的除草剂，如氟乐灵和拉索，可较好地防除一年生禾本科杂草，对其他一年生杂草也有一定防除效果。这两种除草剂对蒙古黄芪安全，不产生药害。

（4）农业措施　①地块准备。平地栽培应选择地势高、排水良好、疏松而肥沃的沙壤土；山区旱地应选择土层较厚、排水好、背风向阳或荒地种植。②合理轮作、间作有利于减少田间杂草的发生。适宜茬口为禾本科作物，如小麦、玉米、燕麦、谷子等。③健康栽培。④合理密植。适当调整种植密度可减少雨季杂草丛生的现象。⑤加强田间管理。蒙古黄芪幼苗期要做到地里无杂草，锄草、松土要同时进行。⑥科学管理水肥。严防串灌、漫灌、深灌、水淹，健全排灌系统，灌水后 3 天要监控杂草生长情况，防止出现“草吃苗”现象。⑦彻底清除田间大草。田间出现大草要彻底清除并移出。

(5)注意事项　杂草在早期比较多，而且杂草根系生长较快，因此在拔除杂草时，往往会带出一些黄芪幼苗，造成断垄现象，为此建议在播种后或出苗前可采用化学方法进行除草。雨季蒙古黄芪易感病，此时不仅要对杂草进行控制，也要密切监测蒙古黄芪田间病害发生情况，及时对初发病株喷药封锁。

4）应用区域

适用于全国蒙古黄芪主产区。

5）依托单位

内蒙古农业大学，盛晋华，0471-4301169。

3. 金银花杂草防控减灾技术

1）发生特点

金银花田受农田除草剂漂移为害的种类有一次性漂移和二次性漂移两种。一次性漂移即雾滴及气流在几千米范围内的漂移，主要表现在幼茎叶和生长点上，受害时期与当地农田化学除草同步或稍延迟；二次漂移是除草剂随地面、水面蒸发和随作物蒸腾等作用造成的更大范围的漂移，其外在表现较隐蔽，不易发现，可引起慢性进行性死枝死树，受害时间距漂移时间较长，短则几个月，长则几年。

2）典型症状

金银花受除草剂药害后症状：健壮植株或受害轻的植株，新梢生长缓慢，幼叶变小，皱缩，叶边焦枯，花蕾畸形并轻度变色，略呈褐色，经追施尿素等速效性化肥、浇水和规范地解害用药后，大多可基本恢复正常。中等受害植株上述症状程度加重，生长季节表现出树势衰弱，越冬后，翌年早春生长不旺盛，有死枝、黄叶、停长和轻度萎蔫现象。进入夏季，随着气温升高，生命活动加强，树势大部分可恢复，能正常生长，但产量明显下降，一般下降30%～50%。受害严重的和树势衰弱的树，受害后，症状持续时间较长，新梢大部分停长，生长季节即有黄叶死枝出现。越冬后，发芽不久多数植株逐渐死亡，有的仅剩下基部零星几个新生枝条，完全丧失生长能力(图7-80)。

a.正常植株　　b.除草剂为害植株

图7-80　金银花正常植株和除草剂药害植株

3）防控措施

(1)及时喷洒解毒剂　根据除草剂的性质选择合适的解毒剂，及时喷施氨基酸、磷酸二氢钾、海藻酸等叶面肥，有效解除药害，促根壮苗，调节生长，增强抗逆性和抗病性，促进植株快速恢复生长。对于抑制或干扰植物体内赤霉素合成的除草剂、植物生长调节剂，在药后喷洒赤霉素或天然芸苔素等，可缓解药害，有利于促进受害苗尽快恢复生长。

(2)茎基部培土　对已开始造成金银花毛细根大量死亡，植株逐步萎蔫的植株，要及时进行根基部培土，促进茎基部侧根的生长。

(3)加强田间管理　反复灌水洗田冲地，将土壤中残留的药剂稀释排出，并施入生石灰或碳酸氢钠溶液，使其发生酸碱中和反应，加速药物分解，减轻毒害作用；同时增施有机肥和微生物菌，促进微生物降解。

4）应用区域

适用于全国金银花主产区。

5）依托单位

山东省农业科学院，于毅，0531-66658601。

第八章

绿肥体系防灾减灾技术

一、绿肥种子生产及高产种植非生物灾害防灾减灾技术

（一）紫云英渍害冻害防灾减灾技术

（二）紫云英秋冬干旱防灾减灾技术

（三）毛叶苕子和箭筈豌豆旱灾防灾减灾技术

（四）毛叶苕子和箭筈豌豆寒潮冻害、雹灾防灾减灾技术

（五）光叶苕子冬春连旱防灾减灾技术

（六）绿肥油菜和肥田萝卜干旱灾害防灾减灾技术

（七）绿肥油菜和肥田萝卜渍害灾害防灾减灾技术

（八）绿肥油菜和肥田萝卜低温冻害防灾减灾技术

（九）二月兰渍害和干旱防灾减灾技术

（十）田菁、柽麻等夏季绿肥雨涝灾害防灾减灾技术

二、绿肥种子生产及高产种植生物灾害防灾减灾技术

（一）紫云英菌核病防灾减灾技术

（二）箭筈豌豆炭疽病防灾减灾技术

（三）豆科绿肥白粉病防灾减灾技术

（四）光叶苕子匐柄霉叶斑病防灾减灾技术

（五）毛叶苕子褐斑病防灾减灾技术

（六）蚜虫防灾减灾技术

（七）潜叶蝇防灾减灾技术

（八）蓟马防灾减灾技术

（九）苜蓿叶象甲防灾减灾技术

（十）红萍摇蚊（萍丝虫）防灾减灾技术

（十一）紫云英禾本科杂草防灾减灾技术

（十二）箭筈豌豆种子生产田阔叶杂草防灾减灾技术

一 绿肥种子生产及高产种植非生物灾害防灾减灾技术

（一）紫云英渍害冻害防灾减灾技术

1. 发生时期及特征

1）渍害

遇连续降雨，田间积水，土壤处于过湿状态，易引起紫云英烂种烂芽或植株发生渍害。秋季或越冬期的苗期发生渍害，主要导致紫云英幼苗扎根浅、根系生长受阻甚至腐烂，分枝力差，结瘤少，幼苗生长弱，出现叶小发黄、烂根和死苗等；在春季返青期发生，主要导致紫云英返青慢，植株矮小，分枝少，长势弱，黄叶多、叶小；在花期和结荚期发生，主要导致下部叶片加速黄化脱落，蕾、花发育不良，脱蕾落花严重，结实率明显下降，且易感染菌核病和白粉病等(图 8-1)。

图 8-1　越冬期(左)和春季(右)紫云英渍害特征

2）冻害

紫云英是冬性作物，一般情况下，健壮的幼苗有较强的抗冻能力。弱苗遭遇渍水、干旱胁迫，则容易引起冻害(图 8-2a)。如果秋季温度偏高，植株生长过旺，甚至冬前现蕾开花，则有遭受严重冻害的可能。越冬前期(12 月)间歇性低温(平均温度低于 5 ℃)，影响紫云英成苗质量及幼苗越冬成活率，发生频率较高，危害程度重；冬季(1 月)持续低温(最低温度低于－5 ℃或平均温度低于 0 ℃)，影响紫云英幼苗越冬成活率，发生频率一般，危害程度较重。当绝对气温低于－5 ℃时，叶片开始出现冻害。

轻度冻害时小叶变红，严重时叶片逐渐萎缩、脱落，出现“焦苗”现象。如土壤过湿，表土在冻融交替中容易掀耸，易造成抬根死苗。若土壤干旱，会加剧冻害发生。当春季遇到较强的倒春寒，且土壤干旱，也容易造成紫云英冻害(图 8-2b)。

2. 防控措施

(1)适时播种　播种时期：长江沿岸及以北单季稻区 8 月下旬至 10 月上旬、双季稻区 9 月中旬至 10 月中旬，其他单季稻区 9 月中旬至 10 月下旬、双季稻区 9 月中旬至 11 月上旬。稻底套种紫云英，应选择 4～5 d 内不会有大雨的天气播种，以防播种后田间积水，引起烂种烂芽。

a.紫云英幼苗期冻害

b.春季枝茎伸长期冻害

图 8-2　紫云英冻害特征

(2)水分调控　水稻收获前 10 d 左右，排干田水，使土壤干燥，防止收割水稻时对紫云英幼苗的碾压损伤，以及造成积水难排的问题。种子发芽至扎根期间，应防止田间积水，以免浮根烂芽。紫云英幼苗期，淹水时间不能超过 24 h，否则会造成大量死苗。

稻底套播在水稻收获后及时开沟；水稻收获后播种，可先开沟后播种，也可开沟和绿肥播种同步进行。做到三沟配套，即：环田开围沟，每隔 5～8 m 开“井”字沟，田块较小的开“十”字沟，沟宽、深均约 20 cm，环田沟宜深、“井”字或“十”字沟稍浅，沟与沟相通、沟与排水口相通。

紫云英苗期应注意田间水分管理，保持土壤墒情，不过干也不过潮湿，久旱无雨要灌跑马水。遇到阴雨天，应随时清沟排水，避免田间积水对紫云英造成渍害，改善土壤通气状况，促进紫云英根系发育。

(3)稻草留高茬还田　中晚稻采用机械收割，留茬高度为 30～40 cm，粉碎后的稻秆长度小于 10 cm，均匀抛撒还田。留高茬和稻草覆盖可起到保温保墒的作用。

(4)科学施肥　肥力较好的稻田，可不施基肥。一般田块可使用磷肥拌种，拌种宜用钙镁磷肥。或在播种前后施用磷肥，每亩施过磷酸钙或钙镁磷肥 15～20 kg，以中性土壤施用过磷酸钙、酸性土壤施用钙镁磷肥效果较好。对于已发生渍害的田块，排除田间积水后，每亩可增施尿素 2 kg、磷肥 5～10 kg、钾肥 3～4 kg 进行补救；也可以叶面喷施尿素和磷酸二氢钾，以减轻渍害。

3. 应用区域

南方紫云英种植区域。

4. 依托单位

①江西省农业科学院土壤肥料与资源环境研究所，徐昌旭，0791-82728702。

②湖南省土壤肥料研究所，聂军，0731-84693197。

③华中农业大学，耿明建，027-87282137。

④安徽省农业科学院土壤肥料研究所，武际，0551-65149156。

⑤河南省农业科学院植物营养与资源环境研究所，刘春增。

⑥信阳市农业科学院，吕玉虎，0376-6691855。

⑦浙江省农业科学院环境资源与土壤肥料研究所，王建红，0571-86404253。

⑧广西壮族自治区农业科学院农业资源与环境研究所，何铁光，0771-3243829。
⑨福建省农业科学院资源环境与土壤肥料研究所，王飞，0591-87572400。

（二）紫云英秋冬干旱防灾减灾技术

1. 发生时期及特征

南方稻区，尽管雨量丰沛，但降水时间分布不均，在8月以后常出现伏旱、秋旱，有时出现伏旱连秋旱，影响紫云英出苗和成苗。秋冬干旱属于季节性气候灾害，常发生在9—12月，即紫云英播种后，具有持续时间长、区域广等特点，严重影响紫云英出苗，甚至出现死苗。

紫云英秋冬干旱主要症状表现为土表发白，导致紫云英不出苗或者出苗后植株矮小，幼苗叶片先从叶尖或叶缘开始萎缩，出现暗红色或红色，并卷曲，植株生长停滞，远望可见一片暗红色（图8-3）。

a.土表发白　　b.叶片暗红色

图8-3　紫云英秋冬干旱特征

2. 防控措施

（1）种子处理　选择晴天，晒种4～5 h，用钙镁磷肥拌种后播种。在多年没有种植紫云英的田块，要进行根瘤菌接种。

（2）适当增加播种量　通常情况下稻田紫云英播种量为1.5～2.5 kg/亩，若天气预报有长时间干旱发生时，应适当增加紫云英播种量至2.5～3 kg/亩。

（3）适时播种　在水稻收获前15 d左右，土壤墒情较好时播种紫云英。如遇干旱影响播种，可以适当推迟播种时间。

（4）覆盖抗旱　水稻留高茬30 cm以上收割，发挥直立稻茬的防风保墒作用；秸秆粉碎均匀抛撒覆盖还田，以减少土壤水分蒸发和紫云英叶面蒸腾，防止紫云英叶面发红。

（5）适当灌水　播种出苗后遇持续干旱时，土表发白，边叶有2～3片叶发红发黄时，有条件地区应采用急灌急排的方式灌跑马水1次，切忌淹水超过1昼夜。发生春旱时正值紫云英旺盛生长期，需水量显著增加，需要灌水抗旱。

（6）科学施肥　未用磷肥拌种的田块，在紫云英播种后10 d撒施磷肥10～15 kg/亩。干旱结束后，对于弱苗和低产田块，适当施用钾肥5～10 kg/亩，或于立春后施尿素1～2 kg/亩，促进紫云英生长。

（7）视旱情动态调整应对措施　在水稻收获后，密切监测干旱情况，及时调查紫云英出苗和成苗情况，成苗率较高的田块，采取覆盖保墒或灌水抗旱；成苗率低的田块，如在11月底尚未解除干旱，可补播耐旱性强的毛叶苕子或光叶苕子，以替换紫云英做绿肥。

3. 应用区域

南方紫云英种植区域。

4. 依托单位

①江西省农业科学院土壤肥料与资源环境研究所，徐昌旭，0791-82728702。

②湖南省土壤肥料研究所，聂军，0731-84693197。

③华中农业大学，耿明建，027-87282137。

④安徽省农业科学院土壤肥料研究所，武际，0551-65149156。

⑤河南省农业科学院植物营养与资源环境研究所，刘春增。

⑥信阳市农业科学院，吕玉虎，0376-6691855。

⑦浙江省农业科学院环境资源与土壤肥料研究所，王建红，0571-3243829。

⑧广西壮族自治区农业科学院农业资源与环境研究所，何铁光，0771-3243829。

⑨福建省农业科学院资源环境与土壤肥料研究所，王飞，0591-87572400。

（三）毛叶苕子和箭筈豌豆旱灾防灾减灾技术

1. 发生时期及特征

北方地区，春、夏、秋季都会有不同程度的干旱发生，其中以春旱发生频次最高。尽管毛叶苕子和箭筈豌豆耐旱能力较强，但严重的干旱往往也会导致其出苗困难、缺苗断垄、生长发育缓慢、生物量降低甚至植株枯死（图 8-4）。

a.毛叶苕子苗期干旱　b.毛叶苕子盛花期干旱　c.箭筈豌豆苗期干旱

图 8-4　毛叶苕子和箭筈豌豆干旱特征

2. 防控措施

（1）及时耕地　秋季耕翻耕深一般为 25～35 cm，春季耕翻耕深一般为 15～20 cm，耕后立即耙耢。

（2）选择抗旱品种　选择抗旱性强的品种，如土库曼毛苕、罗马尼亚毛苕、蒙苕 1 号、青苕 1 号、“鲁苕”系列等毛叶苕子品种，以及清水河箭豌、陇箭 1 号、西牧 327、西牧 333 及新疆箭筈豌豆等箭筈豌豆品种。

（3）抢墒播种　推荐“顶凌播种”，即在土壤消冻 3～5 cm 时播种，以充分利用返墒水。雨后尽量抢墒早播。播种时遇到干土层较厚时，应适当增加播种深度，将种子播在湿土层，但应当注意播种不宜过深，一般不超过 5 cm，防止因播种过深出现出苗困难或出苗慢的问题。

(4)微垄集雨　在覆膜区域播种时起微垄10～15 cm,通过蓄积雨水提高土壤墒情和降水利用率。

(5)适量补灌　播种至出苗阶段,遇到连续极端干旱,土壤墒情不足难以出苗的情况时,如有灌溉条件,应浇一次"蒙头水"和"出苗水",最好通过滴灌、微喷等方式补灌,保证出苗。注意灌水量不宜过多,防止因灌水过多造成烂种、土壤板结等。一般苗期灌水量8～10 m^3/亩。

(6)以肥调水　可喷施一次速效肥或者磷酸二氢钾,增强毛叶苕子和箭筈豌豆的植株抗性,提高土壤水分利用率。

(7)合理轮作　旱情长时间得不到缓解,可及时翻压还田,为第二年播种蓄水保墒。与低耗水作物,如燕麦、谷子等周年轮作,可降低土壤中储存水分的消耗。

(8)其他管理措施　对长势良好的繁种田,集中有限水源,浇水保产,减轻干旱的损失,做到统筹调度,科学抗旱。

3. 应用区域

北方毛叶苕子和箭筈豌豆种植区域。

4. 依托单位

①内蒙古自治区农牧业科学院,赵沛义,0471-5901108。

②青海省农林科学院,韩梅,0971-5315787。

③甘肃省农业科学院土壤肥料与节水农业研究所,张久东,0931-7614846。

④甘肃农业大学,柴强,0931-7631104。

⑤山西农业大学,程永钢,0351-7126726。

⑥黑龙江省农业科学院,张举梅,0451-86663726。

(四)毛叶苕子和箭筈豌豆寒潮冻害、雹灾防灾减灾技术

1. 发生时期及特征

苗期易发生寒潮冻害,一般在4月底至5月初;初花期至盛花期易发生雹灾,一般在7—8月。寒潮冻害和雹灾可导致植株受损,生物量减少甚至绝收。

2. 防控措施

(1)抗寒品种　选择抗寒性强的品种,如土库曼毛苕、蒙苕1号、青苕1号、"鲁苕"系列等毛叶苕子品种,以及陇箭1号、兰箭3号、清水河箭豌、西牧333等箭筈豌豆品种。

(2)适时晚播　参考天气预报和寒潮预警,适时晚播5～7 d,避免苗期遭遇寒潮冻害。

(3)地膜覆盖　在覆膜区域,通过地膜覆盖提高地表温度,减少土壤冻害。

(4)喷施生长调节剂　寒潮冻害、雹灾发生后可以喷施促生长调节剂促进绿肥生长,缓解植株损伤,促生长调节剂如芸苔素内酯1000～1500倍液,具体按产品说明配制浓度。喷施宜在上午11:00左右,或在下午4:00以后,每隔8～12 d喷施1次,共喷施2～3次。

(5)及时铲蹚　冰雹灾害过后,容易造成植株倒伏、土壤板结、地温下降,有条件的农户要及时进行扶正、铲蹚,疏松土壤,破除板结层,以提高地温,改善土壤通透性,使植株根系尽早恢复正常的生理活动,促进受灾苗生长。

(6)其他管理措施　对于心叶完整的倒伏或淹没在水中的幼苗采取人工扶苗,并视苗情和气候情况结合中耕培土,适当追施速效氮肥,喷施磷酸二氢钾溶液、尿素溶液等叶面肥,促进绿

肥植株正常生长。

3. 应用区域

北方毛叶苕子和箭筈豌豆种植区域。

4. 依托单位

①内蒙古自治区农牧业科学院，赵沛义，0471-5901108。

②青海省农林科学院，韩梅，0971-5315787。

（五）光叶苕子冬春连旱防灾减灾技术

1. 发生时期及特征

云、贵、川等光叶苕子主产区冬春连旱突出，一般发生在 10 月至翌年 5 月。旱情发生时，苕子出苗困难，植株生长缓慢，矮小，叶片细黄，田间长势差，蓟马、蚜虫、红蜘蛛等害虫为害加剧，生物产量低，种子减产甚至绝收（图 8-5）。

图 8-5　冬春连旱导致光叶苕子减产严重甚至绝收

2. 防控措施

(1)适时早播，合理密植　秋季抢茬适时早播（尽量在 9 月完成播种），高效利用雨季土壤水分，促进种子发芽，提高出苗率，促进前期生长，培育壮苗，增强抗性，提高产量。苕子在良好的群体结构下，能改善小气候条件，有利于个体之间相互促进。适宜播种量为 3.5～4.0 kg/亩。

(2)加强水肥管理　光叶苕子对磷肥敏感，采用种肥同播，钙镁磷肥施用量 7.5～12.5 kg/亩，促进生长，促花促果。对于第一年种植光叶苕子地块，基施 2 kg/亩氮肥作启动肥，促进前期生长。在 1 月底 2 月初，初花期前半个月，喷施磷酸二氢钾 200 g/亩，保花促果促产量。在现蕾前如遇大旱，适当灌溉，有显著的增产效果。

(3)做好监测预警，科学防控害虫　3—4 月，天气转暖，虫口上升，优先使用色斑、性诱剂、杀虫灯等诱杀害虫；当虫口数量上升到一定数量时，需选择高效低毒低残留化学药剂做好应急性防控。

(4)适时收获　中部种荚 80％变黄时及时采收，可降低裂荚率，提高种子产量。

3. 应用区域

西南旱地光叶苕子种植区域。

4. 依托单位

云南省农业科学院农业环境资源研究所,付利波,0871-65891333。

(六)绿肥油菜和肥田萝卜干旱灾害防灾减灾技术

1. 发生时期及特征

绿肥油菜、肥田萝卜秋冬季播种,苗期容易受旱。播期干旱,土壤墒情不足,导致出苗率低、参差不齐、缺苗断垄、苗黄、苗弱,若干旱持续则出现死苗。苗期干旱会导致根系吸收水分养分困难,植株生长受阻,越冬前苗弱、苗小,不能形成壮苗,抗逆能力降低,冬季易受冻(图 8-6)。

图 8-6 绿肥油菜干旱胁迫特征

2. 防控措施

(1)品种优选 选用耐旱性强且鲜草产量稳定的十字花科绿肥,例如肥田萝卜。

(2)种子处理 干旱会加重病虫害,播种前可用噻虫嗪等种子处理剂拌种。

(3)抗旱栽培 适时利用前茬水稻余墒,适当增加播种量,采用少耕免耕种植技术,覆盖稻秆,提高土壤墒情。

(4)节水灌溉 灌溉条件良好地区可在播种前灌跑马水,或出苗后利用局部灌溉或喷灌等节水灌溉措施,改善土壤墒情。

(5)择期播种 一般绿肥油菜和肥田萝卜播期不晚于 11 月上旬,如果因干旱导致播期延迟,可在翌年 2 月下旬至 3 月上旬春播。

(6)化学调控 叶面喷施黄腐酸等抗旱保水剂,增强幼苗抗旱能力。

(7)灾后追肥 旱情解除后及时追施尿素、钾肥各 2.5~5 kg/亩,促进绿肥恢复生长。

3. 应用区域

秋冬季绿肥油菜及肥田萝卜种植区域。

4. 依托单位

中国农业科学院油料作物研究所,秦璐,027-86712256。

(七)绿肥油菜和肥田萝卜渍害灾害防灾减灾技术

1. 发生时期及特征

秋冬季及春季,稻茬地和地势低洼处的田块易发生渍害。苗期渍害导致绿肥油菜和肥田萝卜根系生长受阻或腐烂，幼苗生长缓慢或停滞，出现红（黄）叶、僵苗、烂根和死苗等症状。抽薹期渍害则会导致植株分枝少、长势弱、黄叶多、叶小。渍害后田间湿度大，易引起根腐病、霜霉病等的发生和蔓延（图 8-7）。

图 8-7　绿肥油菜渍害胁迫特征

2. 防控措施

（1）品种优选　选用抗（耐）渍且鲜草产量高的十字花科绿肥品种，如甘蓝型绿肥油菜。

（2）三沟配套　开好“三沟”，适当缩小厢宽，深挖主沟和围沟，围沟与厢沟相通，沟与排水口联通，以利于排水，降低渍害。

（3）清沟排水　雨后及时查看田块，清沟排水或增开排水沟。转晴后及时中耕松土，降低土壤湿度，改善土壤通气条件，促进根系发育。

（4）科学追肥　渍害发生后适当补施尿素（2.5～5 kg/亩）和氯化钾（2～4 kg/亩），或叶面喷施尿素或 0.2%～0.3%磷酸二氢钾溶液，以促进其生长。

（5）病虫害防治　渍害发生后绿肥抗病性下降，真菌病害发病率增加，可用多菌灵等防治根腐病。

3. 应用区域

秋冬季绿肥油菜及肥田萝卜种植区域。

4. 依托单位

中国农业科学院油料作物研究所，秦璐，027-86712256。

（八）绿肥油菜和肥田萝卜低温冻害防灾减灾技术

1. 发生时期及特征

常发生于冬季。十字花科绿肥苗期抗冻能力较强，但温度降至−5 ℃以下时，会产生轻微冻害，叶片呈烫伤状；持续低温会导致细胞间隙内水分结冰，使叶片组织受冻死亡。抽薹期抗寒力较弱，0 ℃以下会出现冻害，受冻初期呈水烫状，嫩薹弯曲下垂，茎部表面破裂（图 8-8）。

2. 防控措施

（1）品种优选　选用耐寒、抗逆性好且鲜草产量高的十字花科绿肥，例如白菜型绿肥油菜。

（2）覆盖防寒　采用少耕免耕种植技术，利用稻秆覆盖提高地温，减轻冻害。

（3）适时灌水　降温前对土壤含水量低的田块灌跑马水补墒，以减轻低温冻害。

图 8-8 绿肥油菜(左)和肥田萝卜(右)低温冻害胁迫特征

(4)化学调控 寒潮来临前喷施芸苔素内酯、磷酸二氢钾等,增强抗寒性。

(5)及时改种 大面积受冻严重时可及时改种春季速生绿肥,以保证充足绿肥产量。

3. 应用区域

秋冬季绿肥油菜及肥田萝卜种植区域。

4. 依托单位

中国农业科学院油料作物研究所,秦璐,027-86712256。

(九)二月兰渍害和干旱防灾减灾技术

1. 发生时期及特征

1)渍害

常发生在 7 月下旬到 8 月上旬,导致二月兰植株矮小。二月兰受渍害后,叶片覆盖泥沙,不利于光合作用,逐渐表现为叶色褪绿变黄,长时间泡水,会造成叶片和根系腐烂。

2)干旱

常发生在 10 月到翌年 4 月。秋天干旱易造成二月兰幼苗生长受限,植株矮小,根系生长不良,不利于越冬,严重时造成幼苗枯死。早春干旱不利于幼苗返青,使返青时间延迟。盛花期干旱造成生物量减小,种子产量降低(图 8-9)。

图 8-9 二月兰春季干旱(左)、秋季干旱(右)

2. 防控措施

1）渍害应急措施

①及时排水。加强农田基础设施建设，挖好排水沟，及时清理排水沟内杂草杂物，防止长时间积水，及时通过抽水等方式排走田间积水。

②及时补种。对于已播种的受灾严重的二月兰，暴雨过后应在天气晴好、土壤墒情适宜时及时补种。计划种植二月兰的园区，应及时碎草旋耕播种。

③增施速效肥料。遭受渍害后，土壤速效养分流失严重，同时作物根系吸收养分能力较弱，应及时追施速效养分。

2）干旱应急措施

冬前干旱应浇好越冬水；春天干旱应在返青期、抽薹现蕾期及时浇水，浇水量一般控制在每亩 50 m^3，抽薹现蕾期随浇水每亩追施尿素 5 kg。

3. 应用区域

华北二月兰种植区域。

4. 依托单位

天津市农业科学院农业资源与环境研究所，赵秋，022-27950893。

（十）田菁、柽麻等夏季绿肥雨涝灾害防灾减灾技术

1. 发生时期及特征

7—9 月是夏季绿肥生长的关键时期，也是台风和强降雨的高发时期，草木樨、苕子和苜蓿等耐涝能力较差，易绝产；田菁、柽麻等耐涝能力较强，但易倒伏。

2. 防控措施

(1)排除田间积水和耕层滞水　根据积水情况和地势，采用排水机械和挖排水沟等办法，尽快将田间积水和耕层滞水排出去，尽量减少田间积水和耕层滞水时间(图 8-10a)。同时清除枝叶淤泥。

(2)中耕、松土散墒　盐碱地排水后土壤易板结，造成土壤尤其是根际通气不良，水、气、热状况严重失调，必须及早进行中耕，以破除板结，散墒通气，防止沤根。

(3)增施速效化肥　遭受水淹后，土壤速效养分流失严重，同时植物根系吸收养分能力较弱，及时追施速效养分对主作物和绿肥作物恢复生长十分有利。果园可结合中耕或开沟补施氮磷钾速效化肥，也可叶面喷肥，如 0.5%～1%尿素溶液、0.2%～0.3%磷酸二氢钾溶液等(图 8-10b)。

(4)补种其他绿肥作物　对于绝产地块，尽快翻压，9 月上旬应尽快补种二月兰、苕子、草木樨、苜蓿等绿肥作物，保障冬季绿肥生产及时开展。

3. 应用区域

华北及南方地区夏绿肥种植区域。

4. 依托单位

山东省农业科学院，张晓冬，0531-66658177。

a.排除田间积水　　b.喷施叶面肥

图 8-10　雨涝灾害防控措施

二　绿肥种子生产及高产种植生物灾害防灾减灾技术

（一）紫云英菌核病防灾减灾技术

1. 诊断识别

菌核病又称为白腐病、茎腐病、秆腐病、白秆病等，是紫云英上常见且为害较重的真菌病害。紫云英生育各阶段均可感染菌核病，主要为害茎叶。

紫云英菌核病苗期发生在近地面的基部，病斑初呈紫红色，开始为小型病斑，继而扩展成水渍状，严重时幼苗软腐而萎倒，并长成白色菌丝，在田间形成大小不等的窟窿状病穴，农民称之为“鸡窝瘟”和“牛脚瘟”。菌丝布满腐烂紫云英后约 7 d 织结成团，形成菌核，先是白色，后变为黑色，像老鼠屎（图 8-11）。

图 8-11　紫云英茎秆菌核病症状

2. 发生为害

病菌主要依靠菌核混在种子或落在地面越冬或越夏，至晚秋或早春温湿度适宜时即萌发初菌丝或子囊盘。菌核病一般在 12 月上中旬至翌年 1 月、2 月发生，3—4 月为害最严重。当日均气温在 5～10 ℃时，病菌长成菌丝为害幼苗；低于 0 ℃时，停止蔓延。开春后，随着气温回升和雨水增多，病菌菌丝大量蔓延侵害。

3. 防治措施

(1)合理轮作　紫云英与小麦、油菜、其他经济作物轮作,可降低菌核病发生。

(2)种子处理　播前用10%~13%盐水(100 kg水中加入食盐10 kg左右)或20%硫酸铵溶液淘选种子,去除菌核和瘪粒。

(3)开沟排水及施肥　多雨地区或积水田块,应注意及时清沟排水,降低田间土壤湿度和地表空气相对湿度,预防田间渍水。同时,增施磷钾肥料。

(4)药剂防治　可选择25%咪鲜胺乳油30~50 mL,或50%多菌灵,或70%甲基硫菌灵(甲基托布津)可湿性粉剂500~1500倍液喷雾。施药时,尽量将药液喷于植株中下部茎叶上。注意喷洒均匀,全面覆盖。

4. 应用区域

南方紫云英种植区域。

5. 依托单位

①兰州大学,段廷玉,0931-8913074。

②信阳市农业科学院,吕玉虎,0376-6691855。

(二)箭筈豌豆炭疽病防灾减灾技术

1. 诊断识别

箭筈豌豆炭疽病主要为害叶片、茎秆和荚果。发病初期,在叶片和茎秆上出现圆形或椭圆形的黑褐色小斑点,后期扩展为黑褐色圆形病斑,病斑中央则由黑褐色变为灰白色。病斑上产生轮纹状的小黑点,可形成穿孔,病叶易脱落。病斑一般中部色浅,边缘呈深褐色。后期病斑上出现许多具黑刺毛状的小黑点。茎及叶柄上的病斑呈线形,深褐色至黑色,多扩大成大斑。发病严重时大量植株变黄,最后枯死(图8-12)。

图8-12　箭筈豌豆炭疽病田间症状

2. 发生为害

箭筈豌豆炭疽病常于开花期发生。播种或雨季提前会使病害发生时间提前;反之,播种或雨季延后会使病害发生时间推迟。冬季较暖、夏季湿热时,炭疽病发生严重,雨和露有助于病害蔓延。温度27 ℃,相对湿度80%是炭疽病流行的最适条件。草层过于稠密、倒伏严重也有助于炭疽病流行。

3. 防治措施

(1)选用抗病品种　兰箭1号对箭筈豌豆炭疽病的耐受性较好，333/A次之，兰箭2号和兰箭3号耐受性较差。

(2)农业防治　具体措施：①适时播种、及时刈割，与其他作物混播、间作和轮作，控制种植密度，注意草层通风透光，降低湿度。②加强水肥管理。合理排灌，按需施用氮、磷、钾肥，以提高植株的抗病能力。③清除、焚烧田间病株残体，清除刈割机具上的病残体。

(3)化学防治　可用25%吡唑醚菌酯(15 g/亩)、32.5%苯甲·嘧菌酯(10 g/亩)和50%多菌灵(25 g/亩)防治，也可使用50%多菌灵和25%吡唑嘧菌酯混配剂。在发病前喷施1次，发病后每10 d喷施1次，共喷施3次，即可有效防治箭筈豌豆炭疽病并延长绿期。

4. 应用区域

全国箭筈豌豆种植区域。

5. 依托单位

①兰州大学，段廷玉，0931-8913074。

②甘肃省农业科学院土壤肥料与节水农业研究所，张久东，0931-7614846。

(三)豆科绿肥白粉病防灾减灾技术

1. 诊断识别

白粉病是紫云英、箭筈豌豆、苕子等绿肥作物上常发的真菌病害之一。白粉病主要发生在叶片上。初期叶两面呈现点状放射形白色粉斑，后迅速呈放射状覆盖叶片的大部或全部，发病末期霉层为淡褐色或灰色，同时有橙黄色至黑色小点出现。病害流行时，整片植株上如同喷过白粉，同时叶背也有白粉出现，严重时，可使叶片变黄或枯落(图8-13)。

图8-13　紫云英白粉病(左)、箭筈豌豆白粉病(中)、苕子白粉病(右)症状

2. 发生为害

白粉病病原菌适宜生长温度为16～28 ℃，相对湿度为50%～80%，在过于干旱或低洼积水的田块较多。降雨少是导致紫云英白粉病流行的重要因素。过量施氮肥或磷肥，可加重病害的发生。先发病叶片上产生的分生孢子借风传播可进行多次再侵染，造成病害流行。

紫云英在10月中下旬开始发病，11月中下旬至12月下旬出现第一次高峰，以后由于低温多雪，则停止蔓延，翌年3—4月随着气温回升，病情又开始发展。西北春播毛叶苕子和箭筈豌豆一般在7月初出现发病中心，7月底随气温回升，病株率迅速增加，在适宜的条件下导致大流行。

3. 防治措施

(1)农业防治　剔除染病株,杜绝病源。合理密植。增施磷钾肥,少施氮肥,使植株生长健壮;多施充分腐熟的有机肥,以增强植株的抗病性。开好排水沟,合理灌排,防止受旱受渍。

(2)化学防治　病害初发时,须及时进行药剂防治。药剂防治可选择 15%三唑酮(粉锈宁)1500 倍液或 40%灭菌丹可湿性粉剂 600～800 倍液喷雾,或 50%退菌特 1000 倍液喷雾,或 70%甲基托布津 500 倍液喷雾。应低浓度、大水量喷药,注意叶的正反面都要喷到,防治效果更好。

4. 应用区域

全国紫云英、苕子、箭筈豌豆等绿肥种植区域。

5. 依托单位

①兰州大学,段廷玉,0931-8913074。

②青海省农林科学院,韩梅,0971-5315787。

(四)光叶苕子匍柄霉叶斑病防灾减灾技术

1. 诊断识别

匍柄霉叶斑病主要为害地上部分,尤以叶片为主。光叶苕子受害叶片的病斑近圆形、长椭圆形或近不规则形,灰褐至黄褐色,带有轮廓明显的暗褐色边缘,病斑大小一般直径为 3～4 mm。在老的病叶上有时形成同心轮纹,所以又称轮纹病。病害最初表现为棕色病斑,随后病斑颜色加深呈深褐色并向周围扩展,病斑周围褪绿成黄色,严重等级提升,最终导致植物叶片枯萎凋落,严重影响光叶苕子的品质及产量(图 8-14)。

a.发病初期　　b.发病中后期　　c.重度发生

图 8-14　早期、中期和后期病害症状及田间发病情况

2. 发生为害

在温暖地区匍柄霉叶斑病可发生在光叶苕子整个生长期。北方地区夏末和秋天最流行,西南地区病斑四季可见,冬季和初春病斑小,发展缓慢,至 5 月湿度增大,气温适宜,病害发展加快,6—7 月气温升高,为害加剧,造成大量病叶干枯、早落。

3. 防治措施

(1)农业措施　加强田间管理,合理施肥,增施钾肥和有机肥料,实行轮作,合理密植,雨季注意排水,降低田间湿度,提高植株的抗病能力;收获后及时清除被害叶片。

(2)化学防治　田间见到病株零星出现时，是施药的最佳时机。可采用70%代森锰锌600～800倍液、50%速灭灵800倍液、50%扑海因800倍液、70%甲基托布津1000倍液，或75%百菌清800倍液，隔7～10 d喷1次，连续喷药2～3次进行防治。

4. 应用区域

全国光叶苕子种植区域。

5. 依托单位

兰州大学，段廷玉，0931-8913074。

（五）毛叶苕子褐斑病防灾减灾技术

1. 诊断识别

主要为害叶片，叶片上典型症状为圆形或近圆形，浅褐色至深褐色病斑；后期叶面病斑中央变厚，出现直径约1 mm、浅褐色至浅黄色突起的蜡状颗粒（盘状突起物），一般每个病斑上1个。茎上病斑长形，黑褐色，边缘整齐。病斑多半先发生于下部叶片和茎上，感病叶片很快变黄、脱落。除侵染叶片外，也可侵染叶柄、幼茎和荚果。染病荚果初生黄白色小点，四周紫色，扩大后上生许多黑色小点，破坏整个荚果。茎秆病斑灰白色，四周褐色（图8-15）。

图8-15　毛叶苕子褐斑病田间症状

2. 发生为害

在毛叶苕子生长季节内，病原菌可产生几代子囊孢子，侵染植株。在气温10～15 ℃，空气湿度55%～57%时，病害会大量发生。多湿条件有利于发病，降雨、灌溉、露水、阴天湿润有利于褐斑病的发生和发展。

3. 防治措施

(1)农业措施

①及时发现病株，并将发病植株进行清理或隔离，以减少病情传播。

②调节作物的播种期和栽植期，使作物容易受害的生育期与病害为害严重的盛发期错开，从而减轻或避免病害。

③合理施肥，改善作物营养条件，促进植株健壮生长，增强作物抗病害能力。

(2)化学防治　可用70%代森锰锌600倍液、75%百菌清500～600倍液、50%苯来特可湿性粉剂1500～2000倍液、70%甲基托布津1000倍液、40%灭菌威（多硫胶悬液）800倍液、25%多菌灵可湿性粉剂800倍液，或50%速克灵可湿性粉剂2000倍液等喷施，均有较好的防治效果。

4. 应用区域

全国毛叶苕子种植区域。

5. 依托单位

兰州大学，段廷玉，0931-8913074。

（六）蚜虫防灾减灾技术

1. 诊断识别

蚜虫是我国多种绿肥作物上的重要害虫，紫云英、毛叶苕子和箭筈豌豆等绿肥上均有蚜虫发生为害。紫云英上发生较为普遍的是苜蓿蚜，苕子上主要是棉蚜，箭筈豌豆上主要是苜蓿蚜和豌豆蚜。

苜蓿蚜有翅胎生雌蚜体长 2 mm 左右，黑色有光泽；触角淡黄色，第一、第二节及其他各节端部黑色。无翅胎生雌蚜大小、色泽与有翅胎生雌蚜相似，触角较短，第五节后半部及第六节黑色（图 8-16a）。无翅若蚜体灰黑色，较瘦，腹部分节清楚。有翅若蚜胸部两侧有明显的翅蚜，预示着蚜虫即将产生有翅胎生雌蚜并飞行转移（图 8-16b）。

a.无翅胎生雌蚜　　b.有翅若蚜　　c.苜蓿蚜为害状

图 8-16　苜蓿蚜及为害状

2. 发生为害

成蚜和若蚜常聚集到绿肥植株顶部的嫩芽、嫩叶和花蕾上为害，大量发生时也聚集到嫩茎和花序上为害，造成茎叶萎缩、生长停滞，花期发生量较大时造成落花、落荚，籽粒千粒重下降，严重发生时造成绿肥植株成片枯死（图 8-16c）。

冬前紫云英田苜蓿蚜数量较少，冬后花蕾期数量迅速扩大，而田埂上的紫云英发育快、开花早，常常是苜蓿蚜的虫源地。在 11 月到翌年 1 月天气干旱时为害较重，3—4 月雨水多时通常为害较轻。紫云英绿肥田因在盛花期即翻压而发生轻，对鲜草产量影响不大，而留种田相对发生较重。北方箭筈豌豆上苜蓿蚜和豌豆蚜通常在 6 月上旬到 7 月中旬发生，而黄海地区毛叶苕子棉蚜主要在 4—6 月发生。在干旱较为严重时，箭筈豌豆开花前后，蚜虫的为害处于高峰期，如果不及时防治，会严重影响产量。

3. 防治措施

（1）农业防治　春季及时清除田埂等高燥地段受害早的绿肥植株并集中销毁，可减少虫源。

（2）物理防治　采用黄板诱蚜，杀灭迁飞的有翅蚜；加强田间检查、虫情预测预报。

（3）化学防治　吡虫啉、啶虫脒、噻虫嗪等烟碱类，氨基甲酸酯类和有机磷类均可防治蚜虫。留种田可施用选择性农药以保护益虫、控制蚜虫。冬春干旱、蚜虫重发年份，在绿肥花期可应用辟蚜雾防治蚜虫、兼治蓟马。每亩用25%辟蚜雾17～20 g、兑水50 kg喷雾，或用10%吡虫啉2500倍喷雾防治。注意避开盛花期。蚜虫重发时于初花期喷洒先开花的绿肥植株，然后在终花期前后再全田喷雾。

4. 应用区域

全国紫云英、苕子、箭筈豌豆生产区。

5. 依托单位

中国农业科学院植物保护研究所，江幸福，010-62816073。

（七）潜叶蝇防灾减灾技术

1. 诊断识别

潜叶蝇是我国多种绿肥作物上的重要害虫，紫云英、箭筈豌豆和二月兰等绿肥上均有潜叶蝇发生为害。

紫云英潜叶蝇一生经历卵、幼虫、蛹和成虫4个阶段。卵极小，产于叶肉组织中，纺锤形，长约0.5 mm，宽约0.16 mm，初产乳白色。幼虫形似小蛆，长圆桶形，初孵幼虫乳白色，后变黄白色。老熟幼虫体长约3 mm，头部略小，口钩明显，前胸和腹末端的背面各有气门1对。蛹长卵圆形，扁而黑色，前后端稍尖，长约2 mm，宽约1 mm。成虫是一种小蝇，体长1.5～2 mm，头部黄白色或灰白色，胸部黑褐色，中胸两侧具黄褐色纵条纹。图8-17为紫云英潜叶蝇潜道与成虫。

图8-17　紫云英潜叶蝇潜道(左)与成虫(右)

2. 发生为害

潜叶蝇幼虫孵化后即在叶肉内薄壁组织取食叶肉，留下叶的上下表皮，造成透明潜道。被害的叶面因幼虫随机盘旋取食而形成弯弯曲曲的潜道，幼虫老熟后即在潜道内化蛹，化蛹多在靠近叶片基部边缘的潜道末端。当叶片上幼虫较多时，盘状潜道相接就会布满全叶。被害严重的叶片变黄白色，植株生长瘦弱，甚至枯萎(图8-18)。

图8-18　箭筈豌豆受害状

紫云英潜叶蝇3—4月间气温在20 ℃左右时，16 d就能完成1代。南方地区全年发生5～6代，冬季各虫态均能见到，主要以幼虫和蛹在叶片中越冬，气温略高即可活动。华北地区豌豆潜叶蝇以蛹在被害叶片内越冬，翌年4月中下旬成虫羽化，第一代幼虫主要为害箭筈豌豆、油菜等，5—6 月为害最重。

3. 防治措施

（1）农业防治　加强田间水肥管理，增强植株抗性。发现零星叶片受害时，及时摘除带虫叶片，集中深埋或烧毁。

（2）物理防治　悬挂黄板，注意黄板悬挂高度在作物上方 20～30 cm 处，有很好的效果。

（3）生物防治　可选用 0.3%印楝素乳油 1000 倍液、1.8%阿维菌素乳油 2000 倍液或 0.6%银杏苦内酯水剂 1000 倍液，喷雾防治。

（4）化学防治　有机磷类农药有很好的防效。如可用 40%乐果乳油 2000 倍液、50%敌敌畏乳油 1000～1500 倍液、90%敌百虫 1000 倍液、50%辛硫磷乳油 1000 倍液、48%毒死蜱乳油 800～1000 倍液，喷雾防治，每隔 7 d 用药 1 次，连续用药 2～3 次，效果较好。1.8%阿维菌素 3000～4000 倍液、5%定虫隆乳油 2000 倍液、5%氟虫脲乳油 2000 倍液喷施，连续防治 2～3 次，也能有很好的防治效果。注意采收前 10～15 d 不宜用药。

4. 应用区域

全国紫云英和箭筈豌豆种植区域。

5. 依托单位

中国农业科学院植物保护研究所，江幸福，010-62816073。

（八）蓟马防灾减灾技术

1. 诊断识别

蓟马是紫云英和苕子等绿肥上的主要害虫。端大蓟马又称紫云英蓟马，体型较小。卵长椭圆形，长约 0.2 mm。成虫体长约 1.6 mm，体色为黑棕或黄棕色，触角 8 节，第三、第四节呈倒花瓶形，端部各有一叉状感觉锥；前胸背板后缘角有长鬃一对。前翅暗褐色，基部和近端处较淡。雄成虫显著比雌成虫体小而色淡，且触角也细。花蓟马成虫体长 1.2～1.6 mm，体褐色，若虫黄色，腹部具横纹，前胸背片有 4 对长鬃，前角、前缘各有 1 对，后角有 2 对。后缘鬃 5 对，后角外鬃较长（图 8-19）。

图 8-19　端大蓟马雌成虫（左）、花蓟马雌成虫（右）

2. 发生为害

蓟马主要为害绿肥作物花器，从现蕾到开花整个花期均可为害；吸食紫云英和苕子等花的子房汁液，造成有花无荚和大量花朵脱落。无论紫云英或苕子的早、中、晚熟品种均可能受害。

蓟马喜欢温暖干旱，最适温度为 23～28 ℃，湿度 40%～70%。紫云英和苕子花期时该虫进入为害盛期，田间世代重叠，为害严重。成虫将卵产在花萼或花梗组织里，卵期 7 d，若虫在花器中为害 1 周左右。

3. 防治措施

（1）农业防治　蓟马常集中在花器上为害，应及时剪除有虫花朵并集中销毁，减少虫源。

（2）物理防治　蓟马对蓝光趋性强，可在田间悬挂蓝板进行诱杀。

（3）化学防治　防治蚜虫的药剂也可防治蓟马，施用时应定期轮换，避免产生抗药性。可喷洒 50%辛硫磷、10%吡虫啉可湿性粉剂或 30%灭多威 1500～2000 倍液、25%辟蚜雾 2500 倍液、1.8%阿维菌素 1000～2000 倍液、90%敌百虫 1000～1500 倍液防治。始花期每隔 1 周喷杀 1 次，连续喷杀 2～3 次；蓟马产生抗性时可用 25%噻虫嗪 1000 倍喷雾。

4. 应用区域

全国紫云英和苕子种植区域。

5. 依托单位

中国农业科学院植物保护研究所，江幸福，010-62816073。

（九）苜蓿叶象甲防灾减灾技术

1. 诊断识别

苜蓿叶象甲是我国重要的苜蓿害虫，一些豆科绿肥如紫云英、苕子和三叶草也是其潜在适宜寄主。成虫褐色，体长 5～6 mm，宽 2～3 mm；头部延长呈管状，触角膝状，端部膨大（图 8-20a）。初孵幼虫体乳白色，蛀食于紫云英幼嫩茎秆中，取食后逐渐由乳白色变成黄绿色和草绿色，3 龄以上的幼虫颜色逐渐变成深绿色。幼虫无足，具假死心性，受惊后蜷缩成“C”形（图 8-20b）。蛹为裸蛹，初为黄绿色，后变为绿色，近羽化时变为褐色。蛹具近椭圆形茧，一般结于紫云英植株上。卵呈椭圆形，初期为乳白色、透明，后期变褐色。

a.成虫

b.幼虫

c.为害紫云英状

图 8-20　苜蓿叶象甲及为害状

2. 发生为害

成虫和幼虫均能为害紫云英、苕子以及苜蓿等的叶片和新生嫩芽，但主要以 3～4 龄幼虫为害最为严重，可造成大量孔洞和缺刻，破坏作物生长点，导致生物量和产量下降，严重发生时造成不开花和植株干枯、生物量降低(图 8-20c)。

安徽、江苏等地紫云英和苕子上苜蓿叶象甲每年主要发生 1 代。2—3 月,成虫开始出蛰活动、取食、产卵,3 月上中旬进入产卵盛期。低龄幼虫于 3 月中下旬从产卵孔中钻出,爬到新叶和嫩茎或花器上为害。幼虫高峰期集中在 3 月下旬至 4 月下旬。

3. 防治技术

(1)化学药剂防治　在低龄幼虫发生高峰期,推荐每亩施用 10%联苯菊酯乳油 20 mL,防治效果可达 100%。

(2)生物农药防治　推荐使用 10%多杀菌素悬浮剂喷雾防治,药后 3 d 防效可达 80%以上。

(3)植物源药剂防治　推荐使用 30%茶皂素水剂,药后 3 d 防效可达 75%以上。

4. 应用区域

全国紫云英和苕子种植区域。

5. 依托单位

中国农业科学院植物保护研究所,江幸福,010-62816073。

(十)红萍摇蚊(萍丝虫)防灾减灾技术

1. 诊断识别

大多数红萍摇蚊的幼虫(称为萍丝虫)是植食性的水生昆虫,它们取食红萍,在夏季极易暴发并对红萍造成毁灭性为害。成虫雄体体长 0.3~0.4 cm,浅灰黄色,翅透明,触角轮羽状,腹部细长,形似蜻蜓;雌体稍短,体长 0.2~0.35 cm,腹部粗壮,形似蝇类,触角短鞭状。卵粒椭圆形,分布在卵囊里。幼虫红色,不同龄期不同体长,可弹游水中(图 8-21)。

图 8-21　红萍摇蚊雄成虫(左)、雌成虫(中)及幼虫虫巢(右)

2. 发生为害

萍丝虫在 6—9 月为害最大,受害萍体变稀、变碎,最终变黑腐烂。萍丝虫幼虫达 1 龄期时即开始取食红萍的根和幼嫩的茎叶等组织;进入 2 龄期的幼虫普遍在萍体和萍根上筑巢并食害红萍,红萍受害的程度在田间已能用目测直观地判断出来;3 龄期幼虫的食量剧增,对红萍有造成“虫倒萍”的威胁;3 龄末到 4 龄初是幼虫的暴食期,若不加防范,在 3~5 d 内可把完整的一片红萍毁掉(图 8-22)。

图 8-22 红萍受害状

3. 防治措施

(1)物理防治　可以采用紫外线灭蚊灯进行诱捕,在水稻田每 50 m 左右(紫外线灯光有效范围内)安装 1 盏,可收到较好的防治效果。

(2)生物防治　可利用稻-萍-鱼模式中鱼、青蛙(蝌蚪)可吃萍丝虫的天然特性进行生物防治。在夏季红萍养殖期间,稻田养鱼时,可混养些个体较小的鱼苗,或是引入青蛙产卵,孵化成蝌蚪后也可以取食萍丝虫。

(3)化学防治　使用茶籽饼防治可收到治虫与提供水稻、红萍营养的双重效益。施用的茶籽饼应是无发霉变质的好茶饼,田间保持 2～3 cm 水层,鱼苗可回到鱼沟或鱼坑内。每亩施饼量 3～4 kg。茶饼预先捣碎,用 2 倍于饼量的温水浸泡 24 h,再将滤液稀释成 10%的液体均匀泼施于田里。结合拍萍或喷水等辅助措施,可提高杀虫效果。

4. 应用区域

南方稻田红萍生产繁殖区。

5. 依托单位

福建省农业科学院资源环境与土壤肥料研究所,应朝阳,0591-87581886。

(十一)紫云英禾本科杂草防灾减灾技术

1. 诊断识别

紫云英生产中,禾本科草害发生普遍,尤以看麦娘类杂草为害严重。看麦娘是禾本科越年生或一年生草本植物。株高 15～40 cm,秆疏丛生,细瘦、光滑,基部常膝曲。叶舌膜质,长 2～5 mm;叶片扁平,长 3～10 cm、宽 2～6 mm。花序圆柱状,灰绿色,长 2～7 cm,宽 3～6 mm;小穗椭圆形或卵状长圆形,长 2～3 mm;颖和外稃膜质,芒长 1.5～3.5 mm;花药橙黄色。颖果长约 1 mm,大多椭圆形,淡棕色。幼苗第一片真叶呈带状披针形,长 1.5 cm,具有直出平行脉 3 条,叶鞘亦具 3 条脉,叶和叶鞘均光滑无毛,叶舌膜质,2～3 条深裂,叶耳缺(图 8-23)。

2. 发生为害

看麦娘繁殖力强,是紫云英、水稻、小麦田的恶性杂草,在我国大部分省区均有分布,喜欢生长于地势较低的潮湿地边及沟渠边缘,较耐受浅层积水。秋冬季节密度可高达 300～500 株/m^2,一般可造成减产 10%左右,严重田块减产可以达到 50%以上。长江下游稻茬紫云英

图 8-23　看麦娘(左)及紫云英田看麦娘(右)

田看麦娘已对化学除草剂产生了抗药性,增加了防治的难度,为害更为严重。另外,看麦娘还是稻叶蝉、灰飞虱、稻蓟马、稻小潜叶蝇等害虫的中间寄主。

3. 防治措施

(1)农业防治　①剔除绿肥种子中的杂草种子,降低杂草种子的入田率。②将田间沟渠、地边和田埂生长的杂草结实前及时清除,防止杂草种子扩散入绿肥田为害。③通过播种前浅旋耕、适时早播,采取与玉米、小麦等作物轮作方式,减少伴生杂草发生。④适当密植、加强肥水管理,增强绿肥的田间竞争能力,减轻杂草为害。

(2)化学防治　主要采取除草剂苗期茎叶喷雾防治。杂草生长到 2～3 叶期为最佳防治时期,每亩用 69 g/L 的精恶唑禾草灵水乳剂(商品名"骠马")50～80 mL,或 5%精喹禾灵乳油 50～80 mL,或 15%炔草酯水乳剂 20～30 mL 进行喷雾,每亩喷雾用水量 30～45 kg。

选择无风或微风晴朗天气的上午施药,避免在炎热的中午、下午施药;大风天气不宜施用除草剂,以防雾滴飘移造成邻近作物药害。

4. 应用区域

南方紫云英种植区域。

5. 依托单位

甘肃省农业科学院植物保护研究所,金社林,0931-7614844。

(十二)箭筈豌豆种子生产田阔叶杂草防灾减灾技术

1. 诊断识别

箭筈豌豆种子生产田阔叶杂草主要有灰藜、苦苦菜、苍耳、龙葵、马齿苋、菟丝子、猪秧秧等,尤以藜类杂草为害严重,可造成箭筈豌豆种子产量显著降低,必须进行防控,以减少损失,保证作物稳产高产。

藜类杂草主要包括藜和灰绿藜(图 8-24)。藜,株高 30～150 cm,茎直立,粗壮,具条棱及绿色或紫红色色条,多分枝,枝条斜升或开展;叶片菱状卵形至宽披针形,长 3～6 cm,宽 2.5～5 cm,先端急尖或微钝,基部楔形至宽楔形,边缘具不整齐锯齿。灰绿藜,株高 10～45 cm,茎通常由基部分枝,平铺或斜升,有暗绿色或紫红色条纹,叶互生,有短柄;叶片厚,带肉质,椭圆状卵形至卵状披针形，长 2～4 cm，宽 5～20 mm，顶端急尖或钝，边缘有波状齿，基部渐狭，表面绿色，背面灰白色、密被粉粒，中脉明显，叶柄短。

图 8-24　藜（左）、灰绿藜（中）及绿肥田阔叶杂草发生情况

2. 发生为害

我国各地均有分布。北方每年 5 月中下旬至 6 月中旬，地温 10～16 ℃时，藜类杂草大量出土，与主栽作物争夺水肥，茎叶遮光挡风，造成作物植株瘦弱。藜类杂草繁殖力强，是很难除掉的恶性杂草，发生严重时，可造成箭筈豌豆种子产量降低 40%以上。

3. 防治措施

（1）农艺防治　①田间沟渠、地边和田埂生长的杂草结实前及时清除，防止杂草种子扩散入绿肥田为害。②播种前浅旋耕、适时早播，与玉米、小麦等作物轮作，减少伴生杂草发生。③适当密植、加强肥水管理，增强绿肥的田间竞争能力，减轻杂草为害。④全田地膜覆盖压草控草。在播种前采用黑色地膜进行全田覆盖，之后播种机播种，箭筈豌豆可从播种膜孔正常出苗，不影响出苗率。

（2）化学防治　①苗前封闭除草。箭筈豌豆播种后第 4～6 d 为最佳施药时期，每亩用 80%唑嘧磺草胺水分散粒剂 5 g，兑水 50～60 kg 进行土壤表面喷雾，可高效防治藜、苋、蓼科阔叶杂草。②选择无风或微风晴朗天气的上午施药，避免在炎热的中下午施药；大风天气不宜施用除草剂。③如果施药时环境天气条件不佳造成防效不理想时，可在箭筈豌豆出苗后，杂草生长到 2～3 叶期时再进行 1 次茎叶喷雾，每亩用 50%扑草净悬浮剂 140 mL，每亩用水量 30～45 kg。

4. 应用区域

全国箭筈豌豆种植区域。

5. 依托单位

①甘肃省农业科学院植物保护研究所，金社林，0931-7614844。

②青海省农林科学院，韩梅，0971-5315787。

第九章

大宗蔬菜体系防灾减灾技术

一、大宗蔬菜非生物灾害防灾减灾技术
（一）大宗蔬菜干旱防灾减灾技术
（二）大宗蔬菜涝灾防灾减灾技术
（三）大宗蔬菜冰雪防灾减灾技术
（四）大宗蔬菜低温寡照防灾减灾技术
（五）大宗蔬菜高温防灾减灾技术
二、大宗蔬菜生物灾害防灾减灾技术
（一）大宗蔬菜霜霉病防灾减灾技术
（二）大宗蔬菜灰霉病防灾减灾技术
（三）大宗蔬菜枯萎病防灾减灾技术
（四）大宗蔬菜叶部细菌病害防灾减灾技术
（五）大宗蔬菜土传细菌病害防灾减灾技术
（六）大宗蔬菜根肿病防灾减灾技术
（七）大宗蔬菜主要病毒病防灾减灾技术
（八）大宗蔬菜主要线虫病防灾减灾技术
（九）大宗蔬菜菜田蚜虫防灾减灾技术
（十）大宗蔬菜菜田粉虱防灾减灾技术
（十一）大宗蔬菜菜田蓟马防灾减灾技术
（十二）大宗蔬菜菜田番茄潜叶蛾防灾减灾技术
（十三）大宗蔬菜菜田鳞翅目害虫防灾减灾技术
（十四）大宗蔬菜菜田螨类害虫防灾减灾技术
（十五）大宗蔬菜菜田杂草防灾减灾技术

一 大宗蔬菜非生物灾害防灾减灾技术

（一）大宗蔬菜干旱防灾减灾技术

1. 发生特点

蔬菜干旱通常发生在夏季高温季节，降水量少、蒸发量大是蔬菜发生干旱的主要原因。露地栽培更易发生干旱，高温干旱通常伴随蚜虫、病毒病等的大面积发生。

2. 典型症状

典型常见症状是植株萎蔫（图 9-1），叶片内卷、黄化，严重时脱水死亡（图 9-2）。种子萌发期干旱会造成发芽很少或不发芽；幼苗期干旱会使叶片和生长点生长慢，缺乏光泽，幼嫩部分疲软下垂；生殖生长期干旱会引起大量落叶、落花、落果、化瓜等现象。西北高温、强光照、干旱容易引发大白菜干烧心（图 9-3）、莴笋抽薹和茎秆空心（图 9-4）、花椰菜花球表面发黄等问题。

图 9-1 番茄萎蔫

图 9-2 贝贝南瓜干旱危害

图 9-3 大白菜干烧心

图 9-4 莴笋空心

3. 防控措施

加强基础设施建设、选择抗旱品种、合理利用水源、充分利用降雨、减少地面蒸发和叶面蒸腾，是实现蔬菜节水抗旱减损的重要途径。

1）加强基础设施建设，提高抗旱保障能力

（1）完善灌溉设施　加强抗旱保丰收基本设施设备条件建设，大型蔬菜基地应紧靠水源地建设，或修筑引水灌溉、集雨储水及田间灌溉设施，以备不时之需。

（2）普及水肥一体化　规模化蔬菜生产基地应建设水肥一体化设施，普及应用水肥一体化技术，有条件的应建设智能化灌溉系统。

（3）强化生态建设　加强菜田及周边生态保护力度，北方应保护地下水，严防过度开采地下水，南方尤其是山区应保护植被，减少水土流失。

2）加强田间各环节管理，提高植株抗旱能力

（1）选用耐旱品种　对干旱发生频繁地区应选择根系发达、叶片相对较小且有蜡粉、需水量低的耐旱蔬菜品种进行种植。种子用旱地龙 500 倍液浸种处理，可提高种子发芽率和出苗率，并促使根系发达，提高作物抗旱力。

（2）推荐育苗移栽　为减少干旱对蔬菜种子发芽和幼苗生长的影响，推荐采用育苗移栽技术；水资源紧缺地区可采用漂浮育苗技术，既可实现苗期节水，又有利于培育健壮根系，提高苗期抗旱能力。

（3）地面覆盖保墒　露地蔬菜栽培推荐用有孔地膜覆盖、秸秆覆盖等方式，既可减少地面蒸发，又能充分接受自然降雨。有灌溉条件的区域可以采取垄作半膜覆盖，在垄面覆膜、栽苗，沟内灌溉；在无灌溉条件的区域，可以采用全膜覆盖，在沟内栽苗，利用地膜收集雨水，充分利用自然降水。在粮菜复种区域，可以利用前茬粮食作物秸秆覆盖菜地。也可以采用垄间覆草的方式，减少地面蒸发，同时具有提升地温的作用。

（4）科学浇水　宜采用膜下滴灌，滴灌管应 1 行 1 根，滴孔距植株根部距离在 5 cm 内，保障均匀灌溉和节约用水。无滴灌条件的，建议采用垄作沟灌、小水勤浇的方式。在干旱严重、水源不足的情况下，可以采取在产品器官膨大等关键时期适时补灌的方法，每株补灌 1 L 左右，补灌 1～2 次。

（5）遮阳降温　温室大棚可以采用遮阳网（涂料）或防虫网覆盖，降低气温和减少蒸腾蒸发。根据栽培蔬菜对光照要求，选择不同遮光率的遮阳网或喷遮阳涂料，如果菜类蔬菜一般遮光率 50%左右，叶菜类蔬菜遮光率 70%左右。露地蔬菜可以采用浮动覆盖遮阳网等方式遮阳降温。

（6）中耕保墒　露地沟灌条件下，应在土壤表层约 3 cm 见干后及时中耕，阻止土壤水分向表层移动，增强土壤通透性。未覆地膜的采取全园中耕，半膜覆盖的只在沟内中耕。

（7）合理施肥　在高温干旱条件下，应适当减少施肥量，薄肥勤施。宜在傍晚温度较低时施肥，以利于作物吸收。也可叶面喷施旱地龙 500 倍液或 0.2%磷酸二氢钾，减少叶片水分蒸发，促进根系下扎，增强蔬菜植株抗旱能力。

（8）加强病虫防控　高温干旱条件下，蚜虫、红蜘蛛、潜叶蝇、菜青虫、小菜蛾、病毒病等发生较重，要及时做好防控。如采用防虫网或遮阳网栽培的，建议配合使用色板、杀虫灯等绿色防控方式。

（9）改种换茬　对于干旱持续时间长，即使降雨到来也难以取得有效产量或已经成灾的菜田，建议及时改种换茬。根据当地气候特点选择改种的蔬菜种类，可以选择生育期较短、生长速度较快的叶菜，如小白菜、菠菜、叶用莴苣、叶用芥菜、芹菜、茼蒿、芫荽等。

4. 应用区域

适用于全国蔬菜主产区。

5. 依托单位

①中国农业大学园艺学院，高丽红，010-62733404。

②甘肃省农业科学院蔬菜研究所，侯栋，0973-7614949。

（二）大宗蔬菜涝灾防灾减灾技术

1. 发生特点

涝灾是指长时间持续降雨或洪水过后造成地面大量积水，从而导致作物生长发育不良、减产甚至绝收的一种自然灾害。涝灾通常发生在占年降水量60%～80%的6—9月的汛期，发生范围广、频率高、危害大，具有季节性、区域性、普遍性、可重复性和可防御性等特点，主要发生在我国东南沿海地区、湘赣地区、淮河流域、长江中下游地区、南岭和武夷山地区、海河和黄河下游地区、四川盆地、辽河、松花江地区。

2. 典型症状

蔬菜发生涝灾，植株倒伏，生长缓慢，出现黄叶、枯叶，甚至枯萎（图9-5，图9-6），开花推迟，落花落果严重，畸形果增多，产量下降（图9-7）；同时病害滋生，死苗严重（图9-8）。设施蔬菜加之寡照、高湿和高温等环境，易引起病虫害肆虐，整棚毁灭的风险加大。

图9-5　豇豆植株枯死

图9-6　茄子植株萎蔫

图9-7　南瓜落花严重，产量下降

图9-8　白菜病害滋生，死苗严重

3. 防控措施

1）涝灾防灾技术

（1）菜田选址　菜田和棚室建设宜选择地势高、远离湖泊河流和地下水位较高的地块，周边“三沟”（排水沟、田坎沟、支渠沟）系统要互通。

（2）选好品种　当地汛期种植蔬菜，应选择耐高湿（涝）、抗高温和抗病性、抗逆性强的蔬菜种类及品种。

（3）关注天气　时刻关注天气预报，充分利用广播、电视、手机短信、微信等媒体，及时掌握天气变化和台风暴雨发生情况，在暴雨及台风来临之前，及早做好暴雨及台风灾害应对准备工作。

(4)做好储备　提前准备排涝、防灾、救灾物资，准备好雨衣雨具、防台风器具、排涝泵管或其他排水机械设备，确保遇到暴雨时能做到迅速排水；提前做好种子、肥料、农药、棚膜、遮阳网等农用生产物资的准备；狂风暴雨来临前，人员要撤离棚室，关闭电源，确保人身安全。

(5)加固设施　台风暴雨来临前，提前加固棚室支架，及时维修生锈钢管或老化断裂竹竿，修补破损棚膜，拉紧或绷紧松动的压膜线，检查通风口和棚门的密闭性；在日光温室后屋面加盖薄膜，防止雨水下渗损伤墙体；对于老旧温室或一些跨度大、骨架已变形的温室，要支撑加固棚面，防止暴雨时棚室坍塌；在温室大棚的入口、前屋面或四周修筑高台，防止外部雨水倒灌。

(6)疏通沟渠　在暴雨来临前，田间尾菜、秸秆等废弃物及时处理，防止涝灾发生时阻塞沟渠，影响排涝，或腐烂在田间滋生病虫害；及早疏通排水沟渠，清理淤堵杂物；与菜地相连的河道、沟渠、排水口要及时清淤，捞除水草、塑料薄膜、垃圾等，防止堵塞。

(7)搭架覆盖　加固绑牢番茄、黄瓜、豇豆、丝瓜等蔓生型蔬菜的搭架扶植，防止因暴雨及台风袭击而倒伏；用防虫网、遮阳网等覆盖物盖于花椰菜、甘蓝等矮型蔬菜上，系牢扣紧覆盖物，以防植株受风雨摇动；对高棵作物再培土一次，提高抗倒能力。

(8)及时采收　对于已经成熟适收或达到采收标准的蔬菜产品，在有涝灾和台风预警时，及时抢收。

2)涝灾减灾技术

(1)排涝降渍　暴雨过后，及时清理、疏通田间沟系，迅速排除田间明水。对局部水系不畅的低洼积水菜田，采用抽水设备进行强排，防止长时间积水和雨水倒灌造成蔬菜烂根。设施蔬菜要及时开棚通风，降低棚内湿度；可掀掉地膜，快速排出土壤水分，提高土壤的透气性，促进根系恢复；室内的积水要利用排水沟或水泵集中排水，使水位尽快降到地表 20 cm 以下，减少因积水和渍害导致的蔬菜窒息死亡。

(2)修复设施　暴雨及台风重灾区应及时整修、加固排灌设施，要特别重视对日光温室耳房、后墙等设施的加固排险。大棚、避雨、遮阳及防虫设施及时加固，卡紧棚膜，拉紧压膜线，检查并及时修复破损薄膜，更换病险部件。

(3)土壤管理　田间积水排掉后，及时浇灌一遍清水，为根系提供氧气，即“涝浇园”；雨后土壤板结，待土壤稍干后，及时浅耕松土，以改善土壤通气性，提高根系活力。排水后，土壤中病菌较多，通透性较差，为防止植株在后续生长过程中出现死棵现象，可选用防治根腐病及枯萎病或软腐病的药剂进行灌根或冲施；对洪水浸泡时间过长，不能恢复正常生长，失去抢救价值的菜地，应及时拉秧清园，并进行土壤消毒，准备下茬蔬菜生产。

(4)植株整理　对一些虽受淹较重，但根系未死的茄子、辣椒、番茄等蔬菜，可通过剪除地上部过密的枝叶，或用遮阳网短期适当遮阴等，防止雨后突晴暴晒发生萎蔫现象，预防生理失调引起植株萎蔫；受涝灾较重的菜田，及时清理田间植株残体，清除病株、病叶、烂果、烂叶、老叶等，适当剪枝、打叶。对于倒伏的蔬菜植株，要及时扶正、压蔓、理顺，重新绑好藤蔓，注意不能损伤根系，并适时培土护根。

暴雨后突然放晴，温度骤升时应及时进行遮阳降温，在大棚及日光温室的顶膜上覆盖遮阳网，防止叶片蒸腾作用加剧、受损根系供水不足导致的植株急性萎蔫。如果蔬菜植株和叶片上面有较多的泥水，会影响植株进行光合作用，要用喷雾器清洗干净。

(5)施肥管理　土壤经过雨水浸泡后会出现肥料随水流失，土壤肥力降低的情况。为避免出现植株营养不足，可少量多次施用肥料，并增施生物菌剂(肥)以活化土壤，同时辅以叶面追肥，如喷施磷酸二氢钾，促进苗情恢复。叶片出现缺钙症状时，可叶面喷施 0.5 %的氯化钙水溶液 2～3 次，每次间隔 7～10 d。出现缺铁症状，可叶面喷施 0.2%～0.5%的硫酸亚铁或 0.5%氨基酸铁水溶液，间隔 7～10 d 喷 1 次，连喷 2～3 次。对于已经施好底肥准备定植的菜田发生涝害后，建议重新施足底肥，并加施生物菌肥，进行深翻，以保证随后定植的蔬菜正常生长。

(6)病害防治　涝灾过后田间湿度大，加之温度较高，植株抵抗力弱，容易造成多种病虫害发生及蔓延。要及时拔除病株，带出田外集中销毁；雨过天晴后叶部病害采用烟雾剂和粉尘剂进行农药防治，根部病害采用灌根法防治。

(7)及时抢收　灾害过后，内涝较重的菜地，对尚有上市价值且尚未完全淹死的番茄、辣椒、西瓜、豇豆、毛豆等受灾蔬菜，要加快抢收、抓紧上市，补充市场空缺，以弥补因灾造成的损失。

(8)补种改种　受灾严重或造成绝收的田块，退水后及时拔秧、清田、清棚，进行土壤消毒，及早抢种耐热、耐涝的速生类叶菜。可分批抢种小青菜、生菜、夏白菜、苋菜等生长期短的速生叶菜，也可播种早熟夏秋甘蓝、夏秋豇豆、豌豆(叶用)、胡萝卜等伏秋菜和秋菜。温室大棚可改种秋延后茄果类、瓜类蔬菜。补种改种要做到抢早播种，越早越好；水退到哪，补种到哪；增加密度，以密补晚。

(9)抢育秧苗　尽快选择地势高的田块，搭建大棚、网膜双覆盖，采用穴盘育苗，培育适合当地市场需求的蔬菜秧苗，保障后期夏秋季生产用苗。

(10)注意事项　涝灾发生后，在排水、维修和补种过程中，当危险没有完全排除时，不应贸然进入棚室和田间进行排水和采摘作业；雨停后进棚必须确保断电；检查棚室每侧墙体、出入口有无隐患；查看棚内立柱基础等是否松动；巨型棚棚面积水严重时，破膜排水后再进入棚内。

4. 应用区域

适用于全国露地和设施蔬菜主产区。

5. 依托单位

南京农业大学，孙锦，025-84395267。

（三）大宗蔬菜冰雪防灾减灾技术

1. 发生特点

通常发生在冬春季节，具有雨雪相态复杂、降温幅度大、受灾区域集中等特点。

2. 典型症状

冰雪天气下，低于 5 ℃、高于 0 ℃的低温冷害可使蔬菜幼苗生长缓慢，甚至形成僵苗；瓜类蔬菜龙头停止生长，叶片出现永久性失绿，茄果类蔬菜叶片上出现许多不规则黄褐色的枯死斑，并出现变厚、硬化、卷曲等；低温持续时间较长时可造成死苗，病害严重。气温在冰点(0 ℃)以下时会导致冻害发生，瓜类蔬菜幼苗在短时间内死苗；茄果类蔬菜叶片失绿变白，嫩叶被冻死，严重时整株死亡。日光温室番茄、黄瓜冻害症状分别见图 9-9、图 9-10。

图 9-9　日光温室番茄冻害

图 9-10　日光温室黄瓜冻害

3. 防控措施

1）冰雪灾害防控措施

（1）及时关注天气预报预警　利用广播、电视、手机短信、微信等手段，及时掌握天气情况，增强风险防范意识，及早采取措施做好防灾准备。

（2）提高蔬菜抗性　增施有机肥，每亩约 1000 kg，中耕围培在蔬菜根颈处。灾害前控制浇水，做到“三浇三不浇”，即晴天浇水、阴天不浇；午前浇水，午后不浇；浇小水，不浇大水。叶面喷施 1～2 次 0.01％芸苔素内酯 2000～3000 倍液或 0.2％磷酸二氢钾 1～2 次，根施聚天门冬氨酸、海藻酸或甲壳素等。选用耐低温品种，瓜类等蔬菜应用嫁接苗。

（3）设施蔬菜冰雪防灾措施　准备热风炉、加热块、补光灯等临时加温、补光设备。及时检查、加固棚室，对老旧温室或一些跨度大、骨架已变形的棚室，及时支立柱支撑加固。温室南侧外部增加覆盖保温被，内部增加防寒塑料幕保温御寒。棚膜宜选用 PVC 长寿无滴消雾膜或 PO 功能膜。选择轻型、防雨、保温效果好的保温被，并在保温被外层加盖一层塑料薄膜。增设压膜线，扣紧压牢棚膜，用土压实周边棚膜，及时修补破损和裂缝棚膜。采用多层覆盖，即在棚室基部加覆裙膜、畦面铺设地膜的基础上，在棚室内架设中棚、小拱棚，并紧闭棚膜。在通风口处和棚门处设置缓冲膜。蔬菜行间覆盖秸秆、稻壳等。寒潮冰雪前 1～2 d 适度低温锻炼，白天和夜晚温度较正常管理降低 2～4 ℃。

（4）露地蔬菜冰雪防灾措施　在冰雪来临之前用塑料薄膜小拱棚覆盖，或蔬菜上层漂浮覆盖薄膜或无纺布进行保温；地面可以覆盖稻草保温。及时清沟理墒，防止田间积水；中耕降湿；追施磷钾肥，叶面喷施磷酸二氢钾。水生蔬菜田可浇灌 5 cm 左右的水层。

（5）采收减损　在灾害天气来临前，已有商品性的果实及早采收，叶菜适时采收，减少损失。

2）冰雪灾害减损措施

（1）冰雪天设施蔬菜应灾减损措施　及时清扫棚室上部及周围的积雪，尤其要注意加强夜间除雪，大雪时边降雪、边清除。在棚顶积雪无法及时清除，可能发生棚室坍塌风险时，可采用破膜保护拱架的特殊应急措施。严密封闭棚室棚膜，有条件的可利用补光灯、热风炉、增温块等补光增温，但要注意用电安全和有毒气体危害。雪后适时揭开保温被。揭开覆盖物后，若蔬菜萎蔫应立即盖上，等叶片恢复后再揭开，反复数次直到不再萎蔫；若萎蔫严重，可在萎蔫的植株上喷清水或1%的海藻酸溶液等。在晴天中午及时通小风。做好病害防治。严格控制空气湿度，适度放风降湿。设施蔬菜宜选用烟剂、微粉剂防治低温高湿病害。雪后蔬菜恢复生长时，可在晴天中午叶面喷施百菌清、吡唑醚菌酯等广谱性药剂，预防病害发生。若发生灰霉病，可用异菌脲、嘧霉胺、啶酰菌胺、腐霉利、咯菌腈等防治；若发生菌核病，除上述防治灰霉病的药外，还可使用菌核净、乙烯菌核利等。抢收抢播，当设施蔬菜遭受毁灭性损失时，对于达到上市要求的蔬菜要及时采收上市。抢时补种，减少损失。

（2）露地越冬蔬菜冰雪应灾减损措施　雪后及时排除积水，降低水位。灾后冻融期间继续覆盖，气温回升后应及时去除。适时中耕提温，降低土壤湿度。雪后及时在叶面喷施芸苔素内酯或磷酸二氢钾。天气转晴后及时喷药防病，可同时加入适量叶面肥。

4. 应用区域

全国蔬菜主产区。

5. 依托单位

中国农业科学院蔬菜花卉研究所，李衍素，010-82109579。

（四）大宗蔬菜低温寡照防灾减灾技术

1. 发生特点

我国蔬菜的低温寡照灾害常发生在冬季，尤其每年11月下旬到翌年3月初是一年当中气温最低、光照时间最短的时期，不利于对光热资源要求相对较高的果菜类蔬菜正常生长发育。但为平衡市场蔬菜需求和追求较高经济效益，冬季设施蔬菜又常以效益较高的果菜类蔬菜为主，连续长时间的低温寡照会对蔬菜产量和品质产生严重的影响，加之设施薄膜透光有限，又进一步加重弱光危害。因此，低温寡照已成为我国蔬菜生产的主要灾害之一，生产上必须做好预防，采取各种技术措施应对，最大限度地减少生产损失。

2. 典型症状

（1）黄叶和早衰　低温寡照会导致蔬菜光合作用变差，制造的有机物减少。植株长期得不到充足的营养供应，会加速蔬菜根系、叶片的老化，植株茎秆细，叶片小，叶子发黄，长势衰弱，产量低，抗病抗逆能力减弱，最终植株出现早衰。

（2）僵苗　低温时作物生长变得缓慢，如果温度过低甚至是寒潮，可能会把作物的组织冻伤、冻死；气温低和光照不足都会导致新陈代谢缓慢，各组织器官生长缓慢。尤其是秋冬季蔬菜遇到长期的低温寡照，秧苗可能会出现“僵苗”，就是不死也不长。

（3）坐果难，畸形果　对于果实类蔬菜作物，低温影响开花、坐果、果实受精，即使开花也难坐果；即使坐果，果实后期也会生长不良（果实畸形，大小不一，空心果，未成熟就提前掉落等）。

（4）病害　南方低温寡照往往同时伴随高湿，导致猝倒病等苗期病害发生和生长期一些真菌性病害（疫病、霜霉病、灰霉病、菌核病、猝倒病、立枯病、根腐病）发生。

3. 防控措施

我国地域辽阔，虽然低温寡照天气对蔬菜生产造成的影响大致相同，但具体到不同生态区域，应灾技术措施还需要因地制宜。

(1)选用透光率高的棚膜并保持棚膜清洁　大棚薄膜的质量直接影响棚内的光照强度和光质。若棚膜上灰尘过多，透光率明显下降，要清洗掉棚膜上的尘埃与污物；下雪天还应随时清除积雪，保持膜面洁净。大棚外面可覆盖草苫等保暖材料，早揭晚盖，在日出后放风排湿半小时可减少膜面水珠，增加透光性。

(2)温室大棚内部设置补光灯等增加光照　温室内设置补光灯可有效缓解温室低温寡照对蔬菜生长的危害。补光灯选用白炽灯泡，功率一般为 1000 W，间隔 10 m 放置 1 盏，每天开 4 h，室温可提高 2～3 ℃。有条件的冬季可在距温室大棚后墙 5 cm 处张挂 1 m 左右宽的镀铝镜面反光膜，可使膜前 3 m 内的光照度增加 9%～40%，气温增加 1～3 ℃，10 cm 地温提高 0.7～1.9 ℃，显著改善栽培畦中北部作物的光、温条件。

(3)适时增加覆盖和加温装置，促进保温防冻　当温室夜间最低气温降至 15 ℃时，应及时增加保温覆盖物。温室大棚保温覆盖物一般采用草苫、棉被，北方温室可使用卷帘机，操作比较方便。同时可在温室大棚内设小拱棚进行多层覆盖，畦面上撒施草木灰增肥保温。北方有条件的地方，可用地热线、电热丝、空气加温线、火炉、热风炉等设施装备对大棚设施进行增温，防止菜苗或植株受冻。瓜果类蔬菜如番茄、辣椒、茄子、黄瓜、西葫芦等温度不能低于 6 ℃，叶类蔬菜不能低于 0 ℃。南方设施蔬菜生产宜采用“大棚＋中棚＋小棚”的多层覆盖保温措施，防止受冻。在铺设地膜的基础上，在大棚内架设小棚，可使棚内温度提高 2～3 ℃。小拱膜内侧与蔬菜之间要留有 10 cm 以上的距离，防止叶片触及薄膜而发生冷害。还可将秸秆与旧薄膜结合编织成防寒墙，放置在蔬菜大棚北边，作为挡风屏障。

(4)通风降湿、控水除湿　北方雨雪天气要及时揭开覆盖物，进行通风以降低大棚内空气湿度、增加棚内 CO_2浓度。通风应在晴天中午进行。揭开覆盖物后，若发现蔬菜出现萎蔫现象，应立即盖上，等叶片恢复后再揭开，反复数次直到不再萎蔫。大棚蔬菜自始至终都要严格控制浇水，尤其遇低温寡照天气，浇水要严格控制浇水量，少浇或不浇，浇水间隔时间适当拉长，应以浅水浇灌或滴灌为宜。

(5)加强病虫害防治，减少损失　南方冬季低温寡照往往伴随高湿，寒潮过后随着温度上升和湿度加大，塑料大棚内的叶菜灰霉、猝倒、菌核等病害会加重，要及时喷施广谱性杀菌剂，防止病害蔓延。对灾后有食用价值的蔬菜及时采收出售；对受低温冷冻灾害影响特别严重、无法恢复生长的，要及时清理，罢园换茬。北方温室冬季病害相对较少，但低温寡照天气条件下设施内蔬菜易发生灰霉、菌核、猝倒等病害，可采用烟剂、粉剂等能减少用水量的药剂进行防治；即便阴天，也应尽量适度揭开草帘或无纺布等覆盖物，降低棚内湿度，防止灰霉、黑霉、菌核等病害的发生和流行。

4. 应用区域

适用于全国蔬菜主产区。

5. 依托单位

湖北省农业科学院经济作物研究所，邱正明，027-87380220。

（五）大宗蔬菜高温防灾减灾技术

1. 发生特点

每年6月下旬以后，我国许多地方特别是华南地区都会出现高温天气，同时常伴随台风与暴雨等灾害性气候，致使蔬菜植株落花落果、萎蔫枯死，病害暴发，产量品质变差，大棚等栽培设施垮塌，菜田积水严重，蔬菜生产严重受损。

2. 典型症状

高温伴随强光会使蔬菜植株出现失水萎蔫，叶片皱缩、卷曲甚至脱落等症状，连续长时间高温则导致植株枯萎死亡。蔬菜开花坐果受抑制，花果少，持续长时间高温则落花落果严重。高温强光使茄果类果实着色差，表面出现绿、黄、红相间的杂色果；如长期高温强光则出现果实日灼症状，组织坏死发硬，后期因腐生菌侵染而腐烂。高温高湿会导致茄果类蔬菜根系腐烂死苗，加快细菌性病害的发生为害；豆类蔬菜遭受高温时，嫩叶易被烫伤，出现灰白色的斑块，抽生的嫩蔓会出现焦黄色；叶菜遭受高温伤害后主要表现为植株萎蔫，叶色变褐、变黄，叶片上出现死斑等。

3. 防控措施

(1)选用耐热抗病蔬菜种类和品种　夏秋高温季节要选择耐热的蔬菜作物，如丝瓜、苦瓜、冬瓜、豇豆、苋菜、空心菜、耐热小白菜、番薯叶等。

(2)加强肥水管理　在高温季节，施肥应遵循少施多次、薄肥勤施、傍晚施肥的原则，不仅适于人员操作而且利于作物吸收；高温期间可适当增加浇水次数和浇水量，有条件的可进行喷雾降温，减轻热害。用磷酸二氢钾溶液、氨基酸液肥等连续多次进行叶面喷施，既有利于降温，又能够补充蔬菜生长发育必需的营养；可重施有机肥和补充中微量元素肥。

(3)科学间套种　采用喜阳与喜阴作物，高秆和藤架作物间套种；利用高秆作物茎叶为矮秆蔬菜遮阳降温，如辣椒可与玉米套种，冬瓜、苦瓜、丝瓜架下可间种空心菜、生姜、白菜等。

(4)合理密植与整枝搭架　安排在高温期收获的蔬菜可合理密植，促枝叶繁茂，使茎叶果相互遮阳。如在对番茄摘心时，可在最上一层果实上留两层叶子。

(5)采用覆盖遮阳降温　平棚、大棚设施上方覆盖遮阳网，在高温时段以及午间遮盖，既要满足作物生长光照需求，也要避免强光及高温对植株的伤害。高温期种植叶菜类蔬菜，最好采用避雨栽培技术，大棚顶部覆盖薄膜防雨，周边围闭防虫网防虫、通风，棚顶或棚内覆盖遮阳网防晒，设置喷雾装置。

(6)及时排水防涝、防治病虫害　夏秋季节高温伴随暴雨，经常造成洪涝灾害，应及时排水防涝。暴雨洪涝灾害过后，应在积极采取农业措施的同时，选用药剂对症防治，防止病虫害暴发。

(7)调整农事操作时间　中午高温时段不进行农事操作，避免人员中暑。

(8)补救措施与技术。

①对受热害蔬菜进行叶面喷施低聚糖钙镁600～800倍+芸苔素内酯800倍2次，每隔7 d喷施1次；也可以用钛微肥1000倍液叶面喷施1～2次，有效减轻热害。

②喷施生长调节剂减少落花落果。茄果类可用30 mg/kg对氧苯氧乙酸溶液喷花，防止番茄、辣椒、茄子高温落花。番茄喷洒2000～3000 mg/kg的比久溶液，或0.1%硫酸铜溶液，可增强植株抗热性，提高抗裂果和抗日灼能力。

③突击采收上市。对有上市价值的受灾蔬菜，要及时采收，抓紧上市，以减少灾害损失。受害严重时，需及时清理田园，及时抢种重种。

4. 应用区域

华南地区蔬菜主产区。

5. 依托单位

华南农业大学园艺学院，陈日远、宋世威，020-38294595。

二 大宗蔬菜生物灾害防灾减灾技术

（一）大宗蔬菜霜霉病防灾减灾技术

1. 发生特点

该病在我国各地黄瓜产区均有发生，无论露地或保护地栽培的黄瓜，常因此病遭受严重损失。甜瓜、丝瓜、苦瓜和南瓜等产区也有发生，一般不严重，西瓜产区很少发生。

2. 典型症状

本病主要为害叶片。发病初期叶片上先出现水渍状黄色斑点，病斑扩大后，受叶脉限制呈黄褐色不规则多角形病斑。在潮湿环境下，病斑背面长有灰黑色霉层（即孢囊梗和孢子囊），黄瓜霜霉病叶片背面霉层较甜瓜霜霉病霉层色黑而厚。特别是种植在保护地内的黄瓜，因湿度大，霜霉病霉层厚，黑色更明显。如遇干燥，霉层易消失或不易产生。严重时病情迅速蔓延，病斑成片，全叶迅速呈黄褐色，卷缩干枯，叶易破，使病田植株连片枯黄；瓜瘦小，含糖量降低。在较抗病品种上，病斑小，呈圆形，黄褐色，扩展缓慢，背面也很少长霉状物（图 9-11）。

a.正面症状　　b.背面症状

图 9-11　黄瓜霜霉病症状

3. 防控措施

应采取选用抗病品种、加强田间管理、生态防治和药剂防治相结合的综合防治措施。

（1）选用抗病品种　利用抗病品种可以有效地减轻霜霉病的为害。目前津研系列抗黄瓜霜霉病具有一定效果。在利用和推广抗病品种时，必须注意品种的保纯、复壮和提高，以避免种性退化，抗病性降低。

(2)加强田间管理　选择地势高、土质肥沃的沙壤地块栽种。施足基肥，追施磷、钾肥。在生长前期适当控水，结瓜后严禁大水漫灌，并注意排除田间积水；及时整枝打杈，保持株间通风良好。收获后及时清除病残体，带出田外深埋或烧毁；深翻土壤，加速病残体的腐烂分解。发病中等以上或是重发病田块，实行与禾本科作物 2 年以上轮作，以减少田间病菌来源。

(3)生态防治　选择晴天对塑料大棚进行高温闷棚。处理前要求土壤较潮湿，必要时可在前 1 天灌 1 次水，密闭大棚，使棚内温度上升至 44～46 ℃，连续维持 2 h 后，开始放风。处理后应及时追肥、灌水。每次处理相隔 7～10 d。

(4)药剂防治　播前可用 50%烯酰吗啉可湿性粉剂 2000 倍液喷淋育苗床或用生石灰消毒土壤。田间一旦出现病株，及时选用 50%烯酰吗啉可湿性粉剂 1500 倍液、72%霜脲·锰锌可湿性粉剂 800 倍液、72.2%霜霉威盐酸盐水剂 800 倍液、687.5 g/L 氟菌·霜霉威悬浮剂 60～75 mL/亩、25%吡唑醚菌酯悬浮剂 30～40 mL/亩，喷雾防治。7～10 d 喷施 1 次，连喷 2～3 次，采收前 7 d 停止施药。因该病害在叶片的背面形成霉层，在施药时要注意叶背面的喷雾。此外，为防止病原菌产生抗药性，应交替使用上述药剂。对于设施栽培的发病棚，还可以通过硫酸-碳酸氢铵反应法、通风、燃烧沼气等措施增加棚内 CO_2 浓度，促进叶片部分气孔关闭，以阻碍霜霉病病原菌的侵入；或每亩用 45%百菌清烟剂 220 g 闭棚烟熏过夜杀菌。

4. 应用区域

适用于全国黄瓜、甜瓜、丝瓜、苦瓜和南瓜等主产区。

5. 依托单位

山东农业大学植物保护学院，张修国，0538-8242375。

（二）大宗蔬菜灰霉病防灾减灾技术

1. 发生特点

灰霉病是露地和保护地黄瓜上常见且比较难防治的一种真菌性病害，属低温高湿型病害。在我国蔬菜种植区均有分布。

2. 典型症状

幼苗期和成株期黄瓜都可发病，病原菌侵染植株各部位，以果实受害最重。幼苗被侵染，多见小苗的下胚轴变褐腐烂，严重的病苗倒伏。子叶受侵染，从叶缘开始变黄，呈水渍状腐烂，变软下垂，进而扩展到心叶和幼茎，造成幼苗萎倒。大龄幼苗茎上产生梭形病斑，发展后可绕茎一周，使幼茎腐烂变细，甚至折断，病株萎蔫。

成株叶片多由叶缘产生"V"字形病斑，也可在叶面上生成近圆形病斑。初期病斑呈水浸状，边缘不清晰，后变为黄褐色或灰褐色，生成不清晰的浅黄色轮纹，严重时病叶干枯。茎和枝条上多从伤痕处或接触病花瓣的枝杈处生成灰白色至褐色的病斑，可绕茎一周，由病斑部位折断，上部枯死。严重时，小枝大量枯死(图 9-12)。

花瓣上先产生黄褐色或褐色斑点，后整朵花褐变腐烂而凋萎，密生灰色霉层。果实多从青果残留的花瓣、花柱、花托等处开始发病，果面形成不规则形水浸状大斑，灰白色至灰褐色，表面光滑，果肉腐烂；后发展至半个或整个果实，表皮破裂，表面密生灰白色或灰黄色霉状物。病果内部或表面可产生黑色米粒状菌核。幼果发病后易大量软腐脱落。

a.黄瓜灰霉病侵染果实

b.黄瓜灰霉病侵染叶片

图 9-12　黄瓜灰霉病症状

3. 防控措施

应采取选用抗病品种、加强田间管理和药剂防治相结合的综合防治措施。

(1)选用抗病品种　利用抗病品种可以有效地减轻灰霉病的为害。

(2)加强田间管理　定植前清除残茬及枯枝败叶,然后深耕翻地。发病前期及时摘除病叶,带到室外深埋或烧毁,保持温室清洁,减少初侵染源。保护地要人为调节小气候,加强田间管理,避免低温高湿条件出现。阴雨天要及时、短时间通风降湿。入冬季节低温晴天条件下,封闭大棚四周风口,提升棚温。合理施肥浇水,要小水勤浇,忌大水漫灌,浇水后及时排湿,降低空气湿度,避免发病条件出现。

(3)药剂防治　棚室或露地发病初期可采用 50%啶酰菌胺水分散粒剂 33～47 g/亩、400 g/L 嘧霉胺悬浮剂 78～94 g/亩、60%乙霉·多菌灵可湿性粉剂 90～120 g/亩,喷雾防治;也可采用 2 亿孢子/g 木霉菌可湿性粉剂 125～250 g/亩、1000 亿芽孢/g 枯草杆菌可湿性粉剂 35～55 g/亩、80 亿芽孢/g 甲基营养型芽孢杆菌可湿性粉剂 80～120 g/亩等,喷雾防治。为防止产生抗药性,提倡轮换交替或复配使用。

4. 应用区域

适用于全国蔬菜种植区。

5. 依托单位

山东农业大学植物保护学院,张修国,0538-8242375。

(三)大宗蔬菜枯萎病防灾减灾技术

1. 发生特点

该病害在我国南北方蔬菜产区均有不同程度的发生,可通过土壤、病残体、未腐熟的有机肥、种子等途径带菌传播。病菌从幼根、根部伤口或自然裂口侵入,经薄壁细胞进入维管束,在导管内发育、生长和蔓延,堵塞导管或产生毒素,引起植株萎蔫死亡。偏施氮肥、地下害虫和寄生线虫等造成根部伤口多,均易诱发病害。

2. 典型症状

在蔬菜全生育期内均能发生,一般在花期或结果期发病较重。幼苗期发病,子叶变黄,顶端失水萎蔫,茎基部缢缩变褐,或呈立枯状。成株期发病,初期病叶自下而上逐渐萎蔫,中午明显而早晚恢复，后期萎蔫不能再恢复，严重者枯萎死亡。病根维管束大多变褐坏死，湿度大时产生粉红色霉层。图 9-13 为番茄、黄瓜枯萎病症状。

a.番茄枯萎病　b.发病维管束褐变　c.发病茎基部开裂

d.黄瓜枯萎病　e.发病茎秆易裂　f.发病维管束变色

图 9-13　番茄、黄瓜枯萎病典型症状

3. 防控措施

(1)选用抗(耐)病良种　不同蔬菜品种的抗(耐)枯萎病程度不同。可根据不同地区的具体情况选用地方品种或选育品种。品种有：津春系列、中农系列、津研系列等黄瓜品种，L-402、津冠 8 号和中杂等番茄品种，金棚 1 号、遵义牛角椒、海南米椒等辣椒品种，五叶茄、七叶茄、紫长茄等茄子品种。

(2)施用化学农药和生物制剂　整地时采用 125 g/m^2 的 99.5%氯化苦液剂熏蒸土壤，结合高温闷棚效果更佳；育苗时，采用 10 亿 CFU/g 枯草杆菌拌种，药种比 1∶(25～50)；定植时采用 3～5 kg/亩 0.6%咯菌·嘧菌酯颗粒剂沟施，或 8～10 kg/亩 0.3%氨基寡糖素·噁霉灵颗粒剂撒施；生长季采用 30%多福可湿性粉剂 300～500 倍液灌根，或冲施 3～5 kg/亩有益微生物菌剂(芽孢杆菌类，活菌含量≥100 亿/g 或 mL；真菌类，活菌含量≥5 亿/g 或 mL)。

(3)农业措施　避免连作，与禾本科和豆科作物轮作，南方可推行水旱轮作；采用抗枯萎病砧木嫁接育苗，如托鲁巴姆、砧木一号等番茄砧木，托鲁巴姆、赤茄、刺茄等茄子砧木，金妈妈南瓜等黄瓜砧木；科学精准配方施肥，底施高品质生物有机肥，花果期适当增加磷钾肥和中微量元素；全程控水；及时清园，减少病原菌数量。

(4)物理防治　夏季拔秧后深耕翻土，利用日晒高温和紫外线杀菌；棚室栽培闷棚可提高消毒效果。

(5)注意事项　活体有益微生物制剂在贮藏、运输和使用过程中应避免高温、高湿和阳光直晒等不利环境条件；避免与化学杀菌剂同时施用。

4. 应用区域

上述措施适用于全国各蔬菜产区，但各地可因时因地选择使用。

5. 依托单位

中国农业科学院植物保护研究所，李世东、卢晓红，010-82109582。

（四）大宗蔬菜叶部细菌病害防灾减灾技术

1. 发生特点

蔬菜叶部细菌病害主要以黄瓜角斑病和番茄斑点病为代表。细菌性角斑病近年来发生规律呈现逐年上升的趋势，其传播速度快、为害重，在苗期和成株期均可发病，以成株期叶片受害为主，保护地或露地低温高湿条件有利于发病，湿度大时黄瓜病茎和果实上出现流脓现象。细菌性斑点病是一种重要的种传检疫性细菌病害，潮湿、低温、多雨天气有利于发病，具有适应性广、传播距离远、为害重的特点。

2. 典型症状

（1）黄瓜角斑病　发病症状具有多样性特点。苗期子叶发病，产生水浸状近圆形斑，略呈黄褐色；成株期叶片感病初呈水浸状小斑点，后为近圆形或多角形病斑，淡黄色，边缘褪绿，易穿孔；茎、叶柄、卷须发病初呈水浸状，湿度大时有菌脓溢出，干燥后沿茎沟纵向开裂腐烂，植株逐渐萎蔫死亡；瓜条感病出现水浸状病斑，湿度大时有菌脓溢出，导致果实腐烂（图 9-14）。

a.子叶发病病斑黄色略凹陷　b.病斑淡黄色，边缘褪绿　c.湿度大时病茎有菌脓流出　d.果实上有菌脓流出

图 9-14　黄瓜角斑病发病症状

（2）番茄斑点病　番茄苗期至收获期均可为害。叶片发病，产生深褐色不规则斑点，有黄色晕圈，严重时穿孔（图 9-15a）。茎秆发病，初期出现圆形、水渍状、褐色病斑，无黄色晕圈，后期部分茎部变黑（图 9-15b）。为害花蕾时，在萼片上形成许多黑点，连片时萼片干枯（图 9-15c）。果实发病，初期斑点稍隆起，成熟时病斑附近果肉略凹陷，中央形成木栓化疮痂，病斑周围黑色，中间色浅并有轻微凹陷（图 9-15d）。

a.叶片发病症状　b.茎秆中后期发病症状　c.花萼发病症状　d.果实发病症状

图 9-15　番茄斑点病发病症状

3. 防控措施

采用以预防为主，并结合加强栽培管理、生态防治和化学药剂防治为核心的绿色防控技术。

（1）选用抗病良种　利用抗病品种是防治植物病害较为经济有效的措施，应因地制宜选育和引用抗、耐病高产良种。但目前国内商业化品种中，尚缺乏抗角斑病的黄瓜品种和抗斑点病的番茄品种，只有部分耐病品种。

（2）精准施药　在发病初期，防治黄瓜角斑病可喷施3%中生菌素可湿性粉剂800倍液，或2%春雷霉素水剂500倍液，或77%氢氧化铜可湿性粉剂1000倍液，每隔7 d喷1次，连续使用3～4次；番茄斑点病可在发病初期用20%噻菌铜悬浮剂1000倍液，或20%噻唑锌悬浮剂1200倍液喷雾防治，每隔7 d喷1次，连续使用3～4次。尽量选择在干燥的下午进行喷雾，可提高防治效果。

（3）种子消毒　在播种前，采用温汤结合药剂浸种，在38 ℃热水中浸泡10 min使种子预热，然后在50～55 ℃的条件下浸泡20～25 min，其间不断搅拌，然后用0.5%的次氯酸钠浸种10 min，或用20%溴硝醇可湿性粉剂500倍液浸种2 h，再用无菌水冲洗5～7次，晾干后催芽播种。

（4）农业措施

①土壤处理。育苗尽量选用新苗床，使用旧苗床则应做好消毒工作，每平方米用40%福尔马林30 mL加水3～4 kg，泼浇到苗床上，用塑料膜覆盖4～5 d，揭去塑料膜将床土耙松，15 d后再播种；还可在夏天高温季节进行闷棚处理，将大棚中的土壤灌足水后覆盖聚乙烯膜，日晒4～6周，能有效降低田间病原菌量。

②加强田间管理。避免在早上叶片湿度大、露水多时进行整枝打杈、果实采摘等农事操作，防止病原菌黏附在操作人员的身体或操作工具上进行传播。在发病初期防治前应先清除掉病叶、病茎及病果，及时拔除病株和附近的植株，将病残体集中到一起焚烧或深埋。

③合理轮作。与非葫芦科作物或非茄科蔬菜进行3年以上的轮作，以减少初侵染源。

④改善栽培条件。采用地膜覆盖的栽培方式，及时排除积水，注意放风时间；采用地下滴灌的方式进行灌溉，防止大水漫灌，降低室内湿度，控制昼夜温差，有效减少病菌繁衍和侵染。

4. 应用区域

适用于全国各黄瓜、番茄主产区。

5. 依托单位

中国农业科学院蔬菜花卉研究所，李宝聚，010-62197975。

（五）大宗蔬菜土传细菌病害防灾减灾技术

1. 发生特点

蔬菜土传细菌病害主要以番茄青枯病和番茄溃疡病为代表。青枯病属于系统性病害，主要发生在成株期，具有寄主范围广、增殖速度快、为害严重等特点。在偏酸土壤中发生严重，高温有利于发病，主要发生在长江以南地区，喜欢湿度大的土壤环境。溃疡病是一种非常典型的种传检疫性细菌病害，病原菌可在土壤表层存活2年，喜欢较高的温湿度环境，具有适应性广、传播距离远、损失大的特点。

2. 典型症状

(1)番茄青枯病　发病初期,先是顶端叶片出现症状,晴天中午萎蔫下垂,然后中部和下部叶片逐渐萎蔫、下垂,傍晚恢复正常,持续数天后,不再恢复。有时一侧叶片先萎蔫或整株叶片同时萎蔫下垂。剖开茎部可见髓部中空,维管束变褐;湿度大时,用力挤压切面会有大量白色液体溢出(图 9-16)。

a.植株上部叶片萎蔫　b.植株一侧叶片萎蔫　c.植株整体萎蔫　d.髓部坏死、维管束变褐

图 9-16　番茄青枯病症状

(2)番茄溃疡病　发病初期叶边缘会出现褐色的病斑,并伴有黄色晕圈,病斑逐渐向内扩大,导致整个叶片黄化,似火烧状。成株期发病,一般是下部叶片首先表现症状,并逐渐向顶端蔓延,进一步发展,整个番茄病株萎蔫死亡。在果实上的典型症状是形成"鸟眼斑",病斑中央产生黑色的小斑点并伴有白色的晕圈,较粗糙(图 9-17)。

a.叶片出现黄褐色病斑　b.病茎凹陷、髓部中空　c.病株整株萎蔫　d.番茄果实呈现"鸟眼斑"

图 9-17　番茄溃疡病症状

3. 防控措施

(1)选用抗病良种　选用抗病品种是控制植物病害较为经济、安全和有效的策略。目前,商业化品种中没有抗青枯病和溃疡病的品种,生产中部分砧木具有青枯病抗性,"桂茄砧 1 号"和"桂茄砧 2 号"生产推广验证对番茄青枯病具有较高的防效,可以通过嫁接的方式防治青枯病。

(2)精准施药　在发病初期,防治番茄青枯病可选用 77%氢氧化铜 500 倍液、3%中生菌素 800 倍液或 25%络氨铜水剂 500 倍液等药剂进行灌根处理,每 7 d 灌 1 次,连续灌 3～5 次;番茄溃疡病防治可以在灌根基础上进行喷雾处理,常用的药剂有 20%络氨铜水剂 500 倍液、20%噻菌铜悬浮剂 700 倍液、77%氢氧化铜可湿性粉剂 800 倍液,每隔 7 d 喷施 1 次,连续喷施 2～3 次。

(3)种子消毒　播种前采用温汤浸种,在 38 ℃热水中浸泡 5 min 使种子预热,然后在 53～55 ℃的条件下浸泡 20～25 min,并不断搅拌,然后捞出种子在 21～24 ℃下晾干,催芽后播种。也可用 0.01%醋酸浸种 24 h,或用 0.5%次氯酸钠溶液浸种 20 min。这些方法都能减少种子的带菌量。

(4)农业措施

①土壤处理。可在夏天高温季节进行闷棚处理,对大棚中的土壤灌足水后覆盖聚乙烯膜,日晒 4～6 周,能有效降低田间菌量;或者是选用 42%威百亩水剂 20～25 kg/亩或 50%氰氨化钙颗粒剂 60～80 kg/亩,在定植前 1 个月对土壤进行消毒处理,也可起到良好的预防效果。

②加强田间管理。及时摘除下部的老、黄、病叶,清洁田园,及时拔除病株和附近的植株,集中进行焚烧或深埋,并对病穴和周围的土壤施药,尽快消毒,避免病菌随病残体传播蔓延。早上叶片湿度大、露水多时,不要进行整枝、采摘等农事操作,避免病菌黏附在操作人员的身体或操作工具上进行传播。

③合理轮作。与非茄科植物轮作 2 年以上,可有效降低田间病原菌的数量,控制病害发生。

④改善栽培条件。及时排除田间积水,有条件的可进行膜下滴灌,降低室内湿度,或采用自控电热增温等设施控制昼夜温度的变化,减少病菌繁衍和侵染。

(5)注意事项

温汤浸种时注意水温,温度过高会影响发芽率。采用药剂防治时,应注意药剂轮换使用,避免产生抗药性。

4. 应用区域

番茄青枯病适于长江以南番茄主产区,番茄溃疡病适于全国各番茄主产区。

5. 依托单位

中国农业科学院蔬菜花卉研究所,李宝聚,010-62197975。

(六)大宗蔬菜根肿病防灾减灾技术

1. 发生特点

十字花科根肿病是由芸薹根肿菌(*Plasmodiophora brassicae*)侵染引起的一种专性寄生的世界性病害。该病使作物主根和侧根形成大量肿瘤,阻碍根系吸收水分和营养,严重者整株枯死,素有“十字花科癌症”之称。根肿菌休眠孢子可在土壤中存活 10 年以上,土壤一旦带菌将不再适于栽植十字花科作物,严重威胁十字花科作物的可持续发展。

2. 典型症状

根肿病菌主要侵染植株的地下部分,形成肿瘤。主根的肿瘤较大,侧根的肿瘤小而数量多。发生初期肿根表面光滑,后期粗糙、龟裂,最后腐烂。病株生长迟缓,植株矮化,并表现缺水症状,叶片常常中午萎蔫,早晚恢复,后期叶片发黄、枯萎,严重时全株枯死。图 9-18 为几种蔬菜根肿病的发病症状。

3. 防控措施

采取以抗病品种应用、加强田间管理和精准施药为核心的绿色防控技术。

a.白菜根肿病发病症状 b.小白菜根肿病发病症状 c.甘蓝根肿病发病症状 d.根肿病植株全株枯死

图 9-18 几种蔬菜根肿病发病症状

(1)选用抗病良种 目前已培育出商品化抗根肿病品种,如 CR-惠民、金锦系列、京春 CR1、华双 5R 等。但根肿菌存在明显的生理分化现象,抗病品种有很强的小种专化性,需根据当地发生根肿菌生理分化类型,选择适宜的抗病品种种植。

(2)精准施药

①基质消毒。为预防基质带菌引起根肿病传播问题,可用 50%氟啶胺悬浮剂 5000 倍液或 10%氰霜唑悬浮剂 2000 倍液喷淋基质并混合均匀。由于不同作物对药剂的敏感性不同,因此需要先进行小范围的消毒效果和安全性试验,再大量应用。

②苗床消毒。在育苗前对苗床进行消毒,可用福尔马林 50 倍液,或敌磺钠 500 倍液,或 10%氰霜唑悬浮剂 3000 倍液对苗床泼地消毒。

③定植时灌穴。可以使用 50%氟啶胺悬浮剂 5000~7000 倍液,或 75%百菌清可湿性粉剂 1500~2000 倍液灌定植穴,每穴施 100~200 mL 稀释液,随后移栽;发病初期灌根,可用 10%氰霜唑可湿性粉剂 2000 倍液、50%氟啶胺悬浮剂 5000 倍液、75%百菌清可湿性粉剂 2000 倍液进行灌根防治。

(3)种子消毒 播种前用 55 ℃的温水浸种 15 min,再用 10%氰霜唑悬浮剂 2000~3000 倍液浸种 10 min,用水洗净后播种。

(4)农业措施 与非十字花科蔬菜进行轮作;采用深沟高畦栽培,小水勤浇,降低田间湿度;彻底清除病残体,拔除病株并携出田外烧毁,在病穴四周撒消石灰,防止病菌蔓延;避免农事操作传播病原菌,应及时对鞋子、衣服及农机具等进行消毒或清洗;严格控制检疫,严禁从重病区往无病区调运种苗。

(5)注意事项 由于不同十字花科作物对药剂的敏感性不同,在大规模应用前需先进行小范围的防治效果验证和安全性试验,再进行推广应用。

4. 应用区域

适用于全国十字花科作物主产区。

5. 依托单位

中国农业科学院蔬菜花卉研究所,李宝聚,010-62197975。

(七)大宗蔬菜主要病毒病防灾减灾技术

1. 发生特点

蔬菜病毒病在高温、强光照和干旱条件下容易发生,与烟粉虱、蚜虫、蓟马等介体昆虫的发生密切相关。蔬菜收获后，杂草是保存毒源重要的中间寄主。

2. 典型症状

蔬菜感染病毒病后叶片主要表现花叶、蕨叶、卷叶、皱缩、黄化、斑驳等症状，植株受害后整体表现畸形、明显矮化、长势受抑制、节间簇生小叶片，果实受害后会出现斑点、斑纹、黄化、畸形、着色不均匀、偏小等症状。图 9-19 为几种蔬菜感染病毒症状。

a.茄科辣椒病毒侵染症状　b.葫芦科南瓜病毒侵染症状

c.豆科豇豆病毒侵染症状　d.十字花科白菜病毒侵染症状

图 9-19　几种蔬菜感染病毒症状

3. 防控措施

(1)选用抗病良种　选用适于种植的抗病或耐病品种，如中蔬 4 号、钻红 5424、中椒 409、中椒 Y371、津美 23 等。

(2)精准施药　定植后第 2～3 d，用抗病毒制剂和杀虫剂灌根处理。在苗期、花期、幼果期，用抗病毒制剂和杀虫剂进行叶面喷施或者灌根处理。发病初期立即喷洒抗病毒制剂，每隔 5～7 d 喷 1 次，连续喷 2～3 次。抗病毒制剂可采用 2.0 亿 CFU/mL 嗜硫小红卵菌 HNI-1 悬浮剂，施用量 180～240 mL/亩；或者 2.0 亿 CFU/mL 沼泽红假单胞菌 PSB-S 悬浮剂，施用量 180～240 mL/亩；也可用 2%氨基寡糖素水剂，施用量 200～300 mL/亩；20%盐酸吗啉胍可湿性粉剂，施用量 166～250 g/亩；30%毒氟磷可湿性粉剂喷施，施用量 90～110 g/亩；10%宁南霉素可溶性粉剂，施用量 85～100 mL/亩。杀虫剂可采用 25%噻虫嗪水分散粒剂稀释至 2000 倍，按每株 50 mL 灌根处理。

(3)种子消毒　用 2.0 亿 CFU/mL 嗜硫小红卵菌 HNI-1 悬浮剂 10 mL 兑水 3 kg 浸种 15 min；或用 10%磷酸三钠溶液浸种 20 min，用清水洗净，催芽播种；或者将种子在 70 ℃处理 3 d、或 80 ℃处理 1 d，催芽播种。

(4)农业措施　合理轮作，可与水稻或水生蔬菜轮茬种植，也可与其他经济作物轮作；保持田园卫生，及时摘除病叶、病果或拔除病株，带出田外深埋或烧毁，育苗及定植前彻底清除棚内的枯枝落叶、杂草和自生苗等，保持棚室清洁；培育无病壮苗，严格选用无病虫、健康的壮苗移栽到大田；加强田间管理：合理施肥和浇水，避免大水漫灌和氮肥过量，在嫁接、移栽、绑蔓、整枝、打杈等农事操作过程中，对手和工具等进行消毒处理，防止人为交叉感染和传播。

(5)注意事项　蔬菜病毒病的发生多与烟粉虱、蚜虫和蓟马等介体昆虫发生密切相关，在蔬菜收获后，杂草是保存毒源的重要中间寄主。培育无病毒壮苗、苗期防控介体昆虫和清除杂草是防控蔬菜病毒病的核心要点。苗期可采用防虫网隔离传毒介体。移栽前，应抽检幼苗是否携带病毒。

4. 应用区域

适宜全国蔬菜主产区。

5. 依托单位

湖南省农业科学院植物保护研究所，刘勇，0731-84691166。

(八)大宗蔬菜主要线虫病防灾减灾技术

1. 发生特点

根结线虫的寄主范围广，几乎侵染所有蔬菜种类，其中以茄科、葫芦科、豆科等蔬菜作物最为严重。根结线虫在蔬菜的整个生育期中均可侵染，自 3 月开始进入为害期，到 6 月达到高峰。在南方露地及北方设施栽培中均可周年发生，1 年可发生 10 代左右，世代混杂。根结线虫主要随种苗远距离传播，灌水及耕作等农事操作是近距离传播的主要因素。该病害具有为害隐蔽、难以防控的特点，是造成设施蔬菜连作障碍的重要因素之一。

2. 典型症状

根结线虫为害蔬菜的根部，以侧根和须根受害较重，侵染部位根系肿大呈瘤状，可形成许多大小不同的根结，严重时根结呈串珠状或急剧膨大，根系易腐烂。根结线虫侵染后，地上部分生长迟缓，植株矮小，叶片发黄，长势衰弱，生长发育不良，开花迟，结果少而小。中午气温高时植株易萎蔫，后期早衰严重(图 9-20)。

3. 防控措施

(1)选用抗根结线虫病品种　在种植过程中，针对蔬菜根结线虫的发生，选用具有抗性蔬菜品种进行种植，如抗根结线虫病番茄品种有仙客 1 号、粉太郎、牟番 2 号、佳红 6 号、金鹏 M6 等；抗根结线虫病辣椒品种有日本朝天椒、青农、早美、正大 128、线王八号和沈川 79 等。

(2)高温闷棚及土壤消毒处理　在夏季高温休棚季节，进行高温闷棚及土壤消毒处理。首先清除地下及地上部植株残体，适当灌水使土壤湿度达到 70%～80%；然后将 98%棉隆(微粒剂)(施用量 30～45 g/m^2)，或氰氨化钙(颗粒剂)(施用量 60～80 kg/亩)，均匀地撒施或是沟施到田间，施药后立即进行深翻(30 cm 左右)，覆膜时注意边角等位置要仔细压实密封，防止消毒气体外溢。保持棚内高温高湿状态 25～30 d，其中至少要有累计 15 d 以上的晴热天气。闷棚消毒后透气 7 d 以上才可以进行移栽种植操作。

(3)微生物菌肥处理　土壤消毒处理后要施用微生物菌肥，例如重茬修复菌颗粒剂、复合菌生物有机肥粉剂等，每亩用量为 100～200 kg。

a.地上部黄化矮小

b.地下部根结

图 9-20 根结线虫侵染蔬菜症状

(4)精准施药 根结线虫病的发生初期或是局部发生时，采用局部精准施药技术定点施药，主要采用1.8%阿维菌素(施用量500 mL/亩)、41.7%氟吡菌酰胺(施用量100 mL/亩)，稀释500倍后进行灌根处理。

4. 应用区域

该技术适应于全国设施及露地蔬菜种植区域，在黄瓜、番茄、辣椒、菜豆、生姜等作物上均可以采用，主要针对根结线虫等土传病害严重发生地区。

5. 依托单位

中国农业科学院蔬菜花卉研究所，茆振川，010-82109545。

(九) 大宗蔬菜菜田蚜虫防灾减灾技术

1. 发生特点

菜田蚜虫(菜蚜)为蔬菜上发生的半翅目蚜科昆虫的统称，是蔬菜生产中的重要害虫，常见的有烟蚜、萝卜蚜、甘蓝蚜等。该虫偏嗜十字花科蔬菜，喜聚集为害，严重时可引起煤污病等；能传播植物病毒，引发病毒病。

2. 典型症状

成虫和若虫喜群集在幼苗、嫩叶、新梢、花梗、花(图9-21a)、嫩茎(图9-21b)、幼荚和近地面的叶上，吸食叶片汁液，使叶片失水和营养不良，导致幼叶向下畸形卷缩，严重时白菜、甘蓝不能包心或结球，甚至整株枯死，造成大量减产。为害留种植株的嫩茎、花梗和嫩荚，使花梗扭曲畸形，不能正常抽薹、开花、结实。分泌的蜜露可诱发煤污病，污染菜叶，影响植物光合作用等。

3. 防控措施

蚜虫绿色综合防控可采取农艺农技相结合，物理防治、生物防治、药剂防治相统筹的整体治理方案。

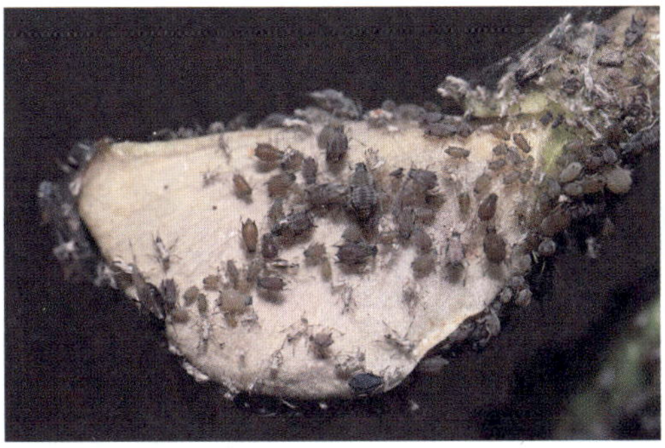

a.豇豆花上的蚜虫（海口，2024）

b.豇豆嫩茎上的蚜虫（海口，2024）

图 9-21　菜田蚜虫

(1)农艺防治　重视清洁田园，定植前清除、烧毁田间及附近寄主植物，以减少虫源，防止扩散，确保定植用苗无虫；生产期结合浇水措施，利用高压喷水冲洗，集中灭杀；采收后及时清理植株残体、清除棚室杂草、修整田间地头、破坏越冬场所，降低越冬虫口基数。

(2)物理防治　定植期用 60 目防虫网封闭门窗、通风口、进出口等，设立隔离门，减少有翅蚜的迁入；生产期采取悬挂黄板诱捕、铺设银灰色地膜趋避等方式进行灭杀或驱赶。注意：黄板下端高于植株顶部 15～20 cm，视虫量 7～10 d 更换 1 次。

(3)生物防治　保护和利用菜蚜田间自然天敌，如食蚜瘿蚊类、瓢虫类、蚜茧蜂类、草蛉类、蚜霉菌、食蚜蝇类等，结合功能植物，构建生态屏障，搭建天敌庇护所，涵养天敌；条件适宜时，可通过释放补充田间天敌数量，高效控蚜。

(4)药剂防治　蚜虫大量发生时，根据种植环境选用合适的药剂，可选用 25 g/L 高效氯氟氰菊酯乳油 20～30 mL/亩、17%氟吡呋喃酮可溶液剂 30～50 mL/亩、25%吡虫啉可湿性粉剂 6～8 g/亩、5%啶虫脒可湿性粉剂 18～30 g/亩、20%氰戊菊酯乳油 20～40 mL/亩、0.5%苦参碱可溶液剂 36～54 mL/亩等进行喷雾防治。

(5)注意事项　菜蚜的防治应尽可能在发生初期进行，施药时应做到均匀、周到、细致、全面。植株叶片的正反面及心叶部分应特别注意喷到，防止漏喷。针对南北地域差异，根据各地平均温度变化开展防控：①平均气温在 12 ℃以下时，预防为主，设置悬挂黄板和铺银灰色地膜，进行前期趋避；②5 天平均气温 12 ℃以上时，适量释放和保护利用天敌昆虫进行持效控制；③平均气温 20 ℃左右，菜蚜暴发时，可选取合适药剂喷施，并进行针对处理(特别注意轮换交替用药以及蔬菜采收安全期)。

4. 应用区域

适用于全国蔬菜主产区。

5. 依托单位

湖南农业大学，黄国华，0731-84618163。

（十）大宗蔬菜菜田粉虱防灾减灾技术

1. 发生特点

粉虱在多数蔬菜上都能发生为害，尤其在茄果类、瓜类蔬菜上易发、重发。虫体微小，不易发现，特别是卵和若虫肉眼很难察觉；能传播多种病毒，抗药性强，防治困难。粉虱在全国主要菜区均有发生，其中北方设施蔬菜、南方设施蔬菜和露地茄果类蔬菜发生严重。粉虱寄主广、繁殖快，菜园杂草上也易滋生。长江流域粉虱在秋茬上发生相比春茬更重。

2. 典型症状

体长约 1 mm，通常在叶背刺吸植物汁液为害，排泄蜜露污染叶片和果实，严重时可造成煤污病，影响蔬菜商品性。成虫喜在幼嫩的叶背取食，有趋黄趋嫩性。传播番茄黄化曲叶病毒（TY 病毒），导致植株矮小，顶部幼嫩叶片黄化，严重时不能结果，导致绝收；传播番茄褪绿病毒，导致成熟叶片叶脉间褪绿黄化，叶片变脆（图 9-22）。

a.烟粉虱成虫及卵（放大）

b.诱发煤污病降低商品性

c.传播病毒导致减产或绝收

图 9-22　烟粉虱及为害状

3. 防控措施

宜采用高温闷棚、清洁田园、黄板监测预警、天敌与功能植物协同应用、科学用药相结合的绿色防控技术。

（1）农业措施　苗床要与生产棚分开，及时清除苗床杂草；在高温换茬时期结合土壤消毒进行高温闷棚，同时清除棚间和路边杂草；与水稻进行水旱轮作或者不同种类蔬菜之间轮作；适时定植，高温天气可适时延迟定植。

（2）物理防控　苗床和设施栽培使用 60 目防虫网，棚内悬挂黄色粘虫板监测预警。使用诱杀型烟草诱杀烟粉虱成虫。诱杀植物在苗床内间隔 4～5 m 放置一排，移栽时可靠近目标蔬菜，每行间隔 2～3 m 随蔬菜定植 1 株。

（3）生物防治　移栽前 1 周按 1 头/m^2 释放天敌昆虫烟盲蝽；或者定植后 2 周开始释放天敌丽蚜小蜂或海氏桨角蚜小蜂，每亩每次释放 2000 头，连续释放 4～5 次。

（4）化学防治　田间发现烟粉虱后及时用药防治，可用 40%螺虫乙酯悬浮剂 25～30 mL/亩、2.5%联苯菊酯水乳剂 30～40 g/亩、70%吡虫啉水分散粒剂 4～6 g/亩、100 亿孢子/mL 球孢白僵菌 ZJU435 可分散油悬浮剂 60～80 mL/亩、80 亿孢子/mL 金龟子绿僵菌 CQMa421 可分散油悬浮剂 60～90 mL/亩、50 亿孢子/mL 爪哇虫草菌 JS001 可分散油悬浮剂 20～25 mL/亩等，喷雾防治。不同类型的药剂要轮换使用，以减缓抗性的产生。

4. 应用区域

适用于全国蔬菜产区特别是茄果类蔬菜集中种植区。

5. 依托单位

浙江大学，刘银泉，0571-88982565。

（十一）大宗蔬菜菜田蓟马防灾减灾技术

1. 发生特点

菜田蓟马属缨翅目，体型微小、难发现、繁殖率高，锉吸蔬菜作物的叶、芽、茎、花器或果实汁液，或传播植物病毒病，造成蔬菜产品质量和品质下降，主要种类包括普通大蓟马、西花蓟马、花蓟马、瓜蓟马、葱蓟马等。

2. 典型症状

菜田蓟马寄主广泛，具有较强的趋嫩性和趋花性，隐匿性强。以豇豆上的普通大蓟马为例，其大部分时间隐藏于花或嫩梢中为害，在豇豆的整个生育期均发生为害，主要以锉吸式口器取食豇豆生长点、花器、荚果等幼嫩组织的汁液造成为害。各生育期主要为害症状见图9-23。

a.蓟马为害豇豆嫩梢及花芽，造成嫩梢和花芽干枯、坏死　b.蓟马为害豇豆花朵，造成花器腐烂、凋落　c.蓟马为害豇豆荚果，造成表皮粗糙，形成锈斑，出现“黑头、黑尾”现象

图 9-23　蓟马为害豇豆症状

3. 防控措施

贯彻“预防为主、综合防治”的植保方针，综合应用各种防治措施，优先采用农业防治、生物防治和物理防治方法，合理使用高效、安全化学农药并改进施药技术，将菜田蓟马类害虫控制在经济危害水平以下。

（1）农业防治　选择抗（耐）虫品种；土壤深耕深翻，杀灭隐藏在土壤中的蓟马。作物移栽时覆盖黑色地膜，阻止土壤中蓟马蛹羽化和植株上的蓟马入土化蛹。收获后及时清理田间残株，消除残虫。

（2）物理防治　在通风口、门窗增设50～60目防虫网，阻止蓟马进入棚室。在蔬菜生长期悬挂蓝色粘虫板诱杀成虫，每亩悬挂20～30片（20 cm × 25 cm），及时调整蓝板高度，保持其底端距离植株顶端叶片约10 cm。

（3）生物防治　当蓝色粘虫板或植株上监测到蓟马时，释放胡瓜新小绥螨、巴氏新小绥螨等捕食螨，或小花蝽等进行防治。释放比例为：蓟马与捕食螨6∶1，蓟马与东亚小花蝽25∶1，每隔1周释放1次，连续释放2～3次。同时，可以喷洒生物源杀虫剂防控害虫为害，例如，150亿孢子/g球孢白僵菌可湿性粉剂施用量160～200 g/亩，100亿孢子/g金龟子绿僵菌可湿性粉剂施用量25～35 g/亩等。

（4）化学防治　幼苗定植前1～2 d，采用内吸活性药剂对苗床进行灌根或喷淋处理；蔬菜生长期，蓟马种群密度达到经济阈值，进行喷雾防治；花期重点喷施花朵。可用的药剂有：25 g/L 多杀霉素，施用量 67～100 mL/亩；60 g/L 乙基多杀菌素，施用量 10～20 mL/亩；240 g/L 虫螨腈可湿性粉剂，施用量 20～30 mL/亩；60 g/L 乙基多杀菌素可湿性粉剂，施用量 40～50 mL/亩；10%溴氰虫酰胺可湿性粉剂，施用量 33.3～40 mL/亩；3%甲氨基阿维菌素·苯甲酸盐可湿性粉剂，施用量 6～8 mL/亩；25%噻虫嗪可湿性粉剂，施用量 15～20 g/亩；5%啶虫脒，施用量 30～40 mL/亩；50%杀虫环可湿性粉剂，施用量 35～40 g/亩；50%呋虫胺可湿性粉剂，施用量 10～20 g/亩等。

4. 应用区域

适用于全国菜田主产区。

5. 依托单位

中国农业科学院蔬菜花卉研究所，郭兆将，010-82109518。

（十二）大宗蔬菜菜田番茄潜叶蛾防灾减灾技术

1. 发生特点

番茄潜叶蛾又名南美番茄潜叶蛾、番茄潜麦蛾、番茄麦蛾，属鳞翅目麦蛾科，原产于南美洲。该虫于 2017 年发现其在新疆伊犁地区为害露地番茄，2018 年在云南临沧发现其为害设施番茄。目前已在新疆、云南、贵州、四川等 10 余个省份发现该虫为害，对我国的番茄及其他蔬菜产业具有重大威胁。远距离传播主要是通过种苗及果实贸易活动进行，包括运输工具、装货箱、包装或填充物都有携带风险。番茄潜叶蛾寄主范围广泛，可为害多种蔬菜，如番茄、茄子、甜椒、菜豆等，特别是在番茄上可造成重要损失。

2. 典型症状

以幼虫潜入叶片、顶梢、腋芽、嫩茎以及果实内取食为害，严重发生时可使产量损失 80%～100%，是最具毁灭性的入侵害虫之一。潜食叶肉，被食叶片形成半透明潜道和透明斑，严重时导致叶片皱缩、干枯，造成大幅减产；蛀食花蕾、果实，导致花蕾脱落或不开花、果实畸形或生长停滞，造成直接产量损失；蛀食顶芽，造成毁苗重播，延误农时。番茄潜叶蛾及为害状见图 9-24。

a.幼虫

b.成虫

c.潜叶蛾为害症状

图 9-24　番茄潜叶蛾及为害状

3. 防控措施

根据番茄潜叶蛾发生特点和传播方式，可采取分区域治理、联合防控等综合治理方法。

(1)高风险潜在发生区　对于毗邻潜叶蛾发生的高风险潜在发生区，采用性信息素诱捕监测。在茄果类生长季悬挂性信息素诱捕器，重点要关注番茄加工厂及蔬菜集散地周边，以及公路沿线的番茄苗厂与生产基地。每周观察1次诱捕器，每月更换1次诱芯，及时更换粘虫板。

(2)新发和突发区　加大性信息素诱捕器用量，对突发区进行应急处置。应用生物农药和化学药剂集中喷施，如使用25 g/L溴氰菊酯乳油1500～2500倍液、4.5%联苯菊酯水乳剂2000～3000倍液、18 g/L阿维菌素乳油2000～4000倍液、25 g/L高效氯氟氰菊酯乳油1000～2000倍液等，在短时间内集中消除新发或突发点，阻止其进一步扩散。

(3)常态发生区　对于番茄潜叶蛾已发生区域，采取综合防控措施。如利用信息素诱捕器建立田间监测预警体系，清洁苗床和大棚菜田等，安装防虫网、杀虫灯，优先使用生物农药保护天敌昆虫，合理使用化学药剂等。农药可使用25 g/L溴氰菊酯乳油1500～2500倍液、4.5%联苯菊酯水乳剂2000～3000倍液、18 g/L阿维菌素乳油2000～4000倍液、20%氰戊菊酯乳油10000～20000倍液等。

4. 应用区域

适用于全国蔬菜番茄潜叶蛾发生区或高风险区。

5. 依托单位

浙江大学，刘银泉，0571-88982565。

(十三)大宗蔬菜菜田鳞翅目害虫防灾减灾技术

1. 发生特点

菜田鳞翅目害虫主要包括小菜蛾、菜青虫、甘蓝夜蛾、银纹夜蛾、甜菜夜蛾、斜纹夜蛾等，这些害虫主要是在幼虫阶段取食叶片为害，造成蔬菜产品质量和品质大幅下降，严重为害时甚至绝收。

2. 典型症状

这些害虫主要为害十字花科和茄科等蔬菜，其低龄幼虫一般在叶背为害，取食叶肉，可使叶片仅残留一侧蜡质表皮，呈透明状；大龄幼虫取食会造成菜叶孔洞或缺刻、残缺不堪甚至全部吃光，或蚕食花蕾或钻入菜心造成缺损，粪便残留在叶片上、菜心或果实内造成污染。这些害虫极易暴发成灾。图9-25为甘蓝小菜蛾及为害状。

3. 防控措施

贯彻“预防为主、综合防治”的植保方针，综合应用各种防治措施，优先采用农业防治、生物防治和物理防治方法，合理使用高效、安全化学农药并改进施药技术，将菜田鳞翅目害虫控制在经济危害水平以下。

(1)农业防治　选择抗(耐)虫品种；蔬菜收获后，及时清理残枝落叶，进行翻耕，用以消灭虫源；合理安排蔬菜布局，避免连作，可以将十字花科蔬菜与瓜类、豆类、茄类蔬菜进行轮作，减轻虫口基数。

(2)物理防治　在露地蔬菜种植区搭设网架，使用29目防虫网可有效阻隔菜田鳞翅目害

a.小菜蛾幼虫

b.甘蓝小菜蛾为害状

图 9-25 甘蓝小菜蛾及为害状

虫成虫产卵，降低虫口基数；利用菜田鳞翅目害虫的趋光性，可以在成虫高发期使用黑光灯进行诱杀；也可以用黄板、性诱剂、食诱剂、糖醋酒诱液(糖、醋、酒和水的配比为 3∶4∶1∶2)等进行诱杀。

(4)生物防治　在幼虫高发期释放菜田鳞翅目害虫的寄生性天敌，如菜蛾绒茧蜂、菜蛾啮小蜂、菜蛾姬蜂等，可以有效降低幼虫为害；同时，在晴天的早晨或傍晚喷洒生物源或植物源杀虫剂。如 100 亿芽孢/g 苏云金杆菌可湿性粉剂施用量 100 g/亩、25%灭幼脲 3 号悬浮剂 500～1000 倍液、0.3%印楝素乳油 1000 倍液、小菜蛾颗粒体病毒 1000 倍液等，可以有效防治菜田鳞翅目害虫为害。

(5)化学防治　应选择幼虫低龄期施药，施药时需均匀、周到，发生高峰期(第 1 次施药后 7 d 左右)视虫情进行第 2 次施药，防治效果更明显；同时，要注意不同化学农药合理轮用，以免产生抗药性。可以用的化学药剂有：28%氟酰脲・茚虫威悬浮剂，施用量 50 g/亩；25%灭幼脲悬浮剂 1000 倍液；1.8%阿维菌素悬浮剂 2000～3000 倍液；2.5%多杀霉素悬浮剂 2000 倍液；10%虫螨腈微乳剂 2000 倍液等。

4. 应用区域

适用于全国菜田主产区。

5. 依托单位

中国农业科学院蔬菜花卉研究所，郭兆将，010-82109518。

(十四)大宗蔬菜菜田螨类害虫防灾减灾技术

1. 发生特点

螨类害虫(害螨)常为隶属于蛛形纲蜱螨目，且对农林作物造成为害的节肢动物的通称。蔬菜上的常见害螨主要是叶螨和茶黄螨，其中叶螨种类很多，主要包括截形叶螨、朱砂叶螨、二斑叶螨等，有时单独发生，有时混合发生。

2. 典型症状

叶螨主要为害中上部叶片，以若螨和成螨在叶背吸取汁液。受害叶片正面发黄，背面出现成片、小的白色失绿斑点，严重时在叶背面吐丝结网。

茶黄螨刺吸植物汁液，主要为害植株幼嫩部位，如叶片、新梢、花蕾和果实。作物受害后，叶片变厚变小变硬，叶反面呈茶锈色、油渍状，叶缘向背面卷曲；嫩茎呈锈色，梢颈端枯死；花蕾畸形，不能开花。图 9-26 为叶螨及为害状。

a.叶片背面的叶螨群体（西宁，2022）

b.叶螨为害状（西宁，2022）

图 9-26　叶螨及为害状

3. 防控措施

采用多种防治措施相结合的绿色综合防控技术。

(1)农艺防治　合理施肥、促进植物健壮生长，培植抵抗能力较强的植株；移栽期，进行秧苗处理，避免将害螨带入田间；生长期，结合除草等农艺措施，清除田间地头和棚室内外杂草，减少螨虫活动场所；采收期，及时清除残株、落叶等，集中灭杀处理，降低害螨发生基数。

(2)物理防治　适当进行高温高湿闷棚灭杀，在浇水后第 2～3 d，棚内土壤湿度大时，将棚室通风口关闭，提高棚内温度至 40 ℃以上，保持 2 h 左右，借助高温高湿杀死大量螨虫。

(3)生物防治　保护利用或释放天敌，在害螨发生初期，释放并保护田间的中华草蛉、食螨瓢虫和捕食性螨类等天敌生物，控制害螨。注意：捕食螨等天敌为活体生物，释放后要特别注意杀虫剂的喷施，以免杀灭天敌；另外，天敌消灭害螨的效率较低，一定要提早释放，最好在螨虫发生初期使用，且连续释放 2～3 次，只有建立足够的天敌种群，才能持续发挥作用。

(4)药剂防治　害螨发生为害时，及时精准喷施农药。辣椒地可选用 43%联苯肼酯悬浮剂，施用量 20～30 mL/亩；番茄地可选用 20%丁氟螨酯悬浮剂，施用量 30～37.5 mL/亩；茄子地可选用 0.1%藜芦胺可溶液剂，施用量 120～140 g/亩；或 30%联肼·哒螨灵悬浮剂，施用量 35～55 mL/亩；或 240 g/L 虫螨腈悬浮剂，施用量 20～30 mL/亩等进行喷雾。注意轮换使用杀螨剂，以减缓害螨产生抗药性的速度。

(5)注意事项　螨虫大多在蔬菜叶片背面、花萼等幼嫩部位为害，喷施药剂时应选择压力大、雾化效果好的喷雾器，并喷头朝上，重点喷施叶片背面。螨虫常在叶端群居成团，有时滚落地面，所以喷药时还要注意喷施地面。

4. 应用区域

适用于全国蔬菜主产区。

5. 依托单位

湖南农业大学植物保护学院，黄国华，0731-84618163。

（十五）大宗蔬菜菜田杂草防灾减灾技术

1. 发生特点

菜田杂草种类繁多，与蔬菜竞争空间、养分和光照等，不但干扰蔬菜正常生长，而且是蔬菜病虫害滋生繁殖和传播的场所。菜田杂草主要包括阔叶杂草，如藜、马齿苋、荠菜、车前草等，单子叶杂草，如稗草、马唐、狗尾草、碎米莎草等。露地条件下杂草一年四季为害，早春性杂草如藜、马齿苋、荠菜等 3 月发芽，稗草、马唐、狗尾草等晚春性杂草 4 月发芽，马齿苋、碎米莎草等 5—7 月发生，而刺儿菜、小旋花等在秋天发生。杂草在春夏雨季为害最盛。

2. 典型症状

菜田杂草通常混合发生，阔叶杂草和禾本科杂草及多年生杂草在蔬菜早期生长速度快，快速占领蔬菜行间，与蔬菜争夺养分、光照和水分等，导致蔬菜生长缓慢(图 9-27)。此外，菜田杂草是蔬菜病虫害滋生繁殖和传播的场所，多种重要害虫如烟粉虱、蚜虫及其传播的重大病毒病如番茄黄曲叶病毒病、辣椒脉黄病毒病、番茄褪绿病毒病等均在菜田杂草上，并传播到蔬菜上，导致蔬菜病虫害严重为害。

a.蔬菜行间杂草混合发生

b.蔬菜田埂和行间杂草混合发生

图 9-27　蔬菜田间杂草

3. 防控措施

采取以早期治理、综合防控为核心的技术措施。

(1)种子精选　通过对种子调进、调出检疫，检查种子中是否夹带杂草种子。选择包衣种子。

(2)化学除草技术　对于生育期短的蔬菜，采用“一次杀除”策略。蔬菜种类多、差异大，除草剂的选择和使用应考虑蔬菜种类和种植地上下茬作物、生态环境特点等。除草剂的选择和使用具体可查阅中国农药信息网（http://www.chinapesticide.org.cn/）。

(3)农业防控措施　及时清除田边、路旁的杂草，防止杂草侵入农田；农家肥充分腐熟发酵后使用，杀灭混入其中的杂草种子等繁殖体；合理轮作(包括水旱轮作、与其他经济作物轮作)；合理密植；利用无色生物降解地膜、黑白相间膜、黑色膜等覆盖；生育期长的蔬菜，可采取机械中耕,防除行间杂草。

(4)注意事项　选择除草剂时要考虑上下茬衔接,科学施药。注意适期施药,杜绝超剂量使用,保障安全,提升防效。

4. 应用区域

适用于全国蔬菜主产区。

5. 依托单位

湖南省植物保护研究所,刘勇,0731-84696568。

第十章

特色蔬菜体系防灾减灾技术

一、特色蔬菜非生物灾害防灾减灾技术
（一）特色蔬菜低温冷害防灾减灾技术
（二）特色蔬菜阴雨寡照灾害防灾减灾技术
（三）特色蔬菜高温热害防灾减灾技术
（四）特色蔬菜洪涝灾害防灾减灾技术
（五）特色蔬菜季节性干旱灾害防灾减灾技术
（六）特色蔬菜季节性台风灾害防灾减灾技术
（七）特色蔬菜霜冻灾害防灾减灾技术
二、特色蔬菜生物灾害防灾减灾技术
（一）特色蔬菜茎基腐病防灾减灾技术
（二）特色蔬菜腐败病防灾减灾技术
（三）特色蔬菜炭疽病防灾减灾技术
（四）特色蔬菜叶枯病防灾减灾技术
（五）特色蔬菜灰霉病防灾减灾技术
（六）特色蔬菜病毒病防灾减灾技术
（七）特色蔬菜软腐病防灾减灾技术
（八）特色蔬菜霜霉病防灾减灾技术
（九）特色蔬菜锈病防灾减灾技术
（十）特色蔬菜疫病防灾减灾技术
（十一）特色蔬菜蓟马防灾减灾技术
（十二）特色蔬菜韭蛆防灾减灾技术
（十三）特色蔬菜蚜虫防灾减灾技术
（十四）特色蔬菜白粉虱防灾减灾技术
（十五）特色蔬菜斜纹夜蛾防灾减灾技术

一 特色蔬菜非生物灾害防灾减灾技术

（一）特色蔬菜低温冷害防灾减灾技术

1. 发生特点

除沿海地区外，我国绝大部分地区属大陆性气候。春季受西伯利亚寒流影响，天气变化频繁，气温波动幅度较大，强降温天气时有发生。低温冷害对特色蔬菜生产的影响主要体现在早春棚室育苗及露地定植初期。春季强降温天气往往伴随着剧烈降温、大风和降雪天气发生。降雪降温天气对农业生产会造成不利影响，积雪和持续低温会妨碍春播进度；晚春时节剧烈的降温还会引发低温冻害和晚霜冻，伤害种子和幼苗；气温骤降也会使得棚内温度明显下降，不利于部分蔬菜的正常生长，影响农产品品质，导致产量降低。

2. 典型症状

我国春季易出现低温弱光天气，遇连续阴雨，弱光尤为严重。低温弱光可导致植株光合作用减弱，干物质积累受抑制；生长不良，茎秆细软，叶薄色浅，容易黄化；花芽分化不良，花器畸形，落花落果严重；果实生长缓慢，味淡，着色不均匀；病害发生概率加大；果实成熟期延长，产量和质量下降等。

3. 防控措施

1）辣椒低温冷害防控措施

（1）设施棚室的改善

①增加棚膜的透光率。可以通过清洗棚膜表面的灰尘和杂物等提升透光率；如果棚膜老化，则需要更换新棚膜。

②完善保温设施。首先要做好对棚室保温被的维护，保证保温被结构完好，能够完全覆盖温室，保证设施内部能积累足够的热量；做好设施的密封，结合部位可使用发泡胶、珍珠棉、泡沫板等密封隔热材料处理。

③降低棚室内湿度。a. 浇水。可采用滴灌直接对根部进行浇水；b. 排湿。可利用棚室的放风口，在棚室内温度合理的范围内，打开放风口将湿气排出。c. 隔湿。可采用地膜覆盖，抑制土壤中水分挥发到空气中。d. 吸湿。可采用稻壳，将干燥稻壳铺撒到棚内垄间过道，利用稻壳吸湿的特性达到降低棚室内湿度的目的。

（2）调控辣椒植株的生长

①在低温弱光条件下，应限制植株生长速率，防止徒长，影响后期产量。

②采用控制水肥供给结合喷洒生长抑制剂两种方法。控制水肥可根据土壤含水量，降低供水次数和供水量。喷洒生长抑制剂可选用 50％矮壮素水剂 8000～10000 倍液或 15％多效唑粉剂 500～800 倍液等，在低温弱光初期时喷洒植株。

2）洋葱低温冷害防控措施

（1）选用耐低温品种　选择通过审定的耐低温、耐抽薹、优质、高产的洋葱品种。

（2）科学管理棚室，改善育苗条件　育苗棚室最好选用无滴长寿多功能膜，透光较好，温度提升快。定期清扫棚膜，增加膜体透光性，提高棚温；遇寒流可在大棚内扣小拱棚，形成多层覆盖防寒保温。极端天气可采取临时增温措施，合理调控棚内温度。

(3)合理施肥，提高作物抗逆性　适量增施有机肥，培肥土壤，增加地温；喷施叶面肥，补充植株营养，尤其在连续阴雨天气后骤晴时，可选用 0.6%三元复合肥、0.2%磷酸二氢钾、糖氮溶液(即 0.5%蔗糖加 0.4%尿素液)等进行叶面喷施；喷施光合促进剂、生长调节剂，如天达 2116、硕丰 481 以及一些抗冻剂，增强作物抗逆性和抗病性。

(4)应急补救　对已经发生冷害或可能发生冷害的田地，施用赤霉素、芸苔素内酯等外源物质，提高植株耐寒能力；对受冻植株叶面合理喷施速效肥，改善作物的营养状况，增强植株耐寒抗冻能力。

3）大葱低温冷害防控措施

(1)大葱播种应选择能安全越冬的耐寒品种，可选择耐抽薹品种和国内普通大葱品种。

(2)根据品种合理安排播种时期和播种方式。耐抽薹品种可在设施内提前播种育苗，最早在 12 月末至翌年 1 月初温室播种，温室加盖棉被或草帘，防止冬季低温冻害。这一茬口可提至 4 月初定植，7—8 月收获。国内大葱品种可在 4 月初大棚内播种育苗或 4 月末露地育苗，6 月定植，10—11 月收获。

4）韭菜低温冷害防控措施

(1)保护地栽培秋冬生产应选用回根晚、不休眠(或休眠期短)、直立性强的品种，在清明前播种。

(2)露地栽培、保护地冬春生产应选用长势壮、不易倒伏、耐热、地下茎抗寒的品种。辽宁地区春播一般在土壤表层解冻后的 3 月末至 4 月初(清明节前后)进行，早春地温稳定在 2 ℃以上时即可播种。春播应适当控制浇水，防止早春地温过低影响春播种子发芽。

5）大蒜低温冷害防控措施

根据大蒜长势和地力条件，遭遇低温冷害时，应重视有机肥及微量元素肥的施用，科学配方施肥，适当降低春季速效氮肥的施用比例，适当提高磷、钾肥的施用比例。3 月中下旬，可喷施 0.5%尿素稀释液加上 0.3%磷酸二氢钾稀释液和氨基酸水溶肥(600 倍液)或芸苔素内酯(1200 倍液)等，每隔 7 d 喷 1 次，连喷 3 次。

（二）特色蔬菜阴雨寡照灾害防灾减灾技术

1. 发生特点

春季阴雨寡照灾害是严重的自然灾害之一。目前，辣椒、茭白等特色蔬菜种植主要采用大棚育苗、设施栽培的栽培方式。阴雨寡照灾害对生产的影响主要体现在早春棚室育苗及露地定植初期。

2. 典型症状

主要体现在蔬菜吸收水分和养分的能力降低，叶绿素难以形成，根系生长发育受阻，蔬菜的光合作用减弱，土壤中有益微生物的活动减弱。播种期低温弱光主要影响特色蔬菜出苗质量，导致出苗率低、出苗不齐、出苗期延长，严重影响秧苗质量；苗期如遇连续阴雨寡照会造成烂根、死苗，加重猝倒病、锈病的发生；育苗后期和定植初期长时间阴雨寡照会导致提前春化，造成早期抽薹现象，严重影响特色蔬菜的产量和品质。

在弱光条件下，部分蔬菜叶片变小、变薄、颜色变淡、根系生长变慢、植物地上生长受阻。光合作用速率降低，直接影响有机营养物质的合成，阻碍植物生长发育，花芽分化和花粉生活力均受到抑制，进而影响到果实的产量和品质。

3. 防控措施

1）辣椒阴雨寡照灾害防控措施

（1）选用耐弱光品种　选用耐弱光、高产优质的辣椒品种是辣椒设施栽培获得丰产的基础。

（2）使用长寿流滴膜　普通塑料薄膜平均透光率约 50%，阴天、雨雪天温室内的光照条件更差。与普通塑料薄膜相比，长寿流滴膜流滴透光率高、机械强度高、耐老化性强、使用寿命长。

（3）保持薄膜清洁　每天用笤帚或布条等清扫温室薄膜外侧的灰尘、草屑等杂物，以提高温室的进光量。

（4）适时揭盖棚膜　弱光时上午 10:00 左右进行揭膜，下午 4:00 棚内温度降至 15 ℃时及时遮膜，保证遮膜后 4 h 内室内温度不低于 18 ℃。

（5）添加补光设施　①悬挂反光膜；②在地面铺设银灰膜；③增加人工光源。

（6）加强田间管理　可对花序和幼果喷施植物生长调节剂，以达到保花保果的目的。

2）茭白阴雨寡照灾害防控措施

（1）露地栽培茭白

①及时排除多余积水，降低田间水位，保持土壤湿润，促进根系向下生长。天气晴朗时，每亩及时补施磷、钾含量较高的复合肥 10～15 kg，促进茭白苗健壮生长。

②夏茭中迟熟品种，建议盖地膜增温，促进前期生长。种苗萌芽前盖膜，先排干或降低田间水位，并用杀菌剂喷雾预防病害；覆盖后要在行与行之间空档处打孔排水。苗高达到 20～25 cm，或白天气温大幅回升至 20 ℃以上时，应在早晚气温相对较低的时间段揭膜，以免温度变化过大导致植株出现生理性障碍。如遇 3 ℃以下低温，傍晚需要灌水提温，以免晚上受冷害影响。

③在低温逆境前、后均可通过叶面喷施油菜素内酯等生理活性物质，提高茭白苗抗性和加速逆境后的恢复。

（2）大棚栽培茭白

①加强大棚通风透气。晴天、阴雨天均要求通风，降低大棚内湿度，调节大棚内空气质量。晴天通风时间要早，通风时间要长；阴雨天气，通风时间要短。

②及时间苗、定苗。茭白苗高 30 cm 左右，每个茭墩均匀留健壮茭白苗 25 株，中间去除干净，四周均匀分布，间苗后及时施肥，每亩施用复合肥 15 kg。苗高 50～60 cm 时，每个茭墩保留健壮种苗 20 株，比正常年份多留 2～5 株；当 70%以上植株孕茭时喷施 1 次高钾的叶面肥，促进植株健壮生长。严格控制氮肥用量。

③有条件的基地在棚内温度偏低时可及时增设 LED 补光灯来提高茭白抗性，但注意补光灯光强不宜过高，且光谱中远红光/红光比例要适当提高，或者增设高压钠灯、白炽灯来增加棚内温度。

3）莲藕阴雨寡照防控措施

（1）人工补光增温或增抗性　对于大棚栽培莲藕田，在大棚内温度偏低时可及时增设高压钠灯、白炽灯等人工补充光照方法来增加棚内温度和光照，促进莲藕生长；也可选择低光强的功能光谱补光，增加莲藕植株的抗性。

（2）及时通风换气　对大棚栽培莲藕，在低温阴雨过后突遇晴好天气时，要防止棚内温度短时间升高造成藕叶伤害，以及棚内湿度过大，诱发病害发生。应及时加强通风换气，一般在上午 9—10 时进行通风换气。

（3）保护好藕头　检查种藕定植质量，对于藕头（即种藕上的顶芽）裸露在土壤以外的，要及时用土掩埋。对于水层较浅的莲藕田，导致种藕顶端外露水面的要及时加深水层，一般以 15～20 cm 的水层为宜。

（三）特色蔬菜高温热害防灾减灾技术

1. 发生特点

高温是夏季常见的灾害，会使得植株生长变缓，品质变劣，超过一定温度，植株生长停滞，并逐渐进入高温“歇伏”状态。高温“歇伏”是特色蔬菜对高温条件的生物应激反应，主要表现为部分酶活性下降，光合效率下降，呼吸强度增加，有机物质积累减少，细胞内含物减少，风味、品质较差。

2. 典型症状

夏旱时常伴随着高温伤害，植株蒸腾作用加强，吸水比耗水少，使水分平衡失调，植株强烈失水引起机械损伤，光合作用下降，严重时造成整体结构破坏，生理功能丧失，生长发育恶化。表现为：前期白天萎蔫，夜间尚能恢复，但植株生长缓慢；继而植株逐渐枯黄，严重时甚至全株枯死，造成蔬菜减产甚至绝收。高温干旱还影响种子出苗，移栽的蔬菜缓苗期延长，甚至不活棵。例如，韭菜表现出叶身细长、叶片较薄、植株容易倒伏、粗纤维增多、质地粗硬、品质差等现象。

3. 防控措施

1）辣椒高温热害防控措施

（1）合理浇水　浇水是缓解高温天气最有效的措施之一，可适当增加浇水次数和每次的浇水量，以防叶片脱水。浇水应在傍晚或早晨进行，切记不能在中午气温高时浇水。

（2）及时追肥　结合浇水，及时追肥，可叶面喷洒 0.1%～0.2%磷酸二氢钾溶液，促进植株生长。

（3）适时覆盖降温　在高温季节，最好能搭遮阳棚遮光防晒。

2）生姜高温热害防控措施

（1）遮光降温　搭建遮阳棚进行遮光降温，选择透光率在 50%左右的遮阳网，以降低田间气温、地温和光照强度，满足生姜生长的要求，减少土壤水分蒸发。也可对拱棚膜进行扎眼，使顶部与基部进行大通风。

（2）浇水降温　受高温天气影响，土壤水分蒸发快，因此必须增加姜田浇水次数，保持土壤相对湿度在 75%～85%，满足生姜旺盛生长期对水分的需求，降低田间气温和地温。干旱水源不足，可小水勤浇，增加浇水次数，减少每次浇水量。

（3）覆盖保墒　用秸秆、杂草等覆盖行间、株间土壤，减少太阳直射，降低土壤温度，利于生姜根系生长，减少土壤水分蒸发。

(4)科学施肥　干旱季节,地表温度较高,土壤水分蒸发快,土壤水溶液浓度增高,按照正常施肥量施用不利于肥料的吸收,应薄肥勤施。注意选择在傍晚温度低时施肥,晚间气温逐渐降低,水分保持时间长,有利于生姜吸收。在高温天气来临之前,喷施氨基酸、甲壳素类叶面肥等生长调节剂,以提高生姜抗逆能力。

(5)虫害防治　高温干旱季节,易造成姜螟、甜菜夜蛾、蓟马等虫害暴发,应提早做好预防和防治工作,降低虫口基数,宜在傍晚时喷药防治。

(四)特色蔬菜洪涝灾害防灾减灾技术

1. 发生特点

部分特色蔬菜主要以露地生产为主,生长盛期与雨季同步,适度的降雨有助于蔬菜的生长,而降水过多且未及时排水,就会严重影响蔬菜的正常生长,对产量和商品性造成不可挽回的损失。洪涝灾害容易出现在地势平坦、地域辽阔、湿地和江河纵横、冲积平原较多、低洼地较多及基本农田排灌设施严重缺乏的地方。6 月下旬进入雨量充沛的时期,一直持续到 8 月上旬,特殊年份可至 8 月末。而这个时间段又是露地特色蔬菜生长的关键期,过度的降雨,对蔬菜的生长带来极其不利的影响,不同程度地阻碍了特色蔬菜产业的发展。

2. 典型症状

(1)过度积水,导致土壤中的空气迅速减少,造成根部缺氧,无法进行正常的有氧活动,阻碍养分的吸收,同时产生大量有害物质,严重影响蔬菜生长发育。

(2)部分蔬菜根系浅,经过积水长时间浸泡易倒伏,果实、枝叶沾到积水或土壤上易腐烂,对蔬菜品质及产量影响极大。

(3)积水中含有大量病菌,可侵染植株;空气湿度大,病菌繁殖能力强,感染范围逐渐扩大,经常出现蔬菜减产甚至绝产的现象。

(4)连续阴天导致蔬菜一直处于弱光条件下,影响光合作用及养分的积累,果实膨大速度减慢。

(5)降雨强度大时蔬菜会大量落花落果,不利于后期产量积累。

(6)土壤持水量大,延误采收,病果烂果数不断增加,同时增加用工成本,造成较大的经济损失。

3. 防控措施

1)辣椒洪涝灾害防控措施

(1)选用抗逆性强的辣椒品种,积极做好培育壮苗工作,增强辣椒抗逆能力。

(2)及时清淤排水,疏通河沟,做到"雨间排水畅,雨停畦沟不积水",尽量缩短辣椒受淹时间,防止沤根烂根。大棚四周要深开排水沟,防止棚内积水。

(3)要及时清除病残体,减少病源,可选用百菌清、甲基托布津、杀毒矾等真菌类杀菌剂和高效低毒杀虫剂、杀螨剂喷雾防治,3～4 d 1 次,连续 2～3 次。

(4)合理制订秋冬茬蔬菜生产计划,及时抢播一批小白菜、大白菜、甘蓝、芹菜等速生叶菜。

2)生姜洪涝灾害防控措施

(1)选择种植地　栽培生姜应选择地势高,排灌方便,土层深厚、疏松、肥沃的沙壤土种植。

(2)改良土壤耕翻措施和深度　入冬前深松土壤 40 cm,春季深翻 30 cm,种植前开沟深度不超过 25 cm，拱棚棚膜采用深埋弯曲压膜法。做好排水，防止田间积水，中耕保墒。

(3)及时排涝　一般来说，如果大雨后 12～48 h 内不排涝，25%～30%单位面积的生姜会出现沤根、烂根、叶片黄化的现象；如果大雨后 48～72 h 内不排涝，60%～80%单位面积的生姜会出现叶片黄化、枯萎、死棵、烂姜现象。可用抽水设备排水，集中将水排到低处。轻划锄后再用 68%精甲霜灵·锰锌水分散粒剂 400 倍液喷淋 1 次，帮助幼苗恢复生长。

(4)重新浇水　我们经常说“天旱锄田，雨涝浇园”，雨后浇水可以增加土壤中的氧气含量，重新浇水带来的氧气可以刺激生姜有氧呼吸，让生姜根系恢复吸收功能。所以，雨后浇水不是为了补充水分，而是为了补充氧气。浇水时，只需要小水轻浇一遍，不宜过大。为预防病害发生和蔓延，可以随水冲施一些杀菌剂，如甲霜噁霉灵、噻菌铜等。

(5)浅耕松土　雨后，土壤因长时间积水而板结，生姜根系呼吸不畅，对水分和养分的吸收能力下降，使植株生长不良。因此，雨后可以进行浅耕松土，以增加土壤的通透性，促进根系的呼吸，利于根系的伸展，提高根系对水分和养分的吸收能力，同时能加速有机物的分解，促进物质循环，改良土壤，利于植株的生长。

(6)保护叶片　降雨之后，温度升高，叶片的蒸腾作用非常强烈，根系吸收的水分供应不足，时间较长会造成叶片卷曲、萎蔫。田间病菌含量高，会导致生姜叶片染病。所以在降雨之后，要及时喷洒叶面杀菌剂，补充叶面肥，使生姜叶片恢复正常生长。

3）大蒜洪涝灾害防控措施

(1)暴雨后要及时绑扶倒伏的植株，清理黏附在茎叶上的泥沙，并适时培土壅根，增强抗倒力。

(2)及时进行中耕松土，以增加土壤通透性，散墒促进根系生长。

(3)在高温降雨后浇一次温度较低的井水，可降低地温并补充根系含氧量，但田间不能积水，晴天中午也可通过行间浇水来降低地表温度。

(4)针对不同田块灵活掌握肥料的追施量，受涝严重、肥料流失较多的田块每亩要适当补充追施尿素 5～10 kg、过磷酸钙 10～15 kg，或用 0.3%～0.5%磷酸二氢钾和 0.3%尿素混合溶液等叶面喷施。

4）茭白洪涝灾害防控措施

(1)及时疏通田间排水渠道，将田间水位降低到正常值　根据积水情况和地势，采用清理、疏导排水沟等方法，尽快把田间积水排出去，减少田间高位积水时间。处于拔节期的茭白，保持 8～10 cm 水层；处于秧苗、分蘖期的茭白，保持 3～5 cm 薄水层，促进茭白植株分蘖。

(2)及时扶正植株，冲洗污泥　对植株倒伏不严重的茭白田，在茭白植株基部培土，扶正茭白植株。对种植不久的茭白苗，由于根系不深，对出现的浮株、倒苗，要迅速扶正、扶实；受淹田块，在水退后立即用清水冲洗茎叶污泥。

(3)放干田水、割除叶片　对植株连片倒伏，根茎部已变软，无法扶正的未孕茭的茭白田，放干田水，在植株离地 20 cm 左右位置割去上部叶片，使植株重新抽发。这样做，虽然孕茭期会推迟，但仍有一定产量。如果茭白丛中有部分植株叶片折断的，应从折断处剪除叶片，使心叶不致因断叶阻挡而影响抽发。

(4)及时摘除枯叶、黄叶　洪涝过后抓住晴好天气，及时清理枯叶、黄叶及被台风折断的叶片，以利通风透光，促进茭白生长。

(5)补施追肥，促进生长　对处于秧苗、分蘖期的茭白植株，施一次速效肥(如施尿素 8～

10 kg /亩)，视茭白长势每亩补施进口三元复合肥 10～15 kg。对处于拔节至孕茭期的茭白植株，受台风影响叶片被刮破，每亩增施进口三元复合肥 20～30 kg，同时叶面喷施 0.3%尿素液和 0.2%磷酸二氢钾液等叶面肥，促进茭白植株恢复生长能力。

(6)及时预防病害　洪涝过后，植株受淹受损，遇高温高湿环境，极易造成茭白锈病、胡麻叶斑病、纹枯病等病害的发生，要趁晴天，及时进行一次病害防治，但处于孕茭采收期的茭白田不能使用杀菌剂。

(五)特色蔬菜季节性干旱灾害防灾减灾技术

1. 发生特点

近几年春季高温少雨、无雨，干热风肆虐，干旱严重，连年的春夏干旱给缺水丘陵地区特色蔬菜生产造成很大影响，再加上冬季无雨雪天气，土壤缺底墒，深翻的土地不能及时耙碎、起垄、铺膜和定植，移栽过晚，因生育期不足导致晚熟，影响果实的商品性及菜农收入。

2. 典型症状

特色蔬菜生长缓慢，蕾花果大量脱落，植株早衰，并诱发日灼病等。

(1)植株脱水　若遇无雨或少雨，会造成土壤干旱和大气干旱(干热风)。当蔬菜根系从土壤中吸收的水分不能满足植株蒸发的需要时，就会造成蔬菜植株叶片卷曲、脱落，品质变劣、产量下降，甚至枯萎、干死。

(2)抗病性丧失　当气温或地温高于蔬菜植株正常生长的温度范围时，就会使某些抗病品种的抗病性丧失，变为感病品种，加重病害的发生。

(3)易发生生理性病害　高温常与强光照相伴，当过强阳光较长时间照射茄果类、瓜类等蔬菜的果实时，果实的向阳面会发生日灼，形成日灼病。高温干旱会使茄果类、豆类等蔬菜的开花结果过程受到不利的影响，造成落花落果；干旱缺水又易使大白菜得干烧心病，辣椒和番茄得脐腐病等。

3. 防控措施

1)辣椒季节性干旱灾害防控措施

(1)采用滴灌技术。

(2)采用地膜覆盖技术。

(3)采用集雨补灌技术。

(4)采用农艺管理措施，如抗旱保苗、遮光降温、加强田间水分管理等。注意预防辣椒病毒病、烟粉虱、斜纹夜蛾、烟青虫、蓟马等的发生。

2)大葱季节性干旱灾害防控措施

(1)在品种选择上，要选择抗逆性强的大葱品种。

(2)在大葱栽培过程中适当增加垄距，深沟栽培。大葱生产上垄距一般为 65 cm，可将垄距增加到 75 cm。

(3)大葱生产应积极推广滴灌水肥一体化技术，根据栽培地区土壤类型进行科学灌溉。

(4)适时培土　大葱生长旺盛，结合追肥浇水适时培土，提高土壤蓄水保墒能力。培土次数和培土高度要根据葱白生长情况确定，每次培土深度不能埋没葱心。

(5)有机肥和化肥配合施用，科学追肥　入秋之后大葱进入生长旺盛期，需肥量较大，适当增加有机肥及复合肥的施用量，并随水追肥，可促进养分运输。另外，也可根据大葱生长情况及时追施硫肥，例如硫酸镁钾等，可提高大葱品质及抗逆性。

(6)结合大葱生长发育特点，在大葱生长中后期，尤其是立秋之后适当增施叶面肥，例如腐殖酸、生物菌肥等，一方面可通过喷施叶面肥缓解干旱造成的大葱干尖；另一方面可通过配合滴灌浇水加强大葱自身养分供应，提高大葱抗旱能力。

(7)提高大葱病虫害防控能力，主要防治葱蓟马，大葱灰霉病、紫斑病、锈病等，努力降低大葱种植风险。

3）生姜季节性干旱灾害防控措施

(1)利用先进的耕作措施和栽培技术　进入秋季是生姜大培土的关键时期，培土的最佳深度为 8～10 cm。一般结合浇水施肥进行 2～3 次培土，每次培土 3 cm 左右。

(2)培土用肥　根据生姜长势，每亩施含高钾的肥料(缓释肥或控释肥，加上中微量元素更佳)40～50 kg，撒施在两沟姜之间的土背上，充分混合后培土。培土使用的培土机械对大姜根系(肉质根、毛细根)“伤害”过重，假若培土追肥后立即灌溉，因根系有伤口，利于土传病原菌侵染，导致根部病害加重。

(3)防病　培土前必须进行对茎基腐病和根结线虫预防的防护工作。烂脖子(茎基腐病)用 70%噁霉灵可湿性粉剂 500 倍液加 20%噻菌铜悬浮剂 500 倍液淋根，根结线虫用 5%阿维菌素 500 mL 和 20%噻唑膦 500 mL 浇灌。

遇土壤干旱，可以晚去遮阳网，以减少叶片和土壤中水分的蒸发量。

4）韭菜季节性干旱灾害防控措施

(1)促进养分积累，秋季每隔 7～10 d 浇水 1 次，结合浇水追施尿素或腐熟的人粪尿 2～3 次。冬季易造成旱害，应在土壤封冻时浇一遍封冻水，保证韭菜根株安全越冬。

(2)采取节水灌溉措施(滴灌、渗灌、雨水收集)；采用地膜覆盖技术，保持土壤水分；在土地中使用保湿剂，保持水分，抑制其蒸发；施肥的过程中同时使用黄腐酸等抗旱剂，减少水分蒸发，保持土壤湿润。加强韭菜田水分管理，及时浇水，避免韭菜田干旱，进而加重韭菜高温危害。

(3)有条件的情况下，可以覆盖 50%～75%的遮阳网进行降温，减少阳光直射，降低韭菜纤维素含量，提高韭菜品质。

5）大葱季节性干旱灾害防控措施

(1)加强灌溉　大葱进入生长盛期，需水量大大增加，有灌溉条件的应每 4～5 d 浇 1 次水，而且水量要大。

(2)收获前适时控水　霜降以后气温下降，大葱进入葱白充实期需水量减少，但仍需保持土壤湿润。在收获前 15 d 停止浇水，便于收获贮运。

6）茎瘤芥、抱子芥季节性干旱灾害防控措施

(1)选择适当早播而不出现“先期抽薹”的品种。

(2)严格掌握品种的适播期　一般在海拔 600 m 以下地区，茎瘤芥适播期为 9 月 10—15 日，海拔 600～800 m 地区可适当提早 2～3 d；抱子芥适播期为 8 月 30 至 9 月 5 日。

(3)采用遮阳网覆盖进行育苗　可视天气或在晴天傍晚至第二天早上，进行不间断“遮阳网”拆除，以防止菜苗徒长，形成“高脚苗”。

(4)及时进行“抗旱保苗”　菜苗出土至移栽前，若遇长时间的连晴高温，一般于每天傍晚，用较清且完全腐熟人畜粪水，均匀地“浇泼”。

(5)及时进行补播或改种其他作物。若在9月30日前，因高温干旱造成茎瘤芥、抱子芥大面积未出苗或成苗稀少，应抓紧时间进行补播；若在10月中旬过后，大面积未出苗或菜苗损失较大，则应及时改种“冬洋芋”等其他小春作物。

7)水生蔬菜季节性干旱灾害防控措施

(1)莲藕的应对措施

①提升灌溉能力。兴修水利设施，干旱缺水时进行抽水灌溉。充分发挥各类河道、池塘、水库的作用，利用各类自然水利条件增加蓄水量，提高区域抗旱能力；对发生干旱的莲田，及时放水灌溉。

②加强水利设施建设。对可能存在漏水的莲田进行排查，加固田埂、堵塞漏洞，保证田块不漏水、不渗水。有条件的区域适时进行人工降雨，一旦严重干旱无满足浇水的水源则及时改种旱作。

③提高水位护莲。在极度高温天气条件下，提高莲田水层至15～20 cm，缓冲高温对地下茎的影响，降低莲田的温度。

(2)茭白的应对措施

①选择耐旱耐高温品种进行栽培，兴修水利设施，干旱缺水时进行抽水灌溉。

②提高茭田水层，降低田间温度，还可采用遮阳网覆盖茭白，降低茭白田间温度。

③选好种植场所。种植基地上游，若有丰富的冷水资源，可以有效抵御高温天气，即可以灌溉冷水促进孕茭。

④选用早熟品种，如浙茭7号、浙茭10号、浙茭911等，提早采收。

⑤冬季萌发前，覆盖地膜，促进早发，可以提早7～10 d采收。

(六)特色蔬菜季节性台风灾害防灾减灾技术

1.发生特点

季节性台风是我国沿海地区夏季常见的气象灾害，主要集中在7—9月。近年来夏秋高温季节我国易出现突发性强台风，对特色蔬菜的生长发育造成严重危害。台风的危害主要体现在大风和暴雨，瞬间极大风速可高达12级以上，具有很强的破坏性，尤其对蔬菜的危害最大。

2.典型症状

在台风暴雨后，蔬菜茎叶被地面的泥沙黏附，叶片上的气孔即被堵住，严重影响蔬菜的呼吸、蒸腾和光合作用。受热暴雨袭击的蔬菜植株被吹歪，茎叶折断，土壤板结，土壤中空气明显减少，使根部被迫进行无氧呼吸，导致细胞中毒死亡。大风可以造成连片日光温室、塑料拱棚的棚膜破损，导致由于温度急剧下降，棚内生产的韭菜、辣椒及蔬菜苗等发生严重冻害。

3.防控措施

1)生姜季节性台风灾害防控措施

(1)清理排水沟　台风常伴有强降雨，可能造成姜田大量积水，台风来袭之前要做好姜田沟渠清理，做到排水顺畅，以保证台风来袭时，能尽快将水排出。

(2)排涝降渍　台风来袭时受淹姜田，要争分夺秒清理、疏通姜田沟系，采用深挖扩容、清淤除淤措施，加快排水降渍，降低姜田水位，尽量减少生姜受淹时间。

(3)清理田园　台风暴雨过后,应及时清理姜田,清理随雨水漂流到姜田的杂物,清除黏附茎叶的泥沙淤流。

(4)小水轻浇　台风暴雨过后,应及时小水轻浇一遍,增加土壤中氧气含量,让生姜根系恢复吸收功能。为预防病害发生和蔓延,可以随水冲施一些杀菌剂,如甲霜噁霉灵等。

(5)保护叶片　台风暴雨过后,应及时喷施预防叶枯病的杀菌剂,补充含微量元素的氨基酸叶面肥,增加叶片叶绿素含量,使生姜叶片恢复正常生长。

2)水生蔬菜季节性台风灾害防控措施

(1)密切关注强台风、短时强降雨、冰雹等灾害天气的发生动向,掌握灾害性天气对莲藕、芡实等水生蔬菜生长的危害规律,第一时间对接受灾产区管理部门、生产基地、生产企业及种植大户,了解受灾情况,及时分析讨论,提出应对措施及防灾减灾应急技术方案,并切实落实,指导到位,最大限度降低灾害损失。

(2)对莲藕植株因灾出现叶片被强风刮断刮破、连片倒伏,甚至植株被淹没的田块,应尽快排水至5～10 cm浅水层;待天气转晴后及时于傍晚每亩追施尿素8～10 kg、氮磷钾三元复合肥5～8 kg,并喷施50%多菌灵可湿性粉剂600倍液1次;如莲藕植株被淹没12 h以上,大量叶片出现腐烂时,应及时排除积水,全田首先喷施上述药剂1次;待田间有少量新叶生长时,及时参照上述施肥方法,隔10～15 d施1次,连施2～3次。

(七)特色蔬菜霜冻灾害防灾减灾技术

1. 发生特点

秋季冷害霜冻是比较严重的危害,在北方每年都会出现不同程度的霜冻灾害。秋季霜冻将会导致蔬菜叶片被冻坏,降低产量与品质。

2. 典型症状

北方特别是秦岭淮河以北地区,冬季气温非常低,有霜期和结冰期非常长,冬季防寒防冻尤其重要。霜冻灾害表现为以下几个部分。

(1)顶芽受冻　蔬菜生长点遭受危害,顶芽冻死,生长停止,不发新芽。

(2)叶片受冻　幼苗受害,表现为子叶边缘失绿,出现镶边现象,至发黄或发白,严重时干枯。定植后受害,植株的部分叶片边缘受冻,呈暗绿色,有时叶片打卷萎蔫,渐渐干枯,植株生长速度减慢。叶柄和茎秆部位在冻害初期常出现紫红色,严重时变黑枯死。

(3)根系受冻　蔬菜根系受到冻害时,生长停止,不能增生新根,部分老根逐渐变黄甚至死亡,造成沤根,阻碍养分和水分的正常吸收,使植株营养缺乏。当温度骤然上升时,植株出现萎蔫现象或生长速度减慢。

(4)花果受冻　开花期植株遭受冻害,光合产物减少,影响授粉效果或不能受精,一些果类蔬菜的果实通常会出现着色不均匀、畸形果和腐果。茄果类蔬菜还会出现僵果或停止生长。有的因授粉不完全等致使营养缺乏,出现落花落果。

3. 防控措施

1)洋葱、大蒜、韭菜霜冻灾害防控措施

(1)浇灌水法　浇灌水可以增加土壤热容量,平抑地温,在浇水后的10 d内有很好的防御低温霜冻的作用。但对温度下降到0 ℃以下的霜冻天气,霜冻当天不要浇水,以免加重冻害。

(2)覆盖法　对于经济价值高的蔬菜苗,可采用塑料薄膜、无纺布、草木灰覆盖等方法防御低温冻害,既可起到保温保湿作用,又可以减少地面辐射损失。覆盖在冻害发生前3～4 h进行较好。

(3)熏烟法　当低温来临时,可以在菜田周围点燃麦草熏烟,可有效预防霜冻害的发生,但熏烟应在静风条件下进行。当有风时,熏烟效果不佳。

(4)喷施化学药物法　喷施化学药物如有机液肥、磷酸二氢钾、尿素溶液及生物制剂等可以降低蔬菜苗期发生冻害的强度,提高蔬菜苗成活率。需要注意:喷施这类生物制剂需要1～2 d及以上的有阳光的天气,作用才能发挥完全。

(5)推广应用地膜覆盖栽培技术　蔬菜作物实施地膜覆盖栽培技术后可以保证适时早播,充分利用春季霜冻之前的农业气候资源补偿作物所需的热量,使出苗期提早7～10 d,苗期和生长前期提高土温1～4 ℃,补偿积温200～300 ℃,变春季霜冻前的无效积温为有效积温,使作物生育期和成熟期提前5～15 d,从而有效地躲避和防御霜冻低温灾害。

2)茎瘤芥、抱子芥霜冻灾害防控措施

(1)严格选择茎瘤芥、抱子芥的种植生态环境。一般应选择在海拔900 m以下且常年特别是每年1、2月的最低温不低于0 ℃以下的地区。

(2)及时清沟培土。特别是清理菜田内"三沟"和田外的沟道,确保排水畅通,提高青菜头根系的活力;同时在低温过后,及时撬沟泥于茎瘤芥的根部,也可在根部进行压草保温护苗。

(3)增施磷钾肥。在低温来临前,适当增施磷钾肥;也可在低温过后,及时在叶面撒施适量完全燃烧的干草木灰,增强菜株抗冻能力。

(4)叶面喷施"防冻制剂"。可选用天达2116等进行喷雾,提高菜株生命活力、免疫力和抗逆力。

(5)及时采收青菜头。当单个青菜头质量达200 g或单株抱子芥经济产量在500 g以上时,就可择株进行收获,尽量减少损失。

二　特色蔬菜生物灾害防灾减灾技术

(一)特色蔬菜茎基腐病防灾减灾技术

1. 发生特点

茎基腐病也叫茎腐病,主要为害根茎,大多在近地面的茎基部和地下根茎上半部先发病。例如,生姜茎基腐病在高温高湿情况下发生,发病温度为20～25 ℃,通风和透光不良的地块也易发病;重茬连作地块田间菌源量累积,发病较重。

2. 典型症状

病部初呈水浸状病斑,黄褐色,失去光泽,软化腐烂。茎被害部位呈暗紫色,后变黄褐色,内部组织变褐腐烂。在腐烂过程中,由于根茎失去吸收水分的机能,茎上端叶片出现变黄症状,叶片呈现枯萎状,叶色由黄变为枯褐色,后茎叶枯死,并导致全株枯死。该病尤其易在植株过密、通风透光和排水不良的地段发生。

3. 防控措施

(1)选用无病虫、无霉烂的种子,防止病虫传播,保证苗全苗壮。

(2)土壤消毒处理　在病害发生初期喷施70%甲基托布津500倍液;用0.2%高锰酸钾液喷洒叶片和根茎部,每周1次,共喷3～4次。

(3)合理轮作　深翻土地,清除病残株,不施用未腐熟的有机肥。

(4)科学用肥,改良土壤　大多数特色蔬菜喜欢透气性好的土壤,每亩施腐熟的土杂肥3000 kg,硼肥1 kg,锌肥1.5 kg。

(5)选用化学药剂处理种子　可选用30%噁霉灵悬浮种衣剂1∶(2000～2500)(药种比);或10%吡醚·精甲霜灵种子处理悬浮剂150～200 mL/100 kg种子,或25 g/L咯菌腈悬浮种衣剂400～600 mL/100 kg种子等。

(二)特色蔬菜腐败病防灾减灾技术

1.发生特点

腐败病是由尖孢镰刀菌引起的,是一种土传病害,常发生时间为5月下旬至7月中旬。发病的最适温度为20～30 ℃,7—8月为盛发期。连作、土壤酸性大、通气性差的田块发病重。

2.典型症状

该病又称藕瘟,主要为害地下茎,使之变褐腐烂。由于地下茎先受害,初期症状不明显,当病情加重时,植株输导机能受阻,导致地上部的叶片出现病态。初期叶色变淡,后变褐干枯,发病严重时,全田一片枯黄,似火烧状。一般发病田减产20%,严重的减产60%～80%。

3.防控措施

1)农业防治

(1)清除田园杂草　定植前结合整地清除莲藕田间杂草和田埂杂草。种植前藕田杂草用草甘膦进行茎叶喷施处理,施药前排干田水,施药后7～10 d进水。

(2)清除青泥苔　莲藕定植后至封行前,选择晴天上午每亩使用石膏2.5 kg兑水200 kg喷施,或使用800～1000 g硫酸铜混合500 mL洗洁精拌细土撒施,防治水绵和浮萍。在套养水生经济动物的藕田中可用草木灰直接撒在青苔上。

(3)藕田消毒　在莲藕种植前10～15 d,每亩施生石灰75～100 kg,均匀翻入土层中。

(4)种藕消毒　选用种藕纯度达95%以上,单个种藕藕支应至少具有1个顶芽、2个节间及3节,无病虫或机械伤,藕芽完好。在种植前1～2 d,用50%多菌灵可湿性粉剂800倍液喷雾,覆盖塑料薄膜闷种24 h,晾干后种植。或者于种植前,种藕用50%多菌灵可湿性粉剂800～1000倍液浸泡消毒,浸泡时间10～15 min。

(5)人工挖除病株　在莲藕腐败病、病毒病等发病初期,及时挖除病株,排浅田水,在病穴周围撒施生石灰粉0.5 kg/m^2。

2)农药防治

选用农药防治,要交替选用高效、低毒、低残留的农药,优先使用生物性农药。藕田栽前进行深翻并亩施石灰100 kg;采用70%甲基托布津1000倍液或75%百菌清800倍液喷雾闷种,盖农膜密闭24 h,晾干后种植。发病时可用75%百菌清0.5 kg加干泥土30 kg拌匀撒入浅水田里。因为莲藕腐败病的病源在茎的泥土部分,所以防治此病必须喷施茎下部,以留3～5 cm深的水,3～5 d连续防治2次,即可防治。如果是重病田需要进行2～3年轮作。

（三）特色蔬菜炭疽病防灾减灾技术

1. 发生情况及为害

该病在特色蔬菜结果期间遭遇温度高、降雨多，或大雨骤晴，日晒强烈，果实将大量发病。田间调查发现，凡是受日灼伤害或受各种损伤的果实炭疽病发生都较重。近几年，该病扩散蔓延严重。

2. 典型症状

该病主要为害果实和叶片，也可侵染茎部。叶片染病，初呈水浸状褪色绿斑，后逐渐变为褐色。病斑近圆形，中间灰白色，上有轮生黑色小点粒，病斑扩大后呈不规则形，有同心轮纹，叶片易脱落。果实染病，初呈水渍状黄褐色病斑，扩大后呈长圆形或不规则形，病斑凹陷，上有同心轮纹，边缘红褐色，中间灰褐色，轮生黑色点粒，潮湿时，病斑上产生红色黏状物，干燥时呈膜状，易破裂。

3. 防控措施

（1）与不同科的作物进行 2～3 年及以上的轮作，可减少该病的发生。

（2）收获时彻底清除病残体，集中销毁或带出田外。

（3）合理密植，避免高温高湿，改善田间的通风透光，避免株间郁闭，形成高湿环境。

（4）加强田间肥水管理，注意排水，及时清除病叶、病果及残体；控制氮肥用量，增施磷、钾肥。

（5）发病初期用相应的药剂处理，可选用 250 g/L 嘧菌酯悬浮剂、500 g/L 氟啶胺悬浮剂、80％波尔多液可湿性粉剂、70％甲基托布津（即甲基硫菌灵）可湿性粉剂加 75％百菌清可湿性粉剂 1000 倍液，或 10％苯醚甲环唑水分散粒剂 30～60 g/亩、40％多硫悬浮剂 500 倍液、80％代森锰锌可湿性粉剂 130～210 g/亩，进行冲施，连续冲施 3～4 次，每次间隔 7～10 d，以培育健壮植株，提高植株的抗病性。

（四）特色蔬菜叶枯病防灾减灾技术

1. 发生特点

叶枯病为真菌引起的病害，在全国分散发生，流行面不广，除少数地区外一般发病较轻，各地于 7—8 月发病严重，高温、高湿容易发病，连作地、植株长势过密、通风不良、氮肥过量、植株徒长发病重。

2. 典型症状

叶枯病初期叶片呈暗绿色，逐渐变厚有光泽，叶脉间出现黄斑并逐渐扩大，使全叶变黄而枯凋，病斑表面呈黑色小粒点状，严重时全叶变褐枯萎。

3. 防控措施

（1）注意肥料的合理配比，在施用氮肥的过程中也要施磷、钾肥，特别是钾肥。

（2）避免连作，可行的情况下实行 2～3 年及以上的轮作。

（3）应选地势较高、排灌方便的地块。

（4）药物防治可用 70％甲基硫菌灵可湿性粉剂，或 75％百菌清可湿性粉剂 1000 倍液，或

10%苯醚甲环唑水分散粒剂 30～60 g/亩，于发病初期全株叶面喷雾防治，隔 7～10 d 喷 1 次药，连喷 3 次。

（五）特色蔬菜灰霉病防灾减灾技术

1. 发生特点

灰霉病是由灰葡萄孢引起的，主要为害特色蔬菜幼苗。病害由叶尖向下发展，引起上半部甚至整叶干枯。温度 15～21 ℃，相对湿度 80%以上时，最适于发病。重茬、施肥不足或施氮肥过多，种植密度过大，发病重；低温高湿，通风不良，光照不足，发病严重。

2. 典型症状

发病初期在叶正面或背面散生白色至浅灰褐色小斑点，后扩大呈椭圆形至梭形。发病初期叶呈枯白色，后变灰褐色，病部生出砖褐色霉层，潮湿时病斑上有灰褐色茸毛状霉层，后期病斑相互连接，致使大半个叶片甚至全叶腐烂死亡；干尖型病叶的叶尖，初呈水渍状，后变为淡绿色至灰褐色，后期也有灰色霉层；湿腐型叶片呈水渍状，严重时有恶腥味，变褐腐烂。

3. 防控措施

（1）选用抗病品种，增施有机肥培育壮苗　加强农业防治和作物轮作，合理间作、套种，提厢培土栽培，种子消毒处理，苗床土进行消毒和采用适时播种，培育壮苗，及早炼苗和适期苗龄移栽等。

（2）合理浇水　严禁大水浇灌，雨后及时排涝，结合田间管理，清理病株残体，带出田外深埋或烧毁。

（3）合理追肥　在果实膨大期应进行追肥，也可叶面喷施磷酸二氢钾，提高抗病能力。苗期利用根外追肥 0.2%磷酸二氢钾有防止病害发生的作用。

（4）育苗大棚加强通风管理，降低棚内湿度，发病初期适当节制浇水　生长期发病后及时摘除病果、病枝等。发病初期及时施药，可选用 50%咪鲜胺锰盐可湿性粉剂、500 g/L 异菌脲悬浮剂、400 g/L 嘧霉胺悬浮剂、50%嘧菌环胺水分散粒剂等轮换用药，延缓抗药性。发病初期用药防控效果较好。当盛果期灰霉病严重时，茎杈部烂秆、纵裂，用 50%嘧菌环胺水分散粒剂用水调成糊状涂抹病患处；也可用药土和成泥巴糊在病患处，也有一定效果。

（5）每次收割后 10 d 左右，可用速克灵或扑海因、灰霉敌加多菌灵或甲基托布津喷洒。可选用 10%腐霉利烟熏剂，每亩 250～300 g，或 5%百菌清烟熏剂，每亩 1 kg，每 7 d 熏蒸 1 次。

（六）特色蔬菜病毒病防灾减灾技术

1. 发生特点

定植晚、连作地、低洼地及缺肥地易引起该病流行。露地栽培于 5 月中旬至下旬开始发生，6—7 月盛发，8 月高温干旱后，病情加重。从苗期至成株期均可被侵染为害。温度 33 ℃以上，湿度 60%以下，强光照和多雾的条件下发病较重。

2. 典型症状

病毒病主要由蚜虫带毒侵染传播，主要表现为花叶皱缩和坏死斑 2 种。其中，花叶皱缩主要是心叶出现明脉，后沿叶脉褪绿，形成花斑，叶片皱缩，心叶扭曲、畸形，病株矮缩，生长停滞等;坏死斑主要是在叶背主脉上出现褐色稍凹陷的坏死条斑,叶脉间产生大量针头大黑点,开始1～2叶发病,逐渐发展到全株,严重者全株枯死。受害植株一般表现为花叶、坏死、黄化和畸形4种症状。

3. 防控措施

(1)选好苗床地　应尽量选择在蚜虫口较少且远离毒源的地方,同时不宜与同科蔬菜地邻近。

(2)选用耐病良种并采用防虫网育苗　选择良种进行育苗,在播种后至苗期结束,可全程选用“防虫网”或“银灰色薄膜”进行覆盖。

(3)种子和菌床消毒　种子用清水浸泡3～4 h,放入10%磷酸三钠中浸20～30 min,再用清水冲洗,或用0.1%高锰酸钾浸泡30 min,再用水冲洗。苗床消毒,用TY病毒2号50 L兑水15 kg进行喷雾1～2次,每次间隔5 d。

(4)加强管理并培育壮苗　特别是遇高温干旱时,苗床应进行勤浇水保墒,保持土壤湿润;同时增施有机肥和磷、钾肥,培育壮苗,增强植株抗性,减轻病害发生。

(5)及时用药防治　当田中有病毒病出现时就应及时防治,药液可用20%病毒A 600倍液每隔7 d喷1次,连续施药3～5次;也可以使用1%香菇多糖水剂200～300倍液,或2%氨基寡糖素水剂200倍液,或8%宁南霉素水剂300～500倍液防治。

(七)特色蔬菜软腐病防灾减灾技术

1. 发生特点

夏季遇连续降雨甚至暴雨和洪涝易造成积水,土壤湿度过大,土壤透气不良,使土壤微生物和根系都处于缺氧状态,易产生有毒物质,引起大葱软腐病和沤根的发生。

2. 典型症状

主要为害特色蔬菜的鳞茎、叶鞘及叶片基部。初期呈水渍状,开始软腐,并伴有发臭黏液。地上部初期表现为外侧茎叶生长不良,逐渐变黄萎蔫,自外向内侧卷曲腐烂,严重的叶片和鳞茎全部腐烂,造成缺苗断垄,甚至绝收。

3. 防控措施

(1)轮作换茬　选地势高燥、排水良好的地块起高垄种植,并增施磷钾肥,生长前期进行遮阳。提前做好田间排水,谨防田间长期积水。在种植前挖沟时,用600倍80%敌磺钠水溶液,在种植后培土覆盖时,再用1000倍80%代森锌水溶液喷洒所覆盖的土壤,以杀死吸附在土壤中的病菌。

(2)选用抗(耐)软腐病良种,以降低田间发病率和病情指数。

(3)叶面喷药、叶面追肥　在特色蔬菜生长发育过程中,老发病区每15～20 d叶面喷药1次。可用1000倍80%代森锰锌、1000倍天然芸苔素内酯等,均匀喷湿生姜所有的叶,喷到开始有水珠往下滴为止。叶面喷药、追肥既能杀虫防病,又能补充营养,增强植株的抗病能力。

(4)加强田间肥水管理,适当控制中后期氮肥用量　应根据当地气候特别是土壤肥力状况,正确使用氮肥,适当增施磷、钾肥;同时对已发现的田间病株,应拔出深埋,避免交叉传染。

(5)保持田间排水畅通,降低土壤湿度　在软腐病常发区、重病区或重病田,一定要保持田间的排水畅通,特别是在大雨来临或连续阴雨时段,更应及时清沟。

(6)及时用药防治　在发病初期可喷洒100～50 mg/L硫酸链霉素或农用链霉素，7～10 d 1次，接连2～3次；也可选用70%敌克松可湿性粉剂800倍液、春雷霉素加喹啉铜、72%农用链霉素可溶性粉剂1500倍液喷雾防治。还可用27%碱式硫酸铜悬浮剂500倍液，或20%噻菌铜悬浮剂500倍液；或50%代森铵水剂1000倍液，或77%氢氧化铜可湿性粉剂500倍液，或50%敌磺钠可湿性粉剂200倍液喷雾防治；或用这些药物随水灌根，5～7 d用药1次，连续施2～3次。

（八）特色蔬菜霜霉病防灾减灾技术

1. 发生特点

该病常发于育苗阶段雨水较多的地方，低温高湿适于病害发生流行，春夏多雨病害发生普遍。2—3月该病常发生，成为育苗阶段一大毁灭性病害，大田阶段为害主要集中在雨水比较多的6—7月。

2. 典型症状

该病为真菌性病害，主要为害叶片和花梗，初生白色或乳黄色较大侵染斑，纺锤形或椭圆形，其上产生白色霉层，后期变为淡黄色或暗紫色，干燥后病斑枯黄；症状也包括幼茎缢缩变细，子叶腐烂，幼苗倒折死亡。成株发病，多茎部产生不规则形水浸状病斑，后变褐色至灰白色，病斑扩展到绕茎一周时，其上端枝叶萎蔫枯死。潮湿时病部表面长有霉状物。病果病部灰白色、软腐，后期病部长有灰色霉状物，严重时整个菜株叶片枯死。

3. 防控措施

(1)选用抗病良种　种植较抗病的品种，有条件的应避免多年重茬。

(2)合理密植并及时清沟排水　控制种植密度和田间湿度；在平坝浅丘地区，在大雨来临或在连续阴雨时段，更应及时清沟，保持田间排水通畅。收获时清理病残体，带出田外深埋。

(3)及时用药剂防治　在发病初期，每隔7～10 d用药防治1次，选用58%甲霜灵·锰锌可湿性粉剂500倍液、25%甲霜灵可湿性粉剂800倍液、57%烯酰·丙森锌水分散粒剂2000～3000倍液，或25%甲霜·霜霉威可湿性粉剂1500～2000倍液，喷雾防治。

（九）特色蔬菜锈病防灾减灾技术

1. 发生特点

锈病是由真菌引起的病害，周年以夏孢子转移侵染，借助气流传播。温暖而多湿的天气有利于侵染发病，尤其在毛毛雨或露多雾大天气时较易流行。品种抗病性差，偏施过多氮肥、种植过密和钾肥不足时发病重。地势低洼、排水不良易发病，常在茭白等作物中发生。

2. 典型症状

主要为害叶片和假茎。病部初为椭圆形褪绿斑点，后在表皮下产生圆形或椭圆形稍凸起的夏孢子堆，表皮破裂后散出橙黄色粉状物，病斑四周具黄色晕圈，一般基部叶比顶部叶发病重，严重时病斑连片至全叶枯黄，植株提前枯死。

3. 防控措施

(1)农业防控措施

①多施用充分腐熟的堆肥、营养丰富的饼肥以及腐殖酸和氨基酸肥料，可与草炭混合使用，从而改善土壤的环境来抑制致病菌的发生；坚持合理轮作、间作、套作，与小麦等非同属作物轮作可改善土壤通气性，增加有益微生物数量，减少病害的发病率；避免与同科蔬菜同茬口种植。

②收获后清除田间残株落叶。锈病发生初期及时清理病叶；尽量避免在病害较重连作地块留种，选择质量好、无病菌感染的优良品种或异地种植。

(2)加强肥水田间管理

对于连作时间长、病害发病重的地块春季应尽量推迟至清明节气左右浇春季第一次水。春季浇水尽量避免大水漫灌，适当降低每次浇水量，增加浇水次数，避免田间湿度过大引起病害蔓延。有条件的地块建议采用水肥一体化措施。同时春季追肥连作地块应重视磷酸二氢钾、芸苔素内酯等叶面肥和生长调节剂的使用，维持叶片的光合能力。生育后期尽量降低氮肥施用量，增加钾肥用量。

(3)化学防治

发病初期及时喷洒20%甲硫代森锰锌可湿性粉剂80～160 g/亩，或10%苯醚甲环唑水分散粒剂67～100 g/亩，或0.5%氨基寡糖素水剂187～250 g/亩等。注意在采收前20 d停止用药。

(十)特色蔬菜疫病防灾减灾技术

1. 发生特点

疫病主要发生在多雨的夏季，发病期因各地栽培方式、生育期和环境条件不同而不同，始病时间从北向南逐渐提早。以贵阳市为例，该病始发期在6月中旬，至7、8月严重发生，黔南低海拔低热河谷区始发期在4月中旬，5—6月扩散蔓延。

2. 典型症状

整个生育期均可发病，茎、叶和果实各部位都可染病，成株期现蕾挂果前后最易受害。幼苗期发病，幼苗茎部呈水渍状软腐，致使上部猝倒，病斑呈暗绿色，后形成梭形大斑。湿度大时，病部可长出白色稀疏霉层，幼苗整株枯萎而死。成株期根系发病，病斑呈褐色长形，长3～5 cm，可围茎一周，病斑交界明显，稍凹陷或稍缢缩，后引起整株枯萎死亡。茎多在近地面及分叉处发病，初呈暗绿色水渍状病斑，湿度大时，病部见白色霉层，然后发展到缢缩并渐变为黑褐色，引起病部以上茎叶枯萎死亡。叶片发病，病斑圆形或近圆形，直径2～3 cm，中央暗褐色，边缘黄绿色，水渍状。扩展后，叶片软腐。干燥时，病斑变为淡褐色。果实发病，多从果蒂部或果尖开始，呈暗绿色水渍状病斑，软腐。湿度大时，病果表面密生白色霉状物。病果可脱落，失水干燥成暗绿色僵果挂在枝上。

3. 防控措施

(1)农业防治

①冬季进行深翻，最好进行2年以上的水旱轮作，以减轻病害发生。

②适当控制氮肥，增施磷、钾肥，必须选用经过高温发酵的腐熟农家肥；保持田间平整，无低洼地。

③进行深沟高垄栽培，注意排水，避免淋雨栽或栽后下雨。定植以后注意中耕松土，促进

根系发育。

④在发病初期将病叶、病果甚至病株及时摘除和清理，防止病原物在田间扩展蔓延；在生长的中后期及时进行植株调整，如支架、绑蔓、摘心、打老叶等，以改善植株间的通风透光条件，预防病害蔓延。

(2)化学防治

发病初期，可用58%甲霜灵·锰锌600倍液、30%甲霜·噁霉灵水剂600～800倍液、72.2%霜霉威800倍液、50%烯酰吗啉1500倍液、69%安克锰锌800倍液等，进行淋根、灌根或根茎喷洒，每株灌蔸药液200～250 mL，连续用药2～3次，间隔期7～10 d。

（十一）特色蔬菜蓟马防灾减灾技术

1. 发生特点

蓟马成虫、若虫以锉吸式口器为害叶片，能使被害植株生长点萎缩，植株生长缓慢。此外，还能传播病毒病，抑制特色蔬菜的正常生长，加重病害的发生。蓟马一般发生在25 ℃和相对湿度低于60%的条件下，高温高湿则不发生。

2. 典型症状

在苗期为害，形成许多不规则长形黄白斑纹，常造成叶片皱缩、粗糙，受害点(面)斑枯，严重时叶片扭曲枯黄；花期为害能引起花蕾脱落；坐果期为害能造成幼果老化、僵硬，果柄黄化。

3. 防控措施

(1)农业防治

①合理浇水。严禁大水浇灌，雨后及时排涝，结合田间管理，清理病株残体，带出田外深埋或烧毁。

②合理追肥。在特色蔬菜生长期进行追肥，也可叶面喷施磷酸二氢钾，提高抗病能力。苗期根外追肥0.2%磷酸二氢钾有防止病害发生的作用。

③中耕松土。浇水后及时中耕松土，可减少蒸发，保持土壤水分，减少浇水次数，提高地温。

(2)物理防治

蓟马有趋向蓝色的习性，利用这一特性，可在田间多竖黄蓝色板，涂上机油，可粘杀害虫。

(3)药剂防治

蓟马发生的地块，发生初期用10%歼灭乳油3000倍液、50%敌敌畏乳油、50%辛硫磷乳油、50%巴丹可湿性粉剂各1000倍液喷施。兑药时适量加入中性洗衣粉或1%洗涤灵或其他渗透剂，以增强药液的渗透性。也可选用19%溴氰虫酰胺悬乳剂在移栽前2 d苗床喷淋，保护幼苗。

(4)防治要点

根据蓟马昼伏夜出的特性，建议在下午用药。蓟马隐蔽性强，药剂需要选择内吸性的或者添加有机硅助剂，而且尽量选择持效期长的药剂。需提前预防，不要发生严重时再用药。防治时药剂最好喷雾植株中下部和地面，因为这些地方是蓟马若虫的栖息地。对于叶蓟马(头蓟马)，多在叶上或者生长点上活动，观察其活动规律，看什么时间段多就什么时间段打药。花蓟马多在花里活动，在上午9:00前施药防治效果好。

（十二）特色蔬菜韭蛆防灾减灾技术

1. 发生特点

韭蛆为迟眼蕈蚊的幼虫，是韭菜的主要害虫。韭蛆生活在土壤表层于韭根附近，喜群居于潮湿的土壤中，主要取食地下鳞茎和根茎。根蛆经常聚集在一起，在一丛韭菜根株中，多者可达 500～600 条。以老熟幼虫或蛹的形态在根茎内及根际 3～4 cm 深的土壤中越冬。成虫均白天早晚活动，中午及阴天活动减弱，可短距离迁飞。初孵的幼虫，常钻破韭菜叶鞘部的表皮，蛀食内部组织，并由基部逐渐向下蛀食。韭菜生长点一经损害，植株就会萎蔫死亡，甚至腐烂。播种当年的幼苗，根系小，植株周围透气性强，为害程度较轻。2 年生以上的植株，生长势旺盛，叶片数多，分蘖增多，近地面处通风不良，为害较重。

2. 典型症状

韭蛆幼虫群集在地下部的叶鞘和鳞茎上蛀食为害。植株受害后一般先从外叶表现出症状，初期外叶一侧出现条状枯黄，随后是整叶、整株枯黄，直至连片死亡。它可在 1 年中多次为害。

3. 防控措施

（1）科学施肥　要施用充分腐熟的有机肥料，不要泼浇未腐熟的人粪尿。做到开沟深施覆土。

（2）灌水防治　在早春或秋季幼虫发生时，连续灌水 2～3 次，每天早、晚各灌 1 次，灌水以淹没垄背为准，使根蛆窒息死亡，能减轻为害。

（3）剔韭法防治　用竹签剔开韭根周围土壤晾晒，造成干燥环境，可降低幼虫孵化率和成虫羽化率，减轻为害。剔韭土时间以早春地面表土未完全解冻为宜，宁早勿晚。

（4）浇灌氨水　氨水是一种液体氮素化学肥料。浇灌韭菜，除了有肥效外，还有很好的防治根蛆作用。在韭菜头茬收割后 2～3 d，用 3%的氨水均匀灌根，可有效减轻韭蛆为害。

（5）糖醋液诱杀成虫　用糖∶醋∶酒∶水按 3∶3∶1∶10 的比例加入 1/10 的 90%晶体敌百虫配成混合液，分装在瓷制容器内，每亩均匀放置 10 个，可有效诱杀成虫。5～7 d 更换 1 次，隔日加 1 次醋液。

（6）黄板或黑板诱杀　每亩用量 40 块，色板悬挂高于韭菜生长点 30 cm 以上。

（7）日晒高温覆膜法　此法应用于 4—5 月和 9—10 月，将韭菜割后露出地表后铺上一层浅蓝色的无滴膜，四周压实，地表温度可达到 70 ℃，地下 5～7 cm 温度可以达到 45 ℃，40 ℃以上持续 3 h，揭去地膜，待土壤温度降低后及时浇水缓苗。

（8）臭氧浇灌法　随水浇入即可。

（9）药剂防治　在成虫羽化盛期喷洒。或在幼虫为害盛期，当韭菜叶尖开始变黄、变软，逐渐向地面倒伏时，灌药防治。可选用 20%呋虫胺水分散粒剂 225～300 g/亩，或 5%氟铃脲乳油 300～400 mL/亩，或 0.3%苦参碱水剂 1666～3333 mL/亩等。施药后 10 d 为割韭安全期。保护地韭菜栽培，应在扣膜前把植株根扒开，晾晒 7 d，可冻杀部分越冬幼虫，随后灌 1 次药，效果更佳。

（十三）特色蔬菜蚜虫防灾减灾技术

1. 发生特点

蚜虫是生产中的主要害虫，虽然体积较小，但繁殖速度快，可对特色蔬菜生产造成极大的危害。蔬菜在高温、强光、干旱及有蚜虫为害的情况下容易发病。果实膨大期缺水干旱，土壤中缺钙、钾等元素，易发病。同时，蚜虫为害也可引起早衰，叶片提早脱落，影响产量和品质。

2. 典型症状

蚜虫在特色蔬菜叶背或嫩梢嫩叶上为害，主要是刺吸汁液，叶片卷缩变形，节间变短、弯曲，幼叶向下畸形卷缩，使植株矮小，造成减产。蚜虫也是传染病毒的主要媒介。

3. 防控措施

（1）农业防治

①精选抗病品种。选择综合抗病性强的特色蔬菜品种，统一进行集约化育苗，播种前进行种子处理，提高植株抗病性。

②田间清理。及时摘除病、老叶，以利通风透光，减少田间菌源。收获后及时清除病残体，带出田外深埋或烧毁；深翻土壤，加速病残体的腐烂分解；用银灰色薄膜覆盖。

③合理施肥灌溉。施足底肥，氮、磷、钾配施，提高肥料的利用率，增强蔬菜的抗病性。实行膜下暗灌，降低田间湿度，减少病害的发生。

④合理轮作，高垄全覆膜栽培。避免与同科类蔬菜连作；实行高垄栽培、全覆膜栽培，以切断土壤菌源传入地上的途径。

⑤黄蓝板诱杀。蚜虫具有强烈的趋黄性，利用这一特性，可在田间多竖黄蓝色板，涂上机油，粘杀害虫。悬挂高度为板下沿距蔬菜顶部 10～20 cm，随着蔬菜生长及时调整色板高度，一般每 20～30 d 更换 1 次粘虫板，以提高粘虫效果。遇大雨或粘虫板粘满时应及时更换粘虫板。粘虫板放置时间为 4 月上旬到 5 月底。

（2）化学防治

药剂防治，蚜虫发生初期可选用 10%溴氰虫酰胺悬乳剂，也可选用 14%氯虫·高氯氟悬浮剂、1.5%苦参碱可溶液剂、14%氯虫·高氯氟微囊悬浮剂、80 亿孢子/g 金龟子绿僵菌 CQ-Ma421 油悬浮剂 500 倍液、50%氟啶虫胺腈水分散粒剂、70%吡虫啉水分散粒剂等药剂，交替使用。

（十四）特色蔬菜白粉虱防灾减灾技术

1. 发生特点

白粉虱是一种世界性害虫，我国各地均有发生，是露地、温室、大棚蔬菜作物的重要害虫。在北方温室 1 年发生 10 余代，冬天室外不能越冬，华中以南以卵在露地越冬。此外，由于其繁殖力强，繁殖速度快，种群数量庞大，群聚为害，并分泌大量蜜液，严重污染叶片和果实，往往引起煤污病的大发生，使蔬菜失去商品价值。

2. 典型症状

白粉虱成虫和若虫吸食植物汁液，被害叶片褪绿、变黄、萎蔫，甚至全株死亡；分泌大量蜜露，污染叶片和果实，导致煤污病的发生，造成减产并降低蔬菜商品价值。白粉虱亦可传播病毒病。

3. 防控措施

(1)物理防治

①在温室内引入蚜小蜂。

②洗衣粉对害虫具有强烈的触杀作用，洗衣粉溶液可以溶解白粉虱体表的蜡质层，并渗入虫体内，堵塞害虫体表气孔，使其窒息死亡，其用量为600～800倍液。

③黄板诱杀　根据温室白粉虱成虫具有强烈趋黄性的特性，可用一黄色的纸板，涂上机油、凡士林油或其他黏着物，虫飞起时即被粘住，这种方法防治成虫效果好。

(2)化学防治

可选用10%溴氰虫酰胺悬乳剂、25%噻虫嗪、22.4%螺虫乙酯悬浮剂、22%噻虫・高氯氟(12.6%噻虫嗪、9.4%高效氯氟氰菊酯)、22%联苯・噻虫嗪悬乳剂(9.4%联苯菊酯)等药剂喷施，交替使用。

(十五)特色蔬菜斜纹夜蛾防灾减灾技术

1. 发生特点

斜纹夜蛾是莲藕田的首要害虫，以幼虫为害莲藕植株，主要为害莲叶、莲花、子房、嫩莲籽等地上部分。成虫多在莲藕叶片背面叶脉分叉处产卵，孵化后1～2龄幼虫群集在产卵的莲叶背面取食叶肉，为害后仅留下莲叶上表皮和叶脉，呈纱窗状，致使莲叶不能进行光合作用，逐渐枯黄死亡。3龄后，幼虫开始分散取食，被为害的叶片呈缺刻状。4～5龄是幼虫暴食阶段，莲叶、莲花、子房、嫩莲籽等都能被取食，严重时整株只剩下枝干和主脉。莲藕田斜纹夜蛾的发生为害，严重制约我国莲藕生产的产量和品质。

2. 典型症状

以幼虫为害顶端嫩叶、嫩茎、花蕾、芽和果实，造成叶片缺刻或孔洞，有时可把叶片吃光，只留叶脉，严重影响莲藕的产量和质量。果实被蛀引起腐烂而大量落果是造成减产的主要原因。

3. 防控措施

(1)农业防治

①种植诱虫植物。在田埂上种植芋头等诱虫植物，诱集斜纹夜蛾。

②色板诱杀。4月下旬至5月上旬，有翅蚜迁飞时用黄色粘虫板、蓝色粘虫板诱杀莲缢管蚜等害虫。在藕田边，每亩放置粘虫板25～30块，放置高度离地面50～80 cm。

③杀虫灯诱杀。5月上中旬开始，用杀虫灯(黑光灯)诱杀斜纹夜蛾等趋光性害虫，每30亩安置一盏杀虫灯，灯离地面150 cm以上，并保持电网清洁。

④性诱剂诱杀。在斜纹夜蛾成虫发生期，用斜纹夜蛾性诱剂诱杀斜纹夜蛾，每亩放置2～3个斜纹夜蛾性诱剂，放置间距为30～50 m，放置高度以高于植株20～30 cm为宜，诱芯更换以产品有效期为准。

⑤糖醋液诱杀。在斜纹夜蛾成虫发生期，按红糖250 g、醋250 g、清水500 g、敌百虫晶体3 g配制的糖醋液诱杀斜纹夜蛾成虫，将混合液盛于盆中，于傍晚放置于距地面60 cm高处，每亩放置2～3个。

(2)药剂防治

①种子消毒。种子用清水浸泡3～4 h,放入10%磷酸三钠中浸泡20～30 min,再用清水冲洗,或用0.1%高锰酸钾浸泡30 min,再用清水冲洗。

②苗床消毒。TY病毒2号50 L兑水15 kg进行喷雾1～2次,每次间隔5 d。

③育苗期间。TY病毒2号50 mL和沃丰素25 mL兑水15 kg,灌根或喷雾,间隔5 d;在育苗棚拱架上覆盖一层40～45目的白色纱网,再用塑料膜覆盖增温,可起到很好的防病毒侵染效果。白色纱网可阻隔蚜虫及其他传播媒介。

④发病期。发生前或发病初期,可选用0.5%香菇多糖水剂、5%氨基瓜糖素水剂、8%宁南霉素水剂、1.8%辛菌胺醋酸盐水剂、50%氯溴异氰尿酸可溶粉剂、20%吗胍·乙酸铜可湿性粉剂喷施;也可在发病前使用0.06%甾烯醇微乳剂预防花叶病毒病。

第十一章

西甜瓜体系防灾减灾技术

一、西甜瓜非生物灾害防灾减灾技术
（一）西甜瓜洪涝灾害防灾减灾技术
（二）东北西甜瓜洪涝灾害防灾减灾技术
（三）东北西甜瓜旱害防灾减灾技术
（四）北方西甜瓜台风灾害防灾减灾技术
（五）西甜瓜涝灾防灾减灾技术
（六）吉林设施西甜瓜台风灾害防灾减灾技术
（七）东北西甜瓜寒害防灾减灾技术
（八）东北西甜瓜阴雨寡照灾害防灾减灾技术
（九）设施西甜瓜低温寡照灾害防灾减灾技术
（十）设施西甜瓜高温寡照灾害防灾减灾技术
（十一）广西西甜瓜台风灾害防灾减灾技术
（十二）设施西甜瓜高温灾害防灾减灾技术
（十三）西甜瓜冰雹灾害防灾减灾技术
（十四）新疆露地甜瓜旱害防灾减灾技术
（十五）西甜瓜生长调节剂规范使用防灾减灾技术
（十六）甘肃西甜瓜旱害防灾减灾技术
（十七）西瓜越夏栽培高温热害防灾减灾技术
（十八）西甜瓜寒害防灾减灾技术
（十九）西甜瓜台风灾害防灾减灾技术
（二十）黑龙江西甜瓜洪涝、冰雹灾害防灾减灾技术
（二十一）南方西甜瓜洪涝灾害防灾减灾技术
（二十二）内蒙古西甜瓜夏季冰雹和洪涝灾害防灾减灾技术
二、西甜瓜生物灾害防灾减灾技术
（一）西甜瓜枯萎病和根腐病防灾减灾技术
（二）西甜瓜蔓枯病防灾减灾技术
（三）西甜瓜炭疽病防灾减灾技术
（四）西甜瓜白粉病防灾减灾技术
（五）西甜瓜果斑病防灾减灾技术
（六）西甜瓜黄瓜绿斑驳花叶病毒病防灾减灾技术
（七）西甜瓜银斑驳病毒病防灾减灾技术
（八）西甜瓜新德里番茄曲叶病毒病防灾减灾技术
（九）设施西甜瓜蓟马防灾减灾技术
（十）设施西甜瓜瓜蚜防灾减灾技术
（十一）设施西甜瓜温室白粉虱防灾减灾技术
（十二）设施西甜瓜红蜘蛛防灾减灾技术
（十三）西甜瓜瓜列当防灾减灾技术
（十四）西甜瓜牛筋草防灾减灾技术

一 西甜瓜非生物灾害防灾减灾技术

（一）西甜瓜洪涝灾害防灾减灾技术

1. 发生特点

西甜瓜洪涝灾害一般在暴雨后发生，除了台风后容易发生洪涝灾害外，区域性强降雨也很容易导致洪涝灾害。

2. 典型特征

西甜瓜洪涝灾害发生的典型特征是暴雨淹没或冲毁瓜田，大暴雨或特大暴雨是产生洪涝灾害的直接原因，如果田间排涝能力不足就易导致洪涝灾害。西甜瓜不耐涝渍胁迫，洪涝灾害对西甜瓜生产造成的损失非常大，严重时会导致绝收（图 11-1）。

图 11-1 受涝渍影响的大棚西瓜（左）和甜瓜（右）

3. 防控措施

加强雨前监测预警、雨中田间排涝和雨后生产急救等措施，可在一定程度上减轻洪涝灾害。

（1）加强西甜瓜园区排涝基础设施建设 西甜瓜园区建设时应充分考虑排涝的需要，田间要建完善的排水沟渠，并要加强园区外部排涝沟渠建设，在容易发生洪涝灾害的地方要配备排涝设施，做到雨后西甜瓜园区田间不积水。

（2）做好洪涝灾害的监测预警工作 在暴雨和台风来临前要密切关注天气预报，给园区管理人员提前发布暴雨警示，检查园区排涝设施，及时清理沟渠中的杂物，必要时进一步加深加宽排涝沟渠。

（3）暴雨前及时采收西甜瓜果实 如果西甜瓜在暴雨前已经接近成熟标准，可在暴雨来临前及时组织人员抢收，以减少损失。

（4）雨中及时加强田间排涝工作 雨后及时检查田间积水情况，确保排涝沟渠畅通，必要时启用田间排涝设施，及时排除田间积水。

（5）雨后要加强田间管理 暴雨后要及时清理西甜瓜植株，摘除残枝病叶，清洗叶面淤泥。在土壤晾干后及时中耕松土，叶面及时喷施低浓度的磷酸二氢钾或尿素等叶面肥补充营养，促进西甜瓜尽快恢复长势。雨后还要及时加强田间病虫害防控工作。如果因洪涝灾害导致瓜田受损严重，无法挽回损失，要在雨后及时改种、补种其他作物。

4. 应用区域

适用于全国西甜瓜主产区。

5. 依托单位

华中农业大学，别之龙，027-87286908。

（二）东北西甜瓜洪涝灾害防灾减灾技术

1. 发生特点

我国夏季常遇持续性暴雨至大暴雨，造成严重的洪涝灾害，使西甜瓜等农作物不同程度受灾。

2. 典型症状

涝灾导致地下水位上升或田间排水不良，土壤中缺氧，使西瓜、甜瓜根系生理活动受到抑制，影响水肥吸收。西瓜和甜瓜根系好氧性强，要求土壤疏松，通气良好。如果田间积水，短期会影响生长发育，甚至植株发黄、霉烂，并诱发多种病害，时间稍长则全株死亡（图 11-2）。

图 11-2　西瓜涝灾症状

3. 防控措施

（1）及时排水　在强降雨来临前要及时排水，加强田边水沟清淤，疏通沟渠；对已有积水的地块雨后要抓紧清“三沟”。瓜田做到墒沟、围沟、腰沟三沟配套，以防涝灾的发生。

(2)及时加固设施　认真检查田间各类生产设施,及时加固大棚和日光温室。

(3)及时扶苗洗苗　对倒伏的瓜苗要人工扶起,清洗叶面淤泥,促进恢复生长。

(4)及时施肥　应及时适量增施磷、钾、钙肥,补足地力,促进苗情转化。

(5)及时抢收　易造成内涝的地块,要及时抢收可上市的瓜果。

(6)及时防治病害　湿度大易造成瓜类细菌性果斑病和炭疽病等病害高发。应提前喷施四霉素、乙蒜素、百菌清、代森锰锌等预防性药剂,每 7～10 d 喷药 1 次。

4. 应用区域

适用于东北西甜瓜主产区。

5. 依托单位

辽宁省农业科学院,何明,024-31023127。

(三)东北西甜瓜旱害防灾减灾技术

1. 发生特点

干旱是降水时空分布不均、长时间无雨而形成的气候现象。田间土壤干旱与空气干旱常同时发生。

2. 典型症状

西甜瓜干旱缺水时会出现叶子变黄、果实变小、瓜柄枯萎等症状,长期干旱会导致西甜瓜植株逐渐枯黄,严重时甚至全株枯死,造成瓜类减产甚至绝收。

3. 防控措施

(1)及时灌水　及时以喷灌、滴灌等节水方式进行灌溉,缓解旱情。合理安排灌水时间,避开高温时间灌溉,尽可能地安排在早晨或傍晚时浇水。灌水时可结合追肥,补充养分。

(2)及时中耕、除草　对未进行覆膜栽培的露地瓜类应及时进行铲趟、松土灭草,提温保墒,促进生长。除草应做到除早、除小,以减少水分和养分的消耗。

(3)覆盖遮阳　利用地膜、秸秆、稻草、山草等进行畦面覆盖,可起到保墒作用。大棚和小拱棚可采用遮阳网覆盖降温保苗,减少光照强度和水分蒸发。

(4)喷调节剂　旺长田块可喷施矮壮素等生长抑制剂,能抑制地上部生长、促进根系生长发育、增强抗旱能力。干旱发生后叶面喷施 1000～1200 倍液的黄腐酸也可减轻灾害损失。

(5)科学追肥　施足有机肥,在有机肥不足的地方要大力推行秸秆还田技术,提高土壤的抗旱能力。

4. 应用区域

适用于东北西甜瓜主产区。

5. 依托单位

辽宁省农业科学院,何明,024-31023127。

(四)北方西甜瓜台风灾害防灾减灾技术

1. 发生特点

台风的危害主要体现在大风和暴雨,瞬间极大风速可高达 12 级以上,具有很强的破坏性。

暴雨袭击还会导致涝灾发生。

2. 典型症状

在台风暴雨后，西甜瓜叶片被大风吹破，严重影响呼吸、蒸腾和光合作用。受暴雨袭击的土壤容易板结，垄沟容易积水，影响作物根部生长和营养物质的吸收。此外，在暴雨袭击后，温度和湿度都较高，容易引起病虫害的发生和传播。

3. 防控措施

（1）及时加固防范　在台风登陆前，认真检查田间各类生产设施，大棚、日光温室等要尽可能进行加固。

（2）排水、清园　台风过后，田间常因暴雨而淹水，因此要及时排涝。同时清理田间被台风吹折的残枝败叶，用清水喷洒清洗瓜秧表面的沙土，并将被台风吹倒吹歪的植株扶正。

（3）中耕培土　台风暴雨常造成土壤板结和畦面土壤流失，因此在台风暴雨过后，应及时对瓜园进行中耕培土，增加土壤的通透性，避免根系外露遭烈日暴晒，引起植株脱水。

（4）防治病害　植株被风、雨吹打，产生很多伤口，且田间湿度较大，伤口极易受病菌感染，发生大面积病害。应及时喷施四霉素、乙蒜素、百菌清、代森锰锌等预防性药剂，每 7～10 d 喷药 1 次。

4. 应用区域

适用于北方沿海西甜瓜主产区。

5. 依托单位

辽宁省农业科学院，何明，024-31023127。

（五）西甜瓜涝灾防灾减灾技术

1. 发生特点

突发性强，常发生在雨季，伴随强降雨或连续阴雨，造成田间积水；发生率高、范围广，易造成西甜瓜生产灾害。

2. 典型症状

西甜瓜根系呼吸受阻，植株生长减缓甚至停止；藤蔓、根、叶大面积腐烂枯萎，严重的连根带果全部腐烂；有的瓜即使没腐烂，也可能出现大量裂瓜（图 11-3）。田间病害多发。

图 11-3　西瓜涝灾症状

3. 防控措施

（1）清理田园，加固修复设施　受强降雨淹没的田块，应及时清理田园，整修加固设施，避免次生灾害。重视日光温室耳房、后墙等设施的加固排险，确保人员和设施安全。加固大棚、避雨及遮阳设施，卡紧棚膜，拉紧压膜线，定期检查并及时修复破损薄膜，更换风险部件。

（2）清沟排水，及时排涝降渍　通过农机动力和人力及时排水，降低水位。疏通沟渠，开好田间排水沟，确保排涝畅通。减少植株受淹时间和程度，尽早恢复生长。

（3）洗苗扶正　在抢排积水后，立即用清水冲洗，去除污物。植株要扶正，提高上部功能叶光合能力。排水时要逐步放水，防止涝后突晴暴晒，减少蒸腾，预防生理性失水引起萎蔫。

（4）增施速效性肥料　受淹严重的田块可喷磷酸二氢钾、稀薄尿素肥液等叶面肥，促进作物尽快恢复生机，促进生长。

（5）加强灾后病害防治　暴雨洪涝过后，气温回升，田间湿度加大，再加上植株长期缺乏光照和养分，根系被淹，长势较弱，极易受病菌侵染。高温高湿的田间环境易导致相关真菌、细菌等病害的大面积暴发与蔓延，应注意及时施药，防控真菌、细菌性病害等。

（6）及时改种　因水淹、冲毁等造成绝收的田块，要因地制宜，尽快补种其他经济作物。可选择早中熟品种及时补播种、补栽，精心安排茬口，做到不空田、不荒田，尽可能把灾害损失降到最低。

4. 应用区域

适用于全国设施或露地西甜瓜主产区。

5. 依托单位

吉林省蔬菜花卉科学研究院，惠长敏，0431-82532023。

（六）吉林设施西甜瓜台风灾害防灾减灾技术

1. 发生特点

具有季节性，一般发生在夏秋之间；常伴有大风、大暴雨；易造成财产损失和人员伤亡。

2. 典型症状

西甜瓜设施损坏、棚膜鼓动、大棚倒塌等；植株生长缓慢，植株受损伤等。

3. 防控措施

（1）要提前预警　利用电视、手机、互联网络、报纸等方式提前向菜农发布大风降温天气预警，做好预防应对措施。

（2）要加固棚膜　及时加固大棚压膜线，避免大风从两端和中间撕开棚膜。密闭迎风侧大棚，防止大棚内侧进风，引起棚膜鼓动。修补棚膜孔洞，防止破孔被大风撕裂。外界温度不低时不覆盖保温被，确需覆盖时，须对保温被加固，避免大风把棉被刮落。

（3）要合理通风　大风时应关闭温室大棚通风口和设施出入口，防止棚膜撕毁，尽量避免放腰风或底风，可通过顶风口缝隙降低棚室内湿度，风大时须及时关闭通风口。

（4）要清洗棚膜　沙尘导致棚膜上尘土积累，严重影响透光，需及时对棚面进行冲洗；也可在棚膜外面上下两端加装宽布条，通过随风滚动的布条清理棚膜上的沙尘。

（5）要增温保温　塑料大棚夜间要关闭所有通风口，必要时可采取二道幕等多层覆盖保温。

(6)及时止损　当发现棚室骨架岌岌可危时,可除掉棚室的塑料薄膜,确保棚室骨架的完整,降低棚室受损程度。

4. 应用区域

适用于吉林省设施西甜瓜主产区。

5. 依托单位

吉林省蔬菜花卉科学研究院,惠长敏,0431-82532023。

(七)东北西甜瓜寒害防灾减灾技术

1. 发生特点

降温幅度大,常伴有大风、降雪或冷冻,造成农作物冻伤。

2. 典型症状

植株根系生长发育缓慢,植株矮小,长势弱。叶片受冻后枯黄,失去生理功能。植株被冻坏、冻死。

3. 防控措施

(1)关注天气变化　充分利用短信、微信、广播、电视等信息途径,及时掌握天气变化,增强安全意识和风险防范意识,及早做好冰雪灾害应对准备工作。

(2)及时清除积雪　当积雪厚度达到 20 cm 以上时,在下雪高峰期或间隙期要及时对设施大棚进行人工除雪,防止积雪压垮大棚。

(3)开沟排渍　在冰冻雪灾后要及时开沟排渍,确保田间无渍水。降低田间湿度,提高作物抗逆性,有利于西甜瓜快速恢复生长。

(4)秸秆或草木灰覆盖　在冰冻雪灾来临前覆盖秸秆或草木灰,可有效防止冰冻雪灾的直接侵袭,防寒保温,防止冻伤植株。冰冻雪灾后撒施草木灰能为作物提供较多的钾素营养,对灾后恢复也具有较好效果。

(5)熏烟　一方面可以燃烧放热,另一方面烟粒与水分子形成烟雾,阻挡了地面和作物辐射降温,可提高田间温度。

(6)增施速效肥料　灾后适当追施一些速效氮、磷、钾肥,可增强作物对冻伤的修复。天晴后应及时喷施一些富含钾元素的肥料,如 0.2%的尿素溶液、磷酸二氢钾、碧护等,增强作物抗寒性,促进作物恢复生长。

(7)摘除冻死病叶　当冻害发生后,待天晴气温回暖后,及时摘除作物冻伤的老叶、黄叶、烂叶和病叶(果)等,以免组织霉烂而诱发病害,使作物尽快长出新枝嫩叶,从源头上消除病害大面积发生的概率。

(8)搞好设施管护　注意防风,将大棚四周压实压紧,防止大风揭膜;增温保温,采取多层覆盖,在大棚内加盖中棚、小拱棚和地膜;大棚内点灯、生火,在大棚上搭盖草苫;注意控水。

(9)增加光照　在保障棚内作物可以耐受的温度条件下,白天尽可能减少棚内小拱棚膜、遮阳网等覆盖物,早揭晚盖;为提高未定植秧苗的质量,可以安装白炽灯进行补光增温,防止徒长和形成高脚苗,增强植株抗性。

4. 应用区域

适用于东北地区设施或露地西甜瓜主产区。

5. 依托单位

吉林省蔬菜花卉科学研究院，惠长敏，0431-82532023。

（八）东北西甜瓜阴雨寡照灾害防灾减灾技术

1. 发生特点

连续阴天，低温弱光，伴随降雨，空气湿度大。

2. 典型症状

植株细弱，叶片颜色浅；光合作用弱；植株生长缓慢；易染病发病；不易坐果或坐果后化果。

3. 防控措施

（1）加强保温蓄热　持续低温寡照常伴随急剧降温，应加强温室保温覆盖，在温室入口内外增设简易缓冲间或围挡，室内张挂二道保温幕，在保温被与棚膜间加垫一层气泡膜，提高保温能力。对于保温性能好的温室，当夜间最低气温在－15～0 ℃时，应在白天室内温度降至15～17 ℃时及时盖好保温被；当夜间最低气温低于－15 ℃时，应在温度降至 17～19 ℃时盖好保温被；对于保温性能差的温室，还应适当提前盖好保温被。有条件的温室，应预备增温块、移动式电热风机、热风炉等加温设备，适时应急加温。

（2）尽量增加光照　冬季光照时间短，应尽量延长温室接受光照时间，在不降低室内气温的前提下早揭晚盖保温被，始终保持棚膜清洁，在温室后坡与后墙张挂反光幕。有条件的可安装补光灯进行人工补光，一般每亩安装 25 盏 40W 补光灯，每天补光 3～4 h。

（3）科学肥水管理　持续低温寡照天气下，尽量少浇水追肥。若植株表现缺水，应选择晴天膜下滴灌或膜下浇小水，并随水追施复合肥。可叶面喷施适宜浓度的芸苔素内酯 0.1～0.2 mg/L，同时添加 0.3%复合肥和 0.2%氯化钙。

（4）合理控湿防病　应注意控制室内空气相对湿度，可在中午进行短时间的通风排湿；在植株行间铺设碎秸秆、稻壳等吸收水分，将室内空气相对湿度控制在 85%以下。植株发病后应尽量选用烟雾剂、粉尘剂类型农药进行防治。

（5）适当疏花控果　持续阴冷天气下植株生长发育偏弱，应适当疏花疏果，及时采收果实，避免因植株负担重导致植株长势更弱，降低抗逆抗病能力。

（6）喷施坐果灵等　喷施合理浓度的坐果灵等，促进坐果。

4. 应用区域

适用于东北地区设施或露地西甜瓜主产区。

5. 依托单位

吉林省蔬菜花卉科学研究院，惠长敏，0431-82532023。

（九）设施西甜瓜低温寡照灾害防灾减灾技术

1. 发生特点

冬春茬和秋冬茬是设施西甜瓜栽培的两个主要茬口。其中，冬春茬一般在 12 月上旬至 1

月下旬育苗，随后定植；而 11 月中旬至 12 月上旬则是秋冬茬西甜瓜果实膨大期和成熟期。这两个时期雨雪天气导致设施内低温寡照，易引起冬春茬育苗及定植后幼苗生长缓慢，甚至出现老化苗，延缓了定植和后期上市时间；严重的低温寡照也会引起秋冬茬甜瓜生长进程减慢，植株枯黄，果实品质降低；长时间低温寡照甚至会导致整株枯死。

2. 典型症状

西甜瓜低温危害典型症状见图 11-4。

a.低温弱光引起西甜瓜幼苗老化和损伤

b.严重的低温弱光易引起西甜瓜整株枯黄

图 11-4　西甜瓜低温危害症状

3. 防控措施

采取耐低温弱光设施专用品种和以 LED 补光＋外源物质调控为核心的绿色防控技术。

(1)耐低温弱光设施专用品种　选用适合当地设施栽培的西甜瓜耐低温弱光品种，并加强品种轮换，避免单一品种的长期种植。

(2)LED 补光技术＋外源物质调控　冬春茬西甜瓜育苗和定植后幼苗期，可在弱光期补充红蓝 6：1 的光质，或叶面喷施以海藻糖、壳寡糖、油菜素内酯等为核心的外源生长调节物质，每间隔 7 d 喷施 1 次，整个苗期喷施 3～5 次，可显著增强植株的耐低温能力，促进植株生长，实现壮苗效果。

秋冬茬西甜瓜生产中，可于果实膨大期开始补充红蓝 6：1 或红色光质，可显著促进西瓜提前着色，提高西甜瓜含糖量。此外，叶片喷施磷酸二氢钾＋海藻糖，也可有效增强植株抗逆性，提高果实含糖量。将 LED 补光与外源物质配合使用效果更佳。

(3)设施保温及临时加温　低温来临前要采取多层覆盖进行保温防寒，将育苗设施密闭，提高保温性。设施内可用塑料薄膜、无纺布等做成内保温材料，设施外用草苫、保温被等作为外保温覆盖材料。

在低温灾害发生前要启用临时加温设施，及时提高棚室温度，避免低温冻害的发生。可采用地热线、电热丝、空气加温线、火炉、热风炉、暖风机等加温设施对苗棚进行临时增温。

(4)高畦深沟栽培　采用高畦深沟栽培有利于降低田间湿度，提高根际温度，促进根系生长。

(5)水肥科学管理　冬春茬苗期，应注意于晴天上午浇水，并尽量减少浇水次数。

秋冬茬栽培后期遇连阴雨天、雪天应控水控湿，避免大水漫灌，建议使用膜下滴灌，实现水肥一体化管理，降低空气湿度，提高肥料利用率。采用配方施肥，增施磷钾肥、中微量元素、微生物菌肥、氨基酸寡糖等，增加根系活性，提高植株抗逆能力等。

(6)低温灾害结束后加强棚室管理　及时清理积雪、拉开棚室内外的多层覆盖物；晴天上午适当通风换气，降低棚内空气湿度；及时给西甜瓜叶片喷施叶面肥，促进幼苗生长，如叶面喷施甲壳素、海藻酸等全营养叶面肥。特别是要注意加强骤晴后的管理，逐渐加强光照和通风，防止“闪”苗。

(7)加强病虫害防治，受灾后及时抢播补种　低温高湿条件下，苗期猝倒病、立枯病等病害易发生流行，推荐使用烟剂、粉剂等用水量少的药剂。对受低温寡照灾害影响特别严重、无法恢复生长的西甜瓜秧苗要及时清理，并抢播补种。

4. 应用区域

适用于全国西甜瓜主产区。

5. 依托单位

沈阳农业大学，齐红岩，024-88487144。

（十）设施西甜瓜高温寡照灾害防灾减灾技术

1. 发生特点

冬春茬和秋冬茬是设施西甜瓜栽培的两个主要茬口，但每年6—7月为南方梅雨季节，而6—8月北方则多为连阴雨天气，对设施西甜瓜易引起寡照弱光，严重影响了冬春茬西甜瓜采收期果实品质以及秋冬茬西甜瓜苗期的健壮生长，且易引发幼苗徒长、植株叶片发黄变薄、化瓜，以及植株白粉病、霜霉病等病害。

2. 典型症状

西甜瓜高温寡照危害典型症状见图11-5。

3. 防控措施

采取耐弱光抗病设施专用品种和LED补光为核心的绿色防控技术。

(1)选用耐弱光抗逆设施专用品种　选用适合当地设施栽培的西甜瓜耐弱光、抗(耐)病品种，并加强品种轮换、避免单一品种的长期种植。

(2)采取LED补光技术　冬春茬西甜瓜生产中，可于果实膨大期开始补充红蓝6∶1或红色光质，可有效防控白粉病，且能促进西瓜提前着色，提高西甜瓜果实含糖量。

秋冬茬西甜瓜育苗中，可于播种出苗时补充红蓝6∶1的光质，能显著缓解夏秋季连阴雨引起的高温弱光环境下的幼苗徒长，有利于培育壮苗。

(3)农业措施　无论是在育苗期还是果实采收期，都要避免棚室漏雨，对破损的棚膜要及时修补，防止雨水进入棚室，增加湿度，加重病害。另外，在前茬作物栽培结束后，要及时清园，并用氯溴异氰尿酸、百菌清等药剂喷洒地面，于次日开始闷棚约1个月，在育苗开始前2 d再

a.夏秋季长期多雨弱光易引起西甜瓜徒长苗

b.长期弱光引起的甜瓜叶片发黄、变薄

c.长期弱光引起的甜瓜化瓜

d.长期多雨弱光下甜瓜滋生白粉病、霜霉病

图 11-5　西甜瓜高温寡照危害典型症状

采用百菌清、异丙威等病虫害烟熏剂进行熏棚，清除设施内残留的病虫害。

(4)高畦深沟栽培　采用高畦深沟栽培有利于降低田间湿度，促进根系生长，减轻病害发生。

(5)水肥科学管理　夏秋季育苗期，应注意于晴天上午浇水，阴雨天尽量不浇水，育苗后期可用富含磷、钾元素的营养液浇灌，以促进根系生长。

冬春茬栽培后期遇连阴雨天应控水控湿，避免大水漫灌，建议使用膜下滴灌，实现水肥一体化管理，降低空气湿度，提高肥料利用率。采用配方施肥，增施磷钾肥、中微量元素、微生物菌肥、氨基酸寡糖等，增加根系活性，提高植株抗逆能力。

(6)改善作物生长环境　经常清洗大棚棚膜；透光差的老旧膜要及时换掉；合理密植和吊蔓，保证较好的通风透光条件；及时整枝、打杈；发现病株及时拔除并携至田外集中深埋或烧毁；及时清理田间杂草和病残叶，减少病虫害发生。

(7)化学防治　可将十三吗啉溶液置于田间，通过其蒸发的方式预防白粉病；也可采用嘧菌酯、氟菌肟菌酯等防治白粉病，采用丙森锌等防治霜霉病。

4. 应用区域

适用于全国西甜瓜主产区。

5. 依托单位

沈阳农业大学，齐红岩，024-88487144。

（十一）广西西甜瓜台风灾害防灾减灾技术

1. 发生特点

每年夏秋季是台风影响我国的高发期，台风来袭时常会带来狂风、暴雨、风暴潮等灾害性天气。在广西特别是北海、钦州等南部沿海地区，有时会出现巨浪和风暴潮，大范围强降雨和大风，造成严重的风、涝、潮等灾害。特别是 9—10 月，此时正值西甜瓜移植后的生长期，一旦遭遇台风，往往造成产量大幅度下降甚至失收，对生产造成严重影响。

2. 典型症状

台风带来的强风暴雨等强对流天气常会造成西甜瓜大棚构架、棚膜、遮阳网等农业生产设施损坏，以及西甜瓜植株枝蔓、叶片损伤；强降雨如不能及时排泄还会造成田间积水和土壤水分过度饱和，使作物根系呼吸困难，影响西甜瓜生长及抗逆能力；台风过后还易导致病虫害流行蔓延。

3. 防控措施

根据广西南部沿海地区历年台风发生时间、发生频率以及秋茬西甜瓜最佳播期，结合多年台风防控经验，秋茬西甜瓜 8 月底至 9 月初播种为相对安全播期。收到台风(热带风暴)讯息后，要坚持不间断收听气象预告，及时了解台风级别、到达时间和实时路径等信息。

1）露地栽培西甜瓜防避措施

(1)提前疏通排灌系统　按照台风预警，提前疏通种植地块四周排水系统，确保大雨、暴雨时能及时排水。

(2)育苗期及定植后瓜蔓长度小于 80 cm 时期的防避措施　采用大棚育苗，需拆除大棚薄膜，按照苗床规格，用 3.5 cm 宽的毛竹片作成高度 20～30 cm 高的小拱棚，先覆盖薄膜，苗床四周用泥土压实，再覆盖规格为 30 股/5 cm 网眼的尼龙网加固，尼龙网四角打木桩拉紧绑牢固定，边网每隔 3 m 打桩拉紧绑牢。

(3)已定植大田瓜蔓长度小于 80 cm 时期的防避措施　采用小拱棚覆盖防避保护，具体做法：顺着生长方向把瓜蔓摆放在种植畦中间，用宽度 3.5 cm、长度 2.0 m 毛竹片每间隔 1.5 m 拱插 1 片作成高度为 15～20 cm 小拱棚，用薄膜覆盖后再用泥土压实四周，完成后再参照上述方法覆盖上尼龙网加固。

(4)瓜蔓大于 80 cm 时期的防避保护措施　瓜蔓长度大于 80 cm 时期，主要采取遮阳网覆盖保护，起到减缓狂风吹刮瓜蔓上下左右摆动和雨水直接击打瓜蔓、叶片所造成的损害幅度。具体做法：以每个种植畦为单位，沿着种植畦方向，每隔 2.5 m 打 1 排高度为 15 cm 的牢固木桩，种植畦中间每隔 3～4 m 再打 1 排高度为 20～30 cm 的木桩，然后用 2 m 宽、遮光率为 50%～70%的遮阳网覆盖种植畦，把遮阳网用绳子拉平、拉紧绑牢，固定在种植畦木桩上，每个种植畦四个角用大号木桩加固。

2）大棚栽培西甜瓜防避措施

(1)台风到达前及时拆除大棚薄膜。

(2)育苗期及定植后未吊蔓时期，采用小拱棚覆盖防避保护　具体做法：用宽度 2.5～3.5 cm、长度 1.5～2.0 m 的毛竹片作成高度为 20～30 cm 的小拱棚，再用薄膜覆盖，薄膜四周用泥土压紧压实，再覆盖上规格为 30 股/5 cm 网眼的尼龙网并加固，尼龙网四角打木桩拉紧绑牢固定，边网每隔 3 m 打桩拉紧、绑牢。

(3)吊蔓时期　拆除大棚薄膜后，解开吊蔓绳并顺着同一方向平放瓜蔓，然后参照上述做法采取小拱棚覆盖防避。

3）台风过后防避措施

(1)防止积水及高温烧苗　风力减缓和雨水减弱时，及时深入瓜地检查种植地块排水情况，发现积水和淹水地块要及时排水；风歇雨停后，采用小拱棚覆盖保护的应及时揭开小拱棚两头，进行通风透气，防止雨后高温烧苗。

(2)露地栽培西甜瓜管理　天气基本稳定后及时拆除覆盖的遮阳网、尼龙网和薄膜，对被狂风吹翻的瓜蔓要及时整理摆放。

(3)大棚栽培西甜瓜管理　天气基本稳定后及时覆盖大棚薄膜，拆除覆盖的小拱棚，把解下的瓜蔓重新吊蔓上架。

(4)加强水肥和病虫害管理　针对台风暴雨后高温、高湿气候特点，重点防控好疫病、炭疽病、蔓枯病等病害。可根据实际情况，选择使用 50%烯酰吗啉、阿米妙收、银法利等喷雾 1～2 次；淋滴施云大 120 芸苔素或高美施等植物生长调节剂 1～2 次。

4. 应用区域

广西北海、钦州等南部沿海地区。

5. 依托单位

广西壮族自治区农业科学院，覃斯华，0771-3242001。

（十二）设施西甜瓜高温灾害防灾减灾技术

1. 发生特点

随着夏季高温的到来，设施内温度上升较快，可超过 50 ℃，对植株造成的危害不可逆。高温成为夏秋季设施西甜瓜生产最严重的障碍因子。

2. 典型症状

高温危害西甜瓜的主要症状，一是植株失水、萎蔫，生长缓慢甚至死亡(图 11-6a)，二是幼苗徒长、瘦弱，三是叶片灼伤(图 11-6b)、水浸瓤(图 11-6c)，四是病虫害发生(图 11-6d)。

a.植株瘦弱、滞长　b.西瓜高温灼伤　c.西瓜水浸瓤　d.苗期蓟马为害

图 11-6　高温危害西甜瓜主要症状

3. 防控措施

(1)选用优良品种　选用耐热、抗水浸瓤品种，如京嘉 301。

(2)加大设施通风量　可以打开棚门，通风口尽量加大；有强制通风条件的，及早进行强制通风。

(3)加强苗期管理　幼苗期加强水分管理，出苗期间适当控水，齐苗后，浇水采用少量多次。定植后幼苗打顶摘心，诱发侧枝生长，控制徒长。

(4)防止果面灼伤　果实膨大期，采用瓜叶、作物秸秆等遮盖果实，防止果面灼伤。

(5)加强田间排水　疏通田间排水沟，防止设施内进水而加重西瓜水浸瓤的发生。

(6)加强病虫害防治　选用 60 g/L 乙基多杀菌素 1000～1500 倍液或 10%溴氰虫酰胺 1500～2000 倍液，叶面喷雾防治蓟马等；用 110 g/L 乙螨唑 3500～5000 倍液加 43%联苯肼酯 2500～3000 倍液防治螨虫、红蜘蛛等；用 1%香菇多糖 200～400 倍液、4%低聚糖素 300～500 倍液等防治病毒病。

4. 应用区域

全国设施西甜瓜产区。

5. 依托单位

江苏徐淮地区淮阴农业科学研究所，孙玉东，0517-83668984。

（十三）西甜瓜冰雹灾害防灾减灾技术

1. 发生特点

冰雹是强对流天气引起的一种剧烈的、机械性伤害为主的自然灾害，是从发展强盛的积雨云中降落到地面的冰球或冰块，多发生在春末夏初季节交替时，虽然出现的范围小、时间短促，但来势猛、强度大。

2. 典型症状

冰雹是一种固态降水物，有透明及半透明层相间组成，直径一般为 5～10 mm，最大的可达到 10 cm 以上。自然雹径越大，造成的破坏力也越大。设施栽培西甜瓜，冰雹可破坏棚膜，打落部分叶片及果实。对露地西甜瓜影响大，可以打坏幼嫩和成熟的果实，以及损伤叶片等，严重时可绝产(图 11-7)。

a.棚膜破坏　b.棚膜严重破坏　c.西瓜砸洞　d.西瓜砸裂

图 11-7　冰雹危害西甜瓜生产

3. 防控措施

(1)加强灾前预警工作，及时做好棚室加固　及时关注灾害预警信息，灾前做好棚室加固工作，用压膜线将棚室薄膜固定，及时修补破损的薄膜，灾害发生前要将棚室密闭。

(2)露地栽培可采用临时性防护措施　对于露地栽培的西甜瓜，在冰雹来临前可通过及时覆盖遮阳网、尼龙网等措施，减轻冰雹灾害对作物的影响。

(3)及时采收上市　对进入收获期的西甜瓜，可在灾前有计划地提早抢收上市；有贮存保鲜条件的，可先采收入库再视市场行情适时上市，以防造成更大的损失。

(4)冰雹灾害结束后及时检查田园，评估生产损失　在冰雹灾害结束后要到田间及时检查评估损失，观察冰雹灾害对棚室损坏、西甜瓜植株和果实生长的影响，评估损失程度。

(5)做好棚室管理和修补棚室　冰雹灾害结束后要及时打开棚室通风排湿，及时清理田间沟渠，确保田间无积水；如果棚室损坏，要及时修补棚室。

(6)做好田间植株管理　冰雹灾害一般对露地西甜瓜影响大，可能打坏幼嫩和成熟的果实，以及损伤叶片等。灾害结束后要加强田间植株管理，及时剪除受损严重的瓜蔓和叶片，并清除出田，保留生长点受损轻的侧枝。幼果期受灾后要及时摘除受损幼果，促进新果发育。

(7)加强田间肥水管理　灾后可采用0.2%～0.3%磷酸二氢钾、尿素和叶面肥喷雾，促进瓜苗生长，加强田间病害的防控，及时喷施杀菌剂，如甲基硫菌灵、多菌灵、苯醚甲环唑等。如果西甜瓜植株受冰雹损伤较大，除了叶面追肥外，还要加强根部追肥，每亩可追施10～15 kg三元复合肥。

(8)及时改种补种其他作物　如果冰雹灾害对西甜瓜生产损失大，瓜田将近绝收状态，要及时拔出瓜秧，清理田园，及时改种、补种其他作物，如生育期短的速生叶菜类蔬菜。

4. 应用区域

适用于全国西甜瓜主产区。

5. 依托单位

①山东省农业科学院，孙建磊，0531-66659589。

②河北省农林科学院经济作物研究所，武彦荣，0311-87652102。

③新疆农业科学院，李俊华，0991-4539659。

（十四）新疆露地甜瓜旱害防灾减灾技术

1. 发生特点

新疆属典型的干旱半干旱区，受气候和地理环境的共同影响，境内干旱灾害频繁出现，严重影响着农业生产。

2. 表现症状

叶色深暗，叶片小、向内卷缩；瓜蔓生长点平伸或下垂；坐瓜后期，果皮易老化，生长缓慢(图11-8)。

图11-8　田间缺水茎叶症状

3. 防控措施

(1)选用耐旱品种　新疆地区干旱情况每年均有发生,应选择适合干旱条件的耐旱品种,如西洲密、纳斯密等,可有效减轻干旱的影响。

(2)深翻整地　在前茬作物收获后,深耕 20 cm 以上,秋冬季足额灌水,种植前耙耱整地,做到"深、松、平、净、无土块",使土层疏松,为覆膜创造良好的土壤条件。

(3)适时栽植(播种)　适时栽植(播种),提早或推迟出苗,促进根系发育,减轻苗期干旱压力;地膜覆盖种植,地膜要压实、压紧、压平,有利于保水保墒。

(4)合理施肥　种植前将有机肥和化肥混合深施,以肥调水,抗旱壮苗,可以有效调节土壤中水分的利用率,在甜瓜各生育期可采用水肥一体化技术进行追肥。

(5)掌握需水规律　一是苗期适当延长灌溉间隔期,采取苗期控水蹲苗,以利于根系下扎,增强甜瓜全生育期自身抗旱能力;二是在伸蔓期、开花坐果期和果实膨大期的需水关键时期,保证足量水肥供应。

(6)增施抗旱剂　土壤保水剂和植株抗旱剂配合施用,土壤保水剂可在种植前基施或生育期追施,如黄腐酸类物质;生长期植株喷施抗旱剂,如水杨酸等物质。

(7)及时中耕松土　在枝蔓完全覆盖地面前,中耕 2～3 次。中耕松土可以切断土壤表层毛细管,阻止土壤下层水分向表层土中移动,具有除草和增强土壤通透性的作用。一般在浇水后土壤稍见干后,及时中耕,以增强土壤通透性。

(8)注意事项　干旱发生时,也是病虫害(蚜虫、螨类等)高发期,应注意病虫害防治。这一时期气温高,光照强烈,水分蒸发快,农药用量不宜过多,以免灼伤甜瓜叶。

4. 应用区域

适用于新疆甜瓜露地栽培产区。

5. 依托单位

新疆农业科学院,胡国智,0991-4539658。

(十五)西甜瓜生长调节剂规范使用防灾减灾技术

1. 发生特点

植物生长调节剂不规范使用,会导致未成熟果实开裂,影响收益;滥用和超剂量、超频次使用,易诱发质量安全事件,影响产业稳定、健康发展。

2. 典型症状

2011 年 5 月某地,未成熟的西瓜果实开裂,严重影响了瓜农收益;2018 年 7 月黑龙江兰西县一些瓜农超剂量、超频次使用未登记的"增甜剂",诱发了"嘎嘎甜香瓜"事件,影响了区域优势产业的稳定、健康发展。

3. 防控措施

采取以规范选药、用药为核心的综合防控技术。

(1)选购登记允许使用的植物生长调节剂　目前在西瓜、甜瓜上登记允许使用的植物生长调节剂主要有氯吡脲、噻苯隆、芸苔素内酯、24-表芸·嘌呤。但标识为上述名称的产品并未全部在西瓜和甜瓜上登记允许使用。因此,在选购过程中,应通过中国农药信息网查询并购买在西瓜、甜瓜上登记允许使用的植物生长调节剂。

(2)在适用的时期使用植物生长调节剂　氯吡脲多在雌花开花当天或开花后 1～3 d 内施用;噻苯隆多在雌花开放当天或前一天使用;芸苔素内酯多在苗期、花期、果实膨大期使用;而 24-表芸·嘌呤的适用时期则为苗期和幼果期。

(3)规范使用方法和使用剂量　不同植株生长调节剂、同种植株生长调节剂不同厂家产品的使用方法、使用剂量有所不同。如氯吡脲主要以浸蘸或喷施瓜胎的方式使用,而芸苔素内酯则以喷雾的方式使用;同是氯吡脲,有些产品的推荐使用剂量是 30～40 倍液,有些产品的推荐使用剂量则是 100～200 倍液。表 11-1 中列出目前在西瓜、甜瓜上登记允许使用产品的使用方法及使用剂量,供参考。

(4)严格执行安全间隔期　安全间隔期因植物生长调节剂种类及生产企业的不同而有所差异,时长在 14～40 d 不等。一些产品的安全间隔期可参考表 11-1。

表 11-1　西瓜、甜瓜登记允许使用生长调节剂安全使用使用信息表

植物生长调节剂名称	作物	登记证号	登记证持有人	适用时间	使用方法	使用剂量	安全间隔期/d
氯吡脲	西瓜	PD20082370	四川润尔科技有限公司	雌花开花当天或开花后 1～2 d	涂瓜柄	30～40 倍液	40
氯吡脲	西瓜	PD20110820	四川省兰月科技有限公司	雌花开花当天或开花后 1～2 d	喷施瓜胎	500～667 倍液	40
氯吡脲	西瓜	PD20070455	四川省兰月科技有限公司	雌花开花当天或花前 1～3 d	喷施瓜胎	100～133 倍液	20
氯吡脲	西瓜	PD20070131	四川施特优化工有限公司	雌花开花当天或开花后 1～2 d	喷施瓜胎	50～200 倍液	40
氯吡脲	西瓜	PD20070131	四川施特优化工有限公司	雌花开花当天或开花后 1～2 d	浸蘸或喷施瓜胎	50～200 倍液	40
氯吡脲	西瓜	PD20140334	重庆市诺意农药有限公司	雌花开花当天或开花后 1～2 d	浸蘸或喷施瓜胎	50～100 倍液	40
氯吡脲	甜瓜	PD20082370	四川润尔科技有限公司	雌花开花当天或开花后 1～2 d	涂抹瓜胎	100～200 倍液	40
氯吡脲	甜瓜	PD20070455	四川省兰月科技有限公司	雌花开花当天或花前 1～3 d	浸蘸或喷施瓜胎	50～100 倍液	14
氯吡脲	甜瓜	PD20070131	四川施特优化工有限公司	雌花开花当天或花前 2～3 d	浸蘸或喷施瓜胎	50～200 倍液	14
噻苯隆	甜瓜	PD20097711	河北中保绿农作物科技有限公司	雌花开放当天或前 1 d	喷施瓜胎	200～300 倍液	14
噻苯隆	甜瓜	PD20140847	四川润尔科技有限公司	雌花开放当天或前 1 d	喷施瓜胎	200～300 倍液	14
噻苯隆	甜瓜	PD20120332	四川省兰月科技有限公司	雌花开放当天或前 1 d	浸瓜胎	167～250 倍液	14

续表 11-1

植物生长调节剂名称	作物	登记证号	登记证持有人	适用时间	使用方法	使用剂量	安全间隔期/d
芸苔素内酯	西瓜	PD20130042	上海绿泽生物科技有限责任公司	苗期、花期、果实膨大期	喷雾	1500～2000倍液	14
24-表芸·嘌呤	西瓜	PD20212787	山东坤牛植物保护有限公司	苗期、幼果期	茎叶喷雾	1500～2000倍液	14
24-表芸·嘌呤	西瓜	PD20201021	江西中迅农化有限公司	苗期、幼果期	茎叶喷雾	1500～2000倍液	14

4. 应用区域

适用于全国西甜瓜主产区。

5. 依托单位

新疆农业科学院，王成，0991-4503038。

（十六）甘肃西甜瓜旱害防灾减灾技术

1. 发生特点

旱灾是指因气候严酷或不正常的干旱而使土壤和空气水分不足，不能满足西甜瓜生长的需要，造成较大减产或绝收的气象灾害。“十年九旱”是甘肃省西瓜与甜瓜生产面临的旱情威胁，常发生在西瓜与甜瓜的播种（春季末期）与果实膨大期（夏季），旱情特点是春旱轻、夏旱重。旱情严重影响西瓜与甜瓜生产的产量与效益。

2. 危害情况

旱灾在甘肃省西甜瓜主产区每年都有不同程度的发生，往往和高温相伴。甘肃省西瓜与甜瓜生产旱情为害情况是“东部轻、中部与西部重”，常常造成西瓜与甜瓜生产田保苗不全，植株叶片向上卷、叶色深、叶片厚、果实小、尖嘴与歪头果多，严重者甚至绝产。

3. 防控措施

1）加强与甜瓜集中优势产区及示范园的蓄水与节水设施建设

依据陇中沿黄灌区与河西地区西瓜与甜瓜优势产区的历年气象资料，科学规划和设计西瓜与甜瓜主产区的田间灌溉设施，做好水库、塘坝、涵闸、泵站、机井等引提水工程和灌溉渠系的维修和保养，加强田间蓄水和灌溉设施建设。

2）选用耐旱品种

（1）西瓜　在甘肃省中部沿黄灌区的 30 万亩压砂西瓜生产基地选用耐旱品种，如金城 5 号、金花 1 号与陇科 5 号等。

（2）甜瓜　在甘肃省中部沿黄灌区的压砂田与河西 20 万亩厚皮甜瓜生产基地，选用早熟优质或早熟丰产耐旱品种，如金红宝、银帝、西州蜜 17 号等。

3）科学灌水减少水分蒸发

（1）旱塘沟灌技术　旱塘沟灌是指两边为水沟，中间为干旱的畦面，沟沿两边种植怕涝的蔓性瓜类作物的一种“宽垄”或“宽畦”沟灌节水栽培方式。用开沟、施肥、喷药与覆膜一体机（国家西甜瓜产业技术体系研制）一次性完成做塘；或按 1.4～2.4 m 间距，用铧式犁开沟，沟上口宽为 0.4～0.6 m，沟深 0.3～0.5 m，沟开好后沟内灌足底水，4～5 d 后，沿沟边水湿痕迹整平塘面，及时在沟内与旱塘两边覆宽幅为 140 cm 地膜，并隔段用土压实沟内地膜的同时，在该处破土层下地膜（图 11-9）。播种或定植期、甩蔓期、果实膨大期在沟内灌水施肥，实现根区灌溉，减少水分蒸发，增强抗旱能力。

（2）膜下水肥一体化技术。

①滴灌器材规格。潜水泵开口流量为 60～120 m^3/h。一级主管直径 90～110 mm，二级主管直径 65～75 mm、厚 1.4 mm，以及直径 90 mm 或 60～70 mm 的三通阀门与球型阀门等。滴灌带为内镶贴片式或单翼迷宫式：直径（16±0.2）mm，厚 0.2 mm，孔距 300～350 mm，滴头流量 3.2 L/h，额定工作压力 100 kPa；或直径（16±0.2）mm，厚（0.17±0.001）mm，孔距 250～350 mm，滴头流量 3.6 L/h，工作压力≤0.1 MPa。正三通直径 16 mm。为避免主管带漏水，可提前备好补丁，第 2 年变更种植行时可用于补好主管上的原滴灌带接孔。

②田间布局设计。按每 1.0～3.0 hm^2 为一个滴灌循环单元。二级主管（直径 60～75 mm）铺设在每循环单元中部，其长度根据地形而定；每循环单元间通过三通阀门连通。滴灌带长度以 30～50 m 为宜，用正三通将滴灌带与二级主管相连通（图 11-10）。

（3）膜下滴灌技术　苗期天气较为干旱时，每亩滴灌清水 5～10 m^3；伸蔓期主蔓长 0.8～1.0 m 时，每亩滴灌水溶性三元复合肥（N-P-K 为 18-18-18，下同）2～3 kg、水 18～20 m^3；进入果实膨大期（果实拳头大小时），每亩滴灌水溶性三元复合肥 5～6 kg、硫酸钾 3.0～3.5 kg、水 80～90 m^3（分 2～4 次滴入）；果实采收前 7～10 d，停止滴灌水肥。

图 11-9　旱塘沟灌栽培方式

图 11-10　膜下水肥一体化栽培方式

4）砂田建造与砂田膜下滴灌技术

（1）铺砂前准备　铺砂前先深翻地 1～2 次，深度 30～40 cm。每亩均匀撒施优质腐熟农家肥 2500～3000 kg、磷酸二铵 15～20 kg、硫酸钾 15～20 kg、饼肥 80～100 kg 或玉米（豆类）面粉 25～30 kg，然后旋耕混匀，整平地面后开始铺砂。

（2）铺砂　卵石直径 0.1～6.0 cm，卵石与砂体积比为 3∶2，每亩铺卵石30～42 m^3、粗砂 20～28 m^3。用铺砂机械先将较细的砂覆在下层，再将卵石铺在上层，铺砂厚度 6～10 cm，卵石厚度不超过 5 cm，要求摊平整细，薄厚一致。

（3）砂田管护　当年西瓜收获后及时清洁田园，拔除杂草，用砂楼松耕 2～3 次。翌年春季再用砂楼浅耕砂面 1 次。

(4)砂田膜下滴灌技术　同上膜下滴灌技术,如图 11-11 所示。

图 11-11　砂田膜下滴灌技术

5)凹垄集雨丰产栽培技术

西瓜凹垄集雨丰产栽培技术是一项适于陇东旱塬西瓜生产的抗旱减灾技术。凹形垄制作:冬前深翻,翌年春季(3 月底至 4 月初)结合整地起垄施足底肥,一般先施农家肥 50 t/hm^2,起垄时再将过磷酸钙 600～750 kg/hm^2、磷酸二铵 450～600 kg/hm^2、豆饼或油渣 1200～1500 kg/hm^2 条施入垄沟中,然后起高 10～15 cm、宽 50 cm 的垄,垄距 150 cm,最后修成凹形垄,垄凹形沟深 8～10 cm,整地起垄后要立即用幅宽 70 cm 的地膜覆盖垄沟。西瓜种植在高垄上,在热雨同季期,高效集雨至根区,实现西瓜抗旱丰产栽培,适宜品种有金城 5 号、金花 1 号。此技术免整枝,用时少。生产中注意选留果长、形好、皮色亮绿的果实,清除畸形与多余果实,其他栽培技术同常规。图 11-12 为塑料大棚种植西瓜。

图 11-12　塑料大棚种植西瓜

6)设施高品质西瓜与甜瓜栽培技术

(1)塑料大棚高品质西瓜栽培技术　适宜种植品种为美都。塑料大棚建造参数:棚高 2.8～3.5 m、宽 7～9 m、长 30～60 m。5 月中旬至 6 月上旬育苗,6 月上中旬定植,8 月上旬以后采收上市。种植密度 800～850 株/亩。全膜覆盖、膜下滴灌,三蔓整枝、爬地栽培。选留形状圆整的第 4 个果实。其他技术同常规。

(2)连栋塑料大棚高品质甜瓜栽培技术　5 月中旬至 6 月上旬育苗,6 月上中旬定植,8 月上旬开始采收上市。适于种植品种有都蜜 25 号、玉菇、纳斯蜜和众天 9 号。连栋塑料大棚建造参数:单栋跨宽 3.6 m、高 3.0 m、肩高 1.8 m、弦高 1.15 m,长 60～120 m;单栋间距 0.5 m,连栋棚群的纵向与风向垂直,用长 9 m、厚 1.30 mm 的 6 分镀锌管,弯弧处为 2.25 m 处,每隔 2.3～2.6 m 一拱,埋深 0.4 m,每 3～4 拱横向用 4 分镀锌管相连,纵向用卡槽与 4 分镀锌管相连，四周用钢绳牵拉，内用钢管斜撑。弦顶上镙丝并吊 1.4 倍料长的 10 号钳丝，与横向钢绳或 10 号钢丝相连，形成网状。种植密度 1 700～2 300 株/亩。采用双蔓双果或三蔓两果整枝方式，膜下水肥一体化、吊蔓立体栽培，在 13～15 节选留形状圆整的果实。其他技术同常规。图 11-13 为连栋塑料大棚种植西瓜。

图 11-13　连栋塑料大棚种植甜瓜

7. 应用区域

适用于甘肃省及周边同类地区。

8. 依托单位

甘肃省农业科学院蔬菜研究所，杨永岗，0931-7614722。

（十七）西瓜越夏栽培高温热害防灾减灾技术

1. 发生特点

高温热害常在西瓜夏秋栽培时发生，果实形成处于高温和昼夜温差相对较小时段，属于非生物自然灾害，具有持续时间长、危害程度严重等特点。高温热害时常伴有短时间的干旱或涝害，对西瓜生产造成严重的危害。

2. 典型症状

该病初发时，种子周围的果肉呈水渍状，逐渐变成紫红色，后期整个瓜瓤变成紫色，最后溃烂。发生时西瓜外观与正常果一样，叶片、茎蔓都没有明显症状，但内部水脱，敲打时声音不一样，感觉沉闷，像敲在石头上一样(图 11-14)。

图 11-14　西瓜水脱现象

3. 防控措施

采取以耐热耐湿品种应用、田间精细管理和病虫害精准防控为核心的综合防控技术。

(1)选用耐热、耐湿良种　选用生长旺盛、抗逆性强、较耐旱、抗病性强、品质较好的西瓜品种,如美都、嘉年华五号、郑杂 5 号、京嘉 6 号、苏蜜 518、苏蜜 618 等。

(2)种子、基质消毒　播前对种子和基质进行严格消毒处理

①种子干热处理。将西甜瓜种子(含水量 4%以下)置于 72 ℃干热条件下恒温处理 72 h,升温和降温过程中分别在 50 ℃和 35 ℃缓冲处理 24 h。

②药剂处理。用 10%的磷酸三钠溶液浸种 0.5 h。

③基质处理。一般使用高锰酸钾+甲醛消毒,每亩用 1.65 kg 高锰酸钾、1.65 kg 甲醛兑 8.4 kg 水。在幼苗出土子叶展开后,喷施 100 mg/L 的多效唑液。

(3)农业措施

①水肥管理。在伸蔓期,分 2 次用滴灌每亩施 45%三元水溶复合肥 8~10 kg;在膨瓜期分 2~3 次,用滴灌每亩施 45%三元水溶复合肥 8~10 kg,钾肥 10 kg。收获前 10 d 忌用肥、水。

②整枝压蔓。整枝原则为前期整枝宜轻,保证叶蔓旺长态势,瓜蔓留 1 主(蔓)2 子(蔓),子蔓 30 节摘心,孙蔓放任生长。秋瓜前期不摘心,采取压蔓处理。

③授粉选果留果。坐果最佳节位选择在第 2 雌花(第 13 节左右)。高温下坐果较差,可采用人工授粉,早上 6 时左右用早瓜灵喷花,可提高坐果率。

④瓜品质劣变的防止与糖分提升。日夜通风降温,并在夜间实施频繁小水滴灌(视旱情每次 5~10 min);通过降低根际温度和随水补充氨基酸类生物肥及磷酸二氢钾,改善瓜果生长环境,提升抗热能力,促进瓜瓤糖分形成和积累。为防止倒瓤,于采收前半个月在大棚上覆盖黑色遮阳网来挡光、保湿、降温;持续高温天气,夜间可用喷雾器对瓜叶喷淋井水进行补湿降温;连阴雨天气,则在瓜根附近裁口子(用铁锹插入土,形成施肥缝口),施过氧化钙或磷酸三钠,每穴 5~10 g。

(4)病虫害精准防控　坚持预防为主,综合应用农业防治、物理防治、化学防治。全生育期重点防治蚜虫、烟粉虱。防治蚜虫,选用 3%啶虫脒乳油 1500 倍液,或 25%噻虫嗪水分散粒剂 5000 倍液,或 20%呋虫胺悬乳剂 5000 倍液,喷雾防治;防治烟粉虱,选用 50%噻虫胺水分散粒剂 6500 倍液,或 10%烯啶虫胺水剂 2000 倍液,或 22.4%螺虫乙酯悬乳剂 2000 倍液,喷雾防治;防治病毒病,发病初期用叶面锌肥+宁南霉素+吗啉胍铜+芸苔素内酯,隔 4~5 d 整株喷洒 1 次,连用 3 次。

(5)注意事项　在西瓜苗期、伸蔓期以及果实膨大期等易感病生育期,密切监测病虫害发生,及时对初发病株或发病中心进行药剂喷施封锁。施药时,一定要用够药量,均匀细雾喷施。

4. 应用区域

适用于全国西瓜越夏栽培主产区。

5. 依托单位

①江苏省农业科学院蔬菜研究所,刘广、羊杏平,025-84390434。

②盐城市蔬菜研究所,尤春,0515-81889415。

③河北省农林科学院经济作物研究所,武彦荣,0311-87652102。

④安徽省农业科学院蔬菜研究所，严从生，0551-65159605。

⑤江西省农业科学院园艺研究所，朱方红，0791-82728266。

（十八）西甜瓜寒害防灾减灾技术

1. 发生特点

低温灾害具有地域性和时间性强的特点。西甜瓜冬春育苗季节和早春栽培季节，常遭遇低温灾害，极端情况下还会遇到雨雪低温冰冻灾害，给西甜瓜育苗和早春栽培带来极大危害。

倒春寒灾害则容易发生在春季后期，具有气温下降较快、持续时间长（1～2 周）等特点，易引发冷害、冻伤、绝收等危害。

2. 典型症状

（1）非急性型冷害症状　当时症状不明显，10～30 d 或更长时间才表现症状。症状表现为植株节间缩短，出现连续短缩茎，叶片狭小畸形，叶色暗绿无光，顶端叶片呈簇生状，甚至可出现坏死。植株开花前温度低于 15 ℃，会影响花器官发育，出现畸形花，不利于正常授粉受精。瓜膨大期日均气温低于 20 ℃，会形成僵瓜和畸形瓜。

（2）急性型冷害症状　叶片、茎蔓有水渍状湿润斑块，数日后，瓜苗新叶发白，移栽苗叶片边缘卷曲焦枯，生长点停止生长，造成长时间的缓苗甚至僵苗，严重时整株成片死亡，失水后全株变为黑色；根系生长受抑，颜色变褐，严重的会出现沤根或出现根腐现象。

西甜瓜冷害和冻害症状见图 11-15。

a.苗期冷害　b.苗期冷害生长点变黄　c.冷害　d.冻害

图 11-15　西甜瓜冷害和冻害症状

3. 防控措施

（1）配备良好的加温和补光设施　针对冬春季节低温冰冻灾害和弱光的生产风险，冬春育苗设施需要配备良好的应急加温设施和保温设施，并配备 LED 补光灯作为补光设施。

（2）密切关注天气预报，提前做好预警工作　在冬季雨雪冰冻灾害到来前，要密切关注天气变化，通知西甜瓜生产园区和有关农户提前做好灾害预警工作。

（3）低温冰冻灾害前要及时加固大棚　根据天气预报提前加固大棚，大棚内要增加撑杆等临时加固设施，及时修补薄膜。

（4）采用多层覆盖进行保温防寒　低温前要采用多层覆盖进行保温防寒，将大棚密闭，提高保温性，常用薄膜、草苫、保温被等作为保温覆盖材料。

（5）启用临时加温设施，提高棚室温度　在低温灾害发生前要启用临时加温设施，及时提高棚室温度，避免低温冻害的发生。可采用地热线、电热丝、空气加温线、火炉、热风炉等加温设施对苗棚进行增温。

(6)改善棚室光照条件　低温情况常常伴随光照不足，需要改善棚室光照条件。一是选用透光率高、流滴性好的优质棚膜，及时清理棚膜上的雾滴、灰尘，保持棚膜清洁，保持棚膜较高的透光率。二是及时卷起保温被等覆盖物，充分利用弱光、散射光，保证进光量。三是在温室大棚后墙或立柱上张挂反光膜或反光板，补充光照。四是加强人工补光，可以使用荧光灯、白炽灯、LED灯、高压汞灯、高压钠灯等，增加光照强度，延长光照时间。补光效果以红蓝色结合的LED灯或植物灯较好，在早晚揭膜前和盖膜后各补光2 h。

(7)及时清扫棚室表面积雪　在下雪天气要及时清扫棚室表面积雪，减轻棚室积雪荷载，避免棚室垮塌。

(8)植株行间用秸秆或草木灰覆盖　在冰冻雪灾来临前覆盖秸秆或草木灰，可有效防止冰冻雪灾的直接侵袭，防寒保温，防止冻伤植株。冰冻雪灾后撒施草木灰能为作物提供较多的钾素营养，对灾后恢复也具有较好效果。

(9)喷施植物抗寒剂　寒流来前用300倍液植物抗寒剂、叶面肥等进行叶面喷施，寒后再喷1次，有显著防寒作用。如果受到寒害影响较严重，则采用植物动力2003喷施2～3次，每隔5 d喷施1次，可迅速恢复生长。

(10)加强病虫害防治　低温高湿条件下，猝倒病等病害易发生流行，推荐使用烟剂、粉剂等能减少用水量的药剂。

4. 灾后管理

(1)低温灾害结束后要加强棚室管理　及时拆除棚室的多层覆盖物，让幼苗多见阳光；适当通风换气，降低棚内空气湿度；及时给幼苗喷施叶面肥，促进幼苗生长，如叶面喷施甲壳素、海藻酸等全营养叶面肥；加强骤晴后管理，逐渐加强光照和通风，防止“闪”苗。

(2)受灾后及时抢播补种　对受低温寡照灾害影响特别严重、无法恢复生长的，要及时清理，及时抢播补种。

5. 应用区域

适用于全国西甜瓜主产区。

6. 依托单位

①安徽省农业科学院蔬菜研究所，严从生，0551-65159605。

②河北省农林科学院经济作物研究所，武彦荣，0311-87652102。

（十九）西甜瓜台风灾害防灾减灾技术

1. 发生特点

台风属于突发、暴发性病害，发生季节性强，一般集中在每年7—11月，发生地区多集中在我国东南沿海和华南一带，破坏力强，危害性大，常伴随狂风和暴雨，导致棚室损坏，西甜瓜生产受到灾害性影响。

2. 典型症状

台风暴雨后，西甜瓜往往受淹，常出现叶片发黄、藤蔓折断、果实掉落、裂瓜、凋萎等现象，易发生枯萎病、蔓枯病、细菌性角斑病、疫病、炭疽病、白粉病等病害(图 11-16)。

a.台风暴雨导致西瓜淹水　　b.台风淹水后甜瓜发病腐烂

图 11-16　西甜瓜台风灾害症状

3. 防控措施

(1)合理调整西甜瓜播期,避开台风影响　台风发生具有一定的规律性,可根据历年来气象资料查询当地台风发生的时间和频率,合理调整西甜瓜播种时期,如广西北海产区秋茬西甜瓜 8 月底至 9 月初播种为相对安全播期,海南产区 9 月下旬后为相对安全播期。

(2)及时收听台风预警信息,做好防台风应急预案　收到台风(热带风暴)预报后,坚持不间断收听气象台预告,及时了解台风级别、到达时间和实时路径等信息。

(3)台风来临前检修加固棚室　台风来临前应检查大棚设施和薄膜,对薄膜破损处进行修补,大棚四周用泥土压实,对棚架进行加固。对于防台风大棚,台风来袭时关闭棚门,压好压膜线,防止棚架倒伏,影响西甜瓜生产。对于其他大棚,根据台风强度,建议于台风前及时卸下大棚薄膜,并把卸下的膜用绳子捆扎好,以防棚架倒塌。

(4)及时清理沟渠和排水系统　台风来临前应及时清理明沟和棚间沟渠,深挖棚间沟,保持田间沟系畅通,使排水迅速,防止暴雨造成积水涝害。如遇河水倒灌,应封闭基地外围排水口,采用潜水泵排水。

(5)提前采收上市　对进入收获期的西甜瓜,可在灾前有计划地提早抢收上市;有贮存保鲜条件的,先采收入库再视市场行情适时上市,以防造成更大的损失。

(6)做好抗灾物资储备　购入必要的农膜、种子、肥料、农药等进行储备,检修排涝水泵等设备,以利于低洼地块及时排除积水。

(7)注意生产安全　台风来临前应妥善保管农药、肥料等物质,严防浸水、霉变和外泄。妥善安置易受台风影响的室外农机具及其他材料。加强测报灯、杀虫灯和非必需的电源管理。如遇台风,及时切断电源,确保设施设备和工作人员生命安全。台风暴雨期间,尽量不要外出,注意人身安全。

(8)台风后要及时清沟排渍　台风过境后要迅速排除田间积水,降低地下水位,必要时可采用排灌设施加速排水。

(9)台风后要加强棚室管理,及时修复棚室　台风过境后及时打开棚门和裙膜通风透气,及时降低棚室内温度和相对湿度。对受台风影响而损坏的设施大棚要及时修复，台风前卸膜的大棚要重新覆盖，如有损失的应及时调换盖上，确保作物后期的生长，减少损失。

（10）台风后及时加强田间管理　针对台风暴雨后高温高湿气候特点，重点防控好细菌性果斑病、疫病、炭疽病、蔓枯病等病害，可选择使用中生菌素、铜制剂、50%烯酰吗啉、阿米妙收、银法利等，喷雾1～2次，采用0.2%～0.3%磷酸二氢钾、尿素和叶面肥喷雾，促进瓜苗生长。

（11）及时改种补种其他作物。如果台风对西甜瓜生产损失大，瓜田将近绝收状态，要及时拔出瓜秧，清理田园，及时改种、补种其他作物，如生育期短的速生叶菜类蔬菜或重种。

4. 应用区域

适用于东南和华南沿海西甜瓜主产区。

5. 依托单位

宁波市农业科学研究院，王毓洪，0574-89184002。

（二十）黑龙江西甜瓜洪涝、冰雹灾害防灾减灾技术

1. 发生特点

黑龙江省西甜瓜多为露地栽培。每年的7—8月，黑龙江省大部分地区进入雨季，恰逢西甜瓜进入坐果期，如果种植地块排水不良，病害防控不得当，极易产生洪涝灾害，对西甜瓜生产产生不良影响。近年来，黑龙江省各地多次发生冰雹，对部分地块西甜瓜产生了毁灭性影响。

2. 典型症状

连续的阴雨天气，气温偏低，导致开花坐果困难，果实膨大速度慢。多雨导致病害传播迅速，西瓜炭疽病、甜瓜白粉病等叶部病害发生严重；冰雹造成西甜瓜叶片、叶脉受损，果皮出现小坑，甚至开裂（图11-17，图11-18）。

图11-17　露地西瓜雹灾症状

3. 防控措施

（1）发生前　督促农户在种植前进行西瓜种子消毒处理并推荐处理药剂；推荐生物有机肥，增强植株的抗病、抗逆性；进行肥水管理指导，有效控肥控水，提高地温、促进生根壮秧及开花坐果；关注天气预报，提醒广大农户及时防控。

（2）发生后　天晴迅速采取排水措施；排涝后，针对西甜瓜易发生的病害（疫病、炭疽病、蔓枯病、白粉病、霜霉病等）进行防治。可采用飞防或大型打药机喷施烯酰吡唑酯（巴斯夫、凯

图 11-18　露地甜瓜雹灾症状

特)、矿源黄腐酸钾、氨基寡糖素等药剂,促进生根,增强抗逆性,恢复生长,促进开花坐果,并进行病害防控。

4. 应用区域

黑龙江省西甜瓜产区。

5. 依托单位

黑龙江省农业科学院园艺分院,王喜庆、贾云鹤、付永凯、闫闻、才羿,0451-86666432。

(二十一)南方西甜瓜洪涝灾害防灾减灾技术

1. 发生特点

江西、湖北、湖南、安徽、广西、浙江、江苏等长江以南地区每年5—8月为多雨季节,这期间强降水过程频繁,降水量占全年的70%以上。长时间持续大范围降雨很容易导致洪涝灾害,西甜瓜生产田间排水不及时常常会产生涝渍危害。

图 11-19　甜瓜田间涝害症状

2. 典型症状

在西甜瓜受到涝害胁迫后,叶片表现为失水卷曲;在涝渍引发的缺氧条件下,根系生长和吸收功能受到抑制,严重时植株根系受损,出现萎蔫,甚至死亡(图 11-19,图 11-20)。

图 11-20　西瓜田间涝害症状

3. 防控措施

（1）园区选址和排水沟渠建设　应选择地势高燥、排水顺畅的地块定植西甜瓜幼苗。西甜瓜不耐涝渍，避免在地势低洼和地下水位高的地块定植。园地建设时应规划设计田间排水的小沟和排水主沟，设施栽培应尽量对沟渠进行硬化；可查阅当地历年来降水气象资料，根据降水资料设计排水小沟和主沟的深度和宽度。此外，还要注意园区的排水主沟和园区外的排灌沟渠畅通，确保雨后田间无积水，降雨时雨水能顺着沟渠顺利排出（图 11-21）。

图 11-21　排水沟渠

（2）深沟高畦方式定植　西甜瓜定植时应该采取深沟高畦方式，高畦的高度约为 30 cm，田间应开挖排水沟。露地西甜瓜种植原则上采用高垄（不低于 30 cm）龟背型单行中间栽培，增加根系通透性的同时也可增加通风透光性（图 11-22）。

（3）预警提示和灾前准备　提前关注最新天气信息，包括未来 72 h 和 1 周的天气预报、最新气象灾害预警信息等，提前发布给西甜瓜生产园区或基地，做好灾前预警提醒。根据天气预报，要在降雨前做好田间沟渠的检查工作，及时清理沟渠中的杂物，避免因杂物堵塞排水沟导致排水不畅。雨前架设临时避雨设施。如果条件允许，建议采用钢架大棚、竹木中棚等避雨栽培方式。如果是露地栽培，西甜瓜果实处于膨大期但尚未成熟，可以在田间架设临时避雨设施，如田间架设小拱棚、表面覆盖塑料薄膜，可有效避免雨水冲刷对西甜瓜果实和叶片生长的影响，雨后再将临时避雨设施拆除。如果西甜瓜已经长大成熟，在下雨前要及时采收，将果实

图 11-22　深沟高畦方式定植

转到室内贮存。

(4)降雨时清淤和辅助排水　下雨时要及时巡查西甜瓜基地,检查田间雨水能否及时排除。如果田间排水不畅,要及时清沟排水,避免田间积水。如果因暴雨导致田间排水不及时,应及时采用抽水机等排灌设施进行辅助排水。

(5)雨后管理和病虫害防控　暴雨后要及时清理西甜瓜植株,摘除残枝病叶,对倒伏的瓜苗要人工扶起,清洗叶面淤泥,促进恢复生长。暴雨后瓜田地块容易板结,应在土壤晾干后及时中耕松土,及时喷施低浓度的磷酸二氢钾、尿素等叶面肥,促进西甜瓜尽快恢复长势。暴雨后如果再遇到高温干旱,在雨水不均时容易导致西甜瓜裂果,雨后应及时摘除裂果的果实。雨后田间湿度大,容易导致病虫害的发生,常见病害有白粉病、霜霉病、炭疽病、细菌性果斑病等,虫害主要有蚜虫、烟粉虱、黄条跳甲、斜纹夜蛾等,应根据病虫害的种类及时防治(图 11-23)。

图 11-23　雨后管理和病虫害防控

4. 应用区域

包括江西、湖北、湖南、安徽、广西、浙江和江苏在内的长江以南地区西甜瓜种植区域。

5. 依托单位

①江西省农业科学院园艺研究所,朱方红,0791-82728266。

②江苏省农业科学院蔬菜研究所,刘广,025-84390434。

③广西壮族自治区农业科学院园艺研究所，覃斯华，0771-3242001。

（二十二）内蒙古西甜瓜夏季冰雹和洪涝灾害防灾减灾技术

1. 发生特点

6月下旬至8月上旬，内蒙古强降雨、冰雹等自然灾害进入多发季，此时正值露地西瓜膨大期至成熟期，旱涝交替，可严重影响果实商品率。

2. 防控措施

（1）人工驱雨　关注天气变化，气象部门开展人影指挥，布置气象弹炮点，发射防雹弹。

（2）中耕松土　适时中耕松土，避免雨后土壤板结；同时，对于杂草也有一定的防除作用。

（3）病虫害防治　注意病虫害防治。连阴雨天气发生后，田间湿度大，易发生病虫害，应及时采用有效的杀菌剂、杀虫剂等药剂进行综合防治。

（4）施叶面肥　叶面补充营养物质，喷施氨基酸或者腐殖酸类水溶肥，增强植株的抗逆性。

（5）加固设施　设施栽培，棚内有作物的，及时闭棚防风，尽量保证棚膜、设施及作物安全；如果风力超强，须当机立断割膜保棚；设施栽培，棚内无作物的，及时收起棚膜泄风；棚头增加立柱、加固设施（图 11-24a）。

（6）疏通沟渠　棚室间设置排水沟，及时疏通排水沟渠，保证排水畅通，防止暴雨淹没田块。清理沟渠，排除积水，对于地势低洼、自行排水困难的田块，要用抽水工具排水，尽量减少受淹时间（图 11-24b）。

（7）果实套袋　套袋的果实比不套袋的果实受冰雹的危害程度明显要轻很多。套袋时最好选择不易被冰雹打碎、透气性好的羊皮纸袋或牛皮纸袋（图 11-24c）。

a.增加立柱　b.设置排水沟　c.果实套袋

图 11-24　夏季冰雹、涝灾防控措施

3. 应用区域

适用于内蒙古西甜瓜主产区。

4. 依托单位

巴彦淖尔市农牧业科学研究所，马捷，0478-2611051。

二 西甜瓜生物灾害防灾减灾技术

（一）西甜瓜枯萎病和根腐病防灾减灾技术

1. 发生特点

枯萎病常在西瓜、甜瓜伸蔓至结瓜期发生，连作田块发病重；根腐病在西瓜、甜瓜定植后开始发病，并不断加重。两种病害在台风、暴雨、连续降水、淹水时极易加重发生甚至大发生。

2. 典型症状

（1）枯萎病　一般在苗期或移栽定植后病菌侵入西瓜、甜瓜根系，后不断扩展，在伸蔓至结瓜初期发病，结瓜期进入发病高峰。发病初期，植株叶片萎蔫，萎垂叶片的叶缘及叶尖变为褐色到黑褐色。病情发展缓慢时，初期中午萎蔫、早晚恢复，几次反复后病株枯死，叶片呈褐色、枯死。环境条件适宜时，病情发展迅速，叶片和茎蔓可突然由下而上全部萎蔫。发病植株的根系发育差，须根较少，变褐腐烂，容易拔起。剖视病蔓基部，可见维管束变为褐色，断面上黄褐色圆点排成环状。在潮湿条件下，病部可产生白色或粉红色霉层（图 11-25）。

（2）根腐病　为害西瓜、甜瓜植株茎基部和根部。发病初期，西瓜、甜瓜植株茎基部与主根上部皮层呈水渍状、浅褐色，后逐渐至深褐色，腐烂，最终皮层、组织破碎，仅留下丝状维管束。发病植株叶片出现萎蔫或大部分叶片向上翻卷，初期叶片中午萎蔫，早晚恢复正常，反复几天后，植株因根部严重腐烂而萎蔫死亡。病株茎基部及主根上部有明显的皮层腐烂坏死，且根部须根较少（图 11-26）。

3. 防控措施

采取以抗病品种应用、加强栽培管理和使用高效药剂为核心的防控技术。

（1）选用抗病良种　选用较抗西瓜枯萎病和较抗甜瓜枯萎病的品种，同时选用较耐根腐病的品种。

（2）有效杀灭病菌菌源　采取土壤消毒处理，杀灭或减少土壤中的枯萎病菌和根腐病菌菌源数量，可以有效减轻枯萎病和根腐病的发生。土壤消毒处理有两种方式：①太阳能土壤消毒技术。在西瓜、甜瓜收获后的高温晴热季节，整地作畦，用黑地膜覆盖整好的畦，边缘压实，再

a.西瓜枯萎病症状　b.西瓜枯萎病植株维管束变色

图 11-25　西瓜枯萎病症状

a.甜瓜根茎部根腐病症状　b.甜瓜根腐病植株叶片症状

图 11-26　甜瓜根腐病症状

搭建小棚,盖上透明的棚膜,压实密闭,保持2周以上,使土壤温度40 ℃以上累积时间满300~350 h以上后,撤除覆盖物,5~7 d后定植瓜苗。②棉隆土壤消毒技术。棉隆又称必速灭,剂型为98%~100%微粒剂,25~30 kg/亩。清理田块,翻耕整地,沟施或撒施药剂,再翻耕均匀,适当浇水,保持一定土壤湿度(60%~70%);施药后用农膜密闭覆盖10~15 d;揭膜后翻耕30 cm;翻耕松土后进行整地作畦;再整好田块后灌水,加快药剂挥发;5~7 d后移栽西瓜、甜瓜苗。

(3)栽培管理措施

①轮作防病。尽量安排水旱轮作,每2~3年轮作1次。在大棚或小拱棚栽培的产区,可以在西瓜或甜瓜收获后,撤下大棚覆膜,保留大棚基本骨架,种植水稻,实现水旱轮作。

②嫁接防病。西瓜可选用葫芦、南瓜或野生西瓜等西瓜专用砧木品种,甜瓜可选用南瓜或野生甜瓜等甜瓜专用砧木品种。嫁接西瓜或甜瓜,对枯萎病的防病效果可达95%以上。对于根腐病较重的地块可选兼抗枯萎病和根腐病的砧木品种。

③栽培防病。施足基肥,施用腐熟的有机肥,避免偏施氮肥,及时追施磷钾肥;采用深沟高畦栽培,定植后适当控制灌水,膨瓜期适当增加灌水次数,采取小水浇灌,避免大水漫灌;雨季及时排水,尽量采用膜下滴灌等技术;大棚栽培要及时通风降湿;及时防治地老虎、蛴螬、蝼蛄等地下害虫;及时拔除病株,并带出田外深埋或烧毁;收获后及时清除田间病株和病残体,集中烧毁或妥善处理,减少病菌积累。

(4)药剂防治

①枯萎病的药剂防治。往年发生枯萎病的连作田块和直播苗栽培田块应在移栽后采用药剂预防;田间发现枯萎病病株后应全田块逐株施药防治,可选用25%咪鲜胺乳油、50%多霉灵粉剂、70%噁霉灵粉剂、50%异菌脲粉剂等,兑水配制成1500倍药液,每株灌根施用药液0.25 kg,每隔7~10 d灌药1次,连续防治2~3次。

②根腐病的药剂防治。发病初期或发病前进行药剂灌根、泼浇防治。常用的药剂及使用浓度为:50%异菌脲可湿性粉剂1000~1200倍液、50%甲基硫菌灵可湿性粉剂500~600倍液、50%多菌灵可湿性粉剂600~800倍液、50%多霉威可湿性粉剂800~1000倍液、10%苯醚甲环唑水分散粒剂3000~4000倍液、50%咪鲜胺可湿性粉剂1000~1500倍液,或15%噁霉灵水剂1000~1500倍液,每株灌根施用药液0.25 kg,每隔7~10 d灌药1次,连续防治2~3次。

(5)注意事项　药剂土壤处理后应间隔1周以上再移栽西瓜、甜瓜,避免药害;枯萎病药剂防治采用灌根施药,根腐病药剂防治采用灌根、泼浇根茎部。

4. 应用区域

适用于全国西甜瓜主产区。

5. 依托单位

浙江大学,宋凤鸣。

(二)西甜瓜蔓枯病防灾减灾技术

1. 发生特点

蔓枯病在西瓜、甜瓜整个生育期均可发病,茎蔓、叶片、果实均可受害,但主要为害叶片和茎蔓。该病在台风、暴雨、连续降雨、淹水时极易加重发生，病斑遍及全叶，叶片变黑、枯死。

2. 典型症状

叶片发病时，多从叶缘开始发病，先出现水渍状病斑，后扩展成青灰色大圆斑，后形成“V”字形或弧形病斑，淡褐色至黄褐色，轮纹不明显，老叶上病斑表面常密生小黑点；干燥时病斑干枯，呈星状破裂。成株茎蔓发病时，多在茎基、茎节或分枝处出现油浸状小病斑，呈椭圆形或梭形，白色，后逐渐扩大，常绕茎蔓半周至 1 周；后期病斑变成黄褐色，病茎干缩，纵裂成乱麻状，可长达 10 cm 以上，造成病部以上茎叶枯萎，病部密生小黑点（图 11-27，图 11-28）。潮湿时，病部常流出琥珀色胶质物，干枯后变为红褐色。病株茎部表皮层变褐腐烂，但维管束不变色，可区别于枯萎病。

图 11-27　西瓜蔓枯病叶片上症状

图 11-28　甜瓜蔓枯病藤蔓上症状

3. 防控措施

采取以选用抗性品种、强化栽培管理为主，化学防治为辅的综合措施。

（1）选用抗病良种　在兼顾丰产优质的前提下，尽量选用抗病性较强的品种。

（2）加强栽培管理

①合理轮作。轮作可以减少土壤中的病菌数量，降低发病率。可与非瓜类作物，如十字花科、豆科、茄科等蔬菜轮作 3～5 年，或与小麦、玉米等大田作物轮作 2～3 年，但最好实行水旱轮作2～3 年。

②科学肥水管理。深沟高畦，防渍防涝；保护地栽培时注意通风；科学浇水，做到小水勤浇，膜下滴灌，切忌大水浇灌；露地栽培应避免大水漫灌，雨季加强防涝，降低土壤水分；发病后要适当控制浇水。施足基肥，多施腐熟的有机肥，氮、磷、钾配合施用，平衡配方施肥，勿偏施氮肥。生长期土壤施用或喷施硅肥，可减轻发病。

③强化农事操作。农事操作不当会导致蔓枯病菌的人为扩散与传播，应注意正确农事操作，避免交叉感染，特别应注意整枝和收获后及时清园。及时整枝、打杈、绑蔓，避免伤口感染；种植过密或植株生长过于茂盛时，应打掉一部分多余的叶和蔓，以利通风透光，降低湿度；及时清除杂草，摘除病叶病果，拔除病株，集中深埋或烧毁；收获后彻底清理田园和大棚，集中处理藤蔓，深埋或焚烧，减少菌源。

（3）科学用药

①育苗土和土壤消毒。育苗土应选用 3 年以上未种过瓜类作物的田块土或育苗基质，并

进行消毒处理，可用70%甲基托布津可湿性粉剂800倍液或50%多菌灵可湿性粉剂1000倍液喷雾。保护地栽培时，定植前可用30%多菌灵可湿性粉剂500倍液或40%敌磺钠粉剂30 kg/hm^2，均匀喷施土表，耙细耙匀，起垄后栽种；或定植前10～15 d用45%百菌清烟剂熏蒸，可消灭棚室内大部分蔓枯病菌。

②药剂防治。移栽前3～5 d，用25%苯醚甲环唑乳油，或80%多·福·锌可湿性粉剂，或36%三唑酮·多悬浮剂，按推荐用量喷雾瓜苗，带药移栽。伸蔓期进行喷药保护，发病初期及时用药防治，可用80%代森锰锌可湿性粉剂，或70%代森联悬浮剂，或75%猛杀生水分散粒剂，或50%多菌灵可湿性粉剂，或75%百菌清可湿性粉剂，或32.5%嘧菌酯·苯醚甲环唑悬浮剂，或43%氟菌肟菌酯悬浮剂，或30%苯醚甲环唑悬浮剂，或50%异菌脲可湿性粉剂等药剂，按推荐用量进行喷雾，隔5～7 d喷药1次，连续2～3次。重点喷施植株中下部茎叶和地面。

(4)注意事项　蔓枯病主要为害叶片和茎蔓，因此药剂防治时注意将药液喷施到发病的茎蔓部位；合理使用农药，注意交替、轮换用药，防止病菌产生抗药性。

4. 应用区域

适用于全国西甜瓜主产区。

5. 依托单位

浙江大学，宋凤鸣。

（三）西甜瓜炭疽病防灾减灾技术

1. 发生特点

炭疽病从西瓜甜瓜苗期到成株期均可发生，但以生长中、后期发病严重，主要为害叶片、茎蔓和果实。该病在台风、暴雨、连续降雨、淹水时极易加重发生甚至大发生，病斑遍及全叶，叶片变黑、枯死。

2. 典型症状

发病初期，叶片上出现水渍状纺锤形或圆形病斑，后扩大为边缘紫褐色、中间淡褐色的病斑，有时具同心轮纹和小黑点；后期病斑扩大，连合成片，易穿孔、破裂，引起叶片枯死。茎蔓或叶柄发病时，病斑呈长椭圆形、纺锤形或不规则形，病部稍凹陷，初期呈褐色水浸状，后转为黑色；当病斑绕茎1周后，病茎上端的叶片、茎蔓枯死(图11-29)。果实发病，果实表面为暗绿色水浸状小病斑，扩大后呈圆形或椭圆形，暗褐色至黑褐色，病斑凹陷龟裂。潮湿时病部产生黑色小粒点，即为病菌的分生孢子盘，或为粉红色黏稠物。

3. 防控措施

应采取以选用抗病品种、强化栽培管理等农业防治为主，结合化学防治的综合措施。

(1)选用抗病良种　生产上抗炭疽病的西瓜品种较多，尽量选种抗(耐)病品种。

(2)加强栽培管理

①合理轮作。有计划地与水稻、麦类、玉米、油菜等非葫芦科作物实行3年以上轮作，可较好地控制包括炭疽病在内的土传病害。

②培育壮苗。采用营养钵育苗，移栽后返苗快，长势好。育苗土应选用没有种过瓜类作物

图 11-29　西瓜炭疽病为害叶片和藤蔓症状

的土壤或基质土，加入足量的腐熟有机肥，并进行消毒。采用消毒育苗土，可以培育无病壮苗，有利于控制苗期和后期炭疽病的发生。

③栽培管理。合理密植；选择排水良好的田块，平整土地，防止田间积水，雨后及时排水；采用配方施肥，施足基肥，增施磷钾肥和充分腐熟的有机肥，外施微量元素肥、生物肥料；采用小水勤浇或滴灌，避免大水漫灌；及时排水通风，降低棚内湿度；及时摘除病叶、病果或拔出病株，集中销毁或深埋；及时清除田间杂草。

（3）科学用药

①土壤消毒。移栽前，连作田块或大棚应进行土壤消毒处理，具体参考防治枯萎病、蔓枯病的土壤消毒方法。

②药剂防治。苗期发病，可用 25％甲霜灵可湿性粉剂，或 75％甲基托布津可湿性粉剂，按推荐使用量，进行喷雾防治。定植后，可用 60％吡唑·代森联水分散粒剂，或 70％代森联水分散粒剂，或 20％噻菌酮悬浮剂，或 80％代森锰锌可湿性粉剂，或 75％百菌清可湿性粉剂等药剂，按推荐使用量，进行叶面喷雾预防。发病初期可用 10％苯醚甲环唑水分散粒剂，或 80％炭疽福美可湿性粉剂液，或 20％噻菌酮悬浮剂，或 43％戊唑醇悬浮剂，或 25％嘧菌脂悬浮剂，或 32.5％嘧菌酯·苯醚甲环唑悬浮剂，或 45％咪鲜胺水乳剂，或 43％氟吡菌酰胺·肟菌酯悬浮剂，或 43％戊唑醇悬浮剂等药剂，按推荐使用量，进行喷雾防治，隔 7～10 d 防治 1 次，连续 2～3 次。应合理使用农药，注意交替、轮换用药，防止病菌产生抗药性。

（4）注意事项　炭疽病主要为害叶片和茎蔓，因此药剂防治时注意将药液喷施到发病的茎蔓部位；合理使用农药，注意交替、轮换用药，防止病菌产生抗药性。

4. 应用区域

适用于全国西甜瓜主产区。

5. 依托单位

浙江大学，宋凤鸣。

（四）西甜瓜白粉病防灾减灾技术

1. 发生特点

白粉病是西瓜、甜瓜生长中后期的一种较常见、为害较重的病害，主要为害叶片，其次是叶柄和茎，一般不为害果实。南方秋西瓜发病较重，北方露地西瓜夏季发病重，保护地西瓜、甜瓜全年都可发病。

2. 典型症状

发病初期叶面产生白色近圆形星状小粉点，以叶面居多；当环境条件适宜时，粉斑迅速扩大，连接成片，形成边缘不明显的大片白粉区，密布白色粉末状霉；严重时整个叶面布满白粉。病害逐渐由老叶向新叶蔓延(图 11-30)。发病后期，白色霉层因菌丝老熟变为灰色，叶片也逐渐褪色；严重时病叶枯黄、卷缩，一般不脱落。当环境不利于病菌繁殖或寄主衰老时，病斑上出现成堆的黄褐色的小粒点，后变成黑色。

图 11-30　西瓜白粉病症状

3. 防控措施

应采取以选用抗病品种、强化栽培管理等农业防治为主，结合化学防治的综合措施。

(1)选用抗病良种　一些西瓜和甜瓜品种的抗病性较强，在条件许可的情况下尽量选用抗病品种。

(2)加强栽培管理　合理密植，及时整枝理蔓，摘除基部过密与衰老的叶片，做到通风透光、排水良好；不偏施氮肥，增施磷肥、钾肥，生长期避免施氮肥过多，促进植株健壮生长，提高抗病力；注意田园清洁，及时摘除病叶，减少重复传播病害的机会；西瓜、甜瓜收获后，彻底清除病株残体，集中烧毁或深埋。

(3)补光提高抗病能力　设施内有条件的可采用 LED 灯补充红光，在阴雨、雪天或雾霾天进行补光，每次补光 4～6 h，可显著提高抗白粉病能力。

(4)科学用药　重点做好发病初期的施药工作。施药后如病情继续发展，可连续用药，以达到有效控制白粉病蔓延的目的。药剂可用苯醚甲环唑(10%世高)1500 倍液、氟硅唑(40%福星)5000 倍液、醚菌酯(50%翠贝)3000 倍液、吡唑萘菌胺·嘧菌酯(29%绿妃)1500 倍液、肟菌酯·氟吡菌酰胺(露娜森)1500 倍液、嘧菌酯(25%阿米西达)1500～3000 倍液喷雾，每 5～7 d 喷 1 次，连喷 3～4 次。保护地栽培时还可以烟熏处理，每亩用 45%百菌液烟熏剂 250 g 进行熏蒸。

(5)注意事项　发病初期及时用药；合理使用农药，注意交替、轮换用药，防止病菌产生抗药性。

4. 应用区域

适用于全国西甜瓜主产区。

5. 依托单位

浙江大学,宋凤鸣。

（五）西甜瓜果斑病防灾减灾技术

1. 发生特点

该病通过种子带菌传播。整个生育期都可发生,属于常发、暴发性病害,具有增殖速度快、为害程度严重等特点。特别是潮湿、阴雨常易引发病害暴发流行。

2. 典型症状

受侵染植物子叶首先表现症状,叶缘或叶尖端出现水浸状小斑点,逐渐扩展连片,形成不规则或条纹形病斑。病斑边缘黑褐色,逐渐坏死。在适宜的温度、湿度条件下叶片背面有菌脓溢出,随后病斑迅速扩展至嫩茎;严重时导致植株倒伏。受害真叶初期为水浸状小斑,遇适宜环境继续扩展,病斑周围有浅黄色晕圈,病斑受叶脉限制扩展呈不规则形,扩大后的病斑遇高温炎热天气而干枯穿孔。西瓜和甜瓜果实发病症状不一致。西瓜果实被侵染后表现为水浸状大斑,病斑连成一片,最终覆盖果面,严重时,受侵染的果皮凹陷并皲裂,有乳白色菌脓溢出,后期病斑发展至果肉,直接影响果实的商品价值(图 11-31)。

a.西瓜叶片上发病症状　b.西瓜果实上发病症状　c.甜瓜叶片上发病症状　d.甜瓜果实上发病症状

图 11-31　西瓜、甜瓜果斑病典型症状

3. 防控措施

采取以种子带菌检测、种子处理和精准施药为核心的绿色防控技术。

(1)种子带菌检测　种子应经检疫部门检测合格方可销售,瓜农需种植不带菌的种子。

(2)种子消毒处理　防控果斑病种子处理是关键。用中国农业科学院植物保护研究所研制的“杀菌剂 1 号”200 倍液浸种 1 h,或用 40%福尔马林 200 倍液浸种 30 min,或用 1%盐酸浸种 5 min,紧接着用清水浸泡 4～5 次,每次 30 min,再催芽播种。药剂浓度和浸种时间要把握好,并对未经处理过的种子进行少量处理试验,以免大量处理种子时出现药害(无籽西瓜不能用酸处理)。

(3)幼苗期药剂防治　主要应用抗生素和铜制剂。在出苗后,可用 2%春雷霉素 500 倍液进行预防保护,每隔 7～15 d 喷雾 1 次。幼苗和成株发病初期,用 50% 氯溴异氰尿酸水溶性粉剂 (消菌灵)800 倍液,或 200 mg/kg 的新植霉素,或 3% 中生菌素可湿性粉剂 500 倍液喷雾。也可使用 46.1%氢氧化铜干悬浮剂(可杀得 3000)1000 倍液,或 77%可杀得微粒粉剂

1000 倍液，或 47%春·王铜可湿性粉剂(加瑞农)800 倍液喷雾。喷药时应做到均匀、周到、细致(叶片背面也需喷)。每隔 7 d 用药 1 次，连续用药 3～4 次。

(4)田间管理　及时清除病残体；应用地膜覆盖和滴灌设施，降低田间湿度和避免灌水传染；适时进行整枝、打杈，保证植株间通风透光；合理增施有机肥，可以提高植株的生长势，增强抗病能力；发现病株，及时拔除；禁止将发病田中用过的工具拿到无病田中使用。

(5)注意事项　种子浸种时间要充分，浸后冲洗干净。在苗期要密切监测病害发生，不移栽病苗，开花前后及时对初发病株或发病中心进行药剂喷施封锁。施药时，一定要用够药量、均匀细雾喷施。

4. 应用区域

适用于全国西甜瓜主产区。

5. 依托单位

中国农业科学院植物保护研究所，赵廷昌，010-62815933。

(六)西甜瓜黄瓜绿斑驳花叶病毒病防灾减灾技术

1. 发生特点

2006 年 12 月 21 日，中华人民共和国农业部第 788 号公告将黄瓜绿斑驳花叶病毒(cucumber green mottle mosaic virus，CGMMV)列为全国植物检疫性有害生物，其导致的病毒病被列入我国三类检疫性病害。CGMMV 已成为瓜类作物的一种毁灭性病害。该病主要以种子远距离传播并作为初始侵染源进入葫芦科作物生产中，带毒砧木或种子为初始传播途径，随后通过嫁接在西瓜和甜瓜产业中大量传播。植株移栽后整枝、打杈和灌溉是 CGMMV 在田间自然传播的主要途径。带毒植株的种子又成为下一季的初始侵染源。

2. 典型症状

CGMMV 侵染后导致植株生长缓慢，叶片呈不均匀花叶，出现褪绿斑驳，典型症状包括花叶，出现褪绿斑、斑驳或突起等；果实上的症状主要包括畸形、果肉倒瓤，瓤色常呈暗红色，有的果肉组织纤维化，使果实内部形成空腔症状(图 11-32)，无法食用，失去商品价值。

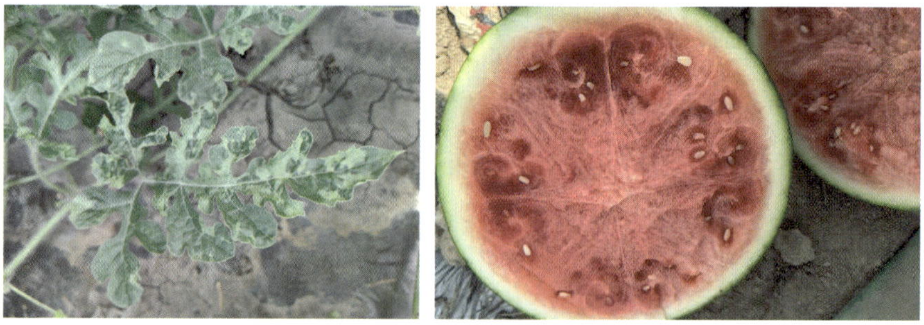

图 11-32　CGMMV 引起的叶部斑驳和果实倒瓤症状

3. 防控措施

(1)加强检疫　CGMMV 是我国检疫性病毒，加强检疫是阻隔该病毒大量发生和大地域传播的重要途径。

(2)清除杂草,清洁田园　田间杂草是西瓜、甜瓜病毒的重要寄主,清除杂草,清洁田园是种植西、甜瓜过程中不容忽视的农业措施。

(3)选用健康种子与种子消毒　种子于 70 ℃ 热处理 144 h,能有效去除甜瓜种子携带的 CGMMV,且不影响种子萌发;用 10% 磷酸三钠处理种子 3 h,或用 0.1 mol/L HCl 处理种子 30 min,均能获得很好的防治效果,但种子发芽率会下降到 75%。种子干热处理是防治 CGMMV 的最为关键措施,种子在 72 ℃干热处理 72 h,可以有效降低病毒尤其是黄瓜绿斑驳花叶病毒的发生。种子处理需要温度控制比较严格且内部通风好的精密的仪器设备。种子先经过 35 ℃ 24 h、50 ℃ 24 h, 72 ℃ 72 h,然后逐渐降温至 35 ℃ 以下约需 24 h。

(4)化学防治　可以喷洒下列农药:20%病毒可湿性粉剂 500～800 倍液,或 1.5%植病灵Ⅱ号乳剂 1000～1200 倍液,或 3.85%病毒必克水乳剂 500 倍液,或 0.5%抗毒丰水剂 200～300 倍液,或 NS83 增抗剂 100 倍液,或 0.5%氨基寡糖素(壳寡糖)水剂 600～800 倍液,或 8%宁南霉素水剂 750 倍液,或 4%嘧肽霉素水剂 200～300 倍液等。

4. 应用区域

适用于全国西甜瓜主产区。

5. 依托单位

中国农业科学院郑州果树研究所,古勤生、吴会杰,0371-65330956。

(七)西甜瓜银斑驳病毒病防灾减灾技术

1. 发生特点

西瓜银斑驳病毒(watermelon silver mottle virus,WSMoV)可侵染大多数葫芦科和茄科作物 6 个科 20 多种物种,包含西瓜、甜瓜、黄瓜、辣椒及番茄等。目前,在云南、广东、海南、广西、山东、浙江等地均有发生。自然环境下病毒通过蓟马来传播。

2. 典型症状

WSMoV 引起植株叶片畸形、叶片银斑驳,新叶畸形、花叶黄斑,果实表面出现斑驳、畸形等症状(图 11-33)。

图 11-33　银斑驳病毒在西瓜叶片和果实上的斑驳症状

3. 防控措施

主要以控制传毒介体的数量为主,同时应尽量减少可能的带毒植物。

(1)对传播介体蓟马的防治　参考“(九)蓟马防控减灾技术”的防控措施。

(2)利用栽培措施对病毒病防治　该病毒也可侵染辣椒、番茄等多种蔬菜,因此防控时须远离这些作物,避免混种或相邻种植。同时,杂草是蓟马很重要的栖息地和初侵染源,应在休耕期清除大棚或温室附近的杂草,以减少初侵染源。此外,要及时清除和处理病株,消灭越冬寄主上的虫源,减少毒源。

(3)选用抗病品种　目前还没有抗 WSMoV 的西瓜品种,凡种植在易感染的地区,都有可能造成毁灭性损失。

4. 应用区域

适用于南方西甜瓜主产区及北方部分发生该病毒区域。

5. 依托单位

中国农业科学院郑州果树研究所,古勤生、吴会杰,0371-65330956。

(八)西甜瓜新德里番茄曲叶病毒病防灾减灾技术

1. 发生特点

新德里番茄曲叶病毒(tomato leaf curl New Delhi virus, ToLCNDV)可感染的寄主植物约 44 种,分布在茄科、葫芦科、大戟科、锦葵科和蝶形花科。感染的葫芦科植物有西瓜、甜瓜、黄瓜、苦瓜、瓠子、丝瓜;感染的茄科植物包括番茄、马铃薯、茄子。该病毒是目前所有我国瓜类病毒中为害最为严重的一种,是头号病毒,能够导致毁产。该病毒病的发生不仅严重影响瓜类作物生产,甚至危及瓜类作物的科研、育种、资源保存等。自然环境下病毒通过烟粉虱传播。

2. 典型症状

被侵染葫芦科植物出现植株严重矮化,叶片皱缩,表面凹凸不平、变小、黄化,叶片下卷,果实畸形等症状(图 11-34)。

图 11-34　瓜类作物田间感染 ToLCNDV 后的症状

注:从左到右为甜瓜、南瓜、西葫芦、丝瓜。

3. 防控措施

(1)清洁田园　一些杂草可能成为该病毒的寄主,因此清洁田园、清除杂草是防控该病毒病的第一步。

(2)控制或避开传毒介体　控制烟粉虱的发生仍然是防控该病毒的关键,建议采用 80 目的防虫网、挂黄色粘虫板、套种一些对烟粉虱具有趋避作用的作物如芹菜;幼苗定植时用 25%

噻虫嗪水分散粒剂 3000 倍液灌根，30～50 mL/株；棚室内傍晚收工时将棚密闭，采用敌敌畏、异丙威、苦皮藤素、哒螨·异丙威烟剂分几处点燃，按照产品说明书核定用量；喷雾药剂可选择 10%溴氰虫酰胺可分散油悬浮剂 1500～2000 倍液、25%噻虫嗪水分散粒剂 3000～4000 倍液、22%氟啶虫胺腈悬浮剂 2000～3000 倍液及复配剂、75 g/L 阿维菌素·双丙环虫酯可分散液剂 1000～1500 倍液；或 65%吡蚜·螺虫酯水分散粒剂 4000～5000 倍液，40%吡蚜酮·溴氰虫酰胺水分散粒剂 1000～1500 倍液等。

（3）选育抗病品种　目前有一些耐病毒的甜瓜品种，也有抗病毒的资源。我国亟须设立项目筛选不同瓜类作物抗 ToLCNDV 的资源以及抗病毒育种、抗病毒基因定位和克隆。同时对于生产中采用的商品品种应该做田间抗病毒的评估，以评估种植的风险。

（4）化学防治　可以采用一些防病毒的药剂，如宁南霉素、毒氟磷、阿泰灵、维大力、智能聪等，但是所有这些药物都只能延缓或减轻病毒病的发生，还不能有效抑制其发生。

4. 应用区域

适用于全国西甜瓜主产区。

5. 依托单位

中国农业科学院郑州果树研究所，古勤生、吴会杰，0371-65330956。

（九）设施西甜瓜蓟马防灾减灾技术

1. 发生特点

蓟马（瓜蓟马、西花蓟马等）属缨翅目蓟马科，寄主植物非常广泛，目前已知的有 200 多种。近几年，蓟马在我国北方设施西瓜、甜瓜上严重发生，单株植株叶和花上的蓟马总数严重时超过千头。在温室内，西花蓟马可全年繁殖，每年发生 12～17 代，15 ℃下完成 1 代需要 44 d 左右，30 ℃下 15 d 即可。每头雌虫一般产卵 18～45 粒，20 ℃时繁殖力最高。该虫将卵产于叶、花和果实的薄壁组织中，有时也将卵产于花芽中。幼期 4 龄，前 2 龄是活动取食期，后 2 龄不取食，属于前蛹和蛹期。1 龄若虫孵化后立即取食，27 ℃下历期 1～3 d，2 龄若虫非常活跃，多在叶片背面等隐蔽场所取食，历期从 27 ℃的 3 d 到 15 ℃的 12 d。2 龄若虫逐渐变得慵懒，蜕皮变为假蛹，这段历期在 27 ℃下为 1 d，15 ℃下为 4 d；化蛹场所变化较多，多在土中，也可在花中。蛹期为 3～10 d。在室内条件下雌虫存活 40～80 d，雄虫寿命较短，约为雌虫的一半。在一个种群内，雄虫数量通常为雌虫的 3～4 倍。雄虫由未受精卵发育而来，未受精卵产自未交配的雌虫。该虫在温暖地区能以成虫和若虫在许多作物和杂草上越冬，相对较冷的地区则在耐寒作物如苜蓿和冬小麦上越冬，寒冷季节还能在枯枝落叶和土壤中存活。

2. 典型症状

该虫以锉吸式口器取食植物的茎、叶、花（图 11-35）、果，导致花瓣褪色，叶片皱缩，叶片、茎及果有时易形成伤疤，最终可能使植株枯萎；同时还传播番茄斑萎病毒（tomato spotted wilt virus，TSWV）在内的多种病毒。蓟马常引起西瓜、甜瓜叶片卷曲，叶片褪色，在叶片及果实上形成齿痕及伤疤。为害叶片时出现白色褪绿斑点，苗期叶片为害严重时易形成空洞。幼虫

图 11-35　蓟马为害花症状

多在叶片背面活动为害。

3. 防控措施

（1）农业防治　清除设施大棚及其周围的杂草，减少越冬虫口基数，加强田间管理，增强植物自身抵御能力，能较好地防范蓟马的侵害。干旱植物更易受到蓟马的入侵，因此保证植物得到良好的灌溉就显得十分重要。另外，高压喷灌利于驱赶附着在植物叶子上的蓟马，可减轻为害。

（2）物理防治　利用蓟马对蓝色的趋性，可采取蓝色诱虫板对蓟马进行诱集，效果较好。

（3）生物防治　利用蓟马的天敌蜘蛛及钝绥螨等可有效控制西花蓟马的数量。如在温室中每 7 d 释放钝绥螨 200～350 头/m^2，可完全控制其为害。释放小花蝽也有良好的防效，这些天敌在缺乏食物时能取食花粉，所以效果比较持久。

（4）药剂防治　药剂可选用 2.5%多杀霉素悬浮剂 1000 倍液、10%虫螨腈乳油 2000 倍液、5%氟虫腈悬浮剂 1500 倍液，或 10%吡虫啉可湿性粉剂 2000 倍液等喷雾防治。喷洒农药时，一要注意不同的农药交替使用以削弱其抗药性，二要注意使用的间隔期及密度。一般而言，1 种农药使用 2 个月为佳，这样可减轻化学杀虫剂的选择压力，延缓害虫抗药性的产生。

4. 应用区域

适用于全国南北方设施西甜瓜主产区。

5. 依托单位

中国农业科学院植物保护研究所，陈景超、吴圣勇，010-62813309。

（十）设施西甜瓜瓜蚜防灾减灾技术

1. 发生特点

瓜蚜（*Aphis gossypii* Glover），又名棉蚜，属同翅目蚜科，俗称蜜虫或油虫，是一种世界性害虫，干旱少雨年份发生重。其主要寄主有西瓜、甜瓜、丝瓜及西葫芦等葫芦科蔬菜。成蚜和若蚜在温室中可常年为害。一般每年发生 20 余代，月平均温度在 6～8 ℃时，越冬卵即孵化为干母，大约 1 个月后产生有翅蚜并迁飞到露地为害。秋冬季节形成有翅蚜再回到温室内，产生性蚜，交配产卵越冬。一般在干旱少雨、植株徒长的地块发生。

2. 典型症状

成虫及若虫性喜吸食植株幼嫩部分的汁液。生长点及幼嫩部分受害后，叶片卷缩，常褪绿为灰黄色，严重时叶片干枯死亡（图 11-36）。

图 11-36　瓜蚜为害叶片状态

3. 防控措施

（1）农业防治　铲除地块周围杂草，深耕土壤，有利于病残体分解，减少虫源和虫卵寄生场所。

（2）物理防治　提倡黄板诱蚜或使用银灰色薄膜避开蚜虫。

（3）生物防治　利用瓢虫、草蛉、食蚜蝇、小花蝽、蚜小蜂等天敌可有效控制虫群密度。

（4）药剂防治　可使用的药剂有 0.65%茴蒿素水剂 300～400 倍液、2.5%三氟氯菊酯乳油 3000 倍液、3%啶虫脒乳油 2000 倍液、10%吡虫啉可湿性粉剂 1500 倍液、2.5%联苯菊酯乳油 3000 倍液等。

4. 应用区域

适用于全国南北方设施西甜瓜主产区。

5. 依托单位

中国农业科学院植物保护研究所，陈景超、吴圣勇，010-62813309。

（十一）设施西甜瓜温室白粉虱防灾减灾技术

1. 发生特点

年发生代数因地区而异，南方温度较高，可常年发生，北方地区温室内 1 年可发生 10 余代，在室外因温度低难以越冬。成虫羽化后数天即可产卵，每个雌虫可产 100～200 粒卵，卵多产于叶片背面，卵柄从气孔插入叶片内，不易脱落。因白粉虱喜食幼嫩部分，故其在植株垂直方向的虫龄（从卵到成虫）从上到下逐渐增大，卵孵化后的 1 龄若虫可在叶背短距离行动，2 龄以后若虫因为足的退化，只能固定取食。

2. 典型症状

温室白粉虱寄主广泛，大量成虫及若虫喜欢聚集在叶片背面，通过吸食叶片的汁液，引起叶片褪绿变黄，严重时叶片萎蔫干枯（图 11-37）。为害的同时分泌蜜露，容易引起煤污病，影响瓜类产量及品质。白粉虱还是多种病毒的传毒介体。

图 11-37　白粉虱为害叶片状态

3. 防控措施

（1）农业防治　①清洁田园。育苗、定植前清除病残体、杂草，保持温室清洁，通风口安装防虫网。②黄板诱蚜。选用长40 cm、宽 20 cm 的黄色纤维板，涂上机油，挂在温室中，每隔 1.5 m 放置 1 片黄板，高度在作物顶部 20 cm 以上，10～15 d 更换 1 次。

（2）生物防治　利用天敌丽蚜小蜂或草蛉防治。温室白粉虱与丽蚜小蜂释放比例在（2～3）∶1，每隔 15 d 释放 1 次。

（3）化学防治　因世代重叠，在同一时间同一植株上白粉虱的各虫态均存在，而当前缺乏对所有虫态皆理想的药剂，所以实行化学防治时必须连续几次用药。可选用的药剂有：25%噻嗪酮可湿性粉剂 2000 倍液、3%啶虫脒乳油 1200 倍液、70%吡虫啉水分散粒剂 1500 倍液、25%噻虫嗪水分散粒剂 3000 倍液、2.5%联苯菊酯乳油 5000 倍液。喷药时着重喷洒叶背。

4. 应用区域

适用于全国南北方设施西甜瓜主产区。

5. 依托单位

中国农业科学院植物保护研究所，陈景超、吕佳乐，010-62813309。

（十二）设施西甜瓜红蜘蛛防灾减灾技术

1. 发生特点

红蜘蛛（二斑叶螨及茶黄螨等螨类），在全国各地均有分布，可为害西甜瓜、黄瓜、丝瓜、豆类等多种作物。二斑叶螨南方地区发生代数较多，每年 20 代以上，北方一般发生 10 余代。月均温度达到 5～6 ℃时，越冬雌虫即开始活动，达到 6～8 ℃时即产卵繁殖。卵期为 10～15 d。产卵后经 20～30 d 达到第 1 代幼虫的孵化盛期，以后就会世代重叠。气温越高，完成 1 代所需天数越少，23 ℃时完成 1 代约需 13 d，30 ℃以上时一般需 6～7 d。二斑叶螨喜群集生活，多在叶背下活动为害。温度高、湿度小的环境下发病重。茶黄螨虫体较小，肉眼难以观察，繁殖速度快，多数地区发生代数在 20～30 代。温度越高，繁殖越快，在 30～32 ℃时繁殖 1 代仅需 4 d。

2. 典型症状

二斑叶螨若螨及成螨成群地在叶背活动，吸食汁液，使叶片出现黄色点状小斑，为害幼叶，引起卷曲黄化，严重时叶片干枯脱落。茶黄螨以成虫及幼虫的刺针吸食西甜瓜、蔬菜的幼嫩部分为害，如幼叶、幼果等。叶片受害后变小、皱缩，叶片增厚、僵硬、易碎，叶脉扭曲（图 11-38）。

图 11-38　红蜘蛛为害西瓜叶片症状

3. 防控措施

（1）农业防治　铲除田边杂草，清除老叶及其他病残体。定期浇水，保持土壤湿润，减缓害虫的繁殖速度。

（2）生物防治　注意保护及发挥天敌的自然控制作用。如深点食螨瓢虫在幼虫期，每头可捕食二斑叶螨 200 余头，其他还有草蛉、盲蝽等捕食性天敌。也可利用白僵菌等寄生螨虫，减轻为害。

（3）药剂防治　可选用的药剂较多，如 10％阿维・哒螨灵可湿性粉剂 2000 倍液、1.8％阿维菌素乳油 3000 倍液、15％浏阳霉素乳油 1500 倍液、5％唑螨酯悬浮剂 2000 倍液、20％甲氰菊酯乳油 1200 倍液等。以上药剂注意交替及轮换用药，避免抗药性的产生。

4. 应用区域

适用于全国南北方设施西甜瓜主产区。

5. 依托单位

中国农业科学院植物保护研究所，陈景超、吕佳乐，010-62813309。

（十三）西甜瓜瓜列当防灾减灾技术

1. 发生特点

瓜列当是列当科列当属一年生寄生草本植物，高可达 50 cm，全株被腺毛。茎坚挺，叶片卵状披针形，连接苞片、小苞片、花萼和花冠，外面密被腺毛。花序穗状，圆柱形；花萼短钟状，裂片线状披针形，近等大，花冠蓝紫色，在花丝着生处缢缩，裂片长圆形，下唇伸长，长于上唇，花丝基部增粗，疏被柔毛；花药卵形，被短腺毛；蒴果长圆形，种子长卵形，4—6 月开花，6—8 月结果。

2. 典型症状

瓜列当(图 11-39)在新疆主要为害甜瓜、西瓜、打瓜、加工番茄等。被瓜列当寄生的作物生长缓慢,植株矮小,果实较小,受害严重的甚至无商品果,造成绝收。新疆每年因瓜列当为害造成 3500～5000 hm^2 甜瓜减产,1500～2000 hm^2 甜瓜绝收,总体可使西瓜、甜瓜减产 20%～70%。

图 11-39 瓜列当形态特征

3. 防控措施

(1)植物检疫 严格执行产地检疫和调运检疫制度,禁止从疫区调运种子,生产用种选用无瓜列当为害区域生产的种子。

(2)抗性品种选择 因地制宜选择耐、抗瓜列当品种。

(3)农业措施 在瓜列当发生严重的区域避免连作,因地制宜选择诱捕作物进行 3～5 年轮作,诱捕作物可选择玉米、小麦、大麦、高粱及豆类作物。土壤深耕可将上层土壤中的列当种子深埋于下层土壤,使寄主作物根系接触不到列当种子,从而减轻列当为害。土壤耕深达到 50～80 cm 才能保证寄主作物根系接触不到瓜列当种子。

(4)生物防治 土壤微生物及其代谢产物能够有效抑制瓜列当种子萌发。采用滴灌方式将有益微生物发酵液施入土壤中,既可防治瓜列当,又可有效促进寄主作物生长和产量增加。西甜瓜苗出土或移栽 10 d 后,将浓度大于 1×10^8 CFU/mL 时贝莱斯芽孢杆菌发酵液随水滴灌,每亩用量为 10 L;间隔 15 d 第 2 次滴施,每亩用量为 10 L;间隔 15 d 第 3 次滴施,每亩用量为 5 L。

(5)化学防控 对于已经出土的瓜列当,可用草甘膦稀释液涂抹瓜列当茎秆,但不能碰到作物及茎叶。可随灌溉将磺酰磺隆和甲基咪草烟施入瓜垄沟。

4. 应用区域

适用于全国西甜瓜主产区。

5. 依托单位

中国农业科学院植物保护研究所,李香菊、陈景超,010-62813309。

(十四)西甜瓜牛筋草防灾减灾技术

1. 发生特点

牛筋草分布于中国南北各地及全世界温带和热带地区,是世界十大恶性杂草之一,在我国南北各西瓜、甜瓜田均有发生。牛筋草根系发达,生长优势强,与农作物竞争土壤水分和养分,并影响作物的光合作用,造成产量损失可达 20%～27%。

2. 典型症状

牛筋草[*Eleusine indica* (L.) Gaertn]根系极发达。秆丛生,基部倾斜。叶鞘两侧压扁而具脊,松弛,无毛或疏生疣毛;叶舌长约 1 mm;叶片平展,线形,长 10～15 cm,宽 3～5 mm,无毛或上面被疣基柔毛。穗状花序 2～7 个,指状着生于秆顶,很少单生,长 3～10 cm,宽 3～

5 mm；小穗长 4～7 mm，宽 2～3 mm，含 3～6 个小花；颖披针形，具脊，脊粗糙；第一颖长 1.5～2 mm，第二颖长 2～3 mm；第一外稃长 3～4 mm，卵形，膜质，具脊，脊上有狭翼，内稃短于外稃，具 2 脊，脊上具狭翼。囊果卵形，长约 1.5 mm，基部下凹，具明显的波状皱纹。鳞被 2，折叠，具 5 脉。果皮薄膜质，白色，内包种子 1 粒。种子呈三棱状长卵形或近椭圆形，长 1～1.5 mm，宽约0.5 mm，黑褐色，表面具有隆起的波状皱纹。子叶留土。全株扁平状，无毛。胚芽鞘透明膜质。第一片真叶呈带状披针形，长 9 mm，宽2 mm，先端急尖，直出平行脉，叶鞘向内对折，具脊，有环状叶舌，但无叶耳。第二、三片真叶与第一片真叶基本相似(图 11-40)。

图 11-40　牛筋草田间状况

牛筋草根系发达，吸收土壤水分和养分的能力很强，对土壤要求不高；喜好强光照，适于温带和热带地区。牛筋草的种子在不适宜萌发环境条件下休眠，在土壤中多年仍有活力。牛筋草主要通过种子繁殖，借助自然力如风吹、流水及动物取食排泄传播，或附着在机械、动物皮毛或人的衣服、鞋子上，通过机械、动物或人的移动而到处散布传播。花果期 6—10 月。

3. 防控措施

(1)农业防治　利用地膜覆盖，通过抑制其光合作用和提高土表温度防控牛筋草。在牛筋草扬花期前，利用机械对其进行刈割，刈割高度在地上 0 cm 时对牛筋草的防效最高。

(2)化学防治　在露地栽培模式下，精喹禾灵及高效氟吡甲禾灵对西甜瓜牛筋草具有较好的防效。在牛筋草 2～5 叶期，喷施高效氟吡甲禾灵 50 g/hm^2(有效成分)，防效能达到 90%以上；每公顷施用精喹禾灵 45 g 对牛筋草也有理想的防除效果。

4. 应用区域

适用于全国西甜瓜主产区。

5. 依托单位

中国农业科学院植物保护研究所，李香菊、陈景超，010-62813309。

第十二章

柑橘体系防灾减灾技术

一、柑橘非生物灾害防灾减灾技术
（一）柑橘冻害防灾减灾技术
（二）柑橘洪涝灾害防灾减灾技术
（三）柑橘干旱灾害防灾减灾技术
（四）柑橘台风灾害防灾减灾技术
二、柑橘生物灾害防灾减灾技术
（一）柑橘黄龙病防灾减灾技术
（二）柑橘溃疡病防灾减灾技术
（三）柑橘黑点病（砂皮病）防灾减灾技术
（四）柑橘褐斑病防灾减灾技术
（五）柑橘脂点黄斑病防灾减灾技术
（六）柑橘树脂病防灾减灾技术
（七）柑橘衰退病防灾减灾技术
（八）柑橘黄脉病防灾减灾技术
（九）柑橘碎叶病防灾减灾技术
（十）柑橘青、绿霉病防灾减灾技术
（十一）柑橘酸腐病防灾减灾技术
（十二）柑橘褐色蒂腐病防灾减灾技术
（十三）柑橘全爪螨防灾减灾技术
（十四）柑橘始叶螨防灾减灾技术
（十五）侧多食跗线螨防灾减灾技术
（十六）柑橘锈壁虱防灾减灾技术
（十七）柑橘木虱防灾减灾技术
（十八）柑橘粉虱防灾减灾技术
（十九）褐色橘蚜防灾减灾技术
（二十）吹绵蚧防灾减灾技术
（二十一）橘小实蝇防灾减灾技术
（二十二）柑橘大实蝇防灾减灾技术
（二十三）蜜柑大实蝇防灾减灾技术
（二十四）柑橘花蕾蛆防灾减灾技术
（二十五）柑橘潜叶蛾防灾减灾技术
（二十六）恶性叶甲防灾减灾技术
（二十七）柑橘潜叶甲防灾减灾技术
（二十八）星天牛防灾减灾技术
（二十九）柑橘蓟马和茶黄蓟马防灾减灾技术
（三十）喜旱莲子草防灾减灾技术
（三十一）鬼针草防灾减灾技术

一 柑橘非生物灾害防灾减灾技术

（一）柑橘冻害防灾减灾技术

1. 发生特点

常发生在亚热带高海拔地区或山地低洼地的晚冬和早春时期，具有突发性、发生原因复杂、危害严重和防控难等特点。

2. 典型症状

轻度冻害是少量晚秋梢或末级梢有冻伤，叶片脱落量少于40%，对树势、产量基本无影响（图12-1a）；中度冻害是70%以上叶片因冻脱落，1～3年生枝梢冻死，基本无产量；重度冻害是叶片全部冻死，主干或主枝受冻，甚至主干冻裂，受冻后恢复较难或全株直接冻死（图12-1b）。

a.轻度冻害　　b.中度、重度冻害+主干冻裂

图12-1　柑橘冻害症状

3. 防控措施

冻害防控措施包括冻前预防、冻中防护和冻后恢复，是一个系统工程。

1）冻前预防措施

（1）选择抗冻品种和砧木　现有的主要柑橘栽培品种中，金柑、宽皮蜜柑、甜橙、柚和柠檬的抗寒能力依次下降；现有的主要砧木品种中，枳的抗寒力最强，最低可以耐－20 ℃的低温，其次是宜昌橙、香橼等。因此，在有低温冻害的地方，宜选择以枳为砧木的耐寒品种。

（2）合理选择果园园址和改善立地条件　在合适的区域发展适宜的品种（适地适栽）是减少柑橘冻害损失的根本性措施，否则宜尽量利用大山屏障，选择丘陵地南坡、山地逆温层上方和大水体周边种植。对已种植的地方，宜在有害风方向培育防风林或搭建防风网，低洼地修建水池蓄水。

（3）提高树体抗冻能力　适当疏花疏果、合理负载，并适时采摘，以利恢复树势、提高抗寒能力；采收前减少氮肥施用，10月下旬至11月中旬及时施好基肥，增施有机肥、磷、钾、镁以及锌、硼等微量元素，以增强树势、提高抗寒力；在9月上旬后停止人为灌水，以控制晚秋梢抽生；低温来临前，可叶面喷施0.3%尿素和0.2%磷酸二氢钾，间隔7 d左右连续喷施2次；也可喷施抑蒸保温剂，抑制叶片水分蒸腾。

(4)经常发生霜冻地区,可覆盖防冻　大树可以在树冠下覆盖1层10～20 cm厚的稻草或杂草,幼树可用草苫或遮阳网包扎;对苗圃的橘苗可在苗上搭小拱棚,并在小拱棚上铺草苫或遮阳网防冻;必要时,在树冠上覆盖遮阳网或无纺布。

(5)树干涂白和绑扎　在晴天用生石灰1份加水7份再加食盐1汤匙,搅拌均匀后涂刷树干和树冠下部的大枝;或主干束缚稻草(图12-2a)。

(6)主干(根颈)培土　在冻害发生前、灌水之后将沟土或客土堆培在橘树主干基部,高度一般为40 cm左右(图12-2b)。2月下旬至3月上旬天气转暖后及时将堆培的土扒开。

(7)冻前灌水　在低温来临前7～10 d灌透1次水。

a.主干稻草绑缚　　b.主干培土　　c.果园熏烟

图12-2　防冻措施

2)冻害发生中的临时性防护措施

(1)熏烟　晴朗无风、天气预报气温可能降至－4 ℃的夜晚,于夜间0:00至8:00在橘园采用合适的材料进行熏烟,有抬升冷空气、减轻低温冻害作用(图12-2c)。

(2)加热　对于大棚设施内栽培的高价值柑橘,可采用适宜形式在棚内加温,提高棚内温度。

(3)清除积雪　及时敲掉树上的积雪和清除大棚上的积雪,防止积雪压断枝梢或压塌大棚。

3)冻后恢复措施

(1)除雪和土壤管理　大雪或霜冻过后,及时清理树上和树盘下的积雪或霜;及时全园或树盘浅耕松土(切忌伤根),改善土壤通气性,促发新根。

(2)加强树体管理　尽早摘除受冻萎蔫不能复原或枯焦未落的叶片,在翌年春季升温后截掉受冻枝梢,尽量多保留树冠内部和下部枝梢。对大的剪(锯)口要削平滑,用合适的保护剂保护伤口。对于直接暴露在强烈阳光下的骨干枝,应涂白或绑缚遮阳网防晒。尽早对冻害后生长达到30～40 cm的春梢和夏梢摘心,以促发分枝、早恢复树冠;及时疏除受冻植株上的过量花枝,减少树体养分消耗。

(3)肥水管理　柑橘低温冻害后,尽可能及早浇灌水补墒,减轻干旱产生的次级伤害。气温回升后,按照“勤施、薄施”原则,及时追施2～3次高氮低钾或其他优质商品水溶肥。未落叶的受冻树,及时用0.1%尿素和0.3%～0.5%磷酸二氢钾进行叶面喷肥,间隔15～20 d,连续喷施2～3次。

(4)病虫防治　受冻修剪完毕后要及时清理枯枝落叶并进行销毁;及时用石硫合剂、松酯酸钠、“矿物油＋杀螨剂＋杀菌剂＋杀虫剂”等进行全园彻底消毒,防止病虫为害。新梢抽生过程中，及时喷药防治病虫害，保护新梢。

4. 应用区域

适用于全国柑橘容易发生冻害的产区。

5. 依托单位

华中农业大学园艺林学学院，刘永忠，027-87282010。

（二）柑橘洪涝灾害防灾减灾技术

1. 发生特点

柑橘洪涝常在夏秋季伴随暴风雨发生，具有突发、暴发性和危害程度严重等特点。

2. 典型症状

发生洪涝果园会导致根系缺氧受损、腐烂、树体脱肥和植株枯死等，大量落叶、新梢枯萎变黑，幼果大量脱落，容易诱发炭疽病、褐斑病、疫霉褐腐病、树脂病和溃疡病等病害（图 12-3）。

a.大量落叶　　b.大量落果　　c.发生病害

图 12-3　柑橘园洪涝灾害典型症状

3. 防控措施

防控措施包括洪涝灾前预防，灾后土壤、树体管理和病虫害绿色防控。

（1）洪涝灾前预防　加强排水系统建设。山地果园在果园上方修建拦山沟，园内设排洪沟、排水沟和沉沙凼等排水系统，拦山沟的宽度和深度为 0.8～1.5 m；平地果园排水沟深度应能将地下水位降至 0.8 m 以下，排水不畅的地块要增加排水沟密度，并采用起垄栽培。地势低、洪水难排的果园，要建抽水排涝设施。雨前对果园排水系统进行加固，同时清理淤泥和杂物。

（2）洪涝灾后土壤管理　洪涝后，有积水地块及时排水，并将泥沙和淤泥等进行清理，及时扒开掩埋柑橘根颈的淤泥。覆盖了地膜和杂草等的果园要及时揭开，改善土壤透气透水性，加快土壤水分蒸发。在地面稍干时，对树盘或全园进行中耕松土；松土后的土壤相对干燥时，可施用腐熟有机液肥、0.5%氮磷钾镁复合肥，每 7～10 d 施 1 次，连续施 2～3 次。等树体恢复正常后，再加大施肥量，可施用磷肥、镁肥、腐熟有机肥、尿素、高钾复合肥等，促进果实增大，改善果实品质。

（3）洪涝树体管理　在暴雨来临前用竹木等支撑加固树体，结果多的可在树冠中间立支柱，支柱上绑布条拉住结果枝。风口地带可在迎风面挂渔网或尼龙网等防风网，以减低风速。

被淹果园叶片、果实和枝干上的泥浆、泥沙等污渍物在退水时，用高压清水喷洗干净。同时清理挂在树上的断枝、杂草和垃圾等杂物；把倒伏的树扶正、加固、培土，扶正时不要拉断根系；剪掉折裂枝梢、摘除伤果，大伤口涂刷保护剂。根系受损较重的，剪掉部分或大部分枝叶，可摘除部分果实，暴露的枝干涂刷消毒防晒剂。

(4)病虫害防治　树脂病、炭疽病和溃疡病较严重的柑橘园应在雨前喷布75%代森锰锌等保护性杀菌剂500～600倍液＋绿颖矿物油500～600倍液。每次洪涝过后，对果园喷布80%代森锰锌可湿性粉剂400～600倍液＋25%吡唑醚菌酯悬浮剂1000～1500倍液，进行全面无死角杀菌消毒；喷布70%螺虫乙酯水分散粒剂8000～12000倍液＋1.8%阿维菌素乳油1500～3000倍液＋500～600倍液的绿颖矿物油，防治潜叶蛾、蚜虫和木虱等虫害发生。

4. 应用区域

适用于全国柑橘主产区。

5. 依托单位

西南大学柑桔研究所，淳长品，023-68349708。

（三）柑橘干旱灾害防灾减灾技术

1. 发生特点

柑橘干旱常在早春和夏秋季节性发生，具有发生频繁、范围广、危害严重等特点。

2. 典型症状

干旱导致橘园土壤裂口（图12-4a）、根系断裂、叶片卷曲（图12-4b）、梢枝停止生长、提早老熟，甚至枝梢到主干会枯死（图12-4c），果实变小（图12-4d）、着色不均、日灼（图12-4e）和裂果（图12-4f）严重等症状。

a.土壤干裂　b.叶片卷曲　c.枝干枯死
d.果实变小　e.果实日灼　f.果实裂果

图12-4　橘园干旱灾害典型症状

3. 防控措施

防控措施包括干旱灾前预防和灾害后管理。

1）干旱灾前预防

（1）蓄水和灌溉系统　加强蓄水和灌溉系统建设。山地果园宜将排水沟的雨水引入蓄水池或水塘，每 50 亩规划 100 m^3 蓄水池。黏重土壤适于滴灌系统，沙石含量高土壤适于喷灌系统，干旱时定期灌水。无灌溉设施的果园，需及时人工进行穴灌，在树冠四周滴水线附近挖 4 个深 0.3～0.5 m 的穴，可在穴内埋入杂草，再混入少量表土回填，每穴每次灌水 10～20 kg。

（2）土壤管理　深翻土壤，增施有机肥，引导柑橘根系下扎。果园雨季将高秆和藤蔓类等恶性杂草铲除，保留浅根、矮秆的天然杂草，或人工播种良性草。旱季来临时，刈割杂草覆盖到树盘下，或喷环保型除草剂，将死草覆盖在地面（图 12-5a，图 12-5b）。

（3）防果实日灼　35 ℃以上的高温加上强日照时，对向阳果面喷 4%石灰水＋2%果胶或其他无公害防晒剂（图 12-5c）；树冠较矮小的可以搭架覆盖遮阳率为 50%～75%的遮阳网（图 12-5d）。

a.果园自然生草　b.刈割杂草覆盖

c.喷防晒剂防日灼　d.盖遮阳网防日灼

图 12-5　橘园防干旱日灼措施

2）干旱灾后管理

（1）清除枯枝落叶　清除地面的枯枝落叶，及时剪除树上的枯枝和病虫枝，清理出园集中烧毁。剪枯枝应在枯健交界处下方 1～2 cm 处，剪口为健康部位。

(2)补施速效肥　旱后土壤及时施尿素、复合肥或充分腐熟的有机肥等，成年树每株补施复合肥 250～300 g，有机肥 5 kg；也可叶面喷施 0.3%～0.5%磷酸二氢钾、尿素和硝酸钾等肥料。

(3)防止裂果　久旱遇到强降雨后会出现大量裂果，干旱时要及时灌溉，使水湿润深度达到根系密布区；另外可前期增施氮肥和钾肥，使果皮适度增厚；还可在树盘覆盖杂草等，减少土壤水分蒸发。

(4)放梢　夏季干旱后遇到充沛降雨，柑橘会大量萌芽，7 月中下旬至 8 月上旬萌发的新梢是翌年良好的结果母枝；新梢数量不足时可在雨后及时短截一部分外围枝条，并补施尿素等速效氮肥；新梢抽发后喷布 20%吡虫啉粉剂 2500～3000 倍液，防止潜叶蛾、蚜虫和木虱等害虫发生；未老熟的晚秋梢要及时抹除。

(5)摘除异常花　夏季严重干旱，降雨后会萌发新梢并异常开花，应尽早摘除异常花及其果实。

(6)病虫害防治　干旱下雨后对植株喷布 80%代森锰锌可湿性粉剂 400～600 倍液+25%吡唑醚菌酯悬浮剂 1000～1500 倍液，进行全面无死角杀菌消毒。

4. 应用区域

适用于全国柑橘主产区。

5. 依托单位

西南大学柑桔研究所，淳长品，023-68349708。

（四）柑橘台风灾害防灾减灾技术

1. 发生特点

台风是影响我国东南沿海柑橘生产的常见自然灾害，多在夏季发生，具有破坏力强、危害性大、防范困难等特点。

2. 典型症状

台风经常造成柑橘树体倒伏、枝梢折断、果园积水、沤根烂根、果实吹落、大棚设施损毁等，有的甚至发生山洪和泥石流，给柑橘生产带来严重的损失(图 12-6)。

图 12-6　台风造成果园植株枝条折断、果园积水以及落果

3. 防控措施

1）台风来临之前的预防措施

(1)检查加固果园防风与排水系统　容易受到台风灾害的柑橘园，根据天气预报，台风来临之前要加强防风林(网)的建设和养护；做好大棚设施的加固，有的甚至要揭去薄膜，减轻风

压。平地果园需提前做好疏通排灌，保持园内沟渠排水畅通；低洼地或容易积水的橘园，要增加排水沟的密度和深度，尽量降低受淹水位，缩短果园被淹水时间。

(2)加强土壤管理　果园实行生草栽培，可提高果园抗冲刷能力，减少水流对土壤的侵蚀。坡地果园的梯壁可生草固土、防止垮塌，杂草过高时适时刈割，控制高度。

(3)加固树体和枝干　做好幼树、高接树的支柱绑缚，结果多的可在树冠中间立支柱，支柱上绑绳索或粗网兜住结果枝，过长、过密的枝组进行短截或疏枝，避免枝梢吹折。

(4)病虫害防控　在台风前，可喷1次王铜、氢氧化铜或代森锰锌等杀菌剂，减轻溃疡病、树脂病等病害的发生。

2）台风过后的补救措施

(1)开沟排水，及时去淤　根系受伤受损后容易因积水感病腐烂，且吸水功能减弱而不耐旱。台风过后，要尽快排除果园内的积水，尤其注意开通深沟，及时降低地下水位，避免坐浆霉根。土壤淤泥板结的果园，待天晴后及时松土。泥土被冲走、根系裸露的果园要及时培土，有条件的进行树盘覆盖秸秆护根。

(2)扶正植株，冲洗泥浆　及时清理被台风刮断的枝干，在土壤干燥前扶正被台风、洪水吹歪或冲倒的树体，并设支柱支撑加固树体，防止二次伤根；根系外露的要及时培土覆盖。对有海水倒灌的果园，要及时排除海水，然后用清水灌洗，减轻盐害；植株枝叶上有沉积的泥浆时，要及时冲洗干净，增加叶片光合作用和恢复树势。

(3)适当修剪，叶面补肥　剪掉折裂枝干，摘除伤果，对大伤口还需涂刷保护剂。根系受损较重的，可摘除部分或全部果实，剪掉部分或大部分枝叶，暴露的枝干涂刷消毒防晒剂。果树受涝后根系受损，肥水吸收能力有所减弱，不宜在果园排干水后立即进行地面施肥，可结合病虫害防控，选用0.2%～0.3%磷酸二氢钾、尿素等进行根外追肥。

(4)防控病害，减轻损失　强台风过后受伤的果实、枝梢、叶片极易诱发树脂病、急性炭疽病、溃疡病等病害，因此，台风过后应及时用药防病，可选代森锰锌、咪鲜胺、吡唑醚菌酯、氢氧化铜或0.5%～0.7%等量式波尔多液等药物，连续防控2～3次，每次相隔7～10 d。

3）注意事项

高温天气注意选药和剂型，尽量不在高温天气喷药，以免产生药害。

4. 应用区域

适用于有台风影响的各柑橘产区。

5. 依托单位

浙江省柑橘研究所，陈国庆，0576-84117695。

二 柑橘生物灾害防灾减灾技术

（一）柑橘黄龙病防灾减灾技术

1. 发生特点

该病主要通过带病苗木、接穗和柑橘木虱传播。病树(病苗)的存在及数量的多少是黄龙病发生流行的首要因素。在有柑橘木虱发生的条件下，苗木带病率越高，果园黄龙病扩展蔓延的速度就越快。该病可感染常见的商业栽培品种，是我国华南柑橘产区的毁灭性病害。不同柑橘品种存在耐感性差异，其中椪柑、沙糖橘、年橘等最为感病，温州蜜柑、甜橙、柚类和柠檬等中度感病，金柑耐病性强。栽培管理好、抽梢整齐、嫩梢老熟快、柑橘木虱较少的果园，黄龙病发生较轻，流行速度较慢。

2. 典型症状

叶部症状：①均匀黄化。初期病树夏、秋梢叶片呈均匀的浅黄色，病树后期新梢易出现叶片全黄的症状。②斑驳型黄化。这是黄龙病最典型的症状，主要表现为叶片从基部和侧脉附近开始变黄，逐渐扩大形成黄、绿相间的不对称斑块（图 12-7a）。③缺素型黄化。一般出现在发病后期，从病枝上再抽出的新叶表现缺锌和缺锰的症状。此外，宽皮柑橘和甜橙的果实在近果蒂处提早着色，出现"红鼻子果"的症状（图 12-7b）。

a.柑橘黄龙病斑驳症状

b."红鼻子"果症状

图 12-7　柑橘黄龙病症状

3. 防控措施

①严格检疫，严禁从疫区调运苗木和接穗。②建立无病苗圃，果园种植采用无病容器或带土球大苗。③及时挖除病树，补种无病容器或带土球大苗，减少病原。④加强水肥管理，统一抽梢。⑤及时防治柑橘木虱，在新梢萌发 1～2 cm 前，全面喷施 1 次杀虫剂，例如噻虫嗪、吡虫啉、高效氯氰菊酯、虫螨腈等，以后根据药剂的持效期和柑橘木虱发生量，再喷 1～2 次。在综合运用上述措施时，尽量做到集中连片统防统治。

4. 应用区域

适用于我国华南柑橘主产区，主要以柑橘木虱流行的种植区域为主。

5. 依托单位

华南农业大学，邓晓玲，020-38297040。

（二）柑橘溃疡病防灾减灾技术

1. 发生特点

病菌在病部组织内越冬，尤其秋梢上的病斑是病菌重要的越冬场所。翌年春季温湿度适宜时，病斑处溢出菌脓，借风雨、昆虫和枝叶接触进行传播，从嫩叶、新梢或幼果的气孔、皮孔和伤口侵入。发病最适温度为 25～30 ℃。南方地区高温多雨，特别是台风暴雨造成的大量伤口，有利于溃疡病暴发。潜叶蛾、恶性叶甲等造成的伤口也可加重病害发生。沃柑、甜橙、葡萄柚类最感病，柑类次之，橘类较抗病，金柑最抗病。该病的远距离传播是通过带病(菌)苗木、接穗、果实和污染病菌种子传到新的地区和果园。

2. 典型症状

发病初期，叶背面出现黄色或暗黄绿色、针头大小的油渍状斑点，后逐渐扩大成近圆形，向叶片两面突起，并木栓化，最后中央破裂凹陷，呈火山口状，周围有黄色或黄绿色晕圈。枝梢、果实受害时，与叶部症状相似，但木质化程度更高。发生严重时会引起早期落果(图 12-8)。

a.沃柑叶片溃疡病病斑

b.沃柑果实溃疡病病斑

图 12-8　沃柑溃疡病典型症状

3. 防控措施

①建立无病苗圃，培育无病苗木。②冬春季清园，集中就地销毁病枝病果，减少侵染源。③加强栽培管理，通过合理的施肥和水分管理，增强树势，提高抗病能力；秋梢期应及时防治潜叶蛾，减少伤口。④及时喷药保护。幼树以保梢为主，新梢萌芽后 10～15 d 喷第一次药，连喷 2 次。结果树以保护幼果为主，谢花后 10～15 d 喷第一次药，以后每隔 10～15 d 喷 1 次药，连喷 3 次。对苗木、幼树应适当增加喷药的次数，台风暴雨后要及时喷药保护。药剂可选用 77%氢氧化铜可湿性粉剂 500 倍液＋矿物油 200 倍液、50%春雷王铜可湿性粉剂 600～800 倍液。

4. 应用区域

适用于我国柑橘溃疡病流行区，包括云南、广西、广东、海南、台湾、福建、浙江、江苏、湖北、湖南、江西和四川、贵州的部分地区，特别是种植易感品种沃柑、甜橙、柚类及部分杂柑类(如贡柑等)柑橘品种的主产区。

5. 依托单位

华南农业大学，邓晓玲，020-38297040。

(三)柑橘黑点病(砂皮病)防灾减灾技术

1. 发生特点

该病主要由柑橘间座壳菌引起，在我国各柑橘产区普遍发生，不同柑橘品种对该病的抗性差异不明显。果实从坐果后到转色前都易感病，越早感染，症状越重。尚未革质化的幼叶和新梢也感病。老产区、老果园、树冠郁闭、枯枝多、发生冻害、果实生长季多雨、延后采收都有利于病害的发生。

2. 典型症状

新叶发病最初出现针头状凹陷的深褐色小点，周围有明显的黄色晕圈，随后病斑表皮破裂，渗出的胶质物变成黄褐色、红褐色至黑褐色的坚硬的小粒点，摸之粗糙，似砂皮，因此也称砂皮病。发病严重的叶片伸展受阻，变小、扭曲、变硬。果实发病轻时，果面散生稀疏的红褐色至黑色突起的小粒点，早期发病突起明显，膨大后期感染，粒点细小，突起不明显；发病严重时，小粒点可排成条状、泪痕状或环状，甚至密集连成大小不等的片状病斑，木栓化龟裂，呈泥块状（图 12-9）。

a.叶片症状　b.枝梢症状　c.幼果症状　d.成熟果实症状　e.成熟果实泥块状病斑

图 12-9　柑橘黑点病典型症状

3. 防控措施

在加强栽培管理、清除枯枝和保护枝干伤口的基础上，及时喷药保护。

(1)加强栽培管理　构建合理树形，保障树体通风透光；维持合理树势，提高树体抗冻抗病能力；减少树冠枯枝的产生。采果后及时施足基肥，帮助恢复树势。

(2)清除和销毁枯枝　结合冬季和早春修剪，彻底剪除枯枝和病虫枝，移出果园集中烧毁或粉碎，或整理后堆叠覆盖；同时全园喷施 0.8～1 波美度石硫合剂清园，以减少侵染源。

(3)保护伤口　加强对果园其他病虫害的防控，预防冻害和日灼的发生，及时涂抹伤口保护剂，如噻霉酮、抑霉唑和甲基硫菌灵等，保护修剪、冻伤和日灼伤口，治疗树脂病病斑，维护树势，减少病菌的滋生和侵染来源。

(4)及时喷药保护　重点保护果实，对高接换种果园，历年发病严重、近年遭受严重冻害的果园，需要在春梢期喷药 1～2 次，以保护春梢。保果一般在谢花 2/3 时第一次喷药，然后根据天气情况，每隔 14～20 d 喷药 1 次，直至果实着色前结束；夏季高温干旱季节间隔期可适当延长，全年累计喷药 5～6 次。有效药剂有代森锰锌、丙森锌和代森联等二硫代氨基甲酸酯类杀菌剂，或吡唑醚菌酯、醚菌酯和嘧菌酯等甲氧基丙烯酸酯类杀菌剂，以及代森锰锌的复配剂等。在配好的代森锰锌药液中添加 0.25%～0.5%矿物油可以增加防效。值得注意的是，切忌在高温和干旱时间段使用矿物油，以免产生药害。

4. 应用区域

适用于全国柑橘产区。

5. 依托单位

浙江大学，焦晨、李红叶，0571-88208975。

（四）柑橘褐斑病防灾减灾技术

1. 发生特点

柑橘褐斑病菌主要为害一些橘类，如红橘、椪柑、贡柑、瓯柑和这些橘与柚或与橙的杂交种柑橘，如爱媛、甜橘柚等，引起落叶、枯梢和落果，或因果面病斑而难以鲜销。早春适温（20～29 ℃）多雨年份，如不及时防治，感病品种可果实落光，春梢全部落叶枯死，导致绝收。

2. 典型症状

褐斑病菌主要为害幼嫩新梢。新叶发病初期为油渍状褐色小点，随后病斑扩大，形成中间变灰白色，周围有明显黄色晕圈的病斑。病菌产生的致病毒素常沿叶脉扩展，形成带尾须的病斑。病叶极易脱落。新梢和果实症状与叶片类似，病斑深褐色，凹陷。果实上还可产生类似痘疮状和溃疡状的灰白色病斑，擦之可脱落（图 12-10）。

a.贡柑春梢症状　　b.贡柑病果

图 12-10　柑橘褐斑病典型症状

3. 防控措施

（1）选种抗病品种　在适合褐斑病流行的地区，新建果园时要充分考虑品种的抗褐斑病特性，慎重选择。对品质不高，效益不好，褐斑病极度感病的品种，可通过高接换种，更新品种。

（2）加强栽培管理　种植易感品种时，新建果园应选择在通风良好的向阳坡地，适当稀植，合理修剪，保证果园和树冠内通风透光，避免施用过多氮肥造成枝梢徒长，成熟缓慢，拉长感病期。结合冬春修剪，彻底剪除销毁病虫枝、徒长枝和过密枝梢。萌芽前全园喷施 1 次杀菌剂。

（3）化学防治　对于感病品种和历年发病的果园，化学防治是主要的防治措施。春梢长 3～5 cm 和谢花期是最关键的喷药期，以后根据品种感病性和天气情况，每隔 7～14 d 喷药 1 次。7—8 月高温季节病害受到抑制，间隔期可适当延长。秋季多雨，早晚温差大，易结露的地区，还需要注意秋冬季喷药保果保梢。有效药剂有氢氧化铜和氧化亚铜等铜制剂、代森锰锌和代森联等二硫代氨基甲酸酯类、异菌脲等二甲酰亚胺类、嘧菌酯和吡唑嘧菌酯等甲氧基丙烯酸酯类、苯醚甲环唑和戊唑醇等三唑类杀菌剂。对易感品种，可使用上述杀菌剂的复配剂或选择两类杀菌剂混合使用。

4. 应用区域

适用于全国柑橘产区。

5. 依托单位

浙江大学，焦晨、李红叶，0571-88208975。

（五）柑橘脂点黄斑病防灾减灾技术

1. 发生特点

脂点黄斑病潜伏期长，感病柑橘在适宜环境条件下，也需要 45～60 d 发病。病菌侵染多发生在春、夏季，症状通常在秋季或冬季出现。冬季温暖有利于病害发展。在冬末春初，感病叶片容易过早脱落。缺肥、挂果量过大、树势衰弱，有利于病害发生；害螨、蚜虫和粉虱为害可加重脂点黄斑病的发生。

2. 典型症状

叶片症状有脂点黄斑病型和褐色小圆星型。脂点黄斑型症状多在入秋后出现，最初在叶背产生针头状大小的黄绿色斑点，渐变成淡黄色、疱疹状凸起，几个乃至数十个群生。随后斑点颜色加深，形成坚硬而粗糙的黑褐色脂点或脂斑，对应的叶面病斑起初呈蜡黄色，形状不规则，边缘不明显，后期病斑中央也形成淡褐色至黑褐色疱疹状脂质颗粒或斑块（图 12-11a）。褐色小圆星型病斑则都在冬季和翌年春出现。初期叶片出现芝麻大小的斑点，后扩大直径为 0.1～0.5 cm，近圆形，边缘黑褐色稍隆起、中间灰白色的病斑。果实症状也有黄斑病和脂斑型（图 12-11b）。脂斑型：最初在果皮油腺之间出现针头状黑色小点，逐渐扩大联合，形成大小不等，褐色油腻状脂斑，病斑仅限表面，不深入白皮层（图 12-11c）。黄斑型：果实在 7—8 月即可出现大小不等、边界不清的黄色斑块，随着果实发育，斑块越加明显，严重时多个病斑连合形成大斑。采收贮藏期，病斑渐变成肉桂色和褐色，下陷（图 12-11d）。

a.脂点黄斑型正面与背面　　b.褐色小圆星型　　c.果实脂斑型症状　　d.果实黄斑型症状

图 12-11　柑橘脂点黄斑病典型症状

3. 防控措施

（1）加强栽培管理　加强栽培管理，增强树势，提高抗病性。

（2）果园清洁　做好冬春修剪和清园工作，减少病菌侵染来源。对病重橘园，修剪后萌芽前应及时清除地面落叶，集中深埋或烧毁，或在地面撒施石灰或尿素，促进落叶分解。

（3）及时喷药保护　落叶降解期是病菌释放和侵染期，建议从 5 月初开始，每月喷施 1 次杀菌剂，连喷 2～3 次。有效药剂有代森锰锌、吡唑醚菌酯、苯醚甲环唑和氟硅唑等，兑药时可添加 0.3%～0.5%矿物油，以提高防治效果。注意：①一般果园，防治黑点病时黄斑病就可得到兼治，无须特意开展。②喷药时尽量喷到叶背。③矿物油在高温干旱时需慎用，以免发生药害。

4. 应用区域

适用于全国柑橘产区。

5. 依托单位

浙江大学，焦晨、李红叶，0571-88208975。

（六）柑橘树脂病防灾减灾技术

1. 发生特点

引起树脂病的病菌种类复杂，优势种群为柑橘间座壳菌和葡萄座腔菌科中的一些真菌。病菌在病残体上越冬、生长和繁殖，条件适宜时即可产生分生孢子和子囊孢子，经风雨传播，自伤口入侵引起发病。修剪后堆放在果园内和周边的健康枝梢也可受病菌的二次侵染，腐生后繁殖出大量孢子，成为侵染源。日灼、冻害、蛀干害虫为害，以及常规修剪、高接换种等造成的伤口均是病菌入侵的主要途径。修剪过度、挂果过多、肥水不足导致的树势衰弱也是诱发树脂病发生的重要因素。

2. 典型症状

树脂病也称流胶病，多发生在枝干分叉处和其下的主干上，尤其以常暴露在阳光暴晒和迎风易遭冻害部位居多。近年鸡尾葡萄柚、爱媛等品种的枝梢上也很常见，在高接换种树上更常见。初期树皮组织松软，灰褐色至深褐色，溢出时初为淡褐色后变深褐色的胶液。高温干燥时，病情发展缓慢，病部逐渐干枯下陷，病健交界处开裂，死亡树皮翘起剥落，露出木质部，病斑周缘形成愈伤组织而微隆起。衰弱和受冻的枝梢发病，自顶部向下枯死，病健交界处常有一条黄褐色的带痕，有少量的胶液自此流出（图 12-12）。

图 12-12　受害的树干和枯梢

3. 防控措施

（1）加强栽培管理　选择合适的地块种植，避免冻害常发。对易发生冻害的地区，在低温来临前做好防冻工作。加强冬春季清园，修剪后的枝梢需移出果园，集中烧毁，或粉碎发酵处理，或整理后集中堆放并覆盖。合理修剪，避免主干主枝因缺少枝叶覆盖而遭暴晒造成树皮开裂，加重病害。控制挂果量，适时采收，采收后及时施肥，以恢复树势，提高抗冻性。

（2）化学防治　刮治涂伤和伤口保护，宜在夏季进行。彻底刮除病斑后及时涂抹果树专用的伤口愈合剂，如1.6%噻霉酮膏剂、70%甲基硫菌灵可湿性粉剂100倍液，或60%腐殖酸钾(钠)30～40倍液。大枝修剪，高接换种时应斜锯，要保持锯口平滑，锯后及时涂抹伤口愈合剂，促进伤口愈合，避免病菌侵染。

4. 应用区域

适用于全国柑橘产区。

5. 依托单位

浙江大学，焦晨、李红叶，0571-88208975。

（七）柑橘衰退病防灾减灾技术

1. 发生特点

该病在柑橘整个生育期均可发病，主要通过带毒的接穗苗木，以及褐色橘蚜、棉蚜、绣线菊蚜等多种蚜虫传播，具有发生速度快、流行区域广的特点。特别是橘橙类杂柑、纽荷尔脐橙、琯溪蜜柚等敏感品种受害最为严重。

2. 典型症状

柑橘衰退病在我国田间主要分为2种类型。

(1)速衰型衰退病　发生在以酸橙、香橼作砧木的柑橘，引起植株凋萎，新梢停止生长，叶片干枯，逐渐脱落，果小，结果多，植株逐渐衰退。中国因不使用或少使用酸橙、香橼砧木，速衰型衰退病发生极少。

(2)茎陷点型衰退病　该病害与使用的砧木品种无关，主要发生于莱檬、葡萄柚、橘橙、香橙、大部分柚类(琯溪蜜柚、凤凰柚等)和某些敏感的甜橙(锦橙、纽荷尔脐橙等)品种。病株木质部表面出现棱形、黄褐色大小不等的陷点，导致枝条易折断、植株矮化、树势减弱、果实变小、品质降低(图12-13)。

a.甜橙分枝处充胶易折断　　b.茎陷点症状

图12-13　柑橘衰退病典型症状

3. 防治措施

①采用枳、枳橙等抗病或耐病砧木品种防治速衰型衰退病。②防治蚜虫。③运用弱毒株交叉保护技术防治严重茎陷点型衰退病。

4. 应用区域

适用于全国柑橘主产区。

5. 依托单位

西南大学柑桔研究所，周常勇、周彦，023-68349709。

（八）柑橘黄脉病防灾减灾技术

1. 发生特点

该病在柑橘整个生育期均可发病。其传播途径广，除主要通过带毒苗木接穗、柑橘粉虱、绣线菊蚜和被污染的工具传播外，棉蚜和黑豆蚜也可传病。此外，柑橘黄脉病发病速度快，植株受感染后当年即可显症，对柠檬以及部分早熟温州蜜柑为害极大。

2. 典型症状

柠檬、酸橙、早熟温州蜜柑等敏感类型发病后，叶脉黄化、脉明，叶片反卷、皱缩，严重时叶片脱落，树势衰弱、产量下降。叶片老熟后黄化症状消退并转绿，但对光看黄脉依然明显。春梢、秋梢症状明显，夏梢症状会减弱甚至消失，其他柑橘类型多可成为潜症带毒寄主（图 12-14）。

a.尤力克柠檬发病症状　　b.温州蜜柑发病症状

图 12-14　柑橘黄脉病典型症状

3. 防控措施

①使用无病毒苗木；②加强防治媒介昆虫；③用肥皂水或含 1%有效氯的新鲜次氯酸钠对嫁接、修剪与采果刀具进行消毒；④及时铲除田间零星出现的柠檬病株；⑤对于已大面积发病的柠檬果园，采取控春梢、保夏梢的方式，同时加强水肥管理，减少损失；⑥考虑用北京柠檬、甜橙或杂柑等抗耐病品种替换柠檬。

4. 应用区域

适用于全国柑橘主产区。

5. 依托单位

西南大学柑桔研究所，周常勇、周彦，023-68349709。

（九）柑橘碎叶病防灾减灾技术

1. 发生特点

该病在柑橘整个生育期均可发病，主要通过带病苗木接穗和污染的刀剪进行传播。以枳或枳橙为砧木的柑橘受害最重。

2. 典型症状

枳、枳橙、枳檬、枳金柑等枳的杂种和厚皮莱檬感病后症状明显，其他品种受感染后无症状。枳或枳橙砧木受害后，嫁接接合处环缢，接口以上的接穗部肿大，并出现类似环状剥皮引起的黄化和植株矮化；剥去接合处皮层，可见接穗与砧木的木质部间有一圈褐色的缢缩线。受强风等外力推动，病树砧穗接合处易断裂，裂面光滑。柑橘碎叶病还会造成金橙柚叶片斑驳黄化。在厚皮莱檬上的症状为新叶呈现黄斑和叶缘缺损（图 12-15）。

a.枳砧脐橙砧木部肿大　b.嫁接口黄环症状　c.金橙柚叶部症状

图 12-15　柑橘碎叶病典型症状

3. 防控措施

①培育、使用无病毒苗木是防治该病最有效的方法；②在病树上靠接枸头橙、酸橘和红橘等抗耐病砧木对恢复树势有一定效果，但不能用于采集接穗作繁殖材料；③用肥皂水或含 1% 有效氯的新鲜次氯酸钠对嫁接、修剪与采果刀具进行消毒。

4. 应用区域

适用于全国柑橘主产区。

5. 依托单位

西南大学柑桔研究所，周常勇、周彦，023-68349709。

（十）柑橘青、绿霉病防灾减灾技术

1. 发生特点

两种病害均主要发生在柑橘成熟期，为害果实，是典型的采后病害。意大利青霉引起青霉病，指状青霉引起绿霉病，两种真菌在自然界均广泛分布，腐生在各种有机物上，产生大量的分生孢子；分生孢子通过气流传播，经各种伤口及果蒂剪口侵入柑橘果实。在贮藏期间，也可以通过发病果实和健康果实之间的接触而传播。

2. 典型症状

柑橘青霉病和绿霉病症状十分相似。发病初期果皮水渍状腐烂，病斑外端为软腐的组织，内部可见白色菌丝，中央为大量蓝色（青霉病）或绿色（绿霉病）的粉末状分生孢子，全果几天内腐烂；环境湿度较低时，表面白色菌丝不易形成，果实缩水变干（图 12-16）。

图 12-16　柑橘青霉病和绿霉病病果症状

3. 防控措施

①晴天采收，避免雨后或露水未干时采收；②规范采收技术，实施一果两剪，采收、运输、包装过程中尽量轻柔，避免对果实造成机械损伤；③采收后 24 h 内使用咪鲜胺或抑霉唑等进行浸果处理；④对果筐、运输车、采后处理厂及贮藏库等进行消毒，减少病原菌数量。

4. 应用区域

适用于全国柑橘主产区。

5. 依托单位

华中农业大学植物科学技术学院，付艳苹，027-87282130。

（十一）柑橘酸腐病防灾减灾技术

1. 发生特点

该病害发生在柑橘成熟期，为害果实，是典型的采后病害。病原真菌广泛存活于土壤中，形成的分生孢子通过雨水飞溅或气流传播，从伤口侵入；发病果实上形成的菌丝和分生孢子可通过果蝇传播；贮藏期间，也可通过发病果实和健康果实之间的接触而传染。

2. 典型症状

通常发生于成熟果实，病果初出现水渍状腐烂，病斑凹陷，常有皱褶或放射状开裂，后期病部产生白色菌丝，病斑扩展迅速，果实极度软腐，稍碰即破，成为溃不成形的胶状物，常流出大量汁液，并散发出强烈的酸味，易吸引果蝇聚集（图 12-17）。

图 12-17 柑橘酸腐病病果症状

3. 防控措施

①晴天采收，避免雨后或露水未干时采收；②规范采收技术，实施一果两剪，采收、运输、包装过程中尽量轻柔，避免对果实造成机械损伤；③采收后 24 h 内使用百可得进行浸果处理；④对果筐、运输车、采后处理厂及贮藏库等进行消毒，减少病原菌数量。

4. 应用区域

适用于全国柑橘主产区。

5. 依托单位

华中农业大学植物科学技术学院，付艳苹，027-87282130。

（十二）柑橘褐色蒂腐病防灾减灾技术

1. 发生特点

该病的病原为柑橘间座壳等，与柑橘黑点病的病原相同，病菌在病枯枝、病树干及死树皮上越冬，翌年形成分生孢子，通过风雨传播。病菌从果蒂或从果柄的剪口侵入，因此树龄大、枯枝多、果实生长季多雨等有利于病害的发生。在贮藏运输期间，果实逐渐表现症状，引起果实腐烂。发病和果实腐烂的适宜温度为 20～25 ℃，若温度高，湿度大，发生严重。

2. 典型症状

常自果实蒂部开始发病，初呈水渍状，黄褐色圆形病斑，病部果皮革质，通常没有黏液流出，后期病斑边缘呈波纹状，深褐色，在向脐部扩展过程中，果心腐烂较果皮快，故又称为“穿心烂”。病果味酸苦，种子褐变（图 12-18）。

3. 防控措施

①防控措施参考黑点病，加强栽培管理、清除枯枝、保护枝干伤口，及时喷药保护，减少果实带菌；②采收后用咪鲜胺或抑霉唑等进行浸果处理。

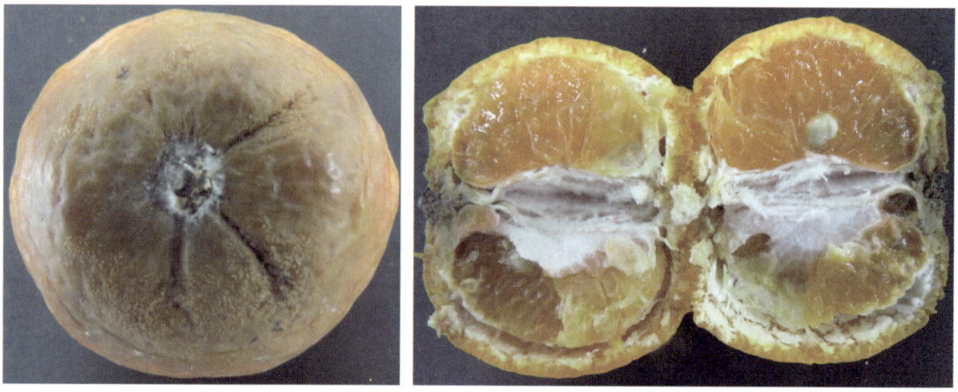

图 12-18　柑橘褐色蒂腐病病果症状

4. 应用区域

适用于全国柑橘主产区。

5. 依托单位

华中农业大学植物科学技术学院，付艳苹，027-87282130。

（十三）柑橘全爪螨防灾减灾技术

1. 发生特点

以幼螨、若螨和成螨刺吸叶片为害，被害叶片呈现许多灰白色小斑点，失去光泽，导致大量落叶和枯梢。被害果实呈灰白色，严重时造成落果，经济损失重大。1 年可发生多代，田间世代重叠，以成螨和卵在近叶柄、枝条棱沟或裂缝处越冬，12～26 ℃有利于发生，春秋两季是发生严重期，夏季高温对其生长不利(图 12-19)。

图 12-19　柑橘全爪螨及为害状(豆威、李刚 提供)

2. 形态特征

雌成螨长约 0.39 mm，近椭圆形，紫红色，背面有 13 对瘤状小突起，每一突起上着生 1 根白色刚毛，足 4 对。雄成螨鲜红色，体略小，长约 0.34 mm，腹部后端较尖，近楔形，足较长。

卵扁球形，直径约 0.13 mm，鲜红色，顶部有一垂直的长柄，柄端有 10～12 根向四周辐射的细丝，可附着于枝叶表面。幼螨体长 0.2 mm，色较淡，足 3 对；若螨与成螨相似，体较小，1 龄若螨体长 0.2～0.25 mm，2 龄若螨体长 0.25～0.3 mm，均有 4 对足。

3. 防治措施

①冬季彻底清园，清理僵叶、卷叶，集中烧毁；②保护和利用捕食螨、塔六点蓟马等自然天敌，人工释放捕食螨；③加强监测，达到防治标准可选用螺螨酯、乙螨唑、联苯肼酯、乙唑螨腈等喷药防治。注意喷药均匀周到，并轮换用药。

4. 应用区域

适用于全国柑橘主产区。

5. 依托单位

西南大学植物保护学院，豆威，023-68251642。

（十四）柑橘始叶螨防灾减灾技术

1. 发生特点

始叶螨为害柑橘嫩叶、花蕾和幼果，尤以春梢嫩叶受害最重。成螨、幼螨、若螨喜群集在叶背主脉、侧脉、叶缘上为害。嫩叶受害后，常在主脉两侧及主脉与支脉间出现向叶面凸起的大块黄斑，严重时叶片扭曲变形，进而大量落叶；老叶受害处背面为黄褐色大斑，叶正面为淡黄色斑（图 12-20）。田间世代重叠，20～25 ℃和低湿是其最适发生条件。常年在柑橘开花时大量发生，春芽萌发至开花前后 3—5 月是为害盛期，此时若高温少雨则为害加重，其次为 10—11 月，6 月以后由于高温高湿和天敌控制，一般不会造成为害。

图 12-20　柑橘始叶螨为害状（李亚迎 提供）

2. 形态特征

雌成螨体长 0.384 mm，体宽 0.183 mm，椭圆形，浅白色或黄绿色，前足体和末体的两侧各有 1 个小黑斑点；雄成螨体较雌成螨小。卵扁球形，初产时乳白色，后转橙黄色，将孵化时呈灰白色。卵顶端有 1 根较粗的柄。幼螨近圆形，初孵时淡黄色，足 3 对，约 1 d 后雌螨背面即可见 4 个黑斑。若螨体形似成螨，但比成螨略小，体色较深。

3. 防控措施

①保护和利用食螨瓢虫、捕食螨等天敌；②在 3—6 月、9—11 月进行化学防治。施药时注意树冠内部、叶片背面都要喷到，施药指标为花前百叶有螨/卵 100 头，花后百叶有螨/卵 300 头。防治药剂同柑橘全爪螨。

4. 应用区域

适用于全国柑橘主产区。

5. 依托单位

西南大学植物保护学院，豆威，023-68251642。

（十五）侧多食跗线螨防灾减灾技术

1. 发生特点

该螨趋嫩性很强，主要为害幼嫩芽叶，如幼芽、嫩叶、嫩枝和幼果，使被害叶片失去光泽、变硬、变脆、变厚、萎缩、生长缓慢或停滞。受害的嫩梢，表皮木栓化、龟裂，在湿度较大的环境下易遭受炭疽病，产生枯梢；嫩梢叶片受害后呈灰白色，生长畸形，叶片硬化内卷，形似柳叶状或筒状；受害的幼果果皮增厚，畸形，后期愈合成龟裂状疤痕，严重影响成果品相和质量（图 12-21）。该螨 1 年发生 40～50 代，发育繁殖的最适温度为 16～23 ℃，世代重叠。重庆年发生 20～30 代，多以幼螨和卵在柑橘的秋梢或冬梢上越冬，以 7—9 月夏秋梢抽发期为重。

图 12-21　侧多食跗线螨为害状（冉春 提供）

2. 形态特征

该螨虫体小，雌成螨体长约 0.21 mm，椭圆形，淡黄色至橙黄色，半透明，腹部末端平截；体背部有一条纵向白带；足四对，较短，第四对足纤细。雄成螨体长约 0.19 mm，近菱形，尾部稍尖；第四对足胫节和跗节细长，向内侧弯曲，远端 1/3 处有一根特别长的鞭状毛，爪退化为纽扣状。卵长约 0.10 mm，椭圆形，无色透明，表面有纵横排列整齐的乳白色突起。幼螨体长 0.11 mm，椭圆形，初孵白色，后趋透明，体背有一白色纵带，足 3 对。若螨体长约 0.15 mm，长椭圆形，淡绿色。

3. 防治措施

①做好果园杂草、落果和残枝落叶的清除，避免在果园和苗圃内及附近种植茄果类蔬菜，以减少发生和传播机会，保持果园通风透光，恶化其繁殖的环境条件。②在 5 月下旬越冬成螨开始活动期和 6—8 月幼螨盛发期喷药防治，喷药的重点为嫩芽、嫩叶、花和幼果。药剂可选择 1.8%阿维菌素乳油 4000～5000 倍液，73%克螨特乳油 1500～2000 倍液，或其他一些杀虫杀螨兼有的混配药剂和植物源或矿物源杀虫剂。

4. 应用区域

适用于全国柑橘主产区。

5. 依托单位

西南大学植物保护学院，豆威，023-68251642。

（十六）柑橘锈壁虱防灾减灾技术

1. 发生特点

该螨一般以成螨和若螨群集在果面、叶片及绿色嫩枝为害。在叶片上，柑橘锈壁虱群集在叶背面为害。被害叶初为黄褐色，后变为黑褐色，导致果树落叶，严重影响树势和翌年结果。果实早期受害，果变小，影响产量。锈壁虱刺破果实的表皮细胞，吸食汁液；果皮受害后变为黑褐色，果皮粗糙，满布龟裂网状的细纹，果实的品质变劣，从而降低了商品价值。1 年可发生多代，田间世代重叠，以成螨在寄主的腋芽、卷叶、僵叶内或过冬果实的果梗处、萼片下越冬。7—10 月为发生盛期。

2. 形态特征

该成螨体长 0.1～0.2 mm，楔形或胡萝卜形，黄色或橙黄色，头很小，向前方伸出，具颚须 2 对。头胸部背面平滑，足 2 对，腹部有许多环纹，背面环纹 28 个，腹面约为背面的 2 倍，腹末具伪足 1 对。卵：圆球形，表面光滑，灰白色，较透明。若螨形似成螨，但体形较小，腹部光滑，环纹不明显，尾端尖细，具足 2 对。1 龄若螨灰白色，半透明，2 龄若螨淡黄色（图 12-22）。

图 12-22　锈壁虱为害状（冉春 提供）

3. 防治措施

①做好测报，进行虫情调查，与此同时加强果园的水肥管理，合理耕种，进行果园极盖，改变果园小气候，可减轻锈螨为害；②利用天敌多毛菌，在高温多雨季节，对锈壁虱的猖獗发生有一定的控制作用；③用于防治柑橘红蜘蛛的药剂除噻螨酮外，均对柑橘锈壁虱有效。

4. 应用区域

适用于全国柑橘主产区。

5. 依托单位

西南大学植物保护学院，豆威，023-68251642。

（十七）柑橘木虱防灾减灾技术

1. 发生特点

以成虫和若虫在柑橘嫩芽、嫩叶上吸取汁液，引起嫩芽和幼叶变形、扭曲。若虫从肛门排出白色物质，可引起烟煤病。田间世代重叠严重，以成虫群集叶背越冬。越冬成虫 3 月上中旬开始在新梢产卵，多产于芽隙处、嫩叶上，5 月上旬、7 月上旬和 9 月上旬虫口数量出现 3 个高峰期，与新梢期相吻合；喜在通风透光的地方活动，树冠稀疏、弱树发生较重，具有明显的趋嫩性。

2. 形态特征

成虫体小，长约 3 mm，青灰色而有灰褐色斑纹，被有白粉。头顶凸出，如剪刀状，有 3 个黄褐色大斑，“品”字形排列；复眼暗红色；触角 10 节，末端具两根不等长的硬毛。前翅半透明，散布褐色斑纹，翅缘色较深；后翅无色透明。腹部背面灰黑色，腹面浅绿色。卵杧果形，橙黄色，表面光滑。若虫扁椭圆形，背面略隆起，体黄色。腹部周缘分泌有白色短蜡丝，触角末节同成虫一样具长短不等的硬毛 2 条（图 12-23）。

图 12-23　柑橘木虱成虫及田间为害状
（豆威 提供）

3. 防治措施

①抹除零星萌芽，统一放梢；②保护和利用啮小蜂、红腹跳小蜂等寄生蜂和六斑月瓢虫、亚非草蛉等天敌；③柑橘木虱在 3 月中旬开始活动，此时虫体较虚弱，重点防治 1～2 次。可选择噻虫嗪、螺虫乙酯、虱螨脲、氟吡呋喃酮等药剂进行防治。化学防治时必须在一定区域内统一药剂、统一时间喷药。

4. 应用区域

适用于全国柑橘主产区。

5. 依托单位

西南大学植物保护学院，豆威，023-68251642。

（十八）柑橘粉虱防灾减灾技术

1. 发生特点

以若虫和成虫聚集在寄主叶片背面吸取汁液为害春梢、夏梢，对果树和果实造成危害，导致枯梢，果实生长不良，甚至脱落；若虫期分泌大量蜜露，诱发煤污病，致使枝叶和果实污黑，阻碍光合作用，导致树势衰弱，幼树生长不良，后期果实外观差。1 年发生 3～6 代，以幼虫和蛹越冬，各地发生期不一致；喜欢荫蔽、潮湿环境；成年果树较幼龄树受害重，尤以树冠中下部叶片背面虫口多，受害重。

2. 形态特征

雌成虫体长 1.2～1.3 mm，体黄色，翅半透明，后翅略小于前翅，虫体上覆盖有较厚的白色蜡粉。复眼分上、下两部分，中间仅有一个小眼相连，呈红褐色。雄成虫体长 1～1.2 mm，体椭圆形，两对翅上均有白粉覆盖，复眼圆形，赤褐色，头、胸、腹均呈淡黄色，足黄白色。卵椭圆形，长 0.18～0.2 mm，淡黄色半透明，表面光滑，一端有一短柄，附于叶背侧。卵孵化前变为褐色，并渐渐纵立，孵化时纵裂。若虫共 4 龄，1 龄体长 0.3 mm，宽约 0.2 mm，管状尾沟长度小于 0.2 mm，周缘有较多小突起和小刺毛；2 龄若虫体长 0.5～0.6 mm，宽约 0.4 mm，周缘无明显突起，小刺毛 2～3 对，头部前方、后缘两侧和尾沟两边各 1 对，胸气管道隐约可见，呈黄褐色；3 龄体长 0.7～0.9 mm，宽约 0.6 mm，胸气管道明显发育，呈黄褐色；4 龄虫体长 1～1.5 mm，宽约 1.1 mm，尾沟长 0.2～0.3 mm，中后胸两侧显著凸出；长蛹的大小与第 4 龄幼虫一致，但背面区稍隆起，表面比较光滑，体色由淡黄绿色变成浅黄褐色；蛹呈近椭圆形，前期体扁平，白色透明，胸气管道口至横蜕裂线之间微凹陷，体内分节肉眼清晰可见，两翅芽稍伸出体外；后期体逐渐隆起，虫体隐约可见。蛹壳长约 1.3 mm，壳缘有小突起，前后端各有 1 对小刺突，虫体背面完全无翅，管状孔圆形，其基部两侧各有 1 根小毛，其后缘内侧有多个不规则的锐刺（图 12-24）。

图 12-24　柑橘粉虱成虫（冉春 提供）

3. 防治措施

①保护和利用粉虱座壳孢菌、瓢虫、丽蚜小蜂等天敌；②新建果园要合理密植，改善通风透光条件，减少越冬虫口基数；③2～3 龄幼虫盛发期选用矿物油、阿维·螺虫酯、阿维·噻嗪酮进行防治。

4. 应用区域

适用于全国柑橘主产区。

5. 依托单位

西南大学植物保护学院，豆威，023-68251642。

（十九）褐色橘蚜防灾减灾技术

1. 发生特点

以成蚜、若蚜群集柑橘嫩茎、嫩叶、花蕾和花朵上刺吸汁液，严重时引起叶片卷曲，新梢枯死，叶片、幼果、花蕾脱落；也分泌大量蜜露，易诱发烟煤病，造成树势衰弱，影响果实产量和品质。

1 年发生 10～20 代，以成虫越冬，繁殖最适温度 24～27 ℃，以春末夏初和秋初繁殖最快、为害最重。高温久雨和低温都不利于该虫发生，干旱、气温较高时发生严重，具有趋嫩性。当群体拥挤、营养条件差时，则发生数量下降或产生有翅蚜，迁飞到其他植株上继续为害。

2. 形态特征

无翅胎生雌蚜，全体漆黑色，复眼红褐色，触角 6 节，灰褐色。足胫节端部及爪黑色，腹管呈管状，尾片乳突状，上生丛毛。有翅胎生雌蚜与无翅型相似，翅 2 对，白色透明，前翅中脉分 3 叉，翅痣淡褐色。无翅雄蚜与雌蚜相似，全体深褐色，后足特别膨大。卵椭圆形，初为淡黄色，渐变为黄褐色，最后变为漆黑色，有光泽。若虫体褐色，复眼红黑色（图 12-25）。

3. 防治措施

①冬夏结合修剪剪除有虫、卵的枝梢，消灭越冬虫源；夏、秋梢抽发时，结合摘心和抹芽，切断其食物链，剪除全部冬梢和晚秋梢，压低过冬虫口基数；②保护和利用四斑月瓢虫、六斑月瓢

图 12-25 褐色橘蚜(尚峰 提供)

虫、草蛉、食蚜蝇和寄生菌等天敌;③新梢蚜害率达到 25%时,选用啶虫脒、噻虫嗪、烯啶虫胺进行防治,每 10 d 防治 1 次,连续 2 次。

4. 应用区域

适用于全国柑橘主产区。

5. 依托单位

西南大学植物保护学院,豆威,023-68251642。

(二十)吹绵蚧防灾减灾技术

1. 发生特点

以若虫、成虫群集在柑橘的枝、叶和果实上为害,受害叶片发黄,树梢枯死,严重时引起落叶、落果,同时诱发煤烟病,导致树势衰退,甚至全株枯死。

1 年发生 2~3 代,以若虫和部分雌成虫越冬,1 代卵 3 月上旬开始发生,5 月下旬为若虫盛孵期,成虫于 7 月中旬最盛,2 代卵于 7—8 月发生,成虫于 10 月中旬发生,若虫 2 龄后逐渐迁移至枝干阴面群集为害。温暖、潮湿的环境有利于该虫的发生。

2. 形态特征

雌成虫全体橘红色,体长 4~7 mm,宽 3~5 mm,椭圆形,背面隆起,呈龟甲状,体外被有白色而微黄的蜡粉及絮状蜡丝。雌成虫发育到产卵期在腹部后方分泌出白色卵囊,卵囊有 15 条隆脊线。雄成虫体小细长,长 2.9 mm,橘红色,腹部 8 节,末节具肉质状突 2 个,其上各长毛 3 根,黑色触角 10 节,各节轮生刚毛。卵长椭圆形,初橙黄色,后渐变为橘红色。若虫椭圆形,体被淡黄色蜡粉及蜡丝(图 12-26)。

图 12-26 吹绵蚧(刘天远 提供)

3. 防治措施

①以冬季清园为重点,在虫量少时,可结合修剪,剪除带虫枝条。②保护和利用澳洲瓢虫、

大红瓢虫、小红瓢虫等天敌昆虫。③抓好初孵若虫期的喷药防治，尤以1龄若虫期的防治为重，可选药剂有机油乳剂(含油量2%～5%)、松脂合剂10～15倍液、48%乐斯本乳油1000倍液、2.5%功夫乳油3000～5000倍液等。

4. 应用区域

适用于全国柑橘主产区。

5. 依托单位

西南大学植物保护学院，豆威，023-68251642。

(二十一)橘小实蝇防灾减灾技术

在我国为害柑橘的实蝇主要有橘小实蝇(*Bactrocera dorsalis* Hendel)、柑橘大实蝇[*Bactrocera* (*Tetradacus*) *citri* (Chen)]和蜜柑大实蝇[*Bactrocera* (*Tetradacus*) *tsuneonis* (Miyake)]等，其中以橘小实蝇发生最广。蜜柑大实蝇为全国农业植物检疫性有害生物；橘小实蝇又名橘小寡鬃实蝇、杧果大实蝇、东方果实蝇等，隶属双翅目实蝇科果实蝇属。

1. 发生特点

橘小实蝇寄主范围极为广泛，为害46个科300多种果树、蔬菜等园艺作物。成虫产卵于果实中，幼虫在果内潜食，使果实腐烂，未熟先黄，造成大量落果，失去经济价值，同时还影响果蔬出口贸易和市场，造成严重的经济损失。

每年发生3～10代，无严格的越冬过程，世代重叠。橘小实蝇通常以蛹在潮湿疏松表土层或成虫栖于杂草丛中越冬。雌雄成虫羽化后11～13 d性成熟。雌虫一般产卵于果皮与果肉之间、瓜果表皮下1～4 mm深处，果皮表面留一产卵痕，产卵孔针尖大小，后出现变色、流液现象。雌虫平均产卵400～1800粒，产卵期30 d以上。幼虫孵化后便潜入寄主果肉取食为害，老熟后脱离受害果实，弹跳或爬行到潮湿疏松的土表下2～3 cm，或土、石块、枯枝落叶的缝隙中化蛹。

2. 形态特征

(1)成虫　体长6～8 mm，翅长5～7 mm，具两个黑色、近圆形且大的颜面斑。中胸背板黑色，无中黄色条，两侧有稍宽的黄色纵带，肩胛和背侧胛以及小盾片均为黄色，但虫死后即变暗黄色，无明显翅顶斑。胸部有肩鬃2对，前翅上鬃1对，后翅上鬃2对，小盾鬃1对。3～5腹节背面中央有显著黑色纵纹与第2节的黑色横纹相交成“T”字形(图12-27a)。

(2)幼虫　老熟幼虫体长平均10.0～11.0 mm，黄白色(图12-27b)。

(3)蛹　长4.4～5.5 mm，宽1.8～2.2 mm。椭圆形，初化蛹时浅黄色，后逐步变至红褐色(图12-27c)。

(4)卵　梭形，长约1 mm，宽约0.1 mm，乳白色，表面光亮(图12-27d)。

3. 防控措施

(1)加强虫情监测和环境、果园清洁，虫果及时无害化处理　及时摘除蛆果、捡拾落果，以袋闷、深埋和水浸等方式及时处理；冬季清园翻耕，杀灭越冬蛹。

(2)成虫诱杀和防治　成虫期是实蝇类害虫防治的关键时期，可使用性诱剂、食诱剂、仿生诱捕器及理化一体化杀虫灯等诱杀。橘小实蝇性诱剂以甲基丁香酚为主要成分，也可选用

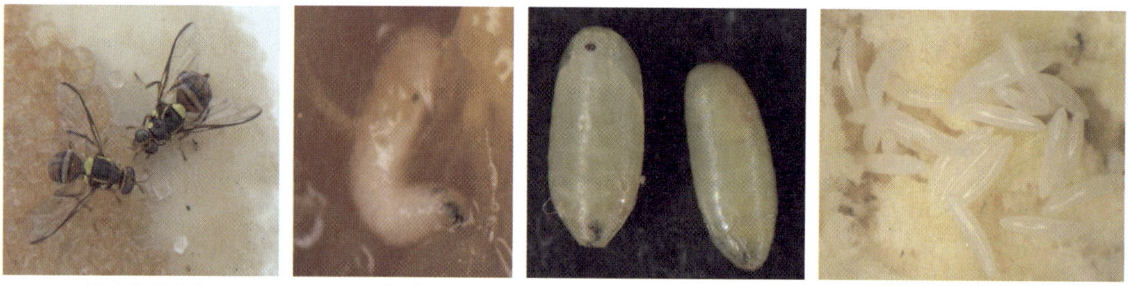

a.橘小实蝇成虫　b.幼虫　c.蛹　d.卵

图 12-27　橘小实蝇

5%阿维菌素 3000 倍液或 80%敌百虫 1000 倍液加 3%红糖或水解蛋白等进行诱杀。

(3)套袋保果　对经济价值较高的水果(如柚、杧果、番石榴、杨桃等)可在实蝇成虫产卵为害前及时套袋。

(4)化学防治　对发生严重果园,在成虫产卵盛期,于早上 9:00—10:00 成虫活跃期,采用 5%阿维菌素 3000 倍液或 5%高效氯氟氰菊酯 2000 倍液等喷施全园防治,适当加红糖或糖蜜可提高防效。根据农药安全间隔期,至果实采收前停药。

4. 应用区域

适用于全国实蝇发生区。

5. 依托单位

华中农业大学植物科学技术学院,张宏宇,027-87282130。

(二十二)柑橘大实蝇防灾减灾技术

1. 发生特点

该实蝇仅为害柑橘,成虫产卵于柑橘幼果中,产卵处有针刺小孔,似火山口凹痕,幼虫孵化后在果实内蛀食果肉;被为害果实未熟先黄,形成蛆柑,提前落果;老熟幼虫入土化蛹、越冬。

每年发生 1 代,以蛹在土中越冬,翌年 4—5 月羽化出土,5 月中下旬达到盛期。刚羽化成虫不取食,1 周内飞到橘园附近的青树林和竹林内取食蚜、蚧蜜露以及露水等,产卵期为 6—7 月,9 月上旬为孵化盛期。

2. 形态特征

中胸盾片中央区有 1 条深茶色至暗褐色的"人"字形斑纹,两侧各有 1 条黄色带状纵纹。胸部有肩板鬃 1 对,后翅上鬃 2 对,前、后背侧鬃各 1 对,小盾鬃 1 对,无前翅上鬃。腹背中央有 1 条黑色纵纹,与腹部第 3 节近前缘的黑色横纹相交成"十"字形。雌虫产卵器基节呈瓶状,其长度约等于第 2~5 腹节的长度之和,与腹部等长(图 12-28)。

3. 防治措施

①及时摘除蛆果、捡拾落果,以袋闷、水浸、深度掩埋等方式及时处理。②冬、春两季清园翻耕,破坏蛹的越冬场所和影响成虫出土羽化。③成虫诱杀和防治。在成虫期使用性诱剂、食诱剂、仿生诱捕器及理化一体化杀虫灯等进行诱杀,也可选用 5%阿维菌素 3000 倍液或 80%敌百虫 1000 倍液加 3%红糖或水解蛋白等进行诱杀。④对发生严重果园,在成虫产卵盛期,

图 12-28　柑橘大实蝇成虫、蛹和幼虫及为害状

早上 9:00—10:00 成虫活跃期，可采用 5%阿维菌素 3000 倍液或 5%高效氯氟氰菊酯 2000 倍液等喷施全园防治，适当加红糖或糖蜜可提高防效。根据农药安全间隔期，至果实采收前停药。

4. 应用区域

适用于全国柑橘大实蝇发生区。

5. 依托单位

华中农业大学植物科学技术学院，张宏宇，027-87282130。

（二十三）蜜柑大实蝇防灾减灾技术

1. 发生特点

蜜柑大实蝇属于全国农业植物检疫性有害生物，截至 2022 年 6 月 20 日国内只分布于云南、贵州、湖南、四川；只为害柑橘类。成虫产卵于果实，以幼虫蛀食果肉，有时也为害种子。当幼虫发育到 3 龄时，被害果实大部分已遭破坏，脱落，失去经济价值。一般 1 年 1 代。3 龄幼虫有弹跳的习性，蛹期 200 多天，成虫寿命 40～50 d，幼虫以蛹在土中越冬。

2. 形态特征

成虫肩鬃 2 对，中对小而短，前翅上鬃 1～2 对，背侧鬃、后翅上鬃各 2 对；产卵管基节（第 7 腹节）约为腹部（第 1～5 节）一半长，其后端狭小部分短于腹部第 5 节。中胸背板红褐色，背面中央有“人”字形的褐色纵纹，肩胛和背侧板胛以及中胸侧板条均为黄色，中胸侧板条宽，几乎伸抵肩胛的后缘；侧后缝色条始于中胸缝并终于上后翅上鬃之后，呈内弧形弯曲，具中后缝色条。小盾片黄色（图 12-29）。

图 12-29　蜜柑大实蝇成虫

3. 防治措施

①严格检疫并及时有效无害化处理虫果；②疫区田间防治，应及时摘除蛆果、捡拾落果，以袋闷、水浸、深度掩埋等方式及时处理；在成虫期使用诱剂、仿生诱捕器等诱杀。也可选用 5%阿维菌素 3000 倍液或 80%敌百虫 1000 倍液加 3%红糖或水解蛋白等进行诱杀；对发生严重

果园，在成虫产卵盛期，可采用5%阿维菌素3000倍液或5%高效氯氟氰菊酯2000倍液等喷施全园防治，适当加红糖或糖蜜可提高防效。

4. 应用区域

适用于全国柑橘主产区。

5. 依托单位

华中农业大学植物科学与技术学院，张宏宇，027-87282130。

（二十四）柑橘花蕾蛆防灾减灾技术

1. 发生特点

以幼虫蛀食花蕾为害，受害花蕾短，横径膨大呈灯笼状，花瓣多有绿点，不能开花而脱落。1年多发生1代，少数发生2代，以老熟幼虫在土中结茧越冬，在树冠周围30 cm内外、6 cm深土层内虫口密度最大，3月开始化蛹，3—4月花蕾露白期雨后成虫大量羽化出土（图12-30）。

图12-30　花蕾蛆幼虫及为害状

2. 形态特征

成虫形似小蚊，雌成虫体长1.5～1.8 mm，暗黄褐色或灰黄色，被有细毛。触角念珠状，14节，各节环生刚毛。翅1对，翅脉简单，翅上密生黑褐色细毛。足细长。雄成虫体长1.2～1.4 mm，灰黄色。触角鞭节，每节呈哑铃状，形似2节。

3. 防治措施

①冬季翻耕灭幼虫。②在成虫出土前覆盖地膜，阻止成虫出土羽化和产卵，在花蕾顶端开始露白前3～5 d（成虫羽化期）和谢花初期幼虫脱蕾入土前用辛硫磷乳油拌细土撒施地面，也可于树冠喷药毒杀成虫，药剂有灭蝇胺、氟啶脲以及菊酯类农药。③受害花蕾开放前，人工摘除虫蕾并将其深埋、烧毁。

4. 应用区域

适用于全国柑橘主产区。

5. 依托单位

华中农业大学植物科学与技术学院，张宏宇，027-87282130。

（二十五）柑橘潜叶蛾防灾减灾技术

1. 发生特点

幼虫潜入嫩叶嫩梢表皮下蛀食叶肉，形成银白色弯曲的虫道。内留有虫粪，在中央形成一条黑线。由于虫道蜿蜒曲折，致被害叶卷缩、硬化，叶片易脱落，新梢生长停滞（图12-31）。

图 12-31　柑橘潜叶蛾为害（尚峰 提供）

1 年可发生多代，田间世代重叠，以蛹和幼虫在被害叶上越冬。每年 4 月下旬至 5 月上旬，幼虫开始为害，7—9 月是发生盛期，为害严重，10 月以后发生减少。幼虫共 4 龄，3 龄为暴食阶段，4 龄不取食，口器变为吐丝器，于叶缘吐丝结茧，致叶缘卷起，幼虫于茧内化蛹。

2. 形态特征

成虫虫体和前、后翅均为银白色，具密长缘毛；前翅缘毛短于后翅缘毛，前翅尖叶形，基部具黑褐色纵纹 2 条，中部有“Y”字形黑纹，靠近翅尖有一明显的黑斑点，后翅针叶形；卵扁圆形，无色透明；幼虫体黄绿色至黄色，头尖，足退化，腹部末端尖细；蛹纺锤形，淡黄色至深褐色，外被黄褐色薄茧。

3. 防治措施

①结合冬季修剪，用石硫合剂清园，剪除被害枝叶并烧毁。②成年树尽量统一放梢，及时抹除零星抽生的新梢。③多数新梢长 0.5～2 cm 时选用阿维菌素、虫螨腈、虱螨脲进行防治，7～10 d 1 次，连续 2～3 次。

4. 应用区域

适用于全国柑橘主产区。

5. 依托单位

西南大学植物保护学院，豆威，023-68251642。

（二十六）恶性叶甲防灾减灾技术

1. 发生特点

幼虫群集取食柑橘嫩梢，其分泌物和粪便污染嫩叶，嫩叶变焦黑而萎缩脱落；成虫咬食新芽、嫩叶、嫩茎、花蕾和幼果，被害芽、叶残缺枯萎，花蕾干枯，幼果常被咬成孔洞，变黑易脱落。

1 年发生 3～7 代，成虫在苔藓、地衣、杂草及卷叶、树皮裂缝和松土中越冬，以第 1 代发生数量大，为害最重，越冬成虫在 3 月中旬左右开始活动，4—5 月为第 1 代幼虫高峰期，为害春梢。

2. 形态特征

成虫长椭圆形，体背蓝黑色，带金属光泽，足及腹部黄褐色。鞘翅后部狭于前部，鞘翅上有

10 行纵列小刻点，刻点行间的刻点较粗，前足胫端无刺。卵长椭圆形，长约 0.6 mm，初为白色，后变为黄白色，近孵化时为深褐色，卵壳外有黄褐色网状黏膜。幼虫头部和足黑色，胸、腹部草黄色，半透明。前胸背板上有半月形的硬皮，分成左右 2 块，中、后胸两侧各有 1 个黑色突起。背部常有自体内排泄出的呈灰绿色的粪便及黏液。蛹椭圆形，长约 2.7 mm，初为黄色，后变为橙黄色，腹部末端有 1 对色泽较深的叉状突起(图 12-32)。

图 12-32　恶性叶甲幼虫、成虫及为害状

3. 防治措施

①结合修剪，清除果园枯枝落叶和地衣苔藓等越冬场所。②在幼虫老熟开始下树化蛹时用带有泥土的稻根放置在树杈处，或在树干上捆扎涂有泥土的稻草，诱集化蛹，在成虫羽化前取下烧毁。③发生严重时，在成虫羽化期和卵孵化高峰期进行化学防治，药剂有溴氰菊酯乳油、敌敌畏乳油、辛硫磷乳油、毒死蜱乳油等。

4. 应用区域

适用于全国柑橘主产区。

5. 依托单位

华中农业大学植物科学技术学院，张宏宇，027-87282130。

（二十七）柑橘潜叶甲防灾减灾技术

1. 发生特点

幼虫孵化后即钻入叶内潜食为害，形成弯曲隧道，造成叶片萎黄脱落；成虫在嫩芽、嫩叶的背面取食叶肉，仅留表皮呈现透明白斑或形成缺刻、孔洞。以成虫在柑橘附近苔藓或地衣、树干裂缝或周围的松土中越冬。3 月下旬至 4 月下旬越冬成虫开始活动，4 月中旬至 5 月中旬是幼虫为害盛期，5 月上旬至 6 月上旬是当年羽化成虫为害期，6 月以后随气温升高而潜伏越夏，后转入越冬。成虫白天活动，喜群居，跳跃能力强，有假死性。

2. 形态特征

成虫宽椭圆形，背面中央隆起，头部和前胸背板黑色，鞘翅黄色。鞘翅后部宽于前部，每鞘翅上有 11 行纵列的刻点，刻点行间的刻点细小，每足胫端具 1 刺。卵椭圆形，黄色，横黏叶上，表面有六角形或多角形网状纹。老熟幼虫体长 4.7～7.0 mm，全体深黄色。前胸背板硬化，胸部各节两侧圆钝，从中胸起宽度渐减。各腹节前狭后宽，几成梯形。蛹淡黄色至深黄色。头部向腹部弯曲，口器达前足基部，复眼肾脏形，触角弯曲。全体有刚毛多对，腹部端具臀叉，其端部黄褐色(图 12-33)。

图 12-33　柑橘潜叶甲成虫、幼虫及为害状

3. 防治措施

①涂封树皮裂缝,清除树上的地衣、苔藓,减少越冬虫源。②中耕松土灭蛹,利用成虫假死性摇落捕杀。③越冬成虫及 1 龄幼虫发生高峰期各喷药 1 次,防治药剂参见恶性叶甲。

4. 应用区域

适用于全国柑橘主产区。

5. 依托单位

华中农业大学植物科学技术学院,张宏宇,027-87282130。

(二十八)星天牛防灾减灾技术

1. 发生特点

成虫啃食枝条嫩皮,食叶成缺刻,成虫将卵产在距地面 30 cm 以内的柑橘根颈或主根的树皮内,幼虫迂回蛀食韧皮部,数月后蛀入木质部,向外蛀 1 通气排粪孔,并推出粪屑,堵塞虫道;多横向蛀食,形成迂回的螺旋形虫道,严重时造成根颈环割,切断养分和水分输送;为害轻者,使植株部分枝叶变黄干枯,削弱树势,重者造成树干环割而使植株枯死。产卵处有泡沫状树液流出。1～2 年 1 代,以幼虫在被害寄主木质部蛀道内越冬,3 月间开始活动取食,4 月幼虫老熟,5 月下旬化蛹基本结束,成虫 6 月上旬开始羽化,6 月中旬为羽化出孔高峰。

2. 形态特征

成虫体长 22～39 mm,漆黑色,有金属光泽,触角自 3～11 节每节基部有淡蓝色绒毛。复眼黑褐色。前胸背板中瘤明显,两侧各具粗大刺突;小盾片和足的跗节具灰色细毛;鞘翅基部密布颗粒状瘤突,翅面具白色绒毛组成的小斑,每翅约有 20 个,排列成不整齐的 5 横行,犹如晚间天空的繁星,因而得名(图 12-34)。雄的触角超过体长的 1 倍,雌的触角仅超过体长的1/4。卵长卵圆形,乳白色,孵化前变成黄褐色,长约 5 mm。幼虫淡黄色,老熟幼虫体长 40～60 mm,头部前端黑褐色。前胸背板有一黄褐色的“出”形斑纹。蛹长 30 mm,乳白色,后呈暗褐色。

图 12-34　星天牛及为害状(荣霞 提供)

3. 防治要点

①使用抗性砧木。②保护和利用花绒寄甲、川硬皮肿腿蜂等天敌。③5—6 月为成虫活动频繁期,选用噻虫啉毒杀成虫和低龄若虫。④产卵盛期枝干基部涂白,防止成虫产卵。⑤刮除虫卵,钩杀幼虫。⑥设置诱饵树,诱集天牛后集中灭杀。

4. 应用区域

适用于全国柑橘主产区。

5. 依托单位

西南大学植物保护学院,豆威,023-68251642。

(二十九)柑橘蓟马和茶黄蓟马防灾减灾技术

1. 发生特点

以成虫、幼虫吸食柑橘幼嫩组织的汁液,为害后嫩芽不能继续生长,瘦长而扭曲;受害处表面呈灰白或灰褐色,严重时呈丛生状芽,生长衰弱;喜在果蒂或萼片周围取食,产生一层银白色或灰白色很厚大斑,覆盖附近果面。

1 年发生 6~10 代。柑橘蓟马卵在秋梢新叶组织内越冬,茶黄蓟马主要以蛹越冬,在 3—4 月越冬卵孵化为幼虫,田间 4—10 月均可见,但以谢花后至幼果直径 4 cm 期间为害最重。第 1 代成虫盛发期在 4—6 月,第 2 代成虫盛发期在 7—8 月。其 1~2 代发生较整齐,以后世代重叠。9 月后虫口逐渐减少。蓟马成虫极活跃,扩散速度快,但怕阳光,白天多在荫蔽处为害,夜间和阴天多在叶面、果表为害。

2. 形态特征

柑橘蓟马成虫体枯草色至暗褐色,纺锤形;体长约 1 mm,淡橙黄色,体表有细毛;触角 8 节,头部刚毛较长;前翅有纵脉 1 条,翅上缨毛很细。腹部较圆;茶黄蓟马成虫头部及胸部为橙黄色,前翅灰色。

3. 防治措施

①柑橘园附近不种茶、葡萄和花生等寄生植物,以减少食料。②成虫出土前地面盖塑料薄膜,阻止成虫出土。③开花至幼果期发现有 5%~10%的花、叶或幼果平均有虫 1~2 头或

1.8 cm 直径幼果 20%有虫时喷药防治。④保护利用钝绥螨、捕食椿象等天敌。

4. 应用区域

适用于全国柑橘主产区。

5. 依托单位

西南大学植物保护学院，豆威，023-68251642。

（三十）喜旱莲子草防灾减灾技术

1. 发生特点

旱生喜旱莲子草在日平均气温达 10.0 ℃时大量萌芽生长，水生喜旱莲子草在日平均气温达 8.5 ℃时开始萌芽生长；有性和无性繁殖，主要繁殖方式是通过根茎无性繁殖；花期 5—10 月；借助流水、风力和动物粪便等方式传播。

2. 典型症状

喜旱莲子草又名空心莲子草、水花生、革命草，属多年生草本，是我国重要的外来入侵杂草之一。茎基部匍匐，上部上升，管状，具不明显 4 棱，长 55～120 cm，具分枝，幼茎及叶腋有白色或锈色柔毛，茎老时无毛，仅在两侧纵沟内保留；叶片矩圆形、矩圆状倒卵形或倒卵状披针形，长 2.5～5 cm，宽 7～20 mm，顶端急尖或圆钝，具短尖，基部渐狭，全缘，两面无毛或上面有贴生毛及缘毛，下面有颗粒状突起；叶柄长 3～10 mm，无毛或微有柔毛。花密生，成具总花梗的头状花序，单生在叶腋，球形，直径 8～15 mm；苞片及小苞片白色，顶端渐尖，具 1 脉；苞片卵形，长 2～2.5 mm，小苞片披针形，长 2 mm；花被片矩圆形，长 5～6 mm，白色，光亮，无毛，顶端急尖，背部侧扁（图 12-35）。

a.喜旱莲子草植株　b.喜旱莲子草花　c.喜旱莲子草群落　d.喜旱莲子草群落

图 12-35　喜旱莲子草

3. 防控措施

喜旱莲子草无性繁殖能力强，防除必须因地制宜采用多种措施协调配合，可采用物理、化学和生态控草方式相结合的综合防治措施进行防控。

（1）物理防控　采取人工除草、机械除草、地膜覆盖等，铲除时应尽可能深挖。

（2）化学防控　在喜旱莲子草发芽期，即每年的春季和秋季进行施药。可选用氯氟吡氧乙酸或草甘膦进行茎叶喷雾处理。

（3）生态防控　喜旱莲子草是柑橘园中重要的恶性杂草，其生命力和竞争力很强，仅仅依靠人工生草和自然生草技术无法很好地控制柑橘园中的喜旱莲子草。在喜旱莲子草发生严重的柑橘园中应采用物理和化学防控措施清除，减少其发生量；生草过程中，通过人工拔除或者化学除草剂点杀，在树盘外蓄留人工生草品种或良性杂草，使良性植物形成优势种群，占领生态位，达到可持续生态防控喜旱莲子草的目的。

(4)注意事项　为有效兼顾防除喜旱莲子草和其他杂草，可将氯氟吡氧乙酸与草甘膦等混合使用。在施药时要严格做到不漏喷、不重喷；喷药时尽量做到精准、雾细、均匀。

4. 应用区域

适用于全国柑橘主产区。

5. 依托单位

华中农业大学植物科学技术学院，马洪菊，027-87282130。

（三十一）鬼针草防灾减灾技术

1. 发生特点

鬼针草种子在温度适宜(10～30 ℃)、土壤湿润的条件下即可萌发，种子发芽的主要季节是春、夏季(约占 66%)，在广西南宁除气温最低的 1 月上旬种子发芽率较低外，其余时间均可自然发芽。春、夏季气温高，土壤湿润，是鬼针草的生长旺季。

鬼针草可借助种子、风雨、水流或附着于人、物上远距离传播。自然状态下，鬼针草一个植株扩散到一个新生境后，在 1～2 代后就可以产生一个大的种群，成为优势植被后对其周围植株具有抑制作用。

2. 典型症状

鬼针草又名三叶息针草，属一年生杂草，茎直立，高 30～100 cm，钝四棱形，无毛或上部被极稀疏的柔毛，基部直径可达 6 mm。茎下部叶较小，3 裂或不分裂；茎中部叶具长 1.5～5 cm 无翅的柄，3 出，小叶 3 枚，很少为具 5～7 小叶的羽状复叶；两侧小叶椭圆形或卵状椭圆形，长 2～4.5 cm，宽 1.5～2.5 cm，先端锐尖，基部近圆形或阔楔形，不对称，具短柄，边缘有锯齿；顶生小叶较大，长椭圆形或卵状长圆形，长 3.5～7 cm，先端渐尖，基部渐狭或近圆形，具长 1～2 cm 的柄，边缘有锯齿，无毛或被极稀疏的短柔毛；上部叶小，3 裂或不分裂，条状披针形。头状花序直径 8～9 mm，有长 1～6 cm 的花序梗。总苞基部被短柔毛，苞片 7～8 枚，条状匙形，上部稍宽，草质，边缘疏被短柔毛或无毛，外层托片披针形，背面褐色，具黄色边缘，内层条状披针形。无舌状花，盘花筒状，长约 4.5 mm，冠檐 5 齿裂，瘦果黑色，长 7～13 mm，宽约 1 mm，条形，具棱，具倒刺毛(图 12-36a 至图 12-36c)。白花鬼针草为变种，与原变种的区别主要是头状花序边缘具舌状花 5～7 枚，舌片椭圆状倒卵形，白色，先端钝或有缺刻，与原变种混合发生(图 12-36d)。

3. 防控措施

鬼针草 1 年多次种子成熟，环境中侵占性强，可大面积扩散，治理须因地制宜采用多种措施协调配合，可采用物理、化学和生态控草方式相结合的综合防控措施。

(1)物理防控　人工除草、机器割草等。

(2)化学防控　在鬼针草的幼苗期对其进行防除，精准靶杀鬼针草，做到除早除小。可选用草甘膦铵盐或草铵膦进行茎叶喷雾处理。

(3)生态防控　人工生草和自然生草前，采用物理和化学防控措施清除柑橘园鬼针草，减

a.鬼针草种子　b.鬼针草植株　c.鬼针草果穗　d.白花鬼针草

图 12-36　鬼针草

少其发生量;生草过程中,通过人工拔除或者化学除草剂点杀鬼针草,在树盘外蓄留人工生草品种或良性杂草,使良性植物形成优势种群,占领生态位,达到对鬼针草持续生态防控的目的。

(4)注意事项　鬼针草种子量大、发芽率高、侵占性强、扩散快,应采用物理、化学和生态控草方式相结合的综合防治措施。

4. 应用区域

适用于全国柑橘主产区。

5. 依托单位

华中农业大学植物科学技术学院,马洪菊,027-87282130。

第十三章

苹果体系防灾减灾技术

一、苹果非生物灾害防灾减灾技术
（一）苹果花期霜冻防灾减灾技术
（二）苹果树低温冻害防灾减灾技术
（三）苹果干旱防灾减灾技术
（四）苹果冰雹灾害防灾减灾技术
（五）覆盖苹果园雨季防灾减灾技术
（六）苹果苦痘病、痘斑病和水心病防灾减灾技术
二、苹果生物灾害防灾减灾技术
（一）苹果树腐烂病防灾减灾技术
（二）苹果轮纹病防灾减灾技术
（三）苹果黑星病防灾减灾技术
（四）苹果褐斑病防灾减灾技术
（五）苹果炭疽叶枯病防灾减灾技术
（六）苹果斑点落叶病防灾减灾技术
（七）苹果霉心病防灾减灾技术
（八）苹果炭疽病防灾减灾技术
（九）桃小食心虫防灾减灾技术
（十）梨小食心虫防灾减灾技术
（十一）苹果绵蚜防灾减灾技术
（十二）叶螨防灾减灾技术
（十三）苹果黄蚜防灾减灾技术
（十四）桑天牛防灾减灾技术

一 苹果非生物灾害防灾减灾技术

（一）苹果花期霜冻防灾减灾技术

1. 发生特点

花期霜冻在初春气温回暖季节发生，由北方强冷气流造成气温骤降至 0 ℃以下而引发，具有发生次数多、发生范围广、降温幅度大、危害程度重等特点。

2. 典型症状

根据发生部位，症状有花芽冻害、花器官冻害和幼果冻害。花芽冻害表现为芽体变色，轻者变黄变褐，重者芽体变黑。花器官冻害，轻者花瓣变褐干枯；稍重者花丝、花药和雌蕊变褐或黑色，最后干缩；重者子房变褐，横切面呈黑色；严重者整个子房皱缩。幼果冻害，轻者果面留下冻痕，重者幼果变成僵果，严重者果柄冻伤落果（图 13-1）。

a.花芽受冻状　　b.花器官受冻状　　c.幼果受冻状

图 13-1　苹果受冻状

3. 防控措施

采取以提高抗性为基础，避霜增温为主，灾后补救为辅的综合防控技术。

1）提高树体和花抗性

（1）喷尿素和磷酸二氢钾　落叶前 20 d 分别喷 1%～2%、2%～3%和 5%～6%尿素加 0.3%磷酸二氢钾混合营养液 3 次；萌芽前喷 3%～5%尿素加 0.3%磷酸二氢钾 1～2 次。

（2）喷果树防冻剂　在霜冻发生前 1～2 d，喷果树防冻剂加 PBO 50～100 倍液。

（3）喷营养液　强冷空气来临前，喷芸苔素 481。

（4）加强授粉　授粉受精充足的花抗冻能力强。

2）延迟发芽，避开霜冻

（1）树干涂白或喷白　早春涂白树干和骨干枝，或用 10～20 倍液石灰水喷树冠，可推迟开花 3～5 d。

（2）春季灌水　发芽后至开花前灌水 1～2 次，可推迟花期 2～3 d。

（3）树盘覆草　冬末早春用 20～30 cm 厚有机物料覆盖树盘，可延迟开花 2 d 左右。

（4）搭建遮阳网　有支架系统的果园，在支架间搭横梁，上面架设 4 针或 6 针遮阳网，萌动前 1 周架网可推迟花期 10～12 d，露红期架网可推迟花期 5～7 d。

3）果园增温

（1）加热法　在果园内放置加热器，在霜冻发生前点火加温，可提高温度1～2 ℃。

（2）熏烟法　根据天气预报，在园内气温接近0 ℃时，在迎风面每亩堆放10个烟堆熏烟，可提高气温1～2 ℃。

（3）安装防霜机　在果园上空用大功率鼓风机搅动空气，可吹散冷空气，预防霜冻。

4）灾后补救

（1）叶面喷肥　叶面喷施0.3%～0.5%尿素、0.2%～0.3%硼砂或其他叶面肥料，可补充树体营养，促进花器官发育和机能恢复。

（2）保花保果　花期发生霜冻时立即停止疏花，并人工授粉2～3次，充分利用边花、晚花和腋花芽坐果；如花托未受害，喷布芸苔素、硅钙镁钾微肥、硼砂和钼酸钙等营养液；将定果时间推迟到幼果坐定以后，必要时每花序留2～3个果。

（3）加强管理　霜冻发生后及时灌水，施用复合肥、硅钙镁钾肥、土壤调理肥、腐殖酸肥等，促进果实发育。及时喷药，防治金龟子、蚜虫、霉心病、腐烂病等病虫害。

5）注意事项

利用熏烟法预防花期霜冻时，以散发大量浓烟为宜，须时刻关注天气预报，在霜冻来临前1 h左右点燃烟堆。

4. 应用区域

适用于全国苹果主产区。

5. 依托单位

山东省果树研究所，薛晓敏，0538-8266556。

（二）苹果树低温冻害防灾减灾技术

1. 发生特点

苹果树低温冻害是指树体在越冬期间因遇到持续强烈低温或剧烈变温，树体韧皮部和形成层组织细胞受到破坏，从而导致枝干坏死、枝条干枯甚至整株死亡的现象。辽宁、吉林、黑龙江、内蒙古、新疆、甘肃、宁夏、西藏、北京等地苹果产区是冻害的高发区，陕西北部、山西、山东、河北等地不同年份也有不同程度的树体冻害现象发生。近年来，我国苹果矮化栽培模式的迅速发展，部分苹果产区由于矮化自根砧木选择及砧穗组合搭配不合理等因素，矮砧果园发生低温冻害的风险加大。

2. 典型症状

苹果树体各器官和组织结构和充实度各异，其受冻害的程度和危害也各不相同。主干和枝条冻害的主要原因是气温骤降。一般冬季气温降至－25 ℃时，树皮迅速冷却收缩，造成主干由外向内干裂。冻裂的时间多发生在夜间，最低气温降至－30 ℃时则会引起全树冻死。主干受冻后，靠近木质部树皮首先变成红褐色，受冻部位皮层下陷，表皮变为深褐色，组织坏死，冻害严重时树皮纵裂。树干冻害易发生在主干的中下部向阳面，通常在春季萌芽前出现主干开裂。主枝和枝条受冻后，先是髓部、木质部变为褐色或黑色，而后皮层变褐（图13-2）。

根颈冻害的原因则是因根颈进入休眠期最迟，而解除休眠和开始活动又最早，突然降温时，地表处温度变化剧烈，所以最易受冻。苹果树受冻后，轻者韧皮部、髓部轻微变褐，重者形

图 13-2　苹果枝条抽条和冻伤

成层、韧皮部和木质部均变褐色或棕褐色，皮层下陷，有酒糟味。

3. 防控措施

（1）因地制宜　选择适于本产区的苹果砧木和砧穗组合。

（2）增强树势　加强树体树势管理，按照扶弱抑强等措施增强树势，促使苹果枝梢生长充实，提高木质化程度。

（3）加强病虫害防治　苹果病虫害是影响苹果生长和树势强弱的重要原因。在生长季节采取生物措施和化学措施相结合的方法，加大对腐烂病、粗皮病、根腐病、褐斑病、红蜘蛛、大青叶蝉等病虫害的防治，确保树体正常生长。

（4）加强伤口保护　应及时对伤口涂抹伤口愈合剂，减少树体水分损失，减轻病虫或病菌侵入为害。

（5）树体涂白　在秋冬交接、果树越冬前，用涂白剂将苹果树体主干和大侧枝涂白，可在一定程度上提高苹果的防寒和防冻能力。

（6）及时浇封冻水及解冻水　土壤封冻前及时浇透封冻水可以减轻冻害抽条的发生。对于容易发生抽条的地区，可将浇解冻水的时间提前，对预防抽条效果显著。

（7）矮化砧木埋土深度管理　对于新栽矮砧果园，要特别关注砧木埋土深度问题。砧木入土太深会失去矮化效果，入土太浅则易发生冻害。对于建园矮化砧木露土太长的问题，可采取动态培土的补救措施，以改变树体周围的小气候条件，提高地温，缩短土壤结冻期，使根系及时吸收水分，减轻或防止冻害、抽条。

（8）喷施羧甲基纤维素　于 2 月下旬和 3 月下旬各喷 1 次羧甲基纤维素，可以有效减轻抽条的发生。

4. 应用区域

适用于全国苹果主产区。

5. 依托单位

①西北农林科技大学，张东，029-87082613。

②北京市林业果树研究所，李民吉，010-82598036。

（三）苹果干旱防灾减灾技术

1. 发生特点

我国多数苹果主产区水资源短缺，干旱频繁发生。特别是黄土高原苹果优势产区降水量少，蒸发量大，年蒸发量远高于年降水量；年周期内降水分布不均匀，春夏季节降水量少，且多数无灌溉条件。另外，空气干燥导致较高的蒸腾速率也会造成树体内水分的损耗，从而使植株遭受干旱胁迫。

2. 典型症状

土壤干旱缺水导致苹果树体内水分亏缺，影响果树正常生理代谢和生长发育，表现为叶片萎蔫、变小，新梢生长慢、干枯，整株低矮以及营养不良等现象，果个小，苹果产量和品质降低。

3. 防控措施

（1）建设集雨和灌溉设施　通过土地平整、修建宽幅梯田蓄水保水；山地坡地每 3～5 亩修建 1 口 8 m^3 的集雨窖，集雨场不小于 18 m^2，蓄积自然降水用于灌溉；有条件的果园，实施滴灌、渗灌等水肥一体化节水技术。

（2）增施有机肥，以肥调水　增施有机肥，改土保墒，促进根系生长，增强树势，增强抗旱能力。

（3）果园覆盖　地布（地膜）覆盖：早春或冬前覆盖黑色地布（地膜），幼树树盘整成“V”形面，内低外高，单膜通行覆盖；成龄树树盘整成内高外低，双膜通行覆盖。秸秆、杂草等有机物料覆盖：覆盖厚度 10～15 cm，撒盖少量土。

（4）坑施肥水　结合地布（地膜）覆盖，在树盘内（株间）配置 2～4 个直径 30 cm、深 60 cm 的圆柱形穴。用四周带小孔的 110PVC 管竖立于穴中央，穴里埋入枯枝落叶，施入与土混均匀的腐熟农家肥或化肥，填实，地表整成凹形，覆盖地膜（膜面为 1 m 见方），中间开 2 cm 大小的十字小孔，管口用地漏盖口，以便收集雨水或补肥补水。

（5）施用保水剂　结合施肥，在土壤中施入聚丙烯酰胺、阳离子聚丙烯酰胺、高分子吸水树脂等。

（6）合理修剪和疏果　干旱条件下，通过疏枝、疏果，减少枝叶量和结果量，从而减少果树蒸腾失水的有效面积，降低蒸腾失水数量，达到节水、抗旱的效果。

4. 应用区域

适用于黄土高原苹果主产区。

5. 依托单位

西北农林科技大学，马锋旺，029-87082613。

（四）苹果冰雹灾害防灾减灾技术

1. 发生特点

我国雹害的发生范围广，近年发生频率还有增加的趋势。冰雹的发生范围一般相对较小，时间短促，常伴有狂风暴雨。冰雹发生具有明显的季节性差异。4～9 月为主要发生时段，其中 5 月和 6 月为高峰期。一天中，冰雹大部分发生在中午至傍晚时段。由于可形成冰雹的积雨云区比较狭窄，并常沿山脉、河谷移动，故冰雹发生区域往往呈狭小的带状分布。雹带内降雹密度不一，时间长短不一，雹粒大小不等，冰雹降落具有明显的路径，具有年际间重复发生的特点。

2. 雹害症状

苹果雹害主要表现是枝叶和果实遭受机械损伤和冻伤等，根据危害程度不同，可分为轻雹灾、中雹灾、重雹灾三级。轻、中雹灾发生后，树干、枝梢外皮会被冰雹砸开裂，叶片破损严重，果实表面伤痕累累；重雹灾则枝梢折断，叶片、果实掉落，树干破裂，造成果园严重减产或绝收，影响第二年生产(图 13-3)。

图 13-3　苹果雹害症状

3. 防控措施

(1)选择建园地点　自建园选址开始，即要考虑防雹问题。通过历史气象资料查询和实地调研，对当地冰雹发生的特点、冰雹路径等进行充分了解，尽量避开易发生冰雹的地带建园。

(2)搭建防雹网　防雹网的结构形式主要有平面式、单面坡式和双面坡式。其中，平面式结构适于面积较大、地势平坦的果园；单面坡式结构适于面积较小、山区果园；双面坡式结构适于地势平坦、管理水平较高的果园。

(3)高射炮防雹　使用高射炮将炮弹发射到几千米高空，爆炸时产生的冲击波能影响冰雹云的气流，使冰雹云改变移动方向，也可使过冷的水滴冻结，从而抑制冰粒增长，使小冰雹融化为雨。

(4)补救措施　雹害发生后，迅速清理果园内落叶、落果，剪除被打断的树枝、新梢和一部分表皮与木质部整体脱离的 1～2 年生枝。对于被冰雹砸伤已经枯死的枝条，可从伤枝附近剪去，涂保护剂，对折断的枝梢应从断茬处稍向下短截，保证伤口平滑，然后从附近选留新枝进行培养，或采用高接补救措施，以恢复产量。雹害发生后，果园湿度大，树体伤口多，更有利于病菌繁殖传播，要及时全园喷施广谱性杀菌剂并结合叶面喷肥，可选用戊唑醇、甲基硫菌灵等与磷酸二氢钾和尿素液混喷。应及时追施 1 次肥料。一般盛果期果园亩施磷酸二铵 40 kg 加硫酸钾 30 kg。对受灾较重果园，根据树势和挂果量，采取树盘浅沟追肥，每亩施入尿素和磷酸二铵 30～40 kg。对重灾绝收果园，深翻树盘，每亩施入磷酸二铵和硫酸铵 50～60 kg，促进萌芽、抽枝、长叶，恢复树势。在加强根外追肥的同时，在喷药中加入 0.3%～0.5%尿素或微肥，以补充树体养分，提高抗性。

4. 应用区域

适用于全国苹果主产区。

5. 依托单位

西北农林科技大学，邹养军，029-87082613。

（五）覆盖苹果园雨季防灾减灾技术

1. 发生特点

果园土壤覆盖后改变了土壤水分状况，连续降雨后容易导致土壤含水量持续偏高，引起内涝，在黏重土壤、低洼地等果园尤其容易发生，引起根系窒息、植株早落叶等，严重者引起树势衰弱甚至枯死。

2. 典型症状

遭受内涝的果园土壤长期湿黏，覆盖物下土壤表面产生大量黏液状物质，进而滋生青苔，土壤透气性变差。苹果细根大量褐变、死亡，没有新根发生，短枝叶片黄落。光照强烈的中午前后植株出现轻度萎蔫。果实停止发育，严重者果实失水，果面皱褶。

3. 防控措施

（1）采用农用地毯、地布等透气性差的材料覆盖的果园，雨季揭开，并浅划锄，破坏覆盖后在土壤表面形成的致密层，提高土壤透气性。

（2）用作物秸秆覆盖的果园，雨季扒开树干周围 50 cm 的覆盖物，防止根颈窒息。如果秸秆为稻草、麦秸等细密材料，覆盖较厚且已经半腐解成紧实的饼子状，则在雨季前将其钩松，促进水分散失，增加透气性。

（3）覆盖前先行起垄，可有效防止雨季积涝。起垄的具体方法：沿果树行向起垄，使植株定植线处在最高的脊上，两侧略低，行间垄沟排水，干旱时也可作灌水沟。起垄厚度一般为 10～15 cm，过厚会影响表层根系的透气性。黏土地若仅起垄仍不能达到排水目的，还可在起垄的同时，在树下垂直行向间隔 1 m 左右挖放射沟排水，放射沟内端（近树干端）深宽各20 cm，外端（行间端）深宽各 40 cm，沟外端与行间垄沟接通，从距树干 50 cm 处开挖，将玉米秸捆成一捆埋入放射沟中，每个放射沟撒上 50 g 尿素、100 g 磷肥，填土，使沟部呈屋脊状，这样沟内不会积太多的水。秸秆吸足水后，多余的水即会流入垄沟，排出园外（图 13-4）。

a.起垄后排水良好　b.起垄后覆草　c.雨季扒开地布　d.雨季撤掉覆盖材料

图 13-4　苹果雨季防控措施

4. 应用区域

适用于全国苹果主产区。

5. 依托单位

沈阳农业大学，吕德国，024-88487143。

（六）苹果苦痘病、痘斑病和水心病防灾减灾技术

1. 发生特点

该病是缺钙诱发的生理病害，全国各产区均有发生，其中苦痘病和痘斑病在坐果数量少、降雨多或特别干旱的年份和化肥施用量多的区域发病较重。水心病在海拔高的区域和采收较晚的园片发病较重。

2. 典型症状

(1)苦痘病　多发生于果实近萼洼端。初期以皮孔为中心为颜色较深暗的微凹陷圆斑，后期病斑凹陷、褐色，直径一般为 2～4 mm，大者可达 1 cm 左右；病斑皮下果肉变褐、干缩成海绵状、味苦(图 13-5)。

(2)痘斑病　初期以果点为中心，果面出现疏密不等的小斑点，直径约为 1 mm 以内的果皮变为褐色至暗褐色，其周围出现紫红色晕，晕圈直径约 5 mm。其后果点附近组织凹陷，形成直径为 1～2 mm 的暗褐色斑(图 13-6)。

图 13-5　苦痘病症状

图 13-6　痘斑病症状

(3)苦痘病和痘斑病的区别　痘斑病最先变褐发生在表层，由外向里变褐；而苦痘病最先变褐发生在果肉里面，从里面向外变褐、坏死，果肉有明显的苦味。

(4)水心病　多在果心处及其附近维管束周围发病。病果果皮呈水渍状，透明似蜡，病部果肉内散布许多水渍状半透明斑块，似“玻璃质”，病果有特异甜味(图 13-7)。

3. 防控措施

(1)改良土壤，促进根系生长　一是增施有机肥、行间生草、起垄覆盖，提高土壤有机质含量，促进根系生长，增强根系吸收钙素能力。二是矫正土壤酸化，通过施用石灰使酸化土壤 pH 维持在 6.5 左右。

(2)合理施肥，控氮钾增钙　发生缺钙症的果园，要少施氮、钾含量高的化肥，增加钙肥施用。在秋季施 1 次硅钙镁钾肥，每亩施 100 kg 左右；3 月中旬到 4 月中旬，用 1 次硝酸铵钙，每亩施 30 kg 左右；严重时 8 月初再用 1 次氯化钙，每亩施约 30 kg。果实生长后期禁用氮肥。

(3)优化树体结构,保证通风透光　密植果园尽量采取间伐法达到通风透光,避免冬季重剪替代间伐。尽量不用环剥法抑制旺长,在生长季一是采取拉枝、坠枝等措施加大基角,二是喷2～3次调环酸钙或矮壮素等生长抑制剂来缓和旺长,调节树上、树下生长平衡,促进根系生长,使果树能吸收充足钙素,减轻病害发生。

(4)合理负载,适时套袋　合理疏花疏果,如红富士苹果应隔20～25 cm留1花,35片叶留1果。谢花后先结合喷药补钙两次以上后,再进行套袋。

图 13-7　水心病症状

(5)生长期补钙　苹果果实累积钙的高峰(占全年90%)是在谢花后20～45 d,在此期间建议每7～10 d叶面喷施1次钙肥,连喷3～4次。果实采收前(即解袋3～4 d后),再喷1～2次钙肥。常用的钙肥有氯化钙、氨基酸钙、腐殖酸钙、糖醇钙等。

4. 应用区域

适用于全国苹果主产区。

5. 依托单位

山东农业大学园艺学院,姜远茂,053-88249778。

二 苹果生物灾害防灾减灾技术

(一)苹果树腐烂病防灾减灾技术

1. 发生特点

腐烂病发生与树势关系密切,过多施用氮肥造成树体氮素含量偏高、钾含量偏低,导致树势衰弱是我国腐烂病发生的主要原因。腐烂病的发生与冻害密切相关。该病1年有春季和秋季两次发生高峰。春季发病高峰一般出现在3—4月,秋季高峰一般出现在7—9月。与春季高峰相比,秋季新病斑出现数量及旧病斑扩展量仅占全年总量的20%左右。

2. 典型症状

苹果腐烂病主要为害枝干,形成溃疡型和枝枯型2类症状。

(1)溃疡型　多发生在主干、主枝上,发病初期病部表面红褐色、水浸状、略隆起,随后皮层腐烂,常溢出黄褐色汁液。病组织松软,湿腐状,有酒糟味。表面产生许多小黑点,遇湿溢出黄色孢子角(图13-8a,图13-8b)。

(2)枝枯型　多发生在2～4年生的小枝及剪口、果台、干枯桩和果柄等部位。病斑红褐色或暗褐色,形状不规则,边缘不明显,病部扩展迅速,全枝很快失水干枯死亡。后期病部表面也产生许多小黑点,遇湿溢出橘黄色孢子角(图13-8c)。

总体症状可概括为:皮层烂,酒糟味,小黑点,冒黄丝。

3. 防治措施

根据《苹果树腐烂病防控技术规程(2023年版)》,按照季节为序列,集成以下7项防控

a.溃疡型皮层腐烂　　b.溃疡型和黄色孢子角　　c..枝枯型和橘黄色孢子角

图 13-8　苹果腐烂病的表现症状

措施。

(1)改冬剪为春剪,促进伤口愈合　提倡春季剪树,避免在雾天或雨雪天气修剪。修剪当天对所有剪锯口涂氟硅唑膏剂、强力伤口愈合剂等伤口保护剂。

(2)做好果园卫生,减少接种体数量　早春结合清园,刨除死树、病树、残桩;锯除或剪除死枝、病枝和弱枝;刮除主干和主枝上的死皮、病皮、粗皮;全园喷布 3～5 波美度的石硫合剂、40%氟硅唑 4000 倍液等。

(3)及时刮治病斑,阻止病原菌扩展　春季天气转暖后(柳树露绿前后),及时检查树体上的新发腐烂病斑。发现腐烂病斑后,从病斑以下 5～10 cm 处剪除病枝,并保护剪锯口。主干、主枝上的病斑要及时刮治,刮治要注意"治早治了"。

(4)生长季节保护枝干,减少病原菌侵染概率　在 4—10 月苹果生长季节,每次喷药时一定要加入氟硅唑、抑霉唑、噻霉酮、戊唑醇、苯醚甲环唑或丙环唑等杀菌剂,并将药液均匀地喷布到枝干上,防止腐烂病菌从微伤口侵入并在枝干上定殖。

(5)适量追施钾肥,提高树体抗病性　对于轻病园(病株率<3%),全年按每产 100 kg 苹果施纯氮 0.8 kg、纯钾(氧化钾)1.6 kg 操作;对于病害较重的果园(病株率>3%),按每 100 kg 苹果全年施纯氮 0.8 kg、纯钾 2.4 kg 操作;对于重病园,5 月下旬至 6 月上旬每亩追施 98%农用硫酸钾 1 次。对于亩产量 3000 kg 的果园,施用硫酸钾 80～100 kg。6 月下旬至 8 月下旬,严控氮肥的施用或不施用。结合施用农药,加入 99%磷酸二氢钾或硫酸钾叶面喷施(0.3%),全年根外追肥 5～6 次。

(6)做好秋施肥,严控树势过旺　秋季基肥以施用有机肥为主,结合施用复合肥。施肥量根据亩产量确定。亩产 3000 kg 的果园,在 9 月下旬或采收果实后尽早施用农家肥 3～4 m^3/亩,加氮、磷、钾复合肥(15∶15∶15)160 kg。

(7)秋冬季预防冻害,减少树体冻裂伤口　提倡冬季对树干及主枝向阳面涂白或涂枝干保护剂,或使用轮纹终结者 1 号、腐轮 4 号等涂干剂喷涂树干。

4. 应用区域

适用于全国苹果主产区。

5. 依托单位

河北农业大学植物保护学院,王树桐,0312-7528589。

（二）苹果轮纹病防灾减灾技术

1. 发生特点

苹果轮纹病主要侵染枝干和果实。病菌能在枝干上长期存活，并逐年积累，老果园发病重，属典型的积年流行病害。轮纹病的发生流行与降雨关系密切，6—8 月多雨产区和多雨年份发病严重。

2. 典型症状

轮纹病菌侵染枝干可形成病瘤、溃疡病斑、粗皮、干腐型病斑等不同症状。病菌侵染枝干，常以皮孔为中心形成疣状突起，称为病瘤；当枝条失去抗性，侵染病菌迅速扩展，形成以病瘤或皮孔为中心的圆形枯死斑，称为溃疡斑；溃疡斑扩展环绕枝条后，导致皮层枯死，形成大型褐色枯死病斑，称为干腐病斑；当大量病瘤和溃疡病斑聚集时，形成粗皮。

病菌侵染果实形成红褐色或褐色的腐烂病斑，病斑表面有清晰可见的同心轮纹（图 13-9）。

图 13-9　苹果轮纹病在枝干和果实上的表现症状

3. 防控措施

1）苗期

尽量在非苹果产区或非病区育苗。在产区育苗时，苗圃应远离老果园，苗圃内及周边禁止栽植蔷薇科植物。及时销毁修剪枝条、废弃苗木、接穗等，保持苗圃清洁，减少侵染菌源。剪砧后，剪口涂布黏附性强、保护性好的成膜剂，如油漆，防止病菌从剪口侵染。嫁接或剪砧后，及时喷施杀菌剂，保护伤口。6—9 月雨季定期喷药，保护主干和嫁接口不受病菌侵染。

2）幼树期

选择未受轮纹病侵染的苗木。栽植前，用苗木包衣剂（含有杀菌剂和杀虫剂）涂布枝干和根部，保护幼树在缓苗期不受病菌侵染。栽植后及时浇水，防止新栽植的幼树受旱。幼树栽植后 3～4 年内，于每年春季修剪后，用枝干保护剂涂布主干和主枝，并在生长期定期喷药保护枝干和剪锯口，保护幼树在整个生长季节不受病菌侵染。加强肥水管理，保持健旺的树势，增强树体的抗病性。

3）成年树

采取“清护健治”的防控措施，即清理菌原、保护枝干、健树栽培和治疗病斑。

（1）清理菌原　修剪时去除枯死枝、病枝、弱小枝。刮除干腐病斑、病瘤、死皮、翘皮。销毁修剪下来的枝条和清理出来的病残体。落叶期在枝干喷布铲除剂，清除在枝干表层的定殖病菌。

(2)保护枝干　苹果树修剪后,用愈合剂或成膜剂涂布剪锯口。生长季节,每次喷药都要照顾到枝干,或6—8月专门针对轮纹病喷布2～3次渗透性好的杀菌剂。药剂可选用波尔多液、甲基硫菌灵、氟硅唑、戊唑醇等。

(3)健树栽培　加强肥水管理,保持健旺树势,避免干旱,合理负载,及时防治其他病虫害,防止树势衰退,导致潜伏病菌扩展致病和产孢。

(4)治疗病斑　及时剪除干腐病枝,或用高渗杀菌剂涂布溃疡和干腐病斑,防止其产孢侵染枝条和果实。

4)果实

彻底清除枝干上的轮纹病菌,枝干轮纹病较重的果园实施套袋栽培。对没有套袋的果实,自幼果期开始,于每次降雨前喷药,或每隔7～15 d喷药1次,直到9月上旬结束。常用药剂有波尔多液、甲基硫菌灵、代森锰锌、多菌灵、氟硅唑、戊唑醇等。

4. 应用区域

适用于全国苹果主产区。

5. 依托单位

青岛农业大学植物医学学院,李保华,0532-58957980。

(三)苹果黑星病防灾减灾技术

1. 发生特点

黑星病菌主要侵染苹果的绿色幼嫩组织,其发生和流行与春季降雨密切相关。春季是其侵染发病的高峰期,也是病害防控的关键时期。黑星病菌可随苗木调运远距离传播。

2. 典型症状

叶片上的典型病斑近圆形,直径3～10 mm,边缘清晰,生有墨绿色至黑色煤烟状霉层,病重叶片霉层连片,受害严重的叶片变黄、脱落,病斑外缘仍保持绿色。病斑上墨绿色至黑色煤烟状霉层是诊断黑星病的主要依据(图13-10a至图13-10c)。

果实上典型病斑为圆形,直径2～5 mm,边缘清晰,生有黑色煤烟状霉层。发病后期病斑木栓化,凹陷、硬化、龟裂,形成疮痂状病斑(图13-10d)。

a.叶正面病斑　b.叶背面病斑　c.即将脱落的病叶　d.果实病斑

图13-10　苹果黑星病在叶片和果实上的症状

3. 防控措施

(1)禁止从病区调运苹果苗木。

(2)苹果落叶期,彻底清扫落叶,深埋或烧毁;发病初期,及时摘除病叶、病果和病梢,以压低侵染菌源量。

(3)花露红期,喷施杀菌剂,保护幼嫩组织。谢花期,结合霉心病、锈病和白粉病的防治,喷药防治。如果喷药前的 2 周内没有降雨,可喷施保护性杀菌剂;如果有使叶片湿润超过 10 h 的降雨,需喷施内吸治疗剂。幼果期是防治黑星病的关键时期。在降雨前,喷施保护性杀菌剂,保护叶片和果实;遇雨量超过 5 mm,使叶面湿润超过 12 h 的降雨,如果雨前 7 d 内没有喷施杀菌剂,则在雨后的 7 d 内喷施内吸治疗剂。7—8 月雨季,结合褐斑病、炭疽叶枯病等病害的防控,喷药兼防黑星病。9 月果实成熟前,喷施内吸治疗剂,防止黑星病菌大量产孢,并侵染果实。氟唑菌酰羟胺、氟硅唑、嘧霉胺、苯醚甲环唑、吡唑醚菌酯等对黑星病内吸治疗效果好,可作为内吸治疗剂使用;波尔多液、克菌丹、代森锰锌等可作为保护剂使用。

4. 应用区域

适用于全国各苹果产区。

5. 依托单位

青岛农业大学植物医学学院,李保华,0532-58957980。

(四)苹果褐斑病防灾减灾技术

1. 发生特点

褐斑病菌主要在落叶上越冬,从 5 月开始侵染,8—9 月导致树体严重落叶。褐斑病的潜育期长,病害流行规律性强。褐斑病的发生和流行与降雨密切相关。

2. 典型症状

典型症状为"绿缘褐斑",病斑为褐色坏死斑,边缘保持深绿,叶片健部变黄。受叶片抗病性和环境条件影响,褐斑病的症状变化较大,常见的症状有针芒型、同心轮纹型、混合型和褐点型 4 种(图 13-11)。褐斑病菌常在表皮下形成放射状的菌索和直径 1 mm 左右的半球状分生孢子盘,可作为诊断褐斑病的依据。

a."绿缘褐斑"　b.针芒型病斑　c.同心轮纹型病斑　d.褐点型病斑

图 13-11　苹果褐斑病的表现症状

3. 防控措施

(1)苹果树落叶期清除病叶,减少初侵染菌源。

(2)5—6 月苹果谢花后的 60 d 内,于病原菌初侵期喷药 1～2 次。干旱少雨的年份,于 6 月中旬雨季前喷施保护性杀菌剂。5—6 月多雨年份,于 5 月底或 6 月初加喷 1 次内吸治疗剂。

(3)7—9 月,依据降雨情况喷药 2～5 次。在每年的集中降雨期之前,或天气预报持续 5 d 以上的降雨之前,喷施保护性杀菌剂。雨前没有及时喷施杀菌剂,或阴雨持续时间长(超过 7 d),或遇 3～5 次的降雨后,喷施 1 次内吸治疗剂。

(4)波尔多液耐雨水冲刷,持效期长,是雨季首选的保护性杀菌剂,其次可考虑代森锰锌等药剂;三唑类药剂,如戊唑醇、丙环唑等,对褐斑病的内吸治疗效果好,是首选的内吸治疗剂。

(5)苹果树大量落叶后,及时摘除病树上的果实,加强水肥管理,防止因树势衰弱造成死树。

4. 应用区域

适用于全国苹果主产区。

5. 依托单位

青岛农业大学植物医学学院,李保华,0532-58957980。

(五)苹果炭疽叶枯病防灾减灾技术

1. 发生特点

炭疽叶枯病菌侵染量大,流行速度快。病菌侵染致病与降雨密切相关,1 次降雨可导致 90%以上的叶片和果实染病。苹果不同品种对炭疽叶枯病的抗性差异很大,嘎啦、金冠、明月等品种高度感病。

2. 典型症状

初期症状为形状不规则、边缘不清晰、直径 2～5 mm 的近圆形黑色病斑。干旱或低温条件下,病菌扩展慢,形成的病斑小,病组织干枯死亡,随后叶片变黄脱落(图 13-12a)。高温高湿条件下,病菌扩展快,叶片大面积变黑枯死,形成叶枯症状,随后脱落。果实发病主要形成直径 1～2 mm、红褐至深褐色圆形坏死斑,有红色晕圈。在 25～30 ℃的湿润条件下,病斑上产生橘红色的分生孢子堆,依此可诊断为炭疽叶枯病(图 13-12b,图 13-12c)。

a.初期病斑症状　b.病斑上的孢子堆　c.果实上病斑

图 13-12　苹果炭疽叶枯病的表现症状

3. 防控措施

(1)多雨产区宜栽植抗病品种,不宜栽植感病品种。

(2)6—9 月,于雨季、集中降雨期或气象预报的持续降雨之前,喷施耐雨水冲刷的保护性杀菌剂,全程保护叶片和果实,防止病菌大量繁殖与侵染。保护性杀菌剂首选波尔多液。

(3)在病害的初发期或遇持续 3 d 以上的降雨,需喷内吸治疗剂,抑制侵染病菌产孢,防止后期病害流行。内吸治疗剂首选吡唑醚菌酯,其次考虑咪鲜胺等。

(4)苹果树大量落叶后,及时摘除病树上的果实,加强水肥管理,防止因树势衰弱而导致死树。

4. 应用区域

适用于全国苹果主产区。

5. 依托单位

青岛农业大学植物医学学院,李保华,0532-58957980。

(六)苹果斑点落叶病防灾减灾技术

1. 发生特点

斑点落叶病主要为害感病品种的幼嫩叶片,新梢旺长期的幼叶易感病。

2. 典型症状

叶片发病,初期症状为褐色斑点,后扩大为褐色至深褐色圆形或不规则形病斑,边缘红褐色,病斑上有深浅相间的同心轮纹(图 13-13)。

图 13-13　叶片上的斑点落叶病斑

3. 防控措施

苹果新梢旺长期,于气象预报降雨前的 1～2 d 喷施杀菌剂,保护叶果,减少病菌侵染。异菌脲、多抗霉素、苯醚甲环唑、吡唑醚菌酯等药剂对斑点落叶病有较好的防治效果。

4. 应用区域

适用于全国苹果主产区。

5. 依托单位

青岛农业大学植物医学学院,李保华,0532-58957980。

（七）苹果霉心病防灾减灾技术

1. 发生特点

霉心病俗称黑心病，国际上又称为心腐病，是苹果生长后期和贮藏期易出现的重要病害，在我国各苹果产区均有分布，但发生的程度受品种、气候影响很大。苹果霉心病是由多种真菌复合侵染果实心室而引发的复合病害，病原包括链格孢属（*Alternaria*）、单端孢属（*Trichothecium*）等10余个属病原菌。霉心病菌多为兼性寄生菌，在果园分布广泛，树上的僵花僵果、枯短枝、芽鳞片、剪锯口、死树皮上都有病原菌分布。品种间抗性因果实萼筒和萼窦开张程度、开张率不同而表现出较大差异。萼窦闭合品种不感病。我国主栽品种富士系为萼窦半闭合品种，发病严重；红星、北斗等为萼窦开放品种，高度感病；嘎啦、秦冠等萼窦闭合品种，很少感病。霉心病菌可以在花期侵染雄蕊、雌蕊、花瓣等花组织，在萼窦开放前从离生花柱间的花柱缝孔侵入，通过花柱缝、花柱延伸缝扩展，进入心室；在萼窦开放后可以直接从萼窦侵染进入心室。病菌从心室上的裂缝进入果肉，造成心室生霉、心室周围腐烂。在贮存期随着抗性的降低，整个果实腐烂。

2. 典型症状

感染苹果霉心病后，部分果实表皮颜色发黄。霉心病症状可分为霉心、心腐和褐变3个类型。霉心型表现为在心室内生有黑色、白色、灰色等霉状物，不向果肉扩展；心腐型表现为心室褐变腐烂，并向果肉扩展，在腐烂果的空腔中常有粉红色霉状物，病组织味极苦；褐变型心皮变褐，无霉变及腐烂。

3. 防控措施

苹果霉心病的防治，应贯彻以化学防治为主，以农业防治和贮藏期控制温度为辅的防治策略。

（1）休眠期清园　萌芽前应及时清理果园树下的残枝枯叶、树上的僵花僵果、枯死果苔，树体及地面病残体上全面喷施5波美度石硫合剂，以清除越冬菌源。

（2）花期防治　花期遇雨，雨后应尽快喷药。药剂可用“代森锰锌＋苯醚甲环唑＋吡唑醚菌酯”联合用药。

（3）套袋前防治　套袋果实在套袋前喷药，果实表面特别是靠近萼洼处尽可能着药，减少此处的病原菌在萼窦开放后侵入果实心室。

（4）贮藏期防治　贮藏环境的温度是影响果实发病及病原菌扩展的关键条件，果实采收后贮藏在冷库或气调库中，对控制采后发病有显著效果。短期贮藏在土窑洞中的苹果要在夜间放风降温，尽快销售。有霉心病检测设备条件的，可以利用果实分拣设备拣出带有霉心病的果实，然后进行贮藏或销售。

4. 应用区域

黄土高原、渤海湾、黄河故道等产区。

5. 依托单位

西北农林科技大学，孙广宇，029-87092075。

（八）苹果炭疽病防灾减灾技术

1. 发生特点

炭疽病也称为苦腐病，是苹果的主要果实病害，主要引起近成熟期和贮藏期的果实腐烂。套袋是防止苹果炭疽病发生的有效措施。随着苹果免套袋技术的推广，炭疽病可能成为我国苹果栽培的一个严重问题。苹果炭疽病是一种真菌病害，病原包括炭疽属的多个物种。病菌以菌丝在病僵果、干枯枝、叶片上越冬，翌年春天在合适温湿度下产生分生孢子，成为初侵染源。分生孢子借助风雨、昆虫传播，经皮孔或直接侵入果实，也可以从各种伤口上入侵。病菌侵染幼果不引发症状，长期处于潜伏状态。对果实的为害症状与果实成熟度密切相关。在7月、8月高温、高湿条件下，病菌繁殖快，传播迅速。在此期间，雨水越多，降雨时间越长，发病率越高。苹果炭疽病也与园地条件有关。果园郁闭，树势衰弱，发病严重。栽培品种上，国光、富士品种发病重，金冠、元帅等品种发病轻。

2. 典型症状

炭疽病仅为害苹果果实，不侵染叶片。果实发病初期在果面产生边缘清晰的褐色斑点，引起果肉腐烂。腐烂病斑呈圆锥形，深入果肉，味道微苦。发病后期病斑下陷，病斑上产生深浅相间的轮纹。发病严重时，炭疽病可引致全果腐烂，果园严重落果。病斑扩大到1～2 cm时，病斑中心产生凸起小粒点，初为褐色，后变黑色，呈同心轮纹状排列，为病菌的分生孢子盘。降雨或空气湿度大时，粒点突破表皮，溢出粉红色黏液，为病菌分生孢子团。

3. 防控措施

（1）栽培防治　应加强果园肥、水、树形管理；增强树势，改善果园通风透光条件。结合冬剪，做好果园清园，清除病僵果、干枯枝、落叶，减少初侵染源。对不套袋的苹果，生长期应及时做好喷药保护。

（2）化学防治　一般从幼果期（5月下旬）开始喷药，每隔15～20 d喷1次。药剂可选择70%甲基托布津800倍液或50%多菌灵可湿性粉剂600倍液、20%吡唑醚菌酯水分散粒剂2000倍液、10%苯醚甲环唑水分散粒剂2000倍液等。波尔多液与杀菌剂交替施用，可提高防治效果。

4. 应用区域

黄土高原、渤海湾、黄河故道等产区。

5. 依托单位

西北农林科技大学，孙广宇，029-87092075。

（九）桃小食心虫防灾减灾技术

1. 发生特点

桃小食心虫，又名桃蛀果蛾，简称桃小，属鳞翅目蛀果蛾科，是苹果生产中主要的食心虫。

成虫：雌虫体长7～8 mm，雄虫稍小。全身白灰至灰褐色，前翅中部近前缘处有近似三角形蓝灰色大斑；后翅灰色，翅缘毛较长。

多为1年1代，部分地区1年2代，郑州等果区1年可发生3代。以老龄幼虫结圆茧越冬，茧大多数集中在树冠下 3～6 mm 的土壤中。第 2 年温湿条件适宜时（土温 19 ℃以上，土壤含水量 10%～20%），越冬幼虫爬到地面结纺锤形夏茧化蛹。豫西果区，越冬幼虫于 5 月上旬开始出土，5 月中旬至 6 月中旬为出土盛期。

2. 典型症状

幼虫在果皮下蛀食，使果面显出凹陷的潜痕，造成畸形的“猴头”果；幼虫在发育后期，食量增大，可将部分果肉食空，使果内充满虫粪，呈“豆沙馅”状。

3. 防控措施

（1）农业防治　深耕翻土，换土、筛土、压土，结合秋季开沟施肥，把距树干 1 m 以内、深 14 cm、含有越冬虫茧的表土，填入施肥沟内埋掉；地膜隔离；摘除病果；在幼虫脱果前，清除树盘内的杂草及杂物，整平地面，堆放石块诱捕幼虫；也可在幼虫脱果前，摘除虫果，集中处理，一般每 10 d 摘 1 次虫果，可有效减少下一代繁殖虫数。

（2）生物、物理防治　越冬幼虫出土初期及第二代幼虫脱果期，在树盘范围喷洒白僵菌粉剂（50 亿个孢子/g）3000 倍液；设置黑光灯诱杀成虫，每亩地设置 1 个。使用桃小食心虫性诱剂，雄蛾对性信息素有极强的趋性，可利用性诱剂诱杀雄蛾成虫，每亩地放置 1～2 个诱捕器，挂于树高 1.5 m 处。

（3）化学防治　幼虫发生初期，可交替选用 20%高氯・马乳油 1000～1500 倍液，或 20%氰戊・马拉松乳油 600～1250 倍液，或 40%辛硫磷乳油 1000～2000 倍液，或 10%天王星乳油 5000 倍液，均匀喷施于果实萼洼处。于幼虫发生始盛期（6 月上中旬），用 30%联苯・螺虫酯悬浮剂 3200～4000 倍液，均匀喷雾，兼防介壳虫。化学药剂中高效氯氰菊酯、溴氰菊酯防治效果最好。也可用糖醋液诱杀，糖醋液比例为红糖∶米醋∶果酒∶橙汁＝1.5∶1∶1∶10。

4. 应用区域

适用于全国苹果主产区。

5. 依托单位

河南农业大学，尹新明，0371-56552966。

（十）梨小食心虫防灾减灾技术

1. 发生特点

成虫：雌虫体长 6～7 mm，雄虫稍小。前翅黑褐色，前缘有 7～10 组白色钩状纹，翅外缘中部有 1 个灰白色小斑点，近外缘处有 10 个黑色小斑。

多 1 年发生 3～4 代，在河南 1 年发生 4～5 代。各地均以老熟幼虫在树干翘皮下、剪锯口、土壤等处结灰白色薄茧越冬。豫西地区 3 月中、下旬越冬幼虫开始化蛹，4 月上中旬越冬代成虫开始羽化。多雨潮湿的年份，有利于成虫交尾、产卵和孵化，所以温暖潮湿的地区和年份，梨小食心虫为害较重。

2. 典型症状

前期为害嫩梢，使被害梢枯死、折断；后期为害果实，从蛀孔排出大量虫粪，引起虫孔周围腐烂变褐。

3. 防控措施

(1)农业防治　秋季幼虫越冬前,可于8月中旬起在树干上束草诱集越冬茧并集中烧毁,或刮刷老翘皮,消灭越冬幼虫;发现嫩梢端部的叶片萎蔫,就要及时剪掉;随时摘除虫果,并捡拾落地果。新建果园时,避免苹果、梨、桃等混栽或栽植很近。

(2)生物、物理防治　释放松毛虫赤眼蜂:在越冬代成虫羽化盛期,第一代卵期(4月下旬)放蜂,每隔5~6 d放1次,共放4次,每次每亩平均放蜂35000头;灯光诱杀:可设置黑光灯诱杀,每亩地设置1个。使用梨小食心虫性诱剂,雄蛾对性信息素有极强的趋性,可利用这一特性设置性诱集诱杀雄蛾成虫,每亩地放置1~2个诱捕器,挂于树高1.5 m处。

(3)化学防治　抓住6月底7月初(第二代成虫羽化产卵盛期)和7月底(第三代成虫羽化产卵盛期)这两个防治关键期,用4.5%高效氯氰菊酯乳剂2000倍液、20%氰戊菊酯乳剂2000倍液、45%高氯氟乳剂1000倍液喷施。也可用糖醋液诱杀,糖醋液比例为红糖∶米醋∶果酒∶橙汁=1.5∶1∶1∶10)。

4. 应用区域

适用于全国苹果主产区。

5. 依托单位

河南农业大学,尹新明,0371-56552966。

(十一)苹果绵蚜防灾减灾技术

1. 发生特点

苹果绵蚜原是我国的检疫性害虫,随着在全国各苹果主产区的蔓延,目前已从检疫对象名录中去除。

苹果绵蚜在我国1年发生13~21代。在山东青岛地区的调查结果显示,苹果绵蚜一般以1~2龄若虫越冬为主,占越冬虫态的80%以上,其他虫态很少见。苹果绵蚜的发生与温度及湿度关系最为密切。据调查,多雨年份要比少雨年份绵蚜发生严重。

2. 典型症状

苹果绵蚜以成虫和若虫集中于剪锯口、病虫伤疤周围、主干主枝裂皮缝里、枝条叶柄基部和根部为害。被害部位大都形成肿瘤,肿瘤易破裂,各虫态均表面覆盖白色绵毛状物,因此树体有虫之处犹如覆盖一层白色棉絮,剥开后,内为红褐色虫体,易于识别。为害根部还可造成吸水吸肥障碍,影响树体生长发育及花芽分化,使果实的品质变劣,产量降低,严重的可导致果树死亡。

3. 防控措施

发生苹果绵蚜的果园,可使用高效药剂螺虫乙酯,一般在落花后苹果绵蚜扩散蔓延期喷雾防治,可用22.4%螺虫乙酯悬浮剂兑水稀释3000~4000倍,虽然药效较慢,但持效期长,防效优异,并且对同期发生的黄蚜、叶螨、绿盲蝽、介壳虫等都有良好的兼治效果。此外,该药对捕食螨、瓢虫等天敌较为安全,有良好的环境相容性。对于苹果绵蚜常年发生严重的果园,建议采用噻虫嗪根颈部灌根,可以达到长期控制的效果。方法是:在萌芽至果实套袋前,用施肥枪将噻虫嗪药液注射到根颈部周围的土壤里,药液尽量湿润树皮处,药剂会经树干缓慢扩散至绵蚜着生处，从而起到有效的控制作用。用药剂量掌握在25%噻虫嗪水分散粒剂50 g处理干周之和20 m左右的苹果株数。

4. 应用区域

适用于全国苹果主产区。

5. 依托单位

河南农业大学，尹新明，0371-56552966。

（十二）叶螨防灾减灾技术

叶螨俗称红蜘蛛或白蜘蛛，是各苹果产区的重要防控对象。不同果区发生的种类有较大差异，主要有山楂叶螨、苹果全爪螨和二斑叶螨等种类，有的果园会有2～3种叶螨混合发生。

1. 发生特点

3种叶螨发生规律差异较大：山楂叶螨以成螨在树皮裂缝等处越冬，春季萌芽后出蛰，爬到树冠内膛的萌芽嫩叶处开始取食产卵为害，成螨多在叶部背面活动；苹果全爪螨以卵在枝条上越冬，春季萌芽期开始孵化，幼螨爬到萌芽嫩叶上开始取食为害，成螨喜欢在叶片正面活动；二斑叶螨以成螨在根颈周围的土壤或杂草上越冬，春季出蛰后首先在地面杂草上取食产卵，气温升高后从杂草转移到树体上为害，成螨多喜欢在叶背活动。叶螨的共同特点是世代周期短、繁殖力强，容易暴发成灾。

2. 典型症状

山楂叶螨主要在叶背面刺吸汁液为害，受害叶片正面出现失绿的小斑点，螨量多时失绿，黄点连成片，呈黄褐色至苍白色；严重时叶片背面甚至正面布满丝网，叶片呈红褐色，似火烧状，易引起大量落叶，造成二次开花。

苹果全爪螨常和山楂叶螨混合发生，为害叶片后不易识别，叶片受害后颜色变灰绿色，仔细观察正面出现许多失绿小斑点，整体叶貌类似苹果银叶病为害，一般不出现提早落叶。

3. 防控措施

防控的关键是采取生化协同的措施，注意发挥果园天敌的控螨作用。选用杀螨剂时一定要选择对叶螨高效且对捕食螨等天敌安全的种类及剂量。苹果落花后喷洒22.4%螺虫乙酯悬浮剂3000～4000倍液，对山楂叶螨、苹果全爪螨等都有很好的防控效果。二斑叶螨一般在夏季高温季节发生严重，并且较山楂叶螨和苹果全爪螨有更强的抗药性，选择药剂时更要有针对性，尽量选择联苯肼酯、乙唑螨腈、螺螨酯等新一代杀螨剂并交替使用；对捕食螨缺乏的果园，最好释放捕食螨等天敌产品，调节益害比至合适状态是解决螨害的最终途径。

4. 应用区域

适用于全国苹果主产区。

5. 依托单位

河南农业大学，尹新明，0371-56552966。

（十三）苹果黄蚜防灾减灾技术

1. 发生特点

苹果黄蚜是各地苹果新梢生长期发生最为普遍的害虫，以卵在枝条上越冬，在树体萌芽期越冬卵开始孵化。初孵若蚜群集在芽或叶上为害，经 10 d 左右发育为干母，以孤雌生殖方式繁殖后代。

2. 典型症状

以成虫和若虫刺吸新梢和叶片汁液。若蚜和成蚜群集在新梢上和叶片背面为害，被害叶向背面横卷。发生严重时，新梢叶片全部卷缩，生长受到严重影响。当虫口密度大时，蚜虫还可以刺吸为害果实。

3. 防控措施

苹果黄蚜天敌种类多，常见的有瓢虫、草蛉、食蚜蝇、小花蝽、蚜茧蜂等。天敌对蚜虫的控制作用非常明显，保护利用天敌是苹果黄蚜绿色防控的重要措施。果园行间生草对扩增天敌效果显著，早春开花早、易滋生蚜虫的夏至草等可为越冬的瓢虫、食蚜蝇等天敌提供丰富的食物。可在地面杂草上及早繁殖一代天敌，提高果园益害比例。苹果落花后喷施对天敌安全的 22.4%螺虫乙酯悬浮剂 3000～4000 倍液，可抑制苹果黄蚜早期繁殖速度，进一步提高果园益害比，最终使苹果黄蚜处于天敌的有效控制状态。

4. 应用区域

适用于全国苹果主产区。

5. 依托单位

河南农业大学，尹新明，0371-56552966。

（十四）桑天牛防灾减灾技术

1. 发生特点

不同地区发生代数不一，黄淮流域一般 1 年完成 1 代，北方大多 2～3 年完成 1 代。在北方，以幼虫在树干隧道内越冬。幼虫经过 2 个冬天，在第三年的 6—7 月于树内蛀道最下 1～3 个排粪孔上方外侧咬一个羽化孔，使树皮肿起，在羽化孔下作蛹室化蛹，并在 7 月间羽化为成虫。

2. 典型症状

成虫选择约 10 mm 粗的枝条，将表皮咬成“U”形刻槽，然后产入 1 卵。幼虫孵化后向下顺着枝条蛀食，直达树干基部，每隔一定距离蛀一个排粪孔，一般可蛀十几个排粪孔，幼虫多位于最下一个排粪孔的下方。虫粪由排粪孔排出，堆积于地面。幼树被天牛为害后枝干易被风刮断，危害较大。

3. 防治方法

卵期及时检查，用刀挖除刻槽下的虫卵及枝条内刚钻蛀不久的小幼虫；生长季节定期检查排粪孔，对新排粪孔放入 0.2 g 磷化铝片剂，并用黏泥封闭；或将 50%辛硫磷乳油 10～20 倍液，注入虫道，每个虫道最多注 10 mL，然后用湿泥封闭。如还有新粪排出，则及时补治。

4. 应用区域

适用于全国苹果主产区。

5. 依托单位

河南农业大学，尹新明，0371-56552966。

第十四章

梨体系防灾减灾技术

一、梨非生物灾害防灾减灾技术
（一）梨春季霜冻防灾减灾技术
（二）梨冬季冻害防灾减灾技术
（三）梨高温危害防灾减灾技术
（四）梨暖冬防灾减灾技术
（五）梨园旱灾防灾减灾技术
（六）梨园阴雨、涝害防灾减灾技术
（七）梨园风灾防灾减灾技术
（八）梨园雪灾防灾减灾技术
（九）梨园雹灾防灾减灾技术
二、梨生物灾害防灾减灾技术
（一）梨早期落叶防灾减灾技术
（二）梨火疫病防灾减灾技术
（三）梨腐烂病防灾减灾技术
（四）梨黑斑病防灾减灾技术
（五）梨炭疽病防灾减灾技术
（六）梨白纹羽病防灾减灾技术
（七）梨小食心虫防灾减灾技术
（八）梨木虱防灾减灾技术
（九）梨茎蜂防灾减灾技术
（十）梨园橘小实蝇防灾减灾技术
（十一）梨园苹果蠹蛾防灾减灾技术

一 梨非生物灾害防灾减灾技术

(一)梨春季霜冻防灾减灾技术

1. 发生特点

霜冻是指在春、秋季,由于某天平均气温不太稳定,发生气温突降(0 ℃ 以下)的情况而导致的灾害,常常会造成梨果减产,如 2004 年安徽重灾果园减产 50%以上,2013 年灾区 50%果园绝收。灾害发生是长期干旱后降雨,雨后突然放晴、降温,因天气突变发生混合霜冻所导致。因此,气象条件的好坏与霜冻的产生关系密切,所以要根据当地的天气状况和地理位置来推测和分析发生霜冻的日期,早做预防。

一是看天气的实际情况。如前 2~3 d 出现降雨天气,并在前 1 d 出现寒冷的西北风,导致气温难以回升,霜害发生概率较大,要特别引起注意。在傍晚有风、入夜后完全变成晴朗无云的星夜,容易发生霜害;相反,如遇半夜后出现薄云、星光微弱、有风、天空迷雾不清等天气,即使半夜后气温下降,霜害发生也很少。

二是看地面的湿度。如果该地区连续数天都是晴天,地面干燥,就会导致接近地面的气温无法配合土壤温度的变化,降温会比较快,此时霜冻出现的时期必然会比较早;反之则霜冻出现的时期就会比较晚。

三是看露水的大小。若夜晚晴朗无风,且无露水或者是露水很少,一旦温度持续降低,凌晨出现霜冻的可能性就会比较大;反之,凌晨出现霜冻的可能性就会比较小。

四是看地理位置。梨树晚霜冻害与梨园的地理位置关系密切,如种植在春季移动性高气压经过区域的果园,受高气压影响气温的日变化增大,高气压本身气温极低,加剧夜间从地表面向外辐射放热,导致果园霜害发生。地势周围高、中间低的果园,由于山地积存的冷空气容易流入,属于霜冻易发区域,如果遇到霜降日夜晚微风和无风天气,热冷空气不能够混合,重的冷空气积存在地表面附近,则危害加重。冷槽中的冷空气团在静风转晴的清晨,会造成大范围的强霜冻天气。

2. 典型症状

花朵受冻后,雌蕊变为黑褐色,丧失坐果能力,其柱头和花柱会呈水渍状,花梗会自然弯曲下垂,花序处结有白霜。萌发的叶片出现皱缩,边缘焦枯。

3. 防控措施

(1)果园灌水 在冻害前灌水可提高地温和树温,有效预防和减轻冻害。在梨树萌芽前灌水 1~2 次,一般可推迟花期 2~3 d;在发芽后至开花前灌水 1~2 次,可推迟花期 3~5 d;低温来临前 3~5 d 灌水,防冻效果最好,有利于土壤深层的热量向上传递。

(2)树体涂白 早春将梨树枝干涂白能有效减少其对太阳热能的吸收,降低树体热量,使梨树萌芽和开花推迟 3~5 d,可有效预防冻害。

(3)药物防冻 在萌芽前全树喷布 250~500 mg/kg 萘乙酸钾盐溶液,可抑制芽的萌动,推迟花期 3~5 d;在萌芽初期喷布 0.5%氯化钙可推迟花期 4~5 d;花期前喷施天达 2116

1000 倍液，可提高防冻效果。

(4)树盘覆草　秋施基肥或早春追肥后，在树盘覆盖 10 cm 以上的秸秆等杂草，能降低地温，使根系活动推迟，延迟花期 5～7 d，可减轻冻害。

(5)肥料管理　增施有机肥，减少氮肥施用量，适度提高磷、钾肥的比例，促使树体健壮，增强抗寒能力。

(6)应对防霜措施

①树冠喷水。在霜冻来临前 12 h 或霜冻刚发生时，对梨树进行连续喷水或喷 10%～15%的盐水，最好增设高杆微喷设施，或喷布芸苔素 481、天达 2116，或花期喷布 0.3%硼砂+0.3%磷酸二氢钾+0.2%钼肥+0.5%～0.6%蔗糖水，提高梨树抗寒能力。这样树上的水分遇冷结冰时可散出潜热，使树体温度不至于急降，能减轻冻害。

②吹风法。在果园四周均匀安置数台大功率鼓风机搅动空气，可以防止冷空气的凝集，减轻霜冻带来的危害。

③加热法。在果园内间隔一定的距离放置 1 台加热器，以柴油、煤油等作燃料，在霜冻来临前点火加热，可在果园上空形成暖气层，起到防霜作用。但要注意防火。

④熏烟。熏烟防霜是利用浓密烟雾防止土壤热量辐射散发的措施。此法在温度不低于 −2 ℃ 时有一定的防冻效果。实施熏烟时须注意天气预报。霜冻来临前，准备足量的柴草，夜间气温降至近零度时点火生烟，注意不要起明火，待温度回升到零度以上时结束。烟尘吸收空气中的湿气，使水汽凝成液体放出潜热。生烟面积越大效果越好。熏烟防霜效果较好，但是烟雾会给环境带来不良影响。

4. 应用区域

适用于全国梨主产区

5. 依托单位

南京农业大学国家梨产业技术体系研发中心，陶书田、张绍铃，025-8439648。

（二）梨冬季冻害防灾减灾技术

1. 发生特点

梨树冻害以栽培分布北界较重，温带、热带和亚热带梨树也有发生。梨树容易受冻的部位是根颈、枝干、皮层、一年生枝和花芽。不同种梨耐低温能力不同：秋子梨 −35～−30 ℃，白梨 −25～−23 ℃，砂梨 −25～−20 ℃，西洋梨 −20 ℃。不同器官受冻临界温度也不同：根系 −12～−10 ℃，花蕾 −2.5 ℃，花朵 −1.7～−1.5 ℃，幼果 −2.2～−1.0 ℃。受冻程度还与极端低温的时长有关，低温延续时间越长受冻越重。

2. 典型症状

(1)树干冻害　温度剧变，由于韧皮部和木质部胀力不同，导致受冻后树干纵裂，树皮与木质部分离，严重时树皮外卷，甚至全株死亡。

(2)枝条冻害　成熟的枝条以形成层最抗寒，皮层次之，木质部和髓部最不抗寒。因此，轻微受冻时只表现髓部变色，中等冻害时木质部变色，严重冻害时才冻伤韧皮部，待形成层变色时则枝条失掉恢复能力。幼树停止生长较晚，枝条常不成熟，易加重冻害。受冻枝干易感染腐烂病、干腐病。

(3)花芽冻害　花芽较叶芽和枝条抗寒力低，故冻害发生的地理范围较广，受冻年份也较频繁。调查资料表明，花芽越冬时分化程度越深、越完全，则抗寒力越低。腋花芽萌发晚，较顶花芽的抗冻力强。

(4)根颈冻害　根颈所处的位置接近地表，温变剧烈，所以最易受低温或温变的伤害。根颈冻害常引起树势衰弱或整株死亡。所以，保护根颈是易冻地区梨树每年必须采取的措施。

(5)根系冻害　梨根系形成层最易受冻，皮层次之，木质部抗寒力较强。根系受冻后变褐，皮部易与木质部分离。

3. 防治措施

(1)选择抗寒品种　根据当地自然条件、气象因子和梨树区划，选择与本地条件相适应的品种和砧木类型。如在我国东北易受冻地区，应选用抗寒性强的秋子梨系统品种和砧木。

(2)选择建园地点　根据不同品种生物学特性和耐寒力，做到适地适栽。避免在低洼易涝、山间谷底、地下水位过高及风口处建立果园。

(3)提高树体耐寒能力　加强梨树综合管理，提高树体贮藏营养水平，克服过量结果和大小年结果现象；避免后期氮肥和灌水过量，保证正常进入休眠，以增强抗寒力。

(4)采用抗寒栽培方式　在极寒冷地区可采用以下栽培方式。

①匍匐栽培。利用扣压方法，将枝条引成水平生长，冬季埋土防寒，抵御严重冻害。

②高接换种。利用抗寒性强的野生品种作砧木，距地面 100 cm 左右处高位嫁接栽培品种，改善嫁接品种的温度环境，避免冻害。

③营造防护林。防护林既可防风，又可增加防护林内的温度，缓和气温剧变幅度，从而减轻冻害程度。

④加强树体越冬保护。可采用树干基部培土、树干涂白或绑缚稻草、冬前灌封冻水等措施。

4. 应用区域

适用于全国梨主产区。

5. 依托单位

河北农业大学，许建锋、张玉星，0312-7528320。

（三）梨高温危害防灾减灾技术

1. 发生特点

梨叶片日灼主要发生在 5—6 月，可在几天时间内造成大量叶片灼伤。南方有梅雨的地区有的年份出梅后还会发生一次。梨叶片日灼具有发生范围广、速度快、品种之间差异较大等特点；夏季异常高温引起梨树大量早期落叶、果实早衰；果面日灼主要发生在夏季温度最高时节，临近成熟的果更容易发生。

2. 典型症状

叶片日灼的初期，叶片中部叶肉部分出现浅褐色斑块。随后，浅褐色斑块扩大成片，颜色逐渐变黑，组织坏死。症状严重时，组织坏死后形成较大的孔洞。早期落叶主要是枝条下部的老叶先发黄，脱落；果实发生日灼后，受灼部果面颜色变浅变黄，果肉组织失水变硬，失去梨应有的脆度，品质明显下降，严重时受日灼部果面颜色变黑，呈黑炭色，果肉组织也失水变硬，失去梨应有的脆度;早衰果出现黑心现象。

3. 防控措施

采取以改进栽培模式与栽培措施为核心的预防技术。

(1)选用果园生草模式　通过梨园自然生草或种草,降低夏季果园温度;也可用稻草、秸秆等在高温来临前覆盖树盘,既可降低果园地表气温,又可减少果园土壤水分蒸发。

(2)栽培措施　改进修剪与疏果技术,易发生日灼的品种要适当多留一些背上枝,夏季护理时,适当多留可以给果实遮光的枝叶,可减少阳光直射果实。高温季灌水可提高土壤含水量,增加空气相对湿度。若遇连续高温,有条件的果园可采取喷灌,以增加空气湿度。

(3)注意事项　叶片日灼初期症状似病害,切勿当成真菌病害来防治,否则可能会加重症状。生草栽培园在最高温季节不要刈草,在采果期刈割出采摘通道即可。对容易发生果实日灼的品种圆黄、玉冠等,要尽量多留叶;疏果时疏除枝条背上果,保留背下果。

4. 应用区域

适用于全国梨主产区。

5. 依托单位

①浙江省农业科学院,施泽彬,0571-86401011。

②中国农业科学院果树研究所,王文辉,0429-3598188。

(四)梨暖冬防灾减灾技术

1. 发生特点

近年来,随着全球变暖,我国南北方冬季往往出现平均气温高于常年值的暖冬,但这种暖冬造成的危害主要发生在南方。

2. 典型症状

(1)暖冬会造成昆虫的虫卵更容易越冬生存,并在春天大量繁殖,容易出现大面积虫灾。另外,原来在北方不能越冬生存的昆虫因为全球变暖导致的持续暖冬而迁徙到北方变成新的害虫,如柑橘小实蝇对北方梨造成的为害。

(2)暖冬气温高,蒸发量加大,可能造成北方旱区梨园干旱加剧,对春季萌芽和开花造成不利影响,从而影响产量。

(3)暖冬过后,北方梨树容易出现花期或幼果期的"倒春寒"危害。

(4)在我国南方,特别是广西、云南、广东、福建等南缘梨产区和大棚梨,暖冬往往造成需冷量(≤7 ℃低温积温)不足导致春季发芽和开花不整齐(图 14-1),坐果率低,影响产量和品质。

图 14-1　梨春季发芽和开花不整齐

3. 防控措施

(1)北方梨产区要采取措施延迟花期。在北方如果梨树经历了暖冬，就可能有“倒春寒”的危害，可以通过喷施生长调节剂如萘乙酸（NAA）等，延缓开花进程，使果树的花期错开低温冻害时期；也可采取冻前灌水和冻时喷水、树干涂白、覆草等。有条件的梨园可以安装防霜扇，以预防果树冻花灾害。

（2）在南方特别是在梨的南缘栽培区和大棚栽培条件下，在1月中旬喷施2%氰胺可以提高萌芽率，弥补需冷量不足造成的萌芽率的下降。

4. 应用区域

适用于全国梨主产区。

5. 依托单位

浙江大学农业与生物技术学院，滕元文，0571-88982803。

（五）梨园旱灾防灾减灾技术

1. 发生特点

梨树生长季降雨偏少造成空气干燥、土壤缺水，导致梨树体内水分亏缺，影响正常生理代谢和生长发育而发生旱灾，依据其发生时期不同，可分为春旱和伏旱。

2. 典型症状

发生旱灾时，梨树长时间缺水，白天水分平衡负值增大，夜间得不到水分补充，体内水分平衡恶化，梨树正常的生长发育受到抑制，光合作用减弱，呼吸强度加大，体内有机营养积累减少，生长衰弱，花芽分化不良，产量降低。轻度干旱时，高温天气常常导致树冠外围上部叶片局部和果实阳面晒伤而发生日灼，叶片受害时叶片局部灼伤坏死，果实受害时受害部位的果皮变为黄褐色至黑褐色，果皮生长停滞，粗糙变厚，质硬，病部扁平，致使果形不正。严重干旱时，梨树叶片萎蔫、老叶变黄和早期落叶、大量落果，甚至部分枝条干枯直至全树干死（图14-2）。

a.梨树叶片日灼　b.梨果实日灼　c.严重干旱叶片干枯　d.干旱造成叶片萎蔫

图14-2　梨树旱灾典型症状

3. 防控措施

（1）耐旱品种和砧木选择　建园时选择适宜的耐旱品种和砧木；丘陵、山地种植应做好水土保持工程，增强蓄水和保水能力。

（2）地面覆盖　地面覆草、覆膜，树盘或行内覆盖20 cm厚的杂草，可有效减少地面蒸腾，稳定各层土壤的温度和湿度，增加保蓄水分能力。树下覆膜可减少地表水分蒸发，提高根际土壤含水量。

（3）穴贮肥水　山台地梨园可采用穴贮肥水的方法，即于树冠外围挖深40～60 cm，直径30 cm的穴（幼树3～4个、大树6～8个），穴内放草把或填草并施些化肥，上口用细土盖严，树盘覆膜，穴口上方覆膜处开口，引导径流入穴。杂草腐烂后成肥，可增加局部土壤水分，增强根系功能。

(4)垄膜保墒集雨　旱地梨园可采用垄膜保墒集雨技术。即在梨树行内起垄覆盖黑色地膜，修集雨沟，结合增施有机肥，实现秋水春用，针对春季无效降雨，减少土壤蒸发，解决梨园春旱和初夏干旱问题，提高梨果产量和品质。

(5)缓解梨园旱情　已发生旱灾的梨园，可采用简易滴灌补水或追肥枪补水的方法，缓解梨园旱情，保证树体及果实正常生长。

(6)应用抗蒸腾剂　利用抗蒸腾剂提高果树的抗旱能力，如叶面喷施黄腐酸、甲胺等气孔开放抑制剂，降低蒸腾，提高叶片水势；或叶面喷施高脂膜等薄膜型蒸腾抑制剂，降低叶片水分蒸腾。

4. 应用区域

适用于全国梨主产区。

5. 依托单位

①南京农业大学，吴巨友，025-84396001。

②甘肃省农业科学院，李红旭，0931-7612078。

（六）梨园阴雨、涝害防灾减灾技术

1. 发生特点

春至夏季天气变化大，常阴雨连绵，容易引起梨园湿度大、土壤滞水；有时连降大雨、暴雨，往往导致涝害，出现梨园短期土壤大量积水(图 14-3)。涝害具有频发、突发的特点。

2. 典型症状

连续阴雨，空气湿度大，病原菌侵入加快，容易引起梨树黑斑病、炭疽病、黑星病等病害流行；涝害可造成梨树根系腐烂，植株萎蔫。同时，强降雨常伴随大风，能引起枝条折断，叶片和果实脱落，对梨树生产破坏性大(图 14-4)。

图 14-3　连续暴雨造成梨园积水

图 14-4　湿度过大引发早期落叶病暴发

3. 防控措施

(1)雨前预防　提前清理好排水沟，疏通沟渠，确保梨园排水顺畅；对于早熟梨品种可分批采收，入库贮藏或适当提前上市，以减少经济损失。

（2）及时排水　阴雨天气和暴雨后，及时清除梨园沟渠内沙石、淤泥、干枝落叶等，增加土壤透气性，防止因土壤湿度大和积水造成沤根、烂根，致使植株萎蔫。

（3）适时中耕　树盘覆盖的梨园，大雨后应及时掀开覆盖物，并扒开树盘周围的土壤晾晒树根，使水分尽快蒸发，在经历 3 个晴好天气后再覆土；生草的果园，应及时清除杂草，排除土壤中过多的水分，改善土壤的通气性。

（4）合理整形修剪　宜采用“Y 形”“开心形”和“倒个形”等高光效树形；夏季修剪应及时抹芽、拉枝和疏枝，合理负载，避免树冠郁闭；冬季修剪应平衡树势，疏除过密枝、交叉枝和徒长枝，打开光路，维持树体通风透光。

（5）植株管理　被风吹斜或被洪水冲倒的梨树植株要尽快扶正，安设支柱进行固定；对根系裸露的树体，培土至原根颈处；清理折断的枝梢，并从断茬处短截，涂抹愈合剂，促进伤口愈合。对于受害严重的梨园，应及时去除部分果实和枝梢，以减少养分消耗。生长季节定期喷布丙森锌、代森锰锌等保护性药剂；出现病害症状的梨树，应及时喷施吡唑醚菌酯·代森联、苯醚甲环唑·嘧菌酯等药剂进行控制。如有叶片萎蔫、新梢卷曲等明显的根系病害症状，可用多菌灵、甲基托布津和硫酸铜等药剂进行灌根治疗。

（6）注意事项　喷施药剂、叶面肥和生长调节剂等，一定要在空气湿度小的晴天进行，以避免引起梨园湿度过大。

4. 应用区域

适用于全国梨产区。

5. 依托单位

①安徽农业大学，贾兵，0551-65786212。

②南京农业大学，张绍铃，025-84396458。

（七）梨园风灾防灾减灾技术

1. 发生特点

（1）短时大风　可以发生在任何季节，但以春季大风的危害为多。

（2）台风　沿海地区的夏秋季经常发生，8 月中旬以后成熟的中晚熟梨品种遭遇台风危害的概率更大。

2. 典型症状

（1）影响授粉受精　花期大风影响蜜蜂或媒介昆虫的活动，从而影响传粉。另外，北方干旱地区花期大风中的泥土附着于柱头，影响花粉在柱头的黏着及花粉粒的发芽和花粉管的伸长。

（2）枝叶受损　大风可引起枝条断裂。生长发育前期受损容易恢复，如果在生长发育后期受损，造成大量落叶可能会引起二次开花，影响第二年的产量（图 14-5a，图 14-5b）。

（3）果实脱落　幼果果梗细，套袋后由于重力作用，遭遇大风后容易引起果实脱落。果实发育中后期由于果实本身的重力作用，如遇到大风也容易脱落（图 14-5c）。

（4）幼树倒伏　强风可以使新植的、根系不发达的幼树倒伏。

（5）涝害　台风到来常伴随着强降雨，如果不能及时排水，极易造成涝害（图 14-5d）。

（6）病害多发　台风过后的天气转晴、高温多湿都容易造成病害流行，同时可能造成日灼、裂果等生理病害的发生。

a.枝条断裂

b.二次开花坐果

c.落果

d.涝害

图 14-5 风灾造成梨园典型症状

3. 防控措施

(1)设置防风林和防风墙 对于强风具有重要的阻隔或减缓作用(图 14-6)。

图 14-6 防风林和防风墙

(2)采用抗风效果好的整形方式 平棚架整形可有效减轻大风引起的落果和对枝叶的损伤;压低主干整形可以防止倒伏和招风。另外,宽行密株栽培模式由于使用了支柱和铁丝固定植株,也可以起到预防风灾的效果。

(3)提早成熟,避开台风 选择早熟品种;采用大棚设施栽培,提早成熟期;适度利用赤霉素等生长调节剂促进果实成熟。

(4)台风来临前的预防措施 在台风来临前,抓紧抢收已经成熟的果实。及时清理果园沟渠,使排水沟渠畅通。对于易倒伏的幼树可加立支柱做加固处理。对于大棚梨,应及时揭去大棚薄膜。

(5)大风危害后的补救措施

①大风造成授粉受精不良的,可以采用人工点授或液体授粉进行补救。

②对于幼果期间容易遭受大风的地方,建议无袋栽培。如果实行套袋栽培,建议对褐皮梨推迟套袋;对绿皮梨实行两次套袋,即在疏果后及早套 1 次小袋,1 个月之后或者小袋撑破之前再套 1 次袋。

③对大风造成倾斜或倒伏的幼树应及时扶正固定。对折枝引起的断口应该用锯子或剪刀修复伤口,并且用利刀将伤口削平,涂上保护剂,以利于伤口愈合和树势恢复。

④及时除去无商品价值的伤果,以免染病造成腐烂。同时对留在树上的果实进行保护,防止日灼。

⑤台风过后如果不能及时自然排水，则要用水泵进行机械排水。对实行清耕的梨园要在排完积水土壤表面干燥后中耕松土，增加土壤透气性。地表有地膜、无纺布等覆盖物的梨园，要及时掀开透气，避免高温高湿对根系的二次伤害。

⑥台风过后及时全园喷布广谱性的杀菌剂，防止病害造成次生危害。及时进行根外追肥，以弥补由于涝害引起根系损伤造成的树体养分吸收的不足。

⑦如果台风危害造成大量的落叶和二次开花，为了弥补第二年产量损失，可以在冬季休眠季节补接花芽。

4. 应用区域

适用于全国梨主产区。

5. 依托单位

浙江大学农业与生物技术学院，滕元文，0571-88982803。

（八）梨园雪灾防灾减灾技术

1. 发生特点

梨园雪灾主要发生在秋冬季和春季，具有持续时间长、受灾范围广、设施受损重、补救难度大的特点。

2. 发生危害

梨树在 11 月中下旬开始落叶，落叶后的枝干上积雪量小，一般不会像柑橘、枇杷等常绿果树那样容易因积雪压断树干或枝条。但是，遇到大雪或突发性强降雪，对于少数抗寒能力低、生长势弱的品种，常因雨雪凝冻时间较长，造成部分树干或枝条压断，植株出现明显的冻害。

春季 3—4 月，梨树多数品种正处于花期或幼果期，此时如遇降雪或雨夹雪，最低气温达到 0 ℃以下，一般处于花序分离期，铃铛花期的花柱头、花药不易受冻，但是盛花期完全开放的花，其柱头、花药和子房均会遭受冻害，幼果期果实冻害明显。梨园雪灾典型症状见图 14-7。

a.大雪压塌防鸟网，折断树枝　b.花序分离期结冰（北京大兴）　c.花序严重冻害发黑（甘肃景泰）　d.花序萎蔫下垂（河北威县）　e.幼果受冻害表面褐化（陕西大荔）

图 14-7　梨园雪灾典型症状

3. 防控措施

(1)雪灾的预防　对于抗寒能力低、生长势弱的品种，要合理负载；对于采用平棚架式及防鸟网栽培的梨树，需及时进行修剪，除去防鸟网，以防因积雪、棚架设施和防鸟网坍塌而压断梨树枝干。

(2)清理积雪，保温防冻　及时清除树上和基部的积雪(冰)。清除积雪(冰)后，应立即用稻草或用 0.02～0.03 cm 厚的农用薄膜捆扎树干，或者先捆上稻草再用农膜包裹，保温效果更佳。也可以在树干基部进行培土，高度 30～40 cm，待气温回升时，将培土扒开。

(3)补授花粉　花期受冻的梨树，对晚花和未受冻害的花，应及时人工授粉或花期放蜂辅助授粉，可结合喷施0.3%硼砂、50 mg/L的赤霉素来提高坐果率，以减轻雪灾对当年开花、坐果的影响。

(4)加强树体管理　北方寒冷地区，要进一步针对各主栽品种、不同地块梨树的冻害程度，采取相应的补救措施。对冻害严重的树，可对受冻枝干进行适当重剪；对于受冻较轻的梨树，采取“修剪更新、培土施肥、铺设地膜、病虫防治和花果量化管理”等措施，尽快恢复树势。

(5)注意事项　灾后应加强病虫害的预测预报工作。开春后至萌芽前，可在芽鳞片松动时喷布3～5波美度石硫合剂；新梢生长期，砂梨品种应防止黑斑病大发生，白梨品种应防止黑星病的流行。已经受冻的树干及枝条容易发生干腐病、轮纹病等病害，在萌芽后应注意及时喷杀菌剂等进行防治。

4. 应用区域

适用于全国梨产区。

5. 依托单位

安徽农业大学，贾兵，0551-65786212。

（九）梨园雹灾防灾减灾技术

1. 发生特点

冰雹是我国北方果园夏季常见的自然灾害，指从发展强盛的积雨云中降落到地面的冰块或冰球。根据冰雹大小及其破坏程度，可将雹害分为轻雹害、中雹害和重雹害3级。冰雹对梨等果树的危害相当大。我国降雹集中的季节主要是春夏季和早秋时期。

2. 典型症状

冰雹对梨树的危害主要表现为：雹块对梨树机械伤害和短时大风的破坏作用，轻者撕破叶片、砸伤树干树皮、打断小枝和击落幼果，重者打断大枝、打烂树皮、打掉全部叶片和果实，造成树势衰弱，阵性大风还可刮倒树体甚至连根拔出(图14-8)。

3. 防控措施

(1)雹灾的预防措施　冰雹发生突然，灾害损失大，因此要做好预防，主要有以下几种措施。

①根据当地降雹规律，避免在多雹区和“雹线”区内发展梨树和建立梨园。

②梨园搭建防雹网，保护梨树枝、叶、果实免受冰雹灾害，防止降雹和暴风造成折枝、断干、落叶和落果(图14-9a，图14-9b)。

③建设防雹炮台，用火炮射击雹云，化雹为雨，减少冰雹灾害(图14-9c)。降雹前根据天气预报情况，采用人工防雹措施，向云中播撒催化剂(碘化银或碘化铅)，限制冰雹成形，达到防雹目的。

(2)雹灾补救措施　雹害发生后，应根据具体情况及时作好补救和管理工作。

①及时清理果园中的残枝、落叶和落果，铲除园内尚未化冻的冰雹。

②修整剪截砸断和砸折的各种受伤枝，尽量保留叶片。

③全园及时喷施广谱性杀菌剂，可选用70%甲基托布津可湿性粉剂800倍液、70%安泰生

a.雹灾造成梨树叶片损伤

b.雹灾造成大量叶片被打落

c.冰雹砸伤梨幼果（杨盛供图）

d.梨果成熟期遭遇雹灾（杨盛供图）

e.重雹害打落梨树枝叶

f.冰雹砸伤梨树枝条

图 14-8　冰雹造成的危害

a.山台地梨园搭建防雹网

b.平地梨园搭建防雹网

c.修建防雹炮台

图 14-9　防雹措施

可湿性粉剂 800 倍液或 40%福星乳油 8000～10000 倍液等，预防和阻止病害的发生和蔓延。

④结合喷杀菌剂进行叶面喷肥，补肥应以氮、磷肥为主，可以叶面喷 0.3%～0.5%尿素+0.3%～0.4% 磷酸二氢钾，喷 2～3 次，及时解决树体营养不足问题；也可以树下追施平衡型氮磷钾复合肥，每株 0.5～1 kg，以增加树体营养，促进恢复树势。

⑤及时中耕松土，让土壤中过多的水分散失，改善土壤的通透性。

⑥及时切削翘起的烂皮，并对伤口进行保护，可涂抹喜嘉旺、甲硫·萘乙酸等药剂，促进伤口愈合，防止枝干类病害大发生。

4. 应用区域

适用于全国梨主产区。

5. 依托单位

甘肃省农业科学院，李红旭，0931-7612078。

二 梨生物灾害防灾减灾技术

（一）梨早期落叶防灾减灾技术

1. 发生特点

梨树早期落叶是梨树生长发育周期中提前出现的叶片大量衰败脱落现象，尤其是长江流域及以南地区每年均有不同程度发生，轻则影响树势，重则导致大幅度减产，甚至绝收，造成严重经济损失（图 14-10）。梨树早期落叶的诱因有水分失调型、缺素型、病害型、虫害型、郁闭寡照型、肥害药害型等，其中病害型是最主要的早期落叶类型。

图 14-10　梨树早期落叶

2. 典型症状

病害型早期落叶主要由炭疽病和黑斑病引起。①炭疽病。病斑初期呈不规则水渍状，中后期逐渐呈黄褐至黑褐色针状斑点，在高温高湿季节，尤其是台风雨等阵发性暴雨过后最易引起病斑数量急剧增加，有时一片叶片上多达数百甚至数千个之多；当病斑达到一定数量时，叶面呈现黄绿相间黄化，叶脉、叶柄呈半透明状浅黄色，并开始脱落。②黑斑病。最先在嫩叶上产生圆形针状大小的黑色斑点，以后斑点逐渐扩大成近圆形或不规则形病斑。潮湿时病斑上表面密生黑色霉层（病菌的分生孢子梗和分生孢子）。叶片上病斑较多时，常互相融合成不规则大病斑，引起叶片早落。

3. 防控措施

采取以叶部病害防控为核心，以优化品种布局、强化水肥管理及落叶后进行补救为配套措施的综合防控技术。

（1）叶部病害防控　落叶后及时剪除树上病果、病枝、病叶，刮除枝干粗老翘皮，集中深埋或清除出园烧毁。在修剪前和花芽萌动期各喷 1 次清园药剂。

梨树落花 90%时喷施 1 次广谱性杀菌剂进行预防，此后至采果前 20 d，每隔 15～20 d 喷 1 次药，可选用 25%嘧菌酯 800～1500 倍液、12%苯醚 · 噻霉酮 4000～5000 倍液、1.5%多抗霉素 75～300 倍液、50%多抗 · 喹啉铜 800～1000 倍液、35%氟菌 · 戊唑醇 2000～3000 倍液等。采果后每隔 20～25 d 喷 1 次保叶药，连续喷 2～3 次，药剂以波尔多液、波尔 · 锰锌等铜制剂为主。

（2）优化品种布局　选择通透性强、光照充足的开阔地块建园，选择抗病性强、早期落叶发生轻的品种，如翠玉、晚翠、浙梨 2 号、鄂梨 2 号等。

（3）水肥和栽培管理　改善梨园排水条件，避免雨后梨树土壤积水；增施有机质肥料，促进根系更新；改善树体通风透光条件，有条件的推行避雨设施栽培。

（4）及时补救　早期落叶发生后，喷施 150～300 μg/mL 的萘乙酸或萘乙酸钠加多元复合叶面肥，抑制二次萌芽开花。返花返青严重时，尽早疏除二次花，对二次梢留3～4片叶进行摘心，并根外喷施磷酸二氢钾等叶面肥加杀菌剂2次。

4. 应用区域

适用于全国梨主产区。

5. 依托单位

①江苏省农业科学院，刘凤权，025-84390277。

②华中农业大学，王利平，027-87282130。

（二）梨火疫病防灾减灾技术

1. 发生特点

梨火疫病是为害梨、苹果等蔷薇科果树的一种毁灭性细菌病害，病菌为解淀粉欧文氏菌（*Erwinia amylovora*）。病菌寄主范围广，传播途径多，寄主发病速度快，常造成梨、苹果等寄主植物的大面积死亡。春季花期遇到降雨天气，很容易造成病害暴发。

2. 典型症状

梨火疫病为害寄主植物的花、果实、叶片和枝干，受害植物器官很快变黑褐色并枯萎，犹如火烧一般，但仍挂在树上不落。花朵染病表现"花腐"症状，花瓣萎蔫呈深褐色，病菌向下蔓延至花柄，致花柄呈水浸状（图14-11a）。嫩梢被害，初呈水渍状，后变为褐色至黑色，向下弯曲呈"牧羊鞭"状，病枝叶片凋萎但不脱落（图14-11b）。果实染病，病果变黑而干枯，僵果挂在树上可以保持几个月；潮湿时从果柄、果实中溢出菌脓。枝干受害，初期呈水渍状病斑，后皮层干陷，形成溃疡斑，削去树皮可见内部呈红褐色，严重时植株全株死亡。

a.花受害症状　　b.嫩梢受害症状

图14-11　梨火疫病典型症状

3. 防控措施

采取以检疫监管、清除菌源和化学防治为主的绿色防控技术。

（1）强化检疫监管　加强对梨、苹果、杜梨、山楂、海棠等蔷薇科寄主植物苗木、接穗等物品的调运检疫检查，严格限制从已发病疫区引进寄主植物苗木和种植材料。

（2）清除菌源　清除发病园的病树、病枝，在整个生长季节定期检查重病株整株挖除，轻病株及时深度修剪病枯枝（发病部位以下50 cm），修剪伤口要喷施杀菌剂保护。对病树周围的植株进行喷药保护。清除的病树、病枝要及时带出果园集中销毁。修剪工具要严格做到“一修剪一消毒”，可使用10%漂白粉液、3%中生菌素、2%春雷霉素配制消毒液，严禁果园管理工具在发病园和未发病园混用。

(3)安全授粉　发病果园原则上禁止放蜂，可使用液体授粉、无人机授粉、人工点粉等技术。

(4)化学防控　萌芽前全园喷施石硫合剂进行清园，在初花期(5%花开)、谢花期(80%花谢)、果实膨大期，以及果实采收后10 d之内等时期，选用有效的杀细菌药剂进行防控。药剂种类可选择40%春雷·噻唑锌悬浮剂1000～1500倍液、2%春雷霉素水剂600～800倍液、12%中生菌素可湿性粉剂2000～2500倍液、3%噻霉酮水分散粒剂800～1000倍液等。对于春梢长势旺盛的果园，或用药2 d后连续遇到阴雨天、冰雹等，可补施1～2次杀菌剂。夏季根据降雨情况适当补喷。不同药剂应交替轮换使用，整个生长季节每种药剂使用不能超过2次。

4. 应用区域

适用于新疆、甘肃等地有梨火疫病发生的县(市、区)。

5. 依托单位

江苏省农业科学院，刘凤权，025-84390277。

(三)梨腐烂病防灾减灾技术

1. 发生特点

梨腐烂病是由梨黑腐皮壳菌(*Valsa pyri*)引起的为害梨树枝干的一种真菌病害，在我国梨各主产区均有发生，以西北、华北、东北等地发生较重。梨腐烂病具有发病率高、发生区域广、难以控制的特点。发病严重的梨园，树体病疤累累、枝干残缺不全，甚至造成大量死树或毁园。树势衰弱、低温冻害、负载过重、剪锯口等均可引起并加重腐烂病的发生。

2. 典型症状

梨腐烂病为害梨树主干、主枝、侧枝及小枝，症状有溃疡型和枝枯型等。①溃疡型症状。主要为害主干和侧枝。早春发病时，病部多呈椭圆形或不规则形的湿润水渍状，红褐色至深褐色，微微隆起。用手按压有松软感，常渗出红褐色汁液并伴随酒糟气味。后期病部失水干缩下陷，与健康组织之间产生裂缝，病表皮密生黑色小粒点，湿度大则会泌出淡黄色分生孢子角(图14-12a)。②枝枯型症状。多发生于树势衰弱和有剪锯口的小枝上。病部与健康组织之间无清晰界限，病斑不规则、扩展迅速，导致枝叶枯死(图14-12b)。

3. 防控措施

采取以培养树势为中心，以及时保护伤口、减少树体带菌为主要预防措施，以病斑刮除、药剂涂抹为辅助手段的综合防控策略。

(1)农业防治　合理修剪，提高光合效率；合理负载，及时疏花疏果，控制结果量，避免大小年现象；加强土、肥、水管理，增加土壤的通气性和有机质含量；合理间作，避免间作一些后期需肥水多的晚熟作物，以保证树体正常进入休眠期，安全越冬；提高树体营养水平，增强树势，增强树体抗性。保护剪锯口，提倡改“冬剪”为“春剪”，以避免低温对剪口造成的冻伤。对较大剪口、锯口进行药剂保护，可用甲硫萘乙酸或腐植酸铜涂抹。清理果园，去除病枝、死枝，刮除粗

a.溃疡型病斑　　b.枝枯型病斑

图 14-12　梨腐烂病典型症状

翘皮等，以减少侵染源。

（2）化学防治　刮治后涂抹 10%果康宝膜悬浮剂 20 倍液或 30%腐烂敌 50 倍液。春天梨树发芽前全树喷 3～5 波美度石硫合剂，果实采收落叶后全园再喷施 45%代森胺水剂 300～400 倍液，减少果园内的残留菌源。生长季节结合对叶部病害的防治进行喷药，同时对树干喷药，兼顾防控梨树腐烂病。

4. 应用区域

适用于全国梨主产区。

5. 依托单位

江苏省农业科学院，刘凤权，025-84390277。

（四）梨黑斑病防灾减灾技术

1. 发生特点

梨黑斑病是由链格孢属真菌（*Alternaria* spp.）引起的、为害梨树叶片、果实的一种病害。梨黑斑病为害后导致树体衰弱，结果年限缩短，而且还可造成贮藏期果实腐烂，并影响梨的进出口贸易，造成严重的经济损失。梨黑斑病防治不当会引起梨树叶片提前脱落，使梨树形成二次花，严重影响翌年梨果产量。梨黑斑病的发生与降雨量关系密切，雨水多的年份，该病蔓延较快；反之，则相对较轻。

2. 典型症状

梨黑斑病主要为害梨叶片和果实。叶片受害，最先在嫩叶上产生圆形针尖大小的黑色斑点，后逐渐扩展形成中央灰白色或者黑褐色、边缘褐色的圆形斑点，病斑外围有黄色晕圈。多个病斑聚在一起形成大小不一的不规则状黑斑，导致叶片焦枯、畸形，容易早落（图 14-13a）。果实受害，幼果发病初期与叶片相同，先在果实表面出现一个或多个针头大小的圆形黑色斑点，后逐渐扩大呈近圆形或椭圆形，多个病斑融合后出现大面积坏死，略凹陷。病部、健部之间龟裂，严重时裂缝深达果心，病斑及裂缝表面产生黑色霉层，采收前已腐烂落地（图 14-13b）。

a.叶片受害症状

b.果实受害症状

图 14-13　梨黑斑病为害典型症状

3. 防控措施

梨黑斑病的发生和流行与品种感病性、越冬菌源和气候条件等密切相关，需采取以选择种植抗黑斑病梨品种为主、农业防治和药剂防治为辅的病害综合治理措施。

（1）选择抗病品种　利用抗病品种是防治梨黑斑病最经济、有效的措施。应选择抗梨黑斑病的品种进行种植，如黄花、丰水、湘南等品种。

（2）农业防治　加强水肥管理、疏花疏果以维持健壮树势，增强植株抵抗力，以减轻发病；避免偏施氮肥。在梨树生长季节病害发生高峰期，剪除病枝、病果，集中烧毁；冬季结合整枝修剪，拾净梨园中的病枝和僵果等，集中烧毁；刮除树干老翘树皮并进行树干涂白。

（3）果实套袋　落花后 25～40 d，对果实套袋防止梨黑斑病为害梨树果实。

（4）化学防治　化学药剂防治是目前防治梨黑斑病的主要手段。春季梨树萌芽前，枝干喷洒 10%甲硫酮（果优宝）100～150 倍液，或 3～5 波美度石硫合剂，杀灭树上的越冬病菌。在梨树幼叶开始发病初期（4 月中下旬）和梨黑斑病发生盛期（6—7 月）进行树冠喷药，喷药时兼顾梨园地面及梨园四周杂草。可选择的杀菌剂有 10%苯醚甲环唑可湿性粉剂 3000 倍液、70%代森锰锌可湿性粉剂 800 倍液、70%甲基托布津可湿性粉剂 800 倍液、43%戊唑醇悬浮剂 3000 倍液和 40%福星乳油 5000 倍液。

4. 应用区域

适用于全国梨主产区。

5. 依托单位

江苏省农业科学院，刘凤权，025-84390277。

（五）梨炭疽病防灾减灾技术

1. 发生特点

梨炭疽病是一种由刺盘孢属真菌（*Colletotrichum* spp.）引起的，为害梨树叶片、果实的病害。该病害在2007年开始严重为害安徽砀山、河南宁陵、江苏丰县等地的砀山酥梨等品种，使叶片、果实出现多个圆形或不规则形的轮纹状或凹陷状病斑，造成大面积烂果落果。2009年起为害浙江、福建、广西、四川等地的砂梨叶片，使叶片出现大量细小黑色斑点，随后叶片褪绿变黄，引起早熟梨发生早期落叶现象。病害的发生和流行与多雨气候、栽培条件、树势及品种等有关。

2. 典型症状

梨炭疽病主要为害叶片、果实，造成早期落叶及梨果腐烂（图14-14）。在果实上有两种症状：一是典型的果腐症状。发病初期，果实上出现浅褐色、水渍状的小圆斑。随着病斑的扩展，病部软腐，下陷明显，颜色加深至黑褐色。病部产生许多呈同心轮纹状排布的黑色小粒点，温湿度适宜时，呈现粉色的分生孢子堆。病斑不断扩展，可从果肉腐烂至果心。二是呈现几乎不扩展的小黑点症状，在果皮上散乱分布，不向果实内部扩展。叶片受害，也呈现两种症状：一是典型的凹陷坏死症状，与果腐症状相似，在叶片正面形成褐色圆斑，多个病斑扩展连成一片，形成不规则的大斑，病部有排列呈同心轮纹状的小黑点。二是在叶片表面形成黑色、针尖大小的斑点，随着时间的推移病斑数量增多但大小不变，后期病部黄化褪绿。

a.叶片受害症状　　b.果实受害症状

图14-14　梨炭疽病为害典型症状

3. 防控措施

（1）农业防治　选育并种植抗病品种；雨后注意排除果园积水，合理修剪，保持良好的通风透光条件；秋冬季彻底清除枯枝、落叶、病僵果，集中深埋或销毁；果实套袋，防止病菌中后期侵染果实。贮运梨果时，剔除病果和伤果。

（2）化学防治　发芽前喷药铲除树体带菌，如3～5波美度石硫合剂，可有效降低初次侵染源。落花后每隔10 d可选用12%苯醚·噻霉酮水乳剂3000倍液，或25%溴菌清500倍液，或50%多菌灵可湿性粉剂1000倍液，或70%代森锰锌可湿性粉剂1500倍液等，进行均匀喷雾。梨果膨大期开始，特别是雨水多的年份，应缩短喷药间隔期。在贮藏期也要做好烂果控制。

4. 应用区域

适用于全国梨主产区。

5. 依托单位

江苏省农业科学院，刘凤权，025-84390277。

（六）梨白纹羽病防灾减灾技术

1. 发生特点

梨白纹羽病害是由褐座坚壳菌（*Rosellinia necatrix*）引起的一种梨树根部病害。该病害主要发生在南方梨产区，通过病根和健根相互接触在果园中短距离传播，造成成行或成片梨树枯死，还可随着带菌苗木和砧木的调运远距离传播。该病在 3 月中下旬开始发病，至 10 月下旬仍有零星病株出现，以多雨季节的梨盛花期至幼果期为发病高峰期，属于典型的土传病害。该病害具有隐蔽性、强传染性、毁灭性、暴发成灾等特点，一旦发生难以根治。近年来，该病害在北方梨产区也有零星发生。

2. 典型症状

发病初期，病树地上部分的枝叶与健康树无明显差异，随着根系大部分受害后，地上部表现树势衰弱，叶片褪绿、萎凋变黄（图 14-15a）；发病后期，病树或苗木叶片枯焦，枝条干枯，直至整株苗木或大树枯死。根部症状为白纹羽病菌从梨根颈处侵入，在根颈表面形成白色菌丝层，侵入皮层组织后向主根和侧根蔓延（图 14-15b、图 14-15c）；侵染初期，主根上产生白色菌丝层，侧根、须根外观正常；随病害加重，侧根和须根表面布满密集交织的白色菌丝体，菌丝体中形成白色菌索（图 14-15d）。须根和侧根腐烂，病根表面的白色菌丝体呈羽毛状或网纹状分布，病根皮层极易剥落；皮层内有时可见黑色细小的菌核，当土壤潮湿时，菌丝体可蔓延到地表，呈白色蛛网状。

a.地上部受害症状　b.苗木地下部受害症状　c.梨树根颈部受害症状　d.侧根及须根受害症状

图 14-15　梨白纹羽病害典型症状

3. 防控措施

采取以严选无病菌苗木、加强栽培管理措施和科学用药为核心的绿色防控技术。

（1）选栽无病苗木　培育无病苗木，苗木出圃时，严格淘汰病苗，杜绝病菌随苗木远距离传播，发现引种带菌苗木及时清除。

（2）加强栽培管理　苗木定植时，将嫁接口露出地面；南方多雨季地区，起垄栽培，使土壤保持良好的通透性，从源头阻断病害的发生；疏松土壤，增施有机肥，促进根系发育，提高树体抗病能力;合理种植和修剪,使果园内保持通风透光;维护果园内的卫生,清除杂草、枯枝残叶及所有病根,集中烧毁。

(3)物理防治　发现病树后,在距离相邻健树 1 m 的地方挖沟阻断病菌扩散,沟内撒石灰消毒。利用病原菌对温度敏感的特性,可在夏季高温天气,深翻暴晒土壤,杀灭病原菌。

(4)化学防治　苗木移栽前,用 50%多菌灵可湿性粉剂 300 倍液和 10%苯醚甲环唑可湿性粉剂 500 倍液浸泡苗木 3~5 min。发现树势开始衰弱,叶片褪绿黄化后,应扒开根颈部和大根土壤检查病部,并刮除病部,用石硫合剂原液喷洒病部和根际土壤进行消杀。如病部分散,可用 8 波美度石硫合剂溶液灌根消毒。对于发病重的梨树应挖除病树及病树留在土壤中的残根,带出梨园集中销毁。用石硫合剂原液灌药对土壤杀菌,并暴晒 1~2 年,晾晒后取无病新土覆盖。

(5)注意事项　不要在砍伐的林地和新毁的果树地育苗和栽植,如要用作果树用地,应深翻、晒土,种 3~4 年其他农作物后再栽梨树。雨季前改善果园排灌设施,降雨后及时在果园积水区开沟排水。加强梨园中的杂草清理,有些杂草的根系可作为病原菌的宿主,促进病菌在园内的传播。密切监测病害的发生情况,做到早发现、早隔离、早预防。发病初期,及时将发病区与健康区隔离开,同时施药进行土壤消毒。

4. 应用区域

适用于全国梨主产区。

5. 依托单位

华中农业大学,王利平,027-87282130。

(七)梨小食心虫防灾减灾技术

1. 发生特点

梨小食心虫(*Grapholita molesta*)有转移寄主为害的特点,早春为害桃梢,后期转移至梨果为害。梨小食心虫的发生受各地气候变化的影响,一般雨水多、湿度大的年份或地区发生比较严重。

2. 典型症状

梨小食心虫早春主要为害嫩梢,越冬代成虫产卵于叶片背面或新梢顶端的光滑表面,卵孵化后从嫩梢顶端嫩叶柄基部蛀入,向下蛀食髓部,直至木质部,造成折梢状(图 14-16a)。为害早期折梢症状不明显。为害后期,蛀孔外有大量虫粪排出,嫩梢茎被蛀空,此时会出现典型的折梢症状。为害晚期,受害部位干枯且有树胶流出,幼虫转移至新梢为害。随着梨果出现,第 3、4 代梨小食心虫幼虫转移至果实为害。梨小食心虫在梨果上产卵以胴部最多,卵孵化后蛀入果实,可达果心,幼虫常排粪于果实内或挂于蛀口处,蛀果孔周围变黑腐烂、凹陷,俗称“黑膏药”,受害果易腐烂、脱落,严重影响果实品质(图 14-16b)。

3. 防控措施

(1)农业防治　在果园建园初期应避免梨桃、梨杏混栽或近距离栽植;对于已混栽的果园,应根据梨小食心虫的发生动态及其转主为害特点,在春季重点防治桃园等核果类果园,之后随其取食寄主的变化,着重防治梨园。清洁果园,及时剪除被害的新梢,摘除蛀果;对老翘皮进行适当刮除。

a.折梢状

b.为害梨果

图 14-16 梨小食心虫为害症状

(2)物理防治 利用频振式杀虫灯对其进行诱杀;配制糖醋液(糖∶醋∶酒∶水=3∶1∶3∶80)进行诱杀;果实套袋可作为物理屏障阻止梨小食心虫对果实的为害;在果树树干扎绑诱虫带或束草对越冬幼虫进行诱集。

(3)生态防治 果园内生草不仅可以增加土壤肥力,改良土壤结构,还可以为天敌创造良好的栖息与繁育环境,成为天敌的食物与营养来源,进而提高天敌的生存与繁衍能力,增加天敌种群数量。因此,建议在水资源充足、土壤肥沃的果园采用全园生草方式,推荐种植三叶草、鼠茅草、紫花苜蓿、黑麦草等草种。

(4)生物防治 使用梨小食心虫性诱芯和三角形诱捕器,可有效诱杀雄成虫(图 14-17a);悬挂梨小食心虫性信息素迷向丝(图 14-17b);释放天敌,如松毛虫赤眼蜂(图 14-17c);喷施绿僵菌、白僵菌等生物杀虫剂。

a.悬挂诱捕器

b.悬挂迷向丝

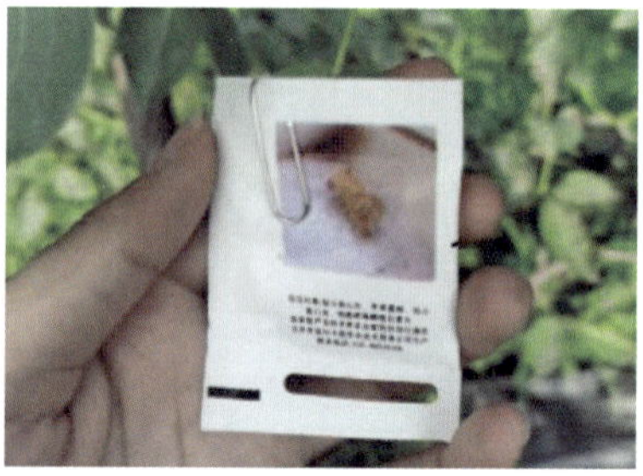
c.释放赤眼蜂

图 14-17 生物防治梨小食心虫

(5)化学防治 药剂防治的关键时期是各代成虫产卵盛期和幼虫孵化期。在成虫羽化盛期后 3~5 d 喷药防治,推荐使用 5%高效氯氟氰菊酯乳油 4000 倍液、4%高氯·甲维盐微乳剂 2000 倍液、3.2%阿维菌素微乳剂 3000 倍液等。

4. 应用区域

适用于全国梨主产区。

5. 依托单位

中国农业大学植物保护学院,刘小侠,010-62733946。

（八）梨木虱防灾减灾技术

1. 发生特点

梨木虱(*Cacopsylla chinensis*)分为冬型和夏型两种，具有较强的耐寒性。若虫具有群居性，常聚集为害。夏季炎热期为害严重。梨木虱分泌黏液引起霉菌污染，梨园行间相对湿度较高时，煤污病发生严重。第1代若虫发生界限明显，以后各代连续发生，世代重叠严重。

2. 典型症状

早春梨树花芽萌动时开始出蛰为害，先集中于新梢取食，而后交尾、产卵。春季梨木虱以成虫、若虫集中在芽、蕾、嫩芽及叶上刺吸汁液，主要为害梨树的新梢、叶片；夏季则在叶片背面叶脉附近吸食为害。若虫分泌大量黏液，常使叶片黏在一起或黏在果实上，诱发煤污病，污染叶和果面，果实发育不良，被害枝条生长停顿，不充实，易受冻害(图14-18)。

图14-18　梨木虱在叶片及枝条上的为害状

3. 防控措施

(1)农业防治　清洁果园，降低虫口基数；土壤封冻前进行深翻，破坏梨木虱的越冬场所。土壤接近封冻时深翻土地，此时防治效果最好；冬耕后，在低温天气进行灌水，以地面湿润见水为宜，恶化害虫越冬环境；春季刮除老翘皮，老翘皮下、裂缝中是梨木虱等害虫的主要越冬场所，因此休眠期刮树皮也能减少部分梨木虱，刮皮的原则为露红不露白；及时摘除被害枝梢，带出梨园销毁。

(2)生物防治　梨木虱的天敌很多，主要有梨木虱跳小蜂、木虱跳小蜂、花蝽、草蛉、瓢虫、捕食螨和寄生蜂等，以寄生蜂控制作用最大，卵自然寄生率较高。另外，梨园行间生草栽培对保护、利用天敌，控制梨木虱的发生也具有积极的作用。

(3)物理防治　瓦楞纸诱虫带诱杀：当平均温度低于5 ℃时开始在梨树树干绑缚瓦楞纸诱虫带，诱集越冬梨木虱，出蛰之前解除并销毁瓦楞纸中的越冬代梨木虱。实际应用瓦楞纸诱虫带时，应注意当地害虫发生种类、梨果采收时间、环境及温湿度等条件，合理地进行扎绑。在解绑瓦楞纸诱虫带时，须注意清理隐藏在树干上面的害虫。

(4)化学防治　梨木虱的防治关键在于抓住早期防治，3月初是出蛰盛期，这是防治的第一个关键时期。3—4月梨树终花期是化学防治的第二个关键时期。在越冬成虫出蛰盛期，可使用3～5波美度石硫合剂；在梨树花序分离期、落花和套袋前，可喷施22.4%螺虫乙酯悬浮剂5000倍液、25%噻虫嗪水分散粒剂3000倍液或矿物油300～500倍液等进行防治。

4. 应用区域

适用于全国梨主产区。

5. 依托单位

①中国农业大学植物保护学院，刘小侠，010-62733946。

②山西农业大学植物保护学院，马瑞燕，0354-6285016。

（九）梨茎蜂防灾减灾技术

1. 发生特点

梨茎蜂（*Janus piri*）1 年发生 1 代，发生期整齐，3 月或花展叶期成虫羽化。成虫白天活跃，飞翔于寄主枝梢之间，早晚及夜间栖息于梨叶背面，阴雨天隐蔽。寄主尚未抽梢时，成虫取食花蜜与露水，大都栖息于附近作物及果树上。成虫产卵时，先用锯状产卵器将嫩枝锯伤后将卵产在伤口下 2～6 mm 处的幼嫩组织中，成虫产卵期持续 10～15 d。幼虫孵化后向枝橛下方蛀食为害，5 月中下旬蛀食到 2 年生枝附近，6 月中旬全部蛀入 2 年生枝条内，老熟幼虫在被害枝内调头作茧进入休眠并越冬。

2. 典型症状

梨茎蜂以雌成虫产卵为害春梢和幼虫为害 1～2 年生枝。当新梢长至 6～7 cm 时，雌成虫用锯状产卵器将嫩梢端部锯伤，再将伤口下方 3～4 片叶柄锯断，仅留基部，然后将产卵器插入断口下方嫩枝韧皮部与木质部之间产卵，不久后产卵处的嫩茎表皮上可见一黑色针刺状产卵痕。新梢被锯断后下垂，凋萎干枯，遇风脱落，成为光秃断枝。卵孵化后在残留的枝橛内蛀食为害，被害部位逐渐枯死（图 14-19）。

图 14-19　梨茎蜂为害特征

3. 防控措施

（1）人工防治　4 月间，于成虫产卵结束后，及时剪除被害梢，剪除部位应在断口枝条下方 1.5～3 cm 处；冬季结合修剪剪除有虫（枝橛）枝梢，剪除部位应在与枝橛相连 2 年生枝条下方 2～3 cm 处，集中烧毁或深埋；成虫羽化时，可利用其背光习性，于早晚或阴天捕杀成虫。

（2）物理防治　梨树开花前，在树冠中上部背阴面空旷处悬挂黄色粘板诱杀成虫，每亩悬挂黄色粘虫板 10～20 块，并于梨树坐果后解去。

（3）化学防治　幼树园或高接换头梨园，虫量大时则需在成虫高发期喷药防治。一般在花序分离期至铃铛球期第一次喷药，落花后立即第二次喷药，可选择药剂有 4.5%高效氯氰菊酯 EW2000～3000 倍液等。

4. 应用区域

适合于全国梨主产区。

5. 依托单位

①山西农业大学植物保护学院，马瑞燕。0354-6285016。

②山西农业大学果树研究所，赵龙龙，0354-6215071。

（十）梨园橘小实蝇防灾减灾技术

1. 发生特点

橘小实蝇（*Bactrocera dorsalis*）是为害水果（杏、油桃、梨等）和蔬菜的危险性有害生物。高湿对橘小实蝇的卵和幼虫发育有利，幼虫在水中可忍耐 72～90 h；干燥对蛹的生存不利，会导致其羽化率下降。2007 年的记录数据显示，广州地区冬春季（1—3 月）平均温度在 15～20 ℃，橘小实蝇可以卵、幼虫和成虫在果园或大自然中的其他场所存在。若气温降至 14 ℃以下，橘小实蝇成虫停止活动；气温高于 14 ℃，成虫可飞翔觅食；春夏季节，气温达 20 ℃以上，橘小实蝇寄主食物日渐增多，可完全满足其生存和繁殖的需要。

2. 典型症状

成虫将产卵器插入寄主果实内产卵，产卵时常在果实表面形成许多针孔和斑点，卵孵化后斑点呈灰褐色。幼虫向果肉深层扩展取食，直到果实腐烂，老熟幼虫从果内爬出（图 14-20）。

a.在杏上产卵　b.为害杏　c.为害油桃　d.为害梨

图 14-20　橘小实蝇为害状

3. 防控措施

(1)加强检疫　加强检疫,严防幼虫随果实或蛹随园土传播。

(2)农业防治　随时捡拾受虫害的落果,摘除树上的虫害果一并烧毁或投入粪池沤浸。切勿浅埋,以免害虫仍能羽化。

(3)物理防治　果实套袋可使果实在一定程度上避免病虫为害,同时也可在一定程度上优化果实品质。橘小实蝇对黄色有一定的趋性,可以利用黄色粘虫板对其进行诱杀。

(4)生物防治　实蝇茧蜂、黄金小蜂、前裂长管茧蜂、隐翅虫、蚂蚁、步甲和白僵菌等都是橘小实蝇的重要自然天敌,要积极保护和利用。也可以利用信息素引诱剂甲基丁香酚诱杀雄性成虫,在实蝇繁殖期利用蛋白引诱剂兼诱雌雄成虫。

(5)化学防治　进行土壤杀虫处理,在春季越冬成虫出土前或果实采收后,在全园内土壤表层喷洒辛硫磷、马拉硫磷等药剂;也可以将生石灰粉混合制成毒土于傍晚在全园进行撒施,撒施后浅耕并用地膜覆盖果园地面,可以提高杀虫效果。在成虫发生高峰期,于早晨或者傍晚全园喷洒 2.4%阿维·高效氯氟氰菊酯可湿性粉剂 800～1500 倍液,效果较好。喷雾时可在药液中加入少量红糖,引诱成虫进食,以增强防治效果。

4. 应用区域

适合于全国梨主产区。

5. 依托单位

中国农业大学植物保护学院,刘小侠,010-62733946。

(十一)梨园苹果蠹蛾防灾减灾技术

1. 发生特点

苹果蠹蛾(*Cydia pomonella*)发生世代很不整齐,以老熟幼虫在树干粗皮裂缝、翘皮下、树洞中及主枝分叉处缝隙中结茧越冬,是世界上仁果类果树的毁灭性蛀果害虫。该虫以幼虫蛀食苹果、梨、杏等的果实,造成大量虫害果并导致果实成熟前脱落和腐烂,严重影响国内外水果的生产和销售。

2. 典型症状

苹果蠹蛾以幼虫蛀果为害,初孵幼虫寻找果实表面受损处或沿果梗末端的低洼处蛀入果内,蛀孔周围通常有红色圆圈,被为害的果实表面常有明显的褐色虫粪和碎屑堆积,果面形成疮疤(图 14-21)。

幼虫开始蛀果时不吞食咬下的碎屑,而将碎屑吐在蛀果孔之外,为害严重时常见其成串堆积在果实表面,产生的果实碎屑和粪便导致果实内部呈现“豆沙馅”(图 14-22)。

幼虫具有转果为害的习性,1 头幼虫一般可为害 1～4 个果实,也有一个果内有几头幼虫同时为害的现象。

3. 防控措施

(1)植物检疫　按照《植物检疫条例》规定,结合产地检疫、调运检疫和市场检疫,全方位实施检疫工作,对苹果蠹蛾进行封锁控制,阻断苹果蠹蛾的传播途径。

(2)农业及生态防治　及时收集销毁树上虫果和地上落果,清除果园中的废弃纸箱、废木

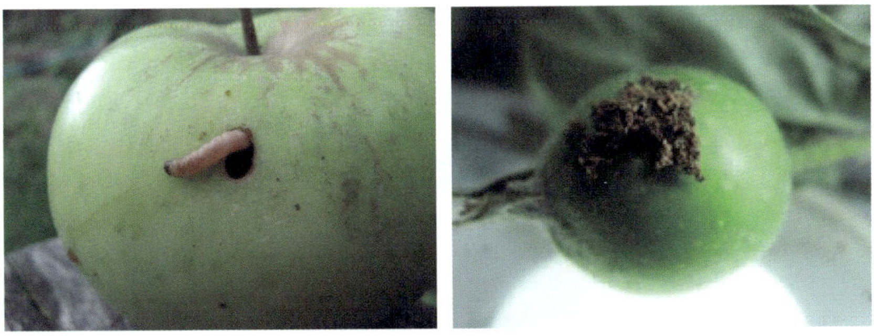

图 14-21　果实外部为害状

图 14-22　果实内部为害状

堆、杂草等所有可能为苹果蠹蛾提供越夏或越冬场所的材料和设施。在冬季果树休眠期及早春发芽之前，及时刮除果树粗皮、翘皮并烧毁或深埋，以消灭越冬虫体。刮完树皮后，用 5 波美度的石硫合剂涂刷果树主干和主枝，或用毒死蜱稀释 30 倍液涂抹主干和主枝。果园种草可减少土壤水分蒸发，增加土壤有机质，促进果园瓢虫、草蛉、食蚜蝇和寄生蜂等多种天敌昆虫种群的繁殖，有助于提高果园生态丰富度和控制苹果蠹蛾数量。

(3)生物防治　赤眼蜂可寄生苹果蠹蛾卵而达到防治目的，在苹果蠹蛾 2、3 代卵发生高峰期(6 月中旬至 7 月中旬)释放赤眼蜂，以 10 m 左右间隔设置放蜂点，将蜂卡挂在果树中部，每代放蜂 2～3 次，每次间隔 4～5 d，放蜂量每次 2 万头/亩，共放 4 万～6 万头/亩，可达到较好的防治效果。应用白僵菌防治脱果苹果蠹蛾老熟幼虫，幼虫死亡率可达 50%以上。也可以在梨树开花前悬挂苹果蠹蛾迷向丝进行防治，迷向丝悬挂高度不低于 1.7 m，密度一般为 40 根/亩，这种防治方法适用于面积大于 30 亩的果园。另外，在果园设置性信息素诱捕器(每亩 3～5 个)进行诱杀，一个月更换一次诱芯，具有良好的监测和防控效果。

(4)物理防治　在每年 4 月中旬至 9 月中下旬，悬挂杀虫灯并及时清除收虫袋里诱集到的成虫。在果实采收后用瓦楞纸绑缚果树主干，诱集苹果蠹蛾越冬代老熟幼虫，深冬后取下捆绑物集中烧毁。

(5)化学防治　苹果蠹蛾具有世代重叠现象，发育时期参差不齐，而越冬代害虫发生时期比较整齐，因此重点要抓住早春这一代成虫和幼虫的防治。幼虫因为其钻蛀果实内部为害，隐蔽性强，因此在幼虫刚孵化还没钻进果实内部时用药效果最好。常用的杀虫剂有拟除虫菊酯类杀虫剂或者甲维盐等。

4. 应用区域

适合于全国梨主产区。

5. 依托单位

中国农业大学植物保护学院，刘小侠，010-62733946。

第十五章

葡萄体系防灾减灾技术

一、葡萄非生物灾害防灾减灾技术
（一）葡萄冬季冻害防灾减灾技术
（二）葡萄枝条抽干防灾减灾技术
（三）葡萄霜冻防灾减灾技术
（四）葡萄高温防灾减灾技术
（五）葡萄冰雹防灾减灾技术
（六）葡萄涝害防灾减灾技术
（七）葡萄园台风防灾减灾技术
（八）葡萄园大风防灾减灾技术
（九）葡萄园沙尘暴防灾减灾技术
（十）葡萄园干旱防灾减灾技术
二、葡萄生物灾害防灾减灾技术
（一）葡萄灰霉病防灾减灾技术
（二）葡萄酸腐病防灾减灾技术
（三）葡萄炭疽病防灾减灾技术
（四）葡萄白腐病防灾减灾技术
（五）葡萄霜霉病防灾减灾技术
（六）葡萄白粉病防灾减灾技术
（七）葡萄短须螨防灾减灾技术
（八）葡萄花翅小卷蛾防灾减灾技术
（九）葡萄根瘤蚜防灾减灾技术

一 葡萄非生物灾害防灾减灾技术

（一）葡萄冬季冻害防灾减灾技术

1. 发生特点

随着全球气候变暖，极端温度事件频繁发生，冬季冻害发生频率越来越高。冬季冻害波及范围大，对生产造成损失较大，严重年份可造成巨幅减产甚至绝收。

2. 典型症状

休眠季节当低温达到葡萄器官能忍受的临界点之后，细胞内开始结冰，细胞膜破裂，芽组织或枝干皮层甚至木质部变褐或呈水浸状，严重时枝蔓开裂干枯死亡(图 15-1)。

图 15-1　葡萄枝干冻害症状

3. 防控措施

1）抗冻措施

(1)采用抗寒嫁接苗　选用贝达、山河系等抗寒性砧木或 110R、140Ru、1103P 等深根性砧木的嫁接苗，嫁接苗砧木高度最好≥0.5 m。

(2)采取覆盖或埋土越冬防寒　最冷月最低气温常年低于－15 ℃的严寒地区，大部分栽培品种需下架覆盖或埋土越冬防寒(图 15-2a)。

a.葡萄埋土越冬防寒　b.枝干涂白

图 15-2　葡萄抗冻措施

①防寒物覆盖或埋土时间。当气温下降到 0 ℃以后、土壤尚未封冻前进行覆盖或埋土防寒。

②防寒土或覆盖物撤除时间。当枝条处温度达 10 ℃前后或树液开始流动后至芽眼膨大前，撤除防寒土或覆盖物。一般情况下防寒物一次撤完，但较寒冷地区，根据气温条件可分次撤除。

(3)采取抗寒种植方式　分两种情况：①宽行种植。一般情况下，行距≥3.0 m；东北和西北等冬季严寒地区为 4.0～8.0 m，便于取防寒土而不冻根。②深沟种植。一般情况下，沟深宽分别为 20～25 cm 和 80～100 cm。

(4)采用简约树形　采用方便上下架的具"鸭脖弯"的斜干水平龙干树形(又称厂形)。

(5)合理灌溉　秋后需控水促枝条成熟。越冬防寒前视土壤墒情决定是否灌封冻水，等表土干后再越冬防寒。春季上架后，根据土壤墒情确定是否灌溉。

(6)枝干涂白或简易覆盖　枝干涂白或树体简易覆盖是埋土越冬防寒临界区葡萄抗冻栽培的重要措施(图 15-2b)。

2)补救措施

(1)防止冻害加剧的措施　发生冻害后保持土壤适宜墒情，待其自然萌芽和恢复。仅裂干而无芽体和枝条冻伤褐变的葡萄园，可对树干包裹黑色薄膜或喷灌，也可喷布羧甲基纤维素(200 倍液)、石蜡乳液(5～10 倍液)或高岭土等成膜物质，防止枝条抽干，促进愈合。

(2)对于萌芽后地上部死亡、根蘖萌生的葡萄园　采取措施控制新梢徒长，主要包括：前期控氮控水、叶喷烯效唑等生长延缓剂和氨基酸类或甲壳素类叶面肥，提高叶片质量，中后期叶喷氨基酸硼和磷酸二氢钾或 ABA 等叶面肥、土施氮磷钾肥外增加钙镁等中微肥；同时加强病虫害防治。

(3)加强水肥管理　对于地上部结果母枝受一定冻害，主干及枝蔓基部副芽和隐芽还可萌发的葡萄园，以及枝蔓受轻微冻害、萌芽迟缓的葡萄园，加强水肥管理，除结合灌水追肥外，须特别重视叶面喷施氨基酸类全营养叶面肥，促进枝叶生长；同时加强病虫害防治。

(4)对于冻害后产量较低的葡萄园　采用二次结果弥补产量。即于一茬果坐果期或稍后，诱发未木质化的第 6～8 节冬芽结二次果；同时加强病虫害防治。

4. 应用区域

适用于我国北方葡萄主产区。

5. 依托单位

中国农业科学院果树研究所，王海波、刘凤之，042-93598107。

(二)葡萄枝条抽干防灾减灾技术

1. 发生特点

葡萄枝条抽干发生在冬春季节，在冬季未达到有效降雪量的年份更容易发生枝条抽干，导致萌芽晚，不整齐，长势弱，严重时造成根冠重新萌蘖而没有产量，影响葡萄的安全生产。

2. 典型症状

症状有春季萌芽期枝条韧皮部皱缩、萌芽晚且不整齐、新梢细弱甚至花序退化，严重时地上部全部抽干，根颈部发生数个萌蘖新梢(图 15-3)。

3. 防控措施

(1)选用抗寒抗抽干品种　欧亚种葡萄耐抽干能力较差，有发生抽干风险的地区避免种植

图 15-3　枝条抽干症状

发芽晚的欧亚种葡萄如赤霞珠、红地球等，建议种植抗寒抗抽干品种，如摩尔多瓦、寒香蜜、福客、白维拉、威代尔、香百川等。

(2)采用抗寒且根系活动早的砧木嫁接　经常发生抽干的地区，可采用抗寒且根系活动早的砧木进行高位嫁接。

(3)培养健壮枝条　建议在建园时进行挖深沟施用有机肥改良土壤，促进根系深扎，提高根系空间抗寒性；注重建园挖沟改土过程中有机肥施用，秋施基肥，果园生草还田，葡萄枝条腐解还田等提高土壤有机碳含量的措施应用，减少氮肥的应用；合理负载，提高葡萄园区通风透光性能，新梢间距 15～20 cm，排布均匀，新梢适时摘心，促进枝条健壮；保护好叶片，果实采收后也要做好叶片保护工作，如果霜冻来临前叶片仍然没有黄化，进行 1 次 0.5 g/L 乙烯利喷施，促进叶片养分回流。

(4)冬季树体喷施保水制剂、园区围挡防风布　秋季落叶后土壤封冻前对树体刷石灰或喷施如 0.2%海藻酸钠等具有成膜特性的保水材料。在园区迎风面围挡高度在 2 m 左右的防风布。

(5)浇灌封冻水　土壤封冻前及时浇灌封冻水，补充植株水分。埋土地区要在合适土壤含水量时进行覆盖，过晚覆盖在土壤含水量太低时达不到枝条保湿的作用。

(6)根区覆盖保温保湿　土壤封冻前在根系集中分布区地面铺盖淋膜、草苫子等保温材料或者土，降低冷空气对土壤表层温度的影响。

(7)春季灌溉催芽水　在发芽前灌溉催芽水，冬旱时可以浇 2 次；冷棚栽培葡萄春季适当打开通风口降温，防止气温过高导致芽体活动早，而地温回升滞后、水分供应不足时加重枝条失水抽干风险。

(8)根区升温促进根系呼吸启动　春季日最高温度在 10 ℃以上时，在树干基部根区搭建裙膜小棚，升温保湿，促进根系活动。

(9)微喷系统加湿　结合防霜冻，建园安装滴灌时加装微喷系统，春季启动微喷，通过多次微喷加湿，补充枝条水分。

(10)抽干后补救措施　对于结果枝条部分抽干的情况，应加强地下肥水管理，浇灌氨基酸水溶肥促进根系生长，同时喷施叶面肥，萌芽整齐后剪除不能恢复生长的枝条；对于根颈部以上全部抽干的情况，锯掉根颈上部抽干树体，利用根颈萌蘖重新培养树形。发生抽干的树体以尽快恢复树势为原则，适当疏花疏果，以保证第二年的产量。出现缺株时，及时补栽或者利用临近树体的结果枝压平补空。

4. 应用区域

适用于冬季寒冷、干旱地区，尤其是往年发生过枝条抽干的地区。

5. 依托单位

山东农业大学，杜远鹏，053-88241335。

（三）葡萄霜冻防灾减灾技术

1. 发生特点

在晴朗无云静风之夜，最低气温在 3～4 ℃时就可能出现轻度霜冻；在较强冷空气过境后，最低气温在 1.2～2.9 ℃时，地面温度可低至－4 ℃，葡萄叶幕周围温度也可达 0 ℃以下，此时会对葡萄造成中度伤害；当最低气温低于 1.1 ℃时，地面温度低至－5 ℃以下，此时霜冻一般会引起毁灭性灾害。

2. 典型症状

霜冻过程一般在几小时内形成，葡萄在遭受霜冻以后，叶片呈黄褐色，状似灼伤，受冻部分在解冻后呈水烫状，后转黄干枯。早霜冻会造成葡萄树叶枯萎，葡萄果实和果穗失水，葡萄品质下降。晚霜冻会造成刚萌发的绿色枝叶和花序细胞脱水而枯萎死亡，严重的晚霜冻会导致所有花序死亡甚至绝产（图 15-4）。

图 15-4　葡萄霜冻症状

3. 防控措施

1）霜冻的预防

除在建园时考察葡萄园选址、定植防护林、选用抗逆性强的品种外，还可通过如下措施预防和保护葡萄植株。

（1）烟雾法　利用能够产生大量烟雾的柴草、牛粪、锯末或其他尘烟物质，在霜冻来临前 0.5 h 或 1 h 点燃，释放出烟雾。国内有些果园为防御霜冻，在霜冻出现之前挖“地灶”，将干草、树枝等放在“地灶”内燃烧，防霜冻效果较好。

（2）喷灌法　在霜冻来临前 1 h，利用喷灌设备在葡萄园实施灌溉，可增加近地面的空气湿度和温度（可使空气升温 2 ℃左右），从而延缓温度的下降速度，有效降低霜冻的危害。

(3)覆盖法　有条件的葡萄园在霜冻来临前,给葡萄树覆盖塑料薄膜,可有效防止霜冻危害。

(4)喷施抗霜剂　通过向作物表面喷洒抗霜剂 1 号、抗霜素 1 号和抗霜保等防霜药剂,消除植物体表面的众多冰核细菌,可适度提高植物的抗霜冻能力。

(5)加热法　法国产区普遍采用在葡萄行间点燃蜡桶的方式进行防霜,效果较为理想。

(6)扰动法　葡萄集中连片区域可在霜冻来临前驾驶直升机在低空飞行,扰动空气可升温 2～5 ℃,但需保持持续升温 20～30 min,连续飞行能在较大范围内防御霜冻。

2)葡萄"霜冻"后的补救

(1)葡萄植株处理　①若为轻度霜冻,仅新梢顶部幼叶轻微受冻,花序尚完好,可在霜冻结束后,将新梢顶部受害死亡的梢尖连同幼叶剪除,促使剪口下叶芽尽快萌发,恢复正常生长。②若为中度霜冻,新梢上部 50%左右的嫩梢及叶片受冻,花序基本完好,可在霜冻结束后,将新梢受冻死亡的部分剪除,促使剪口下叶芽尽快萌发,恢复正常生长。③如达到重度霜冻,整个新梢、叶片及花序几乎全部受冻,或萌动冬芽变为棉絮状,在霜冻结束后,将新梢从基部全部剪除,促使剪口下结果母枝原芽眼副芽或隐芽尽快萌发,如果肥水管理得当,还会有一定产量。

(2)喷施叶面肥　对于受冻较轻的葡萄园,可喷施 5000～20000 倍液碧护,或 10000 倍液硕丰 481 或 5000 倍液爱多收等产品进行霜冻灾后修复,减轻冻害损失。

(3)施肥灌水　遭遇霜冻后要及时穴施速效氮肥,可使用碳酸氢铵,用量 20～30 kg/亩。灌水可促进氮肥溶解,有利于养分吸收,但不可过量灌溉,否则不利于提高地温。

(4)土壤管理　深翻行间土壤,可改善葡萄根系的通透性,提高土壤温度,增强根系呼吸作用。树盘覆盖地膜或主干基部沿行向搭设塑料小拱棚,可提高地温,降低霜冻危害。

(5)加强病虫害防治　受灾后,及时对葡萄进行药物保护,避免因霜冻而引起大面积病虫害发生。

4. 应用区域

适用于北方多数露地葡萄栽培区。

5. 依托单位

①西北农林科技大学,房玉林,029-87092107。

②宁夏大学,王振平,0951-2061697。

(四)葡萄高温防灾减灾技术

葡萄开花期最适宜的温度为 20～28 ℃,生长结果期最适宜的温度是 25～30 ℃,超过 35 ℃生长就会受到抑制。设施避雨栽培的模式进一步增加了棚内的温度,新梢生长期高温会造成新梢生长过快,影响花序质量;幼果期高温易造成日灼与气灼;果实成熟期高温可导致叶片枯黄、影响果实着色,甚至使果实干缩,影响果品质量及产量。因此,要采取相应措施,预防高温热害对葡萄产生的影响。

1. 发生特点

一般以日最高气温达到或超过 35 ℃作为高温标准,葡萄高温灾害通常指持续多天 35 ℃以上的高温天气对葡萄造成的危害。高温灾害常发生于葡萄幼果期、果实膨大期和成熟期。

2. 典型症状

高温一般可危害叶片、花序、果实、根系等，各器官危害典型症状主要如下。

(1)对叶片的危害　高温热害容易产生气灼，使枝梢部叶片局部出现灼伤枯焦斑，叶缘部分连片枯焦呈火烧状，严重时可使葡萄叶片大量枯黄(图 15-5a)。

(2)对花序的危害　新梢快速生长期高温容易使花序变小、退化，尤其是二次果的花序变小、退化。

(3)对果实的危害　高温条件下影响叶片的光合作用，从而导致葡萄果实生长发育不良。浆果的高温伤害统称为日烧病，主要有气灼、日灼、皱缩等症状。①气灼。在浆果膨大的中后期至转色期容易发病。受害浆果最初果实表皮出现淡褐色或暗灰色大小不等的烫伤状色斑，后干缩下陷呈深褐色或紫黑色斑。病斑的表层果肉和维管束褐变，病块果肉干硬呈木栓化，木栓化部分与内层果肉有空隙，病斑凹陷但不脱落(图 15-5b)。②日灼。阳光直接照射下的果穗向阳部位，果皮表面出现软化褐变，似开水浸烫状或像火燎伤，先从果粒基部呈淡褐色病变，随后迅速扩大至整个果粒呈红褐色至暗红色，病果的果皮不下陷也不干缩，最终大多成僵果、脱落(图 15-5c)。日灼与盛夏烈日的阳光暴晒相关，在浆果的硬核期、转色期及果实第二次膨大期均会发生。③果实皱缩。高温下叶片蒸腾作用加强，加上土壤干旱，水分供应不足，叶片向果实争夺水分，引起葡萄浆果内水分回抽，果实逐渐皱缩(图 15-5d)。此外，高温还容易引起着色品种的着色不良。

(4)对根系的危害　当土壤温度超过 28 ℃时，葡萄根系生长受到抑制，甚至停止活动。土壤表面无覆盖物，高温加上过度干旱，土壤盐分升高，导致根系死亡。

a.叶片气灼病　b.果实气灼病　c.果实日灼病　d.果实皱缩症

图 15-5　葡萄高温伤害症状

3. 防控措施

(1)树体管理　生产中可采用除顶部 1～2 个副梢适当长留，对果实着生节位及上下节位上抽生的副梢可留 4 叶左右摘心，其余副梢留 1 片叶，这样既不至于发生冠内郁蔽，又能有效降低果穗周围的光照强度，减轻高温危害。

(2)遮阳防晒、棚膜喷降温剂与棚架改良　遮阳网遮阳、膜上盖草苫、果实套伞袋等措施可防高温热害。果实套伞袋可以避免强光直射，有效减少高温的危害；棚膜喷降温剂可以遮挡光线(如红外线)从而实现降温。棚膜喷降温剂一般用5～10倍水稀释,一般温度越高,降温剂的效果越好。在温度连续超过40 ℃的地区,可将拱圆式塑料大棚改成锯齿棚或在顶端开20 cm的空隙并增加防鸟网。另外,提高避雨棚的高度而不影响葡萄攀爬的棚架也可以实现对高温灾害的防控。

(3)地面覆盖　在田间留草、播种绿肥或覆草,均可起到调节田间小气候环境的作用。

(4)水肥管理　气温高于35 ℃时,可于下午6:00后对树冠喷水降温增湿,高温天中午禁止浇水降温。

(5)喷施植物生长调节剂　叶片喷施S-诱抗素等抗蒸腾剂(使用浓度一般在10 mg/kg以内),能够一定程度使气孔关闭,降低水分的大量散失,提高叶片抗高温的能力。

(6)注意事项　高温热害发生后需要采取一定的补救措施,保证田间持水量稳定是根本,采用滴灌替代生长期的大水漫灌,要选在傍晚至清晨时段进行;发生危害后,注意及时摘除受高温伤害的叶片和果实;高温干旱的情况下,葡萄树体抗性弱,需注意葡萄炭疽病、葡萄白腐病等病害的侵染为害,要及时发现并合理用药;叶片喷抗蒸腾剂后,喷施磷酸二氢钾或氨基酸等叶面肥,能缓解高温对于葡萄光合作用的抑制程度,加强其抗晒能力;棚膜喷降温剂时,一定要用均匀细雾喷施。

4. 应用区域

主要适用于大棚温室促早栽培与南方避雨栽培鲜食葡萄主产区。

5. 依托单位

湖南农业大学,许延帅,0731-84618767。

(五)葡萄冰雹防灾减灾技术

1. 发生特点

我国冰雹发生特点是高原山地多于平原,内陆多于沿海。青藏高原为冰雹多发区,年冰雹日数一般有3～15 d,部分地区超过15 d;云贵高原、黄土高原、内蒙古高原、东北大部及新疆西部和北部山区有1～3 d;渭河至黄河下游及其以南大部地区,以及新疆大部、青海西北部、甘肃西部、内蒙古西部、宁夏北部、辽宁南部、吉林西部、黑龙江西南部等地为冰雹少发区,在1 d以下。

春季,青藏高原中东部、云贵高原及黑龙江北部、吉林东南部、新疆西部和北部山区为多雹区,冰雹日数一般有0.5～3.0 d;中国其余大部地区有0.1～0.5 d。

夏季,冰雹主要集中在青藏高原、华北北部至大兴安岭一带及新疆西部山区,冰雹日数多在1 d以上,其中青藏高原大部有3～10 d,西藏的班戈达有21 d;长江中下游及其以南地区和四川盆地、贵州大部、云南南部等地很少有冰雹出现。

2. 典型症状

近年来,在葡萄生长季各地葡萄产区常有冰雹灾害发生。冰雹可导致葡萄植株枝断叶碎,甚至出现新梢全部打落,花序果穗脱落等症状,导致树体衰弱及白腐病、霜霉病的发生。灾后处理不当会严重影响之后的葡萄产量和质量。

2023年6月4日,吉林省临江市望江村发生冰雹灾害,葡萄园较多花穗、叶片和枝条均不同程度被打烂;同年7月7日河北省卢龙县发生冰雹灾害,葡萄园几乎每串葡萄都有损伤,每穗葡萄约有50%果粒被冰雹打烂，葡萄植株90%叶片被打烂(图15-6)。

图15-6 葡萄雹灾危害状

3. 防控措施

1）葡萄园冰雹灾害性预防措施

(1)防雹炮 冰雹灾害频发地区或是天气预报有较大强度冰雹天气时，在冰雹灾害天气发生前，农业气象部门可打防雹炮驱散冰雹。

(2)葡萄园架设防雹网 在冰雹频发地区要及早动手搭建防雹网。目前，防止雹灾的最有效方法是在葡萄架面上方设置防雹网，可以从根本上解决雹害问题。架设防雹网时，应让网面与葡萄生长面间距50 cm以上。冰雹往往伴随大风，架设防雹网的架材和雹网一定要坚固，防止大风将雹网吹倒。

(3)选择适宜架型 冰雹灾害发生时，与单臂篱架相比，“Y”字形架葡萄冰雹灾害明显减轻，冰雹发生时多伴有强降雨和大风，单臂篱架架面郁闭，挡风阻力大，架面倒塌严重，损失重。

2）冰雹灾后减灾自救措施

(1)清理果园 雹灾发生后，第一时间疏除树体的残次果、折断的枝条、受损的叶片等，对于冰雹将所有新梢叶片都打光秆的葡萄植株，及早将光秆新梢剪除到结果母枝上的基部芽眼或者老蔓上的隐芽，促使其重新萌发；及时清理果园内沉积的残枝落叶及落果等；果园积水应及时排除，并清除淤泥。

(2)新梢管理 全园进行尿素和碧护灌根，每10 d 1次，连续灌根2～3次。尿素用量每株25 g，碧护按照5000倍液。在保留的新梢、叶面喷施氨基酸钙或磷酸二氢钾等促进叶面生长的叶面肥，连续喷施2～3次。

(3)病害防控 冰雹过后，尽快去掉葡萄袋，在早晨或傍晚时分，使用杀菌剂对全园葡萄植株从下到上喷洒一遍。药剂选用广谱性杀菌剂(如苯醚甲环唑、嘧菌酯、醚菌脂等)，浓度为10%苯醚甲环唑800～1000倍液或50%福美双500倍液+40%嘧霉胺800～1000倍液，连续喷施2次。同时，结合叶片喷施氨基酸、碧护等叶片营养保护剂，加强植株营养。

4. 应用区域

适用于全国葡萄主产区。

5. 依托单位

天津农学院，田淑芬，022-23781301。

（六）葡萄涝害防灾减灾技术

1. 发生特点

突发性暴雨、季节性降水、地下水位高加之排灌系统不畅，是葡萄园发生涝害的主要原因。

图 15-7 为发生涝害的葡萄园。

图 15-7　发生涝害的葡萄园

2. 典型症状

涝害对植物最直观的伤害是生长受到阻碍，表现为植株生长缓慢、新叶形成受阻、叶片萎蔫、叶片过早衰老、叶柄偏上性生长等。淹水胁迫后，植物新陈代谢受到影响，植株生长势减弱，生物量积累减少。大部分葡萄品种在淹水环境中均表现出明显的伤害，甚至死亡。但水分过多的危害并不在于水自身，而是由于水分过多引起缺氧，从而诱导次生胁迫造成危害。

3. 防控措施

1）涝害的预防

（1）选用耐涝品种资源　选用耐涝砧木是目前葡萄生产上的主要生物途径，如 SO4、5BB、5C、520A、101-14M、3309C、3306C、贝达等。

（2）完善排水设施建设　在葡萄园建园之初健全排水系统，设置明沟和暗沟，提高葡萄园抵御自然灾害的能力；加强排水设施建设，提高排水管网覆盖率，防止内涝发生。北方葡萄园尤其是老园多没有设置排水沟，可在暴雨来临前围葡萄园四周挖临时排水沟，行间加挖中沟和畦沟，并要互相连通，把水引到园外的低洼处，以解燃眉之急。

（3）适宜的栽培管理方式　①利用限根栽培技术模式。限根栽培即采用一定的容器，如水泥池，或一定的材料如塑料布、无纺布、框箱等，将葡萄根系限定在一定的生长空间里，抬高葡萄根系，同时配套排水管道和精准灌溉施肥技术，一方面限制根系的冗长生长，提高了肥水利用效率，另一方面限制了根系的向下伸长并避免了高水位的浸润。②利用高垄深沟栽培模式。高垄深沟栽植法可以促进吸收根大量发生，使垂直根分布浅，水平根分布范围广。另外，高垄台明水集中，排涝快且残存渍水少。北方平原或低洼地进行起垄栽培，也能起到既限制根系生长，也利于雨季排水的作用，但在冬季寒冷地区葡萄根系过浅不利于越冬防寒。

2）涝害发生后的补救措施

（1）及时排涝　在可能情况下采取强排措施，尽可能排除葡萄园积水。有条件的葡萄园可用水泵排水，尽快排出园内积水，同时揭除防草布、地膜，提高土壤透气性。

（2）改良土壤　在土壤稍干后应及时松土，增加土壤通气性，以利于葡萄根系呼吸，促发须根，避免根系腐烂、叶片黄化。

(3)减轻负载量　根据葡萄品种、树龄大小、受淹程度等对园区的葡萄适当剪除果穗,减轻负载量。建议:早熟品种水淹超过 24 h 园区,负载量(产量)减少 1/3 以上;中晚熟品种水淹超过 24 h 园区,负载量(产量)减少一半以上。水淹超过 72 h 园区,负载量(产量)减少 3/4 以上;特别严重的可全部剪除。对一些裂果严重品种,应疏除裂果,以减少损失。

(4)恢复树势　为确保当年产量,水灾后应尽快恢复树势,包括恢复地上部分树势和根系活力。可剪去尚未转色成熟的结果枝或过细、过粗扁的徒长枝、病枝。副梢、主梢摘心。被冲倒的葡萄树、葡萄立柱、葡萄棚要及时扶正、加固,培土保护根系,促发新根,恢复生长。

(5)根外追肥　葡萄受涝后根系受损,吸收肥水的能力较弱,不宜立即根施肥料,可结合病虫害防治,在药液中加 0.1%～0.3%磷酸二氢钾或尿素喷布叶面。每隔 10 d 左右喷 1 次,连喷 2～3 次。

(6)加强病虫害防治　涝害发生后容易引起葡萄病虫害大面积暴发,注意及时防治炭疽病、霜霉病、黑痘病等。因此,须及时进行全园清洗消毒,建议使用一次内吸、广谱性杀菌剂,细致均匀地喷施叶片,用于杀菌清园。

4. 应用区域

适用于全国葡萄主产区。

5. 依托单位

南京农业大学,陶建敏,025-84395266。

(七)葡萄园台风防灾减灾技术

1. 发生特点

台风大多数发生在 5°～20°纬度带,其特点有:①季节性。台风一般发生在夏秋之间。②损毁性。对不坚固的建筑物、树木、农作物等破坏性大。③伴发性。台风发生常伴有大暴雨、大海潮等。

2. 典型症状

台风带来破坏的主要因素有强风、暴雨和风暴潮,葡萄园受灾主要表现为:①设施栽培的果园中设施严重受损;②时值发育期或成熟期的葡萄易裂果,导致受损严重;③葡萄枝条折断、叶片破损,甚至树体倾斜、倒伏;④葡萄园受淹,根系腐烂或缺氧,吸收能力、叶片的光合能力明显下降,引起树体早衰;⑤葡萄园病害流行。其中前 3 种类型均为风害带来的机械损伤,后 2 种类型则是涝害带来的生理损伤。

3. 防控措施

1)灾害前的防御措施

(1)设计抗台风棚型　将大棚的迎风面设计成缓坡而非垂直立面,并且在塑料膜内外两侧加尼龙网,可提高大棚塑料膜的抗台风能力。

(2)设置防风屏障　在台风登陆方向设置防风网,可以有效降低风速,降低危害。

(3)建设排灌设施　低洼地果园,建立规避积水的栽培模式;平地果园,修建排水沟渠,保证畅通;山地果园,修通四周防护沟。为了避免或减少受淹时间,还需建立与园外河道独立的排水系统,添置机械排水设备等。

(4)规避积水的新型栽培模式　采用控根器栽培模式种植，根域位于地表之上，台风后积水可以快速下降，不会造成根域长时间积水，不会烂根，也不会裂果，可以减少台风的次生危害。

2)台风后补救措施

(1)排涝松土　台风过后需及时疏通沟渠，清理排水沟内淤积的杂物，确保各排水沟及种植沟的连接及排水通畅，并借助水泵等尽快排出园内积水，避免长期积水造成葡萄植株死亡。同时，及时翻耕松土，增加土壤通气性，以利于葡萄根系呼吸，促发须根。

(2)树体管理　及时清除葡萄园病株、枯枝与烂果，及时清理枝条叶片，减少水分蒸发，确保树体成活。对叶片吹光或所剩无几的，则顶端摘心，让其萌发，待长至5叶时留4叶摘心，顶副梢留2～3叶反复摘心，9月下旬统一摘心促进枝条成熟。根据品种种类、树龄、砧木和受淹时间剪除20%～100%果穗，减轻负载量保树。

(3)病虫害防治　葡萄受灾后，树体、枝叶、果实伤口多，易受病害侵染，炭疽病、白腐病、灰霉病等易流行，可选用“保护剂＋治疗剂”防治。各地根据用药习惯，可灵活选用农药喷施。但要慎重用药，避免选用对果粉生成有影响的药剂，同时严禁使用催熟剂。

4. 应用区域

适用于全国葡萄主产区。

5. 依托单位

上海交通大学，王磊、王世平，021-34205956。

(八)葡萄园大风防灾减灾技术

1. 发生特点

大风危害程度与发生时期、强度、持续时间及伴随大风的降雨量密切相关，轻者会造成葡萄叶片、枝梢损伤、脱落，果实表面产生疤痕，产量降低；严重时甚至会造成毁园、绝产。

2. 典型症状

休眠期，北方埋土防寒区，大风会造成防寒的土壤或覆盖物吹散进而发生冻害；非埋土区，会造成枝蔓抽干、冬芽失水。萌芽和新梢生长期的大风会造成萌芽不整齐，新梢损伤、脱落。开花前后的大风会造成葡萄叶片损伤或脱落，造成落花、落粒，甚至吹落果穗。果实膨大期和成熟期的大风会造成葡萄叶片损伤或脱落，果粒表面出现伤痕或果粒、果穗脱落，严重降低葡萄产量与果实商品品质。叶片大量损失造成葡萄生长发育的叶面积不足，光合产物减少，也可造成花芽分化不良，影响第二年的产量与品质。风力越大、持续时间越长，损失越严重。8级以上风力可以造成葡萄枝蔓折断、葡萄架倒塌，防护林树木倒伏，对园相影响较大。另外，大风时常伴随着强降雨，会造成葡萄园涝灾，导致根系缺氧，进而影响树体正常生长。

3. 防控措施

(1)园址选择及防风林营造　新建园时，结合气象资料，根据大风出现的地点、频率，避开经常发生大风危害的地块建园，以减少或避免大风灾害，同时要注意防风林的营造。

(2)风灾来临前的应急准备　及时关注大风预报，做好风灾的防御。得到大风信息后，要加强葡萄架、室外悬挂物、危房简屋等安全防范检查，排除风险隐患；加强大风天气下的安全生产知识培训，提高防灾自救意识，增强自身防护能力。在大风到来之前安排人员值班，排查隐患。

(3)灾后恢复技术措施　具体如下：①轻度受灾果园。以恢复产量，保证效益为主，及时灌水施肥，促使新叶生长，保证葡萄果实正常生长发育；尽快喷洒广谱性农药，防止病害发生。②中等受灾果园。修复受损的葡萄架，剪去折断的新梢，促使剪口下的芽萌发，及时灌水施肥，促进新梢生长，保证果实正常生长发育。清除果园落叶、枯枝，及时疏去受伤的果粒或果穗，尽快喷洒广谱性农药，防止病害发生。具备二次结果能力的品种，在可以满足二次果成熟要求时，可进行二次结果处理。③严重受灾果园。及时修复葡萄架到正常状态，扶正倒伏的葡萄枝蔓，恢复园相；以恢复树形为目的，进行重剪回缩；及时灌水施肥，促进新梢生长，保证翌年正常结果。清除果园落叶、枯枝，尽快喷洒广谱性农药，防止病害发生。

另外，大风伴随强降雨的情况下，要注意排涝；西北地区盐碱地葡萄园，降雨易导致大量的含盐碱的雨水流入葡萄种植沟内，造成盐碱危害。灾后应及时大水灌溉 1～2 次，以降低土壤盐碱浓度。

4. 应用区域

适用于全国葡萄主产区。

5. 依托单位

新疆农业科学院，张雯、潘明启，0991-4501110。

（九）葡萄园沙尘暴防灾减灾技术

1. 发生特点

沙尘暴是一种具有突发性和持续时间较短特点的、概率小、危害大的灾害性天气现象。常见于我国北方，对葡萄的生长与结果有很大的影响。

2. 典型症状

沙尘暴对葡萄的危害程度与沙尘暴发生时期、沙尘暴强弱、持续时间长短密切相关。

(1)沙尘暴发生时期　北方埋土防寒区，葡萄越冬防寒土壤被吹散导致冻害；萌芽与新梢生长期，葡萄种植沟被掩埋，发芽不整齐，叶片损伤、脱落；开花前后，叶片损伤、脱落，葡萄果穗落花、落粒，穗形不完整或脱落；果实膨大期、成熟期，叶片损伤、脱落，果粒表面出现伤痕或果粒、果穗脱落，降低葡萄产量与品质。

(2)沙尘暴强度与持续时间　弱沙尘暴(4 级≤风速≤6 级，500 m≤能见度≤1000 m)，叶片、果粒损伤或脱落；中等强度沙尘暴(6 级≤风速≤8 级，200 m≤能见度≤500 m)，果园设施受损，葡萄果粒表面损伤严重甚至脱落，降低葡萄产量与品质；强沙尘暴(风速≥9 级，50 m≤能见度≤200 m)和特强沙尘暴(黑风暴)(瞬时最大风速≥25 m/t，能见度≤50 m，甚至降低到 0 m)，果园设施严重受损，绝产毁园。

3. 防控措施

1）灾害前防御措施

(1)建园地址选择　结合气象资料，避开经常发生沙尘暴的地块。

(2)营造防护林带　有效防护距离为树高的 15～20 倍。

(3)及时关注大风预报,做好沙尘暴的防御。

2)灾害后补救措施

(1)树体管理　及时清理葡萄架面叶片上的尘土,减少沙尘对葡萄光合的影响;剪去折断的新梢,促使剪口下的芽萌发;疏去果穗上受伤的果粒,剪去受伤严重的果穗,维持正常果穗、果粒生长。

(2)沟渠管理　及时清理葡萄种植沟内淤积的沙尘,确保葡萄沟顺畅,避免对葡萄园灌水的影响。

(3)灌水追肥

①灌水。结合灌水追施以尿素为主、配合少量磷钾肥及少量微量肥料的化肥,以补充养分,促使新叶片生长发育,保证葡萄果实正常生长发育。

②病虫害防治。尽快喷洒广谱性农药或结合当地葡萄发病情况喷洒农药,防止病虫害发生。

(4)二次结果处理　萌芽期至开花期前受灾,剪去嫩梢,促使结果母枝的隐芽或副芽萌发;果实膨大期受灾,对没有果穗的营养枝进行摘心,保留摘心口下的 2 个夏芽副梢,同时抹去其余副梢,以延缓主梢上的冬芽萌发,促进花序分化,待保留的 2 个副梢半木质化后,再从基部剪去,刺激主梢上的冬芽萌发产生二次果;或对营养枝在夏芽未萌发的部位剪截,促使副梢萌发,待副梢生长至 4～6 叶时进行 1～2 次连续摘心,即有花序出现。

4. 应用区域

适用于全国葡萄主产区。

5. 依托单位

中国农业科学院农业资源与农业区划研究所,李兆君,010-82108657。

(十)葡萄园干旱防灾减灾技术

1. 发生特点

在无灌溉条件和长期未降雨的情况下,葡萄园会发生不同程度的干旱胁迫,造成葡萄旱灾。萌芽期至开花期发生干旱,导致葡萄生长发育变缓,节间缩短,花芽分化停滞,花序变为卷须,严重时葡萄基部叶缘开始焦枯,甚至落叶;花期发生干旱,导致花柱和花粉败育,不可开花结实;葡萄坐果至转色期发生干旱,导致葡萄果实细胞分裂和细胞生长受阻,果粒变小,不可进入转色期;转色期至成熟期发生干旱,导致葡萄果实二次生长受阻,果实代谢紊乱,果实不能成熟,叶幕变小。

2. 典型症状

葡萄树体生长缓慢,枝条细弱,叶片薄小,无花序或开花提前,花期不整齐,坐果率低,影响果实膨大速度,果实较小,果穗干枯,果实萎缩,严重时则会造成叶片焦枯黄化脱落,果园减产,甚至绝产(图 15-8)。

图 15-8　葡萄旱灾症状

3. 防控措施

1）旱灾预防

（1）选用抗旱砧木和品种　沙地葡萄根系发达，抗旱性较强，110R、140R、1103P、5BB、3309C、101-14 等砧木具有较强的抗旱性，可广泛应用于干旱地区，以提高葡萄的抗旱性。酿酒葡萄（歌海娜、西拉、马瑟兰、赤霞珠等）和鲜食葡萄品种（新郁、无核白、巨玫瑰、夏黑等）具有较强的抗旱性，可在干旱地区种植。

（2）根域限制栽培技术　根域限制栽培技术是一种有效预防水肥渗漏的节水节肥栽培技术，在有限的水资源条件下就能满足葡萄正常生长，可在干旱少雨地区推广。

（3）合理定植密度和叶幕管理　在干旱少雨地区，选用行距大于 3 m，株距大于 1 m 的定植密度进行定植，减少单位面积定植株数，避免因定植过密而导致干旱发生。同时，通过合理整枝，控制葡萄叶幕，减少叶面蒸腾，提高葡萄抗旱性。

（4）科学灌溉　采用滴灌、渗灌、交替灌溉等节水灌溉技术措施，最大限度利用好有限水资源。

（5）果园覆盖保墒　采用地膜、作物秸秆、杂草、树叶等覆盖树盘，降低地表蒸发。

2）旱灾发生后补救措施

（1）人工补水　广辟水源，及时补灌。

（2）合理修剪，减少蒸腾　科学进行叶幕管理，减少叶面蒸腾；也可以采用叶面喷施“抗旱剂一号”等抗蒸腾剂，减少叶面蒸腾。

（3）中耕松土保墒　及时进行中耕，以切断土壤毛细孔隙，减少土壤水分蒸发，达到保墒作用。

（4）根际覆盖　中耕保墒后，可用秸秆或地膜顺葡萄行向覆盖葡萄根际；也可采用行间取土直接压埋葡萄根际，有效减少根际土壤水分蒸发。

（5）加强病虫害防治　干旱发生后，病虫害频繁发生，特别是虫害发生导致植株产生新鲜伤口，迫使水分流失，因此，在干旱发生后要及时防治病虫害。

4. 应用区域

适用于全国葡萄主产区。

5. 依托单位

宁夏大学，王振平、李栋梅，0951-2061697。

二 葡萄生物灾害防灾减灾技术

（一）葡萄灰霉病防灾减灾技术

1. 发生特点

葡萄灰霉病俗称“烂花穗”，又叫葡萄灰腐病，在果实转色期至成熟期为害最重，为害花序、幼果及果实，也能为害新梢及叶片。

2. 典型症状

幼果感病后果梗和穗轴出现浅褐色水渍状病斑，后病斑变为褐色，果粒软腐，若湿度足够，病斑处会产生灰色霉状物，感病果实随后干枯皱缩直至脱落，造成大量落果。后期果面长出灰色霉层，内部果实腐烂；病果被霉层包裹，震动果穗，灰色霉层呈烟雾状飞散。若健康果穗中有果粒开裂，灰霉病原菌会在果粒开裂处形成灰色霉状物，直至将病果全部包裹。若在果实贮藏期受到病菌侵染，病部会有黄褐色黏液溢出，浆果变色、腐烂，有时在果梗表面产生黑色菌核（图 15-9）。

图 15-9　葡萄灰霉病果实受害症状

3. 防控措施

采取以监测预防、抗病品种应用、化学药剂与微生态制剂混施为核心的绿色防控技术。

（1）选用抗病良种　根据品种抗病性特征，选用灰霉病抗病品种。

（2）农业防治措施　晚秋结合修剪下架，剪除病枝蔓、病果穗及病卷须，彻底清除于园外烧毁或深埋，以清除病源；合理施用速效氮肥，增施磷、钾肥，控制树体过旺生长，提高通风透光度。

（3）生物防治措施　哈茨木霉菌、枯草杆菌和寡雄腐霉这 3 种微生物源药剂都对葡萄灰霉病具有良好的防治效果，葡萄生长期间与化学药剂混合施用可以抑制灰霉病的发生。

（4）化学防治措施　施用唑醚 · 氟环唑悬乳剂、硅唑 · 咪鲜胺水乳剂、腈菌唑可湿性粉剂等可防治葡萄灰霉病。

4. 应用区域

适用于全国葡萄主产区。

5. 依托单位

中国农业大学，王琦，010-62731460。

（二）葡萄酸腐病防灾减灾技术

1. 发生特点

葡萄酸腐病是果实产生伤口后由于微生物（酵母菌、病原细菌、病原真菌）复合侵染以及媒介昆虫（如黑腹果蝇）的传播联合为害的结果，主要为害着色期的果实。

2. 典型症状

果实组织腐烂、软化，果肉与果皮明显分离，果皮内汁液外溢，汁液呈黏稠状。若果实套袋，会在果穗正下方果袋部分堆积果粒内外流的汁液，习惯称“尿袋”。果粒有酸味，有粉红色小醋蝇成虫出现在病果周围，并时常有蛆出现。果粒腐烂后干枯至只剩果皮和种子（图 15-10）。

图 15-10　葡萄酸腐病果实受害症状

3. 防控措施

采取以监测预报、科学的栽培管理和化学防治为核心的防控措施。

（1）农业防治措施　避免早熟与晚熟品种的混种，谨慎选择和种植容易裂果的品种。搭建防鸟防虫网，预防斑翅果蝇及鸟害，防止鸟害对葡萄果粒造成伤口。采取适宜的栽培措施，进行果穗整形修剪时避免果穗中果粒挤压变形及产生伤口。加强果实硬核期及果实转色成熟期水分供应的科学管理，避免和减少裂果。果实成熟期采取果蝇诱杀技术，减少和控制葡萄园果蝇数量。严重为害的果穗，剪除病果穗；对修剪下的病果穗和病果粒进行集中深埋处理。

（2）化学防治措施　葡萄酸腐病的防治可在转色期前后施用 1～3 次的水胆矾石膏，配合杀虫剂，或络氨铜＋甲维毒死蜱，以减少病原及醋蝇。如果发现个别果粒得病，可局部喷施；若发病严重应及时剪除。

4. 应用区域

适用于全国葡萄主产区。

5. 依托单位

中国农业大学，王琦，010-62731460。

（三）葡萄炭疽病防灾减灾技术

1. 发生特点

葡萄炭疽病又名晚腐病，在花期就可以侵染葡萄组织，在果粒、穗轴、花穗、叶片、卷须和新梢等部位均可发生，但主要为害近成熟期的葡萄果实。

2. 典型症状

为害果实时，幼果期便已潜入，直至果实着色后才显现症状。常在果粒中下部发病，初期病斑似针孔大小，浅褐色，后期病斑扩大后变为红褐色，最终呈黑褐色。病斑凹陷呈现轮纹状，圆形、椭圆形或不规则形，表面紧密排列黑色斑点，高湿条件下溢出粉红色黏液，即分生孢子团。发病严重时，1 颗果粒上可出现多处病斑，病斑蔓延至半个甚至整个果面，阴雨潮湿天气，果粒软塌腐烂；干旱天气，病果僵硬瘪缩（图 15-11）。

图 15-11　葡萄炭疽病果实受害症状

3. 防控措施

采取以监测预防、抗病品种应用、化学药剂与微生态制剂混施为核心的绿色防控技术。

（1）选用抗病良种　不同葡萄品种对炭疽病的抗病能力差异大，一般果皮薄的品种受害较重，早熟品种受害轻，晚熟品种受害严重。

（2）农业防治措施　避雨栽培结合套袋栽培；加强肥水管理，保持园内土壤湿度稳定，避免干旱、涝渍交替频繁，注意雨后及时排水、干旱及时灌水；避免过度追求葡萄产量，合理疏花疏果，调节枝蔓密度，保持通风透光，降低炭疽病病菌传播机会。

（3）生物防治措施　葡萄生产过程中合理使用低毒化学药剂，减少化肥的使用，增施有机肥、生物有机肥和微生物菌剂，增强树势，严格控制用量。重视用药的关键期，做好预测预报，实施以预防为主的绿色防控。

（4）化学防治措施　在花前花后施用唑醚 · 氟环唑悬乳剂、硅唑 · 咪鲜胺水乳剂、腈菌唑可湿性粉剂可预防和控制葡萄炭疽病。

4. 应用区域

适用于全国葡萄主产区。

5. 依托单位

中国农业大学，王琦，010-62731460。

（四）葡萄白腐病防灾减灾技术

1. 发生特点

白腐病是葡萄生长中后期引起果实腐烂的主要病害，多发生在果实着色期，主要为害葡萄果穗、果粒、枝梢和叶片。

2. 典型症状

果穗感病后，最初在果梗和穗轴出现浅褐色水渍状的不规则病斑。病菌由果梗开始侵染果粒基部，如遇阴雨潮湿天气，湿度足够大，病斑迅速蔓延，整个果粒被病菌侵染，果粒软塌出现皱缩，发病严重时，全穗腐烂坏死、脱落；干燥天气时果穗干瘪萎蔫，形成褐色僵果，挂在果穗中不易脱落(图 15-12)。

图 15-12　葡萄白腐病果实受害症状

3. 防控措施

采取以监测预防、科学栽培管理、化学药剂与微生态制剂混施为核心的绿色防控技术。

(1)农业防治措施　加强果园管理，保证肥水供应充足，且排水通畅；跟踪果实生长状况，增施有机肥，掌握科学的肥料比例，控制氮肥的用量，在高氮水平下，果实感染病害的严重程度增加；及时清除病果、病穗、病叶、病枝和落叶落果，将其带出果园统一处理，减少病原菌在园中的遗留，阻断传播源。

(2)生物防治措施　枯草杆菌、贝莱斯芽孢杆菌微生态制剂对葡萄白腐病具有良好的防控效果。葡萄生长期间微生态制剂与化学药剂混合施用，可起到取长补短的作用，减少葡萄白腐病的发生。除防病效果外，微生态制剂还对葡萄具有一定的促生效果，能够在葡萄生长时期增加葡萄的叶长、叶宽、茎粗和叶绿素值，收获时期增加果实横径、纵径和百粒重。

(3)化学防治措施　葡萄果实上发生白腐病时，在幼果期和后期可施用抑霉・嘧菌酯悬浮剂、唑醚·啶酰菌水分散粒剂、氟硅唑水乳剂等。

4. 应用区域

适用于全国葡萄主产区。

5. 依托单位

中国农业大学，王琦，010-62731460。

（五）葡萄霜霉病防灾减灾技术

1. 发生特点

葡萄霜霉病主要为害葡萄叶片，也侵染花序、幼果、新梢等幼嫩组织，是一种气象因素主导的流行性病害，水分的存在（降雨、浓雾和结露）是该病害发生和流行的关键。

2. 典型症状

侵染叶片初期出现淡黄色水渍状、边缘不清晰的小斑点，以后逐渐扩大为褐色不规则形或多角形病斑，数斑相连形成不规则大斑（图 15-13a）。天气潮湿时，于病斑背面产生白色霜霉状物，即病菌的孢囊梗和孢子囊。发病严重时病叶早枯早落，从而使与叶片光合作用有关的所有生理过程受阻，影响树势和营养贮藏，降低果粒糖分的积累和越冬芽的抗寒力（图 15-13b）；早春雨水多的年份或地区，霜霉病发生的时间早，还会为害嫩枝、嫩梢，甚至侵染花序和幼果（图 15-13c），严重时造成部分或整个花序（果穗）的干枯、死亡。一般年份，葡萄霜霉病引起的损失在 5%左右，流行年份可达 20%～80%。

a.叶片正面被害状　　b.叶片背面被害状　　c.幼果被害状

图 15-13　葡萄霜霉病受害症状

3. 防控措施

采取以抗病品种应用、监测预警预报和精准施药为核心的绿色防控技术。

（1）抗病品种的选育和利用　不同葡萄品种对霜霉病菌的感病程度不同，一般欧美杂交种较抗病，欧亚种品种易感病。生长季雨水较多的地区，应选择抗病品种，而气候干燥、雨水较少的地区，例如新疆吐鲁番干旱河谷区域等可种植感病品种。

（2）农业防治　主要通过调整和改善葡萄的生长环境，以增强葡萄本身的抵抗力，避免或者减轻病害的发生。具体措施包括：①清除菌源。尤其在秋冬季和初春应及时清理果园，将病果、枯枝落叶等集中处理；另外，发病初期应及时修剪或摘除病组织等。②加强果园管理。适宜的栽培管理措施包括避免在地势低洼、通透性差的地方建园，合理水肥、及时修剪等。避免植株旺长，可有效减少霜霉病的发生。

（3）避雨栽培　各种避雨栽培措施的推广，能够有效阻断霜霉病菌的侵染过程，从而有效地预防和减少霜霉病的发生。

(4)精准施药　葡萄霜霉病的化学防控，应遵循3个原则：以保护性杀菌剂为主；不同作用机制的化学杀菌剂混合或交替使用；药剂的喷洒应均匀周到。具体措施如下。

①越冬期防治。落叶前和翌年早春萌芽期，全园喷洒3～5波美度石硫合剂，降低菌源基数。

②发病期预防。根据区域的气候特征和发病历史，确定用药时间。对于往年发病较重的地区，花前花后应各喷1次保护性杀菌剂；而一般葡萄园，雨季来临前需喷施1次内吸性杀菌剂或保护性杀菌剂与内吸性杀菌剂的混剂。

③发病期防治。发病初期或在北方葡萄产区的立秋前后，一般需使用1～3次的内吸性杀菌剂；雨季应连续使用，每隔7～10 d喷施1次。

生产上防治霜霉病的常用药剂主要有：①保护性杀菌剂。铜制剂，例如波尔多液、氢氧化铜、氧氯化铜等；代森类，代森锰锌、代森锌、代森铁等；福美双及其复配制剂，例如50%嘧菌酯、福美双可湿性粉剂等；其他，例如25%嘧菌酯悬浮剂(保倍)、50%吡唑醚菌酯乳油等。②内吸性杀菌剂。例如25%精甲霜灵可湿性粉剂、50%烯酰吗啉水分散粒剂、80%霜脲氰水分散粒剂、60%氟吗啉·锰锌可湿性粉剂、687.5 g/L氟吡菌胺·霜霉威悬浮剂等。应注意须结合当地病原菌的杀菌剂抗性情况，合理、科学地选用合适的杀菌剂，并注意内吸性药剂的混合或轮换使用。

4.应用区域

适用于全国葡萄主产区。

5.依托单位

中国农业科学院植物保护研究所，刘永强，010-62815926。

(六)葡萄白粉病防灾减灾技术

1.发生特点

该病害在全国各地均有发生，一般在每年6—9月发生。与其他真菌病害不同，该病害属于高温干旱病害，干旱的夏季、潮湿闷热或干湿交替的天气有利于该病害的大发生。潜育期短(最快为5～6 d)，再侵染次数多，若条件适宜，可多次发生在葡萄幼嫩组织上。具有为害地区广、高温干旱利于发生、生长周期内多次侵染的特点。

2.典型症状

白粉病主要为害葡萄的叶片、果穗和新生枝蔓等，幼嫩组织最容易感染。叶片受害，初期在叶面上产生白色粉斑，后逐渐连片成层状，布满整个叶面，有时粉色较薄，不甚明显，主要看到叶面的淡褐色病变。后期，受害叶片卷曲不平，严重时变褐、枯萎和脱落；果实受害，初期果面上产生白色粉斑，后逐渐蔓延至整个果面，甚至布满整个果穗。幼果受害，果实萎缩脱落；果实稍大时受害，首先在褪绿色斑块上出现黑色星芒状花纹，覆盖一层白粉，使得病果停止生长、硬化、畸形，容易开裂。严重时整个果穗受害，果粒易枯萎脱落，果柄、穗轴均可受害；新梢受害，初期产生淡褐色至褐色霉斑或网状线纹，后霉斑、线纹逐渐扩大，表面白粉状物逐渐增多(图15-14)。

a.葡萄白粉病叶片

b.葡萄白粉病果实

图 15-14　葡萄白粉病叶片和果实田间症状

3. 防控措施

采取预防为主、精准施药原则，具体防控技术如下。

(1)加强栽培管理　合理施肥，增施农家肥等有机肥及微生物肥料，科学使用氮磷钾肥，避免偏施氮肥；生长期要及时摘心、绑蔓、剪副梢，使枝蔓分布均匀；保持通风透光性良好；冬季后或落叶后剪除病梢，彻底清除掉病叶、病果等残体，集中烧毁，消灭病菌越冬场所。

(2)喷药保护　上年白粉病发生严重果园，要注意喷药保护，一般在秋季葡萄埋土前和春季葡萄发芽前各喷1次药剂清园，灭杀附着在葡萄枝蔓上的越冬病菌。常用药剂有3～5波美度石硫合剂、45%石硫合剂晶体50～70倍液、50%硫黄悬浮剂150～200倍液等。

(3)用药防控　从病害发生初期或初见病斑时开始喷药，每10～15 d喷1次，一般果园连喷2～3次；往年病害较重果园，需酌情增加喷药次数。常用有效药剂有430 g/L戊唑醇悬浮剂3000～4000倍液、40%腈菌唑可湿性粉剂6000～7000倍液、12.5%烯唑醇可湿性粉剂2000～2500倍液等。

(4)注意事项　发病前或发病初期开始用药，发病期要连续用药4～6次，以有效控制病害；白粉病对硫制剂敏感，石硫合剂和硫黄胶悬剂防效很好。三唑类药剂在某些品种上会对幼果产生药害，应注意避免；石硫合剂污染幼果较重，用药时间要避开高温；科学用药，用药时避免单一药剂连续长期使用，保护剂和治疗剂交替使用，喷药周到均匀，果实、叶面、枝梢等幼嫩绿色部分都应均匀着药。

4. 应用区域

适用于全国葡萄主产区。

5. 依托单位

北京市农林科学院植物保护研究所，张玮，010-51503733。

(七)葡萄短须螨防灾减灾技术

1. 发生特点

葡萄短须螨(*Brevipalpus lewisi* McGregor)，又称刘氏短须螨，属蛛形纲真螨目细须螨科短须螨属，在我国主要分布于辽宁、河北、北京、山东、河南、安徽、江苏、上海、四川、云南。葡萄短须螨 1 年发生 6～8 代，以雌成螨在多年生枝蔓裂缝内、叶腋及松散的芽鳞茸毛内群集越冬。在华北及西北地区，该螨于翌年 4 月中下旬出蛰，为害刚展叶的嫩芽，15 d 左右开始产卵，卵散产，全年以幼、若、成螨为害植株绿色部位。7—9 月为高峰期，为害果实和果梗。10 月下旬逐渐转移到叶柄基部和叶腋间，11 月下旬进入隐蔽场所越冬。近年来在宁夏、河北、北京葡萄果实成熟期集中暴发，这些地区高温高湿天数的增多导致该螨在葡萄园中的单头种群增长率和扩散速度显著上升，导致该螨在葡萄园的为害模式由点片为害转化为全园为害。

2. 典型症状

葡萄短须螨为害葡萄叶、新梢、果梗及果粒等。常在叶片背面活动，随着副梢的生长而逐渐向上转移为害。葡萄叶片受害后常出现褐色斑块，叶片反卷且多皱褶，严重时干枯脱落。新梢、叶柄、果穗、果梗受害后，表皮出现褐色或黑色颗粒状突起，易折断，果实皱缩（图 15-15a，图 15-15b）。果粒受害后，浆果发育异常，果皮表面出现浅褐色至深褐色锈斑，易碎裂（图 15-15c）；果实含糖量降低、酸度增高，严重影响葡萄的产量和品质。同时，早期落叶，抑制枝条生长和养分积累，从而影响翌年产量，造成更为严重的经济损失。此外，葡萄短须螨还能传播多种植物病毒。

a.葡萄枝条被害状　　b.为害果梗造成缩果　　c.果实被害状

图 15-15　葡萄短须螨为害状

3. 防控措施

（1）农业防治　冬前清园，清除枯枝落叶、刮除翘起裂皮以消灭越冬雌成螨。改善葡萄棚架的通风透光条件，降低温湿度，可有效抑制该螨的发生。

（2）生物防治　在田间保护和利用葡萄短须螨的常见天敌（植绥螨类、大赤螨类、西方盲走螨等捕食螨）。葡萄展叶期短须螨发生初期释放智利小植绥螨，每亩地释放 2～3 瓶（1000 头/瓶），14 d 左右再释放 1 次，注意将捕食螨及其介质均匀撒在叶面。

（3）化学防治　在葡萄萌芽期和落叶前喷施硫制剂或矿物油乳油，分别在葡萄发芽后至开花前、落花后、采收前整株喷施杀螨剂 1～2 次。可用杀螨剂：10%浏阳霉素乳油 1000～1500 倍液、5%噻螨酮乳油 2000～3000 倍液、1.8%阿维菌素乳油 3000 倍液、0.5%藜芦碱可溶性液 600～800 倍液、15%哒螨灵乳油 1500 倍液、5%唑螨酯悬浮剂 1000～1500 倍液、24%螺螨酯 4000～6000 倍液等。

4. 应用区域

适用于全国葡萄主产区。

5. 依托单位

中国农业科学院植物保护研究所，马春森、朱亮，010-62810140。

（八）葡萄花翅小卷蛾防灾减灾技术

1. 发生特点

葡萄花翅小卷蛾[（*Lobesia botrana*）Denis & Schiffermüller]，英文名有“European grapevine”“vine moth”“grape berry moth”“grape fruit moth”“grape vine moth”“grape leafroller”和“grape moth”，属于鳞翅目卷蛾科花翅小卷蛾属。原产地为意大利，在世界许多国家包括我国被列为重要的进境植物检疫性有害昆虫。葡萄花翅小卷蛾的寄主包括黑莓、橄榄、甜樱桃等 27 科 40 种，其中葡萄和大戟瑞香是其主要寄主。有学者认为大戟瑞香是其起源寄主，后来传至葡萄。目前世界上为害最严重的作物就是葡萄，幼虫可为害所有葡萄种和品种。在地中海区域第一代花翅小卷蛾主要在花前或花期进行为害；第二代花翅小卷蛾主要为害小幼果；第三代多发生在转色后，卵多产在深色果上，主要进入成熟果粒内部为害。卵椭圆状，初期奶白色，后变浅灰色，半透明。幼虫共 5 个龄期，体色多变。成虫体长 6.00～8.00 mm，翅展 10.00～13.00 mm，前翅具黑色、褐色、奶油色、红色和蓝色组成的斑驳状图纹（图 15-16a）。

2. 典型症状

第一代产卵主要在花轴上，网幕有助于该虫幼虫的发现。在欧洲一般认为，第一代花翅小卷蛾主要在花前或花期进行为害，对花序的为害不构成产量损失；但在智利，落卵时即采取防治措施。第二代葡萄花翅小卷蛾，主要为害浆果，需密切监测孵化期，药剂防治应在初孵时应用。第三代多发生在转色后，卵多产在深色果上，主要进入成熟果粒内部为害（图 15-16b）。

a.成虫（花翅小卷蛾）　　b.果实为害状（花翅小卷蛾）

图 15-16　葡萄花翅小卷蛾及为害状

3. 防控措施

(1)检疫措施　该虫随果实进行传播;禁止旅客携带水果入境,一经发现做销毁处理。疫区确定:发现疫情的葡萄园周围 5 km 的所有葡萄园及寄主,都划定为疫情地块;对于区域性连片种植的葡萄,整个葡萄产区为疫区(单独相互间隔 5 km 及 5 km 以上的除外)。

(2)疫区防治　对疫情进行虫情数量动态监测,主要是采用性诱剂系统监测。根据虫情动态调查,在产卵期开始进行药剂防治。药剂防治针对所有疫情及疫情地块;从产卵始期开始,按照药剂的有效期,重叠喷药(比如有效期 7～10 d,应每 7 d 喷 1 次药剂),药剂有效期应跨越整个卵的孵化期。在从药剂防治后的下一个世代,进行种群干扰防控。

(3)疫区果品检疫及限制流通措施　对疫情地区生产的葡萄等所有寄主的果品,进行检疫,通过检疫后才能流通。果品限于当地流通,或进行加工;或者销售到没有寄主的地区。

4. 应用区域

适用于葡萄花翅小卷蛾疫区。

5. 依托单位

中国农业科学院植物保护研究所,刘永强,010-62815926。

(九)葡萄根瘤蚜防灾减灾技术

1. 发生特点

葡萄根瘤蚜[*Daktulosphaira vitifoliae*(Fitch)];异名:*Viteus vitifoliae* (Fitch);*Phylloxera vastatrix* Planchonl;*Phylloxera vitifoliae* (Fitch);英文名:Grape phylloxera;同翅目球蚜总科根瘤蚜科,遍布除智利以外的所有葡萄产区。葡萄根瘤蚜一般有两个发生高峰,分别是夏至和葡萄采摘后。葡萄根瘤蚜的生长发育最适温度为 21～28 ℃,当土壤温度在 13 ℃以下时,葡萄根瘤蚜以 1 龄若虫在根瘤的缝隙处越冬。随着葡萄根系的延伸,葡萄根瘤蚜的为害范围也更广、更深。调查发现,即使 60 cm 以下的深层土壤中只要有根系存在,就能发现葡萄根瘤蚜的为害。在我国主要为根瘤型蚜虫,卵粒大小及颜色同叶瘿型根瘤蚜。若虫共 4 龄。1 龄若虫椭圆形,淡黄色;头、胸部大,腹部小;复眼红色;触角 3 节直达腹末,端部有一感觉圈;2 龄后体型变圆,眼、触角、喙及足分别与各型成虫相似。根瘤型无翅成蚜体呈卵圆形,长 1.15～1.50 mm,宽 0.75～0.9 mm,淡黄色或黄褐色,无翅,无腹管;体背各节具灰黑色瘤,头部 4 个,各胸节 6 个,各腹节 4 个;胸、腹各节背面各具 1 横形深色大瘤状突起;在黑色瘤状突起上着生 1～2 根刺毛;复眼由 3 个小眼组成;触角 3 节,1、2 节等长,第 3 节最长,其端部有 1 个圆形或椭圆形感觉器圈,末端有刺毛 3 根(个别的具 4 根)(图 15-17a)。

2. 典型症状

葡萄根瘤蚜为害葡萄的部位与葡萄品系种类有关,其在欧洲系葡萄上只为害根部,在美洲系葡萄上既为害根部又为害叶部。根瘤型葡萄根瘤蚜为害状:须根为害后端部形成鸟头状(或菱角形)肿大,侧根和主根为害后形成关节形的根瘤或粗隆,蚜虫只在根的一侧为害凹陷,另一侧肿大,这是与根结线虫的为害状最明显的区别(图 15-17b)。根瘤型葡萄根瘤蚜为害可分为直接为害和间接为害,直接为害是刺吸根部养分,根系吸收、输送水分和养分功能削弱;间接为害为葡萄根瘤蚜刺吸葡萄根部后,造成根系微生物的繁衍和侵入,导致被害根系腐烂、死亡,造成树势衰弱，严重时可造成植株死亡。叶瘿型葡萄根瘤蚜的为害状主要是在叶背面形成虫瘿（开口在叶片正面），阻碍叶片正常生长和光合作用。

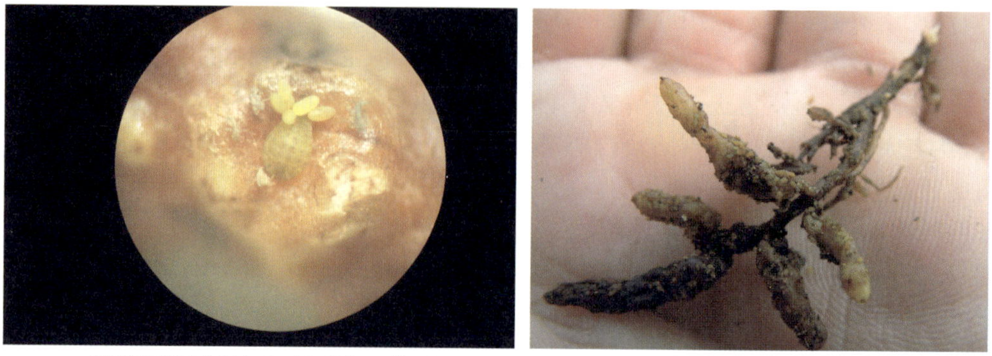

a.葡萄根瘤蚜成蚜与卵（张化阁　供图）　　b.根瘤蚜根部受害（王忠跃　供图）

图 15-17　葡萄根瘤蚜及为害状

3. 防控措施

（1）检疫措施　包括田间检疫、苗木和种条的检疫。建议经过检疫的苗木和种条消毒后才可调运，尤其是国内各地区之间的调运。

（2）防治方法　苗木调运前和栽种前，进行消毒处理；疫区应栽种抗虫砧木嫁接苗，通过2016—2018年抗葡萄根瘤蚜砧木观察，广西可选用5BB作为主要的抗葡萄根瘤蚜砧木，应急防控也可选用化学药剂，噻虫嗪、噻虫胺等药剂效果较好。

（3）苗木、种条的消毒方法　有机磷农药消毒、溴甲烷熏蒸处理、温水处理。

4. 应用区域

适用于葡萄根瘤蚜疫区。

5. 依托单位

中国农业科学院植物保护研究所，刘永强，010-62815926。

第十六章

桃（枣、樱桃）体系防灾减灾技术

一、桃非生物灾害防灾减灾技术
（一）桃高温干旱灾害防灾减灾技术
（二）桃洪涝灾害防灾减灾技术
（三）桃低温冻害防灾减灾技术
（四）桃花期晚霜灾害防灾减灾技术
（五）桃冰雹灾害防灾减灾技术
二、枣非生物灾害防灾减灾技术
三、樱桃非生物灾害防灾减灾技术
（一）樱桃冰雹灾害防灾减灾技术
（二）大樱桃春季霜冻防灾减灾技术
（三）大樱桃裂果防灾减灾技术
（四）甜樱桃畸形果防灾减灾技术
四、桃生物灾害防灾减灾技术
（一）桃褐腐病防灾减灾技术
（二）桃细菌性穿孔病防灾减灾技术
（三）桃缩叶病防灾减灾技术
（四）桃树流胶病防灾减灾技术
（五）桃枝枯病防灾减灾技术
（六）桃疮痂病防灾减灾技术
（七）桃炭疽病防灾减灾技术
（八）桃病毒病防灾减灾技术
（九）桃根瘤病防灾减灾技术
（十）桃园梨小食心虫防灾减灾技术
（十一）桃园桃小食心虫防灾减灾技术
（十二）桃园桃蛀螟防灾减灾技术
（十三）桃园桃蚜防灾减灾技术
（十四）桃园橘小实蝇防灾减灾技术
五、枣生物灾害防灾减灾技术
（一）枣疯病防灾减灾技术
（二）枣缩果病防灾减灾技术
（三）枣炭疽病防灾减灾技术
（四）枣镰翅小卷蛾防灾减灾技术
（五）枣尺蠖防灾减灾技术
（六）枣叶瘿蚊防灾减灾技术
（七）绿盲蝽防灾减灾技术
（八）枣红蜘蛛防灾减灾技术
六、樱桃生物灾害防灾减灾技术
（一）樱桃细菌性穿孔病防灾减灾技术
（二）樱桃枝枯病防灾减灾技术
（三）樱桃流胶病防灾减灾技术
（四）樱桃褐腐病防灾减灾技术
（五）樱桃灰霉病防灾减灾技术
（六）樱桃黑斑病防灾减灾技术
（七）樱桃果蝇防灾减灾技术

一 桃非生物灾害防灾减灾技术

（一）桃高温干旱灾害防灾减灾技术

1. 发生特点

高温干旱灾害具有明显的季节性和地域性，气候异常造成年降水量波动，部分地区和一些年份降水大幅度减少，夏秋季气温异常偏高和干旱时间持续，而出现春夏连旱等极端气候会造成桃树高温干旱伤害发生。

2. 典型症状

连续高温干旱影响桃树生长，造成叶片失水萎蔫、树干流胶、枝叶干枯、果实脱落、提早落叶，影响桃树的经济寿命（图 16-1）。

图 16-1　桃树干旱典型症状

3. 应急措施

（1）加强水分管理　桃园土壤适宜的相对含水量一般为 60%～80%，如果桃园土壤相对含水量低于适宜值的下限，尤其是夏季高温干旱期，要加强土壤的水分管理。

对无法灌溉的桃园，应以减少土壤蒸发与植株蒸腾为主。措施包括：①果园覆盖。推广应用树盘覆盖技术，可以有效减轻土壤水分的蒸发损耗。具体做法是在树冠内离树干 10 cm 覆盖 10～20 cm 厚的玉米、麦草、杂草等秸秆或地膜、地布等覆盖物，减少水分蒸发，同时可以减少和避免杂草与果树争夺肥水，增强桃树的抗旱能力。②应用抗蒸剂。在不影响树体生理活动的前提下，适当减少水分蒸腾。黄腐酸既能促进根系发育，又能在一定程度上关闭气孔，降低蒸腾，即同时具有“开源”和“节流”的作用。黄腐酸在果树上的应用，有效期限 18 d 以上，明显降低蒸腾和提高水势，同时并未发现叶温受明显影响。在旱期喷布，会明显改善桃树体内水分状况。

对可灌溉的桃园，可以采取以下措施：①穴灌技术。对无法铺设滴灌的山地桃园，可在桃树树冠 1/3 处，开挖 30 cm×30 cm×30 cm 的相对称的孔穴 2 个或 30°斜向埋置长 30 cm、粗度为 7.5 cm 的灌水管，依次各灌水约 30 L 以上，随即地面覆盖草等保墒；7～10 d 根据旱情，再灌溉 1～2 次。②桃园喷滴灌。在桃园铺设滴灌设施，根据土壤的墒情，进行喷灌或滴灌措施。

(2)施用吸湿剂　吸湿剂是一种聚丙烯类物质，吸水保水性极强，其吸水性能超过自重的1000倍，并有优异的保水性能，在干燥的环境下表面能形成阻力膜，阻止膜内水分外溢和蒸发。如果在1 m^2 的范围内撒下100 g，可使土壤水分增加800倍，土壤水分蒸发减少75%，并可以从大气中吸水。在一次浇水或雨后便可把水分长期保留下来，供果树长年吸收。它遇水膨胀与失水干缩的循环还可以增加土壤孔隙度，防止土壤板结，有利于根系呼吸生长发育。如“科瀚”98抗旱保水剂，1次施用，5～8年有效。成年果树每株用量不少于40 g，开16～26 cm深沟或拌有机肥一同施下。

(3)加强病虫害防治　高温干旱期应加强对梨网蝽、叶蝉、红蜘蛛和白粉病等病虫害的防治。

(4)叶面补肥　旱象缓解后，及时采取根外追肥的办法，喷施以磷钾为主的肥料。具体方法：每隔7～10 d，喷施0.2%～0.4%磷酸二氢钾1次。

4. 应用区域

适用于全国桃主产区。

5. 依托单位

山东农业大学，彭福田，0538-8249827。

（二）桃洪涝灾害防灾减灾技术

1. 发生特点

多雨季和台风暴雨等洪涝天气，导致桃园洪涝灾害时有发生。

2. 典型症状

桃树如果遭受水淹且不能及时排水，很容易出现根系缺氧，导致树体萎蔫、叶片黄化脱落、树势衰弱等现象。积水时间过长会产生烂根、黄叶甚至死树等现象，从而影响当年果实产量和品质，严重的甚至死树毁园(图16-2)。

图16-2　桃洪涝灾害典型症状

3. 防控措施

(1)清沟排水　对受涝的果园要及时疏通所有沟渠、涵管、厢沟，排除园区渍水，降低土壤持水量，避免果园因长期渍水造成烂根死树。

(2)剪枝扶干　对被水冲毁的果树，在雨停水退后，抢时机清除园中断损枝叶及杂物，对歪倒树扶正、培土、护根。对受伤枝叶、果实疏剪，以减轻树冠重量，使树体能及时复位，进行正常生长。

(3)松土透气　排水后，要对根区用两齿锄对树盘根区打孔松土，先恢复土壤通透性，使根系透气；天晴后，表层土壤见白时，要及时抓住墒情中耕松土，降低土壤湿度，促进根系恢复。

(4)杀菌补肥　受灾后树势减弱、园间湿度大，霉污、炭疽、褐腐等病害会发生流行，要及时防病清园。涝害后因果树根系受损不宜进行土壤施肥，应结合喷药进行叶面追肥，保证树体营养元素的补充，可叶面喷施10%苯醚甲环唑3000倍液(或70%甲基托布津1000倍液或25%丙环唑2000倍液)＋80%代森锰锌600倍液＋碧护20000倍液＋0.3%的磷酸二氢钾＋0.2%的尿素或喷施宝等营养性叶面肥进行根外追肥，补充树体营养，叶面肥可隔7～10 d喷1次，连喷2～3次。

(5)减负修剪　由于淹水根系受伤，除进行重剪外，还应摘去部分或全部果实，减少受涝树枝叶水分蒸发和树体养分消耗，否则叶片易出现萎黄、失水，难恢复枝叶要及时疏除，对受伤、病害、虫害的果实也要疏除，以降低树体营养消耗，促进树势恢复。

(6)肥水复壮　加强灾后肥水管理，尤其是灾后易遇上高温干旱期，要根据果园墒情，加强后期水分管理；施肥除掌握少量勤施外，重点要在灾后高温期及时抗旱，在秋季早施基肥、增施有机肥，以促进根系复壮。

4. 应用区域

适用于全国桃主产区。

5. 依托单位

山东农业大学，彭福田，0538-8249827。

（三）桃低温冻害防灾减灾技术

1. 发生特点

近年来，冬季强低温、春季倒春寒等极端天气频繁发生，造成部分品种的桃树出现冻害现象。

2. 典型症状

桃树发生流胶病，地上部萎蔫，部分或整株干枯死亡(图16-3)。

3. 防控措施

(1)适时灌水　因水热容量大，对气温变化有良好的调节作用，灌水后土壤含水量增高，接近地面的空气就不会骤冷结冻，可增温2～3 ℃，有效避免根部受冻。结合园耕翻，进行施肥，采取全园或树盘漫灌的方式，一次性灌足灌透桃园封冻水。

(2)根基培土　桃树根、主干最难抵挡寒冷的侵袭，尤其是幼龄树，更容易遭受冻害。因此，在降温前对根基处培土，厚度20～30 cm，能有效防止根和主干的冻害。

(3)树干涂白　用生石灰10 kg、硫黄粉1 kg、食盐0.2 kg，加水30～40 kg搅拌均匀。配制涂白剂要干稀适中，以涂刷时不流失为宜。涂刷时要做到细致周到，使涂白剂渗入皮缝内，

图 16-3　桃低温冻害典型症状

尤其是病枝、树皮缝、枝杈处应重点涂刷。对于进入盛桃期的桃树要涂到 1～1.5 m 处。

（4）树盘覆盖　用秸秆覆盖树盘，厚度为 20～30 cm，可减少地表的辐射降温，保持地温；如能够结合灌水，效果更好。地势低洼的桃园，尤其是幼龄期桃园，树盘地面覆盖地膜、地布能起到保湿保温效果，防止桃树表层根系受冻。

（5）树体裹干　用裹草绳或者是防寒布（无纺布）、保温带以及防寒棉毡条等材料进行缠干工作，主要是保护树干。主干不受冻害，就会大大提高苗木安全越冬的可能。

（6）加固设施　设施栽培的大棚桃树要加强大棚支架的牢固性，防止大雪压塌大棚支架；及时清扫积雪，加厚覆盖层或人工升温，保持棚内桃树不受冻害。

4. 应用区域

适用于全国桃主产区。

5. 依托单位

山东农业大学，彭福田，0538-8249827。

（四）桃花期晚霜灾害防灾减灾技术

1. 发生特点

受冷空气影响，温度急剧下降，部分地区出现“桃花雪”现象，会给处于盛花期的桃树授粉坐果造成一定的影响。

2. 典型症状

桃树花蕾期的耐冻温度为 −6.6～−1.7 ℃，开花期能抵抗 −2～−1 ℃，幼果期可抵抗 −1 ℃；低温会冻坏雌蕊，使其变黑蔫烂，失去接受花粉的能力，雄蕊则可能短缩或不产生花粉（图 16-4）。品种之间存在差异，南方品种耐冻能力弱于北方品种。

3. 防控措施

（1）熏烟防霜　及时关注天气变化，如果夜间出现 0 ℃以下气温（最低温度一般在下半夜

图 16-4 桃树晚霜冻害典型症状

至凌晨出现），则应采取熏烟措施，利用湿的杂草、树枝、锯末等在上风位置点燃形成烟雾，驱散冷空气。

（2）药物预防 晚霜来临前，喷施防冻剂增强抗寒性，有一定的防冻效果。

（3）及时喷药 遭受冻害的桃树，极易出现伤口，易受病菌的侵害，可以结合花后病虫害防治，及时喷布杀菌剂、杀虫剂进行保护。

（4）人工保果，延迟疏果 寒潮过后，仔细查看花器官受冻情况；对于晚开的花，可进行人工辅助授粉，并适当延迟疏果，以提高坐果率。

（5）注意事项 如果长时间低温阴雨，不利于授粉受精，可在花期喷 0.2%～0.3%硼砂、0.2%磷酸二氢钾、0.2%尿素或氨基酸水溶肥等，促进花粉管的萌发与伸长，提高坐果率。

4. 应用区域

适用于全国桃主产区。

5. 依托单位

山东农业大学，彭福田，0538-8249827。

（五）桃冰雹灾害防灾减灾技术

1. 发生特点

春夏之交，由于冷暖气流交汇明显，天气系统稳定性差，比较容易出现冰雹等强对流天气。夏天温度高，空气湿度较大，有利于大气中能量的积蓄。一旦遇到触发机制容易引发强对流天气，出现大风冰雹，破坏力更强。

2. 典型症状

对花期果树来说，此时降雹，可砸落已开放的花、刚形成的花蕾和幼梢，不仅对授粉、坐果影响较大，还影响果树早期整体叶幕量。夏季冰雹不仅砸伤、砸落果实，产生裂果、果腐等病害，降低果实品质，直接造成减产，而且会砸伤叶片和嫩枝甚至树皮（图 16-5）。

3. 防控措施

（1）分类处置果实 及时摘除无商品价值的重伤果，保留有小雹坑的幼果（雹伤面积低于果面 20%左右的）继续生长；对处于近成熟期或成熟期的桃果实，应及时采摘用于加工或鲜

图 16-5　桃冰雹灾害典型症状

食,降低经济损失;对处于疏果中且尚未完成的幼果,宜临时暂停疏果,此后在定果时宜优先疏除雹伤果;对雹伤果实占比较大的树体及园区,且尚未完成套袋的,不建议再行套袋。

(2)排水除涝　雹灾发生常同时伴有强降水。灾害过后有淤泥积水的果园,应及时排出积水,清除淤泥,露出果树枝叶。泊地果园和排涝设计不合理的果园,要及时做好排涝工作。

(3)清园处置　疏剪砸断、风折枝条,以及雹伤密度大导致皮层损伤严重难以恢复的枝条;剪除翘起的烂皮,并涂抹 843 康复剂或治腐灵等药剂,提高伤口的愈合能力。全面清除果园地面上沉积的残枝、落叶、落果等,挖坑深埋或清运至园外,对落袋等进行无害化处理,减少病害侵染源。

(4)树体保护　果树受灾后枝干、叶片和果实上会有大量伤口,树势较弱,抗病能力降低。应全园及时喷布一次甲基硫菌灵等广谱性内吸性杀菌剂,保护枝干、叶片和果实上的伤口,降低病害发生。

(5)补肥强势　每隔 10 d 左右叶面喷布 1 次 0.3%磷酸二氢钾或 1%尿素,连喷 2～3 次;及时追施氮磷钾复合肥,每株 0.5～1 kg,可结合 6 月上中旬的肥水管理同时进行。

4. 应用区域

适用于全国桃主产区。

5. 依托单位

山东农业大学,彭福田,0538-8249827。

二　枣非生物灾害防灾减灾技术

枣非生物灾害常见的为成熟期裂果,一般遇降水易发生。

1. 发生特点

枣果成熟期遇雨极易造成大量裂果,严重时果实浆烂发霉,完全失去食用和商品价值。传统枣主产区华北地区的雨季一般都集中在 7—9 月,此时恰逢果实成熟期,因而成熟期降雨是枣树主要的自然灾害,特别是连续多日的连阴雨危害非常大,可造成严重减产甚至完全绝收。

2. 典型症状

枣果进入白熟期后，遇到降雨或空气湿度大的环境条件，果皮从梗洼处开始开裂，有纵裂、环裂、“T”形裂和碎小条纹裂等多种形式（图 16-6a 至图 16-6c）。随着裂果程度的加深，裂口由小到大、由浅到深、由少到多，不断加深加重，严重时果皮卷曲，果肉外翻。雨水继续增加时，果肉浆烂发霉，失去食用和商品价值（图 16-6d）。

a.果实裂果　b.纵裂　c.“T”形裂　d.浆烂霉变

图 16-6　枣遇雨裂果典型症状

3. 防控措施

采取以监测预警预报、抗裂品种应用和避雨设施栽培为核心的绿色防控技术。

（1）关注降雨预警预报，及时采收、晾晒和防裂处理　果实进入白熟期后随时关注天气变化和预警预报，对用于加工蜜枣或乌枣的品种及时采收并进行加工处理，对于制干品种采收后随即晾晒或烘烤，对于鲜食品种脆熟期即可采收并实时销售。

（2）选用抗裂良种和早晚熟品种　成熟期遇雨没有完全不裂的枣品种，但不同品种抗裂果能力有所不同，生产上要注意选种抗裂品种，如尖枣、圆铃枣、灰枣等。选择成熟期躲开雨季的品种可以降低裂果风险。例如山西晋中地区选用极早熟的蜂蜜罐、临汾蜜枣和极晚熟的鲁北冬枣、成武冬枣、璎珞枣等，基本上可躲开降雨相对集中的 9 月。

（3）设施栽培　搭建避雨棚、冷棚、日光温室等进行设施栽培，这是目前鲜食枣防裂栽培的主要措施，且效果较好，在山西临猗和陕西大荔等地大面积应用。

（4）选择成熟期少雨或无雨的地区　选择适于枣树生长且成熟期少雨或无雨的地区建立生产基地，可长远解决这一难题，如我国新疆等西部地区干旱少雨，基本没有枣裂果的诱导因素，近 20 年大规模发展骏枣、壶瓶枣等优良品种枣，果品质佳，裂果少，产量高。

（5）喷施防裂液肥　7 月下旬幼果期开始，每隔 10～15 d 喷施氯化钙水溶液、硼硅硒等。结合病害防治喷施波尔多液，也可减轻裂果发生。

（6）栽培管理　生长期天气干旱及时灌水。合理修剪，保持良好的通风透光性，防止果实过度暴晒灼伤，以至破坏果皮组织，降低对膨压的抵抗力。

（7）注意事项　蜜枣等加工品种进入白熟期、鲜食枣进入脆熟期（着色期）即可采收，制干枣一般在完熟期（全红）采收，但在降雨量大时须考虑用于鲜食，提早采收。

4. 应用区域

适用于全国枣主产区。

5. 依托单位

山西农业大学果树研究所，王永康、赵爱玲，0354-6215025。

三 樱桃非生物灾害防灾减灾技术

（一）樱桃冰雹灾害防灾减灾技术

1. 发生特点

冰雹发生往往具有以下特点：①局地性强。一般每次降冰雹影响会在数百米到几十千米的范围内。②历时短。降雹时间一般只有 2～10 min，少数在 30 min 以上。③受地形影响显著。地形越复杂，冰雹越易发生。④年际变化大。同一地区有的年份连续发生多次，有的年份发生次数很少，甚至不发生。⑤发生范围广。从亚热带到温带的广大区域内都会发生冰雹，但主要发生在温带地区。冰雹危害樱桃一般在幼果期至果实成熟期。

2. 典型症状

冰雹往往导致果树枝叶、幼果或成熟果实不同程度地受损、脱落，树上未脱落的叶片、果实和部分枝干也会因冰雹造成叶片穿孔、果皮受伤形成畸形果，枝干皮层受伤开裂而流胶，甚至皮层坏死、枯枝（图 16-7）。

a.冰雹造成叶片、幼果受损畸形　b.枝干裂皮、流胶　c.大量叶片脱落　d.果实掉落

图 16-7　樱桃雹灾典型症状

3. 防控措施

采取以监测预防与灾后应急处理相结合的防控措施。

（1）加强监测预防　加强与当地政府相关部门联系，在往年易发生冰雹的区域，提前准备防雹弹，同时与气象部门加强联系，密切关注当地天气变化，一旦发现冰雹云，应及时发射防雹弹预防冰雹发生。

（2）冰雹灾后应急处理具体措施

①及时整形修剪，剪除被损毁的枝梢，清除落叶、烂果、伤果。冰雹危害后，尽快检查受损的果实、叶片、枝梢。清理被冰雹砸落的枝叶、果实，摘除伤疤过多的果子，保留没有伤疤的果子，剪掉被打折断和部分表皮与木质部脱离的枝梢。对于已折断的枝梢从断裂处回缩短截；表皮与木质部脱离的枝梢尽量剪留到基部没有受伤的部位，少留有伤口的枝梢；剪去背上大辅养枝和直立枝上部的嫩梢，促进新梢成熟。晴天修剪，剪锯口要平整、光滑，超过 1 cm 的剪锯口用伤口愈合剂涂抹。清除落叶、落果和伤果，以减轻病虫次生为害。

②及时追肥，恢复树势。果园土壤经过冰雹和短时间强降雨影响，易板结、透气性变差，影响根系吸收作用；冰雹融化，会导致地温降低，影响根系生长。在树盘周边及时进行中耕松土

(深度 10～15 cm),使土壤疏松透气,根系恢复正常生理活动。利用"一梢两肥"技术促进枝叶生长,快速恢复树势。在树冠滴水线附近挖施肥沟,追施 1 次高氮低磷钾的速效性复合肥促发新梢,在新梢老熟时再次追施速效性复合肥,施肥后及时灌水。同时在新梢叶片开始老熟时,叶面喷施 1 次 0.3%尿素+0.3%磷酸二氢钾。根据树势和树冠大小,一般每次施肥 200～500 g/株。

③及时防控病虫害,促进伤口愈合、枝叶生长。冰雹危害后的枝干皮层受损、破裂、流胶,叶片缺损,容易导致树势衰弱,易发生病虫害。在防洪排涝,防控流胶病、根腐病的基础上,根据果园病虫情况,选用阿维·啶虫脒、高效氯氟氰菊酯等杀虫剂防治樱瘤蚜、梨小食心虫;选用吡唑醚菌酯、春雷霉素等杀菌剂防控褐斑穿孔病和细菌性穿孔引起的早期落叶病。

冰雹危害后没有果实的树体,尽快修剪后打药防病虫害;损伤严重的树体,可先打一次药,再修剪,修剪完后再打一次药。冰雹危害后剩余的果子较完好且刚开始转色,可以先打药防控,采完果后随即修剪,然后再次打药。冰雹危害后剩余的果子较完好,但已开始成熟,则应在采完果、修剪后再打药。

4. 应用区域

适用于樱桃产区。

5. 依托单位

四川省农业科学院园艺研究所,李洪雯,028-84504676。

(二)大樱桃春季霜冻防灾减灾技术

1. 发生特点

春季霜冻害是影响大樱桃安全生产的主要气象灾害之一。大樱桃萌芽、开花较早,非常容易发生早春霜冻害,在山东、辽宁大连、山西南部、陕西铜川和甘肃天水等主要大樱桃种植区春季霜冻害发生愈加频繁。

2. 典型症状

春季霜冻对大樱桃的危害主要表现为冻芽、冻花和冻果。

(1)冻芽　萌芽期花芽受冻较轻时,柱头枯黑或雌蕊变褐;稍重时,花器死亡,但仍能抽生新叶;严重时,整个花芽冻死(图 16-8a)。

(2)冻花　蕾期或花期受冻较轻时,雌蕊冻伤甚至冻死;稍重时,可将雄蕊冻死;严重时,花蕊干枯脱落(图 16-8b)。

(3)冻果　果期发生冻害,较轻时,果实生长缓慢,果个小或畸形;严重时,果实变褐,很快脱落(图 16-8c)。

3. 防控措施

采取科学选址、应用抗冻品种、延迟萌芽开花、改善果园小气候、搭建防霜防雨棚、增强树体抗寒能力等综合管理措施,预防春季霜冻危害。

(1)科学选址　建园时尽量避开山谷、盆地和低洼地,选择背风向阳(或半阴坡)、地势高、靠近水库等大的水体、黏壤土或沙质黏壤土、肥水条件较好的地区建园。

(2)选择抗冻能力强的品种　选择抗冻能力强的品种,如黑珍珠、福晨、甜心、拉宾斯、艳

a.芽受冻　　b.花受冻　　c.幼果受冻

图 16-8　大樱桃霜冻典型症状

阳、雷吉娜等。

(3)延迟萌芽开花，避开霜冻　一是树干涂白，早春树干涂白或萌芽前枝干喷 50 倍的石灰乳，可推迟萌芽、开花 3～5 d。二是果园灌水，根据花芽的发育程度，在开花前 10 d 左右进行全园灌水，通过降低土壤温度，可延迟花期 3～5 d。

(4)搭建防霜设施预防霜冻　各地春季的防火任务非常艰巨，果园熏烟、加热等措施应用难度加大。因此，搭建防霜设施是预防春季霜冻最有效最安全的方法，如搭建凉棚、简易防霜棚等。有条件的，在强冷空气来临前，架设高位喷灌设备连续喷水，或者喷施壳寡糖(或海藻糖)和红糖，调节细胞膜透性，预防霜冻危害。

(5)灾后补救措施　一是冻害发生后，及时喷施芸苔素类以及海藻酸或腐殖酸类叶面肥。二是辅助授粉，保障坐果。放蜜蜂到没有冻害或者冻害轻的樱桃园采集花粉，花期喷施花粉营养液 1～2 次。三是谢花后及时浇水，提高坐果率。

4. 应用区域

适用于全国大樱桃主产区。

5. 依托单位

山东省烟台市农业科学研究院，张序、李芳东，0535-5528827。

(三)大樱桃裂果防灾减灾技术

1. 发生特点

裂果是在大樱桃果实接近成熟时，久旱遇雨或突然大水漫灌，由于果皮吸收雨水膨压增加以及果肉和果皮膨大速度不一致而造成果皮破裂的一种生理障害。生产中红灯、美早、艳阳、布鲁克斯等品种裂果尤为严重，个别年份裂果率高达 80%以上，严重影响果实商品价值。

2. 典型症状

裂果症状有典型裂果(图 16-9a)、脐点开裂(图 16-9b)、梗端开裂(图 16-9c)、侧裂(图 16-9d)及混合开裂(图 16-9e)等。脐点开裂是发生在果实顶部，呈不规则的条状裂口；梗端开裂是围绕在果梗部位圆形及半圆形裂纹，呈环状浅裂；侧裂一般呈放射性裂果，以果梗为中心呈放射状，一般裂口较深。

3. 防控措施

(1)选择抗裂果品种　选择抗裂果品种是解决裂果问题的根本途径，生产中可选用黑珍

a.典型裂果　b.脐点开裂　c.梗端开裂　d.侧裂　d.混合开裂

图 16-9　大樱桃裂果典型症状

珠、萨米脱等比较抗裂果的品种；也可根据当地雨季来临时期，选用雨季来临前果实已经成熟的中早熟品种，如福晨、齐早、早大果等。

（2）加强栽培管理　选择通透性较好的壤土或沙壤土建园；对土壤黏重的果园，在行间深翻扩穴，深耕覆土，掺沙改良，增加土壤的透气性和排水性能，避免积水。强化栽培管理，保持花后土壤水分稳定，防止忽干忽湿，干旱时小水勤浇，严禁大水漫灌，有条件的可选用喷灌、滴灌等。试验发现，矿质元素中钙元素对裂果影响较大，果实发育期喷施氨基酸钙 200 倍液，分 3 次叶面喷施，防治效果显著；在果实发育初期喷施适量微量元素营养液，可增强树体营养，有效减轻裂果。

（3）搭建避雨设施　搭建避雨设施是防止裂果最有效的途径，也是现代农业栽培中预防大樱桃裂果最常用的方法。搭建大樱桃简易遮雨棚每亩地的成本为 3000～8000 元。根据园片立地条件、材料获得的难易、建棚成本等因素，选择不同的棚型模式。大面积地块，建议采用聚乙烯篷布收缩式、连栋塑料固定式避雨防霜设施，在保证效果的基础上，可降低成本；在面积较小的地块，建议采用四线拉帘式、三线拉帘式避雨防霜设施。该棚型成本低廉，操作简便（图 16-10）。

图 16-10　搭建避雨设施

4. 应用区域

适用于全国大樱桃主产区。

5. 依托单位

山东省烟台市农业科学研究院，张序、李延菊，0535-5528827。

（四）甜樱桃畸形果防灾减灾技术

1. 发生特点

甜樱桃生产中，畸形果属于残次果，严重影响果实外观及商品价值，设施栽培和夏季高温频发的地区容易发生，是生产中的主要难题之一。露地栽培甜樱桃花芽分化关键时期在6—8月，夏季高温胁迫极易诱发畸形果的发生。另外，畸形果的发生也与甜樱桃品种密切相关，品种间差异明显。

2. 典型症状

甜樱桃正常果实表现为单个果实，畸形果一般表现为“双子果”，两个果实紧密相连，或者表现为“马刺果”，果实一大一小。“双子果”俗称“双胞胎”果，发生严重的果园中三胞胎、四胞胎甚至五胞胎都有出现，其实质为多心皮现象（图16-11）。畸形果在开花期通常表现为双雌蕊、三雌蕊甚至多雌蕊，通过雌蕊数量即可辨别，可以正常授粉受精。南方夏季高温区比北方夏季冷凉区发生比例高，设施栽培比露地栽培发生比例高。

图16-11　甜樱桃畸形果

3. 防控措施

（1）选择畸形果发生率低的品种　生产中避免选择红灯、早大果、美早等畸形果发生率较高的品种，是预防畸形果发生的根本性措施。

（2）花芽分化期降温　在花芽分化期，通过人工遮阳、喷灌、“遮阳＋雾化”处理等方式可以降低环境温度，减少多雌蕊的发生，具有很好的降低畸形果比率的效果。

（3）花期和幼果期疏花疏果　对于果园中出现的畸形花和畸形果，可以通过花期和幼果期进行疏花疏果处理，尽早疏除畸形果，提高果实商品率。

（4）喷施植物生长调节剂　在花芽分化处于从萼片分化向花瓣分化转变的时期喷施0.001%赤霉素（GA_3）可一定程度降低畸形果的发生。以甜樱桃品种红灯为例，该时期在山东露地栽培一般为6月中下旬。

（5）注意事项　由于各地甜樱桃花芽分化时期因环境和栽培方式等差异而不同，上述措施请对照露地花芽分化时期进行适当调整。

4. 应用区域

适用于全国甜樱桃主产区。

5. 依托单位

上海交通大学农业与生物学院，张才喜，021-34205961。

四 桃生物灾害防灾减灾技术

（一）桃褐腐病防灾减灾技术

1. 发生特点

桃褐腐病通常在春季和夏季发病严重，低温、潮湿、多雨的环境条件有利于分生孢子产生，高温高湿的环境有利于病害的扩散蔓延，虫伤、机械伤口也会使病害加重。该病主要为害果实，从幼果期到成熟期均能发病，接近成熟期和贮藏期的果实受害最重。除气候因素外，果园地势低洼、湿度大、枝叶过于繁密、通风透光性差，则发病情况较重。若贮藏期病果与健康果接触，也可引起果实大量腐烂。该病一旦发生，通过风雨等传播迅速，对桃果实为害严重，且发病初期难以及时发现，从而易造成大面积流行。

2. 典型症状

桃褐腐病菌可以侵染桃树的不同器官，从而造成花腐（图 16-12a）、叶片枯死、枝条溃疡流胶（图 16-12b）、果腐（图 16-12c）、枝条枯死（图 16-12d）等症状。其中典型常见症状是果腐。幼果期果实被感染后，常处于潜伏侵染状态，病斑水渍状、褐色小斑点，较难识别；近成熟期和成熟期的果实被侵染后，最初出现浅褐色小病斑，适温高湿条件下，病斑迅速扩展，数天之内使整个果实腐烂变软易脱落。病斑呈褐色，表面产生大量灰褐色粉状分生孢子。如遇高温干燥天气，病果迅速脱水形成僵果。

a. 花腐；b. 枝条溃疡；c. 果腐；d. 枝条因多次感染而枯死

图 16-12 桃褐腐病为害症状

3. 防控措施

桃褐腐病从开花期到果实成熟期都有发生，并在果实采摘后继续为害。该病害防治须从果树休眠期开始，综合运用栽培、果园管理和化学防治等措施，结合当地气候特点和发病动态制定防治策略。

(1)农业防治　果园管理中要注意及时清除侵染源，保持果园卫生。在休眠期和生长期，及时清除园中和枝条上的病果、僵果、病枝、病叶和病花，集中深埋，以消灭侵染源。发芽前翻耕果园，将病残组织深埋地下，尽量减少病菌侵染来源。同时，在生长期摘除树上的病果、伤果以及病枝，就地填埋于地下 30～50 cm。及时防治桃蛀螟、桃小食心虫、梨小食心虫、椿象等害虫，减少伤口，减轻为害。合理修剪过密枝条，改善果园通风透光条件。雨季及时排水，降低果园湿度。合理增施磷、钾肥，提高果树本身的抗病能力。

(2)化学防治　桃树萌芽前，选用 5 波美度石硫合剂喷雾，并同时喷洒地面，以铲除越冬菌源。花期前后，在适于发病的气候来临前，喷施杀菌剂进行防治。在花腐病发生严重的地区，于初花期(花开约 20%时)，喷 1 次杀菌剂，此时注意避免使用三唑类杀菌剂。花腐不严重或很少发生的地区，要掌握在落花后 10 d 左右，开始喷第一次药，以后每隔 10～15 d 再喷 1～2 次，直至果实成熟前 3～4 周，此时期主要以保护性杀菌剂百菌清或克菌丹为主。果实套袋的后几次喷药可免除。一般在果实发育期不需要防病，只有当虫害发生严重且气候条件特别适于病害发生时才需喷施杀菌剂进行防治。

果实发育后期是田间防治的关键时期，这个时期防治好，不仅能抑制采收时褐腐病的发生，也能有效地预防贮藏期果实的腐烂。药剂可选用 50%多菌灵可湿性粉剂 800～1000 倍液、50%甲基硫菌灵可湿性粉剂 600～800 倍液(北京、河北、山东、云南等地病菌已产生抗药性，禁止使用多菌灵、甲基硫菌灵等苯并咪唑类杀菌剂)，或 50%异菌脲可湿性粉剂 1000～2000 倍液、50%腐霉利可湿性粉剂 1000 倍液等二甲酰亚胺类杀菌剂，或 24%腈苯唑悬浮剂 2500～3200 倍液、25%戊唑醇水乳剂 2500～3000 倍液、10%苯醚甲环唑水分散粒剂 1500～2000 倍液等三唑类杀菌剂，或 25%嘧菌酯悬浮剂 800～1000 倍液、30%醚菌酯可湿性粉剂 2000 倍液、250 克/升吡唑醚菌酯乳油 1000～1500 倍液等甲氧基丙烯酸酯类杀菌剂，或 40%嘧霉胺悬浮剂 1000～1200 倍液等苯氨基嘧啶类杀菌剂。

进行化学防治时，要注意杀菌剂的交替使用。使用杀菌剂应根据药剂的安全间隔期，于采收前及时停止喷药，避免农药残留超标。

(3)贮运期管理　桃果实采收、贮运时尽量避免造成伤口，减少病菌在贮运期间的侵染。贮运前严格挑选果实，彻底剔除病、虫果。常温贮藏可使用外源一氧化氮协同 1-甲基环丙烯处理桃果实，或使用海藻酸钠复合 1%浓度的牛蒡提取液处理桃果实，以抑制果实腐烂，延长货架期。也可用次氯酸钙(有效氯浓度为 25 μg/mL)溶液浸泡处理或 23%咯菌腈 130 mL/100 L 兑水浸泡 30 s(每 100 L 水可处理 24 t 水果)。晾干后再装箱贮藏和运输。

4. 应用区域

适用于全国桃主产区。

5. 依托单位

华中农业大学，尹良芬、罗朝喜，027-87281242。

（二）桃细菌性穿孔病防灾减灾技术

1. 发生特点

该病常在 4—5 月发生，危害性极强，具有分布广、传播快、危害严重等特点。特别是温度适宜、空气湿度大及强降雨时常易引发病害暴发流行。

2. 典型症状

叶片发病初期产生水渍状小点，后扩大成圆形或不规则形病斑，或数个病斑相互连合成大病斑。病斑紫褐色至黑褐色，周围呈水渍状并有黄色晕环。随着病情发展，病斑中央干枯，病组织脱落，形成穿孔症状，严重时下端黄枯落叶(图 16-13a，图 16-13b)。枝条上主要有两种类型症状：一种是春季溃疡斑，春季新叶出现时，枝梢产生紫褐色油浸状、微隆起的长圆形小斑。春末病斑表皮破裂，遇雨水菌脓外溢，开始蔓延。另一种是夏季溃疡斑，在当年新梢上产生水渍状暗紫色、椭圆形、中间稍凹陷的斑块，并有油浸状边缘，最后皮层纵裂后溃疡(图 16-13c)。果实发病初期为淡褐色的水渍状小圆斑，后病斑逐渐扩大成褐色或暗紫色，中央稍凹陷，周缘水渍状的圆形病斑(图 16-13d)；空气湿度大时病斑上常出现黄白色黏质分泌物(菌脓)，天气干燥时病部往往开裂，裂口较深，易腐烂，病果常脱落。

a.叶片穿孔斑　b.叶片顶端黄枯　c.枝条溃疡斑　d.果实凹陷斑

图 16-13　桃细菌性穿孔病典型症状

3. 防控措施

采取综合防控措施和适当的农业防治措施，及时进行化学防治和生物防治。

(1)农业防治　控制病原物种群数量与传播途径，合理灌溉施肥(增施有机肥和磷钾肥，避免偏施氮肥)以及使用抗性品种等农业防治手段可以在一定程度上控制病害的暴发和严重程度。控制病原物种群数量，及时清除落叶、病枝、病果等植物病组织。这种控制，一方面需要在冬季修剪及清除桃园病残体，减少初侵染源；另一方面需要在春、夏两季清除病枝、病叶等病组织，降低果园的菌源量。改善桃园通风透光条件，及时排水，降低果园湿度，创造不利于病菌繁殖的环境条件。

(2)化学防治　化学防治药剂偏向使用含铜制剂，主要在生长季节前使用。在病害暴发前和生长季结束时，主要喷施硫酸铜、波尔多液或其混合物；在桃树生长期间，由于要避免铜制剂对桃树的毒性作用和药害，可选择高度分散的、较低浓度的硫酸铜以及氢氧化铜、喹啉铜、噻菌铜等。另外，在桃树发芽前可以全树喷淋 2～5 波美度石硫合剂，在生长期也可施用 20%噻唑锌悬浮剂 500～800 倍液、50%氯溴异氰尿酸可溶性粉剂 1000～2000 倍液、3%噻霉酮微乳剂 1000～2000 倍液、1.26%辛菌胺醋酸盐水剂 300～500 倍液、80%代森锌可湿性粉剂 600～800 倍液、80%代森锰锌可湿性粉剂 600～800 倍液等来控制侵染和病害发展。

(3)生物防治　一些生物制剂能够达到接近甚至超过化学药剂防治的效果，如 0.3%梧宁霉素(四霉素)水剂 500～800 倍液、3%中生菌素可湿性粉剂 600 倍液、2%春雷霉素水剂 500

倍液、300 mg/L 土霉素溶液、8%宁南霉素水剂 2000～3000 倍液等。此外，5%氨基寡糖素水剂 2000～3000 倍液有着与化学药剂基本等同的防效，同时可提高果实品质，少量增产；葡萄糖酸盐可以诱导系统抗性，也有叶面肥的作用；20%氟苄噁唑砜悬浮剂 2000 倍液也有较好的诱导抗病效果。

(4)注意事项　上述药剂需交替施用或先后组合施用。施药时，一定要用够药量、均匀细雾喷施。密切关注天气状况，台风及雨水后应及时喷施药剂。

4. 应用区域

适用于全国桃主产区。

5. 依托单位

扬州大学，朱峰、纪兆林，0514-87979344。

（三）桃缩叶病防灾减灾技术

1. 发生特点

该病在春季嫩叶刚从芽鳞抽出时即出现症状，病害发生与早春的气候条件有密切关系。早春桃树萌芽期如气温低（10～16 ℃），持续时间长，同时湿度又大（阴雨天多），桃树最易受害，特别是倒春寒持续时间较长，有利于病害发生与流行，影响当年产量和花芽分化，降低果实品质、削弱树势，为害程度严重；管理粗放，不修剪，不清园消毒的桃园发病重。当温度在 21 ℃以上时，病害则停止发展且病菌孢子萌发后只能侵染幼嫩叶片或其他幼嫩组织，一般不引起再侵染，如外界条件特别适宜而发生再侵染，症状也很轻。因此，凡是早春低温多雨的地区，如沿海、江河沿岸、湖畔及低洼潮湿地该病害往往发生较重；而早春温暖干燥的年份，则发病轻。

2. 典型症状

该病主要为害叶片，发病初期叶片卷曲，颜色发红；随着病叶的生长，叶片卷曲皱缩加剧（反面呈凹腔），并增厚变脆，呈红褐色（图 16-14）；春末夏初，病叶表面生出一层银白色粉状物；最后，病叶变褐、焦枯、脱落。叶片脱落后，腋芽常萌发抽出新叶，新叶不再受害。该病也可为害嫩梢、花及幼果。嫩梢受害后，呈灰绿色或黄色，较正常的枝条节间短而略为粗肿，叶片丛生，严重受害者常枯死（图 16-15）。花瓣受害后变肥、变长。幼果受害后畸形，果面龟裂。受害花、果易脱落。

3. 防控措施

桃缩叶病主要是春季侵染，早春萌芽期桃芽膨大，花瓣露红未展开前是防治关键时期，应采取清除越冬菌源和适时药剂防治相结合的综合防治措施。

(1)加强果园管理　在病叶未形成白粉状物之前，及时摘除病叶，集中烧毁或深埋，可减少越冬菌源；对于发病重、叶片焦枯和脱落的桃树，及时处理病叶后，应补施肥料和浇水，促使树势尽快恢复。

(2)适时药剂防治　早春桃树萌动期，在花芽露红而未展开前及时喷药 1～2 次，间隔 7～10 d。可用 2～3 波美度石硫合剂、波尔多液、80%代森锰锌 600～800 倍液、45%咪鲜胺 900 倍液、50%多菌灵 500 倍液或 70%甲基硫菌灵 700 倍液、10%苯醚甲环唑 1000～1500 倍液或 430 g/L 戊唑醇 2000～2500 倍液，防治病菌初侵染。往年病害发生严重桃园、生长期病害较

图 16-14　桃缩叶病叶片症状

图 16-15　桃缩叶病病叶和枝梢症状

重桃园，需在谢花后和落叶后各再喷药 1 次，可喷施上述多菌灵、甲基硫菌灵等苯并咪唑类杀菌剂或苯醚甲环唑、戊唑醇等三唑类杀菌剂。

（3）注意事项　密切关注早春天气状况，适时药剂防治。施药时，一定要用够药量，均匀细雾喷施。上述药剂不能连续施用，需交替或轮换施用。

4. 应用区域

适用于全国桃主产区。

5. 依托单位

扬州大学，纪兆林，0514-87979344。

（四）桃树流胶病防灾减灾技术

1. 发生特点

该病在桃树生长季为害，发病高峰一般在 5 月下旬至 6 月上旬和 7 月下旬至 8 月上旬。侵染性流胶病通过风雨和昆虫传播，从伤口或皮孔侵入枝梢、枝干和果实，产生流胶，可深度为害表皮内或木质部。在病部可不断产生分生孢子进行再侵染。一般易感寄主品种，土壤通透性差，多雨湿度大，田间易积水、郁闭，病枝干菌量大、负载量大、树势衰弱、枝干害虫发生多等都有利于流胶病发生。

2. 典型症状

桃树流胶病分为侵染性和非侵染性两种。侵染性流胶病主要为害枝干，苗期即可发病，3 年生以后树木流胶严重，树龄越大发病越重，主干和主枝受害最重。一年生枝条染病后，出现以皮孔为中心的瘤状突起，其上散生黑色小粒点。病斑扩大后，瘤皮开裂，流出褐色透明胶液。多年生枝干受害后产生水泡状隆起，流胶。潮湿多雨条件下，胶液呈胨状沿枝干下流。干燥条件下，胶液凝结成不规则结晶状的茶褐色硬质胶块。严重者病部反复流胶，枝干上病斑和流胶连合成片，为害深达木质部，病部变褐坏死，枝干枯死，树体早衰（图 16-16）。非侵染性流胶病常见于主干和大枝，严重时小枝也可发病。病害初期发病部位肿胀，后期流出半透明胶液。胶液与空气接触后呈褐色。干燥后为红褐色至茶褐色的硬质胶块。随着流胶量增加，发病部位皮层及木质部逐渐变褐、腐烂。发病后期流胶处呈干腐状，树势衰弱，枝条干枯，严重时整株死亡。

a.主枝流胶　b.主干流胶　c.整株流胶　d.流胶点皮下组织褐变

图 16-16　桃树流胶病田间症状

3. 防控措施

加强桃园管理以增强树势，结合冬季涂药、春季施药，可减轻病害发生。

（1）选择抗病品种　新建桃园或老病区进行品种更新时可以选择适合当地的抗病品种，如晴朗、情优、七月香等油桃品种，早凤王、晚白凤、西选 1 号、新川中岛、源东白桃等水蜜桃品种。

（2）农业防治　增施有机肥，改良土壤，提高土壤通气性。高垄种植，修建排水系统，降低地下水位。合理修剪、疏果，控制结果量，增强树势和抗病能力。治虫防病，及早防治蚜虫、食心虫、介壳虫、天牛、小蠹甲，减少枝干伤口。在多雨地区，采用设施避雨栽培，可减轻病害。冬季将树干和主枝涂白，预防冻害和日灼伤害。

(3)化学防治　①冬季刮胶涂药。冬季在枝干上涂刷 5 波美度石硫合剂(可适当加 801 建筑胶水等黏着剂增强黏附)。病部可见小黑粒点时还需加少量多菌灵或甲基硫菌灵，兼具治疗作用。若树体已发病，涂刷前要刮除流胶、裂皮等腐烂组织，以提高防治效果。②生长期施药。春季花后喷施 3 波美度石硫合剂、70％代森锰锌可湿性粉剂 500 倍液、50％多菌灵可湿性粉剂或 70％甲基硫菌灵可湿性粉剂 500 倍液、25％咪鲜胺乳油 500 倍液、50％丙环唑乳油 2000 倍液等，连续喷 3～4 次，每次间隔 15 d。用刀纵横刻划病部，毛笔蘸涂 1.5％多抗霉素可湿性粉剂 100 倍液加 30 mg/L 的 2,4-D，具有较好治疗效果。

4. 应用区域

适用于全国桃主产区特别是南方产区。

5. 依托单位

扬州大学，纪兆林，0514-87979344。

(五)桃枝枯病防灾减灾技术

1. 发生特点

该病常在桃芽萌动破口(伤痕)期和新梢刚抽出时侵染，4 月下旬开始发生，6—7 月是病害高峰期，从叶痕和休眠芽潜伏侵染，风雨传播，属于突发、暴发性病害，为害程度严重。特别是台风、强降雨易引发病害暴发流行。农事操作造成伤口，有利于病菌侵染。排水不良、田间郁闭、通风透光差、湿度高、修剪粗糙及病残体未清除出桃园、树势衰弱等都会加重病害发生。该病只能通过伤口侵染桃枝条和果实，不能侵染叶片。

2. 典型症状

该病主要为害芽和新梢，在 2 年生枝条芽和叶痕上形成褐色病斑，使芽或抽出的叶芽枯死(图 16-17a)；典型症状是在新梢基部形成褐斑，后病斑环状凹陷缢缩或向上扩展，致使叶片枯萎、变黄、脱落，使新梢折梢或枯萎、枯死(图 16-17b 至图 16-17d)。后期病部产生黑褐色小粒点(分生孢子器)，湿度大时溢出黄色分生孢子丝。该病也可为害果实引起腐烂，腐烂部位褐色坚硬。

a..抽出的芽枯死　b.新梢基部缢缩溃疡斑　c.新梢折梢　d.新梢萎蔫、枯死

图 16-17　桃枝枯病典型症状

3. 防控措施

清除病枝、健康栽培和适时药剂防治是有效防治桃枝枯病的重要措施。秋冬落叶期和早春芽萌动期是桃枝枯病的侵染关键期，也是最佳防治期。

(1)清除病枝　结合夏剪和冬剪，及时清除树上和地上的病枝等病残体，运出桃园将其深埋或烧毁或进一步加工利用处理，减少田间菌源。特别需要注意冬季病枝修剪和清园。

(2)栽培管理　选择适当树形和密度，合理修剪，通风透光，避免田间郁闭；合理施肥，增强树势，提高树体抗病性；及时排除积水，降低田间湿度，减少病菌侵染机会。

(3)药剂防治　早春萌芽前，可用3～5波美度石硫合剂，消除或减少越冬菌源；桃萌芽期是防治的关键时期，应在此期间进行1次用药，若上一年病情严重可增加1次。谢花后可连续施药2～3次，每次间隔10～15 d，可选用45%咪鲜胺900倍液、50%多菌灵或70%甲基硫菌灵500倍液、10%苯醚甲环唑600倍液或12.5%烯唑醇WP稀释750倍液、25%吡唑醚菌酯1000倍液；也可结合施用生物农药如3%中生菌素800倍液、1%申嗪霉素500倍液等。如果5月、6月遇多雨潮湿天气，病害严重时，需增加用药1～2次。如生长季遇高温少雨天气，可适当减少用药次数。秋季落叶时施药可以保护伤口，减少病菌侵染及潜伏越冬，减轻来年病害发生程度。

(4)注意事项　上述药剂相互间也可各自减半混合或复配施用，如中生菌素和咪鲜胺或烯唑醇或吡唑醚菌酯、申嗪霉素和咪鲜胺或多菌灵或吡唑醚菌酯等，交替施用或交替混用。施药时，一定要用够药量、均匀细雾喷施。密切关注天气状况，台风及雨水后应及时喷施药剂。

4. 应用区域

适用于长江流域及南方桃主产区。

5. 依托单位

扬州大学，纪兆林，0514-87979344。

（六）桃疮痂病防灾减灾技术

1. 发生特点

桃疮痂病的发生与气候、果园地形和品种息息相关，尤其是春季和初夏的降水量多少以及是否接近成熟期，这些因素是影响该病发生和流行的重要因素。天气潮湿多雨，本病容易发生。果园地势低洼、栽植密度过大、枝条密集、通风透光不良、排水不良以及湿度过大等都会加重病害的发生。此外，修剪不当、树体虚弱也会加剧病害。早熟品种相对较少受影响，中晚熟品种则容易受到较严重的感染。

一年生枝条上的分生孢子为此病的初侵染源。病原菌以菌丝体的形式在一年生幼嫩枝条上越冬，第二年春，待落花后且温度达10 ℃以上，湿度高于70%时，枝条上的病斑开始形成分生孢子。分生孢子借助风雨传播，侵染距离发病枝条较近的桃果实、叶片等，完成初侵染。病原菌侵入后潜育期长，在枝条和叶片上为4～6周，果实上为5～7周。多雨潮湿的气候有利于病害的发生，且病害可反复侵染，特别是在春季和初夏的多雨季节最适于该病的发生与流行。

2. 典型症状

(1)果实症状　果实发病部位在果肩周围，呈现深绿色的圆形斑点，随后逐渐扩大成黑色痣状斑点，严重时斑点相互连成一片。疮痂病仅影响果实的表皮组织，导致其死亡和龟裂，从而使果实表面变得粗糙。尽管患病部位停止生长，但果肉仍可继续发育。随着果实的膨胀，果皮出现裂缝，患病的斑点在晚期破裂形成“痂”。当果实接近成熟时，斑点会转变为紫黑色或红黑色。最初的黑色痣状斑点逐渐扩大形成黑点，严重时，整个果实都会受到感染（图 16-18a）。

（2）枝条症状　果树新梢染病，表面会出现长圆形、浅褐色的病斑，大小为 3～6 cm，随后逐渐变为暗褐色并扩大。此类病斑会隆起，并常出现流胶现象。春季，病斑呈灰色，表面产生暗色小绒状点，即病菌分生孢子丛。病变组织与健康组织之间有明显的界限，病斑仅限于枝梢表层，不会深入内部。在病斑下方，会形成木栓化细胞。感染会导致表面的角质层与底层细胞分离，有时会导致部分细胞死亡，从而引发枝梢枯死现象（图 16-18b）。

（3）叶片症状　多在叶背面叶脉之间出现多角形或不规则的灰绿色病斑，随后病部会转变为褐色或紫红色，而在叶正面相对位置，病斑常呈暗绿色，并逐渐变成褐色至紫红色。最终，此类病斑可能会脱落形成穿孔，严重情况下，可导致提前落叶（图 16-18c）。

a.果实发病症状　　b.枝条发病症状　　c.叶片发病症状

图 16-18　桃疮痂病典型症状

3. 防控措施

推行以监测预警预报、农业措施和精准施药为核心的绿色防控技术。

（1）农业措施　做好合理修剪，及时去除患病枝叶，避免交叉感染，避免树冠郁闭，保持树体良好的通风透光条件；冬季彻底清园，及时清除发病组织，就地掩埋，以减少翌年的初侵染源。同时，合理密植、起垄栽培、垄面覆盖黑色遮阳网，改善果园通风透光条件，修建排水沟及时排水，避免雨后园内湿度过高；科学建园，选择地势较高，通气性好的区域作为栽培桃树的首选。

（2）药剂防治　桃疮痂病采用药剂防治时，主要应在病原菌侵入前和侵染初期施药，提前预防和有效控制病害的加重。发芽前，喷 5 波美度石硫合剂，或 45%晶体石硫合剂 50 倍液，对整个园区地面、树体冲洗喷药，以杀灭越冬菌，减少越冬菌源的数量。

谢花后 10～15 d，可选用 43%戊唑醇悬浮剂 5500 倍液、20%苯醚甲环唑微乳剂 1500 倍液、40%氟硅唑乳油 9000 倍液等三唑类杀菌剂喷雾，或 25%吡唑醚菌酯悬浮剂 2000 倍液等甲氧基丙烯酸酯类杀菌剂喷雾。

幼果膨大至成熟期，可用 80%戊唑醇水分散粒剂 8000 倍液、30%己唑醇悬浮剂 1500 倍液等三唑类杀菌剂喷雾，或 25%吡唑醚菌酯悬浮剂 2000 倍液等甲氧基丙烯酸酯类杀菌剂喷雾。每隔 7～10 d 防治 1 次，交替使用 2～3 次。注意交替使用上述药物，预防抗药性产生。

4. 应用区域

适用于全国桃主产区。

5. 依托单位

华中农业大学，罗朝喜，027-87281242。

（七）桃炭疽病防灾减灾技术

1. 发生特点

桃炭疽病菌主要侵染桃果实，也可为害桃叶片和枝条。病害主要以孢子借助雨水滴溅或昆虫传播，温暖潮湿的气候，特别是连绵多雨的天气有利于病害发生。桃炭疽病菌可在僵果和病枝上越冬，并在早春形成分生孢子，再次流行。

2. 典型症状

桃炭疽病菌侵染果实的典型症状是形成较为坚硬的褐色凹陷病斑，空气潮湿时常形成橘红色小点的同心圆。在侵染幼果时，易引起流胶，或导致幼果发育停滞，萎缩硬化。侵染成熟果实时，首先会产生淡褐色水渍状斑点，随后逐渐扩大，形成圆形或椭圆形病斑。果实上可出现一至数个不等的病斑，并常互相愈合成不规则的大病斑，最后病果软化腐烂（图 16-19a，图 16-19b）。

同时，炭疽病菌也可侵染叶片和树枝，当叶片被侵染时，可以观察到带有橘色小点的褐色病变，严重的树枝侵染可导致病梢枯死（图 16-19c，图 16-19d）。

a.桃炭疽幼嫩果实病症

b.桃炭疽成熟果实病症　c.桃炭疽叶片病症　d.桃炭疽枝条病症

图 16-19　桃炭疽病典型症状

3. 防控措施

采取以加强栽培管理、预警预报、精准施药为核心的绿色防控技术。

（1）选用抗病种苗　可根据当地实际气候条件，选用适合当地生产的抗（耐）病桃树品种。如锦枫生长势强健，对炭疽病的抗性较强，在南方多雨地区具有较好的适应性。

（2）农业防治　冬季清园，剪除果园病枝、僵果，铲除越冬病原菌，减少初侵染菌量。合理密植、整形修枝，保持果园和树体通风透光，防止树叶过密，从而减少发病诱因。起垄覆膜，雨后及时排水，降低湿度。合理施肥，桃树生长期以有机肥为主，忌偏施氮肥，适当增施磷、钾肥，增强树势，提高植株抗病能力。

(3)化学防控　萌芽前，果园喷施3～5波美度石硫合剂，以减少越冬菌源。在坐果后开始喷洒杀菌剂防治，喷药需注意抓紧在雨季前或发病初期进行，重点保护幼果，每隔10 d左右喷1次药，共喷施3～4次，其中以4月下旬至5月上旬的两次施药最为重要。药剂可选用甲氧基丙烯酸酯类杀菌剂(如嘧菌酯、吡唑醚菌酯、醚菌酯等)、三唑类杀菌剂(如戊唑醇、丙环唑、苯醚甲环唑等)。值得注意的是，尖孢炭疽菌天然对苯并咪唑类杀菌剂(如多菌灵、甲基硫菌灵等)具有抗性，因此在防治尖孢炭疽菌侵染引起的桃炭疽病时，应该避免使用此类药剂。

4. 应用区域

适用于全国桃主产区。

5. 依托单位

华中农业大学，罗朝喜，027-87281242。

(八)桃病毒病防灾减灾技术

1. 发生特点

国内常见的桃病毒病是桃花叶病，又名桃黄化花叶病。该病主要在早春发生；春季后期以及夏、秋季节，症状减轻，甚至隐去。症状表现多样且不稳定是其最大的特点。该病还容易传播、扩散，在我国桃产区广泛发生。桃叶片白化病较少见，仅见于个别桃产区。

2. 典型症状

感染桃花叶病的叶片呈现不同程度的褪绿或黄化。程度轻的，出现局部的褪绿或黄色的斑点、斑块；程度重的，叶片大部甚至整个叶片褪绿(图16-20a)。感染桃叶片白化病的叶片局部出现白色的斑点或斑块，有的全部叶片变白；严重的，叶脉、叶柄甚至是幼嫩枝条均变为白色(图16-20b)。

a.花叶症状　　b.叶片白化症状

图16-20　桃花叶病典型症状

3. 防控措施

使用脱毒苗木是防控桃病毒病最有效的措施。对于病害已经发生的桃园，分类管理的农业措施可以防止病害的传播和扩散，并且可有效降低病害造成的为害和损失。

（1）选用健康桃苗　栽种时，尽量选用脱毒桃苗；若无脱毒桃苗，则需对桃苗进行病毒检测，选用不携带桃潜隐花叶类病毒和李痘病毒等常见病毒的桃苗。

（2）农业措施　对感病桃树进行分类管理。标记感病桃树，单独修剪和施肥，防止通过农事操作将病害传播到周边健康桃树。此外，严密监测病树周边的桃树，一旦发病，扩大分类管理的范围。对发病严重，严重影响产量及果实品质，且短时间内难以通过农业措施复壮的桃树，及时清除掉；对发病不严重，不显著影响产量及果实品质的果树，可选择保留，但要注意施加有机肥及微量元素，也可喷施能促进光合作用的叶面肥。

4. 应用区域

适用于全国桃主产区。

5. 依托单位

中国农业科学院植物保护研究所，李世访，010-62890875。

（九）桃根瘤病防灾减灾技术

1. 发生特点

该病常于新种植果园的桃树的根颈部或根部发生，是一种为害程度严重、较难防控的土传病害。北方产区的发病率及为害程度高于南方产区。

2. 典型症状

感病桃树的根颈部、侧根和支根，严重的其主干及主枝基部等部位均能观察到根瘤。初期呈乳白色或略带红色，柔软光滑；后期，木栓化且变得坚硬，呈褐色，表面粗糙或凹凸不平；严重时整个主根变成一个大肿瘤。肿瘤主要是不受限制的细胞增大和增殖所致。靠近木质部的肿瘤细胞会压迫导管，使导管功能受损，严重时可使导管破裂，从而影响水分运输。为此，病株地上部位常表现为叶薄色黄，植株矮小，树势衰弱，落花落果，严重时植株干枯死亡（图 16-21）。

a.幼苗根颈部的根瘤　b.主根上的根瘤　c.侧根上的根瘤　d.腐烂的根瘤

图 16-21　桃根瘤病典型症状

3. 防控措施

主要采取抗病品种应用、生物防治和农业防治相结合的绿色防控技术。

（1）选用抗病砧木　育苗时，选用适合当地生产的抗（耐）病桃树砧木。蒙古扁桃、毛桃、红根甘肃桃和新疆桃等品种的砧木对桃根瘤病具有一定的抗性。

（2）生物防治　使用放射土壤杆菌菌株——K84 及由它改造而来的工程菌株 K1026 可有效防治桃根瘤病。育种前，使用生防菌的菌悬液浸泡处理；栽种前，将桃苗的根部浸入生防菌的菌悬液中浸泡15～20 min。用生防菌处理时，一定要保证生防菌菌悬液的有效浓度，严格按照相关产品规定的倍数进行稀释，过度稀释会显著降低生防菌剂的防病效果。

(3)农业防治　育苗时选择无病原菌污染的地块作苗圃，有条件的，可以对苗圃进行土壤熏蒸处理。加强桃苗的检疫和检验，杜绝病苗入园。种植的田块要尽量避开前茬作物为根癌土壤杆菌易感植物，如核果类果树、杨树、月季等，优先选择前茬作物为玉米、小麦等禾谷类作物的田块，尤其是禾谷类作物多年轮作的田块。加强土、水、肥管理，碱性土壤可适当施加硫酸铵、有机肥等，改变土壤pH。

4. 应用区域

适用于全国桃主产区。

5. 依托单位

中国农业科学院植物保护研究所，李世访，010-62890875。

（十）桃园梨小食心虫防灾减灾技术

1. 发生特点

该虫在桃园早期主要以幼虫为害嫩梢，后期钻蛀果实，以老熟幼虫在果树枝干和根颈裂缝处及土中结成灰白薄茧越冬，翌年春季开始化蛹。发生期不整齐，世代重叠。

2. 典型症状

幼虫蛀梢后，嫩梢逐渐凋萎下垂，形成明显的"折梢"症状；成虫卵多散产于果实表面，孵化幼虫先在卵粒附近啃食果皮，随后蛀入果实为害，蛀果孔周围变黑腐烂、凹陷，形成明显的"黑膏药"症状，引起果实早落、腐烂，影响果实品质和产量(图16-22)。

图16-22　梨小食心虫折梢及蛀果为害

3. 防控措施

桃园主要用化学防治、套袋和性信息素迷向法防治梨小食心虫。

(1)农业防治　破坏其生存与越冬场所，减少虫源。新建园时尽可能避免桃、梨等混栽；越冬幼虫脱果前，在主枝、主干上束草、诱虫带、布条等诱集脱果幼虫，早春出蛰前取下烧毁；在土壤封冻前或早春土壤解冻后深翻林地，翻松树盘，将树盘周围的落叶、残枝、杂草深埋或带出园外烧毁；春(夏)季，当幼虫刚蛀入果树新梢，尚未转梢之前(萎蔫而未变枯的折梢)，及时彻底剪除虫梢并烧掉。摘除被害果实，及时拣净落地虫果，集中销毁；果实套袋，在幼虫进入果实为害之前采收。

(2)生物防治　采用“监测＋挂梨小食心虫性迷向素胶条＋释放天敌松毛虫赤眼蜂”综合技术。当监测诱捕到梨小食心虫成虫时(或桃花露红期)，就开始挂迷向素胶条，每公顷挂 500～550 条，均匀分布于整个果园，桃的整个生长期用 2 次，第 1 次用后隔 2 个月再用 1 次。根据监测情况，梨小食心虫成虫羽化盛期时，释放松毛虫赤眼蜂，每次 45 万头/hm^2，每 7 d 释放 1 次，至成虫羽化结束；生物农药，萌芽前喷布石硫合剂等，在成虫高峰期及时喷施 25%灭幼脲 3 号 1500 倍液、1%苦参碱 1000 倍液、白僵菌(高温高湿季节)等。

(3)精准施药　施药关键时期是幼虫孵化蛀梢和蛀果前。在每一代成虫发生高峰期后 5～7 d 内进行化学防治，可连续喷药 2 次，间隔 5 d 左右。幼虫一旦蛀入新梢或果实为害，进行化学防治的效果就很差。推荐使用氯虫苯甲酰胺、噻虫嗪、氟啶虫胺腈、甲氨基阿维菌素苯甲酸盐等药剂及其复配药剂，但需要根据不同产区历史用药情况和抗药性等综合考虑选择适宜药剂进行防治。

4. 应用区域

适用于全国桃主产区。

5. 依托单位

北京市农林科学院，郭晓军、徐庆宣，010-51503335。

（十一）桃园桃小食心虫防灾减灾技术

1. 发生特点

该虫在桃园以幼虫蛀食果肉，直至果核。老熟幼虫于地下浅层土壤中结成虫茧越冬，虫茧聚集在寄主周围土壤中，以 3 cm 深的土中最多。

2. 典型症状

初孵幼虫从果实萼洼处或者果实胴部蛀入，蛀孔处流出泪珠状透明果胶，俗称“淌眼泪”；幼虫蛀入果实后，在果皮下纵横蛀食果肉，随虫龄增大，有向果心蛀食的趋向；前期蛀果的幼虫在皮下潜食果肉，使果面凹陷不平，形成畸形果，即所谓的“猴头果”。幼虫发育后期，食量增大，在果肉中纵横潜食，排粪于其中，造成所谓的“豆沙馅”。该病常引起果实脱落，造成果实畸形，严重影响果品的产量和质量(图 16-23)。

图 16-23　桃小食心虫蛀果为害

3. 防控措施

桃园主要以化学防治、生物防治法防治桃小食心虫。

(1)农业措施　在土壤封冻前或早春土壤解冻后进行彻底清园，将树盘周围的落叶残枝、杂草带出园外烧毁可以大大降低越冬虫源基数。利用桃小食心虫成虫对向日葵花盘产卵有很强的选择性，可在桃园周围种植小面积向日葵诱集成虫产卵，集中消灭，可减轻作物和果树的被害率。在桃小食心虫未产卵之前，将全园的果实进行套袋处理，避免果实着卵。

(2)生物防治　在桃小食心虫成虫盛发期和产卵高峰期人工释放赤眼蜂可以有效控制其为害。生物农药，选用25%灭幼脲3号600倍液、100亿个孢子/g的白僵菌50～200倍液、斯氏线虫等。

(3)精准施药　在成虫发生高峰过后3～5 d内进行喷药防治。选用甲维盐、吡虫啉、虫酰肼等农药，精细喷洒果面，把幼虫消灭在蛀果前。在幼虫脱果期，使用阿维菌素、氯虫·高氯氟悬浮剂等药剂进行喷药处理，间隔7 d，连喷2次。根据不同产区用药历史情况、抗药性等综合考虑选择适宜药剂进行防治。

4. 应用区域

适用于北方桃产区。

5. 依托单位

北京市农林科学院，郭晓军、徐庆宣，010-51503335。

（十二）桃园桃蛀螟防灾减灾技术

1. 发生特点

该虫每年发生代数存在较大差异，主要以老熟幼虫在树翘皮裂缝、枝杈、树洞、干僵果内、土块下、石缝、杂草堆等处结茧化蛹越冬。越冬代成虫于桃树幼果期出现，成虫产卵于桃果上取食为害。

2. 典型症状

桃蛀螟幼虫咬破果皮蛀入桃果内取食果肉，虫粪排泄到虫孔外，桃果表面虫孔周围堆积大量虫粪，并伴有黄褐色胶液流出(图16-24)。

3. 防控措施

图16-24　桃蛀螟幼虫及蛀果为害

(1)农业措施　在果实采收后至新梢萌芽前，及时摘除树上僵果，捡拾树下干、僵、病、虫果实，集中烧毁或深埋；烧毁时要注意防火；深埋时要辅助撒施石灰或药剂，且深度不小于20 cm。于坐果后20 d左右进行果实套袋，效果较好。

(2)生物防治　在桃蛀螟成虫盛发期和产卵高峰期人工释放赤眼蜂可以有效控制桃蛀螟的为害。生物农药，选用8000 IU/μL苏云金杆菌悬浮剂500～1000倍药液进行喷雾处理，也可使用白僵菌、绿僵菌等。

(3)精准施药　在越冬代成虫高峰期后10～15 d进行喷施药剂防治。选用除虫脲、高效氯氟氰菊酯、甲维盐等药剂进行喷药处理，间隔7 d，连喷2次。

4. 应用区域

适用于全国桃产区。

5. 依托单位

北京市农林科学院，郭晓军、徐庆宣，010-51503335。

（十三）桃园桃蚜防灾减灾技术

1. 发生特点

该虫营转主寄生生活，其中冬寄主（原生寄主）植物主要有梨、桃、李、梅、樱桃等蔷薇科果树等；夏寄主（次生寄主）作物主要有白菜、甘蓝、萝卜、芥菜、芸薹、芜菁、甜椒、辣椒、菠菜等多种作物。

2. 典型症状

以成虫或若虫群集于新梢和叶背吸食汁液，被害部分向背面翻转、皱缩扭曲，引起严重落叶，削弱树势（图 16-25）。

图 16-25　桃蚜及为害桃树叶片症状

3. 防控措施

防治桃蚜应根据其发生规律，注重桃不同生长时期的防治措施。

（1）休眠期防治　桃树休眠期，结合防治其他病虫害，人工刮除粗糙的树皮，消灭越冬虫卵。结合春季修剪剪除被害枝梢，集中烧毁。

（2）春季防治　早春桃树萌芽前，喷施 3～5 波美度的石硫合剂，可同时防治多种病虫害。利用早春桃树树液流动快、向上运输能力强的特点，在桃树树干上涂抹宽 10 cm 左右的 40%氧乐果乳油 4～5 倍液的药环，并用塑料薄膜包扎，10 d 左右取下包扎物。如果树皮粗糙，应将粗糙老皮刮平，注意不能深刮，以免树干受伤。幼树树皮薄，不能刮皮。花芽露红时是第一代若蚜从越冬卵中孵化出来的高峰期，此时喷药可以集中消灭。建议春季使用吡蚜酮应略早一些，可和甲维盐、高效氯氰菊酯、功夫菊酯等速效性杀虫剂混合使用。

（3）夏秋季防治　4 月底 5 月初是桃蚜为害最严重的时期，只要控制好这一段时间的桃蚜，也就意味着控制了桃蚜全年的为害。根据本地观察和测报，在越冬卵孵化盛期后（4 月下旬至 5 月上旬）可选择适当药剂进行防治，但需根据各地用药历史，注意药剂的合理选择，减少蚜虫抗药性的产生。可选择吡虫啉、双丙环虫酯、吡蚜酮等药剂。秋季蚜虫迁返桃树后，10 月中下旬在蚜虫产卵前喷 1 次高效药剂，减少越冬虫卵数量。

（4）农业防治　早期蚜虫刚开始为害时，发现有蚜虫为害的卷曲叶片，要及时剪除，带到园外深埋或烧毁。提倡果园种草，保持生态平衡。瓢虫、食蚜蝇等天敌对桃蚜有一定的控制作用，应注意保护和利用。特别是在 6 月以后，尽量不用化学农药，以免杀伤天敌。

4. 应用区域

适用于全国桃主要产区。

5. 依托单位

北京市农林科学院，郭晓军、徐庆宣，010-51503335。

（十四）桃园橘小实蝇防灾减灾技术

1. 发生特点

该虫在北纬24°以南的地区常年发生，而在北纬24°～26°的地区仅季节性发生，主要以幼虫取食为害作物，幼虫从卵中孵化后即在果实中取食为害。雌成虫将卵产在果实表皮下，造成机械损伤，为其他病菌的入侵提供了条件。幼虫潜居果实内，随被害果运输进行远距离传播。

2. 典型症状

幼虫孵出后即在果内取食为害，常使果实未熟先黄脱落；未落受害果实其内果肉腐烂，不堪食用，严重影响产量和质量（图16-26）。

图16-26　橘小实蝇蛀果为害症状

3. 防控措施

（1）检验检疫　严格检疫，如对果蔬的生产地、农贸市场等地加强检疫，切断传播途径。

（2）农业防治

①调整水果成熟期。如北方早熟桃品种一般于5—6月成熟，可以避开橘小实蝇的发生为害高峰期，晚熟桃则受害严重。

②合理调整作物布局。将橘小实蝇嗜好作物和非嗜好作物或非寄主植物合理布局，在同一地区应种植同一品种或成熟期相近的水果品种。

③加强园区管理。及时清除地面落果，也可以集中起来装入厚塑料袋内，扎紧袋口放入太阳光下高温闷杀；冬、春季翻耕果园和其周围的土壤，可减少和杀死土中越冬的幼虫、拟蛹和蛹。

（3）化学防治　在成虫初发期、活动盛期，推荐使用噻虫嗪、乙基多杀菌素、阿维菌素等药剂来防治成虫。成虫喷杀时建议选择在其羽化的高峰期，进行树冠覆盖式喷雾，每隔5～7 d喷洒1次，连续喷洒2～3次，在果实采收前15 d停止用药。果园地面药剂防治，在成虫高峰期前8～10 d，喷洒1～2次，杀灭地面橘小实蝇老熟幼虫。在果实采收后和春季成虫羽化出土时，用辛硫磷药剂喷洒果园地面，每隔7 d施药1次，连续喷洒2～3次。

（4）生物防治　在果园中放养山鸡，以鸡吃落地虫蛹，同时吃掉落地上的烂果，降低下一代的害虫繁殖基数。植物精油引诱，如甜橙精油、柠檬精油等。食物源引诱，如糖醋液、毒饵、发酵面包等。

4. 应用区域

适用于全国桃主要产区。

5. 依托单位

北京市农林科学院，郭晓军、徐庆宣，010-51503335。

五 枣生物灾害防灾减灾技术

（一）枣疯病防灾减灾技术

1. 发生特点

枣疯病是枣树生产中发生最普遍、为害最严重的毁灭性传染性病害。枣疯病通常从局部枝条开始发病，其扩散速度因品种和管理条件而异。枣疯病在自然条件下可通过根蘖苗、菟丝子等途径进行传播，普通园区枣疯病发生率一般为 5%～10%，严重园区可达 30%～50%。枣树发病后，一般小树 1～2 年枯死，大树 3～6 年逐渐死亡。

2. 典型症状

枣疯病可侵害枣树根系、花、枝条、叶片、果实，引起丛枝、黄化、小叶、花变叶等症状，其中花器返祖、枝叶丛生、嫩叶黄化是其典型特征。枣疯病发生初期表现为花器官返祖，花柄延长成枝条，花瓣、萼片和雄蕊均变成枝叶，雌蕊转化为小枝。一年生发育枝的正芽和多年生发育枝的隐芽均萌发成发育枝，新芽和腋芽大部分萌发成小枝，然后逐级生枝形成丛枝状。病枝纤细、节间缩短，病枝上的嫩叶叶脉褪绿，向内卷成匙形，叶片凹凸不平，黄化或黄绿不均。秋冬季节丛枝部位不落叶，直至冻死残留在树上。病树生长停滞，不结果或结果很少，果面发生疣状突起，呈淡绿与红色镶嵌状，着色不均匀，果味苦。根部表现为根瘤，须根呈扫帚状，同一条根上多处出现丛生根蘖，枯死后呈刷状。由病树根蘖长出的子树和病树断根后长出的根叶苗，表现为全株丛枝症状，在田间呈团簇状分布（图 16-27）。

3. 防控措施

鉴于枣疯病的发生发展受多种因素综合影响，单一措施难以彻底解决病害防治问题，因此，枣疯病的防治必须从建园开始，实施因树、因园、因地制宜的枣疯病综合治理战略。

（1）抗性品种　我国枣树品种繁多，培育和发展抗病性强的枣树品种是防治枣疯病最直接有效的措施。目前，高抗品种包括壶瓶枣、蛤蟆枣、骏枣、南京木枣、秤砣枣、清徐圆枣以及极抗病品种星光等。抗性品种包括黑腰子枣、嘎嘎枣和葫芦枣，而赞皇大枣、金丝小枣、月光枣、马牙枣、长红枣和婆枣较为感病。

（2）苗木脱毒　通过茎尖或愈伤组织培育无病苗来脱除枣疯病病原，可采用 50 ℃热处理 10～20 min 或者低温即－10 ℃处理 12 d，脱除枣疯病病原；也可将茎尖培养和热处理相结合获得脱枣疯病病原的健壮植株。分株和扦插繁殖时，要严格选择无病母株的根蘖苗或插穗。在引种苗木和接穗时实行严格的检验检疫制度，选用不携带枣疯病病原的枣苗进行建园。

（3）农业措施　建立枣园时远离松树、柏树、小麦、玉米等传病昆虫寄主植物，减少传染源。春夏季进行合理修剪，保证透气通风、光照充足。改善土壤水肥条件，根外施肥，补充钙、镁、锰等矿质营养。对病情严重、传染性强的衰老树，防治难度大、成本高，应及早彻底挖除；对幼树期染病植株以及疯根蘖及时刨除，挖去的植株和根应彻底销毁或烧毁。

（4）手术治疗　截断植原体传播途径是枣疯病防治的有效措施，包括疏除病枝、主干环剥、

a,b 丛枝、黄化、小叶;c, d 根蘖苗;e. 花变叶;f 丛生根蘖苗根系

图 16-27　枣疯病为害症状

根部环锯及断根、砍伐病株等。对于轻病树尤其是初侵染病树,及时去除疯枝完全有可能治愈病树,去疯枝时应尽可能多地去除与疯枝相连的枝条。在枣疯病重病区进行主干环剥能够在一定时期内阻断病原运输,防止潜育期病株发病,对轻、中级病株亦具有一定疗效。主干环锯可以用手锯在病树主干锯成环状或剥去一圈树皮,轻病树一般锯 3 环,环间距 20 cm 左右,注意把树皮锯透,但不能过多损伤木质部。主根基部环锯是挖开根围土壤,露出主根进行环锯;断根是挖开根围土壤,露出全部侧根,从侧根基部切断。

(5)科学用药　目前中国农药信息网无针对枣疯病正式登记的药剂。过去生产中主要采用土霉素、螺旋霉素和红霉素等防控枣疯病,近年来主要应用四环素、土霉素等类药物进行病树滴注治疗。阻止昆虫特别是叶蝉类昆虫传播是预防枣疯病的有效手段。可在枣树萌芽期喷施 10%联苯菊酯乳油 1200 倍液防除传病昆虫越冬卵,枣树花期至落叶期采用 10%吡虫啉可湿性粉剂 2500 倍液喷雾防治叶蝉幼虫、成虫等。

4. 应用区域

适用于全国枣主产区。

5. 依托单位

北京市农林科学院,王甦、秦文韬,010-51503688。

（二）枣缩果病防灾减灾技术

1. 发生特点

枣缩果病一般从 6 月底开始发病，7 月中下旬进入高峰期，一直持续到 8 月底至 9 月上中旬；还可为害挂果较晚的红枣果实。田间发病率一般年份在 10%左右，部分枣园平均病果率可达 30%～10%。发病较早的枣园病果小且提前脱落，严重影响红枣产量，中后期发病的果实色泽及品质较差。

2. 典型症状

枣缩果病发生初期在果实腰部出现淡黄色病斑，略凹陷，边缘不明显，随后病斑变为红色至暗红色，表面凹陷皱缩明显，无光泽。后期病斑表面呈红褐色至黑红色，病果局部或大部萎缩，果柄变为不健康的暗黄色，果实慢慢收缩变小、柴化，味道变苦，并在成熟前掉落。由于枣果实发病后逐渐干瘪、凹陷，病果内部组织萎缩松软、肉薄味苦，故称“缩果病”（图 16-28）。

图 16-28　枣缩果病为害症状

3. 防控措施

针对枣缩果病，需要以增强树势为中心，加强综合防控，包括农业防治、选育抗病品种、化学防治、生物防治等。

（1）农业防治　农业防治主要是指栽培管理方面，包括做好整形修剪，改善通风透光条件，雨涝季节及时排水，降低土壤空气湿度；控制株行距，合理间作红薯、花生等作物；清理枯枝落叶、落果僵果，集中烧毁或深埋，减少病菌侵染源；刮除枝干翘皮、裂皮、老皮，减少病原越冬场所；合理施肥，增施磷、钾、钙、硼肥，适当控制氮肥，促进水肥协调。

（2）抗病品种　根据当地气候环境和土壤条件，可选择适宜的抗缩果病枣树品种。目前，主要的抗病品种有曙光、金丝小枣、圆铃枣，较为抗病的品种有新郑鸡心枣和九月青，较为感病的品种有不落酥、鸡蛋枣、新郑灰枣和木枣、婆枣、临猗梨枣、赞皇大枣、桐柏大枣等。

（3）化学防治　目前中国农药信息网无针对枣缩果病正式登记的药剂。生产中结合虫害防治一般采用 800 倍代森锰锌、1000 倍硫酸铜钙等，也有使用苯甲丙环唑乳油 3000 倍液、异菌脲和多菌灵 2000 倍液喷雾防治缩果病的文献报道。缩果病发生与刺吸式口器害虫如桃小食心虫、蝽象、红蜘蛛等引起的伤口传病有关，可在 3 月喷施 3～5 波美度石硫合剂消灭病虫源基数，4 月至 8 月上旬喷施 5%高效氯氰菊酯乳油等防治害虫。

（4）生物防治　文献报道枯草杆菌、解淀粉芽孢杆菌等拮抗微生物可以通过寄生、竞争、拮抗等多重作用抑制或杀死病原菌。此外，80%乙蒜素、50%氯溴异氰尿酸等对枣缩果病也有一定防效。

4. 应用区域

适用于全国枣主产区。

5. 依托单位

北京市农林科学院，王甦、赵娟，010-51503688。

（三）枣炭疽病防灾减灾技术

1. 发生特点

枣炭疽病主要在果实近成熟期发病，可以为害各枣树品种。果实感病后常提早脱落，品质降低，造成严重经济损失。炭疽病为害一般年份产量损失 20%～30%，发病重的年份损失高达 50%～80%。枣炭疽病菌主要以菌丝体和分生孢子盘在枣树和地面病残果上越冬。翌年条件适宜时，病组织上产生大量分生孢子，通过风雨、昆虫传播，从伤口、自然孔口或者直接侵染为害。

2. 典型症状

枣炭疽病主要为害果实，也可侵染枣吊、枣叶、枣头以及枣股。果实受害多发生在近成熟期，最初在果肩或果腰处出现淡黄色水渍状小斑点，逐渐扩大成不规则黄褐色斑块，斑块中间产生圆形凹陷病斑。病斑继续扩大连成片后呈现出红褐色并伴有黑色小粒点，致使病果提早脱落。剖开落果后可见果柄黄褐色，果核变黑，重病果晒干后，只剩枣核和丝状物连接果皮。叶片受害后变黄绿色、早落，有的呈黑褐色焦枯状悬挂在枝头上（图 16-29）。当枣吊、枣头或枣股等部位受到病菌侵染后，初期往往不会表现出明显症状，但病原菌会以菌丝体的形式继续潜伏在残留枣果上，成为翌年枣树染病的初侵染病源，留下染病隐患。

图 16-29　枣炭疽病为害症状

3. 防控措施

(1)栽培管理　枣园的土壤湿度是枣树炭疽病发生的主要环境因素,因此要对枣园土壤进行改良,注意沟渠配套,确保能及时将积水排走。果园内的枯枝落叶应进行深埋或者火烧处理,彻底清除病僵果等病残体,减少果园内越冬病原。春天修剪枣树上残留的染病枣,根除炭疽病的病毒源头。同时适当增加有机肥配比,按照土壤肥力以及枣树养分需求科学配方施肥。

(2)化学防治　中国农药信息网上针对枣炭疽病已登记的药剂有戊唑醇、咪鲜胺,以及苯甲·咪鲜胺、苯甲·嘧菌酯、肟菌·咪鲜胺等。发病初期可采用45%咪鲜胺水乳剂1000～1500倍液、430 g/L戊唑醇悬浮剂2000～3000倍液、250 g/L吡唑醚菌酯乳油3000～4000倍液等,安全间隔期为21～28 d,最多施药次数为3次。须注意不同作用方式药剂轮换与混合使用、药剂使用安全间隔期和每个生长季最多使用次数。

4. 应用区域

适用于全国枣主产区。

5. 依托单位

北京市农林科学院,王甦、秦文韬,010-51503688。

(四)枣镰翅小卷蛾防灾减灾技术

1. 发生特点

枣镰翅小卷蛾1年发生3～4代,以蛹在枝干、树皮缝中越冬,土中有少量越冬蛹。翌年3月中旬至5月上旬羽化,世代重叠。成虫(图16-30a)昼伏夜出,有趋光性,卵散产于光滑枝上。4月下旬开始孵化,咬食嫩芽,展叶后吐丝缠叶于内食害,5月上旬第一代幼虫渐入盛期,5月下旬化蛹。6月上旬始见成虫及第二代卵。第二、三代卵主要产在叶面主脉两侧,6月中旬枣树开花时正值二代幼虫始发期,幼虫(图16-30b)为害叶、花蕾、花和幼果,第二代成虫7月中旬至8月下旬发生为害。7月下旬至10月上中旬为第三代幼虫发生期,为害叶和果实,9月上旬陆续老熟,于树皮缝隙中结茧化蛹越冬。非越冬代均于卷叶内结茧化蛹。

2. 典型症状

枣镰翅小卷蛾以幼虫吐丝黏缀芽、叶、枣头、花,在其中为害并蛀食果实,轻则造成叶片大小缺刻,重则将叶片全部吃光;枣树开花期,幼虫钻入花丝,吐丝缠缀花序,食害花蕾,咬断花柄,造成枣花枯死;幼果期,幼虫蛀食幼果,造成大量落果;虫害严重时,蔓延成灾,树体如同火焚,可造成绝收(图16-30c)。

3. 防控措施

(1)生物防治　在第二代成虫产卵期,于卵初期、初盛期和盛期各释放1次松毛虫赤眼蜂,每株枣树释放3000～5000头,枣镰翅小卷蛾卵被寄生率可达85.5%。因地制宜,合理间作,在枣树行间种植小麦、红薯、大豆、土豆、绿豆等,为多种天敌提供隐蔽场所。

(2)农业防治　秋末枝干上束草诱幼虫化蛹;休眠期刮除老树皮,连同束草集中烧毁;冬季或早春时节,集中消灭越冬虫蛹,清园并涂白树干。

(3)化学防治　于各代幼虫孵化盛期,特别是第一代幼虫孵化期喷洒10%联苯菊酯乳油3000～4000倍液或50%辛硫磷乳油1200倍液、50%杀螟硫磷乳油1000倍液、90%晶体敌百

a.镰翅小卷蛾成虫

b.镰翅小卷蛾幼虫

c.镰翅小卷蛾为害状

图 16-30　枣镰翅小卷蛾及为害状

虫 800～1000 倍液、20%氰戊菊酯乳油 2000～2500 倍液等。第一次施药掌握在枣发芽初期，第二次在芽长 3～5 cm 时为宜。

4. 应用区域

适用于全国枣主产区。

5. 依托单位

北京市农林科学院，王甦、杨帆，010-51503688。

（五）枣尺蠖防灾减灾技术

1. 发生特点

枣尺蠖 1 年发生 1 代，以蛹在土中 5～10 cm 处越冬。翌年 3 月下旬羽化为成虫。早春多雨利其发生，土壤干燥则出土延迟且分散，有的拖后 40～50 d。雌蛾出土后栖息在树干基部或土块上、杂草中，夜间爬到树上等雄蛾飞来交尾。雄蛾具趋光性。卵多产在树皮缝隙内或树杈处，卵期 10～25 d。一般枣发芽时开始孵化，幼虫历期 30 d 左右，具吐丝下垂习性。5 月底到 7 月上旬，幼虫陆续老熟入土化蛹，越夏和越冬（图 16-31）。

a.枣尺蠖成虫

b.枣尺蠖幼虫

图 16-31　枣尺蠖

2. 典型症状

枣尺蠖以幼虫为害枣芽、蜜盘及叶片，形成缺刻和孔洞，严重时将叶片吃光。

3. 防控措施

（1）农业防治　冬春季耕翻树盘，利用低温或鸟食灭蛹；幼虫发生期震落捕杀幼虫或在树干基部束绑宽约 10 cm 的塑料薄膜，膜下部用土压实，于薄膜上涂黄油或废机油，阻止幼虫上树。

(2)生物防治　用苏云金杆菌加水兑成含0.1亿～0.25亿个/mL孢子的菌液，并加入十万分之一的敌百虫于幼虫期喷洒；也可田间采集被病毒感染的病死虫，研磨后，用纱布过滤，兑水喷雾，每亩枣林用病毒死虫7～10条，在幼虫期喷洒均有良好防治效果。

(3)化学防治　地面施药，在树干周围喷洒90%晶体敌百虫800～1000倍液或撒布40%辛硫磷颗粒剂，施药后地面用齿耙来回耙几次，使药土混匀，阻止成虫上树并毒杀成虫及初孵幼虫。叶面喷药，在幼虫孵化前后喷洒20%甲氰菊酯乳油或2.5%溴氰菊酯乳油2500倍液、2.5%三氟氯氰菊酯乳油或50%顺式氰戊菊酯乳油3000倍液、20%氰戊菊酯乳油2000倍液、50%杀螟硫磷乳油1000倍液。

4. 应用区域

适用于全国枣主产区。

5. 依托单位

北京市农林科学院，王甦、杨帆，010-51503688。

（六）枣叶瘿蚊防灾减灾技术

1. 发生特点

枣红蜘蛛又称朱砂叶螨、棉红蜘蛛。

枣叶瘿蚊在黄淮枣区1年发生5～6代，以幼虫在树下土壤浅层3～5 cm处结茧越冬。翌年枣树发芽后，在土中茧内化蛹，5月中旬羽化，成虫期1～3 d。成虫(图16-32)产卵于未展开的嫩叶缝隙处，卵期3～6 d。卵孵化后，每叶内有2～10只幼虫吸食汁液，6月上旬幼虫卷叶为害，幼虫期8～13 d。幼虫老熟后脱叶入土化蛹，蛹期6～12 d。幼树或树冠低矮的枣树受害重。

2. 典型症状

枣叶瘿蚊以幼虫吸食枣叶汁液致叶肉增厚，叶两边纵卷成筒状，叶呈棕红色至紫红色，变硬发脆，最后变成黑褐色、枯萎(图16-33)。

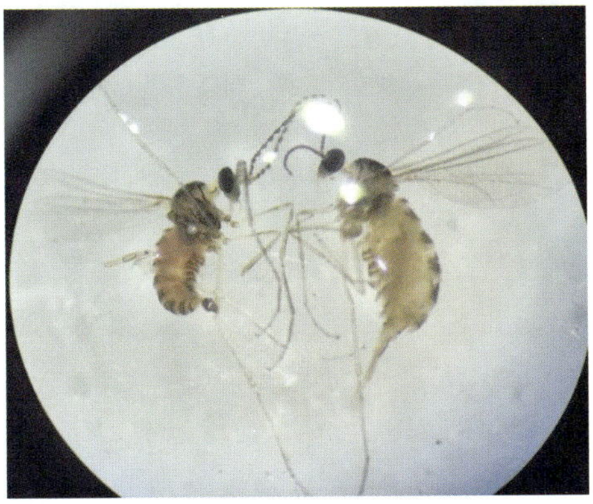

图16-32　枣叶瘿蚊成虫

图16-33　枣叶瘿蚊为害状

3. 防控措施

(1)农业防治　冬春季翻耕树盘,利用低温、鸟食,消灭越冬幼虫;春季成虫羽化前,在树干周围直径 1 m 地面覆盖农膜,阻止成虫出土。5—6 月随时检查,发现绿色卷叶时,及时摘除,集中一起烧毁或深埋,以消灭在卷叶内的幼虫。

(2)化学防治　成虫羽化出土前或幼虫脱叶入土前,在树干地面上撒 10%辛硫磷颗粒剂,施后把土耙松拌匀,杀死越冬幼虫。幼虫期叶面喷洒 25%甲萘威可湿性粉剂 500 倍液或 50%丙硫磷乳液 1500 倍液、48%哒嗪硫磷乳油或 90%晶体敌百虫 1000 倍液。在幼虫发生期,用 50%敌敌畏乳油 1000 倍液,或 40%毒死蜱乳油 1000 倍液,或 10%氯氰菊酯乳油 3000 倍液喷雾,或在树冠喷药,防治幼虫有良好效果。

4. 应用区域

适用于全国枣主产区。

5. 依托单位

北京市农林科学院,王甦、杨帆,010-51503688。

(七)绿盲蝽防灾减灾技术

1. 发生特点

枣树绿盲蝽 1 年通常发生 5～6 代,以越冬卵在多年生枣树的股处以及枣树的剪口处、枯死枝中越冬。一般在 4 月中下旬,越冬卵孵化,若虫(图 16-34a)主要为害杂草以及作物,待 2 龄后开始为害枣树,在枣树萌芽后,晚孵若虫开始为害嫩芽以及幼叶。第一代枣树绿盲蝽在 5 月上旬进入盛发期,为害枣芽。在 6 月中旬,第二代枣树绿盲蝽进入盛发期,为害枣花和幼果。第三、四、五代枣树绿盲蝽分别在 7 月中旬、8 月中旬以及 9 月中旬进入盛发期。绿盲蝽成虫(图 16-34b)偏爱阴湿的环境,具备趋光性,第四、五代羽化成虫会迁飞至园外较大湿度的地方,对其他作物造成为害。在 9 月下旬至 10 月上旬,最后 1 代成虫在枣树上产卵越冬。

2. 典型症状

枣树绿盲蝽主要为害枣树的嫩芽、嫩叶、花蕾以及幼果。嫩芽生长点受到为害以后无法正常发芽展叶,最终枯萎;幼叶在受到为害以后会出现不规则的孔洞;花蕾在受到为害以后往往停止发育并枯死脱落,如果绿盲蝽为害较为严重,还会导致枣树的绝产;幼果在受到为害以后,受害部位出现色斑,接着幼果逐渐萎缩并脱落,另外还会出现一些畸形果,使枣果的产量以及质量受到严重影响(图 16-34c)。

3. 防控措施

采取以人工防治、悬挂性诱剂、释放天敌和施用植物源农药为核心的绿色防控技术。

(1)人工防治　清除树下杂草、枯枝、落叶,剪除病枝、刮除树皮并及时销毁。重点剪除产卵枝以及前一年夏剪剪口部位,在开春时将树皮刮掉,以降低越冬虫卵的数量。

(2)性诱剂诱捕　从绿盲蝽第一代成虫期开始之前,5 月上旬至 9 月上旬悬挂诱捕器,悬挂量 45 个/hm^2,悬挂在枣树阴面树枝上,约株高 2/3 处以上,利用人工合成的雌虫性信息素(性诱剂)诱捕绿盲蝽雄性成虫。绿盲蝽诱捕器诱芯每月更换 1 次。

(3)释放红颈常室茧蜂　在 4 月底至 5 月初,第一代绿盲蝽发生时,选择绿盲蝽越冬卵的

a.若虫　　b.成虫　　c.绿盲蝽为害状

图 16-34　绿盲蝽及为害状

孵化高峰期开始释放。调查绿盲蝽种群，按蜂∶蝽为 1∶20 的比例，连续晴天 3 次释放红颈常室茧蜂的蜂茧。根据绿盲蝽若虫孵化和发育进度，释放间隔天数为 4～7 d。在田间每隔 10～15 m 为一个释放点，每亩设置 3～4 个释放点。将含有蜂茧的释放袋用棉线悬挂在枣树阴面中部枣枝上，同时棉线上涂抹凡士林，防止蚂蚁爬入取食蜂茧。

(4)施用生物农药　用 0.5%苦参碱水剂 1100 倍液和 3.2%阿维菌素乳油 1400 倍液防治枣红蜘蛛，效果较好，且对枣树安全，可以在生产实践中推广。

4. 应用区域

适用于全国枣主产区。

5. 依托单位

北京市农林科学院，王甦、杨帆，010-51503688。

（八）枣红蜘蛛防灾减灾技术

1. 发生特点

枣红蜘蛛又称朱砂叶螨、棉红蜘蛛。

夏季高温干旱有利于枣红蜘蛛的发生与为害，气温高于 35 ℃，枣红蜘蛛停止繁殖，强降雨对其有抑制作用。北方 1 年发生 12～15 代，南方 1 年发生 18～20 代。以雌成螨在树皮裂缝、杂草根际和土缝中越冬。翌年 3 月中下旬或 4 月中旬，枣树萌芽时，初为点片发生，以受害株为中心，靠爬行或吐丝下垂，借风雨传播；6—8 月为发生高峰期，为害至 10 月中下旬越冬。具有孤雌生殖习性。卵多散产于叶背，孵化后群集于叶背基部，沿叶脉为害，并吐丝结网，在虫口密度大时，相互拥挤集结成球，聚于叶端。

2. 典型症状

以成螨(图 16-35a)、幼螨和若螨群集在嫩芽和叶片背面吸食汁液，被害芽、叶初期出现失绿的小斑点，后逐渐扩大成片，严重时叶片呈褐色、枯白色；螨口密度大时，被害叶片布满丝网，提前落叶落果(图 16-35b)。

3. 防控措施

采取以人工防治、树干涂胶和施用低毒农药为核心的无公害防控技术。

a.成螨

b.叶螨为害状

图 16-35 叶螨及为害状

(1)人工防治 利用枣红蜘蛛以卵在枣树树干皮缝、地面土壤及草根缝隙中越冬的习性,在秋冬季节刮树皮并集中烧毁和刮皮后涂白的方法杀死大部分越冬卵。早春彻底清除地面杂草,使越冬卵孵化后的枣红蜘蛛等害虫缺少食物而死亡。

(2)树干涂胶 在 4 月中下旬,应用无毒无公害粘虫胶于早春枣树发芽前,也即枣红蜘蛛上树为害之前在树干中部涂一闭合胶环,胶环的宽度视防治对象的种群密度而定,一般为 1.5～2.0 cm。密度很高时,可以适当涂宽些,或连续涂抹 2 次或 2 个胶环。2 个月左右再涂 1 次,即可阻止枣红蜘蛛向树上转移为害,防治效果可达到 95%以上。

(3)施用低毒农药 在冬枣萌芽期,也是越冬雌成螨出蛰期,树上喷 3～5 波美度石硫合剂,消灭在树上活动的越冬成螨。间隔 7～10 d,可喷施 20%双甲脒乳油 1200 倍液、苦参碱、藜芦碱、阿维菌素等选择性杀螨剂对卵及若虫进行防治。此外,抓住害螨从树冠内膛向外围扩散初期,在设施冬枣初花期使用联苯肼酯、乙螨唑、噻酮、三唑锡等喷雾防治。如果虫害基数大,在幼果期依照花前的防治办法再进行 1 次防治。另外,也可在大棚内悬挂黄色粘虫板防虫。

4. 应用区域

适用于全国枣主产区。

5. 依托单位

北京市农林科学院,王甦、杨帆,010-51503688。

六 樱桃生物灾害防灾减灾技术

(一)樱桃细菌性穿孔病防灾减灾技术

1. 发生特点

5 月左右气温升高时开始发病,7—8 月高温多雨天气大面积发生,发病迅速,1 年内可多次为害，分布广泛。

2. 典型症状

叶片发病初期，在叶片上形成半透明油浸状小斑点，逐渐扩散形成圆紫褐色大型病斑，圆斑边缘角质化，伴有水浸状黄绿色晕环。病斑潮湿时，在病斑的背面常溢出黄白色胶黏的菌脓，病害后期病斑会逐渐干枯，于病健交界处形成裂纹，病斑脱落后形成穿孔（图 16-36）；果实发病初期，在表面形成暗紫色中央稍凹陷的圆斑，病斑病原伴有水渍状。在天气潮湿情况下，病斑表面生成黄白色黏质分泌物，气候干燥时，病斑干枯出现裂纹，进一步导致果实腐烂。枝梢受害会产生两种类型，分别为春季溃疡和夏季溃疡。枝条在春季感病时，二年生枝梢上会形成较大的暗褐色水浸状疱疹块，中央凹陷，发病后形成枯梢现象。枝条在夏季感病，会在当年嫩枝上出现暗紫褐色斑点，开始时环绕皮孔出现油浸状、暗紫色斑点，斑点扩大后出现凹陷，导致皮层出现溃疡，病斑多时会导致枝梢死亡。

图 16-36　叶片穿孔症状

3. 防控措施

樱桃细菌性穿孔病防治原则是以防为主，防治结合。

（1）选用早熟品种　不同熟制的樱桃品种对细菌性穿孔病的防治效果不同。针对细菌性穿孔病发病期时间的固定性，选择早熟樱桃品种进行种植，在樱桃树抽芽、长叶和结果期都能尽量地避免在病原菌的高发期内，减少病原菌对樱桃的侵染，减少对樱桃产量和质量的影响。针对避免细菌性穿孔病菌高发情况，选用早熟品种，常见的早熟品种有红灯、早大果、红宝石和龙冠等。

（2）栽培管理防治　在种植樱桃苗前，加强对樱桃苗木、接穗中病原菌的检疫，杜绝引进带有细菌性病原的活体材料，在种植和接穗前严格进行苗木消毒，从种植栽培源头严格检测，减少病原菌寄主。

选择土层深厚、土质肥沃、背风向阳、排灌方便、便于通风透光和樱桃树生长的坡地。同时，樱桃园不能与其他果树混合种植，否则易造成细菌性穿孔病在多种果树之间传播。此外，应重视树形的修剪调整，对旺长的枝叶及时进行修剪，控制枝叶郁闭度。樱桃树的年生长量较大，应该加强生长季修剪以及夏剪，及时进行抹芽、摘心、开角拉枝等；休眠季修剪及冬剪，应将竞争枝、强旺枝、轮生枝、过密枝、徒长枝、细弱枝、病虫枝等疏除。树体通风透光，可以降低细菌性穿孔病的发病概率。

灌溉原则为少量多次。当雨量过大或者园区积水时，需开挖排水沟，积极排水，降低园区湿度，控制病原菌发病条件的形成，控制发病率。

（3）药剂防治　可在 2—3 月，春季甜樱桃发芽前，用 5 波美度石硫合剂对桃园进行消杀灭菌清园，或用 30％碱式硫酸铜胶悬剂 400～500 倍液等喷施预防，也可选用噻霉酮、中生菌素、噻菌铜、氢氧化铜等药剂。花期可用 65％代森锌可湿性粉剂 500 倍液等喷施防治，半个月喷 1 次，连喷 2～3 次。铜制剂如氧化亚铜、噻菌铜等防治细菌性病害效果较好，但是甜樱桃对铜制剂较为敏感，应避免在花期、幼果期使用。此外，可使用中生菌素、春雷霉素、宁南霉素、枯草杆菌等生物制剂以及噻唑锌等来防治细菌性穿孔病，可交替复配使用。也可参考桃细菌性穿孔病进行防治。

（4）注意事项　上述药剂需交替施用或先后组合施用。施药时，一定要用够药量、均匀细雾喷施。密切关注天气状况，台风及雨水后应及时喷施药剂。

4. 应用区域

适用于全国樱桃主产区。

5. 依托单位

扬州大学，朱峰、纪兆林，0514-87979344。

（二）樱桃枝枯病防灾减灾技术

1. 发生特点

该病常发生于樱桃树枝干，芽、嫩枝或老枝也可侵染。病菌以分生孢子器或菌丝体在病部组织内越冬，条件适宜时产生大量的两型分生孢子"借风雨传播，侵入枝条，以后病部又产生分生孢子进行多次再侵染。3～4 年生樱桃树受害重。

2. 典型症状

枝条病部皮层松弛，稍皱缩，病部上生有黑色小粒点。粗枝发病，病部四周隆起，中央凹陷，呈纵向开裂，严重时木质部外露，病部生浅褐色隆起斑点，常分泌树脂状物。此外，该病也可导致樱桃芽枯死，不能萌发。病枝上产生的小黑点为病原菌的分生孢子器，内含两种类型分生孢子：一种为椭圆形，单胞无色，两端各具 1 个油球；另一种为丝状，也单胞无色，一端明显呈弯曲状。该病可造成枝条大量枯死，影响树势（图 16-37）。

a.芽枯死（李洪雯 提供）　b.枝条枯死（张序 提供）　c.主枝开裂枯死（张序 提供）

图 16-37　樱桃枝枯病症状

3. 防控措施

（1）农业防治　加强管理，强健树势，提高树体抗病能力。增施有机肥，根据需水规律，在生长期做好肥水管理。同时注意保护树体，尽可能减少冻害、日灼、机械损伤、虫害等造成的伤口，有条件的可在冬季采取束草防冻措施。结合夏季修剪，清除病枝；冬季清洁果园，将剪除或落在园中的病枝烧毁或深埋，以杜绝或减少菌源。

(2)化学防治　冬剪后、抽芽前喷1%等量式波尔多液，或12%绿乳铜悬浮剂600倍液，或3～5波美度石硫合剂。4—6月(樱桃树生长季)对发病部位喷50%甲基硫菌灵·硫黄悬浮剂800倍液、25%吡唑醚菌酯悬浮剂1000倍液、43%戊唑醇悬浮剂3000倍液等，对病害进行控制。病害严重时，要增加用药次数。秋季落叶时，用上述药剂进行防治，可以保护伤口，减少病菌侵染越冬，从而对来年病害控制有一定作用。

(3)注意事项　上述药剂需交替施用，施药时，一定要用够药量、均匀细雾喷施。密切关注天气状况，台风及雨水后应及时喷施药剂。

4. 应用区域

适用于全国樱桃主产区。

5. 依托单位

扬州大学，杨丽娜、纪兆林，0514-87979344。

（三）樱桃流胶病防灾减灾技术

1. 发生特点

流胶病可贯穿樱桃的整个生长季，一般于春季发生，生长前期对树体影响不大；生长后期，从6月开始表现较为明显，其主干和主枝极易受侵染。樱桃流胶病可分为侵染性流胶和非侵染性流胶，属于病原菌侵染和生理性病害共同引起的病害。雨后流胶加重。凡影响树体正常生长发育和生理代谢的因素，均可引起流胶，树龄越大、树势越弱，越易发生。

2. 典型症状

发病初期伤口处开始膨大至渗出半透明胶质，后逐渐膨胀，状似“果冻”，干燥后凝固，呈黑褐色或红褐色(图16-38)。严重时可致树体分裂，韧皮部腐烂坏死，营养运输受阻，使树势衰弱、叶色发黄。老树和弱树比幼树更容易发病。

图16-38　樱桃枝条上不同程度的流胶

3. 防控措施

樱桃流胶病病原复杂，树体本身及所处环境均可作为引发流胶病的诱因，甚至可交叉影响，因此对樱桃流胶病的发生还是以预防为主、防治结合，综合运用物理、生物等绿色防控技术进行整体治理。

(1)改变管理方式　施肥以有机为主，无机为辅，氮、磷、钾等大元素与中微量元素相结合；及时排灌，提高土壤肥力及降低土壤黏度，增强树体自身抗性；中后期控制氮肥用量；及时防治樱桃根部病害。

(2)适度修剪　修剪时注意加大分枝基角。通常，分枝基角过小易造成劈裂，病菌容易侵入，从而产生流胶；修剪后及时在锯口处涂药，日常管理时也尽量规避机械伤口，秋末及时涂白树体主枝及大枝，驱赶虫害，防止冻害。

(3)与其他植物间作　在果园樱桃树间种植草本植物，如三叶草、毛叶苕子等，可以平衡果园微量元素，减少病虫害的发生，从而降低流胶病的发病率。

(4)药剂防治　在开春后，将病树周围垄一圈土，1～3 年生樱桃树，每棵用多菌灵可湿性粉剂 300 倍液 100 g 灌根处理，3 年以上的樱桃树，每棵灌根 200 g，坐果后再灌 1 次；生长过程中发现流胶，及时用刀片刮除干净，再用 50%退菌特可湿性粉剂∶50%硫黄悬浮剂(1∶5)加水调成混合液涂于伤口处，或可选用生石灰∶石硫合剂∶食盐∶植物油(10∶1∶2∶0.3)加水调成混合液涂于伤口，再用干净棉布剪成条状浸透上述药液将伤口包住。涂抹后 5～7 d，流胶会消失。若流胶严重时，在用刀片刮除流胶后，涂抹生石灰，效果更佳。

4. 应用区域

适用于全国樱桃产区。

5. 依托单位

扬州大学，董京萍、纪兆林，0514-87979344。

（四）樱桃褐腐病防灾减灾技术

1. 发生特点

病菌主要以菌丝在落地病果及树上僵果中越冬。第二年春季樱桃开花时从病僵果中直接产生分生孢子。分生孢子借风雨、气流、昆虫、农事操作等传播。因其具有潜伏侵染特性，可严重为害贮运期果实。

2. 典型症状

果实从幼果至成熟期均可发病。一般年份幼果发病较少，近成熟时发病重。幼果发病时，初期在果面上产生针头大小的褐色小点，后扩大为茶褐色病斑，不软腐；果实成熟时发病，果面初现褐色小斑点，如条件适宜，病斑迅速蔓延发展，在数天内即可扩至全果，果肉变褐软腐，以后在病斑的表面生出灰褐色粉状物。病果腐烂后有的脱落，有的失水干缩变成僵果，悬挂在树上(图 16-39)。

3. 防控措施

(1)重视果园清洁状况　结合修剪，彻底清除树上僵果，春季清扫地面落叶、落果。生长季节随时清理树上和树下的僵果、病叶、病果，集中销毁或深埋，以消灭菌源。

(2)加强栽培管理　新建樱桃园时，应选择地势较高、排水条件良好的沙壤土，栽植密度要合理。搞好樱桃园的排水设施，降低果园湿度。合理修剪，及时疏花，控制负载，使树体通风透

图 16-39 褐腐病菌侵染的成熟果实(左)和幼果(右)

光,减少郁闭。增施有机肥,减少氮肥用量,适量增加磷、钾肥和钙肥的用量,提高树体抗病力和抗裂能力。农事操作时,避免对果实造成伤口。

(3)及时防治害虫 椿象类、食心虫类等害虫不但传播病菌,而且还会造成伤口,有利于病菌侵染。因此,应及时喷药防治害虫,减少病菌的侵入。

(4)适时进行药剂防治 花芽萌动前,结合防治其他病虫害对全园普喷 1 遍 3～5 波美度石硫合剂,可有效压低菌源基数。谢花后和采果前 20 d 各喷 1 次杀菌剂。如果在谢花后至果实硬核期降雨频繁,应加喷 1 次杀菌剂。应选用高效、低毒、低残留药剂并交替使用。可选用的药剂有 52.5%异菌脲·多菌灵可湿性粉剂 1000 倍液、16%咪鲜胺·异菌脲悬浮剂 1000～1200 倍液、43%戊唑醇悬浮剂 5000 倍液,或 65%代森锌可湿性粉剂 400～600 倍液等。

4. 应用区域

适用于全国樱桃主产区。

5. 依托单位

华中农业大学,尹良芬、罗朝喜,027-87281242。

(五)樱桃灰霉病防灾减灾技术

1. 发生特点

病菌以菌核、菌丝体或分生孢子在病果、病叶上越冬,樱桃展叶后,分生孢子随风雨、气流传播侵染。露地栽培条件下,花期或果实近成熟时遭遇低温、阴雨天气易于发病;保护地栽培时,棚内湿度过大、通风不良、温度过低或光照不足,极易发生此病,且流行迅速。在棚栽环境下,扣棚后病菌即可繁殖蔓延,在末花期至揭棚前均可发病。

图 16-40 灰霉病菌侵染的果实

2. 典型症状

该病可为害幼果及成熟果。初侵染时病部水渍状,后扩大成不规则大斑,在病部表面密生灰色霉层,最后病果干缩脱落(图 16-40)。

3. 防控措施

（1）农业防治　及时清除树上和地面的枯枝落叶，集中深埋；加强果园管理，合理施肥浇水，培养壮树，施用中微量元素，提高树体抗病能力。果实生长季节及时清除树上和地面的病果，减少病原。设施大樱桃如在现蕾期至谢花期遇雨雪天气，可视情况降低棚内湿度、提高棚内温度和补充光照。

（2）药剂防治　选用效果突出、内吸性好、对花器和蜜蜂安全的化学药剂，如异丙噻菌胺、氟唑菌酰羟胺等，在大樱桃的现蕾期和谢花期进行喷施，能显著提高坐果率，降低灰霉病的为害。为延缓药剂抗性的产生，建议同种药剂 1 个生长季用药不超过 2 次，并注意与其他种类药剂混合使用。在大棚内灰霉病侵染发生期，可用烟雾剂熏蒸大棚，即每亩大棚用 10%速克灵烟雾剂 400 g，在树的行间分 10 个点燃烧，封棚 2 h 以上再通风。

4. 应用区域

适用于全国樱桃主产区。

5. 依托单位

华中农业大学，尹良芬、罗朝喜，027-87281242。

（六）樱桃黑斑病防灾减灾技术

1. 发生特点

黑斑病病原菌为链格孢，以分生孢子和菌丝体在病果组织中越冬。分生孢子可通过风雨传播，引起初侵染。随后新旧病斑上陆续产生分生孢子，引起再侵染。该病采收前后均可发生，气温在 24～28 ℃，同时连续阴雨时，有利于黑斑病的发生与蔓延。肥料不足，或偏施氮肥，排水不良，修剪整枝不合理，植株过密，均有利于此病的发生。

2. 典型症状

该病常在果柄萼洼处发病，形成黑色病斑。初期果面上形成褐色圆形或不规则斑点，后逐渐扩展蔓延，病斑上开始着生白色或灰绿色菌丝；患病后期，果面完全被白色或灰绿色菌丝覆盖，果实表面出现一定程度的凹陷和开裂，最后腐烂病果直接脱落于地表。该病也为害叶片，常形成黄褐色圆形病斑（图 16-41）。

图 16-41　樱桃黑斑病症状

3. 防控措施

(1)合理修剪，彻底清园，减少越冬菌源　结合冬季修剪适当疏枝，增强树冠通风条件；彻底剪除病枝，摘除僵果，用涂抹剂处理剪锯口，防止病原菌侵染伤口。将落叶、落果、病枝集中深埋，以消灭越冬病源。

(2)合理施肥，增强树势　结合深耕改土、行间生草等土壤改良方法，施用有机肥，合理施用化肥，提倡配方施肥，控制化肥施用量，促进根系和树体健壮。

(3)药剂防治　花芽萌动前，喷施 5 波美度石硫合剂，以消灭枝干上的越冬病菌。在果树生长期，一般在落花后至幼果期喷药保护，常用药剂有 50%异菌脲(扑海因)可湿性粉剂 800～1500 倍液、65%代森锌可湿性粉剂 500～600 倍液、12.5%烯唑醇可湿性粉剂 2500～4000 倍液、25%吡唑醚菌酯乳油 1000～3000 倍液、24%腈苯唑悬浮剂 2500～3000 倍液，喷药间隔期 10 d 左右，共喷药 2～3 次，注意轮换用药。

果实采后可喷施生物制剂壳聚糖、水杨酸等。壳聚糖可使果实表面伤口木栓化，堵塞皮孔，减少真菌侵染；水杨酸可诱导植物积累病程相关蛋白，从而使果实产生对病原菌的抗性。同时可使用抑制病菌生长的钼酸铵、焦亚硫酸钠、过氧乙酸等，其中，钼酸铵、焦亚硫酸钠可有效抑制菌丝生长；过氧乙酸作为强氧化剂，可以有效抑制果实上的致病菌。

4. 应用区域

适用于全国樱桃主产区。

5. 依托单位

华中农业大学，罗朝喜，027-87281242。

（七）樱桃果蝇防灾减灾技术

1. 发生特点

该虫均以蛆状幼虫钻蛀为害樱桃果实，果实近成熟期时为害最重。果蝇产卵于果皮下，早期不易被人发现，常会随销售果进入市场或进行远距离传播，在货架期发育成幼虫，被消费者发现而引起恐慌，导致大量樱桃难以售出。

2. 典型症状

樱桃被害果面上有针尖大小的虫眼(蛀果孔)，虫眼处果面稍凹陷，色较深，果内有虫粪，造成受害果软化，表皮呈水渍状，果肉变褐，腐烂(图 16-42)。

图 16-42　樱桃果蝇为害症状

3. 防控措施

(1)农业防治　合理布局品种，避免晚熟、皮薄、容易破裂的品种大面积连片栽植。建议种植早熟品种，避开果蝇的发生为害期；同一种植区品种成熟期保持一致，避免早、中、晚熟品种混栽，减少害虫转移为害。在樱桃果实膨大着色期，清除园内杂草和果园周边的腐烂垃圾，及时捡拾干净园内外的落果、烂果，带出园外集中浸泡到浓食盐水里，杀灭果实内的卵和幼虫。及时排除园内积水。施用有机肥后及时覆土覆盖。成熟后及时采收，避免晚采。

(2)物理防治　在成虫发生期，用红糖∶醋∶酒∶清水按1∶1∶3∶6，配制成糖酒醋液；将装有糖酒醋液的塑料盆放于樱桃园树冠荫蔽处，高度1.5 m左右，每亩放10～15盆。定期清除盆内成虫，及时补充糖酒醋液。根据果蝇趋性，建议用黑板和绿板进行果蝇成虫的监测及防控，高度以樱桃主要着生位置为宜。果实膨大期使用60目和80目防虫网的枝干网套法防治樱桃果蝇，或在樱桃成熟期之前在果园覆盖40目防虫网。

(3)生物防治　充分保护和利用樱桃园的自然天敌昆虫，例如捕食性天敌昆虫(蚂蚁、步甲、捕食蝽、隐翅虫等)和寄生性天敌昆虫(环腹瘿蜂、锤角细蜂、茧蜂等)，在果实生长期释放防治。利用白僵菌、绿僵菌及其他昆虫病原微生物，在果树萌芽期、开花前及果实生长期喷施，控制果蝇数量。

(4)化学防治　在冬季果树休眠期及果树萌芽前结合清园，喷施3～5波美度石硫合剂，用以杀死越冬虫卵。4月下旬和5月中旬前后，在果园地面及周边杂草各喷施1次48%毒死蜱乳油1000倍液或辛硫磷乳油800倍液，降低果园土壤中虫源基数；果实转色期使用60 g/L乙基多杀菌素悬浮剂1500倍液和1%苦参碱可溶液剂1000倍液防治。果实采收后，选用菊酯类药剂喷施树体，重点喷施树冠内膛，减少翌年园内果蝇的发生及为害。

4. 应用区域

适用于北方樱桃主产区。

5. 依托单位

北京市农林科学院，郭晓军、杨帆，010-51503335。

第十七章

香蕉体系防灾减灾技术

一、香蕉非生物灾害防灾减灾技术
（一）香蕉风害防灾减灾技术
（二）香蕉冻害防灾减灾技术
（三）香蕉旱害防灾减灾技术
二、香蕉生物灾害防灾减灾技术
（一）香蕉褐足角胸叶甲防灾减灾技术
（二）香蕉黄胸蓟马防灾减灾技术
（三）香蕉黑带象甲防灾减灾技术
（四）香蕉斜纹夜蛾防灾减灾技术
（五）香蕉枯萎病防灾减灾技术
（六）香蕉叶斑病防灾减灾技术
（七）香蕉细菌性软腐病防灾减灾技术
（八）香蕉黑星病防灾减灾技术

一 香蕉非生物灾害防灾减灾技术

（一）香蕉风害防灾减灾技术

1. 发生特点

香蕉属大型草本果树，叶片少而叶面积大，根系浅，没有主根，茎秆高，高位抽蕾，抗风性差。我国的香蕉主产区除云南省外，其他省份均为滨海地区，绝大部分产蕉区每年都面临风害，每年有8～10次台风登陆或影响海南、广东、福建和广西等沿海地区，带来大风和暴雨，影响范围大，香蕉植株被吹断、倒伏，同时造成涝害，损失巨大。

2. 典型症状

受大风侵袭较易产生风害，轻者根叶受伤，重者蕉株倒伏折断（图17-1）。尤其当蕉株进入抽蕾挂果期后，果穗较重，遇强风和台风更易产生风害而受损，严重时会导致失收。

图17-1 蕉园受大风侵袭状

3. 防控措施

（1）避风季节种植　冬季气候较温暖且台风发生频率较高的蕉区，可通过选择定植期和留芽期，配合栽培过程的水肥调控措施，使蕉株抽蕾挂果期避开台风发生频率高的7—10月，即采收期在3—6月。

（2）避风区域建园　选择有自然避风的地形和种有防风林带的区域建立蕉园，或在蕉园周边种植适量的大蕉。大蕉抗风力较强，也有一定减轻风害的作用。

（3）选种抗风种苗　不同香蕉类型抗风能力不同。一般大蕉的抗风力最强，粉蕉次之，香芽蕉较差。一般中矮秆香蕉品种抗风能力相对较强。因此，在风害发生较多的蕉区，宜选用中秆的品种，如宝岛蕉、巴西蕉。此外，组培种苗长成的蕉株比吸芽苗和留芽苗的蕉株明显矮化，其抗风能力也较强。

（4）培育健壮蕉株　假茎粗大矮壮的蕉株抗风力强。香蕉生产中，采用开沟种植、留芽蕉培土、增施有机肥、氮磷钾平衡施肥、加强防治蛀食蕉株的象鼻虫等病虫害，培育健壮蕉株，可有效增强蕉株抵抗风害的能力。

（5）设立增强防风效果的辅助设施

①拉防风绳。蕉株抽蕾挂果后，及时用防风绳在抽蕾蕉株的把头和周边蕉行相邻蕉株假茎的中下部拉紧绑扎，使蕉株间互相牵拉，从而获得较好的防风抗倒效果。

②立防风杆。蕉株长到1.5～2 m时，在蕉株的旁侧土中打一个深40～50 cm的洞孔，竖竹竿或木杆，下端插入洞中固定。随蕉株不断长高，用绑绳在蕉株的下部（离地约0.7 m处）、中部（离地面约1.6 m处）和把头部位，与立杆绑在一起，捆绑处绳子应松紧适度。对果穗产量较高的蕉株，立双杆对支撑果穗和防风可获得更好的效果（图17-2）。

a.立杆状　　b.立杆与蕉株绑接状

图 17-2　立防风杆蕉园

③搭防风架。防风架类似于建筑上的脚手架，具有抵御强风的能力，能显著提升香蕉植株的抗倒伏和抗折断力，可应用于强风频发、风害严重的产区蕉园，能有效抵御强风，显著降低风害造成严重损失的风险(图 17-3)。

a.完成搭架蕉园一角　　b.开始搭架蕉园（上）、宽窄行蕉园搭架（下）

图 17-3　搭防风架蕉园

(6)风灾后应对技术措施　风灾后可根据蕉株受害程度和发育时期采取不同的技术措施：若蕉株未发生折断，仅被吹倾斜，苗期和矮小的营养生长期蕉株，多可自然恢复，不必人工扶正；生育后期较高大的蕉株，则无法自然恢复，需人工扶正并利用拉杆固定，同时割除断叶，培土固定后淋足量的定根水，防止因蕉株根部受伤而死亡；已抽蕾的蕉株，应适当除去 2～3 梳果指。若蕉株已发生折断，对苗期和矮小的营养生长期蕉株，可在折断处下方割除上部，增施肥水，促生新叶；若受损蕉株处于营养发育后期，较高大且尚可抽生7～8片新叶，可采取割除上端折断部分，并加强肥水管理，保留母株继续长新叶、抽蕾挂果，也可获得一定收成，且受灾年份市场蕉价相对会较高，可弥补一定的经济损失；若折断蕉株已抽蕾，为折断留头蕉园或长势较差的蕉园，其留吸芽再生能力差，没有补救价值，可重新种植或改种其他短期作物。

4. 应用区域

适用于全国香蕉主产区。

5. 依托单位

广西大学，冯斗，0771-3235612。

（二）香蕉冻害防灾减灾技术

1. 发生特点

香蕉是典型的热带亚热带果树，耐高温、怕低温霜冻，最适生长温度为24～32 ℃，当温度低于20 ℃时生长速度放缓，低于12 ℃时果实会受到寒害，低于10 ℃时生长完全被抑制，低于5 ℃时植株各器官受冻，0 ℃以下时地下部分被冻死。气温越低，持续期越长，受害越严重。我国绝大部分香蕉产区都易受到冬春寒流的侵袭，使我国蕉园常遭受寒流破坏。

2. 典型症状

香蕉怕低温、忌霜雪，耐寒性比大蕉、粉蕉弱，生长受抑制的临界温度为10 ℃，降至5 ℃时叶片受冷害变黄，降至1～2 ℃时叶片枯死。在每年的12月到翌年的2月，福建、广东、广西和云南等较高纬度地区，常有霜冻或低温寒害为害，给香蕉生产造成严重损失。

3. 防控措施

1）选择适宜区域种植

最适宜区的环境最适合香蕉种植；适宜区符合种植香蕉的条件；次适宜区风险较高，种植香蕉需慎重；不适宜区不建议种植香蕉。

依气温条件划分种植区域如下（以广西为例）。

（1）最适宜区　年平均气温22.5 ℃以上，最冷月的均温14.2 ℃以上，大于或等于22 ℃的持续天数210 d以上。

（2）适宜区　年平均气温21.9～22.5 ℃，最冷月的均温12.5～14.2 ℃，大于或等于22 ℃的持续天数180～210 d。

（3）次适宜区　年均温20.5～22.0 ℃，冬季最冷为1月和2月，月均温11.8～12.5 ℃，大于或等于22 ℃的持续天数180～190 d。

（4）不适宜区　除上述最适宜区、适宜区和次适宜区的县市以外，其余基本上是不适宜区。

2）合理安排产期

合理安排香蕉的种植和留芽时期，抽蕾期、花芽分化期和果实生长期等温度敏感期不宜安排在易受冻时间段。

3）冻害预防措施

（1）提前施肥　为增强植株的抗寒能力，11月下旬至12月上旬重施1次越冬肥，以有机肥为主，每株施肥量为5～7 kg，氯化钾或复合肥100～150 g，撒施于距根部0.3～0.6 m处，与土混匀后培土至根部。尽量少施或不施氮肥。

（2）新植苗盖天地膜　秋冬新植苗，12 月上旬完成小拱膜搭盖（图 17-4）。当膜内温度高于 35 ℃时，揭开膜的两头或开洞降温（图 17-5）。

图 17-4　盖天膜

图 17-5　及时开洞降温

（3）宿根吸芽苗盖地膜　香蕉种植畦面全覆盖厚度为 0.008～0.01 mm、宽度约 2 m 的白色或黑色地膜，地膜遮盖蕉头，膜边用泥土压实，以保持土壤湿润，提高土温。

（4）挂果香蕉套袋避寒　挂果香蕉套袋避寒越冬，增加珍珠棉袋和套袋的长度，有利于提高套袋内温湿度，由“定型袋＋蓝袋”改成“定型袋＋珍珠棉袋＋蓝袋”模式，蓝袋长约 180 cm，珍珠棉袋长约 150 cm，定型袋长约 130 cm。套袋前注意进行黑星病等病害的防控工作。

4. 受冻害应急措施

（1）增加土壤含水量　在预报霜冻到来前 1～2 d 喷、滴水，湿润蕉园，缓和降温幅度，增加近地面空气湿度，保存地面热量，可以有效减轻危害。

（2）喷水防寒解霜　有条件的蕉园，在霜冻发生的当天清晨或刚开始结霜时，用水喷洗蕉叶表面，可缓解霜害。

（3）熏烟防霜　在霜冻来临的当晚，可用稻草、木屑、甘蔗渣等作熏烟材料，当晚上气温降至 5 ℃时就开始点烟，1 亩地约 2 堆即可，可减轻霜害。

（4）吸芽苗截茎盖天膜　将老苗或大苗离地约 50 cm 处截茎做支撑，吸芽离地约 20 cm 处截茎，覆盖 0.002～0.014 mm 的白色天膜，压实膜边。当膜内温度高于 35 ℃时揭开天膜两头或开洞降温。气温稳定在 15 ℃以上时，增施氨基酸肥 50 g/株促根。

5. 受冻害恢复性措施

（1）轻微受冻害　只伤及叶片及果实，未伤及内部，在气候条件适宜的情况下，进行正常的水肥管理，植株即可恢复生长。

（2）中度受冻害　心叶及假茎外层受冻严重，但生长点完好时，为挽救植株，让新的叶片尽快生长出来，在观察受冻情况时，需区分霜冻和冻雨危害。冻雨较霜冻危害严重，需解剖查看香蕉生长点是否完好，生长点完好按轻度受冻处理，生长点受损按重度受冻处理。中度受冻见图 17-6。

1.0 m 以下植株（含新植蕉）应加强水分管理，气温稳定在 15 ℃以上时增施氨基酸肥

a.新植株中度受冻　b.宿植蕉中度受冻

c.越冬植株中度受冻　d.越冬蕉中度受冻

图 17-6　香蕉植株中度受冻状

50 g/株促根，促使植株抽新根发新叶。

株高 1.0～1.5 m 植株，当日均气温回升到 10 ℃以上时，用利刀在离地面 20～30 cm 处割除上部被冻坏的假茎，增施氨基酸肥 50 g/株促根，促进抽新根发新叶。当白天气温回升至 15 ℃以上时，及时追肥，以水肥为主，增强水肥管理，待恢复后按正常水肥管理。

株高 1.5 m 以上植株，当日均气温回升到 10 ℃以上时，平地挖除吸芽，促发新芽，增施氨基酸 50 g/株促根，促进新芽重新长出。当白天气温回升至 15 ℃以上时，及时追肥，以水肥为主，增强水肥管理，待恢复后按正常水肥管理。

挂果越冬植株，及时查看挂果受冻情况，饱满度在 5 成以上可采收的香蕉尽快采收。蕉果采收完毕后，参考株高 1.5 m 以上植株的恢复性措施进行管理。

(3)严重受冻冻害　严重受冻可致植株死亡(图 17-7)。严重受冻害恢复措施包括加强水肥管理、挖除吸芽、促发新芽等。严重受寒冻害香蕉的生长点死亡(图 17-8)，但球茎未死亡，待气温稳定后，挖除吸芽，及时清园和加强水分管理，促使新芽生长，筛选长势一致的新芽定株，其余吸芽及时挖除。如果发现完全冻死的植株要及时挖除，并重新补种或相邻植株留双株。操作方法与中度受寒冻害 1.5 m 以上植株类似。

(4)极严重受冻害　极严重受冻害的香蕉生长点和球茎死亡，待气温稳定后，及时清园，在行间挖坑重新种植 10 叶以上新苗，植后按春植苗管理。

4. 应用区域

适用于全国香蕉主产区。

5. 依托单位

广西壮族自治区农业科学院生物技术研究所，邹瑜、苏祖详，0771-3243484。

图 17-7　受冻植株死亡

图 17-8　植株生长点坏死

（三）香蕉旱害防灾减灾技术

1. 发生特点

香蕉是大型草本植物，生长迅速，生长量大，各器官含水率超过 80%。然而，香蕉的根系浅，叶面积大，蒸腾率也高，生长旺盛期需水量很大。水是香蕉生长发育的第一要素，缺水极易发生旱害。香蕉最适月均降水量 100～200 mm，且分布均匀，任何月份降水量少于 50 mm 又不能通过灌溉补水时，就会发生严重旱害。

2. 典型症状

（1）新植蕉受旱症状　云南新植蕉苗多在 3—5 月移栽，但此时正值旱季，高温少雨，缺水会不利于蕉苗的成活、施肥打药和后期长势。生长前期缺水，植株生长缓慢、营养器官发育不良，推迟抽蕾，花量减少（图 17-9）。果期缺水，会导致果指短、单产低。

图 17-9　缺水导致宿根蕉的吸芽生长缓慢

(2)宿根蕉受旱症状　干旱会导致宿根蕉的吸芽生长缓慢,影响留芽质量,造成当造蕉甚至下造蕉减产。如果留苗推迟,收获期将会推迟,可能造成上市"撞车"。

此外,香蕉干旱常伴随高温,会加快香蕉成熟,一旦采收不及时,很容易过度成熟,甚至树上黄熟,采后运输途中易青熟,造成损失。

3. 防控措施

(1)改善水利条件,提高水资源供给能力　云南水资源相对丰富,但时空分布不均,工程性缺水严重,应加大"五小水利工程"建设。在水源不足的雨养香蕉种植区,兴建小水窖、小水池、小泵站、小塘坝、小水渠,利用丰水期蓄水存水。在地下水丰富的产区,如徐闻县,适合打深井抽水灌溉。在红河、怒江等干热河谷水库区,推广光伏提水站。

(2)选择抗(耐)旱品种　一般 ABB 基因型的粉蕉抗旱性较强,如金粉 1 号、广粉 1 号、粉杂 1 号(苹果粉)和云南本地粉蕉等;AAB 类的大蕉次之,如中山龙牙蕉和本地牛角蕉等;AAA 类的香芽蕉最弱,如巴西蕉、桂蕉 1 号和 2 号等,但少数香芽蕉,如红河矮蕉等,有较好的抗旱性。可依据种植地水资源分布情况选择不同类型的品种。干旱胁迫易加重香蕉枯萎病,如要种香芽蕉,尽量选择南天黄、宝岛、桂蕉 2 号和中蕉 8 号等抗病品种,但要配套抗旱栽培措施。

(3)推广节水灌溉抗旱栽培模式,提高水资源利用率　如缺水任何措施均无济于事,所以要做到有水可用,有水能用,努力扩大灌溉面积。推广应用节水灌溉技术(管灌、微灌、膜下滴灌等)及抗旱栽培模式。

①新植蕉保苗和保移栽。推荐膜下喷滴灌技术。不具备用水条件的,建议推迟移栽期,待下雨时及时移栽。移栽前施足有机底肥+保水剂。选择早或晚移栽,插树枝、草枝或蕉叶遮阳护苗,防止太阳灼伤幼苗。避免高温时浇水和高浓度施肥。特别干旱时不建议刚移栽时使用吸水性强的保水剂,因为会与蕉苗争水。及时巡查死苗缺苗,及时补种。

②宿根蕉园要及时铲除多余吸芽,保证留芽质量。3—5 月是云南宿根蕉留芽定苗的关键时期,定好芽后除掉多余的吸芽,疏掉老枯病叶,减少蒸腾作用,防止其与留苗争夺水分营养,影响后期长势、产量和质量。收获后也要及时砍掉母株上部,减少蒸腾,但要保留 1.2 m 以上茎秆,利用采后母株残留的水分和养分供吸芽生长。推荐节水节肥的假茎精准施肥提苗技术——"钉子肥"技术。

③ 坡度较大的山地蕉园采用等高线"坡改台(梯)+沟(槽)穴+膜下滴灌"栽培模式。坡坎杂草应尽量保留,实行自然生草,涵养水源,减少水土流失。

④缓坡旱地宜采用"沟(槽)+双膜(天地膜)+喷滴灌"栽培模式。香蕉种于沟(槽)内,盖"地膜"和"天膜"(参考广西的"三避"栽培模式),而畦(垄)上可套种其他作物。该模式同时具抗旱、防寒、避雨及防杂草功能。

⑤ 推荐免耕少耕,间套种和活(或死)覆盖,减少水分蒸发。尽可能少动土,用地膜、绿肥(生草)、枯蕉叶和其他秸秆覆盖,或间套种其他作物。

(4)合理增施有机肥,能保肥保水,提高植株抗旱性　施足有机底肥和埋施固体有机肥可保水,推荐以液体生物有机肥为主的水肥共施技术。叶面喷施氨基酸等液体有机肥、5%～6%草木灰浸出液或 0.2%～0.3%磷酸二氢钾加 0.1%～0.3%尿素混合液等,共喷施 2～3 次。

(5)及时采收,采后预冷处理　高温干旱情况下香蕉成熟很快,以 7～7.5 成熟度采收为宜,防止树上黄熟,避免烂在地里才是当务之急。增加土壤和空气湿度,对调节小气候有一定作用，如喷滴灌、覆盖和喷施叶面肥，剔除老病叶减少蒸腾等方法，并及时除掉蕉园中黄熟香蕉，以免产生乙烯加速其他香蕉成熟。长期措施是建设预冷设施，如地头冷库，既可缓解旱情下采收不及时造成的压力，又可调节上市时间和提高香蕉货架期。

（6）预防旱灾后病虫害暴发　重点监测和预防交脉蚜、红蜘蛛、斜纹夜蛾和叶跳甲等“喜旱”害虫，早防早治是关键。可选择节水的植保器械，如雾化效果好的喷雾器、弥雾机和烟雾机。

①蚜虫和蓟马。可挂黄板或蓝板监测和诱杀，浇水保湿，减少虫卵孵化；全株喷施螺虫乙酯、吡蚜酮、吡虫啉等杀虫剂，间隔7～10 d，喷2～3次。

②斜纹夜蛾和叶甲等。这类害虫喜欢聚集在香蕉心叶喇叭口，早晚时重点喷雾喇叭口可节水节药。斜纹夜蛾晚上喜欢到地面活动，以幼虫为害心叶，但化蛹和成虫产卵在土壤和植物残体上，因此土壤表面也要喷药；防红蜘蛛要注意蕉叶两面喷雾，特别注意喷叶片背面。

③叶跳甲和飞蝗。推荐使用弥雾机和烟雾机，防控效果较好，且节水节药。

④加强草地贪夜蛾和蝗虫等跨境入侵的危险性有害生物的预测预报。

（7）预防旱灾后的洪涝灾害　俗话说“大旱之后必有大涝”，虽没必然联系，但近年云南旱灾后，局部蕉区常遇暴雨，甚至伴随冰雹，造成洪涝灾害和风灾。枯水期越长，发生洪水的可能性就越大。因此，思想上不能麻痹，应利用抗旱之机，兴修水利，特别要关注天气预报，提前预警，做好防汛准备工作。

4. 应用区域

适用于全国香蕉主产区。

5. 依托单位

云南省农业科学院农业环境资源研究所，李迅东，0871-65892205。

二　香蕉生物灾害防灾减灾技术

（一）香蕉褐足角胸叶甲防灾减灾技术

1. 发生特点

褐足角胸叶甲在不同地区发生代数不同，1年发生2～4代，有世代重叠，1年中都有成虫发生，并均以各龄幼虫在土壤中越冬。每年4—5月，越冬幼虫化蛹出土，暴发性强，为害极其严重。降雨利于幼虫化蛹和成虫成批出土为害，雨热同季、高温高湿利于种群繁殖与发生为害。成虫能飞善跳，具假死性，白天晚上均能活动取食，晚上取食较多，可以单个或群集为害；无趋光性，喜欢在阴暗隐蔽的地方活动，如新叶喇叭口内和花蕾的苞片内。幼虫生活在土壤中，为害植株根部，并在土壤中化蛹羽化。沙土、无喷灌条件、有杂草、不覆盖地膜的蕉园幼虫和成虫密度较大。

2. 典型症状

褐足角胸叶甲主要为害香蕉的嫩叶和幼果，在香蕉的叶和果实上形成斑点。为害症状主要有：①成虫取食香蕉叶片正面表皮与叶肉，残留叶背表皮，造成叶片缺刻，形成虫斑，被害叶片出现不规则褐色弯曲的焦黑色蛀蚀状，其分泌物及粪便还污染嫩叶，使嫩叶先焦黄后变焦黑。②成虫取食香蕉幼果表皮和苞片内表皮，被害嫩果在果皮上形成不规则褐色弯曲的焦黑色蛀蚀状，蕉果受害后，其缺刻随着果实的膨大而增大，在果皮上形成一道道黄褐色的缺刻斑，严重影响香蕉果实的外观品质，降低香蕉价值(图 17-10)。

图 17-10　褐足角胸叶甲为害香蕉状

3. 防控措施

加强田间监测和虫情调查，在害虫发生造成为害前及时进行防治。

(1)农业防治　在冬季和春季翻耕土壤或追肥时适当翻土，破坏其栖息场所，恶化幼虫和卵的栖息环境，能有效减少来年虫源。清洁田园，及时清除田间落叶、田边杂草，恶化褐足角胸叶甲越冬环境，及时清除无用的吸芽苗；在 3 月下旬或 4 月上旬幼虫化蛹期间，在为害区香蕉地进行土壤灌水，地面施药或覆盖薄膜，能有效降低虫口基数。花蕾抽蕾后，可用网袋套住花蕾，防止褐足角胸叶甲为害。

(2)人工捕杀　褐足角胸叶甲成虫喜群集于香蕉心叶喇叭口和花蕾苞片内为害，可利用其假死习性，收集害虫，集中杀死。

(3)生物防治　选用白僵菌(含孢子 100 亿个/g)300 倍液，苏云金杆菌粉剂(含活芽孢 100 亿个/g)500～1000 倍液等对土壤进行喷淋，可杀灭生活在土壤中的幼虫，降低发生虫口基数。

(4)化学防治　防治褐足角胸叶甲的最佳时期为成虫发生高峰期，在成虫盛发期选用适宜的药剂均匀喷洒香蕉叶、假茎和蕉园地面，可杀死刚羽化的成虫和到地面产卵的成虫。可轮换交替选用 48%毒死蜱乳油 1000 倍液、48%乐斯本乳油 1000 倍液、1.8%阿维菌素+18%杀虫双水剂 300 倍液和 5%毒死蜱颗粒剂，按每株 15g 的量对香蕉植株及吸芽苗的心叶进行防治。

4. 应用区域

适用于全国香蕉主产区。

5. 依托单位

云南省农业科学院农业环境资源研究所，曾莉、番华彩，0871-65892205。

(二)香蕉黄胸蓟马防灾减灾技术

1. 发生特点

香蕉黄胸蓟马仅在香蕉抽穗开花时才聚集飞到香蕉植株上，1 年中任何时候均可在抽出的蕉蕾花苞片中为害，以第 1～4 苞片内果指虫量最多、受害最重，以后呈递减模式，断蕾后尾蕉果指变硬停止为害。花苞片是蓟马的活动中心，在花蕾各个部位中，雄花最能诱集成虫，故靠近雄花的最下端果梳虫口量、虫斑数量最多，中间次之，上端最少，每当花苞片张开即转移到另一未展开的层次内，保持隐蔽生活，继续为害。

2. 典型症状

香蕉黄胸蓟马是一种多食性害虫，为害香蕉、粉蕉时，只在花蕾期对花蕾幼果产生为害，不为害假茎、叶片和吸芽等其他部位。以抽蕾的花苞为入侵对象，香蕉花蕾一旦抽出，黄胸蓟马有聚集快、侵入快的特点，花苞片尚未展开时，由花苞肩部苞片间的裂缝处侵入苞片内为害。每当花苞片张开时立即迁入到内层或其他未张开苞片的花蕾内，随着香蕉花苞蕾不断打开自上而下依次为害，一串蕉蕾从第一苞片张开开始为害持续至断蕾后尾蕉果指表皮变硬为止。造成为害主要是成虫、若虫锉吸子房、小果等幼嫩部位汁液和雌成虫在幼果的表皮组织中产卵。食痕孔和产卵孔部位周围的植物细胞因受刺激，初期出现水渍状斑点，其后渐变为红色或红褐色小点，最后幼果表皮组织增生、木栓化，变为粗糙黑褐色突起小黑点。当蓟马虫口密度较大时，可在香蕉果实上产生密集的粗糙黑色虫斑，严重影响果实的外观品质，降低商品经济价值(图 17-11)。

图 17-11　黄胸蓟马为害香蕉状

3. 防控措施

根据香蕉黄胸蓟马虫源来源、栖息场所、田间发生、为害特点，防治应采取农业、物理、药剂防治等综合防控措施。

(1)农业措施

①清除园中杂草，及时清理蕉园内老叶枯叶、吸芽等害虫的越冬场所，有利于降低虫口基数；同时可减少害虫对化学药剂的躲避机会，提高防治效果。

②加强田间水肥管理，促进抽蕾期包片打开、果指膨大，改变果皮老化变硬速度，缩短花蕾断蕾期，及时断蕾，从而缩短为害期，减少虫口繁殖量，同时增强果实对害虫的抵御能力。

(2)物理防治

①利用香蕉黄胸蓟马对不同颜色的趋性，在香蕉抽蕾期采用黄色、蓝色粘虫板悬挂于香蕉植株高度 120～140 cm 蕉蕾一侧诱杀，减少虫口量和入侵虫源。

②诱捕器诱杀。利用 10%橙花醇、10%烟酸乙酯等气味趋性物制作诱捕器诱杀；或与粘虫板组合应用，提升粘虫效果。

(3)药剂防治　针对蓟马害虫锉吸式口器、活动栖息隐蔽、繁殖快、世代重叠明显等特点，结合香蕉黄胸蓟马只在花蕾期集中发生为害、果期用药安全性等问题，可轮换交替选用 20%吡虫啉可溶性液剂 1500 倍液、40%速灭抗乳油 2000 倍液、5%鱼藤铜乳油 1000～1500 倍液、

40%毒死蜱乳油1000～2000倍液、240 g/L螺虫乙酯悬浮剂4000倍液或60 g/L乙基多杀菌素悬浮剂1500倍液进行防治。

4. 应用区域

适用于全国香蕉主产区。

5. 依托单位

云南省农业科学院农业环境资源研究所，番华彩、曾莉，0871-65892205。

（三）香蕉黑带象甲防灾减灾技术

1. 发生特点

香蕉黑带象甲俗称假茎象甲，1年发生4～6代，世代重叠严重，各虫期经常并存，整年都有发生。田间留头蕉茎上香蕉黑带象甲各虫态数量明显高于成长蕉株。春季、秋季产卵量较大，夏季产卵量较低，冬季产卵量最少。幼虫孵化后蛀食假茎呈纵横交错隧道，以假茎下部接近地面处最多。幼虫老熟前用嚼碎的叶鞘纤维将隧道两端封闭成茧，静伏1～2 d后即化蛹。成虫畏光，羽化后若干天后仍居隧道中，钻出后仍常匿于假茎最外的1、2层干枯或腐烂叶鞘内，有群聚性，耐饥饿性较强，寿命可达6个月以上。

2. 典型症状

香蕉黑带象甲主要蛀害香蕉假茎，是香蕉生产上最重要的虫害之一。以幼虫钻蛀假茎，使假茎和叶柄出现蛀孔和流出胶状物，严重时，假茎中蛀道纵横交错，且常被次生病原菌感染而引起腐烂。受害植株枯叶多，生长缓慢，秆细小，果穗短小，遇风易倒伏（图17-12）。

图17-12　黑带象甲为害香蕉状

3. 防控措施

防治香蕉黑带象甲要勤查勤防，预防为主，综合防治。

(1)农业防治　选用抗象甲的品系，如粉蕉、野生蕉、大蕉 Saba；加强香蕉园的管理，如施肥、护根、除草和去吸芽，能够提高香蕉的生长活力，提高香蕉对黑带象甲的抵抗能力。象甲为害严重的蕉园，应进行蕉园更新。蕉园更新时应将植株挖出，并将蕉头和假茎砍碎深埋或清理出蕉园集中烧毁，有条件的可将蕉园进行半年左右的休种或轮种。

(2)香蕉苗检疫　香蕉黑带象甲主要是通过带虫植株的移栽、搬运进行扩散传播，因此要严格检查，防止象甲类害虫随同蕉苗传播；也可用二硫化碳或氰酸气熏蒸苗木，以消灭象甲类害虫。新植蕉园最好选用组培苗或无虫蕉苗种植。

(3)清洁蕉园　经常割除香蕉假茎外层的腐烂叶鞘，特别是采收后的假茎要尽快清出蕉园集中处理，暂时留下的假茎待腐烂后及时挖除清理，保持蕉园清洁，消除害虫滋生场所；挖出严重受害的植株，并将蕉头和假茎砍碎后深埋或清理出蕉园集中烧毁或投入粪坑沤肥，也可切开暴晒 5 d 以上，将幼虫杀死。

(4)诱捕　结合清园，人工捕捉群居于叶鞘基部枯老的假茎外鞘内的成虫，或者利用收获香蕉后的假茎纵剖或砍成长 20 cm，紧靠蕉头垂直放置，并用叶片遮盖切口，利用假茎气味诱集成虫，7～10 d 后将诱集的成虫集中消灭，连续使用可有效减少蕉园中香蕉黑带象甲的成虫基数。

(5)生物防治　淹没式布施绿僵菌(8×10^{8} 个孢子/mL)于留头蕉茎上，或喷施苹果蠹蛾线虫$(3\sim6)\times10^{6}$条/株水悬浮液至越冬留头蕉茎上，对防治香蕉黑带象甲越冬幼虫并兼治蛹和成虫有较好的效果。

(6)化学防治　在成虫的发生高峰期，可选用 40%毒死蜱乳油 1000 倍液和 2.5%高效氯氟氰菊酯乳油 1500 倍液药剂在叶柄基部与假茎交接的“把头”处喷雾或喷注，以降低田间虫口率；在田间植株假茎出现虫害流胶时施用药剂进行假茎注射或从植株假茎顶端施药，以杀灭假茎内的幼虫或成虫。

4. 应用区域

适用于全国香蕉主产区。

5. 依托单位

云南省农业科学院农业环境资源研究所，番华彩、曾莉，0871-65892205。

(四)香蕉斜纹夜蛾防灾减灾技术

1. 发生特点

斜纹夜蛾在全国蕉区均有分布，有世代重叠现象，以蛹越冬。成虫白天静伏在叶背、叶丛或土缝隙间的荫蔽处，黄昏后开始整夜活动，飞翔能力强，有趋光性。卵产成块，多产在蕉叶背面。幼虫多在早上孵化，初孵时群集，2 龄后分散取食为害；幼虫体色可随虫龄、食料和周围环境不同而变化。幼虫白天多栖息于叶背或土壤缝隙荫蔽处，夜间取食，午夜前后活动最盛。幼虫老熟后即在土面钻孔筑室化蛹，蛹室深 1～4 cm。

2. 典型症状

斜纹夜蛾以幼虫取食叶片和嫩果，特别对嫩叶、心叶造成较大为害。对香蕉的为害主要是取食大棚里的幼苗及田间的小苗叶片，使叶片残缺不全，严重时可将幼苗叶片吃光，影响幼苗生长，甚至造成死苗；同时也可为害生长中的大叶片。初孵幼虫群集于香蕉叶背取食下表皮和叶肉，仅留叶片上表皮，之后干枯在叶片上形成大量枯死斑；2 龄幼虫开始分散为害，将展开的嫩叶咬食呈缺刻，取食心叶形成排孔状，严重时可将展开的整叶取食仅剩主脉，卷筒状心叶取食折断，在幼苗期咬断嫩茎导致整株死亡；幼虫群聚在幼果上取食为害后，在果皮上形成灰褐色疤痕。随着幼果长大，果皮上的疤痕扩展，形成较大的斑块，严重影响果实的外观品质（图 17-13）。

图 17-13 斜纹夜蛾为害香蕉状

3. 防控措施

（1）农业防治　在幼龄蕉园间种豆科作物，如崖州硬皮豆、紫花苜蓿等可以有效减轻斜纹夜蛾幼虫对香蕉的为害，可取得较好的防治效果。清除杂草，结合田间管理，人工巡查摘除卵块（尤其是越冬成虫所产卵块），以减少虫口基数；发现初孵群集在叶片上的低龄幼虫应集中杀灭。

（2）诱杀成虫　在成虫发生期间，在田间用黑光灯、电子振频诱虫灯或糖醋液、果蔬、甘薯与豆饼发酵液中加少许敌百虫的混合物、树枝把诱杀；也可用性诱剂诱杀雄虫使虫卵不能受精，不能孵化幼虫。

（3）生物防治　可选用 10^9 个孢子/mL 金龟子绿僵菌，或斜纹夜蛾核型多角体病毒悬浮剂 800～1000 倍液，或苏云金杆菌粉剂（含活芽孢 100 亿个/g）500～1000 倍液喷施，能够达到良好的防治效果。

在斜纹夜蛾卵至幼虫期释放松毛虫赤眼蜂、螟黄赤眼蜂，可寄生于斜纹夜蛾卵和幼虫，均有良好的防治效果。

（4）化学防治　防治斜纹夜蛾可交替选用 1.8%阿维菌素乳油 1000～1500 倍液、2.5%氯氟氰菊酯乳油 2500～3000 倍液、5%鱼藤酮乳油 1000～1500 倍液、0.2%苦参碱乳油 200～300 倍液和 10%溴氰虫酰胺可分散油悬浮剂 1500～2000 倍液等喷施叶片进行防治。

4. 应用区域

适用于全国香蕉主产区。

5. 依托单位

云南省农业科学院农业环境资源研究所，曾莉、番华彩，0871-65892205。

（五）香蕉枯萎病防灾减灾技术

1. 发生特点

香蕉枯萎病是毁灭性土传真菌病害，其病原菌致病力强、感染率高、传染性强，病原菌孢子能随病株残体、带菌土壤、耕作工具、病区灌溉水、雨水、线虫、带病土的鞋子等近距离传播蔓延。带菌的吸芽和二级苗为该病远距离传播的主要方式。

2. 典型症状

香蕉枯萎病发生于成株期和抽蕾结实期，植株症状明显。病害先从下部叶片发生，发病初期，叶片边缘变黄并逐渐扩展至主脉，病叶叶柄在靠近叶鞘处折曲、下垂和迅速干枯，病株叶片由下而上逐渐枯黄，由黄变褐。假茎基部外围近地处开裂，逐渐向内发展，层层开裂，裂口褐色，植株最后干枯而死。纵剖病株假茎、球茎和根内部维管束，均可见坏死变黄褐或紫红色，横切和纵切可见斑点状和线条状病变。幼龄植株感病后，多表现生长不良，植株矮小，叶抽不出，生长停滞，叶片枯黄，甚至枯萎死亡（图 17-14）。

a. 蕉园症状；b. 单株症状；c. 假茎纵切维管束症状；d. 假茎横切症状

图 17-14　枯萎病症状

3. 防控措施

采取以“五位一体”为主的香蕉枯萎病综合防控技术体系，实现“有病无害，可防可控”的防控目的。“五位一体”指以“土壤病原菌检测”为指导，以“土壤治酸调理”为基础，以“抗病品种”为核心，以“有益微生物添加”为补充，以“少耕免耕栽培”（健康栽培）为配套措施。

（1）适期防治　香蕉枯萎病为土传病害，香蕉生长的全生育期均可出现病原菌侵染。因此，对香蕉枯萎病的防控也应该贯穿香蕉全生育期。而在种植前对土壤进行各种调理，创造不利于病原菌萌发、侵染的土壤环境，对后期发挥防控效果尤为重要。

(2)田间监测　病原菌孢子悬浮液浓度为 10^3 CFU/g,是香蕉枯萎病发病的临界浓度,因此在种植前对土壤进行监测可有针对性地制定防控策略。生育期田间病株监测,对田间发病的可疑病株进行解剖检查,经病原菌分离培养鉴定,将确定为香蕉枯萎病的发病植株及早挖出,然后用石灰、多菌灵、噁霉灵等土壤消毒剂对病株根围土壤进行消毒处理。

(3)土壤调理与消毒

①使用棉隆、石灰碳铵熏蒸的方法对蕉园土壤进行土壤消毒处理;②香蕉枯萎病在 pH 5.5 以下的酸性土壤中更易发病,因此可使用碱性肥料等土壤改良剂调节土壤 pH 达到 5.5 以上;③增施有机肥,每株有机肥的用量不低于 5 kg/株。

(4)种植抗病、耐病品种　目前生产上推广种植的香蕉抗(耐)病优质品种主要有宝岛蕉、南天黄、桂蕉 9 号、中蕉 8 号、粉杂 1 号等品种,根据各产蕉区的自然气候条件和耕作制度要求,选择适合的抗耐病品种。

(5)繁育健康种苗　种苗繁育基地应远离枯萎病发病区,且应采用无枯萎病的塘土、田土或基质制作营养钵,培育二级种苗。

(6)生物防治　液体微生物菌剂在香蕉移栽当天施用 1 次,营养生长期每隔 14 d 施用 1 次,抽蕾后 1 个月施用 1 次,全生育期用量达 5 kg 以上。固体微生物菌肥在移栽当天塘施或浇施,也可与有机肥或腐熟农家肥混合。施用过生物菌剂的田块不得施用任何杀菌剂。微生物菌剂适于在轻病田块施用。

(7)农业防治　及时清除病株;间套作韭菜、冬瓜、南瓜以及豆科等经济作物;与其他作物轮作 3 年以上,轮作作物可选择韭菜、甘蔗、水稻、菠萝以及生姜等。免(少)耕栽培:通过少耕、不耕的形式,在地表中填充根茬、秸秆,进而提高土壤的风蚀与水蚀,加强土壤中作物所需营养,还具有保湿效果,可提高作物的抗旱性能,减少动土伤根,降低因伤根造成的病原菌侵染。科学管理:深沟高畦栽培,小水勤浇,避免大水漫灌,推广滴灌技术;合理密植,改善作物通风透光条件,降低地面湿度;避免偏施氮肥,适当增施磷、钾肥,提高香蕉抗病性。

4. 应用区域

适用于全国香蕉主产区。

5. 依托单位

中国热带农业科学院热带生物技术研究所,谢江辉、周登博,0898-66986419。

(六)香蕉叶斑病防灾减灾技术

1. 发生特点

香蕉叶斑病是香蕉生产中发生最为广泛,为害较严重的病害,其主要影响产量。该病由多种真菌引起,主要为害叶片,引起蕉叶干枯,减少叶片的光合作用面积,使植株早衰,影响果实发育,导致果实品质差、不耐贮藏、容易腐烂。世界上每年香蕉叶斑病可致减产 30%～50%。该病是香蕉常见的真菌性病害,主要有 3 种,即褐缘灰斑病(黄条叶斑病)、灰纹病和煤纹病,其中以褐缘灰斑病为害最为普遍,而由斐济球腔菌引起的黑条叶斑病菌是一种为害性比黄条叶斑病更为严重的新病害。叶斑病病菌主要以菌丝体在病部或病残留物上越冬,分生孢子借风传播,在香蕉生长季节辗转为害,开始发生于老叶,后逐渐蔓延至上部嫩叶。在高温高湿的天气条件下易发生流行,尤其是台风暴雨后,叶片伤口多,发病更为严重。叶斑病在密植、不除吸芽、土壤排水不良、蕉园四周杂草丛生、管理不周、偏施氮肥、通风条件差的蕉园最为常见，病株叶受害率一般为30%，严重时达80%以上，可致减产30%～50%，而且果质下降，容易腐烂。

2. 典型症状

香蕉叶斑病发病时，下部叶片先被侵染，随后上部叶片也会被侵染。发病初期，病斑呈米粒状或线条状，颜色为淡黄色、褐色。发病后期发展成椭圆形或长条形，黄褐色或黑褐色。叶斑病有一个反复侵染的过程，当病斑越来越多之后，蕉叶便大面积干枯。黄条叶斑病发病初期是在植株顶部第三或第四片嫩叶上表面出现细小的黄绿色病纹，病纹与叶脉平行纵向扩展，形成黄绿色或黄色条纹，之后条纹再扩展形成暗色斑块，出现水渍状，中央变褐色或锈红色，边缘有黄色晕圈环绕，以后斑块或条纹的中央组织干枯。发病严重时，多个病斑或条纹相互融合，周围组织坏死，叶片大面积变黑干枯和迅速死亡并下垂，最后倒挂在假茎上(图17-15)。

图17-15 香蕉叶片症状

3. 防控措施

叶斑病在高温高湿天气条件下，非常难以控制。要有效地控制叶斑病，应以栽培防病为基础，辅以药剂防治，才能达到控制病害的发生和蔓延的目的。

(1)农业防治 选用抗病性较强的品种；控制种植密度，合理密植，以保证香蕉园的通风透光。合理施肥，保证基肥的充足供应；增施有机肥、磷肥、钾肥，少施或均衡施氮肥。

(2)清洁蕉园 冬春季及时进行蕉园清洁，修剪掉病叶、残叶，集中带离蕉园，集中销毁；在香蕉生长过程中应及时观察，及时剪除发病叶，减少初侵染源。在香蕉生长期最好每月清除病叶1次。

(3)加强田间管理 在湿润、多雨地区的蕉园，雨季应及时排水，降低蕉园小环境的湿度；及时挖沟排水，清除香蕉园内的杂草，降低蕉园湿度，创造不利于发病的环境条件。

(4)化学防治 对香蕉叶斑病的控制主要还是集中在药剂防治。对黄条叶斑病多采用铜制剂和有机硫类杀菌剂；控制黑条叶斑病，目前最有效的药剂为敌力脱、抑霉唑等抑制甾醇类杀菌剂，但是施药要求做好病害的监测和预测预报工作，否则容易对环境造成污染，提高成本。根据香蕉叶斑病的发病规律，每年香蕉叶斑病的主要防治时间为5—10月。每年5—10月的台风雨季是防治该病的关键时期，应在雨季将至和雨天间歇之时选用防治效果较好、药效期较长且用药量少的新型农药进行防治。每次台风暴雨过后，由于香蕉植株组织受伤害，加上高温高湿条件，有利于病害暴发流行。喷药防治，现蕾前1个月起选用25%敌力脱乳油1000～1500倍液，或40%灭病威胶悬剂600～800倍液，或75%百菌清可湿性粉剂800～1000倍液全株喷雾，每隔15～20 d喷1次，共喷3～5次，并注意交替用药，以防止病菌产生抗药性。香蕉叶斑病综合防治效果要求达到在果实接近采收期时仍有6～8片绿叶，才能保证果穗大、产量高。

在整个用药过程中，都应尽量选用高效、低毒、低残留杀菌农药或利用无毒无污染的生物农药，以保护环境、提高果品质量和档次，并注意轮换用药，以避免或延缓病虫害的抗药性。

4. 应用区域

适用于全国香蕉主产区。

5. 依托单位

①云南省农业科学院农业环境资源研究所，曾莉、番华彩，0871-65892205。

②中国热带农业科学院环境与植物保护研究所，彭军，0898-66969240。

（七）香蕉细菌性软腐病防灾减灾技术

1. 发生特点

该病害在幼苗期和成株期都可发生，主要为害香蕉假茎，致使假茎、叶鞘软腐，叶片发黄，严重的整株香蕉腐烂、倒伏，有腥臭味。高温高湿季节发病较重，常与香蕉枯萎病混合发生为害。

2. 典型症状

症状表现为叶鞘、假茎呈褐色软腐状，植株叶片由下向上发黄，出现类似镰刀菌枯萎病的黄化和枯萎症状。发病后期，植株假茎腐烂倒伏，并散发出腥臭味。横剖发病植株假茎，可见由外向内呈软腐状扩展蔓延，软腐部位呈黑褐色（图 17-16）。

图 17-16　香蕉细菌性软腐病为害状

3. 防控措施

遵循“预防为主，综合防治”的植保方针，从蕉园整个生态系统出发，采取抗病品种应用和农业防治与化学防治相结合的综合防治措施。

（1）选用抗病品种　在已发生香蕉细菌性软腐病的地域，生产中可种植抗病性较强的品种，如皇帝蕉，可减轻甚至避免该病害造成的为害。

(2)农业防治

①合理轮作。病害发生严重的田块可通过改种其他作物如水稻、玉米、甘蔗、西瓜等,避免或减轻该病害的发生。

②栽培管理措施。注意改善蕉园土壤排水系统,加强蕉园肥水管理。及时疏通蕉园的排灌沟渠,做到能灌能排;采用滴灌系统灌水,防止流水传播病害;及时清除蕉株下部的老叶、枯叶,保持良好的田间通风、透光性。

(3)化学防治　在病害初发生时,采用3%噻霉酮可湿性粉剂500倍液、20%噻菌铜悬浮剂500倍液、3%中生菌素可湿性粉剂1000倍液、6%春雷霉素水剂800倍液、42%三氯异氰尿酸可湿性粉剂336~403倍液,交替进行喷淋,防治3~4次。施药间隔时间为7~10 d。

4. 应用区域

适用于全国香蕉主产区。

5. 依托单位

①云南省农业科学院农业环境资源研究所,番华彩,0871-65892205。

②华南农业大学,李云锋,020-85286089。

(八)香蕉黑星病防灾减灾技术

1. 发生特点

香蕉黑星病可周年发生,降雨、露水、多雾天气十分有利于病害的发生。夏秋温暖潮湿的条件下病害容易暴发;冬春季节气温较低,若天气多雾、露水重或雨水多,病害也可严重发生。过度密植、偏施氮肥、排水不良的蕉园发病较重。主栽品种巴西蕉、威廉斯等为感病品种,粉蕉、大蕉极少发病。

2. 典型症状

香蕉黑星病是为害香蕉叶片和果实的重要病害,受害叶片和叶柄上散生许多深褐色至黑色、突起的小黑点,扩大后形成近圆形黑色的斑块。病斑密生时,叶片变黄,提早干枯(图17-17a)。果实上主要为害幼果,多在果背弯曲处的表皮上产生许多散生的黑褐色小粒,表皮突起变粗糙,果实成熟时一般不造成烂果,但可致表皮变黑、不均匀软熟,病部组织略下陷,外观差(图17-17b)。

图17-17　香蕉黑星病为害状

3. 防控措施

采取以农业防治措施和科学用药为核心的防控技术。

(1)农业防治措施　经常检查和清除蕉园老叶、下层病叶及病残体并集中烧毁,及时抹除果指残存花器。疏通蕉园排灌沟渠,避免雨季积水;不偏施氮肥,增施有机肥和钾肥,提高植株抗病力;抽蕾期,用纸袋或塑料薄膜套果,减少病菌侵染。

(2)科学用药　在叶片始见病斑时进行药剂防治,20～25 d 喷 1 次,重点保护新叶。结果期,宜在香蕉抽蕾后苞片未开前进行第 1 次施药,然后每隔 5～7 d 喷 1 次,连续喷 2～3 次。断蕾后套袋护果,套袋前施药 1 次。喷施保果药时可结合防治蓟马和褐足角胸叶甲。

药剂选用 25%吡唑醚菌酯乳油 1000～2000 倍液,或 15%寡糖·氟硅唑微乳剂 1000～1300 倍液,或 25%嘧菌酯悬浮液 1500～2000 倍液,或 25%苯醚甲环唑乳油 1000～1500 倍液,或 25%戊唑醇乳油 750～1000 倍液,或 12.5%腈菌唑乳油 500～750 倍液,或 40%氟硅唑乳油 6000～8000 倍液,或 24%腈苯唑悬浮剂 1500 倍液,或 50%多菌灵可湿性粉剂 500～1000 倍液,或 80%代森锰锌可湿性粉剂 800 倍液,或 75%百菌清可湿性粉剂 800～1000 倍液等,喷施叶片。以上药剂可兼防叶斑病。注意使用三唑类药剂时应避免触及幼果。

也可选用 42.4%唑醚·氟酰胺悬浮剂 2000～3000 倍液,或 44%精甲·百菌清悬浮剂 600 倍液,或 22.5%啶氧菌酯悬浮剂 1500～1800 倍液,或 70%甲基托布津可湿性粉剂 800～1000 倍液,或 80%代森锰锌可湿性粉剂 800 倍液,或 75%百菌清可湿性粉剂 800～1000 倍液等,喷施果实。

4. 应用区域

适用于全国香蕉主产区。

5. 依托单位

中国热带农业科学院环境与植物保护研究所,彭军,0898-66969240。

第十八章

荔枝龙眼体系防灾减灾技术

一、荔枝龙眼非生物灾害防灾减灾技术
（一）荔枝龙眼高温热害防灾减灾技术
（二）荔枝龙眼洪涝灾害防灾减灾技术
（三）荔枝龙眼低温冷害防灾减灾技术
（四）荔枝龙眼季节性干旱防灾减灾技术
（五）荔枝龙眼暖冬湿冬防灾减灾技术
（六）荔枝龙眼花期阴雨寡照灾害防灾减灾技术
（七）荔枝裂果防灾减灾技术
（八）荔枝龙眼台风防灾减灾技术
二、荔枝龙眼生物灾害防灾减灾技术
（一）荔枝蒂蛀虫防灾减灾技术
（二）荔枝蝽防灾减灾技术
（三）荔枝霜疫病防灾减灾技术
（四）荔枝炭疽病防灾减灾技术
（五）荔枝花果瘿蚊防灾减灾技术
（六）荔枝干腐病防灾减灾技术
（七）荔枝毛毡病防灾减灾技术
（八）荔枝黑皮病防灾减灾技术
（九）龙眼白霉病防灾减灾技术
（十）荔枝龙眼食叶性害虫防灾减灾技术
（十一）荔枝龟背天牛防灾减灾技术
（十二）其他荔枝龙眼害虫防灾减灾技术
（十三）荔枝杂草防灾减灾技术

一 荔枝龙眼非生物灾害防灾减灾技术

（一）荔枝龙眼高温热害防灾减灾技术

1. 发生特点

在长江上游晚熟荔枝龙眼产区，在 7—8 月常发生 40 ℃以上长时间持续高温，多伴随着干旱，属于较常见的自然灾害，具有幼树受害重、面积广、危害大、抗灾难等特点。

2. 典型症状

叶片先出现萎蔫，后出现死斑，叶色变褐、变黄，严重时干枯、死亡，死亡叶片不易掉落。果实出现“灼伤”，受伤处与健康处界限明显，严重时出现“僵果”，甚至整个果实死亡。荔枝龙眼果树向阳部分树干干燥、裂开（图 18-1）。此外，高温热害可加重荔枝裂果和果园炭疽病的发生。

a.出现死斑　　b.叶片变褐　　c.果实灼伤　　d.植株死亡

图 18-1　荔枝龙眼高温热害部分症状

3. 防控措施

（1）增强树势　建园和采后施肥时，果园深翻土壤，施足氮、磷、钾肥，并多施有机肥，以增强果树树势。此外，可通过叶面喷施尿素、磷酸二氢钾等叶面肥，补充根际施肥的不足，增强树势。也可结合修剪、病虫害防治等措施培养强壮树体，以提高果树抗热能力。

（2）补水保墒　高温会导致果园土壤水分蒸发量增加，果树叶片蒸腾量增大，如果土壤水分供应不足则会造成严重的叶片、果实灼伤。有喷灌设施的果园，可在高温期间开启喷灌设施，降低果园温度，补充土壤水分，减轻高温危害。灌溉条件差的果园，可在树盘挖 2～3 个贮水穴，把秸秆、稻草、杂草等捆扎成草把并压入贮水穴中，上面盖土，然后再灌水和低浓度的粪清水，以达到蓄水保墒目的（图 18-2a，图 18-2b）。

（3）树干保护　对主枝、主干以及阳光可以直接照射到的斜生树干涂白（涂白剂为生石灰和水按 1∶10 溶化、搅匀），涂白对阳光有反射作用，可减少阳光直接照射树干，从而降低温度、减轻蒸发。树干也可用杂草、秸秆等覆盖进行保护。

（4）果实保护　疏果、拉枝、套袋等均可起到保护果实的作用（图 18-2c）。对于生长势弱，叶片萎蔫严重的果园，应疏除日灼果、病果、小果和部分正常果，以减少负载；对挂果较多的果树，应加大疏果力度；受害严重的果树建议疏除全部果子，以保证树体正常生长。疏果时应树冠外围多疏，内膛少疏；顶上多疏，中下部少疏。疏果后将外围果穗拉枝到内膛，或套上专用果袋，避免果实被晒伤。

（5）生草覆盖　提倡果园生草栽培。果园生草可以维持地表温度平衡，在一定范围内具有夏季降温冬季保暖的作用。果园生草还可以改善果园小气候，调节夏季温度，可降低“日灼果”的比例。高温热害期间暂缓果园割草、除草、土壤旋耕等工作，以减少地面裸露，降低水分蒸发，进而有效降低果园温度，减轻高温伤害。果园覆盖可用杂草、秸秆、稻皮、麦糠、锯末等覆盖树盘，厚度 10～15 cm，上面再压少量土，以降低地面温度，保持土壤墒情，减少灌溉次数（图 18-2d，图 18-2e）。

（6）覆盖遮阳网　使用黑色三针遮阳网等遮阳材料对果树进行遮阳，以减弱光照强度，降低果园温度，减轻高温危害（图 18-2f）。值得注意的是遮阳网需高于果树 50 cm 以上，避免接触和灼伤叶片。

a.喷水降温　b.补水保墒　c.拉枝保果

d.地面覆盖　e.果园生草　f.覆遮阳网

图 18-2　荔枝部分防控高温热害措施

4. 应用区域

适用于全国荔枝、龙眼主产区。

5. 依托单位

泸州市农业科学研究院，丁晓波，0830-3192519。

（二）荔枝龙眼洪涝灾害防灾减灾技术

1. 发生特点

洪涝灾害通常出现在每年5月中下旬至9月下旬，一般在长时间暴雨或特大暴雨或台风来袭时发生，具有突发、影响严重的特点。洪涝灾害发生时，正值荔枝龙眼果实发育期和秋梢生长期，对荔枝龙眼生产影响很大。

2. 典型症状

发生涝害时，坡地果园水土流失严重，低洼地果园积水严重。积水时间长，土壤溶解氧低，根系缺氧，褐变腐烂，树体变黄，甚至死树。特大暴雨或台风引致的涝害，往往伴随有果树大量枝梢折断、叶片碎裂及部分果树被吹倒刮断（图18-3）。

图18-3 被吹断的荔枝枝梢

3. 防控措施

采取积极预防、事后迅速排水、及时重建和补救的综合减灾措施。

（1）提前做好排水系统　密切留意天气预报，在暴雨或台风来临之前深挖排水沟，沟深30 cm以上。排水沟要结合果园地形，具有一定的倾斜度，确保雨水迅速排出。等高种植的地台后壁增挖排水沟以利排水，地台前端需加固。

（2）及时排水和清淤　暴雨台风后，将堵塞的排水沟清理通畅，将积水及时排出。清理树盘淤积泥土，并适当松翻树盘下土壤，待土壤稍干后，覆土回填。

（3）重建树体及清园，合理疏枝疏果　对歪斜的果树要及时扶正，培土，并设支柱加固。如倒地无法扶正的大型树体，可锯断清理出果园，日后补种。若果园发生了病害，此时高温高湿，最易传播，要及时清园。将果园中的病叶、病枝、病果清除出园，深埋或焚烧，并进行消毒，以防交叉感染；及时割草和清除杂树杂草。另外，适当修剪枝叶，剪去荫蔽、密生和徒长枝条；适当疏果，减少水分和营养消耗。

（4）喷施保护性药剂　及时喷施杀菌剂，防止树体伤口受炭疽病菌等真菌侵染和病害发生流行。可选药剂有咪鲜胺、咪鲜胺锰盐、嘧菌酯、苯醚甲环唑、甲基托布津、多菌灵或灭病威等。

（5）喷施叶面肥　为促进树势恢复，及时喷施1次叶面肥及芸苔素内酯。叶面肥组成为0.2%尿素+0.1%磷酸二氢钾+0.1%氯化钾+0.2%硫酸镁+0.05%硼砂；也可喷施含大、中、微量元素的商品叶面肥。

（6）注意事项　在坡度较大的果园，建议进行生草栽培，减少日常暴雨冲刷及洪涝灾害造成的水土流失。在低洼的果园，深挖排水沟，降低地下水位，减少积水和涝害发生的频率。

4. 应用区域

适用于全国荔枝龙眼产区。

5. 依托单位

华南农业大学资源环境学院，姚丽贤，020-85281887。

（三）荔枝龙眼低温冷害防灾减灾技术

1. 发生特点

0 ℃以上长时间持续性低温（平流型低温）可引发冷害；晴天夜晚和清晨 0 ℃以下低温霜冻（辐射型降温）可引发冻害。冷害和冻害常在荔枝龙眼花芽分化期和开花期（12 月至翌年 3 月）发生，属于较常见的自然灾害，多发生在广西和广东荔枝和龙眼种植北缘地带，四川、重庆、福建的高纬度产区，以及云南、贵州的高海拔产区，具有发生速度快、危害大、预防难等特点。

2. 典型症状

根据低温强度和降温速度，荔枝冷害症状可由轻逐步变重，霜冻情况下，可在短时间出现严重冷害或冻害。

（1）受害较轻　冬梢和未及时老熟的晚秋梢先表现出受害症状，幼嫩叶片出现水渍状和褐色斑点（图 18-4a）。

（2）受害中等时　幼嫩叶片受害重，叶片全部凋枯；老熟叶片叶面出现水渍状、褐色斑点，叶脉变褐；老熟枝梢顶芽枯死（图 18-4b）。

（3）受害较重时　大部分叶片凋枯，干枯的叶片长时间不会脱落，如不修剪将很难恢复抽发新的枝梢；早熟品种妃子笑、大红袍等的花器官受到冻害，花穗干枯（图 18-4c）；末端老熟枝梢出现干枯和皮层龟裂。

（4）受害严重时　树干在遭遇严重低温冷害后会形成裂纹，树皮沿裂缝脱离木质部，常导致树势衰弱，且难以恢复，严重时植株死亡（图 18-4d）。

a.叶片出现水渍状　b.末端枝梢凋枯　c.花穗干枯　d.植株死亡

图 18-4　荔枝受低温冷害部分症状

3. 防控措施

（1）避冻建园　在有霜冻的荔枝龙眼产区，选择有防护林、大水体环绕、山体阻挡和向阳面进行建园，可减少或减轻低温冷害造成的不利影响。注意不宜在地势低洼处建园。一般长江上游地区距离长江 3 km 之外、海拔 350 m 以上地区，以及云南和贵州海拔 1200 m 以上地区，建议不种植荔枝和龙眼。

（2）强壮树体　强壮的树体可明显提高荔枝龙眼果树对低温冷害的抵抗能力，可通过科学的栽培管理措施来防控低温冷害的发生。主要措施：①在秋季增施有机肥或生物肥，以提高土壤有机质含量，强壮根系和树体，增加树体抵抗寒害的能力。②强冷空气来临前 1～2 d，灌水以增加土壤含水量，可有效减轻冷害。③入冬前施用磷、钾肥，促进当年秋梢及时老熟。④采用树盘覆盖或培土方式保持或提高土温，预防冷害。⑤做好病虫害防控。

（3）树干涂白　在低温来临前，用专用的涂白剂或生石灰和石硫合剂配制的涂白剂对主枝、主干以及阳光可以直接照射到的斜生树干进行涂白，涂白高度 0.8～1.2 m（图 18-5a）。

（4）熏烟防寒（相关政策允许条件下使用）　霜冻来临前，在果园上风口的边角处，用杂草、枯枝、落叶、碎枝等，于午夜燃暗火生浓烟，每亩设 3～4 处燃烟点，可使果园气温提高 3～4 ℃，从而有效预防低温冷害（图 18-5b）。

（5）喷水冲霜　在霜冻较轻时，于清晨霜晶溶解之前喷水洗霜可减轻冻害（图 18-5c）。阴雨天应及时摇落水珠，减少冰霜作用时间。但要注意，在霜冻较重或在冰冻天气情况下，如果在气温还没回升时喷水反而会使树体表面结一层冰而加重冻害。

（6）覆盖保护

①覆盖薄膜。根据天气预报，在低温来临前，用塑料薄膜棚架式覆盖苗圃或果树树冠，薄膜与树冠顶部保持 50 cm 以上空间（图 18-5d）。

②覆盖稻草。覆盖稻草等防霜冻效果明显优于覆盖塑料膜。

③覆盖遮阳网。对于霜冻发生频率较高的荔枝龙眼园，可在果园中立水泥杆或钢管作永久性支柱，并拉钢丝作固定棚架，于霜冻高发时段冬至前至翌年 1 月中下旬覆盖遮阳网，可有效抵御霜冻危害。遮阳网须高于树冠顶部 1 m 左右。

a.树干涂白　b.熏烟防寒　c.喷水除霜　d.苗圃覆盖

图 18-5　荔枝部分低温冷害防控措施

4. 应用区域

适用于广东、广西、福建、四川、重庆、云南、贵州等省（自治区）有低温冷害和霜冻的荔枝龙眼产区。

5. 依托单位

泸州市农业科学研究院，丁晓波，0830-3192519。

（四）荔枝龙眼季节性干旱防灾减灾技术

1. 发生特点

我国荔枝龙眼产区总体降水比较充足，但是常出现季节性和阶段性干旱。在广东和广西等主产区的 12 月至翌年 3 月，以及云南和四川干热河谷等产区的 3—5 月均容易发生干旱胁迫，对荔枝秋梢和花果发育带来不利影响。

2. 典型症状

12 月至翌年 2 月是荔枝花芽分化和花穗发育的关键时期，如遇干旱会导致花芽迟迟不能萌动，仍处于深度休眠状态，发育早期的花序会出现干枯和花蕾脱落等典型症状。3—6 月果实发育阶段的干旱常伴随高温胁迫，会导致果实偏小，着色提早，干旱严重时会导致落果和落叶，久旱骤雨易诱发裂果，严重影响荔枝果实品质和产量(图 18-6)。

3. 防控措施

采取以果园蓄水保水、水分均衡供给、水肥耦合施用为核心的集成管理技术。

(1)果园蓄水系统和水肥一体化设施建设　在果园或种植小区的地势较高处修筑蓄水池，水池容量按照 50～80 m^3/100 亩，用于蓄水和沤制水肥，以及配置农药、叶面肥和生长调节剂等；也可钻挖深水井，配备高压水泵，并安装适宜的水肥药一体化管道和智能控制系统。同时，果园可以配套自然生草和树盘覆盖等栽培措施(图 18-7)，以及减少除草剂的使用和土壤裸露，以加强果园保水。

图 18-6　荔枝园受干旱状(张惠云 供图)

图 18-7　荔枝园生草栽培保水防旱(张惠云 供图)

(2)适时灌水促进花芽萌动　在 12 月至翌年 1 月荔枝龙眼花发端期，如无降水，应进行 1 次全园淋水，淋水量以树盘范围内土壤湿透 30 cm 深度为宜。同时，可辅以树冠喷施低浓度细胞分裂素或清水。

(3)水分均衡供给促进花果梢发育　花果发育期和秋梢培育期是需水旺期，如干旱时长 1 周以上，需全园灌溉 1 次，灌溉量以树盘范围内土壤湿透 20～30 cm 为宜，之后每隔 7～10 d 进行 1 次灌溉。花果发育期可以进行树冠喷施清水，有助于授粉受精和果实发育。

4. 应用区域

适用于华南地区的荔枝龙眼主产区。

5. 依托单位

华南农业大学园艺学院，申济源，020-85280231。

（五）荔枝龙眼暖冬湿冬防灾减灾技术

1. 发生特点

一般地，冬季时段内平均气温比常年均温高 0.5 ℃以上时被认为是暖冬；冬季持续降水，造成土壤水分含量过多、空气湿度高，称为“湿冬”。受全球气候变暖影响，华南地区冬季温度偏高，导致抽生冬梢或荔枝龙眼成花诱导所需低温不足。冬季雨水偏多，也会造成冬梢抽生。暖冬和湿冬均会造成冬梢抽生严重，严重影响荔枝龙眼花芽分化。

2. 典型症状

1 月上中旬以前，是中晚熟荔枝处于成花诱导的关键时期，暖冬和湿冬的典型影响是抽生冬梢，导致不能完成花芽诱导（图 18-8）。1 月上中旬之后的暖冬和湿冬则导致带叶花穗比例升高（图 18-9），“白点”萎缩，花穗上的小叶迅速展开，花穗的质量变差。

图 18-8　荔枝冬梢抽生

图 18-9　荔枝花发育不良的带叶花穗

3. 防控措施

采取以培育早梢和控冬梢促进花芽分化、控杀小叶促进花穗发育为核心的管理技术。

（1）加强采后管理　采收后及时修剪、施肥和灌溉，促进新梢萌发，确保末次秋梢在 9 月中下旬（早熟产区和早熟品种）至 11 月上旬（中晚熟产区和中晚熟品种）叶片完全转绿，促进光合产物的回补和积累。每株成年树施肥量：复合肥（N-P-K＝15-15-15）3～4 kg，尿素 1 kg，优质腐熟有机质肥 25～50 kg。灌水量以树盘范围内土壤湿透 20 cm 为度。

（2）控制冬梢促进花芽分化　如冬梢有萌发趋势，但未见伸长，可叶面喷施 25%多效唑悬浮剂 3 mL/L，或 5%烯效唑可湿性粉剂 1.2 g/L，以抑制新梢萌发。

对已经抽发的冬梢，在叶片展开之前，用 40%乙烯利 40 mL 兑水 50 kg 直接喷枝梢末端，以杀死嫩梢或脱除幼叶。

也可以采用物理方法控冬梢。根据树势的不同，在末次梢叶片完全转绿之后，分别采用环割、环剥、环扎、断根、露根等方法抑制营养生长。螺旋环剥，参考指标：1.5 圈，剥口宽 0.3 cm，螺距 4～6 cm，环剥部位在直径 5～8 cm 的大枝。断根的参考做法：在树冠滴水线下地面挖宽 20 cm、深 30 cm 的环形沟，切断吸收根并使根暴露 2～3 周，然后结合施用有机质肥覆土。

（3）控小叶促进花穗发育　在花穗抽发期，喷施低浓度乙烯利溶液（40%乙烯利 12～15 mL，兑水 50 kg），或喷施乙烯利和多效唑混合液（40%乙烯利 6～10 mL＋15%多效唑 15～20 g，兑水 50 kg）喷湿花穗，以抑制嫩叶生长，促进花穗发育。

（4）注意事项　喷施药液时，要雾化均匀，喷湿即可，不能喷至滴水。无论是杀冬梢还是杀花穗上的小叶，尽量在 5 cm 前喷施。控制冬梢要避免同时使用多种方法，如环剥加乙烯利等、环剥加断根等，以防控梢过度造成落叶。

4. 应用区域

适用于华南地区的荔枝龙眼主产区。

5. 依托单位

华南农业大学园艺学院，申济源，020-85280231。

（六）荔枝龙眼花期阴雨寡照灾害防灾减灾技术

1. 发生特点

开花期一般需要温暖、晴朗、大气湿度适中的天气，但我国大部分荔枝和龙眼产区在花期往往正值梅雨季节，阴雨寡照天气常对授粉受精和坐果产生影响。

2. 典型症状

荔枝和龙眼均需授粉和受精才能坐果。通常雄花与雌花交替开放，且雌花开放期较短，雄花开放期较长。开花期持续低温，或低温伴随阴雨，或持续降水条件下，雄花花粉不能散发，传粉昆虫不活动，大雨使花粉不能附着在柱头上，雌花不能授粉或柱头上花粉不能萌发，这些均可造成授粉受精缺失，雌花开完之后直接脱落。荔枝在清明期间开花更容易遭遇低温阴雨或连续降雨等逆境条件。

3. 防控措施

（1）疏花　花穗过长、花量过大是荔枝花而不实的重要原因之一，特别是阴雨寡照天气下初始坐果能力更低。因此，疏花是应对花期阴雨寡照的重要措施之一。目前，生产中常用的疏花措施包括：①竹枝扫花。在开花前 7 d 内，用坚实柔软的小竹枝在花穗顶部往返“扫打”，使部分花蕾脱落。该法操作简单、安全，但费工费时。②人工疏剪。在始花前 5 d 内，用修剪工具剪除 90%以上的花穗，剩下的花穗一般主轴长度短于 10 cm，侧花穗 3～5 条。③疏花机疏花。在始花前 3 d 内，用疏花机在花穗长 10～12 cm 处统一进行短截，侧花穗则不进行处理。

（2）摇花　荔枝花期遇到连绵阴雨，花穗上积满小水珠，引起花穗变褐、沤花，这时要及时摇树。有条件的果园，也可以用无人机摇花，摇落凋谢的花朵和水珠，以减少因积水造成花穗变褐腐烂，同时也可减少病原菌的侵染。

（3）控花　在荔枝始花前或刚开少量花时，用生长调节剂多效唑或烯效唑，并配合一定量的乙烯利喷施花穗，控制开花节奏，延长雌雄花开放和相遇时间，增加授粉受精的机会，提高初始坐果。多效唑和乙烯利使用浓度一般分别为 150～200 mg/L 和 50～100 mg/L，药物的使用依品种、天气不同其效果差异较大，大面积应用前需要进行小面积试验。

（4）雌花期保果　在雌花大量开放后第 3 天（此时雌花的“蝴蝶须”处于变黄发干阶段）进行药物保果，药物可选用 3～5 mg/L 2,4-D 加 1000 倍生多素叶面肥。注意使用浓度不要太高，避免对雌花柱头产生伤害。

4. 应用区域

适用于全国荔枝龙眼主产区。

5. 依托单位

华南农业大学园艺学院，李建国，020-85288265。

（七）荔枝裂果防灾减灾技术

1. 发生特点

荔枝裂果多发生在果肉包满种子后至果实着色期间，有的品种如糯米糍采果时仍会裂果。荔枝裂果对产量影响很大，有的荔枝园在某些年份裂果过半。荔枝裂果的原因是多方面的，与果实各部分的结构比例、果实发育期的天气情况、栽培管理、病虫为害等都有关系。

2. 典型特征

不同的品种裂果差异较大，糯米糍、桂味等核小、肉厚、皮薄的品种容易裂果，黑叶、怀枝等则裂果较少；幼果发育期间施肥不均衡，果皮缺乏钙和硼会加重裂果，缺钾和钾过量也易于裂果；果实发育期间长时间阴雨或久旱之后骤雨会加剧裂果；果实发育后期受霜疫霉病为害和受炭疽病为害，都使果皮易在病部开裂；药害、肥害、水渍伤根等也会造成裂果。

3. 防控措施

裂果的发生是多方面因素综合作用的结果。因此，只有采用综合配套栽培技术才能起到减轻裂果的效果。

（1）培养适时健壮的结果母枝　不同时期老熟的结果母枝，开花期不同，裂果发生程度也不同。一般花期早的裂果率较少，但坐果率较低；花期晚的坐果率高，但裂果率也相对较高。

（2）改良土壤，增施有机肥　土壤改良和增施有机肥可以培养强大的根系，提高对逆境（主要指骤干骤湿）的抵抗能力，可以达到减少裂果的目的。果实发育期偏施化肥，特别是尿素会导致裂果增加。为了减轻裂果，对糯米糍等易裂品种追肥要以有机肥为主，并配合一定量的钾肥。

（3）补充钙肥，增加果皮抗裂性　从目前的研究来看，有助于减轻荔枝裂果的矿质营养主要有钙（Ca）、硼（B）、锌（Zn）和硅（Si）4 种，其中 Ca 与裂果关系更加明确。对荔枝补钙的方式可以通过土壤施用生石灰和在末次秋梢至果实发育期间根外喷钙肥来实现。一般于每年冬季（12 月至翌年 1 月），结合冬季清园，撒施生石灰，以挂果 50 kg 的树面计，每株施石灰 5～10 kg；冬季没施石灰的果园，可在春季（2—3 月）撒施，用量同上。叶面补钙可选择市面上 Ca、B 和 Zn 等含量高的叶面肥。

（4）调整挂果量，保持适当的叶果比　荔枝裂果多发生在果实的向阳面，挂果越多裂果越重。在果实第 3 次生理落果结束后，对挂果量偏多的果穗要进行适当的疏果，每穗果数以不超过 8 个为宜。

（5）改善果园通风透光条件　荔枝光合效能低，越荫蔽果园，荔枝叶片制造养分越少，运输给果实的更少，造成果实发育不好，而发育不好的果实就容易落果和裂果。因此，应加强修剪和疏枝工作，保持果园和树体的通风透光性。

（6）保持均衡的土壤水分供应　在果皮发育阶段，如无降水天气持续 3 d 以上，应及时灌溉，保持土壤处于湿润状态（土壤含水量为田间持水量的 60%～80%）。无灌溉条件的果园，要进行树盘覆盖，减少土壤水分蒸发。在果肉快速膨大期，如遇多雨天气，要及时排水，在果实转色时更应防止土壤水分的剧烈波动。

（7）适时环割和断根　一般在大雨来临前或台风前 2～3 d 进行环割或断根最有效，可有效减少根系对水分的吸收。

（8）及时摘除裂果　裂果发生后应及时摘除树上的裂果。

4. 应用区域

适用于全国各荔枝产区。

5. 依托单位

华南农业大学园艺学院，李建国，020-85288265。

（八）荔枝龙眼台风防灾减灾技术

1. 发生特点

台风登陆我国的时间主要集中在夏秋季，最集中时段为7—9月，此时广东、广西、福建的荔枝基本采收完成，对荔枝生产的影响较小；龙眼正处于成熟季，台风对龙眼产业的影响较大，轻则造成果皮擦伤影响商品性，重则落果、裂果甚至绝收。

2. 典型性状

台风危害主要是风害和内涝，风害可吹断树干、树枝，吹伤幼叶，吹落、吹裂果实以及造成果树倒伏（图18-10，图18-11）。台风带来的大量降水造成果园积水，如果不及时排水，会造成果树烂根死亡。

图18-10　台风吹落大量龙眼果实

图18-11　台风造成幼树倒伏

3. 防控措施

（1）种植防风林　在迎着台风来临的通常方向，种植防风林两行，品种可以选择木麻黄、女贞、漆树、台湾相思树等树种，规格3 m×3 m。

（2）台风前处理　加固树干，修剪过密的枝条。抢收成熟的荔枝龙眼果实；清理排水沟，保证排水通畅。

（3）灾后处理

①断枝处理。及时锯掉断裂的大枝和剪除吹断的小枝，大锯口应覆膜或涂保护剂，防止水分散失和锯口坏死。根颈部位因树体摇摆而产生空洞的树，要扶正并及时填土补洞压实。

②倒伏树处理。为避免因倒伏伤根，导致树体供水不足，对吹歪或倒伏的树体可以根据实际情况修剪掉部分枝条和叶片，减少蒸腾作用；然后扶正（注意避免强行扶正，动作要轻缓，尽

量少伤及根系)，固定好树干，覆土压实(图 18-12，图 18-13)。

图 18-12　台风后及时修剪、扶正、压实果树

图 18-13　修剪扶正倒伏的荔枝树

③灾后防病处理。受损伤的枝条，抗病能力大幅度下降，要及时防病。未能及时采收的果实及时喷施 1 次杀虫杀菌剂。杀虫剂可选用甲维盐、康宽和阿维菌素等药剂防控卷叶虫、尺蠖等害虫；杀菌剂可选用咪鲜胺锰盐、苯醚甲环唑和吡唑醚菌酯等药剂；同时可加叶面肥，如 0.2%尿素+0.2%磷酸二氢钾+0.03%氨基酸(或核苷酸)等。

④积水处理　要及时排除积水和清理果园，清除园内的断枝落叶和落果，减少病虫害滋生。

(4)注意事项　倒伏树扶正后，须待根系恢复吸收功能后再薄施氮肥，根系损伤严重的果树在抽梢叶片开始转绿时才能施肥。为尽快恢复树势，可以多喷施几次叶面肥。

4. 应用区域

适用于全国荔枝龙眼主产区。

5. 依托单位

①茂名市农业科技推广中心，赵俊生，0668-2292236。

②中国热带农业科学院南亚热带作物研究所，李伟才，0759-2859210。

二　荔枝龙眼生物灾害防灾减灾技术

(一)荔枝蒂蛀虫防灾减灾技术

1. 发生特点

荔枝蒂蛀虫是为害荔枝和龙眼的首要害虫，分布于我国广东、广西、海南、四川、福建、云南和台湾等荔枝龙眼产地。该虫 1 年发生 10～12 代，世代重叠，不同的气候环境下，其世代历期为 19～43 d 不等。荔枝蒂蛀虫多以幼虫在荔枝龙眼冬梢或早熟品种花穗顶端轴内越冬，暖冬年份，该虫无越冬现象，各虫态全年均可观察到。在广东、广西和福建地区第 2～6 代为主要为害代，主要在荔枝龙眼的花期至果期为害，其中第 4～5 代与荔枝果实成熟期重叠，为害特别严重。

2. 典型症状

荔枝蒂蛀虫可为害嫩茎、嫩叶、花穗和果实。在梢期，该虫以幼虫钻蛀近顶端的嫩茎和嫩叶的中脉，造成嫩梢顶端枯死，幼叶中脉变褐色，表皮破裂。在花期，幼虫钻蛀花穗嫩茎近顶端，造成花穗枯萎。在果实膨大期，幼虫蛀食幼果果核，导致落果；果实开始着色时，成虫产卵于近果蒂的龟裂片处，幼虫孵化后蛀入果实中取食种柄，造成采前落果、粪果或虫果（图 18-14）。一般年份荔枝龙眼受该虫钻蛀为害的虫果率达 10%～20%，严重时可达到 60%～90%，给荔枝龙眼生产造成严重经济损失。

a.荔枝花穗受害状　b.荔枝嫩梢受害状　c.荔枝蒂蛀虫蛹　d.龙眼受害状　e.荔枝蒂蛀虫幼虫　f.荔枝蒂蛀虫卵　g.荔枝蒂蛀虫成虫

图 18-14　荔枝蒂蛀虫及为害状

3. 防控措施

采取以农业防治措施为基础、改善果园环境和保护利用天敌等生态调控技术为核心、物理防控为辅助、预测预报为指引，应用高效低风险杀虫药剂的多虫态协同的综合防控技术。

（1）农业措施

①营造合理的果园群体结构。通过间伐和回缩修剪，降低果园树高和枝干密度，保持园内通风透光，减少病虫滋生。

②健壮树体。加强肥水管理，提高树体抗逆能力。

③统一放梢。缩短嫩梢期时间，减少害虫食物。

④控杀冬梢。控杀冬梢，可减少多种害虫的冬季食物来源和过冬庇护场所。

⑤冬季清园，涂白树干，地表喷杀消毒。

⑥清理落地果。自第 2 次生理落果开始，捡拾树下落果，集中深埋或销毁，可有效压低荔枝蒂蛀虫的虫源基数。

（2）生态调控技术

①果园生草。果园可保留培植霍香蓟、紫苏、菊科等良性杂草，改善果园生态环境，促进天敌栖息繁衍。

②天敌昆虫的保护与利用。优先使用高效低毒农药，或选择专一性强的杀虫剂，避免对天敌生物造成伤害。

（3）物理防控　有条件的果园可安装 LED 灯，光照强度 50～100 lx，收果前 30～40 d 连续夜间亮灯，通过干扰荔枝蒂蛀虫成虫的生殖行为，有效控制该虫为害。

(4)化学防治

①预测预报为指引。“摇树惊蛾法”是检测荔枝蒂蛀虫成虫数量最简单有效的方法,当发现平均每树起飞的成虫达到 1 头以上时即可择机施药。生理落果期还可结合“成虫羽化预测法”,在成虫羽化高峰期喷药防控该虫。步骤为:捡拾落地果,放于塑料袋中,待落地果中的幼虫出果结茧化蛹时,取 30 头以上虫蛹,置于干燥的透明矿泉水瓶内,用纱布封口或钻适量的透气孔,挂于田间树冠之下,待瓶内出现约 1/3 成蛾时施药防治。

②适时施药。根据害虫发生特点和虫情预测预报,在荔枝生长的几个关键时期适时施药防控(图 18-15)。

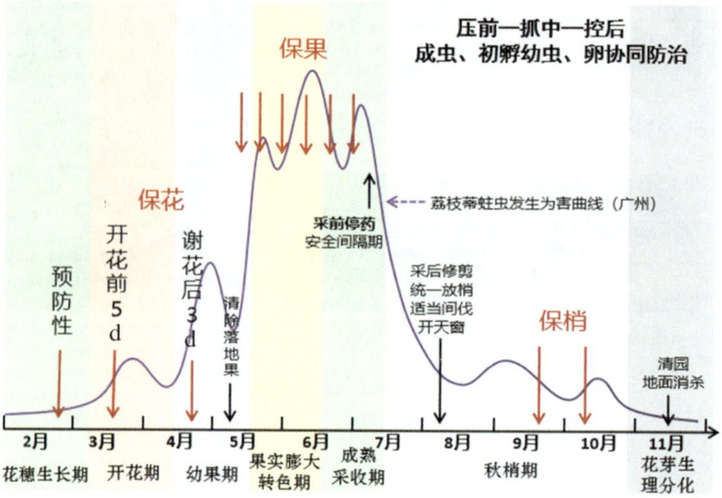

图 18-15 荔枝蒂蛀虫防治图谱

③多虫态协同防治策略。坚持“兼前、抓中、控后,成虫、初孵幼虫和卵同杀”策略,前期通过防治蝽象、尺蠖和卷叶蛾等害虫进行兼治,紧抓第二次生理落果后的中期防治,在果实后期根据田间虫口密度进行控制性防治,选用可同时灭杀成虫、幼虫和卵的药剂或配方。

④科学用药。目前能同时杀成虫和初孵幼虫的药剂有氯氰菊酯、高效氯氰菊酯、高效氯氟氰菊酯、联苯菊酯、毒死蜱、敌百虫、阿维菌素和甲氨基阿维菌素苯甲酸盐等,其中联苯菊酯还具有一定的杀卵作用;能同时杀卵和初孵幼虫且持效期较长的药剂有除虫脲、灭幼脲、虱螨脲以及氯虫苯甲酰胺等,可根据虫情和药剂特点合理搭配,兑水喷雾。

(5)注意事项

①对生产过程的各环节重要基本信息和对虫害防治所采取的主要技术管理措施进行详细记录,以便跟踪溯源。②优先使用在荔枝上登记的农药,提倡优先使用生物农药,严禁使用国家禁止或限制的农药,严格遵守农药安全使用间隔期。③施药时应注意喷施树冠、内膛和地面,一定要用够药量、均匀细雾喷施。④注意不同作用机理农药的轮换使用,以避免害虫产生抗药性。⑤每次喷药次日检查效果,及时补喷药,避免漏喷和药物失效造成损失。

4. 应用区域

适用于全国各荔枝产区。

5. 依托单位

广东省农业科学院植物保护研究所，姚琼，020-87590733。

（二）荔枝蝽防灾减灾技术

1. 发生特点

荔枝蝽 1 年发生 1 代，以成虫在树上浓郁的叶丛或老叶背面越冬。翌年 3—4 月恢复活动，产卵于叶背。5—6 月若虫盛发为害。若虫共 5 龄，历时约 2 个月，多数在 7 月间羽化为成虫，天寒后进入越冬期。若虫和成虫刺吸荔枝和龙眼的嫩梢、花穗和幼果的汁液，导致落花落果。荔枝蝽有假死习性，如遇惊扰，常射出臭液自卫，嫩梢、幼果沾及部位会变焦褐色。

2. 典型症状

若虫和成虫刺吸荔枝和龙眼的嫩梢、花穗和幼果的汁液，导致落花落果。其分泌的臭液触及花蕊、嫩叶及幼果等可导致接触部位枯死，大发生时诱发落果，严重影响产量，甚至颗粒无收。冬发育时期荔枝蝽及为害状见图 18-16。

a.卵　b.若虫　c.若虫　d.成虫　e.为害症状

图 18-16　各发育时期荔枝蝽及为害状

3. 防控措施

采取以监测预警预报、生物防治和药剂防治为核心的绿色防控技术。

（1）农业防治　清除果园及周边的杂草并集中烧毁；涂抹树干上的干翘树皮，填塞树缝、树洞。

（2）人工防治　结合疏花疏果，摘除卵块或若虫团，并销毁；或利用荔枝蝽成虫的假死性，在越冬成虫产卵前期气温较低时，早晚突然摇树捕杀坠落的成虫。

(3)生物防治　早春在荔枝蝽产卵初期把预计1～2 d后羽化的平腹小蜂卵卡挂在树冠下层离地面1 m左右、直径1 cm以下的枝条上。10年生以上的大树每株放1000头，10年生以下的树每株放600头，分2批释放，小树可隔株放蜂。

(4)药剂防治　每年3月春暖时越冬成虫开始活动交尾，体质较弱，而4—5月是低龄若虫的发生盛期，这两个时期都是防治荔枝蝽的最佳时期。根据国家农药登记数据，可选用80%敌百虫可溶粉剂700倍液或2.5%高效氯氟氰菊酯乳油2000～4000倍液、2.5%溴氰菊酯乳油3000倍液、5%顺式氯氰菊酯乳油2000倍液等，喷施1～2次。

4. 应用区域

适用于全国荔枝产区。

5. 依托单位

广东省农业科学院植物保护研究所，李敦松，赵灿，020-85268070。

（三）荔枝霜疫病防灾减灾技术

1. 发生特点

荔枝霜疫病在荔枝产区也称荔枝霜疫霉病或荔枝霜霉病，是我国广东、广西、福建等省区荔枝生产中的最严重病害，各主栽品种花穗和果实均普遍发病，早、中熟品种更容易遭受为害；在高湿的情况下，可引起大量烂花、烂果和落果，如遇4～5 d及以上阴雨天，该病极易发生流行；地势低洼，排水不畅、密度大的果园更易发病。

2. 典型症状

果实病斑多从果蒂开始，初在果皮表面出现褐色不规则的病斑，无明显的边缘，潮湿时长出白色的霉层；病斑扩展极迅速，直至全果变褐色，果肉糜烂，带有强烈的酒味和酸味，并有褐色汁液流出，病果易脱落。花穗病斑褐色，病健界限不清楚，高湿时产生白色霉层。嫩叶感病，初于叶面产生褪绿小斑，后扩展为淡黄绿色不规则形病斑，病斑两面产生白色霜霉状物。老叶受害，通常在叶的中脉处断续变黑，沿着中脉出现少许病斑(图18-17)。

a.成熟果实发病　b.嫩叶发病　c.发病小花保湿生出白色霉层

图18-17　荔枝霜疫病为害状

3. 防控措施

采取以增强树势、加强病害监测和精准施药为核心的绿色防控技术。

(1)农业防治　秋冬修剪时，清除病枝、病果、病花枝，集中处理，并于地面撒施石灰粉，以减少初侵染菌源；入冬后，喷施1次保护性药剂，如30%氧氯化铜悬浮剂600～800倍液，兼保护结果母枝和全树杀菌双重作用。

增施有机肥，改善土壤结构，并注意加修畦沟以利排水；科学进行肥水管理，促秋梢老熟，控制冬梢，增强树势；早春应仔细巡查全园，及早剪除过低枝条，保证枝梢离地面不少于80 cm，以防于土壤越冬的荔枝霜疫霉传播树上；开花期应疏花及剪去过密枝条，保证通风透光，降低湿度，可有效减少发病。

(2)化学防治　一般在花蕾发育期或始花期喷药1次，如有病情发展，谢花后再喷1次；果期应加强对霜疫病的监测，在病害初期及时进行喷药防控；病势急时应抢雨停间隙喷药，若药后不足4 h遇雨还应补喷；可选喷50%烯酰吗啉可湿性粉剂1500～2000倍液、68%精甲霜灵·锰锌水分散剂600～800倍液、72%霜脲锰锌可湿性粉剂600～800倍液、250 g/L吡唑醚菌酯乳油1000～2000倍液、60%唑酯·代森联水分散粒剂1000～1500倍液，一般10～15 d施药1次，连续用药2次。上述药剂应轮换使用，在果实成熟期应注意不同药剂的安全间隔期。

4. 应用区域

适用于除海南外的荔枝主产区(海南的气候异于大陆，一般不发生荔枝霜疫病)。

5. 依托单位

华南农业大学植物保护学院，孔广辉、习平根、姜子德，020-85280307。

(四)荔枝炭疽病防灾减灾技术

1. 发生特点

炭疽病在荔枝各产区均有发生，在高温高湿条件下极易流行。果园管理粗放、植株生长衰弱或偏施氮肥，发生较重；一般中迟熟品种发病重，早中熟品种发病较轻；果实成熟期及采后贮运过程中，若温湿度条件适宜，可造成严重落果及烂果。

“麻点病”是炭疽病的一种症状类型，以桂味发病最重，怀枝、糯米糍、大造等也有发生，树冠下部和内膛果易受害。管理粗放、地势低洼、排水不良、密植荫蔽的果园发病重，4—6月高温高湿有利于该病的发生和流行。

2. 典型症状

炭疽病可为害花穗、果实和枝叶。侵染花穗则花梗和穗梗出现褐色病斑，然后变褐干枯脱落，造成大量落花。侵染幼果，于果皮上出现褐色小斑，逐渐扩展为圆形褐斑，引起早期落果。在成熟或近成熟果实上，病斑圆形、褐色，边缘棕褐色，湿度大时其上产生橙红色黏质小粒，造成裂果和烂果。在叶片上，产生圆形或不规则形的褐色病斑，并时常汇合成灰色的大斑块；或在叶尖、叶缘产生黄褐色病斑，病部和健部界限分明，病斑上着生许多黑色小粒。枝梢感病可形成暗褐色病斑，严重时形成环状病斑，造成枝梢回枯。夏梢发病最重，春梢次之，而秋梢相对较轻(图18-18)。

a.为害花穗　　b.为害叶　　c.为害近成熟果

图 18-18　炭疽病为害花穗、叶和近成熟果实症状

“麻点病”主要侵染果实。初期在果蒂、果肩形成暗褐色小斑点，直径约 1 mm；随着斑点越来越多，聚集成块状黑斑，病斑周围在果实成熟时常不转红而仍保持为绿色；严重时，斑点几乎遍布整个果面，但一般不引致果肉腐烂。为害叶、叶柄和果柄，同样产生暗褐色至黑色小斑点（图 18-19）。

a.为害叶　　b.为害果实症状

图 18-19　“麻点病”为害叶和果实症状

3. 防控措施

采取以增强树势和精准施药为核心的绿色防控技术。

（1）修枝清园　秋冬修剪后及时喷施 1～2 次保护性药剂（如 30%氧氯化铜悬浮剂 600～800 倍液），以保证秋梢和结果母枝的健康生长，减少初侵染菌源。

（2）加强肥水管理　合理施肥，以有机肥为主，化肥为辅，增施磷、钾肥，避免偏施氮肥，保证土壤疏松。秋冬防旱，雨季则避免果园积水。

（3）精准用药　在花蕾期至果实成熟期喷药防治，具体时间应根据当地天气及果园病情而定。注意有效药剂的轮换，以免产生抗药性。如遇连续下雨，则应抢晴喷药。果实成熟期是关键时期，应密切注意天气变化，喷药护果。药剂可选 25%咪鲜胺乳油 800～2000 倍液、50%咪鲜胺锰盐可湿性粉剂 800～1500 倍液、250 g/L 吡唑醚菌酯乳油 1000～2000 倍液、60%唑酯·代森联水分散粒剂 750～2000 倍液或 32.5%苯甲·嘧菌酯悬浮剂 750～1500 倍液。应注意不同药剂的安全间隔期，确保果品的食用安全。

4. 应用区域

适用于全国荔枝产区。

5. 依托单位

华南农业大学植物保护学院，习平根、孔广辉、姜子德，020-85280307。

（五）荔枝花果瘿蚊防灾减灾技术

1. 发生特点

荔枝花果瘿蚊是近些年的新发害虫，在广东、广西、海南等地均有发现。该虫 1 年发生 1 代，每年 4 月，随花或幼果落地的老熟幼虫，钻入泥土发育为伪蛹，并分泌黏液吸附泥沙，形成泥沙团，难以被发现。翌年当花穗长至 5 cm 时，成虫陆续羽化、交配和产卵，以幼虫为害荔枝花穗、花蕊和幼果。在荔枝的花期至幼果期，其发生条件与温湿度密切相关，成虫往往在大雨过后大量出现。

2. 典型症状

成虫（图 18-20a）产卵于荔枝的花穗、花蕊或幼果等幼嫩组织，孵化后的幼虫（图 18-20b）潜于其内取食为害。花梗受害后输导组织遭破坏，初期出现微粒肿状，继而花穗上部慢慢枯死；雌蕊受害后子房膨肿，约比正常大 1/3，逐渐变黄，并慢慢枯死或脱落（图 18-20c）；幼果受侵部位常在果柄附近，外表皮出现茶褐色斑点，最终受害幼果大量脱落（图 18-20d）。幼虫侵害花穗或花蕊时一般为单头虫入侵，也曾发现有多头幼虫同处一果内，暂未发现幼虫有转果为害现象。

a.成虫　b.幼虫　c.为害造成花穗枯黄　d.为害造成落果

图 18-20　荔枝花果瘿蚊不同时期形态及为害状

3. 防控措施

采取以巡园监测、农业措施和“下消上杀”精准施药为核心的绿色防控技术。

（1）农业措施　合理修剪，保持果园通风透光；注意排水，降低果园湿度；合理施肥，培养健壮树势，提高树体对病虫的抵抗力；冬季清园后，以石硫合剂、生石灰等对树干及地表喷施消毒。

（2）精准施药

①施毒土。每年 3 月初，在荔枝花果瘿蚊成虫羽化前（花穗前期），每亩地用 3%辛硫磷颗粒剂或 5%甲基异硫磷颗粒剂 8 kg 拌细沙 20 kg，均匀撒在树冠下和四周表土上，并耙土覆

盖，使药混入土壤。

②喷药。在荔枝开花前和谢花后分别喷 1 次药，可选用对花和幼果安全的高效低毒药剂，如 4.5%高效氯氰菊酯乳油 1000～1500 倍液、2.5%高效氯氟氰菊酯乳油 1000～1500 倍液、1.8%阿维菌素乳油 2000～2500 倍液等进行喷雾。

4. 应用区域

适用于全国荔枝主产区。

5. 依托单位

广东省农业科学院植物保护研究所，姚琼，020-87590733。

（六）荔枝干腐病防灾减灾技术

1. 发生特点

该病为害成年荔枝树的主干和大枝，妃子笑、仙进奉、鸡嘴荔和桂味等品种发病重；早期症状不明显，发病时间较长，自病灶出现到整株枯死约 2 年。“大年”消耗营养大，肥水管理跟不上，或“小年”开花挂果少甚至无果且果园疏于管理，均易导致树势衰弱，抗性降低而易感染。环割、环剥造成伤口无法愈合并出现坏死，则发病严重。

2. 典型症状

病灶常出现于嫁接口、环割、环剥部位及大枝的分叉处，呈暗褐色坏死，湿度大时在病变部位有暗色黏胶液体，呈流胶状；刮开病灶可见韧皮部呈暗褐色至黑色溃烂，木质部则变为红至红褐色；随病灶的不断扩大，病部凹陷且树皮皲裂，树冠叶色褪绿，新叶少且比正常的小而薄；当树皮坏死环绕树干或大枝 1 周时则整株或整枝枯死（图 18-21）。

a.发病初期　　b.发病中期　　c.发病后期

图 18-21　荔枝干腐病发病症状

3. 防控措施

采取以加强栽培管理和精准施药为核心的绿色防控技术。

(1)农业措施　秋冬季及时清理果园残枝落叶，并于果园地面撒施石灰粉，以减少病菌的初侵染源。增施有机肥，加强树势，提高树体抗病能力。控制好环割、环剥的深度和宽度，避免出现局部不愈合且组织坏死；环割、环剥后，及时用毛刷蘸杀菌剂药液涂抹切口，以减少病菌从伤口侵入树皮组织。“大年”可通过疏花疏果，控制挂果数量，以提升荔枝果品质量，并避免挂果太多而过分消耗树体营养导致抗病能力降低；“小年”仍坚持正常的修剪、施肥和病虫害防治等，以维持较强的树势。

(2)化学防治　秋冬季清园管理时用波尔多液或石硫合剂、生石灰涂白剂进行涂干。发现干腐病病株则应及早找到病灶，采用蘸药液的棉布或吸水纤维布敷贴病部后再用薄膜包裹(图18-22)，或刮除病灶后再用蘸药液的棉布或吸水纤维布包裹(图 18-23)，杀菌剂宜选用苯甲·丙环唑或苯甲·吡唑酯。为保证防效，至少应施药 2～3 次，间隔期为 10～15 d；为彻底刮除病灶而又避免造成过大伤口，建议采用手持电锯顶端摩擦病部的方法(图 18-24)。

图 18-22　蘸药液布敷贴再薄膜包裹

图 18-23　刮除病灶再用蘸药液布包裹

18-24　电锯顶端摩擦病部

4. 应用区域

适用于全国荔枝主产区。

5. 依托单位

华南农业大学植物保护学院，习平根、孔广辉、姜子德，020-85280307。

(七)荔枝毛毡病防灾减灾技术

1. 发生特点

荔枝毛毡病又称荔枝瘿螨、瘿壁虱、毛蜘蛛、象皮病等，在中国荔枝龙眼产区都有分布。1 年发生 10～16 代，世代重叠，3 月初开始活动，3—5 月和 7—11 月是为害高峰期，3—5 月重于 10—11 月。瘿螨的发生量与温湿度关系密切，温度 24～30 ℃、湿度 80%以上时，种群数量上升最快。管理粗放、土壤干旱、肥料不足、修剪不够、枝梢多的果园发生严重。树势弱、枝条过密、荫枝多和树冠下部或中部嫩梢受害较重。荔枝瘿螨可借助风力、苗木、昆虫、农具器械等传播蔓延。

2. 典型症状

主要为害荔枝叶片，其次为害花穗（图 18-25a）、嫩茎（图 18-25b）及果实。以成螨、若螨吸食寄主汁液，刺激寄主表皮细胞，引起受害部位出现稀疏茸毛，并畸变形成毛瘿。叶片被害部位最初出现无色透明、稀疏的细绒毛，之后逐渐增多变成灰白色、黄褐色、红褐色至深褐色，形似毛毡状（图 18-25c）；被害叶片表面失去光泽，凹凸不平，甚至肿胀、畸形。花器受害，器官膨大呈绒球状，不能正常开花结果。幼果被害，果皮裂片峰粗糙、变褐色、畸形，不能正常发育，极易脱落（图 18-25d）。成果被害，果面布满凹凸不平的褐色斑块，影响果实品质（图 18-25e）。

a.花穗为害状

b.嫩梢为害状

c.引发毛毡症

d.幼果为害状

e.果实为害症状

图 18-25　荔枝毛毡病为害状

3. 防控措施

采取以农业措施、生物防治和化学防治为主的综合防控技术。

（1）农业防治　随时彻底剪除被害枝叶、弱枝、过密枝、荫蔽枝和枯枝，并集中烧毁或深埋；改善果园通风透光条件，减少越冬虫源；合理施肥，增强树势，提高植株的抗逆性；控制冬梢抽发，中断害虫食物来源，减少越冬虫源；冬季清园后，以石硫合剂、生石灰等对树干及地表喷施消毒。

（2）生物防治　避免使用杀伤性大的农药，保护和利用自然界中的亚热冲绥螨、钝绥螨和卵形真绥螨等捕食螨，对控制瘿螨发生数量具有积极作用。

（3）化学防治　根据荔枝瘿螨的发生特点、生活习性适期喷药防治。尤其是上一年毛毡病发生较重的果园，第 1 次掌握在越冬螨开始活动或荔枝抽春梢时用药，重点保护花穗、幼果和秋梢。可用 73％克螨特乳油 3000 倍液、50％溴螨酯乳油 2000 倍液、1.8％阿维菌素乳油 1500 倍液、15％哒螨灵乳油 1000 倍液、20％双甲脒乳油 1000 倍液、20％唑螨酯悬浮剂 2000 倍液等任选一种药剂喷雾。用药后根据防效，可间隔 15～20 d 再喷 1 次。此外，还可用丁醚脲、乙螨唑、螺螨酯、联苯肼酯、螺虫乙酯等杀螨剂兑水喷雾。

（4）注意事项　化学防治时应注意喷施芽梢的正面和反面，注意药剂交替轮换喷施，避免瘿螨产生抗药性。严格进行检疫，调运苗木时，应挑选无虫叶的苗木。育苗时避免在虫枝上进行高压，以防害螨随苗木传播。

4. 应用区域

适用于全国荔枝主产区。

5. 依托单位

广东省农业科学院植物保护研究所，姚琼，020-87590733。

（八）荔枝黑皮病防灾减灾技术

1. 发生特点

荔枝黑皮病是一种由锰毒害引起的生理性病害。该病一般发生在土壤为酸性的荔枝园，在荔枝果实膨大期尚未转色至即将成熟时均可出现。通常在连续降雨或暴雨后强烈日照下尤其容易出现，具有暴发、急发的特点。

2. 典型症状

发病荔枝中外果皮出现墨绿色至黑褐色的、大小不一的不规则斑块，斑块果色难以转红。横切果皮，可见中果皮有明显的暗色物质累积，内果皮则不受影响。在成熟期，发病严重者大部分中外果皮变为黑褐变，严重影响荔枝外观，甚至使之失去商品价值（图 18-26）。

a.桂味病症　b.井岗红糯病症　c.马贵荔病症　d.果皮横切症状

图 18-26　荔枝黑皮病为害状

3. 防控措施

该病防控的核心在于改良土壤，降低酸度和土壤锰有效性。

图 18-27　在树盘地表均匀撒施改良剂

（1）土壤改良　在荔枝末次梢老熟后，施用石灰、白云石粉、牡蛎壳粉、碱性土壤改良剂等，在树盘地表均匀撒施（图 18-27）。以石灰为例，施用量为每平方米树盘面积撒施 0.2～0.3 kg。对于发病严重的果园，在果实膨大期关注天气预报，如将有连续降雨，提前撒施 1 次改良剂，用量约为末次梢老熟后的 1/3。在第 2 年末次梢老熟后，继续撒施改良剂，用量比上一年减少 1/3；在第 3 年末次梢老熟后，改良剂用量比第 1 年减少 2/3。在第 4 年末次梢老熟后，停施改良剂。在第 5 年，重新按上述方法每年依次撒施改良剂。

(2)其他措施　连续降雨或暴雨来临之前，提前挖好排水沟，及时排水，避免土壤积水。果实膨大期避免过量施氮。

(3)注意事项　在土壤质地为沙土的果园，土壤改良剂宜分次撒施。除在末次梢老熟后撒施外，在果实膨大期视降雨情况，提前撒施1～2次改良剂。改良剂不能与肥料同施，并避免与肥料直接接触。

4. 应用区域

适用于全国荔枝产区。

5. 依托单位

华南农业大学资源环境学院，姚丽贤，020-85281887。

（九）龙眼白霉病防灾减灾技术

1. 发生特点

龙眼白霉病在广东、广西和福建等龙眼主产区的主栽品种中均有发生，主要为害接近成熟或成熟的龙眼果实，严重影响果实卖相和品质。除为害龙眼果实外，也为害龙眼叶片。该病往往首先发生在树冠内膛等阴暗处，偏施氮肥和荫蔽的果园发病严重。在我国龙眼果实成熟期，正是高温高湿天气，若台风和降雨频繁，该病易发生流行。

2. 典型症状

该病主要为害果实和叶片。在幼果期和果实膨大期发生少且病害症状不明显，而在果实接近成熟或成熟时，整穗果实都覆盖着一层白色霉状物，部分细小果梗干枯，果实易脱落；严重发病的果实，果皮变为暗褐色，果肉变质腐烂；中度和轻度发病的果实，果肉虽未腐烂，但风味下降，而且由于果皮表面覆盖一层白色霉状物而影响品相，故降低了商品价值。叶受害，并没有明显病状，但是病征明显，即在叶片正面覆盖着一层白色霉状物(图18-28)。

图18-28　染病的果穗和叶片

3. 防控措施

采取以间伐及疏果疏枝，提高通风透光度和精准施药为核心的绿色防控技术。

(1)农业防治　对植株密度大的龙眼园要进行间伐，降低园内湿度；对生长旺盛且枝叶茂密和坐果多的龙眼树，应进行疏枝疏果，增强通风透光；剪除病叶，清除地面上的落叶，以减少侵染源。

(2)化学防治　以保护果实为主，当病果穗率超过5%时，应及时进行喷药防治。可选用25%咪鲜胺乳油1500倍液，或45%咪鲜胺水乳剂2000～2500倍液，或250 g/L吡唑醚菌酯乳油1000～2000倍液，或60%唑酯・代森联水分散粒剂1000～1500倍液，或50%多菌灵可湿性粉剂500～1000倍液，或70%甲基硫菌灵可湿性粉剂700～1000倍液等药剂，喷雾1～2次。请注意不同药剂的安全间隔期。若发病龙眼园的果实接近采收，即距离采摘收获不足10 d，可喷洒25%咪鲜胺乳油1500倍液，或45%咪鲜胺水乳剂2000～2500倍液1次，以确保果品的食用安全。

4. 应用区域

适用于全国龙眼主产区。

5. 依托单位

华南农业大学植物保护学院，孔广辉、习平根、姜子德，020-85280307。

（十）荔枝龙眼食叶性害虫防灾减灾技术

1. 发生特点

该类害虫以咬食荔枝龙眼叶片或刺吸叶片汁液为生，其种类繁多，包括佩夜蛾、尖细蛾、叶瘿蚊、卷叶蛾、尺蠖、毒蛾、夜蛾、粉虱、介壳虫、金龟子、象甲褶粉虱、华南大黑鳃、双线盗毒蛾、粉筒雄叶甲等。

常见的鳞翅目食叶害虫有卷叶蛾和尺蠖，二者均以幼虫取食寄主植物的新梢和嫩叶，有些种类还可为害花穗和幼果。二者在荔枝龙眼园全年均有发生，其中5—8月为其在龙眼园的幼虫高发期，7—12月为其在荔枝园的幼虫高发期；在夏梢和秋梢发生量最大，然后依次为冬梢、春梢、花穗和幼果。

荔枝叶瘿蚊1年发生6～7代，以幼虫在被害叶上的虫瘿中越冬。2—3月，老熟幼虫入土化蛹，3—4月成虫羽化出土、交尾及产卵。卵多散产于刚展开的嫩叶叶背，初孵幼虫从叶背入侵叶肉取食为害，形成虫瘿。凡茂密、较潮湿的果园受害较重；一般树冠的下层和内膛，苗木和幼树受害较重；春梢受害常比秋梢重。

粉虱1年发生多代，成虫和若虫吸食叶片汁液，在通透性差的果园发生较重，5—9月为其盛发期。

金龟子一般1年发生1代，成虫为害荔枝龙眼新梢、嫩叶、花和果，幼虫(蛴螬)为害根。春季回暖，老熟幼虫上移化蛹，于3月开始陆续羽化。雨后土壤含水量上升、土质松软，利于成虫羽化出土。

2. 典型症状

不同种类食叶害虫的为害症状各有不同。卷叶蛾幼虫吐丝将3～5张叶片牵结成虫苞后，匿居其中取食为害，呈现褐色薄膜或食叶成穿孔或缺刻状；尺蠖中高龄幼虫具暴食性，可造成嫩叶缺刻、幼果脱落甚至秃枝；荔枝叶瘿蚊幼虫钻入嫩叶组织内取食并发育形成疱状突起，初期出现水渍状点痕，后点痕逐渐向叶片的上下两面同时隆起形成小瘤状的虫瘿，致使叶片扭曲变形。粉虱为害可使被害叶片褪绿、变黄、萎蔫，同时该虫分泌大量蜜液，易引起煤污病的大发生；金龟子食量大，取食荔枝和龙眼的叶片造成缺刻或孔洞，为害严重时，整株叶片被取食呈网状，仅剩梢梗（图 18-29）。

a.佩夜蛾　b.白轮盾蚧　c.荔枝褶粉虱　d.尺蠖　e.华南大黑鳃金龟及为害状

f.荔枝叶瘿蚊　g.双线盗毒蛾　h.黄三角卷叶蛾　i.荔枝尖细蛾　j.粉筒胸叶甲

图 18-29　荔枝龙眼食叶性害虫及为害状

3. 防控措施

食叶类害虫的发生往往与荔枝、龙眼新梢抽发期相吻合，发生与为害时期相对集中，因此应在荔枝、龙眼新梢抽出、小叶刚开张时对全园嫩梢及时调查，在虫口密度较小或低龄幼（若）虫期对该类害虫采取统防统治。此外，直接剪除虫害发生较多的枝叶，可有效控制其扩散为害。防控主要采取以农业措施、物理措施、生物防治和化学防治等多种措施的综合防控技术。

（1）农业防治　同荔枝毛毡病防控减灾技术相应部分。

（2）物理防治　利用尺蠖、卷叶蛾和金龟子等害虫的趋光性和趋化性，在其成虫盛发期用频振式杀虫灯诱杀，或用糖醋液诱杀（糖醋液比例为 2 份红糖、1 份黄酒、1 份醋、4 份水）。

（3）生物防治　避免使用杀伤性大的农药，保护和利用自然界中的捕食性和寄生性天敌，也可人工释放捕食螨或寄生蜂等天敌产品，对控制该类害虫发生具有积极作用。

（4）化学防治　利用毒土可防控金龟子、大造桥尺蠖、叶瘿蚊等害虫。毒土药方同五花果瘿蚊防控减灾技术相应部分。

根据该类害虫的发生特点、生活习性适期喷药防治，有效药剂包括：4.5%高效氯氟氰菊酯乳油 1000～1500 倍液、2.5%溴氰菊酯乳油 1000～1500 倍液、20%甲氰菊酯乳油 1000～1500 倍液、1.8%阿维菌素乳油 1500～2000 倍液、2%甲氨基阿维菌素苯甲酸盐乳油 2000～2500 倍液、15%茚虫威 2500 倍液、20%氯虫苯甲酰胺悬浮剂 2000 倍液、每克含 100 亿个孢子苏云金杆菌制剂 800 倍液。此外，粉虱、介壳虫等刺吸式口器害虫还可用杀虫双、吡虫啉、噻虫嗪、啶虫脒、呋虫胺等杀虫剂兑水喷雾。

（5）注意事项　化学防治时应注意喷施芽梢的正面和反面；注意药剂交替轮换喷施，以避免瘿螨产生抗药性。施药时，一定要用够药量、均匀细雾喷施。

4. 应用区域

适用于全国荔枝龙眼主产区。

5. 依托单位

广东省农业科学院植物保护研究所，姚琼，020-87590733。

（十一）荔枝龟背天牛防灾减灾技术

1. 发生特点

该虫在广东、广西荔枝产区1年发生1代，幼虫和成虫均可以为害荔枝树，以幼虫为害隐蔽并且严重。7月初至10月下旬以成虫虫态为害荔枝树，啃食嫩梢皮层，导致嫩梢枯死。成虫喜欢将卵产在直径1～3 cm粗细的枝丫杈口处树皮下（图18-30）。初孵幼虫先在树皮下蛀食，然后逐渐蛀入枝干的木质部，形成扁圆形纵向蛀道，幼虫自上向下蛀食。冬季以幼虫虫态越冬。老熟幼虫在蛀道的宽敞处化蛹，一般至荔枝采收后羽化变成成虫，然后产卵继续为害。

图18-30　龟背天牛成虫在枝丫处产卵状（左）和孵化的幼虫（右）

2. 典型症状

成虫啃食秋梢皮层，导致树冠上方出现大量枯梢。成虫产卵后在枝丫杈口处呈现月牙状伤口。幼虫为害时，特别是在每年4—5月荔枝幼果期，可见枝干上有绿豆大小的圆孔，对应地下有虫粪。老熟幼虫羽化后，在枝干上留下黄豆大小的圆孔。为害严重时可以导致整个枝干衰弱或枯死（图18-31，图18-32）。

图18-31　龟背天牛成虫（左）和为害枝条状（中、右）

图 18-32　龟背天牛幼虫为害枝干状(左)及地下虫粪(右)

3. 防控措施

(1)农业防治　结合采后修剪,及时将有虫枝条剪除,粉碎或带出果园。

(2)物理防治　秋季巡园,发现枝丫杈口处有新鲜月牙状伤口时及时剪除该枝条或用小刀剜除卵和幼虫,发现成虫及时捕杀。秋季夜晚采用灯光诱杀成虫或悬挂诱捕器诱捕成虫。在冬季和荔枝幼果期巡园,发现地下有虫粪,及时找到对应的虫孔,用铁丝将幼虫钩杀。

(3)生物防治　3—7 月在龟背天牛幼虫期和蛹期释放花绒寄甲,连续释放 2 年以上,可持续控制天牛的发生。释放时将花绒寄甲卵袋钉在天牛蛀道口处或有天牛蛀道的枝干上,孵化的幼虫钻入天牛蛀道中搜寻寄主,取食天牛体内的营养物质,并在 7～9 d 后变成成虫。也可以直接释放成虫,使其自行产卵。

(4)化学防治　幼虫蛀入木质部后,可以见到地下有新鲜虫粪,向上找到枝干上对应虫孔用注射器注射毒死蜱乳油、高效氯氰菊酯、辛硫磷或氯虫苯甲酰胺乳油,注射后用湿泥土或胶带封住虫孔。

4. 应用区域

适用于全国荔枝主产区。

5. 依托单位

广东省农业科学院植物保护研究所,李敦松、郭义,020-85268070。

(十二)其他荔枝龙眼害虫防灾减灾技术

1. 发生特点

荔枝龙眼除常见害虫荔枝蒂蛀虫、荔枝蝽、卷叶蛾、尺蛾等主要害虫外,还有一些次要害虫,如荔枝叶螨、介壳虫、粉虱、蓟马和蚜虫等,受环境、气候、施药等因素影响,偶尔也会上升为主要害虫,为害严重,导致减产减收。这些害虫个体小,繁殖快,暴发为害具有偶发性和地域性。

2. 典型症状

由于个体较小,这一类害虫刚发生时通常不被人察觉和重视,等到发现明显受害症状时,已是大发生状态。荔枝叶螨一般在老叶正面为害,被害叶片呈现黄白色小斑点,严重时可造成整株叶片失绿变褐至落叶,导致树势衰退,影响产量(图 18-33)。

介类害虫如矢尖蚧、粉蚧、绵蜡蚧等,除直接为害叶片、枝条和果实外,还会诱发煤烟病,影响叶片光合作用，降低果实质量(图 18-34)。

粉虱、蚜虫主要为害嫩叶、嫩梢，导致叶片枯萎脱落，也可诱发煤烟病(图 18-35，图18-36)。

蓟马成虫、若虫多在嫩叶背吸取汁液，受害叶片边缘卷曲不能展开，叶片变黄、变脆，易脱落；新梢顶芽受害，生长点受抑制，枝叶呈丛生状或萎缩(图 18-37)。

图 18-33　荔枝叶螨为害

图 18-34　介类为害

图 18-35　粉虱为害

图 18-36　蚜虫为害

图 18-37　蓟马为害

3. 防控措施

(1)药剂防治　由于这类害虫通常不用专门防治，所以基本没有在荔枝龙眼上登记的药剂，在应急防治的情况下，可参照在柑橘等果树上登记的药剂进行防治，如防治螨类可选阿维菌素等杀螨剂；防治蚜虫、粉虱、蓟马可选啶虫脒、多杀菌素、苦参碱等；防治介类害虫可选噻嗪酮、毒死蜱、松脂酸钠等药剂。另外，许多针对梢期主要害虫的药剂对这些害虫也具兼治效果，可考虑在防治梢期主要害虫时兼治这些害虫。

（2）农业防治　自然条件下，这些小的害虫都有较多种类的捕食性和寄生性天敌，是控制它们不常暴发为害的主要原因。合理用药和培养良好的果园生态有利于保护这些天敌，可在果园周围种植显花景观植物，果园内保留良性杂草，提高果园生物多样性；合理修剪，保持树体内透风、透光，减少荫蔽，可降低这类害虫发生为害水平。

4. 应用区域

适用于全国荔枝龙眼主产区。

5. 依托单位

广东省农业科学院植物保护研究所，李敦松、张宝鑫，020-85268070。

（十三）荔枝杂草防灾减灾技术

1. 发生特点

夏季温度高，杂草生长迅速，为害较严重。冬季温度较低，杂草生长速度较慢，对于一些不耐寒的杂草甚至会出现地上部萎蔫的现象。

2. 典型症状

杂草与荔枝竞争养分，影响荔枝树的正常生长。攀援性的杂草如薇甘菊等会顺着荔枝枝干向上攀援或缠绕，导致荔枝枝叶被遮挡，长期缺乏光照，最终导致枝梢干枯。

3. 防控措施

采取以草治草、适时刈割为核心的防控措施。

（1）适时刈割　当杂草生长至 40 cm 以上时，及时用割草机进行刈割。对于地势平坦，坡度不大的果园，可以采用行走式割草机割草；对于坡度较大的果园，可以采用背负式割草机割草（图 18-38）。

a.行走式割草机

b.背负式割草机

图 18-38　不同类型的割草机

（2）以草治草　在果园行间和边坡等地播种矮生的禾本科植物，如宽叶雀稗、百喜草等，或栽种豆科植物，如假花生。

（3）除草剂控制杂草　采用除草剂防除杂草，药液可用 30% 草铵膦水剂 200～250 mL 溶于

30 L 水，或者 68%草甘膦粉剂 100～150 g 溶于 30 L 水，或 200 g/L 敌草快水剂 300～350 mL 溶于 30 L 水。

（4）注意事项　对于杂草的控制，特别是一些恶性杂草如鬼针草和薇甘菊，须在杂草花期根据其开花情况及时刈割，防止结籽后种子扩散传播。避免过度使用除草剂防除杂草，尽量采用以草治草和刈割的方式控制杂草。

4. 应用区域

适用于华南各荔枝主产区。

5. 依托单位

华南农业大学园艺学院，周碧燕，020-85280228。

第十九章

天然橡胶体系防灾减灾技术

一、天然橡胶非生物灾害防灾减灾技术
（一）橡胶树风害防灾减灾技术
（二）橡胶树寒害防灾减灾技术
（三）橡胶树旱害防灾减灾技术
二、天然橡胶生物灾害防灾减灾技术
（一）橡胶树白粉病防灾减灾技术
（二）橡胶树炭疽病防灾减灾技术
（三）橡胶树根病防灾减灾技术
（四）橡胶树季风性落叶病防灾减灾技术
（五）橡胶树割面条溃疡病防灾减灾技术
（六）橡胶树棒孢霉落叶病防灾减灾技术
（七）橡胶树害螨防灾减灾技术
（八）橡胶树橡副珠蜡蚧防灾减灾技术
（九）橡胶树小蠹虫防灾减灾技术

一 天然橡胶非生物灾害防灾减灾技术

（一）橡胶树风害防灾减灾技术

1. 发生特点

橡胶树风害主要发生在海南省和广东省植胶区雨季台风期。

2. 典型症状

橡胶树风害症状为叶片破损、落叶、枝条折断、主干折断（图 19-1）、主干倾斜（图 19-2）或倒伏等。

图 19-1　主干折断

图 19-2　主干倾斜

3. 防控措施

（1）选用抗风品种　在风害较重区域，因地制宜配置热研 73397、热研 917、PR107 等抗风品种。

（2）营造防护林　防护林可削弱风速，减少橡胶树风害损失。

（3）整形修枝　通过改造树冠的形态，提高橡胶树的抗风力。

（4）采用抗风种植形式　采用宽行窄株形式以及适度的密植可减少风害损失。

（5）灾后处理　包括报废处理和受害树的处理。

①风害报废处理

a. 报废胶园：近年亩产干胶 60 kg 以下，本次风害断主干在 2 m 以下和全倒树共达 20%以上的；断主干 2 m 以下或全倒树共达 60%以上的。

b. 报废胶树：断裂口下方无分枝又无原生皮；断裂口下方两面死皮；断裂至芽接结合点或根茎交界处；割龄在 16 年以上，断主干在 2 m 以下或全倒的；在郁闭度大的林段中，少数断主干或全倒的风害树由于受周围植株的荫蔽，是很难恢复的。

②受害树的处理

因风断干或全倒的胶树，均应尽快处理，全倒树力争在全倒后 7 d 内完成，断干树的处理也应抢在新芽萌发以前完成。全倒树的处理原则上先高产树，后低产树；先开割树，后中幼树；

先郁闭度小的林段，后郁闭度大的林段。断干树先处理低部位断干树。

a. 全倒树：在胶树的原植穴上，将植穴中的残根、杂物、污泥挖出，并适当加深扩大；将断裂的主根和侧根斜切修平，侧根留长 30～50 cm，用杀菌剂消毒；主干保留 2.5～3.0 m，若有分枝则留约 50 cm 长的分枝；用绳拉或支撑方法，将倒树扶正，用新土压实，并加树杈支撑；盖草和淋水。对于来不及处理的树，可先锯掉枝条，并用其遮盖树干和暴露的树根，稍后再扶正。

b. 半倒树：开割树不扶正，须用土填好树头空洞。中小苗尽量扶正，但以不拉断其他树根为准，扶正后须支撑并填实树头。

c. 断干树：裂到哪里锯到哪里。

(6)处理后的管理　处理后须加强抚育管理，主要内容如下。

a. 抹芽定芽。除新主干和高部位萌芽外，其余芽及时除去。

b. 淋水控萌和追肥。

c. 预防病虫害和动物为害。

d. 处理残桩，对于低矮残桩或报废树桩可进行割胶后进行砍伐，并及时用土填埋残桩树洞。

(7)受害树的复割　叶子破损和枝条折断的胶树，要在风害 6 周后才能恢复割胶。各类断干树的复割时间，一般以树冠生长基本正常为原则。分枝以上断干的，停割半年左右；重新培养树冠的炮筒树，停割 1～2 年；倒树重种的在 2～3 年后复割。复割后的胶树，要注意养树割胶。

4. 应用区域

适用于广东省、海南省植胶区。

5. 依托单位

中国热带农业科学院橡胶研究所，谢贵水，0898-66961232。

（二）橡胶树寒害防灾减灾技术

1. 发生特点

橡胶树寒害主要发生在每年的 12 月至翌年 3 月。

2. 典型症状

树冠寒害主要症状为嫩叶枯焦、老叶枯死、枝条干枯；茎干寒害后常出现黑斑、外层树皮枯死、爆皮流胶、树干冻枯直至整株死亡；部分胶树茎基出现爆皮流胶而导致树皮溃烂的“烂脚”症状；根系在受到寒害时也会出现主根根皮爆胶或者干枯、侧根部分干枯或者全枯、吸收根和输导根冻死等（图 19-3）。

3. 防寒技术措施

(1)选择避寒环境　注意种植地小气候与小环境，科学规划，有效预防。

(2)合理配置品种　因地制宜，配置不同抗寒能力品种。

(3)宽行密株种植　在易受寒害区域，适当扩大行距。

(4)早春定植　早春定植的苗木比较苗壮，可提高其抗寒能力。

(5)入冬前相关措施　9 月后避免使用氮肥，增施钾肥，增强耐寒力。冬季修剪掉郁闭度大的下部下垂枝条，增加林间光照。低温来临前及时停割，停割后及时涂抹割面涂封剂。

图 19-3　橡胶树寒害症状

(6)寒害处理　包括报废处理和受害树的处理。

①寒害报废处理。

a. 树体报废：接穗全部死亡；树冠干枯 2/3 以上，且主干下方两个割面均“死皮”；树皮环枯或茎干坏死 5/6 以上树围的。

b. 胶园报废：报废树占 60%以上，或每亩保存株数不足 15 株的中小苗胶园以及每亩正常树不足 10 株的开割胶园。

②受害树的处理

处理要适时，不能太早或太迟。处理要适当，不要人为扩大伤口。工作安排上应先轻后重，先易后难，先开割树后中小苗，先割胶部位后树冠，先割面后树干。处理的时间一般以灾后新抽第一蓬叶稳定以后，气温已稳定回升，受害症状稳定，干枯边界分明时为好。

a. 幼树。干枯处离芽接位不足 1 m 的，在芽接位上方 10～15 cm 处切干，重新培养主干。枯至离芽接位 1 m 以上的，保留主干，枯到哪切到哪。

b. 开割树。树冠干枯不到 2/3 的不必处理；干枯达 2/3 以上的待第一蓬叶稳定后结合修枝整型截去枯枝、枯干；全枯的在干枯位下方 2～3 cm 处锯干，锯口干后涂沥青合剂或煤焦油。外皮枯死形成层未受害的，不必处理；树皮爆皮流胶爆胶口宽度小于 5 cm 的不需处理；爆胶口宽度大于 5 cm 的，拔出凝胶块，修去坏皮，用橡胶树割面保护剂涂封活皮边缘。树干溃烂成洞穴的，要排除积水，剔尽朽木，然后消毒补洞。

③处理后的管理。

加大病虫害监控力度，一旦达到防控指标及时防治。同时，加强水肥管理，促进胶树形成新树冠，愈合伤口和恢复生产。

(7)寒害树的复割　对于树冠干枯不到 2/3、主干树皮坏死宽度不足树围的 1/3 的受害树，可以待第一蓬叶稳定后正常割胶，但应适当降低割胶强度。对于树冠干枯 2/3 以上、主干树皮坏死宽度不足树围的 1/2 的受害树，应在第二蓬叶老化后再进行复割，但要降低割胶强度。对于主干树皮坏死宽度达整个树围的 1/2 以上的受害树，应养树 1 年，待受害树形成一定树冠，有正常叶量的 40%后，再进行低强度复割。

4. 应用区域

适用于全国植胶区。

5. 依托单位

中国热带农业科学院橡胶研究所，谢贵水，0898-66961232。

（三）橡胶树旱害防灾减灾技术

1. 发生特点

我国植胶区每年 11 月至翌年 4 月时常会发生不同程度的季节性干旱，影响橡胶树生产主要发生在旱季后期，即 3—7 月。

2. 典型症状

黄叶或落叶、枝条回枯、主干干枯、吸收根或运输根坏死等（图 19-4）。

a.叶片枯黄　　b.落叶　　c.主干干枯

图 19-4　橡胶树旱害症状

3. 旱害防控措施

（1）干旱区植胶林地选择　旱害严重频发地区应选择在湿度较大的阴坡坡下，以及具有较强保水力和深厚土层的地段植胶。

（2）选择耐旱种苗　选用 GT1、RRIC121、RRIC102 等耐旱品种，并选用耐旱能力较强的砧木，如 GT1、RRI、M623 等。

（3）抗旱技术　生产上常用的抗旱技术如下。

①常规抗旱定植。定植前植穴灌水，定植时分层压土，淋足定根水，并在植株周围盖草遮阳，然后定期淋水保湿。

②容器苗定植。容器苗较裸根苗具有根系完整、抗旱性强的特点，一般在 4—5 月雨季到来后上山定植。

③"围洞法"抗旱定植。"围洞法"节水抗旱定植技术是经多年实践证明非常有效的抗旱定植技术。方法为：采用芽接桩或袋苗作定植材料，按常规要求进行定植，淋足定根水。然后用抗旱栏（高约 23 cm、上开口直径约 13 cm、下开口直径约 15 cm）将露出地面的苗木套在中间，将备用表土培到"抗旱栏"外侧四周，培成一个中间有空洞的土堆，一般天气情况下不必再淋水。在苗木成活（植后新抽第一蓬叶稳定至第二蓬叶萌动）后，扒开土堆，回收"抗旱栏"等材料。

④保水剂抗旱定植。保水剂作为一种高分子聚合材料，可以吸收大量的水分。在定植橡

胶苗前，在植穴加入适量保水剂(分干湿两种)与植穴土壤充分混合后再进行苗木定植，定植后淋足定根水。7 d 后再淋水 1 次。后期根据土壤湿度，每隔 7～14 d 浇水 1 次，直至雨季。

⑤淋水抗旱。浇水、淋水依然是干旱防控的最有效措施，在有水源的地区，旱季应进行淋水、灌溉，并且要淋透。

⑥胶园覆盖与土壤保墒。在种植带进行死覆盖(防草布、秸秆等)，行间进行豆科覆盖，增强土壤持水能力。每年结合胶园冬季管理进行压青、改土，提高土壤持水性。另外，结合除草对幼龄胶园植胶带进行浅松土，可阻断土壤毛细管，减少土面蒸发，起到一定的抗旱作用。

(4)旱害处理措施　若因干旱出现黄叶等旱害症状，可采取浅松土、盖草、引水灌溉等措施；若开割橡胶树已出现明显排胶障碍，要降低割胶强度和刺激强度，直至休割。

(5)灾后复割　橡胶树旱害严重时，应给予一定时间的休整恢复，复割时间根据橡胶树受损程度和灾后抚育措施等综合考虑，一般在新抽叶片稳定和叶量接近常年平均水平时复割。

4. 应用区域

适用于全国植胶区。

5. 依托单位

中国热带农业科学院橡胶研究所，谢贵水，0898-66961232。

二 天然橡胶生物灾害防灾减灾技术

(一)橡胶树白粉病防灾减灾技术

1. 发生特点

全年均可发生，但流行于橡胶树大量抽嫩叶的春季，低温阴雨有助于该病的流行。病菌在苗圃幼苗、风断树嫩梢、林段自生苗、野生寄主及越冬胶树上未脱落的老病叶上越冬，成为翌年春季的初侵染源；分生孢子借助气流传播到新抽胶树嫩叶上，在适宜条件下，病菌孢子可在几小时内发芽，直接侵入胶树嫩梢或幼嫩叶片，潜育期 5～8 d。

2. 典型症状

橡胶树白粉病症状见图 19-5。

(1)特征症状　嫩梢、嫩叶和花序上呈现大小不等的点状或相连成片的白粉状病斑，即新鲜活动斑，嫩叶畸形、落叶落花等。

(2)其他症状　①蜘蛛丝状病斑。发病初期嫩叶的正面或叶背的叶脉处呈现辐射状的银白色菌丝，呈蜘蛛丝状。②红斑。随着气温升高，未脱落的嫩叶新鲜活动斑上的白粉状物减少，菌丝生长受到抑制，病斑变为红褐色，发展为红斑。嫩叶上的红斑再遇低温时又可转变为新鲜活动斑。③老叶癣状斑。随着气温升高和胶树叶片物候进入老化期，原新鲜活动斑上的病菌孢子大量死亡，仅存少量活的孢子，白粉斑发展为灰白色的老叶癣状斑。④黄斑。在高温天气下，当老化病叶白粉斑上的白粉状物完全消失后，病斑颜色变黄，发展为黄斑。⑤褐色坏死斑。在高温天气下，老化病叶黄斑上的病组织进一步变褐坏死，发展为褐色坏死斑。

3. 防控措施

橡胶树白粉病的防治要抓好 4 个环节。

a. 嫩叶正面的病斑；b. 嫩叶背面的病斑；c. 受害叶片畸形；d. 癣状病斑；e. 花序病斑；
f. 老叶坏死斑；g. 高温后老叶黄斑；h. 高温后嫩叶红斑

图 19-5　橡胶树白粉病症状

（1）铲除越冬病源

（2）控制中心病株（病区）　在橡胶树 20% 抽叶以前，进行一次中心病株（区）调查，一旦发现中心病株或中心病区，应及时进行单株或局部喷药防治。

（3）流行期全面喷药　根据病情、物候及未来一周内的天气预报和本地区的短期预报资料，安排好各林段第一次喷粉日期。若预报有阴雨天气出现，应提前喷粉，才能收到预期的防效。

（4）局部防治后全面防治　橡胶树抽新叶率和白粉病病叶率分别达到 5% 时，对嫩叶较多的局部植株低剂量施硫黄粉（0.6 kg/亩）。当日平均温度在 24 ℃以下，橡胶林多数叶片处于古铜色及淡绿叶期，总发病率达到 2%～3% 时，应在 3～5 d 内全面施硫黄粉（1.0～1.2 kg/亩）；如果橡胶林叶片未达到 50% 的老化率，距上次施药间隔 7 d，日平均温度 24 ℃以下，应根据白粉病病情，在 2～4 d 内再一次全面或局部喷药；橡胶林叶片达到 60% 老化率后，如果总发病率超过 20% ，须对晚抽叶的植株进行局部喷药。遇到有阴雨天来临，上述喷药时间应提前 1～2 d。阴雨天气不能使用硫黄粉时，可采用 15% 三唑酮热雾剂、8% 氟硅唑热雾剂、10% 腈菌・咪鲜胺热雾剂、16% 咪鲜・三唑酮热雾剂、16% 咪酮百菌清热雾剂等，90～120 mL/亩喷烟雾。

4. 应用区域

适用于全国植胶区。

5. 依托单位

海南大学，张宇，0898-66961327。

（二）橡胶树炭疽病防灾减灾技术

1. 发生特点

全年均可发生，尤其是在每年 3、4 月橡胶树抽嫩叶期间，遇降雨和低温（寒潮），胶园内相对湿度在 90%以上，炭疽病易发生流行。嫩叶期遇到 4、5 级强风病情加重。病菌以菌丝体及分生孢子堆在染病的组织或受寒害、半寒害的枝条上越冬，成为翌年新抽嫩叶的初侵染源。分生孢子通过风雨传播到橡胶树叶片、嫩梢上，萌发后从自然孔口、伤口及嫩叶表皮直接侵入引起发病。

2. 典型症状

古铜色嫩叶发病后，呈现不规则形的、暗绿色、似被开水烫过一样的水渍状病斑，病斑易变黑、干枯。淡绿色嫩叶发病后，叶面、叶尖或叶缘上呈现出近圆形或不规则形的暗绿色或褐色病斑，病斑边缘具黑色坏死线，叶片常皱缩畸形，潮湿条件下病部长有粉红色黏液状的孢子堆。重病叶易脱落。发病老叶叶面或叶缘呈现近圆形褐色病斑，扩展后多个病斑相连成不规则形大斑，病斑中央灰白色，易穿孔，边缘深褐色，重病叶易脱落（图 19-6）。

图 19-6　橡胶树炭疽病典型症状

3. 防控措施

橡胶树从 5%抽芽到 80%古铜叶期内，若有阴雨的天气预报，则在此天气来临前 2～3 d 内进行第 1 次喷药。喷后 7～10 d 仍有类似预报，组织第 2 次喷药；若 7 d 后仍有 20%以上古铜叶，且又有不良天气预报，则第 3 次喷药。可选用 28%复方多菌灵胶悬剂或 20%灭菌灵胶乳剂，或 10%百菌清油剂，或 10%百菌清、3%多菌灵烟剂等防治。如有白粉病同时发生，可选用 20%氟硅唑・咪鲜胺热雾剂，或 15%咪鲜胺・腈菌唑烟雾剂等进行防治。

4. 应用区域

适用于全国植胶区。

5. 依托单位

海南大学，张宇，0898-66961327。

（三）橡胶树根病防灾减灾技术

1. 发生特点

全年均可发病，多雨季节病害扩展较快；轻病树冬季早落叶，春季迟抽叶，夏秋季发病中心形成明显的天窗。根病发生与胶园垦前的植被类型、土壤环境条件、开垦方式、栽培措施等有一定的关系。根病的初侵染源，多来自垦前林地已经染病的树桩或各种灌木等野生寄主，主要通过病根与健根的接触传染形成大病区。病害的传播途径有 2 种：风雨可传播红根病菌担子果上产生的担孢子到新砍伐的树桩截面上或有伤口的橡胶树茎基或暴露的根上，在适宜的环境条件下，担孢子萌发侵入并扩展使其发病，形成发病中心；土壤中的病根与健根接触后，病根上的菌膜蔓延到健根上，通过向心蔓延和离心蔓延形成大病区。

2. 典型症状

橡胶树根病有 8 种，在我国境内发现的有 7 种，包括红根病、褐根病、白根病、臭根病、黑纹根病、黑根病、紫根病等，常见的有以下 5 种。

（1）红根病　病根表面平粘一层泥沙，水洗后可见枣红色或黑红色的革质菌膜。雨季在病树茎基或病树桩侧面长有上表面红褐色、灰褐色、土褐色或深褐色，有环纹或无环纹，边缘白色、较厚，下表面灰白色的檐状担子果。后期病根木质部组织呈海绵状湿腐。病树树冠稀疏、黄叶、枝枯，树冠顶梢叶蓬有时呈圆盘状，重病株整株枯死（图 19-7a）。

（2）褐根病　病根表面粘泥沙和小石子多，凹凸不平，泥沙间有铁锈色菌膜和薄而脆的黑褐色革质菌膜。病树树头和病根木质部具单线渔网状褐纹。雨季在病树茎基、暴露的病根或病树倒干、病树桩侧面长有上表面呈黑褐色，边缘呈黄褐色，下表面灰褐色不平滑的圆锥形钉状突的檐状担子果；病树倒干下表面长出担子果，有时呈灰褐色硬壳状。部分轻病树在茎干基部一侧形成烂洞。后期病树树头和病根木质部组织干腐，形成蜂窝状孔洞。病树树冠稀疏、叶片失绿发黄、枯枝，树冠顶梢叶蓬有时呈圆盘状，重病株整株枯死，易被强风吹倒（图 19-7b）。

（3）白根病　病树茎基或病根表面长有扁平或稍圆，白色、淡黄色至暗褐色的树根状菌索。雨季在病树茎基、暴露的病根或病树桩、倒干侧面长有革质或木质，上表面橙黄色，边缘黄色，下表面橙色、红色或淡褐色的檐状担子果。病根在湿土中腐烂呈果酱状。病树树冠稀疏、叶片失绿发黄、枯枝，重病株整株枯死（图 19-7c）。

（4）臭根病　病树根皮及茎干基部树皮呈水浸状湿腐，具恶臭。雨季在病根表皮内侧和木质部表面长有扁而粗的白色、红褐色或深褐色草叶状菌索。病根表面菌索初期呈白色，边缘呈羽毛状分枝。病根表面有时粘有少量泥沙，长有少量灰白色或黄白色菌膜。病树树冠稀疏、叶片失绿发黄、枯枝，树冠顶梢叶蓬有时呈圆盘状，重病株整株枯死（图 19-7d）。

（5）黑纹根病　病树茎基、病根木质部长有单线或双线、弯曲或锯齿状、小圆圈状的黑色线纹。雨季在病树茎基、倒干表面长有扁平、白色至青灰白色的薄片，或深灰色至黑色较脆的块状子座。病根表面不粘泥沙，呈灰褐色。病树树冠稀疏、叶片失绿发黄、枯枝，树冠顶梢叶蓬有时呈圆盘状，重病株整株枯死，易被强风吹倒(图 19-7e)。

a. 红根病；b. 褐根病；c. 白根病；d. 臭根病；e. 黑纹根病

图 19-7　橡胶树根病症状

3. 防控措施

(1)农业防治　加强定植后胶园的抚育管理，增施有机肥，并在胶苗行间及时种植爪哇葛藤、毛蔓豆等覆盖作物，提高地力。

(2)物理防治　新垦胶园要彻底清除原根病的病树桩和病根，并销毁。发现中心病株要及时开挖隔离沟，阻断病害蔓延，重病株彻底挖除病树桩及病根销毁。

(3)化学防治　轻病株选用 75%十三吗啉乳油，或根康，或丙环唑，或腐霉利等药剂，淋灌根病树的根颈，每株淋灌 3 kg 药液。

4. 应用区域

适用于全国植胶区。

5. 依托单位

海南大学，张宇，0898-66961327。

(四)橡胶树季风性落叶病防灾减灾技术

1. 发生特点

该病害是橡胶树在每年季风雨开始后才开始发生的一种流行性病害。本病主要通过风雨传播，传染性强，可经由 2 种途径进行传播：①僵果、病枝梢上产生的孢子囊借风雨传播到叶片、枝梢或果实上；②雨滴将带菌土壤和割面条溃疡病割面上的病菌溅射到较低的胶树下垂枝上。本病的发生与气候条件、胶园地形、胶树结果量和品系有密切关系。潮湿、温凉的天气是导致橡胶树季风性落叶病发生、蔓延的基本条件，降雨量的多少和持续时间的长短则决定着发病胶树的落叶程度和落叶持续时间的长短，季风雨季的连续降雨是病害流行的主要条件。胶园林地为沟谷、下坡地，靠近河流，林地内低洼潮湿、荫蔽度较大、树冠低矮、密植等造成通风透光不良环境、林间湿度大，易发生较为严重的季风性落叶病。

2. 典型症状

发病老叶失绿发黄，整片叶脱落，大叶柄的基部呈现水渍状褐色或黑色条斑，在病部溢出1～2滴白色凝胶。叶片染病，叶面呈现暗绿色、灰褐色或黑褐色水渍状病斑，病斑上溢出细小的白色凝胶，病叶变黄或变紫红色，脱落。橡胶树树冠中、下层枝梢端组织先发病，呈现水渍状褐色或黑色病斑，叶片呈青绿色萎蔫脱落或挂在枝条上不脱落，后期病梢变黑皱缩并干枯。绿色胶果发病初期果面呈现水渍状褐色病斑，溢出白色凝胶，病斑扩展后全果腐烂。天气潮湿时，病果表面长出白色霉层(图 19-8)。

图 19-8　橡胶树季风性落叶病典型症状

3. 防控措施

发现中心病株后，幼树林段，发病初期选用 1%波尔多液喷雾，每隔 7～10 d 喷雾 1 次，共喷 2～3 次(在药液中加入少量木薯粉浆作黏着剂)；成龄胶园每次用 1.13～1.5 kg 氯氧化铜溶解于 13.5～18 kg 无毒油中，用机动弥雾机或飞机喷雾防治。

4. 应用区域

适用于全国植胶区。

5. 依托单位

海南大学，张宇，0898-66961327。

（五）橡胶树割面条溃疡病防灾减灾技术

1. 发生特点

割面条溃疡病在每年 7—12 月的割胶期易发生。降雨或高湿度尤其是持续的毛毛雨天气是条溃疡病菌侵染的主要条件，高湿加冷凉气温是导致病斑扩展、烂树的主要因素。其发生流行与胶树品系抗性、植胶环境、割胶技术和割制、天气条件等密切相关。发生季风性落叶病的胶园割面条溃疡病发病重。一般芽接树比实生树易发病。凡地势低洼、易积水、种植过密、郁闭度大、失管荒芜、通风透光不良以及靠近居民点的林段，因林间湿度大，割面潮湿后不易干燥，有利于病菌的繁殖和侵染，易发病。

2. 典型症状

发病初期，在胶树割面新割线上出现一条至数条、数十条排列成栅栏状的竖立黑线，黑线深达木质部。黑线扩展汇结形成黑色条病斑或块斑，天气潮湿时病斑表面长出白色霉状块斑，会因天气变化和病情发展呈现急性扩展型块斑、慢性扩展型块斑和稳定型块斑 3 种类型；老割面或原生皮发病，皮下溢胶导致皮层爆裂、隆起，具弹性，木质部变黑褐色。胶树茎干发病部位组织后期易遭小蠹虫等害虫蛀食和木腐菌定殖而腐朽，有时会流胶或渗出铁锈色的液体，病部出现较大的凹坑，重病植株易受风折断（图 19-9）。

图 19-9 橡胶树割面条溃疡病典型症状

3. 防控措施

安装防雨帽，坚持“一浅四不割”的安全割胶原则。在病害发生流行的季节，发病初期可选用瑞毒霉、乙磷铝（霉疫净）、敌菌丹和敌克松药剂在割胶的当天涂布割线。扩展型病斑选晴天，先用利刀把病皮刮除干净，伤口修成近似梭形，用有效成分 1%的敌菌丹或乙磷铝或 0.4%的瑞毒霉进行表面消毒，待干后撕去凝胶，再用凡士林或 1∶1 的松香棕油涂封健皮伤口，病部木质部可喷杀虫剂防虫蛀，待木质部表面充分干燥时，再涂封低酸煤焦油或 1∶1 的沥青柴油合剂进行防腐。

4. 应用区域

适用于全国植胶区。

5. 依托单位

海南大学，张宇，0898-66961327。

（六）橡胶树棒孢霉落叶病防灾减灾技术

1. 发生特点

田间全年存在病菌的分生孢子，橡胶树棒孢霉落叶病在每年的 9 月至翌年春季易大规模流行。病菌可在寄主植物上寄生存活或在林间病残体上存活达 2 年之久，每年春季产生大量分生孢子借气流传播到胶树叶片上，从伤口和表皮直接侵入引起发病。橡胶树棒孢霉落叶病的发生与胶树品系、气象条件、海拔和土壤密切相关。28～30 ℃的高湿、阴雨天气有利于发病。低海拔地区发病重，在海拔高于 300 m 的胶园病害发生比较轻。土壤贫瘠、不施肥或偏施氮肥的胶园发病重。

2. 典型症状

发病叶片上病斑处的部分主脉及邻近的侧脉变成棕色或黑色的短线状，呈鱼骨状或铁轨状。黄绿色嫩叶发病，呈现直径 1～8 mm 的浅褐色小圆斑，病斑中央组织呈薄纸状，有时伴有轮纹，易形成弹孔状穿孔，边缘褐色，外围有黄晕圈。病叶上呈现深褐色圆形或不规则形小病斑，扩展后病斑中央变褐色或灰白色，病斑边缘呈黑色鱼骨状或铁轨状的短线，叶脉附近具明显黄色晕圈。发病叶片部分组织或全叶变亮黄色或红褐色，易脱落（图 19-10）。

图 19-10　橡胶树棒孢霉落叶病典型症状

3. 防控措施

清除病残组织，选用 50％多菌灵可湿性粉剂 600～800 倍液，或 50％苯菌灵可湿性粉剂 800 倍液等喷雾防治；也可用 1％波尔多液，或 80％代森锰锌可湿性粉剂 400～800 倍液，或 25％咪鲜胺乳油 750～1000 倍液，或 25％丙环唑乳油 3000 倍液等喷雾防治。

4. 应用区域

适用于全国植胶区。

5. 依托单位

海南大学，张宇，0898-66961327。

（七）橡胶树害螨防灾减灾技术

1. 发生特点

橡胶树上常发生的害螨主要有黄蜘蛛[六点始叶螨（*Eotetranychus sexmaculatus*）]和红蜘蛛[比哈小爪螨（*Oligonychus biharensis*）和东方真叶螨（*Eutetranychus orientalis*）]。单种或多种同时发生，常在橡胶树叶片转绿老化以后发生为害，呈季节性和局部暴发成灾特点。高温干旱易引起严重发生。

2. 典型症状

六点始叶螨、比哈小爪螨和东方真叶螨均主要栖息于橡胶树叶片，取食为害。

(1)六点始叶螨　多在叶背为害，开始时沿着主脉两侧基部为害，初期可见叶脉基部出现褪绿，继而沿叶脉扩展为害，为害部位褪绿为黄色或黄褐色斑块。随着为害程度加深，后期叶片逐渐变黄，甚至脱落，导致停割。该螨在嫩梢嫩叶上也能为害，造成叶片扭曲畸形，受害部位颜色变深(图 19-11)。

图 19-11　六点始叶螨及为害状

(2)比哈小爪螨　多在叶背为害，密度大时也可出现在叶面。叶片受害部位呈现均匀的灰白色小斑点，发生严重时，致使整个叶片呈灰白色，最后导致叶片枯黄(图 19-12)。

图 19-12　比哈小爪螨及为害状

(3)东方真叶螨　多在叶面为害,偶尔发生于叶背,受害部位形成白色小斑点,继而汇结成灰绿色斑块,严重者全叶枯黄(图 19-13)。

图 19-13　东方真叶螨及为害状

3. 防控措施

(1)加强调查监测,为防控提供依据　高温干旱时期,尤以每年的 4—6 月,应每 7～10 d 对胶园进行巡查监测 1 次,其他时期每月调查 1～2 次,查看胶园害螨发生情况。根据害螨数量及气候情况实施不同的针对性防治。

(2)协调利用多种防治措施,实行害螨绿色综合防控

①加强胶园管理。加强橡胶树水肥管理,提高橡胶树抵抗害虫的能力。对因螨害出现叶片严重黄化甚至落叶的胶园,应及时停割。

②生物防治。a. 保护利用天敌。橡胶树害螨具有较为丰富的捕食螨和瓢虫等天敌资源,拟小食螨瓢虫等对其具有很强的控害能力,可在橡胶树害螨发生初期,害螨密度小于 5 头/叶时,从拟小食螨瓢虫嗜好栖息的木薯、番木瓜等寄主上采集拟小食螨瓢虫并助迁到橡胶园。b. 释放天敌。在害螨开始为害处于低密度时,或螨口密度较高但经药剂应急防控后 7～10 d,害螨密度在 5 头/叶以下时,可人工释放巴氏新小绥螨、加州新小绥螨等商品化天敌进行生物防治。

③药剂应急防控。当害螨平均虫口密度达到 6 头/叶及以上时,应使用药剂进行应急防治。对高大胶园,可选用 15%的哒螨灵热雾剂,或 15%克螨特热雾剂,或 15%哒・阿维热雾剂等,按 80～200 mL/亩的用量用烟雾机喷施;对中小植株,可选用哒螨灵、克螨特、阿维菌素、唑螨酯和螺螨酯等利用动力喷雾器按推荐剂量进行喷施防治。

4. 应用区域

适用于全国植胶区。

5. 依托单位

中国热带农业科学院环境与植物保护研究所,陈俊谕(0898-66969258)、符悦冠(0898-66962998)。

（八）橡胶树橡副珠蜡蚧防灾减灾技术

1. 发生特点

橡副珠蜡蚧嗜好为害橡胶树苗木及大田中小苗，在我国呈局部和间歇性暴发。该虫在高温干旱季节易暴发成灾。在植株上，其活动虫态喜向上和趋光迁移栖息为害。

2. 典型症状

橡副珠蜡蚧以成虫和若虫依附于植株叶片、幼嫩枝条表面，主要以刺吸取食橡胶幼嫩枝叶的汁液进行为害；同时，排泄的蜜露引起煤烟病而造成间接为害。在受害的植株上，可看到椭圆形的虫体，严重时可完全覆盖枝干表面。下层叶片表面呈现有光泽的排泄物，后期受霉菌侵染引致煤烟病。为害造成胶树树势减弱、落叶及枯枝，严重时整株枯死（图 19-14）。

图 19-14　橡副珠蜡蚧（左上）及为害症状（左下、右上、右下）

3. 防控措施

在监测预警基础上，采取“阻隔扩散＋农业防治＋生物防治＋科学用药”的绿色防控技术。

（1）阻隔扩散　在截取芽条、苗木调运前应注意观察，严禁截取有橡副珠蜡蚧的芽条和苗木的调运。

（2）农业防治　加强胶林管理，提高橡胶树的营养状况，增强其对虫害的免疫能力。搞好胶园卫生，剪除受虫害的枯枝、弱枝，去除高密度带虫的枝条和林间杂草。

（3）生物防治

①保护利用天敌。橡副珠蜡蚧的天敌资源十分丰富，有寄生蜂、草蛉、褐蛉、捕食性瓢虫及

寄生菌等类群，应重点保护利用副珠蜡蚧阔柄跳小蜂、优雅岐脉跳小蜂、日本食蚧蚜小蜂、蓝色长盾金小蜂等寄生蜂，当田间寄生蜂寄生率达30%以上时可依靠天敌的自然控制作用进行防控。在橡副珠蜡蚧大暴发时应选用对天敌低毒的防治药剂进行控制，如溴氰菊酯、三氟氯氰菊酯、螺虫乙酯等药剂。

②助迁天敌。从天敌密度高的区域采集副珠蜡蚧阔柄跳小蜂、优雅岐脉跳小蜂、日本食蚧蚜小蜂、蓝色长盾金小蜂等天敌的蛹到橡副珠蜡蚧密度高但缺少天敌的区域进行释放。助迁次数为2～3次。

③扩繁、释放寄生性天敌。将室内扩繁的副珠蜡蚧阔柄跳小蜂、优雅岐脉跳小蜂、日本食蚧蚜小蜂、蓝色长盾金小蜂等寄生性天敌释放到橡副珠蜡蚧发生的橡胶园，释放方法为每3株悬挂1个放入寄生蜂蛹的放蜂器，每隔10 d释放1次，连续释放3次。释放天敌时严格控制施用杀虫剂。

4. 化学防治

主要防治方法有喷雾法、热雾法。

(1)喷雾法(主要用于中、幼林及苗圃)　一般在晴天的上午及下午4:00以后施药。可选用氟啶虫胺腈、溴氰菊酯、三氟氯氰菊酯、高效氯氰菊酯、噻虫嗪、螺虫乙酯等药剂，按推荐剂量进行防治。

(2)热雾法(主要用于开割林)　于晴天的凌晨3:00—4:00开始施药。可选用15%噻·高氯热雾剂，按200 mL/亩的用量进行防治。

第1次施药后观察4～5 d，如果仍有大量若虫时则施第2次药，一般施药3次。

4. 应用区域

适用于全国植胶区。

5. 依托单位

中国热带农业科学院环境与植物保护研究所，符悦冠(0898-66962998)、张方平(0898-66969258)。

(九)橡胶树小蠹虫防灾减灾技术

1. 发生特点

橡胶树小蠹虫嗜好为害受寒害、风害、根病等危害的生命力弱化的植株，近年来发现其为害有向健康植株扩展的趋势。冬季严寒、夏秋台风等危害往往引致小蠹虫的大发生。

2. 典型症状

小蠹虫主要以成虫和幼虫在橡胶树干钻蛀为害。为害初期，蛀孔和粉柱多见于胶树割面及其上下约50 cm的范围内，而后蛀孔和粉柱逐渐扩展到整个茎干表面，受害植株初期树冠症状不明显，橡胶树枯死但叶子不脱落。小蠹虫为害后，其受害部位出现流胶、针锥状蛀孔、黄褐色木质粉末等症状，严重时茎干遍布蛀孔、粉柱和粉末，剖开树干可看到其中布有纵横交错的坑道(图19-15至图19-19)。

图 19-15 小蠹虫为害引起的流胶

图 19-16 小蠹虫为害引起的粉末

图 19-17 小蠹虫为害引起的粉柱

图 19-18 小蠹虫为害引起胶叶枯而不落

图 19-19 小蠹虫在木质部为害形成蛀道

3. 防控措施

（1）加强胶园管理　对被小蠹虫为害、寒害及台风致死的橡胶树、死树残桩或经治理无效的严重虫害树应及时砍伐，清出林段并进行烧毁。砍伐严重虫害树和死树时，应选用化学药剂喷洒茎干2次，防止小蠹虫飞出发生新的钻蛀为害。同时加强胶园管理和规范割胶。

（2）理化诱捕成虫防治　利用聚集信息素对橡胶树小蠹虫进行诱集监测，当48 h诱集数量达到15头/诱瓶或活蛀孔数量达到3头/株时，可在胶园悬挂带有诱捕剂的小蠹虫诱捕器进行诱杀防治。悬挂高度为2 m左右，每间隔50 m悬挂1个，15～20 d换1次诱集剂。

（3）药剂防治　橡胶树干受小蠹虫为害初期，可选用1.8%阿维菌素乳油或3%啶虫脒或45%吡虫啉兑水400倍液喷射树干受害部位。

4. 应用区域

适用于全国植胶区。

5. 依托单位

中国热带农业科学院环境与植物保护研究所，周祥(0898-66180419)、符悦冠(0898-66962998)。